Theoretische Mechanik

starrer Systeme.

Auf Grund der Methoden und Arbeiten

und mit einem

V o r w o r t e

von

Sir Robert S. Ball

Royal Astronomer of Ireland

herausgegeben

von

Harry Gravelius.

Mit 2 Tafelabbildungen.

B e r l i n.

Druck und Verlag von Georg Reimer.

1889.

Vorwort.

Bereits während meiner Studienzeit an der Universität Dublin übten Chasles' kinematische und Poinsot's dynamische Schriften eine mächtige Anziehung auf mich aus. Durch diesen Einfluss wurde meinen mathematischen Studien die Richtung vorgezeichnet, in der weiterarbeitend ich nach langen Jahren zu der „Theory of Screws" gelangte.

Unter diesem Titel habe ich 1876 ein Buch veröffentlicht, welches meine sämmtlichen früheren Untersuchungen über den Gegenstand zusammenfasste, und welches mir die erwünschte Gelegenheit lieferte, die Arbeiten Plücker's und anderer Mathematiker zu discutiren, welche in irgend welcher Beziehung zu meiner Theorie stehen.

Seit 1876 hat mir nun mein Amt als Royal Astronomer of Ireland nur wenig Musse zu rein mathematischen Untersuchungen gelassen. Ich habe indessen noch hin und wieder in einzelnen Abhandlungen meine Arbeiten zur Weiterbildung und Ergänzung der Theorie veröffentlicht. Ich hebe unter diesen Abhandlungen hervor diejenige über die Mechanik eines Körpersystems vom allgemeinsten Typus *), und die über Mechanik im nicht-Euklidischen Raume, welch letzteren Untersuchungen ich neuerdings in der „Theory of the Content" eine concisere Fassung zu geben versucht habe **),

*) Kap. XXIII und XXIV vorliegenden Werks.

**) Kap. XXV und XXVI dieses Buchs. G.

durch die mir einige — schon von Herrn F. Klein bemerkten — Missstände bei der Begründung der nicht-Euklidischen Geometrie beseitigt zu sein scheinen.

Mit aufrichtigster Genugthuung erfüllt es mich, dass eine zusammenhängende Darstellung meiner Methoden und Arbeiten zuerst gerade in der Sprache erscheint, von der wir gewohnt sind, dass sie uns immer nur das Beste der Wissenschaft vermittelt. Und ich freue mich in Herrn Harry Gravelius, Mitglied der Astronomischen Gesellschaft, einen so berufenen und gelehrten Interpreten gefunden zu haben, dem ich bei dieser Gelegenheit auch öffentlich meine vollkommene Anerkennung ausspreche für seine steten und eifrigen Bemühungen um das Zustandekommen vorliegenden Werkes sowohl, wie um die Ausbildung der Theorie überhaupt.

Nicht verfehlen will ich noch hier meinen Dank niederzulegen für die freundliche Aufnahme und Anerkennung, welche meine Arbeiten bereits früher bei deutschen Mathematikern — von denen ich besonders die Herren W. Fiedler, F. Klein und W. Schell nennen darf — gefunden haben.

Observatory Dublin, 1889 September.

Robert S. Ball,
Royal Astronomer of Ireland.

Vorwort des Herausgebers.

Das vorliegende Werk stellt sich die Aufgabe, zusammenhängend und als Lehrbuch die in zahlreichen Arbeiten von Sir Robert Ball geschaffene Theorie der Mechanik starrer Systeme darzustellen. Es umfasst somit dem Inhalte nach sämmtliche Abhandlungen des Herrn Ball.

Meine Thätigkeit bei Abfassung dieses Werkes war naturgemäss eine sehr bescheidene gegenüber einer so grossartigen Schöpfung wie es die Theory of Screws ist. Die Hinzufügung von Untersuchungen, die Sir Ball in seinen Schriften nicht berührt, ist dadurch nothwendig geworden, dass wir eben dem Werke den Character eines Lehrbuchs geben wollten, das sich auch für Studirende auf Universitäten und technischen Hochschulen eignet.

Ich fühle mich um so nachdrücklicher verpflichtet zur Hervorhebung meines äusserst bescheidenen Wirkens an diesem Buche, als Sir Ball mich einer so gütigen Anerkennung gewürdigt hat.

Nur mit Bedauern — um das Buch nicht allzu stark werden zu lassen — habe ich mich entschlossen, die Untersuchungen der beiden Schlusskapitel mit der Theorie des Vectors abzubrechen.

Ich glaube in der That, dass die Art und Weise, wie Sir Ball jetzt die nicht-Euklidische Geometrie behandelt, eine zukunftsvolle ist, und vereine mich mit ihm in dem Wunsche, diesen Weg auch von anderen Mathematikern beschritten zu sehen.

Ein weites und viel versprechendes Gebiet ist der Forschung auch durch die Untersuchungen des Abschnitts über Graphische Methoden eröffnet. —

Das Werk erscheint ein Jahr später als von mir beabsichtigt war, da ich wiederholt durch Krankheit gezwungen war, den Druck auf längere Zeit zu unterbrechen. Aus demselben Grunde musste ich auch bei den ersten Bogen die Correctur anderen Händen übertragen, wodurch sich einige Irrigkeiten in den Text eingeschlichen haben, die sich im Manuscript nicht finden, und die ich nach der Angabe am Schluss des Buches zu verbessern bitte.

Die dem Buche beigegebene stereoskopische Photographie des Cylindroids verdanke ich der Güte des Herrn Arthur Rambaut von der Sternwarte zu Dunsink. Die Photographie ist durch Herrn Rambaut aufgenommen nach einem von Sir Robert Ball angegebenen und von Sir Howard Grubb angefertigten Modell.

Das Titelbild ist der „Theory of Screws" von 1876 entnommen.

Dem Herrn Verleger sage ich für seine ausserordentlich weitgehende Liberalität, mit der er jeden meiner Wünsche betreffs des Buches erfüllte, und für die vorzügliche Ausstattung des Werkes meinen verbindlichsten Dank.

Berlin 1889, September.

Gravelius.

Inhaltsverzeichniss.

Theoretische Mechanik.

Kapitel I.

Von den Postulaten und von der Methode der Mechanik.

§ 1.

Die Mechanik ist die Wissenschaft der Erscheinungen in der Natur, insoweit man bei deren Studium nur reine Bewegungen in Betracht zieht.

Sie bedarf zu ihrem Aufbau gewisser fundamentaler Voraussetzungen, ganz ebenso wie die Geometrie; und zwar liegen ihr zunächst die sämmtlichen für die Geometrie erforderlichen Voraussetzungen ebenfalls zum Grunde, während noch weitere hinzutreten. Ich sehe davon ab, hier über die Fundamentalhypothesen der Geometrie ausführlich zu sprechen, da sich im Schlusskapitel dieses Buches geeignetere Gelegenheit hierzu bieten wird.

Für die Mechanik bedarf man der Voraussetzungen von Raum, Zeit und Materie.

In dem rein geometrischen Raume, d. i. in dem unbegrenzten, unendlichen leeren Raume kann von einer Bewegung nicht die Rede sein. Denn in diesem Raume ist eine Ortsbestimmung nicht möglich: er ist ortslos.

Der Raum der Mechanik ist daher nothwendig als erfüllt zu denken, d. h. mit anderen Worten: der Raum der Mechanik ist der Raum der concreten Welt.

Alles dasjenige, was den Raum erfüllt und durch die Sinne wahrgenommen wird, bezeichnet man mit dem Gesammtnamen der Materie. Ein begrenzter Theil der Materie heisst Körper.

Mit den Bewegungen dieser Körper oder ihrer Theile hat sich nun die Mechanik zu befassen. Und zwar werden wir unter der Bewegung eines solchen Theiles der Materie die Aenderung seiner Lage verstehen in Bezug auf einen oder mehrere andere, ausser ihm liegende Körper, oder auch in Bezug auf gewisse ihm angehörende geometrische Elemente, von deren eigener Bewegung man in beiden Fällen während des Ganges der Untersuchung absieht.

Die allgemeine Untersuchungsmethode, welche die Mechanik auf das Studium dieser Bewegungen anwendet, ist dieselbe wie die der Geometrie.

Die Eigenschaften der geometrischen Gebilde werden erkannt durch Beziehung auf und Vergleichung mit gewissen fundamentalen Gebilden. Diese fundamentalen Gebilde treten als Postulate auf, über die beim Aufbau der Wissenschaft zunächst keine Discussion stattfindet und stattfinden soll.

Die Untersuchung über ihre Postulate führt die Geometrie nicht selbst. Die Beurtheilung der Berechtigung dieser Postulate ist aus Beobachtungen zu entnehmen, während die allgemeine Discussion derselben in das Gebiet der Erkenntnistheorie gehört.

Es ist ebenso in der Mechanik.

Beschränken wir die Betrachtung der Bewegung eines Körpers auf den einfachsten Fall, wo die Dimensionen des Körpers sämmtlich als kleine Grössen 1. Ordnung genommen werden können, der Körper also ein materieller Punkt ist, so verstehen wir unter Bewegung dieses Punktes nur die Veränderungen seiner Lagen auf ausser ihm liegende Theile der Materie.

Ein Urtheil über diese Bewegung kann nun nur gebildet werden durch Vergleichung dieser mit einer anderen, fundamentalen, als bekannt angenommenen, Bewegung, deren eigene Natur selbstverständlich aber völlig beliebig bleibt.

Ist nun eine Bewegung so beschaffen, dass gleichen Wegincrementen der Fundamentalbewegung gleiche Wegincremente der in Rede stehenden Bewegung entsprechen, so heisst die letztere eine gleichförmige Bewegung.

Es ist hiernach wol zu beachten, dass die Gleichförmigkeit einer Bewegung nur in Bezug auf eine andere Bewegung erklärt ist; und dass von einer an sich gleichförmigen Bewegung im Rahmen exacter Wissenschaft durchaus keine Rede sein kann. Denn hier kann mit einem solchen Ausdruck kein Sinn verbunden werden.

Die zum Studium irgend einer Bewegung nothwendige Bezugs- oder Fundamentalbewegung ist in der Natur gegeben in der Axendrehung der Erde.

Ueber den eigenen Charakter dieser Bewegung kann nur die Beobachtung Aufschluss geben. Mit Hülfe indirecter Vergleichsmethoden ergiebt sich aus den Beobachtungen, dass die Rotation der Erde selber in erster Approximation mit grosser Näherung als gleichförmig angenommen werden darf.

Insofern nun diese gleichförmige Bewegung zum Maasse anderer Bewegung dient, heisst sie Zeit.

Jede weitere Definition dieses Begriffes muss bei ihrer Grundlegung den Boden des Thatsächlichen verlassen und ist daher in der Physik unbedingt abzulehnen.

Was nun die specielle Festsetzung eines practisch anwendbaren Maasses für die Zeit anbetrifft, so scheint es auf den ersten Blick das richtigste zu sein, hierfür die volle einmalige Rotation in Bezug auf einen für uns festen Punkt (z. B. einen sogenannten Fixstern) des Himmels anzunehmen. Diese Zeit, die als Sternzeit zu bezeichnen ist, eignet sich indess aus gleich darzulegenden Gründen nicht für eine allgemeine Anwendung. Ihr Gebrauch ist ein Internum der astronomischen Praxis.

Geeigneter zur Festsetzung eines Zeitmaasses ist die Sonne. Es ist 0^h wahre Sonnenzeit an einem Orte, wenn der Mittelpunkt der Sonne im Meridian gesehen wird. Der jedesmalige Winkelabstand dieses Punktes vom Meridian, der Stundenwinkel der Sonne, ist dann das natürliche Maass der Zeit.

Indessen ist auch dieses Zeitmaass unbequem, und daher unannehmbar, für jeden nicht wissenschaftlichen Gebrauch. Denn es ist dieses Maass seiner Natur nach kein stets gleichmässiges, da die Bewegung der Sonne (d. h. die Abspiegelung der Bewegung der Erde um die Sonne) wegen der elliptischen Form der Bahn und der sehr beträchtlichen Neigung der Ekliptik gegen den Aequator keine gleichmässige ist.

Um ein gleichmässiges Zeitmaass in bequemer Weise zu erhalten, fingirt man eine sich in der Ebene des Aequators bewegende Sonne, der man dieselbe mittlere Bewegung zuschreibt, wie sie die wahre Sonne besitzt. Die Rectascension dieser fingirten Sonne ist somit stets gleich der mittleren Länge der wahren Sonne; wodurch nun in der That in dem Stundenwinkel der fingirten „mittleren Sonne“ ein gleichförmiges Zeitmaass erlangt ist. Dieses Zeitmaass wird mittlere Zeit genannt. Sie wird astronomisch vom Augenblicke der oberen Culmination der mittleren Sonne, dem mittleren Mittag, ab gerechnet und von 0^h bis 24^h gezählt; woraus man ersieht, dass das astronomische Datum eines Tages nur für den Nachmittag mit dem Datum des coincidirenden bürgerlichen Tages übereinstimmt.

z. B. Juli 31, 16^h astronom. Zeit
= August 1, 4^h Vormittags bürgerl. Zeit.

Der Unterschied zwischen mittlerer und wahrer Sonnenzeit heisst Zeitgleichung, sodass die Zeitgleichung der Betrag ist, der zur mittleren Zeit addirt werden muss, um die wahre Zeit zu erhalten.

In diesem Sinne wird die Zeitgleichung im Berliner Astronomischen Jahrbuch für jeden mittleren Mittag gegeben.

Die oben erwähnten Inconvenienzen, welche sich einer allgemeinen Anwendung der Sternzeit entgegenstellen, entstehen aus der Bahnbewegung der Sonne (oder Erde). Das tropische Jahr, d. h. die Zeit, in welcher die Sonne einen vollen Umlauf in Bezug auf den Frühlingspunkt zurücklegt, beträgt $365^d,2422$, also die mittlere tägliche tropische Bewegung der Sonne

$$\mu = \frac{360^0}{365{,}2422} = 0^0\,59'\,8'',33 \text{ in Bogen, d. h. in Zeit } 3^m\,56^s{,}555.$$

Nun heisst die einmalige Rotation in Bezug auf den Frühlingspunkt F ein Sterntag.

Zur Zeit des Frühlingsäquinoctiums sind die mittlere Sonne und der Punkt F gleichzeitig im Meridian. Bis zur folgenden Culmination dieses Punktes hat sich die Erde um den Bogen μ in ihrer Bahn weiter bewegt; die mittlere Sonne culminirt daher

Fig. 1.

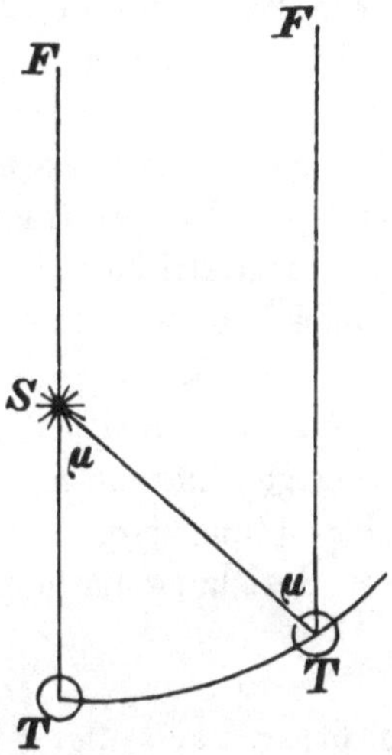

$3^m\ 56^s,56$ später als *F*. Allgemein, bei der n^{ten} folgenden Culmination des Frühlingspunktes kommt die Sonne erst nach Durchmessung des Bogens $n . \mu$ in den Meridian, d. h. es ist $0^h + n . (3^m\ 56^s,56)$ Sternzeit im Momente des mittleren Mittags. Es würden somit diesem für das bürgerliche Leben wichtigen, fest zu erhaltenden Zeitpunkte im Laufe des tropischen Jahres alle möglichen Werthe der Sternzeit von 0^h bis 24^h zukommen, welcher Umstand sich natürlich der allgemeinen Anwendung der Sternzeit entgegenstellt.

Uebrigens sei noch bemerkt, dass die Sternzeit auch kein völlig gleichförmiges Zeitmaass sein würde, da die Aequinoctialpunkte kleinen eigenen Bewegungen unterworfen sind. Hierüber sind indess die Lehrbücher der Astronomie nachzusehen.

Die Sternzeit im mittleren Mittag wird in den astronomischen Jahrbüchern für jeden Tag gegeben. Mit der Kenntniss derselben kann jede Zeitangabe in Sternzeit in eine solche in mittlerer Zeit verwandelt werden, wenn man noch bedenkt, dass, nach obigem, in einem tropischen Jahre genau ein Sterntag mehr enthalten ist, als sich mittlere Tage darin finden.

Wenn in diesem Buche von Zeit und Zeitmaass die Rede ist, so ist immer die mittlere Zeit darunter zu verstehen.

§ 2.

Nachdem der Begriff festgestellt worden ist, den wir mit dem Worte Zeit verbinden wollen, kann die obige Definition der gleichförmigen Bewegung nunmehr so ausgedrückt werden:

Eine Bewegung, bei der in gleichen Zeiträumen gleiche Wege durchlaufen werden, heisst gleichförmig.

Aus dieser Definition ergiebt sich, dass eine geradlinige gleichförmige Bewegung vollständig bestimmt ist, wenn ihre Richtung und der Zeitpunkt, in dem man ihre Beobachtung beginnt, angegeben werden, und wenn der in der Zeiteinheit durchlaufene Weg bekannt ist.

Dieser letztgenannte Weg, der uns über die specielle Beschaffenheit der vorliegenden gleichförmigen Bewegung Aufschluss giebt, heisst die Geschwindigkeit der geradlinigen gleichförmigen Bewegung. Bei der Bestimmung der Geschwindigkeiten terrestrischer Erscheinungen werden im Allgemeinen die Secunde als Zeiteinheit und das Meter als Längeneinheit zum Grunde gelegt.

Aus ihrer Bedeutung folgt, dass die Geschwindigkeit der geradlinigen gleichförmigen Bewegung durch eine Strecke nach Grösse und Richtung dargestellt werden kann, während sich in analytischer Beziehung für diese Geschwindigkeit der Ausdruck

$$v = \frac{s}{t} = \frac{ds}{dt} = \text{const.}$$

ergiebt; wo v, s und t zusammengehörige Werthe von Geschwindigkeit, Weg und Zeit bedeuten, und wo die Zeit vom Beginne der Bewegung aus gezählt ist.

Die gleichförmige geradlinige Bewegung ist zwar die einfachste denkbare Bewegung; allein man wird selten genug bei der Betrachtung der Erscheinungen in der Natur auf diese Bewegung geführt. Die Bewegungen in der Natur sind im allgemeinen weit complicirtere.

Alle diese Bewegungen fassen wir zunächst unter der negativen Bezeichnung „ungleichförmige Bewegungen" zusammen.

Bei ihnen ist also der in der Zeiteinheit zurückgelegte Weg nicht constant. Die nähere Erkenntniss einer ungleichförmigen Bewegung wird durch ein Princip ermöglicht, zu dem Galilei bei der experimentellen Untersuchung der Fallbewegung auf der schiefen Ebene gelangt ist. Es ist dies das sogenannte Princip der Trägheit, welches wir hier in folgender Form aussprechen wollen:

„Wenn bei einer ungleichförmigen Bewegung die bewegungsbestimmenden Ursachen plötzlich verschwinden, so geht die Bewegung über in eine gleichförmige geradlinige Bewegung, deren Richtung übereinstimmt mit der momentanen Richtung der ursprünglichen Bewegung zu der betreffenden Zeit."

Die Richtung einer Bewegung in einem bestimmten Punkte

der Bahn ist aber die Richtung der Tangente, die in dem Punkte an die Bahncurve gezogen werden kann. Die Tangente hat im Berührungspunkte ein Element ds mit der Curve gemein. Dieser Umstand ermöglicht es, die Geschwindigkeit der geradlinigen gleichförmigen Bewegung anzugeben, in welche die ursprüngliche Bewegung nach dem Principe der Trägheit übergeht.

Denn da bei der geradlinigen gleichförmigen Bewegung die Geschwindigkeit, d. i. der Quotient der zusammengehörigen Werthe von s und t für jeden beliebigen Theil der Bahn denselben Werth hat, so können wir sie offenbar hier auch in dem Element ds bestimmen, woraus sich ergiebt

$$v = \frac{ds}{dt}.$$

Diese Grösse ist also der ursprünglichen Bewegung und derjenigen gleichförmigen geradlinigen Bewegung, in die jene übergeht, in dem Elemente ds gemeinschaftlich; und sie stellt die Geschwindigkeit der gleichförmigen geradlinigen Bewegung dar. In übertragener Bedeutung bezeichnet man diese Grösse daher auch mit dem Namen der Geschwindigkeit der ungleichförmigen Bewegung in dem zum Elemente ds gehörigen Punkte der Bahn des Bewegten.

Die Grösse $v = \frac{ds}{dt}$ ist also bei der ungleichförmigen Bewegung eine Variable. Die Aenderung, welche sie von einem Zeitmomente t bis zum benachbarten $t + dt$ erleidet, beträgt

$$\frac{dv}{dt} dt.$$

Die Grösse $\frac{dv}{dt}$ bezeichnet man als die Beschleunigung 1. Ordnung der ungleichförmigen Bewegung. Diese Beschleunigung $g^{(1)}$ kann nach obigem auch so ausgedrückt werden

$$g^{(1)} = \frac{d^2 s}{dt^2}.$$

Ist $g^{(1)}$ für die ganze Erstreckung der Bahn constant $\begin{matrix}\text{positiv}\\\text{negativ}\end{matrix}$, so heisst die Bewegung gleichförmig $\begin{matrix}\text{beschleunigt}\\\text{verzögert}\end{matrix}$. In dem allgemeinen Falle, wo $g^{(1)}$ veränderlich ist, ist das Maass der Veränderung dieser Grösse wieder

$$\frac{dg^{(1)}}{dt}\,dt.$$

Der Differentialquotient

$$g^{(2)} = \frac{dg^{(1)}}{dt} = \frac{d^3s}{dt^3}$$

heisst dann die Beschleunigung 2. Ordnung der betrachteten Bewegung. Man kann im allgemeinen Falle in dieser Weise fortfahren und die Beschleunigung irgend einer Ordnung μ durch die Relation

$$g^{(\mu)} = \frac{d^{\mu+1}s}{dt^{\mu+1}}$$

erhalten.

Mit der Betrachtung der Beschleunigungen höherer Ordnung hat man erst in neuerer Zeit begonnen. Der Anstoss dazu wurde von Jacobi in der fünften These seiner Inaugural-Dissertation gegeben. Besondere Verdienste um die Ausbildung der Theorie der Beschleunigungen höherer Ordnung haben sich Somoff und Resal erworben. Auch muss der Aufsatz von Möbius „Ueber die phoronomische Deutung des Taylor'schen Theorems" erwähnt werden.

Was eine geometrische Darstellung der Geschwindigkeiten und Beschleunigungen angeht, so folgt zunächst aus der Art und Weise, wie wir zum Begriff der Geschwindigkeit auch bei einer ungleichförmigen Bewegung gelangt sind, dass auch hier das geometrische Bild der Geschwindigkeit die gerade Strecke ist.

Damit erhellt aber zugleich, dass auch die Beschleunigungen aller Ordnungen durch gerade Strecken dargestellt werden, wobei immer festzuhalten, dass eine Strecke eine mit Anfangspunkt, Länge und Richtung versehene gerade Linie ist.

§ 3.

In dem Wortlaut des Trägheitsgesetzes kommt der Ausdruck „bewegungsbestimmende Umstände" vor.

Die Einführung dieses Ausdruckes oder der gleichbedeutenden der „Ursache einer Bewegung" entspricht dem allgemeinen Causalitätsbedürfniss des Menschen, das uns überall zu den Fragen „woher" und „warum" treibt.

Dieser Trieb fordert denn auch für jeden Vorgang in der Natur, für jede Bewegung eine Ursache. Allein es muss eingestanden werden, dass eine endgültige Befriedigung dieses Verlangens, die in der Erkenntniss des Wesens der Ursache irgend einer Bewegung zu bestehen hätte, nicht gegeben werden kann.

Wir nennen die Ursache einer Bewegung eine Kraft, allein was eine Kraft nun wirklich, an sich, ist das lehrt keine Mechanik und wird auch nie eine zu lehren vermögen. Denn die Frage nach dem Wesen der Kräfte ist eine durchaus transcendente, ganz ebenso wie die nach dem Wesen der Materie.

Wenn somit Kraft auch nur ein Ausdruck ist, so ist dessen Anwendung in der Mechanik dennoch nicht abzuweisen, da hiermit die verbale Formulirung der Sätze der Mechanik eine für uns aus dem oben angegebenen Grunde natürlicher erscheinende Darstellung erhält; während andrerseits aus der Anwendung des Wortes „Kraft" auch keine Unklarheit entstehen wird, wenn man bedenkt dass die Sätze der Mechanik ja über die Kräfte selbst gar nichts aussagen, sondern nur von ihren der Beobachtung zugänglichen Wirkungen reden.

Wir werden daher im folgenden ganz unbedenklich in derselben Weise von Kräften reden, wie der Leser dies aus den elementaren Lehrbüchern der Mechanik gewohnt ist.

Die Ursache einer Beschleunigung 1. O. ist gemeint, wenn im folgenden von einer Kraft schlechthin die Rede ist. In besonderen Fällen wird sie auch als Kraft 1. O. bezeichnet werden. Analog heisst die Ursache einer Beschleunigung 2. O. eine Kraft 2. O. und allgemein die Ursache einer Beschleunigung μ^{ter} Ordnung eine Kraft μ^{ter} Ordnung.

Diese Kräfte denken wir uns in der Richtung der erzeugten Beschleunigungen stetig von Punkt zu Punkt der Bahn des bewegten Punktes wirkend.

Anders verhält es sich mit der Ursache die wir für die Geschwindigkeit annehmen. Diese nennen wir Momentan- oder Impulsiv-Kraft, denn wir denken uns die Geschwindigkeit hervorgerufen durch eine Kraft die momentan, oder genauer gesprochen, nur während eines unendlich kleinen Zeittheilchens wirkt. Es ist dies keine willkürliche Annahme, sondern sie ist bedingt durch unsere Kenntniss von dem Princip der Trägheit.

Auch von dem Maasse einer Kraft können wir reden, indem wir die Annahme der zwischen einer Kraft und ihrer Wirkung bestehenden direkten Proportionalität adoptiren. Eine Kraft K ist daher zunächst direkt proportional der durch sie hervorgerufenen Beschleunigung φ; es ist aber auch klar, dass die Kraft noch direkt proportional ist der in Bewegung gesetzten Masse m. Darnach kann man setzen

$$K = \lambda . m . \varphi,$$

wo λ ein Proportionalitätsfaktor ist. Setzen wir

$$\lambda = 1,$$

so wählen wir als Einheit der Kraft diejenige Kraft, welche der Masse 1 die Beschleunigung 1 ertheilt. Was unter der Einheit der Beschleunigung zu verstehen sei ergiebt sich aus § 2.

Es handelt sich also noch um die Wahl der Masseneinheit. Als Masseneinheit für terrestrische Verhältnisse wollen wir nun die Masse eines Cubikdecimeters Wasser bei 4^0 C. annehmen.

Das so gewählte Maasssystem für die Kräfte heisst das absolute. (Gauss.)

Man hat öfters als Krafteinheit das Kilogramm gewählt; allein dies ist nicht ganz vorsichtig, da das Gewicht eines Körpers, abgesehen von physikalischen Bedingungen, auch eine Funktion des Ortes des Körpers auf der Erdoberfläche ist, sodass die Krafteinheit variabel wird. Die Masse eines Körpers ist aber unabhängig vom Orte, sodass das oben angenommene Maasssysteme den Vorzug verdienen dürfte. Bezeichnen also v, φ, $\varphi^{(2)} \ldots \varphi^{(\mu)}$ die Geschwindigkeit, Beschleunigung 1, 2, ... μ^{ter} Ordnung der Masse m; und M, K, $K^{(2)}$, ... $K^{(u)}$ die zugehörige Momentankraft, Kraft 1. O., 2. O., ... μ^{ter} Ordnung, so ist $M = mv$, $K = m\varphi$, $K^{(2)} = m\varphi^{(2)}$, ... $K'' = m\varphi^{(u)}$.

Aus dieser Darstellung der Kräfte ergibt sich, dass das geometrische Bild der Kraft irgend einer Ordnung, ganz ebenso wie das der Beschleunigung einer Strecke ist, wenn wir dabei die Momentankräfte als Kräfte 0ter Ordnung mitzählen.

Da die Strecke bestimmt ist durch Anfangspunkt, Richtung und Länge, so erkennen wir, dass die Kraft bestimmt ist, wenn ihr Angriffspunkt, ihre Richtung und ihre Grösse oder Intensität gegeben sind.

§ 4.

In dem vorigen Paragraphen habe ich absichtlich länger verweilt bei der Darstellung der Grundbegriffe der Mechanik als der einer Naturwissenschaft. War dies wünschenswerth in Hinsicht auf den nächstliegenden Zweck dieses Buches, so erschien es mir nothwendig darum, weil die Mechanik heute weit über die Grenzen der Astronomie und Physik hinaus die feste Grundlage für die gesammte Naturwissenschaft überhaupt geworden ist: ein Entwickprozess der eben erst in seinem aufsteigenden Knoten angelangt scheint und von dem viel zu erwarten steht zum Vortheile unserer Einsicht in die Natur, sowohl im Makrokosmos Welt wie im Mikrokosmos des organischen Seins.

In diesem Paragraphen, welcher von der Zusammensetzung der Bewegungen und der Kräfte handelt werde ich mich auf eine äusserst knappe, fast nur skizzirende Darstellung beschränken können. Denn abgesehen davon, dass eine ausführliche Darstellung den Rahmen einer Einleitung wesentlich überschreiten würde, kann doch auch betreffs dieser Lehren auf Poinsot's klassische Leçons de Statique und auf das grossartige Werk des Herrn Schell verwiesen werden, zwei Werke, deren Studium von jedem der Mechanik treibt, unbedingt zu fordern ist.

Von vorne herein ist klar, dass die Gesetze der Zusammensetzung von Geschwindigkeiten und Beschleunigungen identisch sein werden, mit denen der Zusammensetzung von Kräften.

Denn aus obigem geht hervor, dass die Figur, welche von den auf einen Punkt wirkenden Kräften aller Ordnungen gebildet wird ähnlich und ähnlich liegend ist zu der, welche von den Geschwindigkeiten und Beschleunigungen gebildet wird. Das Aehnlichkeitsverhältniss ist durch die Zahl m gegeben, welche die Masse des Punktes ausdrückt.

Die gleiche Bemerkung gilt offenbar auch für ein System unveränderlicher mit einander verbundener Punkte, oder für ein starres System.

Von diesem starren System wird in den folgenden Kapiteln allein gehandelt werden.

Denken wir uns das ganze System von Masse erfüllt, so

repräsentirt es den starren Körper der Physik. Da es nun aber in der Natur keinen absolut starren Körper gibt, so erhellt, dass wir bei der Beschreibung der Bewegung eines Naturkörpers nach den Gesetzen der starren Bewegung nur eine erste Approximation der wirklichen Bewegung erhalten, die im allgemeinen durch nachträgliche Berücksichtigung der Abweichungen des gegebenen Körpers von dem idealen starren System verbessert werden muss.

Eine der wichtigsten Bemerkungen über das starre System ist die, dass der Angriffspunkt einer auf dasselbe wirkenden Kraft, wegen der starren unveränderlichen Verbindung der Systemtheilchen beliebig in der Richtung der Kraft verschoben werden kann, ohne dass dadurch die Wirkung der Kraft verändert wird.

Die Frage nach der Zusammensetzung von Kräften oder Bewegungen ist gelöst, wenn wir im Stande sind, zwei an einem Punkt angreifende Kräfte, oder zwei demselben ertheilte Geschwindigkeiten oder Beschleunigungen zusammenzusetzen.

Des Vortheils der unmittelbaren Anschauungsmöglichkeit halber führen wir die Betrachtung für zwei Geschwindigkeiten aus. Nach dem früher gesagten gelten die zu erlangenden Resultate auch für Kräfte und Beschleunigungen.

Es ist zunächst klar, dass wenn wir einem Punkte gleichzeitig zwei in derselben geraden Linie liegende Geschwindigkeiten a und b ertheilen, er sich in dieser Geraden mit der Geschwindigkeit $(a+b)$ bewegen wird, wo $(a+b)$ die algebraische Summe der gegebenen Geschwindigkeit bedeutet. Hatten diese gleiche Richtung, so bewegt sich der Punkt auch in dieser Richtung; im andern Falle geht die Bewegung nach der Richtung der grösseren Geschwindigkeit vor sich. Die Geschwindigkeit $(a+b)$ heisst die resultirende Geschwindigkeit aus den beiden Componenten a, b.

Wir machen nun noch die Annahme, dass die Geschwindigkeit $a+b$, welche aus den Geschwindigkeiten a und b bei gleicher Richtung derselben resultirt die grösste Geschwindigkeit ist, welche überhaupt aus a und b resultiren kann; und dass bei entgegengesetzter Richtung von a und b die Geschwindigkeit $a-b$ die kleinste Geschwindigkeit, die aus den Componenten überhaupt resultiren kann.

Dies vorausgesetzt mögen dem Punkte M gleichzeitig die Geschwindigkeiten a, b ertheilt werden, deren Richtungslinien den Winkel w bilden. Die, die Resultante darstellende Strecke, die jedenfalls in der Ebene (a, b) liegt, projiciren wir auf die Richtungslinie von a und nennen die Projection R'.

Fig. 2.

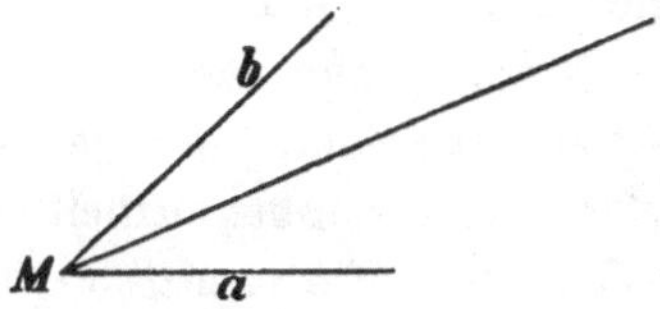

R' ist jedenfalls eine Funktion von a, b, w. Dieser unbekannten Funktion geben wir die Form

$$R' = F(a, b, w) = \varphi(a, b, w) + \psi(a, b, w),$$

und suchen φ und ψ so zu bestimmen, dass sie den Bedingungen genügen:

$$\varphi(a, o) = a, \qquad \psi(b, o) = b,$$
$$\varphi(a, \pi) = a, \qquad \psi(b, \pi) = -b,$$
$$\varphi(a, -\pi) = a, \quad \psi(b, -\pi) = -b.$$

Erinnern wir uns nun der vorhingemachten Annahme, so können wir den Funktionen φ und ψ die Form geben

$$\varphi(a,\ b,\ w) = a(1-\lambda),$$
$$\psi(a,\ b,\ w) = b\cos w(1-\mu),$$

wo

$$\lambda = \frac{\Sigma' g_k(a, b)\sin^{2k} w}{1+\Sigma' h_k(a, b)\sin^{2k} w}, \quad \lambda < 1,$$

$$\mu = \frac{\Sigma' m_k(a, b)\sin^{2k} w}{1+\Sigma' n_k(a, b)\sin^{2k} w}, \quad \mu < 1,$$

und wo die g, h, m, n Funktionen von a, b bezeichnen, die für endliche Werthe von a, b nicht unendlich werden sollen. Ausserdem wird durch den Accent an dem Summenzeichen angezeigt, dass der Index und Exponent k den Werth Null nicht annehmen soll.

Weitere Ergebnisse liefert die Analysis bei der nahezu voraussetzungslosen Stellung der Frage nach der Resultante zweier Geschwindigkeiten nicht.

Die Erfahrung aber lehrt, dass die einfachsten in obiger allgemeiner Form enthaltenen Funktionen φ, ψ das Problem lösen, so dass

$$R' = a + b\cos w$$

d. h. R' ist die Projection der geometrischen Summe von a und b auf die Richtungslinie von a, mit andern Worten:

Die Resultante aus irgend zwei einem Punkte ertheilten Geschwindigkeiten a, b ist gleich der geometrischen Summe von a und b.

Hieraus kann nun in leicht ersichtlicher Weise, durch successive geometrische Summation je zweier Strecken die Resultante beliebig vieler einem Punkte ertheilter Bewegungen oder an demselben angreifender Kräfte ermittelt werden.

Ebenso erkennt man, wie eine Bewegung oder Kraft eindeutig nach drei Richtungen im Raum zerlegt werden kann.

Wenden wir uns nun zu der eigentlichen Aufgabe dieses Paragraphen, der Zusammensetzung der Bewegungen und Kräfte in einem starren System.

Bei dem einfachen materiellen Punkte bestand die Bewegung lediglich in der Ortsveränderung in Bezug auf äussere Objekte. Diese Bewegung, die Translation, finden wir auch beim starren System wieder. Aber es treten hier auch noch Richtungsveränderungen der Systemtheile in Bezug auf feste oder eigenbewegte geometrische Elemente des Systems auf. Diese Richtungsänderungen können wegen des starren Zusammenhangs der Systemtheile nur aus Rotationen um feste oder eigenbewegte Axen bestehen. Man sieht, wie verwickelt der Bewegungszustand eines starren Systems wegen der letzteren Möglichkeit werden kann.

Wir wollen mit der Betrachtung der Rotation beginnen; die Betrachtung der Translation ist hierin sofort eingeschlossen, da wir jede Translation als eine Rotation um eine unendlich weit entfernte Axe ansehen können. Es wird sich auch bald zeigen, dass gerade hierdurch die Darstellung des allgemeinen Bewegungszustandes eines starren Systems bedeutend erleichtert wird.

Dabei beschränken wir uns auf den Fall, in dem die Rotationswinkel oder Amplituden kleine Grössen 1. Ordnung sind.

Um die geometrische und verbale Darstellung zu erleichtern, wollen wir unter dem Ausdruck ein Punkt P erleidet eine Rotation um eine Axe AB mehrere Begriffe zusammenfassen, indem wir durch die Aufeinanderfolge der Endpunkte AB der Strecke AB nicht nur wie immer die positive Richtung dieser Axe bezeichnen, sondern durch diese Reihenfolge auch noch auf den Sinn der Rotation hinweisen. Diesen Sinn bestimmen wir in folgender Weise. Man denke sich auf AB als Axe eine gewöhnliche Schraube mit

Fig. 3.

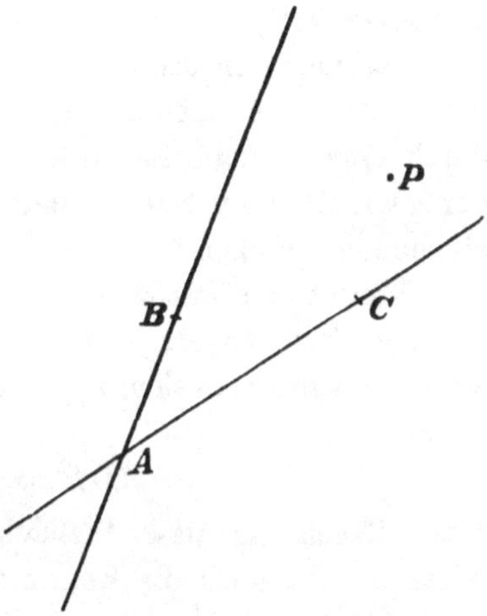

ihrem Kopfe in A aufliegend und mit dieser den Punkt P verbunden.

Unter der Rotation AB ist dann diejenige Rotation verstanden, bei der ein Vorwärtsgehen der Schraube stattfindet. Endlich ist in dem Ausdruck „Rotation AB“ noch der Hinweis auf die Amplitude enthalten, indem die Strecke AB gleich dem Arcus der Amplitude gemacht wird. Ist p der Abstand des Punktes P von der Rotationsaxe, so wird in dem Falle der Figur die Rotation AB den Punkt P um die kleine Strecke $p.AB$ längs der Normalen auf der Ebene ABP unter letztere hinabdrücken. Diese Strecke ist also proportional dem Inhalt des Dreiecks ABP. Es ist leicht einzusehen, dass Rotationen um eine Axe sich algebraisch addiren. Der Bewegungszustand eines Systems wird nicht geändert, durch Hinzufügung zweier gleicher entgegengesetzter Rotationen um eine Axe.

Betrachten wir nun den Fall, dass dem starren System zu dem der Punkt P gehört, zwei Rotationen AB, AC, um sich schneidende Axen ertheilt werden.

Der Effekt der Rotation AB ist schon erwähnt. Die Rotation AC wird ihrerseits den Punkt P um eine Strecke längs der Normalen über die Ebene heraufheben, die proportional ist dem Inhalt des Dreiecks ACP. Der Gesammteffekt wird also in einer Steigung oder Senkung des Punktes P bestehen, deren Betrag proportional ist

$$ABP - ACP.$$

Nach einem bekannten elementar-geometrischen Satze ist diese Differenz aber gleich dem Dreieck

$$ADP,$$

wenn mit AD die von A ausgehende Diagonale des aus AB, AC gebildeten Parallelogramms bezeichnet wird. Dies Dreieck ADP ist aber der durch eine Rotation AD hervorgerufenen Verrückung des Punktes P, normal zur Ebene ADP, proportional. Daraus schliessen wir:

„Erleidet ein starres System zwei Rotationen um sich schneidende Axen, so können diese in ihrer Wirkung ersetzt werden durch eine einzige, die nach Axenlage, Sinn und Grösse gleich ist der geometrischen Summe der beiden, die gegebene Rotation darstellenden Strecken."

Nimmt man mit Möbius auf den Sinn*) der von dem Punkte P mit den Strecken AB, AC, AD gebildeten Dreiecke gehörig Rücksicht, so kann man dem angezogenen elementaren Satze die bessere Form geben

$$ADP = ABP + ACP.$$

Unter Beachtung dieser Gleichung erkennt man, dass der eben bewiesene Satz über die Zusammensetzung von Rotationen für jede Lage des Punktes, relativ zu der gegebenen Axe gültig ist.

Fig. 4.

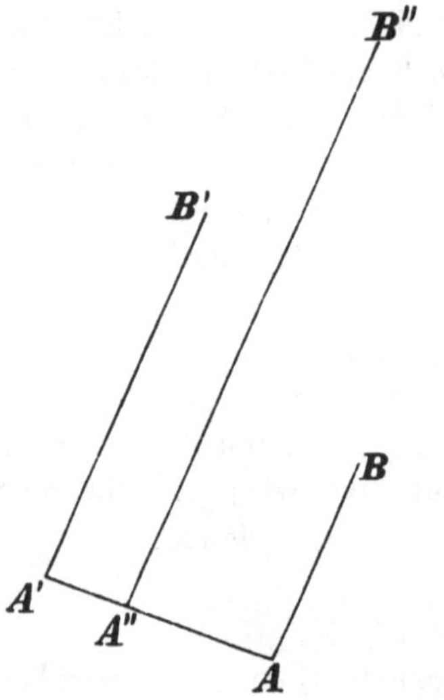

Ertheilt man dem System zwei Rotationen AB, $A'B'$ um parallele Axen, so ist die dadurch erlangte zur Ebene ABP perpendikuläre Verrückung eines beliebigen Systempunktes P wieder gleich der Summe

$$ABP + A'B'P'.$$

Theilt man daher die Strecke $A'A$ im Verhältniss $\frac{AB}{A'B'}$, zieht durch den Theilpunkt A'' eine Parallele zu den gegebenen Axen und macht $A''B'' = AB + A'B'$ (algebraisch), so ist

$$A''B''P = ABP + A'B'P, \text{ d. h.}$$

„Werden einem starren System gleichzeitig zwei Rotationen um parallele Axen ertheilt, so setzen sich diese zusammen zu einer einzigen Rotation, deren Grösse die

*) Die Summe zweier gleichen und ähnlichen Dreiecke ist Null, wenn ihre Perimeter in entgegengesetzten Sinnen durchlaufen werden.

algebraische Summe der gegebenen ist, während die Abstände der Axe der resultirenden Rotation von den gegebenen Axen umgekehrt proportional sind den Grössen der um diese erfolgenden Rotationen.“

Dieser Satz hätte übrigens auch aus dem vorigen abgeleitet werden können.

Betrachten wir nun den besonderen Fall, dass einem starren System zwei gleiche und entgegengesetzte Rotationen um parallele Axen ertheilt werden.

Fig. 5.

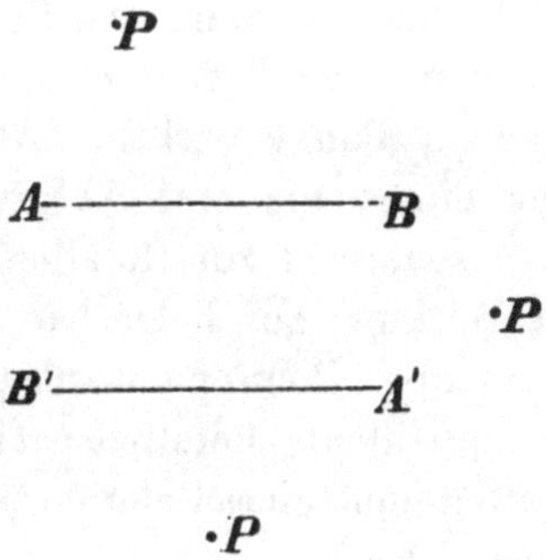

Ein beliebiger Punkt P des Systems in der Ebene der Axen habe von AB den Abstand m, von $A'B'$ den Abstand n, und der Abstand beider Axen sei d. AB drückt den Punkt P um die Strecke $AB.m$ längs der Normalen unter die Ebene hinab, während $A'B'$ den Punkt P um die Strecke $A'B'.n$ emporhebt. Der gemeinsame Effect beider Rotationen besteht also in einem zur Ebene der Axen perpendikularen Herabsinken des Punktes um den Betrag

$$AB.(m-n) = AB.d.$$

Zu demselben Resultat gelangt man für jede beliebige Lage des Punktes P in der genannten Ebene, sodass also durch die vorliegende Rotationsverbindung diese ganze Ebene, mithin das ganze System normal zu dieser Ebene eine Parallelverschiebung erleidet.

Die Verbindung zweier entgegengesetzt gleicher Rotationen von parallelen Axen heisst ein Rotationspaar, der perpendikulare Abstand ihrer Axen der Arm des Paares und das Produkt

$$AB.d$$

das Moment des Paares. Das obige Resultat lässt sich daher so darstellen:

„Ein Rotationspaar ist äquivalent einer Translation, deren Grösse gleich dem Momente des Paares ist, und deren Richtung senkrecht auf der Ebene der Axen steht. Der Sinn dieser Translation ist durch die oben getroffene Uebereinkunft über den Sinn einer Rotation ebenfalls stets bestimmt."

Aus dieser Bedeutung des Rotationspaares schliesst man ohne Schwierigkeit die folgenden Sätze:

„Ein Rotationspaar kann in seiner Ebene beliebig verschoben gedacht werden. Ueberhaupt sind Rotationspaare von gleichem Sinne und gleichen Momente äquivalent, gleichviel ob sie in derselben oder in parallelen Ebenen liegen."

Dabei ist unter der Ebene eines Rotationspaares selbstverständlich die Ebene der Axen des Paares verstanden.

Endlich ist klar, dass Rotationspaare in verschiedenen Ebenen nach denselben Regeln zusammengesetzt werden, wie Kräfte, die in einem Punkt wirken. Auch lässt sich leicht erkennen, dass wenn einem um eine Axe rotirenden starren System eine Translation senkrecht zur Rotationsaxe mitgetheilt wird, dies keine andere Wirkung zur Folge hat, als eine Parallelverschiebung der Rotationsaxe. Denn man substituire für die gegebene Translation das äquivalente Rotationspaar, so hat man die Resultante einer Rotation und eines Rotationspaares zu suchen, deren Axen in einer Ebene liegen.

Fig. 6.

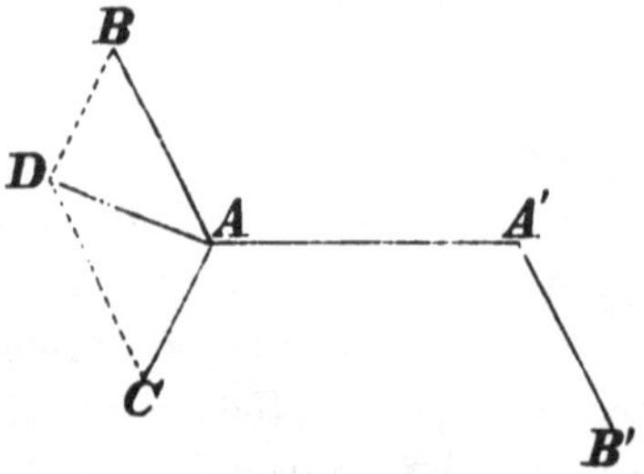

Das Paar lässt sich nach obigem immer in eine solche Lage zur Einzelrotation bringen, wie sie in der Figur gewählt wurde.

Das Paar bestehe aus den Rotationen

$$AB = +r, \quad A'B' = -r;$$

die Einzelrotation sei $AC = R$. Zunächst kann man nach obigem AB und AC zusammensetzen zu der Rotation $\overline{r+R}$ (geometrische Summe) um die Axe AD. Durch abermalige Anwendung des hierin angewandten Satzes wird man nun die beiden Rotationen $\overline{r+R}$ um AD und $-r$ um $A'B'$ zusammensetzen. Die Resultante ist also

$$\overline{r+R-r},$$

also parallel und gleich der Strecke AC. q. e. d.

Die bisherigen Ergebnisse sind hinreichend zur Darstellung des allgemeinsten Bewegungszustandes eines starren Systems.

Betrachten wir ein solches System dem beliebig viele, beliebig gerichtete Translationen und beliebig viele Rotationen um beliebig liegende Axen ertheilt sind.

Wir können sofort wieder Alles auf Rotationen zurückführen, wenn für jede Translation das äquivalente Rotationspaar eingeführt wird.

Alle diese Rotationspaare lassen sich zusammensetzen in ein einziges Paar, dessen Ebene und Moment eindeutig bestimmt sind. Dann ziehen wir durch einen beliebigen Punkt O des Systems Strahlen, welche den Axen der gegebenen Einzelrotationen resp. parallel sind und ertheilen dem System um jeden dieser Strahlen sowohl eine Rotation, welche gleich ist, der um die gegebene parallele Axe stattfindenden, als auch die entgegengesetzt gleiche Rotation.

Der Bewegungszustand des Systems ist dadurch nicht geändert worden. Aber jede gegebene Rotation r ist ersetzt worden durch eine ihr gleiche um eine parallele Axe und durch ein Paar (r, $-r$). Alle diese neuen Paare setzen sich wieder unter sich und mit den schon erhaltenen Paaren zu einem einzigen vollkommen und eindeutig bestimmten Paare zusammen, während die Einzelrotationen um die in dem Punkte O sich schneidenden Axen sich zusammensetzen in eine einzige Rotation, die nach Grösse, Sinn und Axenrichtung gegeben ist durch die geometrische Summe der die Einzelrotationen repräsentirenden Strecken.

Die allgemeinste Elementarverschiebung eines starren Systems wird also repräsentirt durch eine Einzelrotation in Verbindung mit einem Rotationspaar.

Dieses Rotationspaar kann aber wieder zerlegt werden in zwei andere, derart, dass die Axen des einen in einer, übrigens beliebig wählbaren, Ebene mit der Axe der Einzelrotation liegen, während die Axen des anderen senkrecht auf dieser Ebene stehen. Das erste Paar bewirkt nur eine parallele Verschiebung der Axe der Einzelrotation, wie oben gezeigt: das zweite ist äquivalent einer Translation von bekannter Grösse längs der Axe dieser Einzelrotation.

Die allgemeinste Verschiebung eines starren Systems kann daher dargestellt werden durch eine Rotation in Verbindung mit einer Translation parallel der Axe der Rotation. Dies ist aber analog der Bewegung einer Schraube in Bezug auf ihre Axe. Daher:

Die allgemeinste Elementarverschiebung eines starren Systems ist eine helicoidale Bewegung. (Satz von Chasles.)

Man sieht übrigens noch leicht ein, dass auch zwei congruente starre Systeme von endlichem Lagenunterschied im allgemeinen durch eine Rotation in Verbindung mit einer Translation zur Deckung gebracht werden können. Auch diese Bewegung kann auf die canonische Form gebracht werden. (Schell, Mechanik Bd. I, pag. 157.)

Es ist wichtig, dass man nachweisen kann, dass diese einfache canonische Darstellung der allgemeinsten unendlich kleinen Bewegung eines starren Systems eine eindeutige ist, d. h. dass sie unabhängig von der Wahl des beliebigen Punktes O stets auf dieselbe Einzelrotation und dasselbe Paar führen wird.

Nehmen wir an, die dem starren System ursprünglich ertheilten Tranlationen (Rotationspaare) und Rotationen lieferten bei ihrer Zusammensetzung, wenn der Punkt O zu Grunde gelegt wird, die eben erhaltene Einzelrotation R und das Paar G; dagegen bei Zugrundelegung des Punktes O' die Einzelrotation R' und das Paar G'.

Zunächst ist klar, dass R nach Grösse und Richtung von der Wahl des Punktes O immer unabhängig ist. Denn R' ist die geometrische Summe der die gegebenen Einzelrotationen repräsentirenden Strecken und somit unabhängig von dem Anfangspunkt der Zusammensetzung. R und R' sind daher geometrisch gleich und liegen auf parallelen Strahlen.

Kehren wir nun den Sinn von R' und G' um, so muss die Verbindung der durch R, G dargestellten Bewegung mit der durch $-R'$, $-G'$ dargestellten das System in die Anfangslage zurückführen. G und G' als Paare in parallelen Ebenen vereinigen sich zu einem Paare, das wir durch $G-G'$ bezeichnen können, wenn G und G' gleichzeitig die Momente der resp. Paare bedeuten sollen.

Ausserdem haben wir in einer zur Ebene von $(G-G')$ senkrechten Ebene das Paar $(R, -R)$. Das aus diesen beiden Paaren resultirende Paar muss nothwendig verschwinden, da andererseits eine Bewegung des Systems übrig bliebe. Dieses resultirende Paar kann aber, da die Componenten in verschiedenen Ebenen liegen, nur verschwinden, wenn eben diese Componenten jede für sich verschwinden, d. h. es muss sein

$$G = G'$$

und die Axen von R und R' müssen zusammenfallen. q. e. d.

Es sei noch kurz erwähnt, dass jede Elementarverrückung eines starren Systems auch durch zwei Rotationen hervorgebracht werden kann, deren Axen nicht in einer Ebene liegen.

Der Leser wird leicht finden, dass in der That eine Rotation in Verbindung mit einem in einer die Rotationsaxe schneidenden Ebene liegenden Rotationspaare äquivalent ist zwei Rotationen um gekreuzte Axen, wodurch dann sofort obige Behauptung erwiesen ist. An eine eingehende Discussion gerade dieses letzten Satzes lassen sich interessante und wichtige geometrische Theorien knüpfen.

Allein wir würden dadurch den Rahmen dieses Buches zu sehr überschreiten und ich muss mich daher begnügen, den Leser auf den grundlegenden Aufsatz von Moebius „Ueber eine besondere Art dualer Verhältnisse zwischen Figuren im Raume" Gesammelte Werke Band I pag. 491, mit besonderem Nachdruck zu verweisen.

Wir wenden uns zu der Theorie der Zusammensetzung von Kräften, die an einem starren System angreifen.

Zunächst sei ausdrücklich wiederholt, was schon oben erwähnt ist, dass nämlich der Angriffspunkt einer, an einem starren System angreifenden Kraft beliebig in der Richtungslinie der Kraft verschoben werden darf. Diese aus dem Begriff des starren Systems sich ergebende Bemerkung involvirt die andre, dass zwei in derselben Geraden wirkende Kräfte von gleicher Intensität aber entgegengesetzter Richtung zusammen äquivalent Null sind. Ein Kraftsystem wird also nicht geändert, wenn zwei solche Kräfte ihm hinzugefügt werden.

Wir beginnen mit dem einfachsten Fall, in dem zwei in einer Ebene liegende übrigens beliebig gerichtete Kräfte an einem starren System angreifen.

Die Angriffspunkte beider Kräfte können in den Schnittpunkt O der Richtungslinien der Kräfte verlegt werden. Im Punkte O bildet man dann die Resultante von k_1 und k_2, d. i. die geome-

Fig. 7.

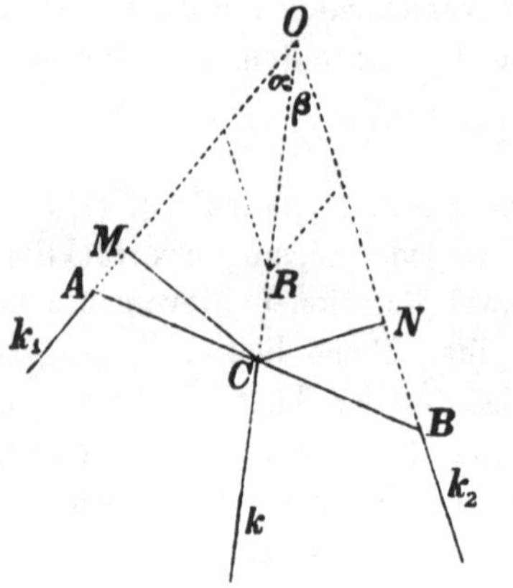

trische Summe

$$OR = \overline{k_1 + k_2} = k.$$

Den Angriffspunkt dieser Resultante kann man dann wieder verlegen in den Schnittpunkt der Richtung OR mit der Verbindungslinie der Angriffspunkte der gegebenen Kräfte.

Richtung, Grösse und Angriffspunkt der Resultante zweier an den Endpunkten einer Strecke angreifender Kräfte sind demnach vollständig bestimmt. Bezeichnen wir noch durch α den Winkel (k_1, k), durch β den Winkel (k, k_2), durch p das Loth CM und durch q das Loth CN, so ist

$$\frac{\sin\alpha}{\sin\beta} = \frac{k_2}{k_1}, \quad \frac{\sin\alpha}{\sin\beta} = \frac{p}{q},$$

woraus

$$p.k_1 = q.k_2.$$

Das Produkt der Intensität einer Kraft in dem senkrechten Abstand der Richtung der Kraft von einem Punkte heisst das Moment der Kraft in Bezug auf diesen Punkt.

Die letzte Gleichung, welche die Gleichheit der Momente der Kräfte k_1, k_2 in Bezug auf den Angriffspunkt ihrer Resultante ausdrückt, ist das sogenannte Hebelgesetz.

Man leitet aus dem eben erhaltenen Resultat leicht dasjenige für den Fall ab, dass die Richtungen von k_1 und k_2 parallel sind. Die geometrische Summe $\overline{k_1 + k_2}$ geht dann über in die algebraische Summe $k_1 + k_2$, wodurch die Grösse der Resultanten gegeben ist; die Richtung derselben ist parallel der Richtung der Componenten, und der Angriffspunkt der Resultanten bestimmt sich durch eine leichte Construction wieder mittelst der Gleichung

$$p.k_1 = q.k_2.\text{*)}$$

*) Die Strecke AB theilt die Ebene, in der die Kraftrichtungen liegen, in zwei Felder. Liegen die Kraftrichtungen in einem und demselben Felde,

Es ist wichtig zu bemerken, dass die Lage des Punktes C auf der Strecke AB unabhängig ist von dem Winkel, den die Richtung der Kräfte mit der Strecke AB macht.

Sind die beiden parallelen Kräfte gleich und gleich gerichtet (geometrisch gleich), so geht die Resultante durch den Mittelpunkt der Strecke AB und ist also gleich $2k$, wenn jede der gegebenen Kräfte gleich k war. Waren aber die Kräfte entgegengesetzt gleich, so rückt der Angriffspunkt ihrer Resultante in den unendlich fernen Punkt der Geraden AB (nämlich in den zum Mittelpunkt von AB harmonisch conjugirten Punktes) und die Intensität der Resultanten verschwindet.

Eine solche Kraftverbindung, die Kräftepaar heisst, ist also keiner endlichen Einzelkraft äquivalent. Sie ist aber auch keineswegs etwa der Null äquivalent, da zwei gleiche entgegengesetzte Kräfte nur dann äquivalent sind, wenn sie in einer Geraden wirken.

Es ergiebt sich somit die Nothwendigkeit, das Kräftepaar als ein besonderes neues Element in die Theorie der Kräfte einzuführen. Dies ist zuerst von Poinsot geschehen (1804), und die eminente Fruchtbarkeit dieser Einführung hat sich in den verschiedenen Schriften Poinsot's, vornehmlich in der „Théorie nouvelle de la rotation des corps“, gezeigt; ganz besonders aber tritt der Werth derselben in Poinsot's „Théorie de la précession des équinoxes“ hervor, die unter die schönsten Arbeiten dieses grossen Geometers zu rechnen ist.

Für die Kräftepaare gelten dieselben Sätze, wie für die oben behandelten Rotationspaare. Allein dies muss besonders bewiesen werden, da die Gültigkeit dieser Sätze hier nicht so geradezu auf der Hand liegt, wie es bei den Rotationspaaren der Fall war. Die das Paar bildenden Kräfte heissen die Seitenkräfte desselben; der senkrechte Abstand der Richtungslinien der Kräfte der Arm des Paares und das Produkt aus diesem Arm in den Absolutwerth der Seitenkräfte das Moment des Paares. Die Seitenkräfte eines Paares bezeichnen wir stets mit k, den Arm desselben mit p, welche Grössen, wenn mehrere Paare betrachtet, zur Unterscheidung mit

---

so liegt der Punkt C zwischen den Punkten A und B, im andern Falle liegt C ausserhalb der Strecke AB auf der dieselbe tragenden Geraden. Bezeichnen wir diesen letzten Punkt mit C'', sind $ABCC'$ vier harmonische Punkte.

Fig. 8.

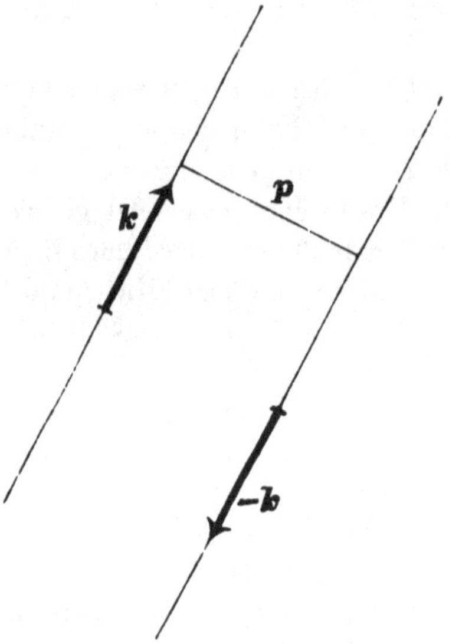

Indices versehen werden. Die Richtungslinien der Seitenkräfte schneiden aus der Ebene einen Streifen aus, dessen Grenzlinien sie sind. Da jede der Seitenkräfte sich selbst äquivalent bleibt, wenn sie in ihrer Richtung verschoben wird, so ist ohne weiteres einzusehen, dass ein jedes Paar auf seinem Streifen beliebig verschoben werden darf und dabei doch stets sich selbst äquivalent bleibt. Es ist noch nothwendig den Sinn eines Kräftepaares zu bestimmen.

Man denke sich die Verbindungslinie der Angriffspunkte der Seitenkräfte als Abscissenaxe; gelangt man dann vom Angriffspunkt der positiven Seitenkraft zu demjenigen der negativen Seitenkraft, indem man in der Richtung der positiven Abscissen vorwärtsschreitet, so wollen wir den Sinn des Paares positiv nennen; im entgegengesetzten Falle negativ.

Da man nun jedes Paar auf seinem Streifen so verschieben kann, dass die Verbindungslinien der Angriffspunkte seiner Seitenkräfte einer gegebenen Richtung parallel wird, so wird man in jedem Falle leicht beurtheilen können, ob zwei in derselben oder in parallelen Ebenen liegende Paare gleichen Sinn haben oder nicht.

Wir wenden uns nun zu einer kurzen Darstellung der Sätze über die Aequivalenz der Paare, wobei wir von dem Grundsatz Gebrauch machen, dass zwei Paare P und P' einander äquivalent sein werden, wenn das Paar P in Verbindung mit dem Paar $-P'$ äquivalent Null ist. Dabei ist unter dem Paar $-P'$ ein Paar verstanden, welches mit dem Paar P' auf demselben Streifen liegt, also gleichen Arm und gleich grosse Seitenkräfte hat, aber entgegengesetzten Sinnes ist, wo sofort offenbar ist, dass P' und $-P'$ zusammen äquivalent Null sind.

Wir betrachten zunächst zwei Paare von gleichem Sinne, gleichen Seitenkräften und gleichen parallel liegenden Armen in derselben oder in parallelen Ebenen.

Fig. 9.

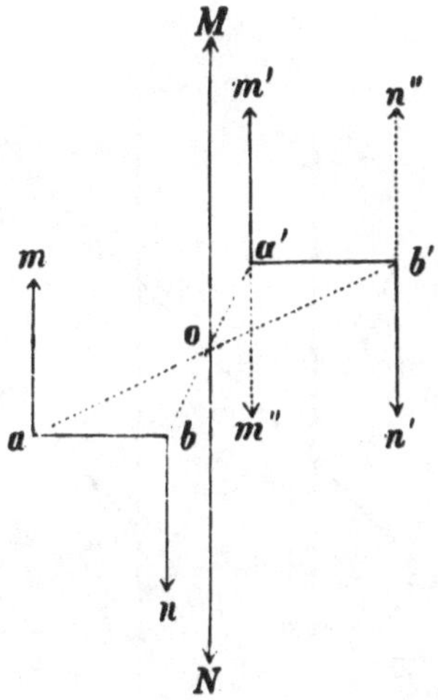

Und zwar mögen der Einfachheit wegen die Paare auf ihren Streifen so verschoben werden, dass die Angriffspunkte der Seitenkräfte in die Endpunkte der Arme fallen. Sodann kehre man den Sinn des Paares (k', $-k'$) um, so wird das Paar ($b'n''$, $a'm''$) in Verbindung mit dem Paare ($a'm'$, $b'n'$) oder (k', $-k'$) äquivalent Null sein. Man ziehe nun die Geraden ab' und ba', die einander in ihrem Schnittpunkt O halbiren. Bildet man dann die Resultante der geometrisch gleichen Kräfte am, $b'n''$ und die Resultante der geometrischen gleichen Kräfte bn und $a'm''$; so liegen diese Resultanten OM, ON auf der durch den Punkt O gezogenen Parallelen zu den Richtungslinien der Seitenkräfte der gegebenen Paare und es ist

$$ON + OM = 0,$$

d. h. das Paar (am, bn) in Verbindung mit dem Paare ($b'n''$, $a'm''$) ist äquivalent Null. Mit Benutzung des angegebenen Grundsatzes folgt somit:

„Zwei Paare von gleichem Sinne, gleichen Seitenkräften und gleichen parallelen Armen in derselben oder in parallelen Ebenen sind einander äquivalent.“

Ein jedes Paar kann daher in seiner Ebene beliebigen Parallelverschiebungen unterworfen und auch parallel zu sich selber in eine parallele Ebene verlegt werden, ohne dass seine Bedeutung sich ändert.

Nehmen wir nun zwei Paare an, die ebenfalls gleichen Sinn, gleiche Seitenkräfte und gleiche Arme haben, deren Arme aber nicht parallel liegen. Die Streifen dieses Paares werden sich in einem Rhombus durchschneiden. Man kehre wieder den Sinn des

Fig. 10.

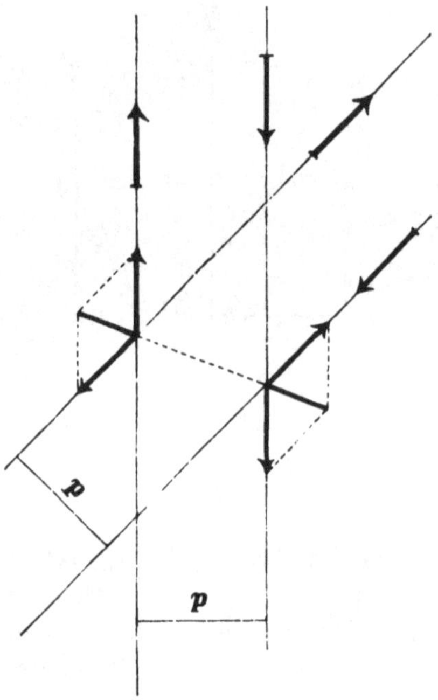

einen Paares um, und verlege die Angriffspunkte der Seitenkräfte des ersten ungeänderten Paares und des umgekehrten zweiten Paares in die Endpunkte einer der Diagonalen des Rhombus. Bildet man dann an jedem dieser beiden Punkte die Resultante der dort wirkenden Kräfte, so liegen beide Resultanten auf der die Diagonale tragenden Geraden und ihre Intenstiäten sind entgegengesetzt gleich, d. h. sie sind zusammen äquivalent Null.

Man schliesst analog wie oben hieraus den Satz:

„Zwei in einer Ebene beliebig zu einander liegende Paare, von gleichem Sinne, gleicher Grösse der Seitenkräfte und gleichen Armen sind einander äquivalent; welcher Satz unter Berücksichtigung des vorigen auch gilt für zwei solcher Paare, die in parallelen Ebenen liegen.“

Betrachten wir endlich zwei in derselben oder parallelen Ebenen liegende Paare von gleichem Sinne und gleichen Momenten. Für diese Paare haben wir also die Bedingung

$$k \,.\, p = k' \,.\, p'.$$

Die Paare werden im allgemeinen nicht so liegen, dass ihre Arme parallel sind, können aber auf Grund obiger Sätze in eine solche Lage gebracht werden.

Nehmen wir an dies sei geschehen, kehren dann den Sinn des einen Paares, etwa von $(k', -k')$ um, und ziehen die Geraden ab' und ba', so werden diese sich auch in dem Falle, dass die Paare in parallelen Ebenen liegen in einem Punkte O schneiden, da nämlich bei dieser Lage der Paare (a, b, a', b') immer vier Punkte einer Ebene sind. Für diesen Punkt O gelten die Gleichungen

$$\frac{Oa'}{Ob} = \frac{p'}{p}, \quad \frac{Ob'}{Oa} = \frac{p'}{p},$$

während

$$\frac{p'}{p} = \frac{k}{k'}$$

Fig. 11.

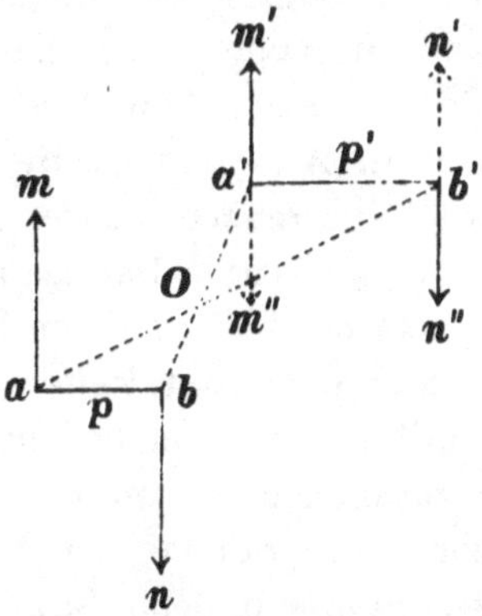

der Punkt O ist also der Angriffspunkt der Resultanten der beiden gleich gerichteten Parallelkräfte bn, $a'm''$ sowohl als auch der Angriffspunkte der Resultanten der beiden gleich gerichteten Parallelkräfte am, $b'n'$. Diese beiden Resultanten liegen auf der durch Null gezogenen Parallelen zu der Richtung der Kräfte. Sie haben gleiche Intensität und sind entgegengesetzt gerichtet; sind also zusammen äquivalent. Daraus ist zu schliessen, dass wir alle bisherigen Ergebnisse zusammenfassen können in dem Satze:

„Zwei Paare in derselben oder in parallelen Ebenen, die gleichen Sinn und gleiches Moment besitzen, sind einander äquivalent.“

Dies ist der wichtigste Satz aus der Theorie der Kräftepaare. Auf ihn stützt sich die Lehre von der Zusammensetzung von beliebig zu einander liegenden Paaren. Liegen zunächst in einer Ebene eine Reihe von Paaren vor, von denen n Paare positiven und m Paare negativen Sinn haben, so transformire man jedes dieser Paare in ein solches, dessen Arm gleich der Längeneinheit ist. Die Länge der Seitenkraft stellt dann zugleich die Grösse des Momentes dar. Nun schiebe man alle Paare auf einen Streifen (von der Breite 1) zusammen. Die n Paare positiven Sinnes setzen sich dann zusammen zu einem einzigen Paare (vom Arme 1), dessen Seitenkräfte gleich der Summe der Seitenkräfte jener n Paare ist; oder wie wir hier auch sagen können, dessen Moment N gleich der Summe der Momente jener ist. Der Sinn dieses Paares ist ebenfalls positiv. Analog setzen sich die m Paare negativen Sinnes zusammen zu einem Paar von negativem Sinn, dessen Moment M gleich der Summe der Momente jener m Paare ist. Die beiden so erhaltenen Paare haben also beide den Arm 1, und ihre Seitenkräfte sind resp. N und M. Sie setzen sich zu einem Paar von demselben Arm und der Seitenlänge $N-M$ zusammen. Der Sinn dieses resultirenden Paares ist positiv oder negativ, je nachdem $(N-M) \gtrless 0$ ist. Daraus folgt zunächst, dass wir das Moment eines Paares von negativem Sinn als eine negative Grösse betrachten können und hiermit weiter:

„Eine Reihe von beliebig in einer Ebene liegenden Paare setzt sich zusammen in ein einziges Paar, dessen Moment gleich der algebraischen Summe der Momente aller gegebenen Paare ist und dessen Sinn mit dem Vorzeichen dieser Summe übereinstimmt."

Der Satz gilt nach früheren auch für Paare in parallelen Ebenen.

Betrachten wir nun zwei Paare, die in zwei nicht parallelen Ebenen liegen. Wir transformiren wieder jedes Paar in ein solches mit dem Arme 1 und verschieben die transformirten Paare in ihren resp. Ebenen so, dass die Arme in der Schnittlinie beider Ebenen zur Deckung kommen.

Fig. 12.

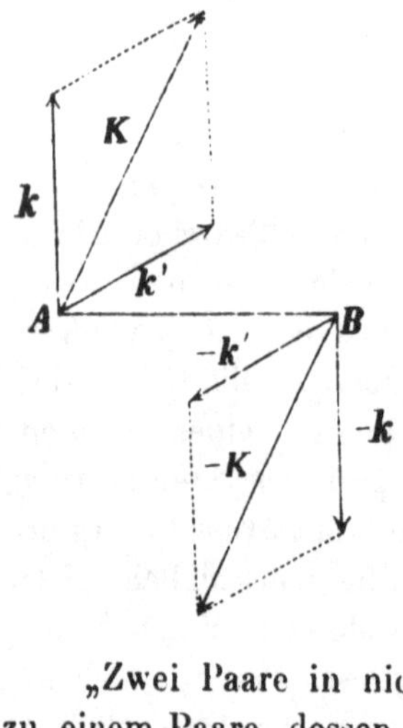

Die in dem Endpunkte A des Armes wirkenden Kräfte k und k' setzen sich zu einer einzigen K zusammen, und die in dem anderen Endpunkt B wirkenden Kräfte $-k$ und $-k'$ haben zu Resultanten eine Kraft $-K$, die der vorigen entgegengesetzt gleich ist und mit ihr in einer Ebene liegt, nämlich in der durch die Kante AB gehenden Diagonalebene des aus den Kanten k, k' und AB gebildeten Parallelepipedes.

K und $-K$ bilden also ein Paar am Arme AB in der genannten Ebene. Daher:

„Zwei Paare in nicht parallelen Ebenen setzen sich zusammen zu einem Paare, dessen Ebene zur Schnittlinie derer der gegebenen

Paare parallel und dessen Moment gleich der geometrischen Summe der Momente der gegebenen Paare ist."

Diese Zusammensetzung ist also ganz analog derjenigen zweier in einem Punkte wirkender Kräfte. Und es ist leicht zu sehen, dass überhaupt Paare sich zusammensetzen wie Kräfte die an einem Punkt wirken; denn man wird diese Zusammensetzung immer durch successive Zusammensetzung zweier Paare bewirken können. Insbesondere wird man sich davon überzeugen, dass die Reihenfolge, in der man die Paare zusammensetzt ohne Einfluss auf das Resultat der Zusammensetzung ist. Indessen ist dieser Nachweis einfach genug zu führen, um dem Leser überlassen bleiben zu können. Bemerkt sei noch, dass die Zusammensetzung der Paare auch aufgefasst werden kann als geometrische Addition von Flächentheilen, bei der bekanntlich die Reihenfolge der Summanden willkürlich ist. Man sehe hierüber in erster Linie Grassmann's lineale Ausdehnungslehre von 1862 Art. 284 nach, sowie auch die im Literaturnachweis angegebenen Schriften von Moebius und Chelini.

Man erleichtert sich die Anschauung betr. die Zusammensetzung der Paare sehr durch die Einführung des „Axenmoments eines Kräftepaares". Errichtet man auf der Ebene eines Paares ein Loth (Axe) und trägt von dem Fusspunkt dieses Lothes aus eine Strecke auf derselben ab, die gleich dem Momente des Paares ist, so heisst diese Strecke das Axenmoment des Paares. Dieses Axenmoment wird auf dem nördlichen Theil der Axe gezählt, wenn das Paar positiven Sinn hat, auf der südlichen, wenn das Paar negativen Sinn hat.

Das Axenmoment kann beliebigen Parallelverschiebungen im Raum unterworfen werden.

Die allgemeine Zusammensetzung der Paare wird geleistet durch die geometrische Addition der Axenmomente: die geometrische Summe einer Reihe von Axenmomenten ist das Axenmoment eines Paares, welches in einer zu ihr perpendikularen Ebene liegt.

Durch die Einführung des Axenmomentes ist eine völlige Analogie in der Vorstellung vom Kräftepaar mit der vom Rotationspaar hergestellt worden, und die obigen Sätze haben die formale

Uebereinstimmung der Lehren von dem Kräftepaar mit denjenigen von dem Rotationspaar ergeben.

Der Grund hiervon ist leicht einzusehen. Das geometrische Bild der Rotation sowohl, wie das der Kraft war uns durch die Strecke gegeben. Und sowohl die die Rotation darstellende Strecke, wie die die Kraft darstellende Strecke durften ohne Bedeutungs-(Wirkungs-)Aenderung in ihrer Richtung beliebig verschoben werden.

Diese mit einer besonderen nicht-geometrischen Bedeutung versehenen Strecken erfüllen also in beiden Fällen die allgemeine geometrische Grundvoraussetzung, dass eine Strecke ohne Bedeutungsänderung in jener Weise verschoben werden darf. Hiermit ist aber die Berechtigung und die Nothwendigkeit gegeben, nicht nur die Einzelkraft und die Einzelrotation wie eine Einzelstrecke, sondern auch das Kraftsystem und das Rotationssystem wie ein Streckensystem anzusehen und zu behandeln.

Es handelt sich somit bei der Theorie des Kräftesystems und der des Rotationssystems um zwei nur verbal verschiedene Auslegungen desselben Grundgebildes. Wir werden darauf zurückzukommen haben.

Indem auf Grund des obigen der Beweis dem Leser überlassen bleibt, stellen wir noch den Satz auf:

„Wenn auf ein starres System beliebig viele, beliebig gerichtete Kräfte wirken (also ein Kräftesystem), so lassen sich diese stets zusammensetzen zu einer Einzelkraft und einem Paare."

Dieses Paar kann zerlegt werden in zwei andere, deren ersteres in einer Ebene liegt, die senkrecht auf der Richtung der Einzelkraft steht, während das zweite in eine Ebene mit der Einzelkraft fällt. Durch letzteres wird aber nichts weiter bewirkt, als dass der Angriffspunkt der Einzelkraft, ohne dass diese ihre Grösse oder Richtung ändere, verschoben wird.

Das Kräftesystem ist daher zurückgeführt auf eine Einzelkraft und ein Paar, dessen Ebene senkrecht steht auf der Richtung der Einzelkraft.

Man beweist leicht, wie in dem analogen Fall bei dem Rotationssysteme, dass diese Reduktion eines Kräftesystems auf die canonische Form eindeutig ist.

Die Gerade, welche bei der canonischen Form Träger der die

Resultante darstellenden Strecke ist, heisst nach Poinsot „Centralaxe des Kräftesystems".

Es ist in Hinsicht auf das folgende Kapitel wünschenswerth, diese Reduktion analytisch darstellen zu können. Wir wollen uns zu diesem Zwecke der sehr eleganten und einfachen Methode bedienen, welche Herr Schell in seiner „Theorie der Bewegung und der Kräfte" (Band I pag. 53) angegeben hat.

Es soll also zunächst die Reduktion eines Kräftesystems für einen beliebigen Punkt O analytisch dargestellt werden.

Wir nehmen zu diesem Zwecke den Punkt O zum Anfangspunkt rechtwinkliger Raumcoordinaten und verlegen die gegebenen Kräfte P parallel zu sich nach diesem Punkte, indem wir daselbst zu jeder Kraft ihre entgegengesetzt gleiche anbringen. Das gegebene Kräftesystem ist dann, wie oben, ersetzt durch die im Punkte O angreifenden Kräfte P und die Paare, die aus den ursprünglich gegebenen Kräften und den im Punkte O angebrachten ihnen resp. entgegengesetzt gleichen gebildet werden.

Betrachten wir die erstere Gruppe und zerlegen jede einzelne im Punkte O angebrachte Kraft P nach den drei Coordinatenaxen, nennen X, Y, Z die resp. Componenten, so ist die Resultante R dieser Kräfte ihrer Grösse nach bestimmt durch

$$R^2 = A^2 + B^2 + C^2,$$

wenn

$$A = \Sigma X, \quad B = \Sigma Y, \quad C = \Sigma Z;$$

und die Richtung von R ist gegeben durch die Cosinus

$$\cos(R, x) = \frac{A}{R}, \quad \cos(R, y) = \frac{B}{R}, \quad \cos(R, z) = \frac{C}{R}.$$

Um nun auch das resultirende Paar der Reduktion zu finden, betrachten wir eines der componirenden Paare. Dieses möge gebildet werden aus der im Punkte (xyz) angreifenden Kraft $+P$ und der im Punkte O angebrachten Kraft $-P$. Das Loth vom Punkte O aus auf die Richtung von $+P$ heisse p, sodass also Pp das Axenmoment des Paares $(P, -P)$ ist. Dieses Axenmoment tragen wir senkrecht zur Ebene seines Paares, dessen Sinn entsprechend, im Punkte O auf und nennen α, β, γ seine Richtungscosinus.

Dasselbe steht also auf der Richtung von P und auf der Geraden r vom Punkte O nach dem Angriffspunkte von P senkrecht. Die Richtungscosinus von P sind $\frac{X}{P}, \frac{Y}{P}, \frac{Z}{P}$, die von r sind $\frac{x}{r}, \frac{y}{r}, \frac{z}{r}$. Somit bestehen die Gleichungen

$$x\alpha + y\beta + z\gamma = 0,$$
$$X\alpha + Y\beta + Z\gamma = 0,$$

woraus

$$\frac{\alpha}{\begin{vmatrix} yz \\ YZ \end{vmatrix}} = \frac{\beta}{\begin{vmatrix} zx \\ ZX \end{vmatrix}} = \frac{\gamma}{\begin{vmatrix} xy \\ XY \end{vmatrix}} = \frac{1}{g},$$

$$\begin{aligned} g^2 &= \begin{vmatrix} yz \\ YZ \end{vmatrix}^2 + \begin{vmatrix} zx \\ ZX \end{vmatrix}^2 + \begin{vmatrix} xy \\ XY \end{vmatrix}^2 \\ &= (x^2+y^2+z^2)(X^2+Y^2+Z^2) - (xX+yY+zZ)^2 \\ &= r^2P^2 - r^2P^2\cos^2(r, P) = r^2P^2\sin^2(r, P). \end{aligned}$$

Es ist aber

$$r\sin(r, P) = p$$

und somit

$$g = Pp,$$

daraus ergiebt sich, dass das Paar $(P, -P)$ zerlegt wird in drei andre, deren Axenmomente den Coordinatenaxen parallel sind und die Werthe haben

$$Pp\alpha = \begin{vmatrix} yz \\ YZ \end{vmatrix}, \quad Pp\beta = \begin{vmatrix} zx \\ ZX \end{vmatrix}, \quad Pp\gamma = \begin{vmatrix} xy \\ XY \end{vmatrix}.$$

Das resultirende Axenmoment G ist die geometrische Summe der Axenmomente der Paare des Systems; seine Componenten L, M, N längs der Coordinatenaxen sind daher die algebraischen Summen $\Sigma Pp\alpha$, $\Sigma Pp\beta$, $\Sigma Pp\gamma$ oder

$$L = \Sigma \begin{vmatrix} yz \\ YZ \end{vmatrix}, \quad M = \Sigma \begin{vmatrix} zx \\ ZX \end{vmatrix}, \quad N = \Sigma \begin{vmatrix} xy \\ XY \end{vmatrix}.$$

Bezeichnen wir noch mit ψ den Winkel (R, G), so ist die Reduktion eines Kräftesystems analytisch dargestellt durch die Gleichungen

$$R^2 = A^2 + B^2 + C^2, \quad G^2 = L^2 + M^2 + N^2,$$

$$A = \Sigma X, \quad L = \Sigma(yZ - zY), \quad \cos(R, x) = \frac{A}{R}, \quad \cos(G, x) = \frac{L}{G},$$

$$B = \Sigma Y, \quad M = \Sigma(zX - xZ), \quad \cos(R, y) = \frac{B}{R}, \quad \cos(G, y) = \frac{M}{G},$$

$$C = \Sigma Z, \quad N = \Sigma(xY - yX), \quad \cos(R, z) = \frac{C}{R}, \quad \cos(G, z) = \frac{N}{G},$$

$$RG \cos\psi = AL + BM + CN.$$

Will man die Reduktion des Systems für einen anderen Punkt $O'(x', y', z')$ finden, so erhält man diese aus den obigen Formeln durch eine einfache Coordinatentransformation, indem an Stelle von xyz die Grössen $x - x'$, $y - y'$, $z - z'$ treten.

Auf die Bildung von R übt diese Transformation keinen Einfluss aus, nur die Componenten des resultirenden Axenmoments ändern sich. An die Stelle von L tritt

$$L' = \Sigma \begin{vmatrix} y - y' & z - z' \\ Y & Z \end{vmatrix} = \Sigma \begin{vmatrix} y & z \\ Y & Z \end{vmatrix} - \Sigma \begin{vmatrix} y' & z' \\ Y & Z \end{vmatrix} = L - \begin{vmatrix} y' & z' \\ \Sigma Y & \Sigma Z \end{vmatrix}$$

$$= L - \begin{vmatrix} y' & z'' \\ B & C \end{vmatrix}$$

und analog erhält man die neuen Componenten M', N'.

Dabei ergiebt sich unter Rücksicht auf einen elementaren Determinantensatz

$$AL' + BM' + CN' = AL + BM + CN;$$

$$\text{d. h.} \quad RG' \cos\psi' = RG \cos\psi.$$

Sei nun $O'(x', y', z')$ ein Punkt der Centralaxe; G' das zugehörige Axenmoment und λ', μ', ν' dessen Richtungscosinus, so ist also

$$L' = L - \begin{vmatrix} y' & z' \\ B & C \end{vmatrix}, \quad M' = M - \begin{vmatrix} z' & x' \\ C & A \end{vmatrix}, \quad N' = N - \begin{vmatrix} x' & y' \\ A & B \end{vmatrix},$$

$$G'^2 = L'^2 + M'^2 = N'^2,$$

$$\frac{\lambda'}{L'} = \frac{\mu'}{M'} = \frac{\nu'}{N'} = \frac{1}{G'} \quad \text{und} \quad \lambda' = \alpha, \quad \mu' = \beta, \quad \nu' = \gamma,$$

wenn α, β, γ die Richtungscosinus von R sind.

Aus den beiden letzten Gleichungsreihen folgt

$$\frac{L'}{A} = \frac{M'}{B} = \frac{N'}{C},$$

welche Doppelproportion ersetzt werden kann durch je zwei der Gleichungen

$$\begin{vmatrix} M' & N' \\ B & C \end{vmatrix} = 0, \quad \begin{vmatrix} N' & L' \\ C & A \end{vmatrix} = 0, \quad \begin{vmatrix} L' & M' \\ A & B \end{vmatrix} = 0.$$

Die erste dieser Gleichungen geht nun mit Rücksicht auf die oben angegebenen Ausdrücke der in ihr enthaltenen Grössen über in

$$B \begin{vmatrix} x' & y' \\ A & B \end{vmatrix} - C \begin{vmatrix} z' & x' \\ C & A \end{vmatrix} = \begin{vmatrix} B & C \\ M & N \end{vmatrix}$$

oder

$$(B^2 + C^2)x' - A(By' + Cz') = \begin{vmatrix} B & C \\ M & N \end{vmatrix}$$

Wird hier die Grösse $A^2 x'$ addirt und subtrahirt, und führt man dieselben Rechnungen bei den andern beiden Gleichungen durch, so erhält man

$$\text{(a)} \quad \begin{cases} R^2 x' - A(Ax' + By' + Cz') = \begin{vmatrix} B & C \\ M & N \end{vmatrix}, \\ R^2 y' - B(Ax' + By' + Cz') = \begin{vmatrix} C & A \\ N & L \end{vmatrix}, \\ R^2 z' - C(Ax' + By' + Cz') = \begin{vmatrix} A & B \\ L & M \end{vmatrix}. \end{cases}$$

Je zwei dieser Gleichungen stellen für x', y', z' als laufende Coordinaten die Gleichungen der Centralaxe dar. Legen wir nun durch den Anfangspunkt der Coordinate O eine Ebene senkrecht zur Centralaxe, so ist deren Gleichung

$$\text{(b)} \qquad Ax + By + Cz = 0.$$

Sind ξ, η, ζ die Coordinaten der Schnittpunkte dieser Ebene mit der Centralaxe, so erhält man aus (a) und (b)

$$\text{(c)} \qquad R^2 \xi = \begin{vmatrix} B & C \\ M & N \end{vmatrix}, \quad R^2 \eta = \begin{vmatrix} C & A \\ N & L \end{vmatrix}, \quad R^2 \zeta = \begin{vmatrix} A & B \\ L & M \end{vmatrix}$$

und die Verbindung von (a) und (c) giebt die Gleichung der Centralaxe in der üblichen Form

$$\frac{x-\xi}{A}=\frac{y-\eta}{B}=\frac{z-\zeta}{C}=\frac{s}{R},$$

wo die Accente an den laufenden Coordinaten weggelassen sind und wo

$$s=\frac{Ax+By+Cz}{R}$$

die Strecke der Centralaxe vom Punkte (ξ, η, ζ) bis zum Punkte (x, y, z) bedeutet.

Die Elemente der canonischen Form eines Kräftesystems sind somit auch analytisch dargestellt. Noch ist zu bemerken, dass hier der Winkel

$$\psi'=(R, G')=0,$$

$$RG'=AL'+BM'+CN'=AL+BM+CN.$$

Da nun sowohl

$$RG\cos\psi=\text{const.},$$

also auch R für alle Reduktionen denselben Werth behält, so sieht man, dass das Axenmoment der canonischen Form das kleinste ist für alle mögliche Reduktionen des Kräftesystems.

Die Bedingungen für die Aequivalenz des Kräftesystems mit Null drücken sich, da R^2 und G^2 Quadratsummen sind, durch die folgenden Gleichungen analytisch aus:

$$A=0, \quad L=0,$$
$$B=0, \quad M=0,$$
$$C=0, \quad N=0.$$

Man sieht dann, dass „Gleichgewicht der Kräfte" herrscht, und hat früher diesen speciellen Fall gesondert behandelt und als Statik bezeichnet, der man die Theorie aller derjenigen Fälle, in denen alle oder wenigstens eine der obigen 6 Grössen von Null verschieden ist, als Dynamik gegenüberstellte; die gleichzeitig im uneigentlichen Sinne zu der Bedeutung Bewegungslehre gelangt ist.

Diese Gegenüberstellung hat man jetzt mit Recht aufgegeben, da sie durchaus unlogisch gewesen ist. Dagegen hat sich seit Ampère und namentlich unter dem Einfluss der Arbeit von

Poinsot und Chasles eine andere Eintheilung der Mechanik herausgebildet.

Man beginnt jetzt in den grossen systematischen Lehrbüchern (Schell, Somoff u. A.) mit der rein geometrischen Betrachtung der Bewegungsvorgänge. Dabei wird denn auch das Bewegte nur geometrisch aufgefasst.

Die bezüglichen Theorien werden unter dem Namen Kinematik zusammengefasst, der ausdrückt, dass hier die Bewegung nur als Zustand betrachtet wird.

Man kann die Kinematik als eine, durch Einführung der Zeit veranlasste Erweiterung der Geometrie bezeichnen. Sie hängt auch aufs innigste mit der Theorie der geometrischen Verwandtschaften zusammen, derart, dass ein Fortschritt auf dem einen Gebiet auch immer dem andern zu gute kommt. Man vergleiche hiezu insbesondere die im Literaturnachweis angeführten Arbeiten des Herrn Mannheim sowie dessen Géométrie descriptive, Paris 1880.

Geht man nun in der theoretischen Mechanik einen Schritt weiter in der Annäherung an die Wirklichkeit, indem man den Begriff der Masse einführt, so entsteht damit auch die Frage nach den Ursachen der Bewegung, wir kommen also zu der Betrachtung der Kräfte. Es schliesst sich somit naturgemäss an die Kinematik an die Theorie der Kräfte und ihrer Aequivalenz oder die Dynamik im eigentlichen Sinne des Wortes. In dieser ist als specieller Fall die Statik enthalten.

Endlich folgt dann die Betrachtung der Bewegung mit Rücksicht auf die wirkenden Kräfte oder die Kinetik.

Das vorliegende Buch wird indessen von dieser systematischen Gliederung keinen Gebrauch machen, da in den vorgetragenen Theorien kinematische und dynamische Sätze aufs engste mit einander verbunden sind.

§ 5.

In diesem Paragraphen möge kurz an den wichtigen Begriff der Arbeit einer Kraft erinnert werden. Unter „Arbeit einer Kraft in Bezug auf eine Elementarverschiebung ihres Angriffspunktes“ versteht man das Produkt aus der Grösse der Verschiebung in die Projektion der Kraftintensität auf die Richtung dieser Verschiebung.

Macht also die Kraft K den Winkel φ mit der Richtung des von ihrem Angriffspunkte beschriebenen Elementarweges, so ist die bezügliche Elementararbeit der Kraft

$$dA = K.\cos\varphi.ds.$$

Diese Arbeit ist positiv oder negativ je nach dem Zeichen vor $\cos\varphi$, und sie wird Null, wenn die Richtung der Kraft senkrecht steht auf ds.

Aus der Theorie der Zusammensetzung der an einem Punkt angreifenden Kräfte zieht man leicht den Satz:

„Die Arbeit der Resultante der an einem Punkt angreifenden Kräfte ist gleich der Summe der Arbeiten der Componenten."

Sind also X, Y, Z die Componenten einer Kraft R nach drei rechtwinkligen Axen im Raum, so ist die Arbeit der Kraft in Bezug auf die Verschiebung ds des Angriffspunktes

$$dA_R = Xds\cos(x, ds) + Yds\cos(y, ds) + Zds\cos(z, ds),$$

aber

$$ds\cos(x, ds) = dx, \quad ds\cos(y, ds) = dy, \quad ds\cos(z, ds) = dz,$$

daher

$$dA_R = Xdx + Ydy + Zdz$$

der aus der analytischen Mechanik bekannte Ausdruck.

Ganz analog haben wir den Satz:

„Ist die Verschiebung ds des Angriffspunktes einer Kraft die Resultante einer Reihe von Verschiebungen, so ist die Arbeit der Kraft in Bezug auf ds gleich der Summe der Arbeiten dieser Kraft in Bezug auf die compinirenden Bewegungen."

Betrachten wir noch den besonderen Fall, dass die Verschiebung des Angriffspunktes einer Kraft K in einer Rotation um eine feste Axe besteht. Der Winkel, den die Kraftrichtung mit dieser Axe macht, sei ψ. Wir zerlegen K in zwei Kräfte, deren eine der Rotationsaxe parallel ist, während die andere in einer durch den Angriffspunkt gehenden, zur Axe senkrechten Ebene liegt. Die erstgenannte Componente steht auf der Verschiebung senkrecht, leistet also in Bezug auf dieselbe keine Arbeit. Die zweite Componente nennen wir P. Die Entfernung des Angriffspunktes von K von der Rotationsaxe möge r sein; dann ist die Verschiebung dieses Punktes

$$ds = r\,da,$$

wenn da die elementare Rotationsamplitude bezeichnet. Dabei steht ds senkrecht auf r. Die Arbeit von P in Bezug auf ds ist nun wieder

$$dA = P\cos(P, ds)\,ds = P\cos\varphi . r\,da.$$

Aber

$$(P, ds) + (ds, r) + (r, P) = 180^\circ, \quad (ds, r) = 90^\circ,$$

folglich

$$r\cos\varphi = p,$$

wenn p den senkrechten Abstand der Rotationsaxe von P bedeutet, oder also die kürzeste Distanz zwischen K und der Rotationsaxe.

Die Arbeit von K in Bezug auf die vorliegende Rotation ist also

$$dA = K\sin\psi . p . da.$$

Die Grösse $K\sin\psi . p$ wird als das Moment der Kraft K in Bezug auf die Rotationsaxe bezeichnet.

Betrachten wir nun ein starres System, so ist sofort klar, dass in Bezug auf Translation ein an dem System wirkendes Kräftepaar keine Arbeit leistet, indem die Arbeiten der Seitenkräfte einander entgegengesetzt gleich sind.

Untersuchen wir, ob und welche Arbeit ein Paar $(K, -K)$ leistet in Bezug auf eine einem starren System ertheilte Rotation da um eine feste Axe. Dabei kann nach § 4 die Lage des Paares immer so angenommen werden, dass sein Arm senkrecht auf der Rotationsaxe steht. Wir zerlegen das gegebene Paar in zwei andere, deren eines in einer zur Rotationsaxe parallelen Ebene wirkt, das also keine Arbeit leistet in Bezug auf da; während das zweite componirende Paar in einer zur genannten Axe senkrechten Ebene liegt. Dieses Paar besteht also aus den Seitenkräften

$$P = K\sin\psi, \quad -P = -K\sin\psi,$$

wenn wir uns in den Bezeichnungen an das obige anschliessen. Nun möge P um die Strecke x, und $-P$ um die Strecke $(x-k)$ von der Rotationsaxe abstehen, wo k den Arm des gegebenen Paares bedeutet. Dann ist nach obigem die Arbeit des Paares gegeben durch

$$dA = K\sin\psi . x da - K\sin\psi . (x-k) da,$$

$$dA = Kk\sin\psi da.$$

Ist das Axenmoment des Paares parallel der Rotationsaxe, so ist $\psi = 90^{\circ}$, also

$$dA = Kk . da.$$

Das wesentliche Maass der Arbeit eines Kräftepaares ist sein Moment.

Da sowohl Kräftepaare, als auch Rotationen hinsichtlich ihrer Zusammensetzung denselben Gesetzen folgen, wie Einzelkräfte, so schliessen wir die den oben gegebenen analogen Sätze:

„Ist ein Kräftepaar aus mehreren anderen zusammengesetzt, so ist seine Arbeit in Bezug auf eine Rotation gleich der Summe der Arbeiten der Componenten in Bezug auf diese Rotation."

„Ist eine Rotation die Resultante mehrerer anderer Rotationen um sich schneidende Axen, so ist die Arbeit eines Kräftepaares in Bezug auf die resultirende Rotation gleich der Summe der Arbeiten des Paares in Bezug auf die componirenden Rotationen."

§ 6.

Mit der Kenntniss des Begriffs der Arbeit lässt sich auch ein allgemeines Princip der Mechanik, auf welches Lagrange seine Mécanique analytique aufgebaut hat, leicht formuliren.

Wenn nämlich die an einem starren Punktsysteme angreifenden Kräfte für keine der für ihre Angriffspunkte möglichen Verschiebungen Arbeit leisten, so bleibt offenbar das System in Ruhe, oder die Kräfte stehen im Gleichgewicht.

Dies ist das Princip der virtuellen Verschiebungen oder virtuellen Geschwindigkeiten. Seinen analytischen Ausdruck findet man nach obigem leicht:

$$\Sigma(X\delta x + Y\delta y + Z\delta z) = 0,$$

wo durch das Variationszeichen δ virtuelle Verschiebungen bezeichnet sind; also solche, die überhaupt mit den geometrischen Bedingungen des Punktsystems vereinbar sind. Für eine wirklich eintretende, actuelle, Verschiebung bleibt das Zeichen d vorbehalten.

Das Princip der virtuellen Verschiebungen ist durch d'Alembert auch zur Grundlage der Kinetik gemacht worden durch die Betrachtung der sogenannten „verloren gegangenen" Kräfte. Denken wir uns ein starres System bestehend aus den Punkten m, m', m'' etc., wo die m auch gleichzeitig die Massen der betr. Punkte bedeuten sollen. An diesen Punkten mögen nun resp. die Kräfte P, P', P'' etc. angreifen. Es ist nun klar, dass irgend ein beliebiger dieser Punkte, etwa m, sich, wegen seiner starren Verbindung mit allen anderen Systempunkten, unter dem Einfluss der Kraft P jetzt anders bewegen wird, als wenn er frei wäre und diese Kraft wirkte auf ihn. Insbesondere wird seine wirkliche Beschleunigung nach Richtung und Grösse verschieden sein von der, die er als freier Punkt unter dem Einfluss von P annehmen würde. Und es kommt also nur die in die Richtung der wirklichen Beschleunigung fallende Componente zur Wirkung, während die andere Componente durch die Verbindungen der Systempunkte compensirt wird, also in der That für die Bewegung verloren geht.

Denken wir uns sowohl die wirkliche Bewegung von m, als auch diejenige, die es unter dem Einflusse von P annähme, wenn es frei wäre, nach drei rechtwinkligen Axen im Raume zerlegt. Die Componenten von P nach diesen Axen seien resp. X, Y, Z, also die entsprechenden Componenten der Beschleunigung, die der Punkt m als freier Punkt annähme $\frac{1}{m}X$, $\frac{1}{m}Y$, $\frac{1}{m}Z$. Die Componenten der wirklichen Beschleunigung von m sind resp. $\frac{d^2x}{dt^2}$, $\frac{d^2y}{dt^2}$, $\frac{dz^2}{dt^2}$. Verloren geht die geometrische Differenz der Kräfte $m\varphi$ und P,

$$\overline{m\varphi - P},$$

wo φ die ganze wirkliche Beschleunigung von m bedeutet. Die Componenten dieser verloren gegangenen Kraft nach den drei Axen sind:

$$m\frac{d^2x}{dt^2} - X, \quad m\frac{d^2y}{dt^2} - Y, \quad m\frac{d^2z}{dt^2} - Z.$$

Analog erhält man die Ausdrücke der verloren gegangenen Kräfte für die anderen Punkte des Systems. Die Gesammtheit aller dieser

Kräfte bleibt ohne Wirkung auf die Bewegung des Systems, leistet also in Bezug auf eine beliebige virtuelle Verschiebung des Körpers keine Arbeit, d. h. wir haben

$$(A) \quad \Sigma\left\{\left(m\frac{d^2x}{dt^2}-X\right)\delta x+\left(m\frac{d^2y}{dt^2}-Y\right)\delta y+\left(m\frac{d^2z}{dt^2}-Z\right)\delta z\right\}=0.$$

Diese specielle Anwendung des Princips der virtuellen Verschiebungen heisst das d'Alembert'sche Princip.

Die hier auftretenden Variationen δx, δy, δz; $\delta x'$, $\delta y'$, $\delta z'$ etc. sind nicht von einander unabhängig. Denn der Umstand, dass Punkte überhaupt zu einem System verbunden sind, findet seinen analytischen Ausdruck in dem Bestehen von Bedingungsgleichungen zwischen den Coordinaten dieser Punkte, die nur dann die unabhängige Bestimmung einer Coordinate gestatten, wenn die Anzahl aller Bedingungsgleichungen übereinstimmt mit der Anzahl aller Coordinaten. Die Bedingungsgleichungen können im allgemeinen auch noch die Zeit enthalten. Wir werden diesen Fall indess nicht explicite betrachten, da er bei dem starren Systeme nicht eintritt.

Seien

$$f=c, \quad \varphi=c_1, \quad \ldots$$

die Bedingungsgleichungen eines starren Systems, so bestehen für die Variationen δ immer die Gleichungen:

$$(B) \quad \begin{cases} \Sigma\left(\frac{\partial f}{\partial x}\delta x+\frac{\partial f}{\partial y}\delta y+\frac{\partial f}{\partial z}\delta z\right)=0, \\ \Sigma\left(\frac{\partial \varphi}{\partial x}\delta x+\frac{\partial \varphi}{\partial y}\delta y+\frac{\partial \varphi}{\partial z}\delta z\right)=0, \\ \quad\vdots \qquad\qquad\qquad \vdots \end{cases}$$

Die Anzahl der δx, δy, δz ist nun $3n$, wenn das System aus n Punkten gebildet wird. Bestehen also m Bedingungsgleichungen, so kann man mit deren Hülfe m Variationen aus der Gleichung (A) eliminiren und die übrig bleibenden $3n-m$ sind dann von einander unabhängig. Die linke Seite der so umgestalteten Gleichung (A) kann dann nur Null werden, wenn jeder Summand Null wird; d. h. die Coefficienten der übrig gebliebenen Variationen sind jeder für sich gleich Null. Man erhält also $3n-m$ Gleichungen, die zur Darstellung der $3n-m$ unabhängigen Coordinaten hinreichend sind; d. h. die erhaltenen Gleichungen sind die Differentialgleichungen der Bewegung des Systems.

Die angedeutete Elimination bewirkt man auf die Weise, dass man die Gleichungen (B) resp. mit Factoren λ, μ, ... multiplicirt und von (A) substrahirt. Die so aus (A) entstandene Gleichung heisse (A'). Die Multiplicatoren sind nun so zu bestimmen, dass die Coefficienten von m der Variationen δx, δy, δz, in (A') identisch verschwinden. Durch Nullsetzen der Coefficienten der übrig bleibenden $3n-m$ Variationen ergeben sich dann die Differentialgleichungen der Bewegung. Das Verfahren wird sich also so gestalten, dass man die Coefficienten sämmtlicher $3n$ Variationen in (A') gleich Null setzt, aus diesen $3n$ Gleichungen die m Grössen λ, μ, ... eliminirt und so die $3n-m$ Differentialgleichungen der Bewegung des Systems erhält.

Man führt indessen diese Elimination nicht praktisch aus, sondern behält sich dieselbe vor und lässt die m Grössen λ, μ, ... in den Gleichungen der Bewegung stehen, sodass diese also lauten:

$$(C)\qquad \begin{cases} m\dfrac{d^2x}{dt^2} = X+\lambda\dfrac{\partial f}{\partial x}+\mu\dfrac{\partial \varphi}{\partial x}+\cdots \\ m\dfrac{d^2y}{dt^2} = Y+\lambda\dfrac{\partial f}{\partial y}+\mu\dfrac{\partial \varphi}{\partial y}+\cdots \\ m\dfrac{d^2z}{dt^2} = Z+\lambda\dfrac{\partial f}{\partial z}+\mu\dfrac{\partial \varphi}{\partial z}+\cdots \end{cases}$$

und analoge drei Gleichungen für jeden der übrigen $(n-1)$ Systempunkte.

Dabei bedeuten λ, μ, ... in allen $3n$ Gleichungen dieselben m Grössen.

Dies sind Lagrange's Gleichungen der Bewegung eines durch beliebige Bedingungen gebundenen Systems.

Für die thatsächliche Bestimmung der Multiplicatoren verweisen wir auf Herrn Kirchhoff's Mechanik und auf Jacobi's Vorlesungen über Dynamik (herausgegeben von Lottner).

Wir haben hier die Gleichungen (C) aus (A) hergeleitet. Man sieht leicht, dass auch der umgekehrte Weg hätte gegangen werden können, wie es auch in der That bei Herrn Kirchhoff geschieht.

Aus (C) oder (A) erhält man (unter Voraussetzung, dass die

Zeit in den Bedingungsgleichungen nicht vorkommt)

$$\Sigma\left(m\frac{d^2x}{dt^2}dx + m\frac{d^2y}{dt^2}dy + m\frac{d^2z}{dt^2}dz\right) = \Sigma(Xdx + Ydy + Zdz),$$

woraus durch Integration zwischen den Grenzen t_0 und t folgt

$$\text{(D)} \qquad \Sigma\tfrac{1}{2}mv^2 - \Sigma\tfrac{1}{2}mv_0^2 = \int_{t_0}^{t}\Sigma(Xdx + Ydy + Zdz),$$

wo v die Geschwindigkeit eines Systempunktes zur Zeit t, v_0 dieselbe Geschwindigkeit zur Zeit t_0 bedeutet, und wo also die Summation über alle Punkte des Systems zu erstrecken ist.

Die Grösse $\Sigma\frac{1}{2}mv^2$ heisst die kinetische Energie des Systems. $\Sigma(Xdx + Ydy + Zdz)$ ist die Elementararbeit der wirkenden Kräfte in Bezug auf die elementaren Verschiebungen ihrer Angriffspunkte. Wir wollen nun auch von der Arbeit einer Kraft in Bezug auf eine endliche Verschiebung reden, indem wir als solche die Summe (das Integral) aller Elementararbeiten definiren, welche von der Kraft geleistet werden in Bezug auf alle die elementaren Verschiebungen, aus denen sich die endliche Bewegung zusammensetzt.

Gleichung (D) besagt dann, dass die Zunahme an kinetischer Energie, welche das System in dem Intervall $t - t_0$ erfährt, gleich ist der von den wirkenden Kräften in diesem Intervall geleisteten Arbeit.

Die rechte Seite von (D) wird integrabel, wenn sich eine Function U so angeben lässt, dass

$$X = \frac{\partial U}{\partial x}, \quad Y = \frac{\partial U}{\partial y}, \quad Z = \frac{\partial U}{\partial z} \quad \text{u. s. w.}$$

Bezeichnet man dann noch die kinetische Energie mit T, so ist, wenn die Zeit in U nicht explicite vorkommt,

$$T - T_0 = U - U_0$$

oder

$$T = U + \text{const.}$$

Die Function U heisst die Kräftefunction oder auch das Potential der an dem System angreifenden Kräfte. Ist U eine eindeutige Funktion, so folgt aus der letzten Gleichung, dass, wenn das System in eine Position zurückkehrt, die es bereits einmal einnahm, die kinetische Energie auch genau den damaligen Werth wieder erhält.

Diesen Satz nennt man den Satz von der Erhaltung der Energie. Und ein System, für welches dieser Satz gilt, heisst ein dynamisch conservatives System. In einem solchen System ist also die continuirliche Erzeugung von kinetischer Energie unmöglich.

Im Falle eines conservativen Systems wird die Funktion

$$-U = -\int_{t_0}^{t} \Sigma(X dx + Y dy + Z dz)$$

auch als potentielle Energie des Systems zur Zeit t bezeichnet. Nennen wir sie P, so lässt sich die Gleichung der Erhaltung der Energie auch so schreiben

$$T + P = \text{const.}$$

$T+P$ nennt man auch die totale Energie des Systems, die also constant bleibt.

Für ein eingehendes Studium der Theorie der Energie verweisen wir auf die Natural Philosophy der Herren Thomson und Tait, und insbesondere auf Herrn F. Neumann's Einleitung in die theoretische Physik (Kapitel IV).

§ 7.

Nachdem wir die Hülfsmittel kennen gelernt haben, mit denen wir operiren wollen, ist es nun auch möglich, eine Definition zu geben von der Aufgabe der Mechanik.

Und zwar wollen wir die Aufgabe der Mechanik finden in der Beschreibung der Bewegungen nach ihrer Individualität und nach ihrem Zusammenhang untereinander. Diese Definition ist in succincterer Form von Herrn Kirchhoff aufgestellt worden. Ich habe absichtlich eine etwas breitere Fassung gewählt, da die Kirchhoff'sche Definition leicht bei dem Anfänger den Irrthum erwecken kann, als ob mit einer (im allgemeinen Sinne) graphischen Beschreibung der Bewegungen alles gethan wäre in der Mechanik. Wenn wir aber die Bewegungen zu beschreiben suchen, auch nach ihrem Zusammenhang untereinander, so ist auch dem Causalitätsbedürfniss innerhalb der uns nun einmal gezogenen Grenzen völlig genügt.

In dieser Hinsicht dürfte auf die Entdeckungsgeschichte des Neptun zu verweisen sein, die neuerdings durch Herrn Tissérand im Annuaire du Bureau des Longitudes pour l'an 1885 eine schätzenswerthe Darstellung gefunden hat.

Die Beschreibung der Bewegungen soll eine vollständige sein und sie soll mit den jederzeit einfachsten uns zur Verfügung stehenden Mitteln geschehen.

Die erste Bedingung ist selbstverständlich. Die andere Bedingung aber, die Bewegungen einfach zu beschreiben, wird trotz ihrer Nothwendigkeit immer nur relativ erfüllt werden können, indem sie von dem augenblicklichen Stand unserer mathematischen Kenntnisse in erster Linie abhängig ist.

Die Geschichte der Astronomie und Physik liefern manche Beispiele hierfür.

Kapitel II.

Specielle Fundamentalbegriffe.

Windungen und Dynamen.

§ 1.

Die Kinetik starrer Systeme (oder Körper) hat sich zunächst mit dem Probleme zu beschäftigen:

„Ein starrer Körper steht unter der Einwirkung bestimmter Kräfte und ist ausserdem gewissen seine Bewegung einschränkenden, modificirenden Bedingungen unterworfen. Man soll die Lage dieses Körpers für jeden Augenblick eines bestimmten Zeitabschnittes angeben."

Diese Aufgabe muss so gelöst werden, dass, wenn irgend eine, aber bestimmte, Lage des Körpers als dessen Anfangslage angesehen wird, es möglich ist, irgend eine einer anderen Epoche zukommende Lage des Körpers aus jener ersten abzuleiten.

Es handelt sich also zunächst darum eine Methode zu finden, vermöge deren sich in einfacher und vollkommener Weise eine Lage des Körpers auf eine andere, als Fundamentalposition angenommene beziehen lässt.

Wenn es sich um einen einfachen Punkt handelt, so ist die Sache leicht genug. Denn die natürlichste Art und Weise um den Ort eines Punktes *P* in Bezug auf einen Fundamentalpunkt *A* zu beziehen ist doch immer die, dass man sich die gerade Linie vergegenwärtigt, längs welcher ein Punkt fortschreiten muss, um von *A* nach *P* zu gelangen. Um die Vorstellung vollkommen zu machen, muss dann noch die Zeit angegeben werden, innerhalb deren der genannte Weg durchlaufen worden ist.

Handelt es sich dagegen um ein starr verbundenes System von Punkten, also um einen Körper, so muss man mit Poinsot zugeben, dass wir a priori durchaus keine Anschauung von dem Vorgang der Bewegung eines solchen Systems besitzen. Wir können uns unendlich viele Arten denken, auf die das System aus einer Lage in eine andere, auch wenn dies eine Nachbarposition ist, gelangen kann. Alle diese Uebergangsarten sind möglich.

Wenn es sich aber darum handelt, die Bewegung eines starren Systems wissenschaftlich zu beschreiben, so müssen wir unter allen diesen möglichen Uebergängen denjenigen aussuchen, der, nach unserem Wissen, der einfachste ist und der gleichzeitig die Bedingung erfüllt, den Vorgang vollkommen und eindeutig darzustellen.

Den beiden letzten Forderungen kommt der im I. Kapitel entwickelte Satz von Chasles in völlig genügendem Maasse entgegen. Der Absicht, die Bewegung des Systems so einfach, als uns möglich, zu beschreiben, entsprechen wir durch die Festsetzung, dass die in irgend einem Momente des betrachteten Zeitintervalles stattfindende Elementartranslation zur Gesammttranslation in demselben Verhältniss stehen soll, wie die in dem gleichen Momente stattfindende Elementarrotation zu der Gesammtrotation. Es kommt dies also darauf hinaus, dass wir annehmen, dass während des vorliegenden Zeitintervalles die Translationsgeschwindigkeit ein constantes Verhältniss zur Rotationsgeschwindigkeit beibehalte.

Während also der Chasles'sche Satz die allgemeinste Bewegung eines starren Systems nur generell als eine helicoidale beschreibt, ist nach der obigen Festsetzung die Bewegung des Systems genau dieselbe, als ob es fest verbunden sei mit einer längs ihrer Schraube*) bewegten Schraubenmutter; wobei diese Schraube völlig bestimmt ist hinsichtlich ihrer Lage im Raume und der Anzahl ihrer Züge auf die Längeneinheit.

Um nun die so erlangte Vorstellung verwerthen und mathematisch zum Ausdruck bringen zu können, führen wir den Begriff des Parameters einer Schraube ein.

Wir wollen unter dem Parameter einer Schraube diejenige geradlinige Strecke verstehen, um welche eine längs ihrer Schraube sich bewegende Schraubenmutter vorwärtsschreitet, wenn sie gleichzeitig sich um einen Winkel dreht, dessen Bogen gleich der Einheit des Bogenmaasses ist.

Der Parameter ist also eine Liniengrösse, eine Strecke.

Der zunächst sich darbietende Vortheil dieser Festsetzung besteht darin, dass man die einen beliebigen Drehungswinkel entsprechende Translationsstrecke der Schraubenmutter erhält, wenn man den in Bogenmaass ausgedrückten Drehungswinkel mit dem Parameter multiplicirt.

Andererseits ist es uns aber nun auch möglich den Begriff der Schraube, mit dem wir bisher immer nur als mit einem gewissermaassen physischen Hilfsmittel für die Anschauung operirten, in abstracter für die spätere theoretische Anwendung verwendbaren Weise zu definiren.

Und zwar können wir eine Schraube definiren, als eine gerade Linie im Raume, der eine bestimmte lineare Grösse, der Parameter, associirt ist.

Wir werden die Schrauben stets durch kleine griechische Buchstaben bezeichnen. Dabei muss aber beachtet werden, dass es sich hier wirklich nur um eine Bezeichnung, um ein Symbol handelt. Denn eine Schraube ist keine arithmetische Grösse. Wenn daher von einer Schraube α die Rede ist, so kann dies α nie in eine der analytischen Relationen, welche wir finden werden, ein-

*) Dies Wort im alltäglichen Sinne genommen.

treten. Dieses α ist ein Zeichen, unter welchem alles zusammengefasst ist, was in dem Begriff der Schraube enthalten. Es sind aber fünf Grössen nöthig, um eine Schraube (geometrisch oder analytisch) genau zu bestimmen: vier Grössen erfordert die Bestimmung einer Raumgeraden, und um eine Gerade im Raume als Schraube ansehen zu können, müssen wir noch eine fünfte Grösse, den Parameter, hinzunehmen.

Den Parameter werden wir stets durch ein kleines lateinisches p bezeichnen und einen Index zum Hinweise auf die Schraube hinzufügen, der der Parameter angehört. Es wird also p_α der Parameter der Schraube α sein.

Für die Anwendung ist zu bemerken, dass der Parameter die Maasszahl einer Strecke ist.

§ 2.

Von fundamentalerer Wichtigkeit noch, als die Annahme des oben gegebenen Begriffs der Schraube, ist die Einführung zweier Begriffe, deren einer der Kinematik des starren Systems angehört, während der andere in der Dynamik seinen Platz findet.

Man hat vor dem Erscheinen der grossartigen Forschungen Herrn R. Ball's stets daran festgehalten, die allgemeine Bewegung eines starren Systems zu zerlegen in eine Translation und eine Rotation. Man hat diese beiden, wie ich sagen will, kinematischen Elemente, die im allgemeinen nicht in einander übergeführt werden können, in den mechanischen Untersuchungen auch stets in ihrer Heterogeneität nebeneinander bestehen lassen.

Es war dies eine Betrachtungsweise, welche ich der alten Behandlung der realen und imaginären Zahlen gewissermaassen als Analogon zur Seite stellen möchte. Wie nun auf diesem Gebiete der Arithmetik die moderne Mathematik die bedeutsamsten Fortschritte gemacht hat durch die Verbindung beider Zahlenarten zu einer einzigen Zahlenart, derjenigen der complexen Zahlen, so ist auch für die Mechanik das gleiche zu hoffen durch consequentes Befolgen des Gedankens des Herrn Ball, die beiden bei der Bewegung eines starren Körpers auftretenden heterogenen kinematischen Elemente zu einem einzigen zu verbinden, welches sich zugleich streng anlehnt an den oben gegebenen Begriff der Schraube.

Das neue kinematische Element wollen wir als Windung bezeichnen. Um den Contact mit der älteren Vorstellung strenge herzustellen, definiren wir:

Ein Körper erfährt eine Windung um eine Schraube, wenn er um dieselbe gedreht wird, während er gleichzeitig parallel zu derselben verschoben wird um eine Strecke, welche gleich ist dem Producte aus dem Parameter der Schraube und dem Bogenmaass des Drehungswinkels.

Wir können somit dem kinematischen Fundamentalsatze des I. Kapitels die folgende Form geben:

„Die canonische Form, auf welche die Bewegung eines starren Systems stets gebracht werden kann, ist eine Windung um eine Schraube.“

Mit diesem Begriff der Windung werden wir also hinfort operiren als mit einem homogenen, einzigen Begriff.

Es wird sich weiter unten zeigen, dass, wenn ein Körper mehrere Windungen nach einander ausführt, seine endgültige Lage stets auch durch eine einzige Windung hätte erreicht werden können. Diese letztere Windung werden wir als die resultirende Windung bezeichnen.

Wie wir im I. Kapitel gesehen haben, gilt der Chasles'sche Satz über die Bewegung eines starren Systems auch in jedem Momente der Zeit, während welcher die Bewegung stattfindet. In jedem Zeitelemente erfährt also der Körper eine Windung um eine bestimmte, für dieses Element vorhandene, Schraube. Wir wollen eine solche Schraube, um die der Körper in einem bestimmten Augenblicke eine Windung (Elementarwindung) ausführt, eine instantane Schraube nennen.

Für die Dynamik haben wir einen Satz von Poinsot, welcher dem Chasles'schen kinematischen Satz analog ist, bereits im I. Kapitel entwickelt. Betreffs des Inhaltes dieses Poinsot'schen Satzes gilt ganz dasselbe, was wir oben über den Chasles'schen Satz gesagt haben.

Kräftepaare und Einzelkräfte sind nicht auf einander reducirbar; es sind wiederum heterogene Elemente.

Wir werden demnach auch in der Dynamik an Stelle dieser beiden heterogenen Elemente ein einziges aus ihrer Verbindung entstandenes einführen. Der Poinsot'sche Satz führt die Reduction eines an einem starren Körper wirkenden Kräftesystems dahin aus, dass dasselbe auf eine vollständig bestimmte Einzelkraft und ein vollständig bestimmtes in einer zu der Einzelkraft senkrechten Ebene wirkendes Paar zurückgeführt wird.

Diese Zerlegung des Gesammtresultats der Reduction eines Kräftesystems wollen wir nicht adoptiren, sondern die Verbindung von Kraft und Paar als dynamisches Element einführen und als Dyname bezeichnen.

Wie man aus Kapitel I leicht entnimmt, ist der Quotient, welchen man bei der Reduction eines Kräftesystems erhält, indem man das Moment des Kräftepaares durch die Einzelkraft dividirt, eine Liniengrösse. Wenn daher die Grösse der Einzelkraft gegeben ist, so erübrigt zur vollständigen Definition einer Dyname nur noch die Angabe der Lage einer Geraden, nämlich der Richtungslinie der Einzelkraft, und einer gewissen Liniengrösse als des oben erwähnten Quotienten.

Hieraus ersieht man, dass auch der Begriff der Dyname sich an jenen der Schraube anlehnen lässt. Wir werden somit den Ausdruck „Dyname an einer Schraube“ anwenden und darunter verstehen: eine längs der Schraube wirkende Kraft und ein in einer zur Schraube senkrechten Ebene wirkendes Paar, dessen Moment gleich ist dem Producte aus der Kraft in dem Parameter der Schraube.

Dann lässt sich der Poinsot'sche Satz kurz so ausdrücken:

„Die canonische Form, auf welche ein an einem starren Körper wirkendes Kräftesystem stets reducirt werden kann, ist eine Dyname an einer Schraube.“

Wirken an einem starren Systeme mehrere Dynamen, so kann man stets diese durch eine einzige Dyname ersetzen, welche wir die resultirende Dyname nennen.

§ 3.

In diesem Paragraphen wollen wir ein für allemal die Bezeichnungen festsetzen, deren wir uns im Folgenden zu bedienen gedenken.

Eine Windung um eine Schraube α bedarf zu ihrer vollständigen Definition sechs Grössen. Fünf dieser Grössen sind nöthig, um die Schraube α zu bestimmen. Die sechste ist metrischer Natur und drückt denjenigen Drehungswinkel aus, der mit einer bestimmten Translation verbunden, die Windung bildet. Diesen Winkel nennen wir die Amplitude der Windung und bezeichnen ihm mit α'.

Dann haben wir sofort die Grösse der Translationsstrecke; da diese das Product aus Windungsamplitude und Schraubenparameter ist: also $\alpha' p_\alpha$.

Wenn der Parameter $\begin{matrix}\text{positiv}\\ \text{negativ}\end{matrix}$ ist, so steht die Richtung des translatorischen Theils der Windung zu der Richtung des rotatorischen Theils in derselben Beziehung, wie die Translationsrichtung einer auf einer gewöhnlichen $\begin{matrix}\text{rechtsgewundenen}\\ \text{linksgewundenen}\end{matrix}$ Schraube gleitenden Schraubenmutter zu deren Rotationsrichtung.

Ist der Parameter Null, so reducirt sich die Windung auf eine reine Rotation. Ist der Parameter aber unendlich gross, dann existirt entweder überhaupt keine endliche Bewegung; oder die Windung reducirt sich, wenn gleichzeitig die Amplitude verschwindet, auf eine einfache Translation parallel α.

Die Aenderung der Windungsamplitude für die Zeiteinheit heisse Windungsgeschwindigkeit und werde mit $\dot{\alpha}'$ bezeichnet.

Die Richtungsverhältnisse bei einer Windung kann man sich noch durch folgende Vorstellung erleichtern: Man denke sich die Schraube in der Axe liegend, um welche die Zeiger einer Uhr sich drehen. Wenn nun die Windung in der Richtung der Bewegung der Zeiger stattfindet, so ist für positiven Parameter der translatorische Theil der Windung von der Vorderseite nach der Rückseite gerichtet; dagegen findet die Translation von der Rückseite nach der Vorderseite statt, wenn der Parameter negativ ist. Diese Verhältnisse kehren sich um, wenn die Windung der Bewegung der Zeiger entgegengesetzt ist. —

Eine Dyname an einer Schraube α erfordert zu ihrer Bestimmung ebenfalls 6 Grössen, von denen wieder fünf auf die Bestimmung von α entfallen. Die sechste, rein metrische Grösse drückt die Grösse jener Kraft aus, die mit einem bestimmten Paar verbunden, die Dyname bildet. Wir nennen diese Grösse die „Intensität der Dyname“ und bezeichnen sie mit α''.

Dann haben wir sofort wieder das Moment des Kräftepaares, nämlich, da dies gleich dem Product aus Intensität der Dyname und Parameter ist, $\alpha'' p_{\alpha}$.

Ueber die Richtungsverhältnisse bei einer Dyname wird sich der Leser leicht selbst Aufschluss geben bei aufmerksamer Uebertragung des für die Windungen gesagten.

§ 4.

Die Kräfte, welche wir im Folgenden betrachten wollen, sollen nicht ganz beliebige sein; sondern wir wollen zwei einschränkende Bedingungen annehmen. Zunächst verlangen wir, dass auf dem starren Körper, dessen Bewegung wir untersuchen, stets dieselben Kräfte wirken, wenn er dieselbe Lage einnimmt.

Aus dieser Bedingung folgt zunächst, dass alle die durch Anziehung nach beweglichen Centren entstehenden Bewegungen nicht in den Kreis unserer Betrachtungen fallen werden. Und dasselbe gilt von allen den Fällen, wo man den Widerstand eines Mediums oder die Reibung zu berücksichtigen hat. Denn im ersten Falle sind die Kräfte nicht nur Functionen des Ortes sondern auch der Geschwindigkeit des bewegten Körpers. Im zweiten Falle sind sie auch noch abhängig von der Richtung der Bewegung.

Obgleich nun auf diese Weise die Grenzen für die Zulässigkeit der unserer Untersuchung zu unterwerfenden Kräfte schon eng gezogen sind, wäre es doch noch möglich, dass wir innerhalb dieser Grenzen auf Kräfte und Bewegungen träfen, denen keine reale Erscheinung entspräche.

Wir fügen daher noch die Bedingung hinzu, dass in jedem von uns zu betrachtenden Systeme die fortwährende (uncompensirte) Erzeugung von Energie unmöglich sein soll, d. h. wir behandeln nur dynamisch conservative Systeme.

§ 5.

Für solche Systeme gilt nun der wichtige Satz:

„Der Aufwand an Energie, welcher erforderlich ist zur Ueberführung des Systems S aus einer Lage A in die Lage B ist unabhängig von dem Wege, auf dem diese Ueberführung erfolgt.“

Seien L und M zwei solche Wege, und nehmen wir an, dass weniger Energie erfordert werde, um die Lagenänderung des Systems vermöge des Weges L hervorzubringen, als auf dem Wege M.

Lassen wir nun das System sich von A über L nach B bewegen und führen wir es von B nach A zurück auf dem Wege M. Nach den im vorigen § gemachten Festsetzungen über die Kräfte folgt nun, dass bei der Bewegung des Systems von B nach A über M genau ebensoviel Energie in A erlangt wird, als zur Ueberführung des Systems von dieser Lage nach der Lage B auf dem Wege M erforderlich gewesen wäre. Nach Voraussetzung ist dieser Betrag aber grösser als der für den Weg L nothwendige. Es ist also offenbar ein Gewinn an Energie entstanden, während das System in die Anfangslage, unter dieselbe Einwirkung derselben Kräfte, zurückgekehrt ist. Das beschriebene Verfahren könnte beliebig oft wiederholt werden und somit aus Nichts eine beliebig grosse Energiemenge erzeugt werden. Da dies aber absurd ist, so ist der obige Satz bewiesen*).

§ 6.

Aus diesem Satz folgen nun sofort einige für die ganze Dynamik wichtige Bemerkungen.

Da nämlich nach § 5 die bei einer Lagenänderung des Systems geleistete Arbeit unabhängig ist von dem Wege der Ueberführung, so ist auch ohne Weiteres der Satz bewiesen:

„Die Summe der in einer Reihe von Windungen unter dem Einfluss einer Dyname geleisteten Arbeiten ist gleich der in der resultirenden Windung geleisteten Arbeit."

Zur Erkenntniss dieses Satzes war eine exacte Definition des Begriffes „der unter dem Einfluss einer Dyname in einer Windung geleisteten Arbeit" zwar nicht unbedingt erforderlich. Für das Folgende ist es indessen nothwendig, eine solche Bestimmung zu besitzen. Wir definiren daher:

„Die in einer Windung unter dem Einfluss einer Dyname (oder wie wir auch sagen werden, die von einer Dyname in Bezug

*) Dieser Satz ergiebt sich auch sofort aus der Gleichung $T = U + \text{const.}$ in Kapitel I, § 6.

auf eine Windung") geleistete Arbeit ist die Summe der Arbeiten, welche von den drei die Dyname constituirenden Kräften bei den durch die Windung verursachten Bewegungen ihrer Angriffspunkte geleistet werden."

Auf Grund dieser Definition ist es nun möglich den folgenden Satz aufzustellen und zu beweisen:

„Die Summe der von einer Reihe von Dynamen in Bezug auf eine Windung geleisteten Arbeiten ist gleich der Arbeit, welche in derselben Windung unter dem Einfluss der resultirenden Dyname geleistet wird."

Zum Beweise dieses Satzes wollen wir uns zweier elementaren Theoreme erinnern. Nämlich I°.: Die Arbeit einer Kraft bei der Verschiebung eines starren Systems bleibt ungeändert, in welchem Punkte ihrer Richtungslinie wir auch immer die Kraft angreifen lassen.

II°. Wirken auf einen Punkt eine Reihe von Kräften, so ist die von diesem bei einer Verschiebung des Punktes geleistete Arbeit gleich der von ihren Resultanten in derselben Verschiebung geleisteten Arbeit.

Lassen wir nun auf ein gegebenes starres System n Dynamen wirken. Die constituirenden $3n$ Kräfte derselben mögen in den Punkten $A_1, \ldots, A_{3n}$ angreifen. Wir denken uns noch die n gegebenen Dynamen ersetzt durch die resultirende Dyname, deren Constituirende in den Punkten P, Q, R angreifen mögen. Nun zerlegen wir die am Punkte A_k $(k = 1, \ldots, 3n)$ angreifende Kraft in drei Kräfte nach den Richtungen PA_k, QA_k, RA_k. Dann ist nach dem zweiten Hilfssatze die Arbeit W der $3n$ gegebenen Kräfte gleich der Arbeit der eben erhaltenen $9n$ Componenten. Nach I° können aber von diesen $9n$ Componenten $3n$ als in P, $3n$ in Q und $3n$ als in R angreifend angesehen werden, ohne dass die geleistete Arbeit sich ändere.

Diese Arbeit bleibt aber nach II° auch dieselbe, wenn für jede der drei in P, Q, R wirkenden Gruppen ihre resp. Resultante eingeführt wird. Da nun die drei so erhaltenen Resultanten die Constituirenden der resultirenden Dyname sind, so ist der oben ausgesprochene Satz bewiesen.

§ 7.

Die beiden im vorigen Paragraphen bewiesenen Sätze stehen gewissermaassen dualistisch nebeneinander. Dieser Dualismus, der zwischen Windungen und Dynamen stattfindet, ist von grosser Wichtigkeit für die Entwicklung der theoretischen Dynamik und wird uns im Folgenden vielfach beschäftigen.

Wendet man beide Sätze des § 6 gleichzeitig auf die Bewegung eines starren Systems an, so gelangt man ohne Mühe zu dem folgenden wichtigen Theoreme:

„An einem starren Systeme möge eine Reihe von Dynamen $B_1, \ldots, B_n$ wirken, deren Resultante B heisse; und das System möge eine Reihe von Windungen $A_1, \ldots, A_m$ ausführen, deren Resultirende A sei. Dann ist die Energie, welche verbraucht oder gewonnen wird, wenn das System die Windung A unter dem Einfluss der Dyname B ausführt, gleich der algebraischen Summe der mn Energiemengen, welche verbraucht oder gewonnen werden, wenn das System der Reihe nach jede Windung A_k unter den Einfluss jeder Dyname B_h $(k = 1, 2, \ldots, m;\ h = 1, 2, \ldots, n)$ ausführt.“

§ 8.

Mit diesem Satze schliessen wir zunächst die Reihe der Fundamentalbegriffe und Hilfsmittel ab, deren wir uns bedienen wollen bei der Lösung der in der Kinetik starrer Systeme auftretenden Probleme.

Eine vollständige Lösung wird nach § 1 uns für jeden Zeitpunkt des Intervalles, in dem wir die Bewegung untersuchen, eine Schraube liefern müssen, derart dass das System durch eine Windung um diese aus einer bestimmten Fundamentalposition in die gegebene Lage übergeführt werden könne, wobei sich selbstverständlich die Amplitude dieser Windung auch als eine völlig bestimmte Grösse ergeben muss. Desgleichen muss man für jeden Zeitpunkt die instantane Schraube und deren Windungsgeschwindigkeit angeben können.

Endlich muss die Resultirende der am System wirkenden Dynamen sowohl in Rücksicht auf ihre Schraube wie auf ihre Intensität sich völlig bestimmt finden lassen.

Wir haben nun noch den Grad von Allgemeinheit festzusetzen, in dem wir die Kinetik starrer Systeme hier behandeln wollen. In dieser Hinsicht sieht man leicht ein, dass nun eine sehr geringe Ausbeute an wichtigen und werthvollen anwendbaren Resultaten zu erreichen ist, wenn das Problem in seiner grössten Allgemeinheit gestellt wird. Denn alle diejenigen Fragen, deren Lösung in Bezug auf die Erkenntniss der Natur von Wichtigkeit ist, sind nun ganz specielle Fälle in der Theorie starrer Systeme, wie z. B. das berühmte Problem der Rotation eines starren Körpers um einen festen Punkt.

Wir werden daher zunächst ganz absehen davon, die Bewegung eines starren Systems während eines endlichen Zeitraumes zu verfolgen; und also annehmen, dass das System während der Untersuchung entweder in oder doch unendlich nahe seiner Anfangslage bleibe*).

Bei näherem Zusehen findet man, dass diese Einschränkung nicht so gross ist, wie es auf den ersten Blick erscheinen möchte. Denn zunächst sind innerhalb der gesteckten Grenzen die wichtigen Theorien des Gleichgewichts, der Impulsivkräfte und der kleinen Schwankungen völlig allgemein und einschränkungslos enthalten.

Andererseits wird man aber von den aufzustellenden Elementargesetzen aus in jedem speciellen Falle mit Hilfe besonderer Methoden auch zur Erkenntniss der kinematischen und dynamischen Verhältnisse des Körpers für endliche Zeiten gelangen können.

Weitere Einschränkungen werden wir der Untersuchung nicht auferlegen. Also werden keinerlei specielle Voraussetzungen gemacht über die Gestalt des starren Körpers oder über die geometrische Bedingungen, durch die die Bewegungen desselben modificirt werden.

Auch betreffs der wirkenden Kräfte behalten wir volle Allgemeinheit bei, denn wenn wir nach § 4 nur solche Kräfte in Betracht ziehen wollen, die in der Natur vorkommen, so kann das bei einer Naturwissenschaft, wie es die Mechanik doch ist, nicht als Beschränkung der Allgemeinheit gelten.

---

*) Demgemäss sind die Windungsamplituden fortan als kleine Grössen I. Ordnung anzusehen.

In dieser, mit obiger Modification, völligen Allgemeinheit unserer Untersuchungen liegt der Grund dafür, dass man im Folgenden eine ganze Reihe völlig neuer Ergebnisse vorfinden wird.

Kapitel III.

Das Cylindroid.

§ 1.

Nachdem im vorigen Kapitel bereits mehrfach die Begriffe der resultirenden Windung und resultirenden Dyname aufgetreten sind, wenden wir uns nun dazu, die Existenz der Resultirenden einer Reihe von Windungen oder Dynamen nachzuweisen, sowie die Regeln für die Herleitung einer solchen Resultirenden aus den componirenden Windungen oder Dynamen herzuleiten. Wir werden dabei finden, dass die Gesetze für die Composition von Windungen und Dynamen identisch sind.

§ 2.

Dass es für eine Reihe an einem starren System angreifender Dynamen in der That stets eine eindeutig bestimmte Resultirende geben muss, kann man auf folgende Weise leicht einsehen.

Es mögen an einem Körper n Dynamen wirken. Jede derselben ist, wie wir wissen, äquivalent einem Kräftesystem. Die Gesammtheit der n Dynamen kann daher zurückzerlegt werden in n an dem Körper angreifende Kräftesysteme. Diese n Einzelsysteme vereinigen sich dann zu einem Gesammtsysteme A; von welchem wir aus Kapitel I wissen, dass es nur in einer einzigen Weise auf die canonische Form reducirbar. Andererseits folgt aus den im § 6 Kapitel II wiederholten, Hilfssätzen, dass die Wirkung des Gesammtsystems auf den Körper gleich ist der aus den Einzelsystemen hervorgehenden Gesammtwirkung. Die Reduction auf die canonische Form des Systems A ist also in der That in jeder Beziehung die Resultante aus den n Einzelsystemen, d. h. also auch aus den n ursprünglich gegebenen Dynamen. Diese Resultante ist aber selbst eine Dyname, die sowohl hinsichtlich ihrer Schraube wie ihrer Intensität eindeutig bestimmt ist.

Handelt es sich um die entsprechende Frage bei Windungen, so führt folgende Betrachtung zum Ziel. Man substituire in jeder dem System ertheilten Windung für die translatorische Constituirende das dieser äquivalente Rotationspaar. Dann wird der Bewegungszustand des Systems gegeben durch das so entstehende ganz allgemeine (weil auch Paare enthaltende) System von Rotationen. Man fasse nun zunächst die Einzelrotationen ins Auge und führe die Reduction dieses Theils des Systems für einen beliebigen Punkt O aus; was bekanntlich nach denselben Gesetzen geschieht, nach denen die Reduction eines Kräftesystemes gebildet wird. Man erhält also in O eine Einzelrotation und ein Paar. Die in dem gegebenen System enthaltenen Rotationspaare verschiebe man nun auch noch, jedes parallel mit sich, nach O, so erhält man ein Aggregat von Paaren, dessen Resultirendes man nach Kapitel I eindeutig zu construiren weiss. Das mit der gegebenen Reihe von Windungen äquivalente System von Rotationen ist daher in bekannter Weise auf eine Einzelrotation und ein Rotationspaar, d. i. auf eine Rotation und eine Translation zurückgeführt. Das Resultat kann dann noch, und zwar eindeutig, so transformirt werden, dass die Translationsrichtung parallel zur Rotationsaxe wird. Woraus man ersieht, dass es in der That für jedes Windungssystem eine, nach Schraube und Amplitude eindeutig bestimmte, resultirende Windung giebt.

Andererseits bemerkt man aber auch jetzt schon, dass die Gesetze für die Bildung der resultirenden Dyname und der resultirenden Windung in der That identisch sind. Es würde dies noch prägnanter hervorgetreten sein, wenn in der Betrachtung über die Windungen für jede Windung das ihr äquivalente System von Einzelrotationen eingeführt worden wäre.

Der Grund dieser Erscheinung liegt darin, dass das geometrische Bild sowohl des Dynamensystemes (in dessen Zurückführung auf das System von Einzelkräften), wie auch das des Windungssystemes (in seiner Zurückführung auf das System von Einzelrotationen) gegeben ist durch das allgemeine Streckensystem.

Die Theorie dieser Streckensysteme, von der auch der wesentliche Inhalt des Princips der virtuellen Verschiebungen abhängt, ist hauptsächlich von A. F. Moebius und Herrn Schell ausgebildet worden, und dem letzteren verdankt man eine streng systematische Darstellung derselben, aus der erst ihre ausserordentliche Wichtigkeit so recht hervortritt. Auch eines Aufsatzes von Rodrigues ist hier zu gedenken, in der als die Quelle der Analogie zwischen der Composition von Rotation und der von Kräften eben das Princip der virtuellen Verrückungen genannt wird. (Liouville's Journal t. 5, 1840, pag. 436.)

§ 3.

Wir wenden uns nun zur Einführung einer Grösse, mit deren Hülfe Herr R. Ball zunächst die Ergebnisse des vorigen Paragraphen in einfacher und eleganter Weise abgeleitet hat, die aber auch fernerhin uns eines der werthvollsten Instrumente sein wird für die Untersuchung dynamischer Fragen.

Wir nehmen an, dass auf ein starres System eine Dyname an einer Schraube β wirke. Ihre Intensität sei also β''. Nun ertheilen wir dem Körper eine (virtuelle) Windung um eine Schraube α. Die, nach Kapitel II § 8, kleine Windungsamplitude ist α'. Wir suchen einen Ausdruck für die Arbeit der Dyname in Bezug auf die Windung.

Man nehme α zur x-Axe eines Systems orthogonaler Parallelcoordinaten, die Linie des kürzesten Abstandes zwischen α und β zur y-Axe; und eine Senkrechte zu x und y sei die z-Axe. Den kürzesten Abstand selber von α und β nennen wir d, und der Winkel zwischen α und β heisse O*).

Wenn wir nun die gegebenen Dynamen zerlegen in drei Einzelkräfte X, Y, Z parallel zu den Axen und drei Paare, von den

*) Herr R. Ball giebt folgende Vorschrift zur einfachen Unterscheidung zwischen O und $\pi - O$.

Man denke sich um d als Axe eine gewöhnliche rechtsgewundene Schraube und auf dieser eine Schraubenmutter, mit der α fest verbunden. Wenn dann die Schraubenmutter so gedreht wird, dass α und β sich einander nähern, d. h. also dass d kleiner wird, dann ist der Winkel O der kleiner als π ausfallende Winkel, um den α sich drehen muss bis es mit β parallel wird.

resp. Momenten L, M, N, in Ebenen senkrecht zu den Axen, so erhalten wir:

$$X = \beta'' \cos O;\ Y = \beta'' \sin O;\ Z = O,$$

$$L = \beta'' p_\beta \cos O - \beta'' d \sin O;\ M = \beta'' p_\beta \sin O + \beta'' d \cos O;\ N = O.$$

Wir haben also die gegebene Dyname auf vier Dynamen, von specieller Art, zurückgeführt; nämlich auf zwei Kräfte und zwei Paare; und wir führen die gegebene Windung auf zwei Windungen specieller Art, nämlich auf eine Rotation und eine Translation zurück. Nunmehr wenden wir auf diesen Fall den Satz des § 7 an, wonach die von der gegebenen Dyname in Bezug auf die gegebene Windung geleistete Arbeit gleich ist der algebraischen Summe der 8 Arbeitsmengen, welche durch die Arbeiten in Bezug auf jede der vier componirenden Windungen entstehen. Sechs dieser Beiträge zu der Gesammtarbeit sind aber, wie man gleich sieht, Null. In der That kann bei einer Rotation um die x-Axe nur das Paar L Arbeit verrichten.

Da die Rotationsamplitude α' ist, so ist der Betrag der von L geleisteten Arbeit

$$\alpha' \beta'' (p_\beta \cos O - d \sin O).$$

Andererseits kann in Bezug auf die translatorische Constituirende der gegebenen Windung nur X Arbeit verrichten. Die Grösse derselben ist, da $p_\alpha \alpha'$ die Translationsstrecke ist,

$$\alpha' \beta'' p_\alpha \cos O.$$

Daraus ergiebt sich für die von der gegebenen Dyname in Bezug auf die dem System ertheilte Windung geleistete Gesammtarbeit der Ausdruck

$$W = \alpha' \beta'' \{(p_\alpha + p_\beta) \cos O - d \sin O\}.$$

Der wesentliche Theil dieses Ausdruckes ist die Grösse

$$(p_\alpha + p_\beta) \cos O - d \sin O.$$

Diese Grösse, welche wir stets mit

$$2\varpi_{\alpha,\beta}$$

bezeichnen werden, hat von Herrn R. Ball den Namen „des virtuellen Coefficienten der beiden Schrauben α und β" erhalten; was für uns auch maassgebend sein wird. In einzelnen Fällen werden wir allerdings auch von „dem virtuellen Coefficienten der Dyname β

in Bezug auf die Windung α“ reden. Im allgemeinen aber ist der Ball'sche Ausdruck unbedingt der bessere und richtigere, denn der virtuelle Coefficient hängt nur von Grössen ab, die sich auf Schrauben allein beziehen, und hat auch, ohne Rücksicht auf Dynamen und Windungen, eine ganz bestimmte geometrische Bedeutung.

Der virtuelle Coefficient ist einer der Hauptfactoren in der schönen Theorie der Dynamik starrer Systeme, welche wir Herrn Ball verdanken.

An dieser Stelle sei zunächst darauf verwiesen, dass $2\varpi_{\alpha\beta}$ symmetrisch ist in Beziehung auf p_α und p_β, sodass es also unverändert bleibt, wenn die Dynamenschraube mit der Windungsschraube vertauscht wird. Aus dieser Symmetrie lässt sich wiederum die Identität der Gesetze für die Composition von Dynamen und Windungen ableiten. Insbesondere aber führt die Discussion des Falles, dass

$$\varpi_{\alpha\beta} = 0$$

zu ganz ausserordentlich bedeutenden Ergebnissen für unsere Theorie*).

§ 4.

In diesem Paragraphen wollen wir den ganz allgemeinen Gedankengang wiedergeben, den Herr Ball zur Auffindung der Gesetze der Componirung von Windungen und Dynamen skizzirt ist.

Nehmen wir an, drei Windungen um drei Schrauben α, β, γ besässen die Eigenschaft, dass der Körper nach der letzten Windung (um γ) wieder in dieselbe Lage zurückgeführt sei, die er vor der ersten Windung (um α) eingenommen hatte.

Dann muss die Summe der Arbeiten, welche eine beliebige Dyname auf irgend einer Schraube η in Bezug auf die gegebenen

*) Der Leser möge, mit Hülfe des virtuellen Coefficienten, den Beweis führen, dass zwei Dynamen auf verschiedenen Schrauben und von endlichen Intensitäten nicht im Gleichgewicht sein können. Der analoge Satz gilt auch für Windungen. Die Beweise sind übrigens schon in dem in Kap. I über die canonischen Reduktionen der Kraft- und der Rotationssysteme gesagten enthalten. Aus dem dortigen ersieht man auch, wann zwei Dynamen oder zwei Windungen bei zusammenfallender Schraube einander aufheben (Gleichheit der Parameter, Summe der Intensitäten oder Windungen gleich Null).

drei Windungen leistet, nach früherem Null sein. Dies ergiebt die Gleichung

$$\alpha' \varpi_{\alpha\eta} + \beta' \varpi_{\beta\eta} + \gamma' \varpi_{\gamma\eta} = 0.$$

Solcher Gleichungen bestehen aber unendlich viele (von denen sechs unabhängig sind), die wir sämmtlich erhalten, wenn wir alle möglichen Schrauben an die Stelle von η treten lassen.

Aus jeder Gruppe von dreien dieser Gleichungen lassen sich die Amplituden α', β', γ' eliminiren; und vier der auf diese Weise hergeleiteten Gleichungen liefern alle rein geometrische Bedingungen, also bezüglich der Lage, Richtung und des Parameters, welche von den drei Schrauben α, β, γ erfüllt sein müssen, wenn die gegebenen drei Windungen zusammen äquivalent Null sein sollen.

Diejenige Windung um γ, welche für sich allein mit der gegebenen Windung um γ äquivalent Null ist, also die der gegebenen Windung entgegengesetzt gleiche Windung um γ, heisst dann die aus den Windungen um α und β zusammengesetzte Windung oder die aus jenen resultirende Windung.

Betrachten wir nun drei Dynamen auf den drei Schrauben α, β, γ. Diese Dynamen sollen im Gleichgewicht sein.

Dann ist die Summe der von ihnen in Bezug auf eine beliebige virtuelle Windung um irgend eine Schraube η geleisteten Arbeiten gleich Null, d. h. wir haben:

$$\alpha'' \varpi_{\alpha\eta} + \beta'' \varpi_{\beta\eta} + \gamma'' \varpi_{\gamma\eta} = 0,$$

welche Gleichung wieder nur ein Individuum ist aus der beliebig grossen Menge von Gleichungen, welche wir erhalten, wenn für η alle möglichen Schrauben angenommen werden. Vergleicht man dieses System von Gleichungen mit dem für die Windungen vorhin erhaltenen, so sieht man sofort, dass die rein geometrischen Bedingungen, welchen die drei Schrauben für die Aequivalenz der Dynamen genügen müssen, vollkommen identisch sind mit denen, welche für die Aequivalenz der Windungen zu erfüllen waren; und ferner, dass für die Intensitäten der Dynamen Werthe folgen, welche beziehlich proportional sind den Amplituden der Windungen.

Da nun diejenige Dyname auf γ, welche für sich äquivalent Null ist mit der gegebenen Dyname auf γ, also die der letzteren entgegengesetzt gleiche, die Resultirende der beiden Dyname auf α und β ist, so hat sich in ganz unmittelbarer Weise die Identität, welche zwischen der Zusammensetzung von Dynamen und der von Windungen besteht, von neuem herausgestellt.

In diesem Ergebniss besteht auch der wesentliche Werth der Ball'schen Ueberlegung; und aus diesem Grunde ist sie hier reproducirt worden.

Wir wenden uns nun zu der factischen Darstellung, der Gesetze dieser Zusammensetzung und werden mit Herrn Ball die Betrachtung an Windungen durchführen.

§ 5.

Wir stellen das Problem noch einmal in den beiden Fassungen auf, die man ihm geben kann:

„Einem starren System werden Windungen um drei Schrauben ertheilt. Unter welchen Bedingungen wird das System nach der letzten Windung dieselbe Lage einnehmen, die es vor der ersten besass?"

Oder:

„Es soll eine einzige Schraube so bestimmt werden, dass das System durch eine Windung um diese Schraube die nämliche Lagenänderung erfährt, als ob es zwei gegebene Windungen um zwei gegebene Schrauben ausgeführt hätte."

Wir betrachten zunächst einen speciellen Fall, aus dem sich dann die allgemeine Lösung leicht ergeben wird.

Die Schrauben (α, β) der gegebenen beiden Windungen mögen einander unter rechten Winkeln schneiden. Ihre Parameter seien p_α, p_β. Wir wollen also die Schraube ϑ der resultirenden Windung bestimmen. Zu dem Zwecke führen wir ein räumliches Coordinatensystem ein, als dessen x-Axe und y-Axe wir resp. die Schrauben α und β wählen. Die z-Axe steht senkrecht auf der Ebene (α, β) im Schnittpunkte von α und β.

Die Rotationen, die in den Windungen um α und β enthalten sind, setzen sich zusammen zu einer einzigen Rotation, deren Axe durch den Schnittpunkt von α und β geht, und deren Amplitude gleich $\overline{\alpha'+\beta'}$, der geometrischen Summe der Amplituden der gegebenen Windungen, ist. Die Translationen parallel α und β sind

$p_\alpha . \alpha'$ und $p_\beta . \beta'$. Ihre Resultante zerlegen wir wieder so, dass die eine Componente parallel wird zu der oben erhaltenen Axe der resultirenden Rotation, während die andere senkrecht auf dieser Axe steht. Durch diese letztere Componente wird nun, wie wir wissen, nichts weiter bewirkt als eine Verschiebung jener Rotationsaxe parallel zu sich selber in einer Ebene, die senkrecht steht auf der Ebene (α, β).

Das Resultat dieser kurzen Betrachtung ist also, dass wir die beiden gegebenen Windungen in der That zusammengesetzt haben in eine einzige, deren Schraube ϑ durch die z-Axe geht. Die nähere Bestimmung dieser Schraube und der resultirenden Windung ist leicht genug ausgeführt. Denn wir haben gesehen, dass die Amplitude der resultirenden Windung die geometrische Summe der Amplituden der gegebenen Windungen ist, sodass also

$$\vartheta' \cos l = \alpha',$$
$$\vartheta' \sin l = \beta',$$

wenn l der Winkel ist, denn die Spur O von ϑ in der Ebene (α, β) mit α macht. Die gegebenen Translationen lassen sich also durch $p_\alpha \vartheta' \cos l$ und resp. $p_\beta \vartheta' \sin l$ ausdrücken. Ihre Resultante wird nach obigem zerlegt in eine Componente parallel O deren Betrag also ist

$$\vartheta'(p_\alpha \cos^2 l + p_\beta \sin^2 l),$$

und in eine Componente senkrecht zu O. Diese Componente ist

$$\vartheta'(p_\alpha - p_\beta) \sin l \cos l.$$

Aus diesen Resultaten ergiebt sich erstens, dass der Parameter der Schraube ϑ der resultirenden Windung

$$p_\vartheta = p_\alpha \cos^2 l + p_\beta \sin^2 l,$$

und dass die Lage von ϑ bestimmt ist durch die Gleichungen

$$y = x \operatorname{tang} l,$$
$$z = (p_\alpha - p_\beta) \sin l \cos l = \tfrac{1}{2}(p_\alpha - p_\beta) \sin 2l.$$

Diese Gleichungen zeigen, dass die Lage der Schraube ϑ der Resultirenden zweier Windungen nur von dem Verhältniss der Amplituden dieser Windungen abhängt, denn nach Obigem ist

$$\tang l = \frac{\beta'}{\alpha'}.$$

Die Gleichungen lehren ferner, dass ϑ längs der z-Axe gleitet, während ihre Spur in der xy-Ebene diese letztere in gleichförmiger Kreisbewegung überstreicht; dass ϑ also Erzeugungslinie einer conoidalen Fläche ist, und endlich, dass, wie sich aus den Maximalwerthen von $\pm z$ ergiebt, diese Fläche eingeschlossen ist, zwischen den beiden Parallelebenen $z = \pm \frac{1}{2}(p_\alpha - p_\beta)$. Die Höhe der Fläche ist also $p_\alpha - p_\beta$. Ihre Gleichung erhält man durch Elimination von l aus den Ausdrücken für die Coordinaten x, y, z wie folgt:

$$z(x^2+y^2)-(p_\alpha - p_\beta)xy = 0.$$

Diese Fläche ist also von der dritten Ordnung. Sie hat von Herrn Cayley den Namen Cylindroid erhalten in Anlehnung an die von ihm gegebene Construction der Fläche*).

Jeder Erzeugungslinie dieser Fläche kommt also in unseren Betrachtungen noch die besondere Bedeutung einer Schraube zu, d. h. wir associiren ihr einen Parameter, dessen Werth durch den

---

*) Das Cylindroid, welches in den verschiedensten Fragen in der Theorie der starren Systeme auftritt und überall von grosser Wichtigkeit ist, war schon kurze Zeit vor den ersten Ball'schen Untersuchungen in der Mathematik aufgetreten. Und zwar war es von Plücker in seiner „Neuen Geometrie des Raumes" (publicirt nach Plücker's Tode im Jahre 1868) als Axenfläche einer zweigliedrigen Complexgruppe betrachtet. Das heisst sind $C = 0$ und $C' = 0$ die Gleichungen zweier linearen Complexe, so sind, wenn λ einen veränderlichen Coefficienten bedeutet, die Axen aller Complexe der Gruppe $C + \lambda C' = 0$ auf einem Cylindroid enthalten. Ist k der Parameter des Complexes $C = 0$ und k' der Parameter des Complexes $C' = 0$, so ist die Gleichung der Axenfläche $z(x^2+y^2)-(k-k')xy = 0$. Und der Parameter k'' irgend eines Complexes, dessen Hauptaxe mit der x-Axe einen Winkel ψ macht, ist $k'' = k\cos^2\psi + k'\sin^2\psi$. Die Vertheilung der Parameter in der zweigliedrigen Complexgruppe richtet sich also nach demselben Gesetze, wie die Vertheilung der Parameter der Schrauben eines Cylindroids. Die Ball'sche Theorie hat überhaupt vielfache Berührungspunkte mit der Theorie der Complexe, nicht nur der linearen, wie sich im nächsten Kapitel zeigen wird.

Im Literaturnachweis werden noch einige hierauf bezügliche Angaben gemacht werden.

Ausdruck

$$p_\alpha \cos^2 l + p_\beta \sin^2 l$$

bestimmt wird.

Wir wollen nun zeigen, dass man immer ein Cylindroid so beschreiben kann, dass es durch zwei gegebene Schrauben ϑ und ψ gehe. Dabei ist also zu beachten, dass der Ausdruck: „ein Cylindroid gehe durch eine Schraube" nicht allein besagt, dass diese Schraube eine Erzeugungslinie des Cylinders sein soll, sondern auch, dass ihr Parameter identisch ist mit dem Parameter, welcher der Erzeugungslinie des Cylindroids zuzuertheilen ist, mit der die Schraube coincidirt.

Seien also ϑ und ψ zwei beliebig im Raume gelegene Schrauben. Ihr kürzester Abstand sei h und der Winkel zwischen ϑ und ψ sei A.

Um das Cylindroid zu finden, welches durch ϑ und ψ geht, erinnern wir uns der Natur des Cylindroids als der einer conoidalen Fläche, von der also ϑ und ψ Erzeugende werden sollen. Wir nehmen daher die Linie des kürzesten Abstandes von ϑ und ψ zur z-Axe eines orthogonalen räumlichen Coordinatensystems. Um die Gleichung des Cylindroids aufstellen zu können, haben wir noch den Anfangspunkt dieses Coordinatensystems, die Richtung der x-Axe und die Parameter p_α und p_β zu bestimmen. Wir wollen den Winkel zwischen der x-Axe und der Schraube ϑ durch l bezeichnen; der Durchschnittspunkt dieser Schraube mit der z-Axe möge den Abstand z_1 von dem zu bestimmenden Anfangspunkte haben. Die analogen Grössen für die Schraube ψ seien m und z_2.

Die unbekannten Grössen hängen nun mit den gegebenen durch folgende Gleichungen zusammen:

$$p_\vartheta = p_\alpha \cos^2 l + p_\beta \sin^2 l, \qquad z_1 = \tfrac{1}{2}(p_\alpha - p_\beta)\sin 2l,$$

$$p_\psi = p_\alpha \cos^2 m + p_\beta \sin^2 m, \qquad z_2 = \tfrac{1}{2}(p_\alpha - p_\beta)\sin 2m,$$

$$A = l - m, \qquad h = z_1 - z_2.$$

Hieraus leitet man aber, unter Benutzung bekannter trigonometrischer Relationen, die weiteren Gleichungen ab:

$$h = z_1 - z_2 = \tfrac{1}{2}(p_\alpha - p_\beta)(\sin 2l - \sin 2m)$$
$$= (p_\alpha - p_\beta)\cos(l+m)\sin(l-m)$$
$$= (p_\alpha - p_\beta)\cos(l+m)\sin A,$$
$$z_1 + z_2 = \tfrac{1}{2}(p_\alpha - p_\beta)(\sin 2l + \sin 2m)$$
$$= (p_\alpha - p_\beta)\sin(l+m)\cos(l-m)$$
$$= (p_\alpha - p_\beta)\sin(l+m)\cos A,$$
$$p_\vartheta - p_\psi = (p_\alpha - p_\beta)(\cos^2 l - \cos^2 m)$$
$$= (p_\beta - p_\alpha)\sin(l+m)\sin(l-m)$$
$$= (p_\beta - p_\alpha)\sin(l+m)\sin A,$$
$$p_\vartheta + p_\psi = (p_\alpha + p_\beta) + \tfrac{1}{2}(p_\alpha - p_\beta)(\cos 2l + \cos 2m)$$
$$= (p_\alpha + p_\beta) + (p_\alpha - p_\beta)\cos(l+m)\cos(l-m)$$
$$= (p_\alpha + p_\beta) + (p_\alpha - p_\beta)\cos(l+m)\cos A.$$

Durch geeignete Combination dieser Resultate ergiebt sich weiter

$$p_\psi - p_\vartheta = h\,\mathrm{tg}(l+m) = h\,\mathrm{tg}(2l - A), \quad p_\psi - p_\vartheta = (z_1 + z_2)\,\mathrm{tg}\,A,$$
$$p_\vartheta + p_\psi = p_\alpha + p_\beta + h\,\mathrm{cotg}\,A, \quad h^2 + (p_\vartheta - p_\psi)^2 = (p_\alpha - p_\beta)^2 \sin^2 A$$

und daraus endlich die definitiven Bestimmungen:

$$p_\alpha + p_\beta = p_\vartheta + p_\psi - h\,\mathrm{cotg}\,A,$$
$$p_\alpha - p_\beta = \frac{1}{\sin A}\cdot\sqrt{h^2 + (p_\vartheta - p_\psi)^2},$$
$$l = \tfrac{1}{2}\left(A + \mathrm{arc\,tg}\,\frac{p_\psi - p_\vartheta}{h}\right), \quad z_1 = \tfrac{1}{2}(p_\psi - p_\vartheta)\,\mathrm{cotg}\,A + \frac{h}{2},$$
$$m = l - A, \qquad z_2 = z_1 - h.$$

Das gesuchte Cylindroid ist hierdurch eindeutig bestimmt, denn man kann sich immer mit Hülfe der übrigen Relationen Auskunft verschaffen über das Zeichen von $(p_\alpha - p_\beta)\sin A$. Damit ist aber auch immer das Zeichen der Quadratwurzel bestimmt.

Das so durch die Schrauben ϑ, ψ gelegte Cylindroid werden wir im ferneren vielfach kurz als das Cylindroid (ϑ, ψ) bezeichnen.

§ 6.

Die grosse Wichtigkeit, welche das Cylindroid für unsere Theorie hat, besteht nun darin, dass der folgende Satz gilt:

„Wenn ein starres System Windungen erfährt um drei auf einem Cylindroid liegende Schrauben, und wenn die Amplitude jeder Windung proportional ist dem Sinus des Winkels der beiden nicht zugehörigen Schrauben, so wird das System nach der letzten Windung sich wieder genau in derselben Position befinden, die es vor der ersten Windung einnahm.“

Mit dem Beweise dieses Satzes ist dann auch der Beweis dieses andern Theorems gegeben:

„Wenn an einem starren System drei Dynamen auf drei Schrauben eines Cylindroids wirken, so werden diese Dynamen dann im Gleichgewichte sein, wenn die Intensität jeder Schraube proportional ist dem Sinus des Winkels zwischen den beiden nicht zugehörigen Schrauben.“

Den ersten Satz beweisen wir in folgender Weise:

Seien die drei auf dem Cylindroid liegenden Schrauben ϑ, φ, ψ; und seien ihre Winkel mit der x-Axe resp. l, m, n. Wir ertheilen dem System Windungen um diese Schrauben, deren Amplituden wir also durch ϑ', φ', ψ' bezeichnen. Jede dieser Windungen kann nach obigem zerlegt werden in zwei Windungen um die auf den Axen x und y aufliegenden Schrauben α und β (§ 5). Der ganze Bewegungszustand des starren Systems, dem die drei Windungen ertheilt werden, lässt sich also auch darstellen durch zwei Rotationen resp. um die Axen x und y und zwei Translationen, resp. parallel zu diesen Axen.

Die Amplituden der beiden Rotationen sind beziehlich gleich

$$\vartheta' \cos l + \varphi' \cos m + \psi' \cos n$$

und

$$\vartheta' \sin l + \varphi' \sin m + \psi' \sin n.$$

Und die correspondirenden Translationsstrecken sind resp.:

$$p_\alpha(\vartheta' \cos l + \varphi' \cos m + \psi' \cos n)$$

und

$$p_\beta(\vartheta' \sin l + \varphi' \sin m + \psi' \sin n).$$

Diese vier Grössen verschwinden, d. h. die drei gegebenen Windungen sind zusammen äquivalent Null, oder das System ist nach der letzten wieder in der nämlichen Lage, wie vor der ersten, wenn

$$\vartheta' : \varphi' : \psi' = \sin(m-n) : \sin(n-l) : \sin(l-m).$$

Die obigen, die allgemeine Eigenschaft des Cylindroids darstellenden Sätze sind somit bewiesen.

Wir sehen, dass diese Fläche die Mittel an die Hand giebt, um zwei Windungen oder zwei Dynamen auf eine ganz ebenso einfache Weise zu einer einzigen Windung oder Dyname zusammenzusetzen, wie wir dies aus den Elementen bei Kräften oder Bewegungen mit Hülfe des Parallelogramms zu thun gewohnt sind.

Denn man construire das Cylindroid, welches sich durch die Schrauben der beiden gegebenen Windungen oder Dynamen legen lässt. Auf der Fläche wähle man dann eine Schraube so aus, dass die Sinus der Winkel, welche sie mit den gegebenen Schrauben macht, umgekehrt proportional sind den Amplituden der gegebenen Windungen oder resp. den Intensitäten der gegebenen Dynamen.

Die der so bestimmten Schraube zugehörende Windung oder Dyname ist dann die gesuchte Resultirende.

Die Amplitude, resp. Intensität, dieser Resultirenden ist proportional der Diagonale eines Parallelogramms, dessen Seiten parallel den gegebenen Schrauben sind, während ihre Länge resp. proportional den gegebenen Amplituden oder Intensitäten ist.

§ 7.

Wir wollen einige specielle Fälle kurz betrachten. Ist $p_\alpha = p_\beta$, so geht das Cylindroid in eine Ebene über; und die Zusammensetzung von Windungen und Dynamen ist also hier eine ganz elementare Sache. Die Parameter aller Schrauben sind dann einander gleich, wie aus

$$p_\xi = p_\alpha \cos^2(\xi, \alpha) + p_\beta \sin^2(\xi, \alpha), \quad p_\alpha = p_\beta$$

folgt. Sind insbesondere sämmtliche Parameter gleich Null, so geht die im vorigen Paragraphen bewiesene Eigenschaft des Cylindroids in die bekannte Construction der Resultanten von Kräften, deren Richtungen, oder von Rotationen, deren Axen sich schneiden, über.

Werden endlich sämmtliche Parameter unendlich gross, so geht der im vorigen Paragraphen bewiesene Satz über wiederum in den von dem Parallelogramm, aber hier in dessen Anwendung auf die Zusammensetzung von Translationen oder von Kräftepaaren.

§ 8.

Bevor wir uns in § 10 mit der Construction des Cylindroids beschäftigen, mögen hier einige allgemeine Bemerkungen über die Form des Cylindroids gemacht werden.

Die Gleichung dieser Fläche enthält nur den einen Parameter $\lambda = p_\alpha - p_\beta$, woraus sofort zu entnehmen ist, dass alle Cylindroide ähnliche Flächen sind, die nur in der absoluten Ausdehnung (Grösse), nicht in der Gestalt von einander verschieden sind. Vermehren wir p_α, p_β gleichzeitig um irgend eine Grösse $\pm a$, so ändert sich die Gleichung der Fläche nicht, die Parameter aller Schrauben der Flächen wachsen aber auch um den Betrag $\pm a$.

Wie schon erwähnt, breitet sich die Fläche zwischen den beiden Parallelebenen $z = \pm \frac{1}{2}(p_\alpha - p_\beta)$ aus. Das zwischen diesen Ebenen enthaltene Stück der z-Axe gehört der Fläche als Doppellinie an.

Der Durchschnittspunkt der z-Axe mit einer Ebene ist ein Doppelpunkt oder ein isolirter (conjugirter) Punkt der Schnittcurve dieser Ebene mit dem Cylindroid, jenachdem er die z-Axe innerhalb der Strecke $(p_\alpha - p_\beta)$ oder ausserhalb derselben trifft.

Die dem Buche beigegebene Tafel stellt die Abbildung eines nach Herrn Ball angefertigten Stabmodells des Cylindroids dar. Um von dem Modell zur mathematischen Fläche überzugehen, muss man sich den Cylinder, auf dem die Stäbe aufsitzen, unendlich dünn, zur Linie geworden, denken, und die Stäbe bis in's Unendliche verlängern.

§ 9.

Es ist wünschenswerth, dass wir neben einer klaren Einsicht in die geometrische Natur des Cylindroids auch eine möglichst anschauliche Vorstellung von dieser Fläche besitzen in Hinsicht auf die besondere mechanische Bedeutung, welche derselben im Rahmen unserer Theorie zukommt. Diese mechanische Bedeutung des Cylindroids findet ihren Ausdruck in dem Gesetze der Parametervertheilung, wenn die Erzeugungslinien der Fläche als Schrauben betrachtet werden.

Dieses Gesetz ist dargestellt durch die Formel des § 5

$$p_\vartheta = p_\alpha \cos^2 l + p_\beta \sin^2 l.$$

Man kann leicht auf Grund dieser Gleichung die Parametervertheilung auch geometrisch darstellen. Betrachten wir nämlich in der xy-Ebene den Kegelschnitt

$$p_\alpha x^2 + p_\beta y^2 = H,$$

wo H eine beliebige Constante ist.

Ist nun r derjenige Durchmesser dieses Kegelschnitts der mit der x-Axe den Winkel l macht, so giebt die Vergleichung der beiden letzten Gleichungen die Relation

$$p_\vartheta = \frac{H}{r^2}.$$

Den Kegelschnitt

$$p_\alpha x^2 + p_\beta y^2 = H$$

nennt Herr Ball den Parameterkegelschnitt. Und wir können das Gesetz der Parametervertheilung auch so aussprechen:

„Der Parameter einer beliebigen Schraube auf einem Cylindroid ist umgekehrt proportional dem Quadrate des der Schraube parallelen Halbdurchmessers des Parameterkegelschnitts.“

Es ist um so vortheilhafter sich dieses Ball'schen Satzes zu bedienen, als wir eine ganze Reihe sehr einfacher Constructionen des Cylindroids besitzen, die aber, mit einer Ausnahme, auf die Parametervertheilung keine Rücksicht nehmen, während der Parameterkegelschnitt auch hierfür uns eine klare geometrische Anschauung giebt.

§ 10.

Unter den geometrischen Constructionen des Cylindroids ist in erster Linie diejenige des Herrn Cayley zu erwähnen, aus der, wie erwähnt, dieser Mathematiker eine Benennung der Fläche hergenommen hat.

Die Cayley'sche Construction betrachtet die Fläche nur in ihrem geometrischen Charakter und lässt die mechanische Bedeutung, die in der Parametervertheilung ihren Ausdruck findet, zunächst ausser Acht.

Es sei von einem Cylindroid, das von der Constanten $2a$ abhängt, die Doppellinie D nach Lage und Richtung gegeben. Auf D tragen wir die Strecke $2a$ auf und legen durch den Mittelpunkt

Fig. 13.

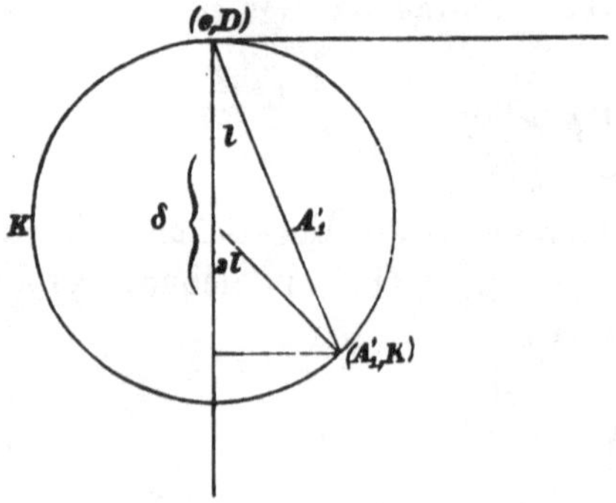

dieser Strecke eine Ebene e senkrecht zu D. In e ziehen wir einen Kreis K mit dem Radius a, der durch den Punkt (e, D) geht und betrachten den über diesem Kreise stehenden Rotationscylinder, sowie dessen durch (e, D) gehende Seitenlinie, also D. Dann legen wir durch den im Punkte (e, D) endigenden Durchmesser δ des Kreises eine Ebene f, die mit e den Winkel $\frac{1}{4}\pi$ macht. Sie schneidet den Cylinder in einer Ellipse E, deren Projection auf e der Kreis ist. Der Abstand eines beliebigen Punktes dieser Ellipse von seiner Projection auf dem Kreise, ist dann gleich dem Abstande des letzteren Punktes von δ.

Schneidet dann irgend eine zu e parallele Ebene e' die Gerade D in einem Punkte (e', D) und die Ellipse in zwei Punkten $(e', E)_1$ und $(e', E)_2$, so sind die Geraden $[(e', D), (e', E)_1] = A_1$, $[(e', D), (e', E)_2] = A_2$ Erzeugende eines Cylindroids, dessen Doppellinie D ist.

Denn die Projection A_1' von A_1 auf e mache mit δ den Winkel l, so ist der Abstand des Durchschnittspunktes (A_1, K) von δ gleich $a \sin 2l$; dies ist aber nach obigem auch der Abstand des Punktes (A_1, D) von e.

Nehmen wir also δ als y-Axe, die Tangente in (e, D) an den Kreis K als x-Axe und D als z-Axe eines räumlichen Coordinatensystems an, so ist dann die Linie A_1 bestimmt durch die Gleichung

$$y = x \operatorname{tang} l,$$
$$z = a \sin 2l,$$

aus denen durch Elimination von l die Gleichung des Cylindroids in der bekannten Form folgt

$$z(x^2+y^2)-2axy = 0.$$

Wir haben hier ein beliebiges, von der Constanten $2a$ abhängendes

Cylindroid construirt. In der Anwendung sind die Axen x und y (die Schraube α, β des § 5) gegeben.

Es war bei dieser Construction die Gerade D als vollständig gegeben angenommen worden. Der die Construction vermittelnde Cylinder wurde dann beliebig gelegt, mit der einzigen Bedingung, dass er durch D gehen solle.

Wir können die Construction so abändern, dass wir nun den Cylinder als fest gegeben annehmen, und irgend eine beliebige seiner Erzeugenden zur Doppellinie oder Direktrix des Cylindroids nehmen. Wir wollen dieselbe wieder mit D bezeichnen.

Es sei nun ein fester elliptischer Schnitt E dieses Cylinders gegeben. Wir construiren den, durch die kleine Axe von E gehenden, zur Cylinderaxe senkrechten Kreisschnitt K (dessen Radius wieder a ist). Irgend eine zu K parallele Ebene k' schneidet die Gerade D in einem Punkte $(D, k') = S$, und die Ellipse E in Punkten $(k', E)_1 = Q_1$, $(k', E)_2 = Q_2$ derart, dass der Winkel $Q_1 S Q_2 = \frac{1}{2}\pi$ ist. Die Geraden SQ_1 und SQ_2 sind Erzeugende eines Cylindroids. Denn zieht man in der Ebene von K eine Parallele durch den Punkt (D, K) zu der kleinen Axe der Ellipse E und betrachtet diese Gerade als x-Axe, eine im Punkte (D, K) zu ihr normale Geraden als y-Axe und D wieder als z-Axe, während l der Winkel sein möge, den die Projection von SQ_1 auf die Ebene von K mit der x-Axe macht, so hat man wieder für SQ die Gleichung

$$y = x \operatorname{tg} l,$$
$$z = a \sin 2l.$$

Es ist also dasselbe Cylindroid, nur in einer anderen Lage wieder gefunden worden.

In der soeben angestellten Betrachtung ist auch schon die Construction des Cylindroids enthalten, welche Clifford in seinen Elements of Dynamic (pag. 126 u. 127) angegeben hat.

Es mögen wieder die beiden Schrauben α, β des § 5 gegeben sein, α auf der x-Axe, β auf der y-Axe. Wir wollen dann hier auch die Bezeichnungen unserer Theorie wieder gebrauchen. Wir construiren einen Kreis vom Durchmesser $p_\alpha - p_\beta$, der durch O geht, und dessen Mittelpunkt auf der Halbirungslinie der Winkel xOy liegt. Es ist also $OA = OB$. Wir denken uns wieder den über

Fig. 14.

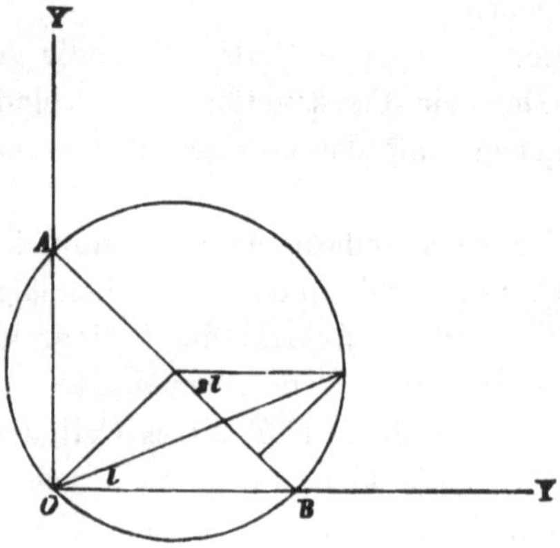

dem Kreis stehenden Rotationscylinder construirt und schneiden ihn mit einer durch AB gehenden Ebene, die mit der Ebene (xy) den Winkel $\frac{1}{4}\pi$ macht.

Diese Ebene schneidet den Cylinder in einer Ellipse. Zieht man durch die Punkte dieser Ellipse Strahlen, welche der Ebene (xy) parallel sind und die z-Axe schneiden, so sind diese Strahlen Erzeugende eines Cylindroids, dessen Doppellinie die z-Axe ist und welches von der Constanten $p_\alpha - p_\beta$ abhängt.

Der Beweis kann nach den bisherigen Darlegungen leicht vom Leser selbst gebildet werden.

Fig. 15.

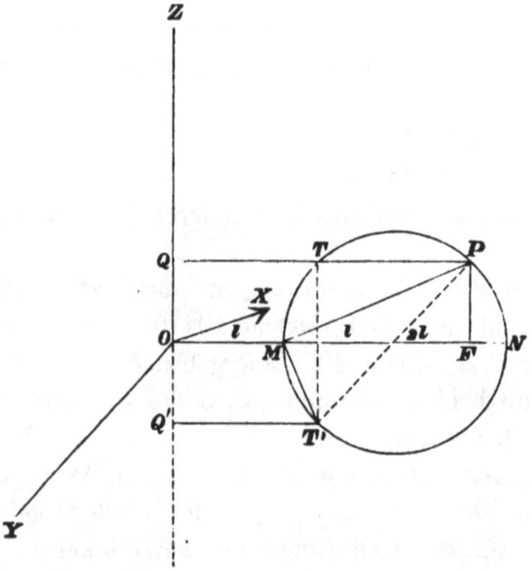

Diese Constructionen sind rein geometrische. Von Lewis ist eine solche angegeben worden, die auch auf die Bedeutung des Cylindroids für die Mechanik volle Rücksicht nimmt.

Es mögen wiedergegeben sein die beiden Schrauben α, β mit den Parametern p_α, p_β und die Doppellinie oder Direktrix OZ.

Lassen wir eine durch OZ gehende

Ebene um diese Axe rotiren, so enthält die Ebene in jeder ihrer Lagen eine Erzeugende des Cylindroids.

Betrachten wir eine solche Lage e dieser Ebene, die mit der x-Axe den Winkel l macht. In dieser Ebene e construiren wir einen Kreis, mit dem Durchmesser $p_\alpha - p_\beta$, dessen Mittelpunkt in der xy-Ebene liegt. Die Lage dieses Kreises bestimmen wir so, dass der Abstand seines Mittelpunktes von O gleich $\frac{1}{2}(p_\alpha + p_\beta)$ ist. Es ist also

$$OM = p_\beta, \quad ON = p_\alpha.$$

Nun ziehen wir in der Ebene e durch den Punkt M einen Strahl, der mit MN den Winkel l macht und den Kreis in P trifft.

Eine durch P zur xy-Ebene gezogene Parallele PQ, die die Direktrix in Q schneidet, ist dann eine Erzeugende des Cylindroids. Denn es ist

$$OQ = FP = z = \tfrac{1}{2}(p_\alpha - p_\beta)\sin 2l,$$

und die Gerade MN hat die Gleichung

$$y = x \operatorname{tg} l.$$

Die Strecke PQ auf dieser Erzeugenden stellt aber hier auch zugleich deren Parameter dar, da

$$\begin{aligned} PQ &= \tfrac{1}{2}(p_\alpha + p_\beta) + \tfrac{1}{2}(p_\alpha - p_\beta)\cos 2l \\ &= \tfrac{1}{2}(p_\alpha + p_\beta) + \tfrac{1}{2}(p_\alpha - p_\beta)(\cos^2 l - \sin^2 l) \\ &= \tfrac{1}{2}(p_\alpha + p_\beta)(\cos^2 l + \sin^2 l) + \tfrac{1}{2}(p_\alpha - p_\beta)(\cos^2 l - \sin^2 l) \\ &= p_\alpha \cos^2 l + p_\beta \sin^2 l. \end{aligned}$$

An diese Lewis'sche Construction lässt sich noch ein interessanter Satz knüpfen, der hier nur kurz skizzirt wird. Betrachten wir in Figur 15 die Strecken QP, QT und $Q'T'$, so sehen wir sofort, dass die beiden letzteren Schrauben gleichen Parameters auf dem Cylindroid vorstellen, während QP und QT die Bilder von zwei Schrauben sind, die sich auf der Direktrix schneiden. Der Winkel der Schrauben QP und $Q'T'$ wird gegeben durch den Peripheriewinkel PMT' in dem Kreise $MT'NP$. Es ist aber $PMT' = \frac{1}{2}\pi$. Daher der Satz:

„Ist eine Schraube auf einem Cylindroid normal zu einer von zwei auf der Direktrix sich schneidenden Schrauben desselben Cylindroids, so hat sie gleichen Parameter mit der anderen Schraube.“

§ 11.

Wir haben im vorigen Paragraphen eine Construction des Cylindroids betrachtet, in der die von Cayley und Clifford gegebenen Constructionen als besondere Fälle enthalten waren.

Betrachten wir wieder die Ebene der beiden Erzeugungslinien SQ_1 und SQ_2, wo also S ein Punkt der Direktrix und Q_1 und Q_2 Punkte eines festen elliptischen Schnittes des dort construirten Cylinders sind. Dabei ist zu beachten, dass die Direktrix bei dieser Construction eine beliebige Erzeugungslinie des Cylinders ist, also auch beliebig zu der Ellipse liegt und nicht etwa durch einen der Axenscheitelpunkte geht. Die Ebene SQ_1Q_2 verschieben wir nun parallel bis S in den Schnittpunkt der Direktrix mit der Ellipse gelangt.

Dann wird die eine der Geraden SQ_1, SQ_2, etwa SQ_2, Tangente am Rotationscylinder, während SQ_1 in die Ebene der Ellypse fällt. Es besteht also der Satz:

„Berührt ein Kreiscylinder die Ebene, welche die Direktrix und eine Erzeugungslinie des Cylindroids enthält, so schneidet er das Cylindroid in einer Ellipse. Diejenige Erzeugungslinie des Cylindroids, welche sich mit der gegebenen auf der Direktrix schneidet liegt in der Ebene dieser Ellipse.“

Nun berührt aber jeder durch die Direktrix gehende Kreiscylinder irgend eine Erzeugende des Cylindroids, daher weiter:

„Jeder Kreiscylinder, der durch die Direktrix geht, schneidet das Cylindroid in einer Ellipse.“

In der Ebene dieser Ellipse liegt eine Erzeugende, die wieder SQ_1 heissen möge. Da nun die Ellipse selbst dem Cylindroid angehört, so bestimmen ihre Tangente in Q_1 und die Erzeugende SQ_1 die Tangentenebene an die Fläche im Punkte Q_1.

Die Ebene der Ellipse ist selbst die Tangentenebene im Punkte Q_1. Umgekehrt gilt auch:

„Jede Tangentenebene des Cylindroids schneidet dasselbe in einer Ellipse.“

Ist also in einem Punkte Q_1, der Erzeugenden SQ_1, die Tangentenebene an das Cylindroid zu construiren, so construire man einen Kreis, der durch den Punkt Q_1 geht und die Gerade SQ_2, die sich mit SQ_1 auf der Direktrix schneidet, im Punkte P berührt. Der über diesem Kreis stehende gerade Cylinder schneidet das Cylindroid in der Ellipse, deren Ebene tangirt. Diese Ebene ist aber jetzt leicht zu zeichnen.

Die Verbindungslinie TT' der Punkte T und T', in welchen irgend zwei Erzeugende des Cylindroids, die durch denselben Punkt S der Direktrix gehen, die Ellipse schneiden, ist immer der kleinen Axe dieser Ellipse parallel.

Betrachten wir nun wieder diejenige Erzeugende SQ_1 des Cylindroids, die in die Ebene der Ellipse fällt. Durch Q_1 ziehen wir in der Ebene der Ellipse eine Parallele zu deren grosser Axe. Der Schnittpunkt mit der Ellipse sei P. Die durch diesen Punkt gezogene Erzeugende des Cylindroids sei S_1P. Die Verbindungslinie SP geht durch den Mittelpunkt der Ellipse und die Ebene SPS_1 ist eine Durchmesserebene des Cylinders, dessen Durchschnitt mit dem Cylindroid die betrachtete Ellipse ist. Die Ebene SPS_1 ist daher normal zu der Tangentenebene eines Cylinders im Punkte S. Also kreuzt die Erzeugende S_1P die durch S gehende zweite Erzeugende SQ_2 rechtwinklig und hat somit gleichen Parameter mit ihr.

„Die Verbindungslinie der Punkte, in denen die Ellipse in zwei sich auf der Direktrix schneidenden Erzeugende des Cylindroids getroffen wird, ist parallel der kleinen Axe der Ellipse."

„Die Verbindungslinie der Punkte, in denen die Ellipse von zwei Erzeugenden gleichen Parameters getroffen wird. ist parallel der grossen Axe."

Leicht überzeugt man sich noch von der Gültigkeit der folgenden beiden Sätze:

„Die kleinen Axen aller der Ellipsen, in denen das Cylindroid von seinen Tangentenebenen geschnitten wird, liegen in einer Ebene, nämlich in der Ebene der Schrauben α, β des § 5, das heisst in der Ebene, welche im Mittelpunkt O der Direktrix senkrecht auf dieser steht."

„Die Differenz der Quadrate der Axen der Ellipsen, in der eine Tangentenebene das Cylindroid schneidet, ist unveränderlich für alle Lagen der Tangentenebene."

Sind wie gewöhnlich a, b die halbe grosse und die halbe kleine

Axe der Ellipse, so ist nämlich

$$a^2 - b^2 = \tfrac{1}{4}(p_\alpha - p_\beta)^2.$$

Die Sätze dieses Paragraphen verdankt man im wesentlichsten dem Herrn Casey.

§ 12.

Alle Erzeugenden des Cylindroids sind einer Ebene parallel, nämlich einer auf der Direktrix senkrechten Ebene.

Greifen wir daher drei beliebige dieser Erzeugenden heraus, so können diese als drei Strahlen der einen Regelschaar eines hyperbolischen Paraboloids betrachtet werden. Die Direktrix gehört dann der andern Regelschaar dieses hyperbolischen Paraboloids an.

Aus dieser Bemerkung ergiebt sich eine einfache geometrische Construction eines Cylindroids aus zweien seiner Erzeugungslinien G, G'. Man ziehe die gemeinschaftliche Senkrechte von G und G'. Dies ist die Direktrix D.

Dann betrachten wir G und G' als Axen eines Strahlensystems 1ter Ordnung und 1ter Klasse und construiren die kürzesten Abstände aller Strahlen dieses Systems von D. Die so erhaltenen Strahlen sind die Erzeugenden der Fläche. Dabei ist zu beachten, dass jede Erzeugende G'' des Cylindroids Linie kürzesten Abstandes für eine ganze hyperbolisch-paraboloidische Regelschaar des Strahlensystems (G, G') ist, sodass also bei unserer Construction die zweifach unendliche Mannigfaltigkeit von Strahlen des Strahlensystems nur als einfach unendliche Mannigfaltigkeit von Regelschaaren zur Wirkung kommt, sodass die Construction denn auch nur eine einfach unendliche Mannigfaltigkeit von Strahlen, also in der That eine Regelfläche liefert.

§ 13.

Es ist ein wesentliches Characteristicum der Ball'schen Theorie, dass sie die Lösung der mechanischen Probleme mit Hülfe klarer geometrischer Vorstellungen und Anschauungen unternimmt.

Fassen wir in dieser Hinsicht den Inhalt des vorliegenden Kapitels zusammen, so ergiebt sich:

„Dass jederzeit ein Cylindroid so bestimmt werden kann, dass nicht nur zwei seiner Erzeugungslinien mit zwei gegebenen Schrauben α, β coincidiren, sondern dass auch, wenn alle Erzeugenden der Fläche als Schrauben betrachtet werden, indem wir jeder von ihnen einen dem Parametervertheilungsgesetz entsprechenden Parameter zuertheilen, diejenigen Erzeugungslinien, welche mit α, β zusammenfallen, dann Parameter erhalten, welche den gegebenen Parametern von α, β gleich sind.“

Kapitel IV.

Reciproke Schrauben.

§ 1.

Wir wenden uns nun zur Betrachtung des Falles, dass der virtuelle Coefficient zweier Schrauben verschwindet. Heissen diese Schrauben α, β, so haben wir mit den Bezeichnungen des vorigen Kapitels also

$$2\varpi_{\alpha\beta} = (p_\alpha + p_\beta)\cos O - d\sin O = 0.$$

Die Gleichung besagt nun, dass ein starres System, welches solchen Bedingungen unterworfen ist, dass es lediglich eine Windung um α ausführen kann, im Gleichgewicht bleibt, wenn eine Dyname auf β auf es wirkt. Aber die Grösse $\varpi_{\alpha\beta}$ ist symmetrisch in Bezug auf α und β, und die Gleichung lässt sich daher auch so interpretiren, dass ein System, welchem lediglich eine Windung um β gestattet ist, seine Lage nicht ändert unter der Wirkung einer Dyname auf α.

Der virtuelle Coefficient hängt nur ab von den Bestimmungsstücken der Schrauben α, β, nicht aber von den Intensitäten von Dynamen oder Amplituden von Windungen. Die Gleichung $\varpi_{\alpha\beta} = 0$ drückt daher eine rein geometrische Beziehung der beiden Schrauben α, β aus. Diese Beziehung nennt Herr Ball die Reciprocität zweier Schrauben.

„Zwei Schrauben α, β heissen reciprok, wenn ihr virtueller Coefficient Null ist.“

§ 2.

Man giebt leicht einige specielle Fälle der Reciprocität von Schrauben an. So sind parallele oder einander schneidende Schrauben reciprok, wenn die Summe ihrer Parameter Null ist. Ferner sind zwei Schrauben reciprok, wenn ihr Winkel $O = \frac{\pi}{2}$ ist und wenn sie entweder einander treffen oder aber, wenn einer der Parameter unendlich gross wird.

Auch zwei Schrauben, deren Parameter beide unendlich gross sind, sind reciprok. Denn, wie wir in Kapitel I sahen, leistet ein Kräftepaar keine Arbeit in Bezug auf eine Translation.

Endlich sei hier noch bemerkt, dass eine Schraube, deren Parameter Null oder unendlich gross ist, sich selber reciprok ist.

§ 3.

Es sei nun gegeben eine Schraube η, die gleichzeitig reciprok ist zweien anderen Schrauben ϑ und φ. Diese Schrauben ϑ und φ bestimmen ein Cylindroid (ϑ, φ). Und eine Dyname auf irgend einer Schraube ψ dieses Cylindroids, kann in Dynamen auf ϑ und φ zerlegt werden. Da nun η reciprok ist zu ϑ und φ, so wird ein Körper, der nur um η gewunden werden kann, seine Lage nicht ändern unter der Wirkung von Dynamen auf ϑ und φ. Er wird aber, nach dem soeben Gesagten, seine Lage auch nicht ändern unter der Wirkung einer Dyname auf irgend einer Schraube ψ des Cylindroids (ϑ, φ).

Wir haben also den Satz:

„Wenn eine Schraube η reciprok ist zweien andern Schrauben ϑ, φ, so ist η auch reciprok jeder andern auf dem Cylindroid (ϑ, φ) liegenden Schraube.“

Wir werden diese Eigenschaft kurz so ausdrücken, dass wir die Schraube η reciprok zu dem Cylindroid (ϑ, φ) nennen.

Dieses Cylindroid wird als Fläche dritter Ordnung von η in drei Punkten geschnitten. Durch jeden derselben geht eine Schraube des Cylindroids. Jede dieser drei Schrauben ist also der Schraube η

reciprok. Nach § 2 können aber zwei sich schneidende Schrauben nur reciprok sein, wenn sie entweder rechtwinklig sind oder wenn die Summe ihrer Parameter Null ist. Aus der Formel

$$p = p_\alpha \cos^2 l + p_\beta \sin^2 l$$

folgt nun, dass Schrauben gleichen Parameters immer nur paarweise auf dem Cylindroid auftreten, denn es ergiebt sich derselbe Werth von p nur für die Werthe l und $\pi - l$ des Winkels, welche die Schraube vom Parameter p mit der Schraube α (x-Axe) macht. Dasselbe Resultat ergiebt sich übrigens auch aus der Lewis'schen Construction des Cylindroids. Die Schraube η kann also nur zwei Schrauben des Cylindroids treffen, die mit ihr entgegengesetzt gleichen Parameter haben. Auf der dritten Schraube muss also η senkrecht stehen.

„Jede Schraube η, welche reciprok ist zu einem Cylindroid (ϑ, φ), schneidet eine der Erzeugunglinien (Schrauben) des Cylindroids unter rechtem Winkel.“

Und weiter sieht man, dass jede Schraube η, welche auf einer der Erzeugenden eines Cylindroids senkrecht steht, die Fläche in zwei Punkten noch so schneidet, dass die durch diese Punkte gehenden Schrauben des Cylindroids gleiche Parameter haben.

§ 4.

Fällt man von einem Punkte P auf sämmtliche Erzeugungslinien eines Cylindroids Senkrechte und charakterisirt diese Senkrechten als Schrauben, indem man ihnen Parameter zuertheilt, gleich und entgegengesetzt den unter einander gleichen Parametern der beiden Schrauben, welche noch von ihnen getroffen werden, so bilden alle diese Senkrechten eine Kegelfläche, deren jede Erzeugungslinie reciprok ist zu dem gegebenen Cylindroid. Wir können diesen Kegel den Reciprokalkegel des Punktes P in Bezug auf das Cylindroid nennen.

Es soll nun die Ordnung dieses Kegels untersucht werden.

Wir ziehen durch den Punkt P eine Parallele zur Directrix. Diese Parallele ist senkrecht zu allen Erzeugenden des Cylindroids. Sie schneidet die Directrix in zwei unendlich weit entfernten Punkten, da die Directrix Doppellinie des Cylindroids ist. Diese

Punkte sind übrigens imaginär, da die Doppellinie nur eine bestimmte endliche, im Endlichen gelegene Strecke mit der Fläche gemein hat.

Die Parallele schneidet das Cylindroid daher noch in einem dritten, reellen Punkte T. Durch diesen Punkt T geht eine Erzeugende des Cylindroids, zu der es noch eine und nur eine andere Erzeugende LM giebt, die mit ihr gleichen Parameter hat.

Fig. 16.

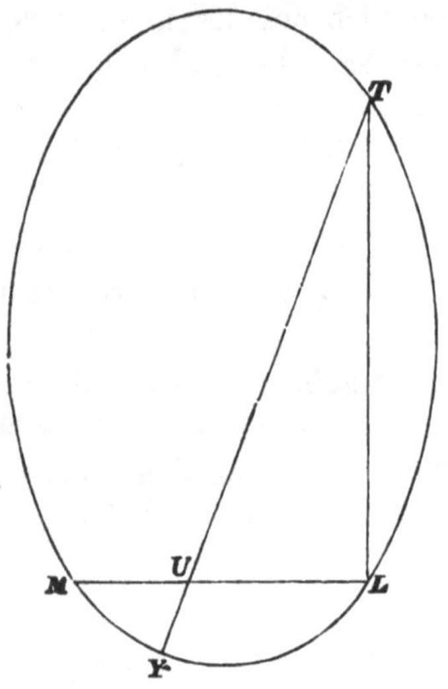

Legen wir durch T und LM eine Ebene, so schneidet diese das Cylindroid in eine Curve 3. Ordnung, die in die Gerade LM und einen Kegelschnitt zerfällt. Diese Ebene ist nur mit einer einzigen Erzeugenden des Cylindroids parallel, nämlich mit der in ihr liegenden Geraden LM. Sie schneidet daher alle übrigen Erzeugungslinien des Cylindroids im Endlichen. Der Kegelschnitt ist daher eine Ellipse. In der Ebene dieser Ellipse ziehen wir eine Gerade durch T, die LM in einem Punkte U und die Ellipse in Y trifft. Diese Gerade TUY schneidet also zwei Schrauben (Erzeugungslinien) des Cylindroids, welche gleichen Parameter haben. Sie muss daher senkrecht stehen auf der dritten von ihr getroffenen Schraube, welche durch den Punkt Y geht. Diese letztere Schraube ist also normal zu TY und zu PT, also auch normal zu der Ebene PTY und somit endlich auch normal zu PY. Das heisst also: Y ist der Fusspunkt des von P auf die durch Y gehende Erzeugungslinie des Cylindroids gefällten Lothes. Daher weiter:

Die Ellipse ist der Ort der Fusspunkte der von P auf die Erzeugenden des Cylindroids gefällten Senkrechten. Der Reciprokalkegel des Punktes P hat also eine Curve 2. Grades zur Leitlinie.

„Der Reciprokalkegel eines Punktes P in Bezug auf ein Cylindroid ist von der zweiten Ordnung.“

Die Construction dieses Kegels lässt sich durch Benutzung des Lewis'schen Verfahrens leicht erreichen; denn mit Hülfe desselben kann, nachdem, wie oben, der Punkt T bestimmt worden ist, nachdem man also die durch diesen Punkt gehende Schraube kennt, sofort die ihr parametergleiche Schraube LM bestimmt werden; wonach sich dann der Rest der Construction ohne weiteres aus dem obigen ergiebt.

Es sei noch bemerkt, dass die Ebene TLM, da sie durch eine Erzeugende des Cylindroids geht, die Fläche im Punkte L berühren muss, während LM im Punkte M von einer anderen Erzeugenden geschnitten wird. Es folgt also noch, dass L der Fusspunkt der der von T auf LM gefällten Senkrechten ist, und dass M auf der Doppellinie liegt.

Wir wollen nun den Punkt P, dessen Reciprokalkegel wir betrachtet haben, eine Ebene E durchlaufen lassen, und für jede Lage von P den Reciprokalkegel construiren. Die Ebene E schneidet dann jeden dieser Kegel in zwei Strahlen und alle diese Strahlen umhüllen eine Curve zweiter Classe, da von jedem Punkte der Ebene zwei und nur zwei Tangenten an die Enveloppe gezogen werden können. Daher:

„Alle zu einem Cylindroid reciproken Schrauben einer Ebene umhüllen einen Kegelschnitt."

„Die Gesammtheit aller zu einem Cylindroid reciproken Schrauben im Raume bildet daher einen Liniencomplex zweiten Grades."

Dieser Satz ergiebt sich aus der Combination der beiden Resultate dieses Paragraphen.

§ 5.

Zur Bestimmung einer Schraube sind fünf Grössen nothwendig und hinreichend. Wenn daher die Frage nach dem Ort einer Schraube gestellt wird, die zu vier gegebenen Schrauben reciprok ist, so bemerken wir, dass durch die vier Reciprocitätsbedingungen nur vier dieser Grössen bestimmt werden, dass es also noch eine einfache Mannigfaltigkeit, d. h. eine Fläche, von Schrauben giebt, welche diesen Bedingungen genügen. Diese Fläche kann nun keine andere sein, als ein Cylindroid.

Denn es seien λ, μ, ν drei Schrauben, deren jede zu vier gegebenen Schrauben reciprok ist. Wir nehmen an, λ, μ, ν lägen nicht auf demselben Cylindroid. Dann bestimmen also λ, μ ein Cylindroid (λ, μ); und jede Schraube φ desselben ist reciprok zu den vier gegebenen. Ebenso bestimmen (λ, ν) ein Cylindroid; und jede Schraube ψ desselben ist ebenfalls reciprok zu den vier gegebenen.

Aber φ, ψ bestimmen ihrerseits wieder ein Cylindroid, dessen Schrauben nach dem Obigen ebenfalls alle reciprok sind zu den vier gegebenen Schrauben. Sind nun (λ, μ), (λ, ν) wirklich zwei verschiedene Cylindroide, so giebt es nicht nur ein Cylindroid (φ, ψ), sondern eine Schaar solcher Flächen. Der Ort einer Schraube, die zu vier gegebenen Schrauben reciprok ist, würde daher keine einfache Mannigfaltigkeit von Schrauben mehr sein. Dies muss aber stattfinden. Dazu ist nothwendig, dass die Cylindroide (λ, μ) und (λ, ν) zusammenfallen in ein einziges. Dann bestimmen auch φ, ψ immer nur ein einziges Cylindroid, nämlich eben dasjenige, welches die drei Schrauben λ, μ, ν als Erzeugungslinien enthält. Es kann also nicht drei Schrauben λ, μ, ν geben, die zu vier gegebenen Schrauben reciprok sind, die nicht gleichzeitig einem und demselben Cylindroid angehörten.

„Der Ort einer Schraube, die reciprok ist zu vier gegebenen Schrauben, ist ein Cylindroid.“

§ 6.

Die Construction des Cylindroids, welches der Ort ist aller zu vier gegebenen Schrauben reciproken Schrauben, kann in der folgenden Weise ausgeführt werden.

Seien α, β, γ, δ die vier gegebenen Schrauben, und ihre Parameter $p_\alpha > p_\beta > p_\gamma > p_\delta$. Wir construiren nun die Cylindroide (α, γ) und (β, δ). Ist nun σ eine Strecke, deren absoluter Betrag zwischen p_β und p_γ liegt, so wird es immer möglich sein, zwei Schrauben vom Parameter σ auf (α, γ) und ebenso zwei Schrauben vom Parameter σ auf der Fläche (β, δ) zu finden. Zu den so gewählten vier Schrauben giebt es im allgemeinen zwei Transversalen. Jeder dieser Transversalen ertheilen wir den Parameter $-\sigma$ und nennen die so entstandenen Schrauben ϑ und φ.

Da nun einander schneidende Schrauben reciprok sind, wenn die Summe ihrer Parameter Null ist, so müssen ϑ und φ reciprok sein zu den beiden Cylindroiden (α, γ) und (β, δ).

Und daraus folgt nun nach Obigem, dass alle Schrauben des Cylindroids (ϑ, φ) reciprok sind zu den gegebenen α, β, γ, δ; wodurch die Aufgabe gelöst ist.

§ 7.

Das Problem der Bestimmung einer Schraube, welche zu fünf gegebenen Schrauben reciprok ist, muss eine endliche Anzahl von Lösungen besitzen, da die Anzahl der zu erfüllenden Bedingungsgleichungen dieselbe ist, wie die Anzahl der verfügbaren Constanten.

Dabei ist es nun wichtig, zu bemerken, dass die Zahl der Lösungen nur Eins sein kann.

Denn, wenn zwei Schrauben gefunden werden könnten, welche den Bedingungen genügten, so würden auch sämmtliche auf dem durch diese beiden bestimmten Cylindroid liegenden Schrauben jenen Bedingungen genügen. Wir würden also keine endliche Anzahl von Lösungen haben. Dass die Anzahl der Lösungen auch nicht grösser als Zwei sein kann, sieht man aus demselben Grunde sofort ein.

Die Construction der Schraube, deren Existenz soeben nachgewiesen wurde, kann mit Hülfe der im vorigen erlangten Resultate geleistet werden. Man construire das Cylindroid, welches alle Schrauben enthält, welche zu vier von den gegebenen fünf Schrauben reciprok sind und gleichzeitig das Cylindroid, welches der Ort aller zu einer anderen Gruppe von vier der gegebenen fünf Schrauben reciproken Schrauben ist. Diese beiden Cylindroide schneiden sich in einer einzigen Schraube, welche dann reciprok ist zu den gegebenen fünf Schrauben.

§ 8.

Sind eine Schraube ε und ein Cylindroid C beliebig gegeben, so kann im Allgemeinen auf C nur eine einzige zu ε reciproke Schraube gefunden werden.

Denn es seien λ, μ, ν, ϱ vier zu dem Cylindroid C reciproke

Schrauben. Bestimmen wir nun die Schraube η nach § 7, welche zu ε, λ, μ, ν, ϱ reciprok ist, so muss diese auf C liegen, da sie eben zu den vier Schrauben λ, μ, ν, ϱ reciprok ist. Diese Schraube η ist die gesuchte. Sie ist im Allgemeinen auch die einzige Lösung der Aufgabe; denn gäbe es noch eine solche Schraube, η', so müsste ε zu dem Cylindroid C reciprok sein und daher auf einer Erzeugenden desselben senkrecht stehen, was im Allgemeinen aber nicht der Fall sein wird.

§ 9.

Herr Ball hat in einer Arbeit, die er noch nach dem Beginne des Drucks dieser Ausgabe mir zu übersenden die Güte hatte, von dem Begriff der reciproken Schrauben eine sehr interessante Anwendung gemacht, indem er mit Hülfe derselben in einer rein geometrischen Weise die Theorie der Zusammensetzung von Windungen und Dynamen behandelt, wodurch namentlich eine klare Anschauung von der Bedeutung des Cylindroids vermittelt wird.

Wir wissen, dass, wenn zwei Windungen um zwei Schrauben α, β gegeben sind, immer eine resultirende Windung gefunden werden kann, deren Schraube γ, sowie deren Amplitude vollständig bestimmt sind. Halten wir die Schrauben α, β fest, während die Amplituden der um sie erfolgenden Windungen sich ändern mögen, so wird sich sowohl die Lage der Schraube γ, als auch die Amplitude der resultirenden Windung ändern. Aber wir erinnern uns aus Kapitel III, dass die Lage von γ solange ungeändert bleibt, als das Verhältniss der Amplituden der gegebenen Windungen constant bleibt. Erst mit der Aenderung dieses Verhältnisses kommt die Lagenänderung von γ zu Stande; sodass also die Lage von γ von einer einzigen Veränderlichkeit abhängt, woraus zu schliessen ist, dass γ Erzeugungslinie einer gewissen Regelfläche ist, die auch α und β enthält, den extremen Werthen des Amplitudenverhältnisses, nämlich O und ∞, entsprechend.

Die Natur dieser Regelfläche untersucht Herr Ball nun mit Hülfe der Theorie der reciproken Schrauben.

Sei ϑ eine Schraube, welche sowohl zu α wie zu β reciprok ist. Dann muss ϑ auch reciprok zu γ sein. Denn man nehme eine Dyname auf ϑ an, so leistet diese keine Arbeit, wenn ein starres System um α und β gewunden wird. Nun führe man das System in seine Anfangslage zurück durch eine Windung um γ, die entgegengesetzt gleich ist der aus den Windungen um α und β resultirenden Windung. Bei dieser Windung um γ kann von der Dyname auf ϑ wieder keine Arbeit geleistet werden, denn sonst würde ohne Compensation Energie verbraucht oder gewonnen sein. Die Schrauben ϑ und γ müssen also reciprok sein.

Der Beweis für die Reciprocität von ϑ und γ ist hier unter Beibehaltung unserer allgemeinen Annahme über die Natur der hier zu betrachtenden Kräfte geführt worden. Allein es ist leicht einzusehen, dass der Satz auch ohne diese Annahme seine Gültigkeit behält. Denn, wie schon mehrfach hervorgehoben wurde, ist die Reciprocität zweier Schrauben eine rein geometrische Eigenschaft derselben, die gänzlich unabhängig ist von der Natur der wirkenden Kräfte.

§ 10.

Wir gehen nun dazu über, die Folgerungen zu ziehen, welche sich aus der Reciprocität von ϑ mit γ ergeben, wenn diese letztere Schraube ihre Lage, wie oben angegeben, ändert, also die Regelfläche S erzeugt.

Seien ϑ_1, ϑ_2, ϑ_3, ϑ_4 vier Schrauben reciprok, zu irgend zwei Schrauben auf der Fläche S. Da eine Schraube erst durch fünf Bedingungen vollständig bestimmt wird, so ist wiederum klar, dass es eine einfache Mannigfaltigkeit von Schrauben giebt, die zu den vier Schrauben ϑ_1, ϑ_2, ϑ_3, ϑ_4 reciprok sind; d. h. also eine geradlinige Fläche, auf der dieselben liegen.

Diese Fläche S' muss die Fläche S zum mindesten als Theil enthalten, da alle auf ihr liegenden Schrauben reciprok sind zu ϑ_1, ϑ_2, ϑ_3, ϑ_4. Aber S' kann auch keine einzige Schraube enthalten, die nicht auf S läge. Denn man nehme an, S' enthielte eine solche Schraube ε. Dann sind ε und irgend eine Schraube γ auf S reciprok zu ϑ_1, ϑ_2, ϑ_3, ϑ_4. Daraus folgt, dass jede Schraube auf derjenigen Fläche S'', die auf die nämliche Weise aus ε und γ hergeleitet wird, wie S aus α und β erhalten wurde, reciprok ist zu ϑ_1, ϑ_2, ϑ_3, ϑ_4. Da wir nun γ willkürlich wählen können auf S, so würde man auf diese Weise als den Ort der zu

ϑ_1, ϑ_2, ϑ_3, ϑ_4 reciproken Schrauben nicht eine einzige Fläche, sondern eine Schaar von solchen erhalten, was unmöglich ist. Die Fläche S' fällt also ganz mit der Fläche S zusammen und ist mit ihr identisch. Es ist also dasselbe, ob wir sagen, eine Schraube liege auf S oder sie sei reciprok zu ϑ_1, ϑ_2, ϑ_3, ϑ_4.

§ 11.

Die Gleichung der Reciprocität enthält nur die Summe der beiden reciproken Schrauben. Werden daher die Parameter der vier Schrauben ϑ_1, ϑ_2, ϑ_3, ϑ_4 um einen beliebigen Betrag m verkleinert und gleichzeitig die Parameter aller Schrauben auf S um dieselbe Grösse vermehrt, so wird die Reciprocität nicht geändert. Daraus ergiebt sich, dass auch nach der Vermehrung der Parameter aller Schrauben auf S um dieselbe Grösse m die Fläche doch noch die Eigenschaft beibehält, dass die Windungen um irgend drei ihrer Schrauben äquivalent Null sind, sofern nur die Amplituden in geeigneter Weise bestimmt werden.

§ 12.

Hiermit können wir weitergehen in der Untersuchung der Fläche S und zeigen, dass es auf S nicht mehr als zwei Schrauben gleichen Parameters geben kann. Denn man nehme an, dass auf S drei Schrauben vom Parameter m vorhanden seien. Man vermindere diese Parameter sämmtlich um den Betrag m, sodass also dann drei Schrauben vom Parameter Null auf der Fläche liegen. Daraus würde dann folgen, dass es möglich wäre, drei Einzelkräfte auf S in solche Lagen zu bringen, dass sie zusammen äquivalent Null werden. Dies letztere ist aber offenbar unmöglich, ausser in dem Falle, dass die drei Kräfte in einer Ebene wirken, und ihre Richtungslinien einander schneiden. In diesem Falle degenerirt aber die Fläche S in eine Ebene; und sämmtliche Verhältnisse werden also ganz specielle, die uns hier nicht interessiren können.

Drei kann also die Anzahl der Schrauben gleichen Parameters auf S nicht sein. Dagegen überzeugt man sich mit Hülfe des obigen Verfahrens, dass allerdings immer zwei solche Schrauben auf der Fläche vorhanden sein werden. Denn aus Kapitel I ist zu entnehmen, dass eine Dyname immer zerlegt werden kann in zwei Kräfte, deren Richtungslinien sich kreuzen; und zwar ist die Richtungslinie einer dieser Kräfte willkürlich wählbar.

Nehmen wir daher an, es gebe auf S nur eine Schraube λ von gegebenem Parameter m. Reduciren wir diesen, wie oben, auf Null. Nun ist nach dem eben Gesagten jede Dyname auf einer Schraube von S zerlegbar in eine Kraft längs λ (Dyname vom Parameter Null) und eine Kraft längs irgend einer anderen Geraden, die aber auch auf S liegen muss.

Die transformirte Fläche S muss daher noch eine zweite Erzeugungsschraube vom Parameter Null enthalten, und deshalb in ihrer ursprünglichen Form auch zwei Schrauben vom Parameter m enthalten haben.

§ 13.

Einander schneidende Schrauben sind reciprok, wenn sie senkrecht zu einander sind, oder wenn ihre Parameter entgegengesetzt gleich sind. Daraus folgt, dass eine zu S reciproke Schraube ϑ die Fläche in gewissen Punkten schneiden muss, durch welche Schrauben gehen, die entweder senkrecht zu ϑ sind oder entgegengesetzt gleiche Parameter mit ϑ besitzen.

Diese Bemerkung reicht hin, um uns zu zeigen, dass die Fläche S von höherem als dem zweiten Grade sein muss. Denn man nehme an, sie sei ein Hyperboloid. Dann muss eine Transversale ϑ, welche zwei Schrauben gleichen Parameters m schneidet, wenn sie den Parameter $-m$ erhält, reciprok sein zur ganzen Fläche. Wir können eine der Erzeugungslinien des Hyperboloids für ϑ nehmen. ϑ schneidet dann die ganze andere Regelschaar des Hyperboloids, zu der sie nicht gehört. ϑ ist aber auch reciprok zu all diesen Strahlen. Und da es auf der Fläche nur zwei Schrauben von gegebenem Parameter giebt, so müsste ϑ jeden Strahl der anderen Regelschaar unter rechtem Winkel schneiden. Das gleiche müsste gelten für jede andere reciproke Schraube, die auf der Fläche selbst läge. Aber es ist klar, dass es keine zwei Strahlen ϑ und φ giebt, welche alle Erzeugenden einer Regelschaar eines Hyperboloids unter rechtem Winkel schneiden, ausgenommen wieder den speciellen Fall, dass die Regelschaar in ein ebenes

System paralleler Strahlen degenerirt. Im allgemeinen Fall wäre zur Herbeiführung jener Möglichkeit nothwendig, dass es zwei kürzeste Abstände zwischen zwei Geraden gäbe, was aber wieder nicht möglich ist.

Die Fläche S kann also nicht vom zweiten Grade sein.

Eine Schraube ϑ, welche zu S reciprok ist, muss die Fläche also mindestens in drei Punkten treffen. Seien daher α und β zwei Schrauben gleichen Parameters m auf S; und sei ϑ eine Schraube vom Parameter $-m$, welche α und β schneidet. Diese Schraube ist also reciprok zu α und β und somit auch reciprok zu jeder Schraube auf S. ϑ möge nun die Fläche noch in einem dritten Punkte schneiden, durch den die Schraube γ der Fläche gehen möge. ϑ und γ sind reciprok. Gleichen Parameters können sie nicht sein, da sonst drei Schrauben von gleichem Parameter auf der Fläche lägen. ϑ und γ müssen daher rechtwinklig zu einander sein. Auf Grund dieses Ergebnisses lässt sich nun aber leicht zeigen, dass die Fläche S wirklich vom dritten Grade ist.

Denn es möge ϑ die Fläche noch in einem vierten Punkte schneiden, durch den die Erzeugungsschraube δ gehen möge. Dann sind auch ϑ und δ reciproke Schrauben. Und aus denselben Gründen, wie für ϑ und γ, folgt auch für ϑ und δ, dass sie zu einander senkrecht sein müssen. Nehmen wir nun die vier Geraden α, β, γ, δ, so giebt es zwei gemeinschaftliche Transversalen für sie, von denen also eine ϑ ist. Die andere heisse φ. Wir können dann, wenn die bisherigen Ergebnisse als zutreffend angenommen werden, zeigen, dass φ auch senkrecht zu γ und δ ist. Aber auf diese Weise würden wir wieder zwei gemeinschaftliche Senkrechten haben für die beiden Raumgeraden γ und δ. Dies ist unmöglich, es sei denn, dass γ und δ in derselben Ebene liegen und parallel sind. In diesem Falle aber würden Windungen um γ und δ sich lediglich zusammensetzen in Windungen, deren Schrauben parallel zu γ und δ sind und in der nämlichen Ebene liegen. Die ganze Fläche S würde also wieder in eine Ebene ausarten.

§ 14.

Wir sind somit zu dem Resultate gelangt, dass S eine Fläche dritter Ordnung ist, und es wird nun leicht sein, in Kürze sie auch ihrem ganzen Charakter nach darzustellen. Da jede Transversale ϑ zu α, β und γ reciprok zu S ist, wenn ihr Parameter entgegengesetzt gleich ist dem gemeinschaftlichen Parameter von α und β, so folgt, dass jede solche Transversale senkrecht zu γ sein muss. Hierdurch wird aber sofort die Lage von γ beschränkt und geregelt, denn es ist klar, dass ϑ diese Bedingung keineswegs immer erfüllen wird, wenn es nicht ganz bestimmte Lagen zu α und β hat. Denken wir uns eine Ebene senkrecht zu γ. Die unendlich ferne Gerade dieser Ebene heisse J. Die nothwendige Bedingung dafür, dass ein Strahl ϑ die Gerade γ senkrecht schneidet, ist die, dass ϑ die Gerade J treffe. Wenn nun die Gerade ϑ ihre Lage ändert, so beschreibt sie eine Fläche zweiten Grades, und da J eine der Erzeugenden dieser Fläche ist, so ist dieselbe ein hyperbolisches Paraboloid. Die drei Strahlen, welche zu der anderen Regelschaar des Paraboloids gehören, müssen also auch einer Ebene parallel sein, welche bestimmt wird durch die Erzeugende J', in der die unendlich entfernte Ebene die Fläche schneidet.

Sei nun PQ die gemeinschaftliche Senkrechte zu α und γ, so muss diese, da sie γ rechtwinklig schneidet, auch J treffen. Und da also PQ die drei Erzeugenden α, γ, J des Paraboloids schneidet, so ist diese Gerade selbst eine Erzeugende des Paraboloids und muss daher auch β treffen. Aber α, β, γ sind einer Ebene parallel. Somit muss die gemeinschaftliche Senkrechte von α und γ auch senkrecht zu β sein. Wir haben somit das wichtige Resultat, dass alle Schrauben (Erzeugungslinien) der Fläche S die gemeinschaftliche Senkrechte von α und β treffen und zwar unter rechtem Winkel schneiden müssen.

Die geometrische Construction der Fläche S gestaltet sich daher folgendermaassen:

Man construire die gemeinschaftliche Senkrechte λ der beiden gegebenen Strahlen α und β. Dann ziehe man irgend einen Strahl ϑ, der nur der Bedingung unterworfen ist, α und β zu schneiden. Die gemeinschaftliche Senkrechte ϱ von ϑ und λ ist dann eine Erzeugende der Fläche S, und wenn ϑ längs den beiden Strahlen α, β hingleitet, erzeugt ϱ die Fläche.

Wir erkennen, dass die Fläche S in der That das Cylindroid ist. Denn zu dieser Construction waren wir bereits in Kapitel III

§ 12 gelangt, worauf wir also hier wegen der weiteren Ausführung verweisen können.

Auch zur Gleichung des Cylindroids in der uns bekannten Form gelangen wir leicht. Bezeichnen wir den kürzesten Abstand zwischen ϱ und α mit d_1 und den Winkel zwischen ϱ und α mit A_1 und lassen d_2, A_2 dieselben Grössen für ϱ und β bedeuten, so findet sich leicht

$$d_1 : d_2 = \operatorname{tang} A_1 : \operatorname{tang} A_2,$$

was man umformt in

$$d_1 + d_2 : d_1 - d_2 = \sin(A_1 + A_2) : \sin(A_1 - A_2),$$

da bekanntlich

$$\operatorname{tg} A_1 + \operatorname{tg} A_2 = \frac{\sin(A_1 + A_2)}{\cos A_1 \cos A_2}, \quad \operatorname{tg} A_1 - \operatorname{tg} A_2 = \frac{\sin(A_1 - A_2)}{\cos A_1 \cos A_2}.$$

Bezeichnen wir nun noch mit z den Abstand von ϱ von dem Mittelpunkt der kürzesten Distanz h zwischen α und β; mit ε den Winkel zwischen α und β und mit φ den Winkel zwischen ϱ und dem Halbirungsstrahl des Winkels ε, so haben wir also nach dem Obigen

$$z : h = \sin 2\varphi : \sin 2\varepsilon.$$

Und die Gleichung der Fläche ergiebt sich mit Rücksicht auf

$$\operatorname{tang} \varphi = \frac{x}{y}$$

in der wohlbekannten Form, nämlich

$$z(x^2 + y^2) = \frac{2h}{\sin 2\varepsilon} xy.$$

Das Gesetz der Parametervertheilung auf dem Cylindroid kann ebenfalls durch die Betrachtungen der letzten Paragraphen dieses Kapitels hergeleitet werden. Sind α und β Schrauben vom Parameter Null, so hat jede sie schneidende reciproke Schraube ϑ ebenfalls den Parameter Null. Und da ϱ reciprok ist zu ϑ, so folgt, dass der Parameter von ϱ gleich sein muss dem Product aus dem kürzesten Abstand zwischen ϱ um ϑ in die Tangente des Winkels zwischen ϱ und ϑ.

§ 15.

Wir haben uns absichtlich länger aufgehalten bei Herrn Ball's interessanter Arbeit vom 11. Mai 1885. Denn wenn auch hinsichtlich der Resultate nur Dinge wiederholt sind worden, die schon in den vorigen und in diesem Kapitel zur Sprache gekommen waren, so haben diese rein geometrischen Betrachtungen doch den grössten Werth für die Vertiefung der neuen Anschauungen der Ball'schen Theorie. Und aus diesem Grunde ist geglaubt worden, dass gerade für den Lernenden die Paragraphen 9 bis 15 dieses Kapitels von grosser Wichtigkeit seien.

Kapitel V.

Schraubencoordinaten.

§ 1.

Wir sind in der elementaren Statik gewohnt, die auf ein starres System wirkenden Kräfte zu zerlegen in drei Einzelkräfte, die in gegebenen Richtungen an einem Punkte angreifen und in drei Kräftepaare in drei gegebenen Ebenen. In unserer Theorie haben wir aber eine Einzelkraft zu betrachten nur als einen speciellen Fall einer Dyname, nämlich als eine Dyname auf einer Schraube, deren Parameter Null ist und ein Paar als eine Dyname auf einer Schraube, deren Parameter unendlich gross ist.

Diese allbekannte Zerlegung stellt sich also vom Standpunkte unserer Theorie nur als specieller Fall des allgemeinen Problems dar, die Intensitäten von sechs Dynamen auf sechs gegebenen Schrauben so zu bestimmen, dass aus der Composition dieser Dynamen eine Dyname von gegebener Intensität auf gegebener Schraube hervorgeht.

Diese Aufgabe kann in mehr symmetrischer Form auch so gestellt werden:

„Man soll die Intensitäten von sieben Dynamen auf sieben gegebenen Schrauben so bestimmen, dass, wenn diese Dynamen an einem vollkommen freien Körper angreifen, sie zusammen äquivalent Null sind.“

Dabei ist nach Früherem die Lösung dieses Problems indentisch mit der des anderen:

„Die Amplituden von sieben kleinen Windungen um sieben gegebene Schrauben sollen so bestimmt werden, dass, wenn diese Windungen nach einander einem starren Systeme ertheilt werden, dasselbe nach der letzten Windung wieder dieselbe Stellung einnimmt, wie vor der ersten.“

Betreffs der Windungen beschränken wir uns hier wieder auf den Fall, dass die Amplituden kleine Grössen erster Ordnung sind; sodass also der Weg, den ein jedes Körpertheilchen bei einer solchen Windung beschreibt, als geradlinig kann betrachtet werden. Bei dieser Annahme ist es irrelevant, in welcher Ordnung wir dem Systeme die Windungen ertheilen, während bei unbeschränkter Grösse der Amplituden für jede Aenderung in der Reihenfolge der einzelnen Windungen auch eine besondere Lösung bestehen würde.

Die beiden vorliegenden Probleme würden unbestimmt werden, wenn die Anzahl der Schrauben grösser als sieben wäre; im umgekehrten Falle, wenn jene Anzahl kleiner als sieben wird, sind diese Probleme im Allgemeinen überhaupt unmöglich und lassen nur Auflösungen zu, wenn die Schrauben in besonderen Beziehungen zu einander stehen.

Für sieben Schrauben aber finden wir für die Bestimmung der Verhältnisse der Intensitäten (oder Windungen) im Allgemeinen eine einzige Lösung. Wir wollen diese angeben, indem wir die Betrachtung an Dynamen durchführen.

Es seien also gegeben sieben Schrauben α, β, γ, δ, ε, ζ, η. Und wir sollen dann auf jeder dieser Schrauben eine Dyname von solcher Intensität bestimmen, dass die Gesammtheit dieser Dynamen äquivalent Null ist. Wir bestimmen zunächst diejenige Schraube ψ, welche reciprok ist zu γ, δ, ε, ζ, η; und lassen nun die sieben Dynamen auf ein starres System wirken, welches solchen Bedingungen unterworfen ist, dass es nur Windungen um ψ ausführen kann. Auf dieses System üben also die Dynamen auf γ, δ, ε, ζ, η keine Wirkung aus, da der virtuelle Coefficient jeder dieser Dynamen in Bezug auf eine Windung um ψ Null ist. Diese fünf Dynamen treten also aus der Betrachtung heraus und wir haben nur noch diejenigen auf α und β zu betrachten.

Construiren wir das Cylindroid (α, β) und bestimmen auf dieser Fläche diejenige Schraube ϱ die reciprok ist zu ψ. Das starre System soll im Gleichgewicht bleiben unter der Einwirkung der sieben Dynamen. Die Wirkung von fünf derselben ist schon Null. Damit auch α und β keine Wirkung ausüben, ist es nothwendig, dass sie sich in eine einzige Dyname auf der Schraube ϱ zusammensetzen. Aus dieser Bedingung aber bestimmt sich (Kapitel III § 5) das Verhältniss der Intensitäten α'' und β''. Durch ein ähnliches geometrisches Verfahren kann dann auch das Verhältniss der Intensitäten der Dynamen auf irgend zwei anderen der gegebenen sieben Schrauben bestimmt werden, womit also das Problem gelöst ist.

§ 2.

Es kann also in der That eine jede Dyname zerlegt werden in sechs Dynamen auf sechs gegebenen Schrauben*). Der Kürze halber mögen diese letzteren sechs Schrauben zunächst als Coordinatenschrauben bezeichnet werden, was wol nichts Fremdartiges hat, da sie ja in der That hier ebenso die Träger der Componenten sind, wie im speciellen Fall der elementaren Mechanik die Coordinatenaxen und Coordinatenebenen Träger der componirenden Einzelkräfte und Paare sind.

Seien nun $\omega_1, \omega_2, \ldots, \omega_6$ diese Coordinatenschrauben und sei ϱ eine Schraube, auf der eine Dyname von gegebener Intensität ϱ'' wirkt. Diese Dyname zerlegen wir in sechs andere auf $\omega_1, \ldots, \omega_6$ und nennen $\varrho_1'', \ldots, \varrho_6''$ die Intensitäten der Componenten. Sei ferner η irgend eine Schraube, um welche dem System, auf das die

*) Das Problem ist bereits im XVIII. Bande von Crelle's Journal durch Moebius gelöst worden für den speciellen Fall von Schrauben mit dem Parameter Null, welche die Kanten eines Tetraeders bilden. (Problem der Aequivalenz einer Einzelkraft mit sechs Kräften, die nach sechs beliebig oder in der angegebenen Weise im Raume liegenden Geraden wirken.)

Dynamen wirken, eine Windung ertheilt werde. Dann ist die Arbeit, welche die gegebene Dyname auf ϱ in Beziehung auf die Windung um η leistet, gleich der Summe der Arbeiten ihrer Componenten in Beziehung auf dieselbe Windung. Wir haben also die Gleichung

$$\varrho'' \varpi_{\eta\varrho} = \varrho_1'' \varpi_{\eta\omega_1} + \cdots + \varrho_6'' \varpi_{\eta\omega_6}.$$

Nimmt man also ausser η noch fünf andere Schrauben und betrachtet die Arbeiten der sieben Dynamen in Beziehung auf Windungen um diese Schrauben, so erhält man noch fünf andere analoge Gleichungen und kann aus den dann vorhandenen sechs Gleichungen die Intensitäten $\varrho_1'', \ldots, \varrho_6''$ eindeutig bestimmen. Dabei kann man sich diese Bestimmung bedeutend erleichtern und vereinfachen durch eine vortheilhafte Auswahl der Schrauben η. Nimmt man z. B. als erste Schraube η eine solche an, die reciprok ist zu ω_2, ω_3, ω_4, ω_5, ω_6, also eine stets eindeutig bestimmbare Schraube, so ist

$$\varpi_{\eta\omega_2} = 0, \quad . \ . \ ., \quad \varpi_{\eta\omega_6} = 0$$

und wir bestimmen die Intensität ϱ_1'' aus der Gleichung

$$\varrho'' \varpi_{\eta\varrho} = \varrho_1'' \varpi_{\eta\omega_1}.$$

Durch analoge Verfügung über die fünf anderen Schrauben η gelangt man dann ebenso einfach zur Bestimmung von $\varrho_2'', \ldots, \varrho_6''$. Und es braucht wol kaum bemerkt zu werden, dass die Bestimmung der Amplituden der sechs Componenten einer Windung in ganz derselben Weise vorgenommen wird.

§ 3.

Wir können für die Intensität der resultirenden Dyname einen Ausdruck durch die Intensitäten der componirenden Dynamen finden, der in seiner Zusammensetzung an den Ausdruck der Resultanten von an einem Punkte angreifenden Kräften erinnert.

Die sechs Coordinatenschrauben mögen die Parameter p_1, p_2, ..., p_6 haben und die Schraube ϱ der resultirenden Dyname besitze den Parameter p_ϱ. Die Wahl der Schrauben η des vorigen Paragraphen war willkürlich. Wir wollen daher jetzt nacheinander die sechs Coordinatenschrauben als Schrauben η annehmen.

Die zur Bestimmung der Grössen $\varrho''_1, \ldots, \varrho''_6$ dienenden Gleichungen werden daher jetzt:

$$\varrho'' \varpi_{\varrho\omega_1} = \varrho''_1 p_1 + \varrho''_2 \varpi_{\omega_1\omega_2} + \cdots + \varrho''_6 \varpi_{\omega_1\omega_6},$$
$$\vdots \qquad\qquad \vdots$$
$$\varrho'' \varpi_{\varrho\omega_6} = \varrho''_1 \varpi_{\omega_6\omega_1} + \cdots + \varrho''_5 \varpi_{\omega_6\omega_5} + \varrho''_6 p_6;$$

wobei benutzt ist, dass der virtuelle Coefficient zweier zusammenfallenden Schrauben vom selben Parameter (oder der virtuelle Coefficient einer Schraube auf sich selbst) einfach gleich dem doppelten Parameter wird.

Nehmen wir nun noch endlich ϱ als Schraube η an, so haben wir die Gleichung

$$\varrho'' p_\varrho = \varrho''_1 \varpi_{\varrho\omega_1} + \cdots + \varrho''_6 \varpi_{\varrho\omega_6}.$$

Die Werthe von $\varpi_{\varrho\omega_1}, \ldots, \varpi_{\varrho\omega_6}$ können wir aber aus den vorigen Gleichungen durch Grössen ausdrücken, welche, abgesehen von den Intensitäten, nur von den Coordinatenschrauben abhängen, und erhalten durch Ausführung der Substitutionen

$$p_\varrho \varrho''^2 = \Sigma(p_1 \varrho''^2_1) + 2\Sigma(\varrho''_1 \varrho''_2 \varpi_{\omega_1\omega_2}).$$

Dieser Ausdruck erinnert in der That an das Quadrat der Resultante von an einem Punkte angreifenden Kräften bei schiefwinkligen Coordinatenaxen. So wie nun dort durch eine besondere Wahl des Coordinatenwinkels der Ausdruck vereinfacht wird, so können wir auch hier durch passende Disposition über das System der Coordinatenschrauben den Ausdruck für ϱ''^2 vereinfachen.

§ 4.

Diese specielle Auswahl der Coordinatenschrauben wollen wir nun treffen. Die Schraube ω_1 kann beliebig angenommen werden. Für ω_2 nehmen wir eine zu ω_1 reciproke Schraube; für ω_3 eine Schraube, die reciprok ist zu ω_1 und ω_2; für ω_4 eine Schraube, die zu $\omega_1, \omega_2, \omega_3$ reciprok; für ω_5 eine solche, die zu $\omega_1, \omega_2, \omega_3, \omega_4$ reciprok ist; und endlich für ω_6 diejenige, einzige, Schraube, die gleichzeitig zu allen fünf ersten Schrauben $\omega_1, \omega_2, \omega_3, \omega_4, \omega_5$ reciprok ist.

Das in dieser Weise gebildete System von Schrauben besitzt die Eigenschaft, dass jedes Paar der demselben angehörenden Schrauben reciprok ist. Ein jedes solches System von sechs Schrauben nennt Herr Ball ein System coreciproker Schrauben.

Insofern ein solches System als ein System von Coordinatenschrauben benutzt werden soll, werden wir uns erlauben, es als ein System von **Fundamentalschrauben** zu bezeichnen, oder, wenn der Zusammenhang eine Verwechslung ausschliesst, auch kurz als das (bei dem betr. Problem angewandte) **Fundamentalsystem**.

Dreissig Constanten sind erforderlich um ein System von sechs Schrauben zu bestimmen. Soll dasselbe coreciprok sein, so sind vermöge dieser Eigenschaft erst fünfzehn Bedingungsgleichungen zu erfüllen. Es bleiben also noch fünfzehn Constanten verfügbar, so dass man jederzeit in der Lage sein wird, ein für das gerade betrachtete Problem besonders geeignetes Fundamentalsystem auszuwählen.

Führen wir also die obigen Erörterungen über die Intensität der resultirenden Dyname unter der Veraussetzung durch, dass die Coordinatenschrauben ein Fundamentalsystem bilden, so erreichen wir für den Ausdruck dieser Intensität denselben Vortheil, wie er durch Annahme eines orthogonalen Coordinatensystems in der elementaren Mechanik für die Resultante von Kräften erreicht wird, die an einem Punkte wirken.

Denn ist das System $(\omega_1, \omega_2, \ldots, \omega_6)$ coreciprok, so sind die sämmtlichen Grössen

$$\varpi_{\omega_k \omega_h} = 0$$

($k, h = 1, 2, \ldots, 6$; gleiche Werthe von k und h ausgeschlossen).

Es ergiebt sich also dann

$$p_\varrho \varrho''^2 = p_1 \varrho_1''^2 + p_2 \varrho_2''^2 + \cdots + p_6 \varrho_6''^2.$$

§ 5.

Wir werden von nun an stets voraussetzen, dass die Coordinatenschrauben coreciprok sind, dass also die betrachteten Dynamen und Windungen auf ein Fundamentalsystem bezogen werden. In diesem Zusammenhange werden wir dann auch von den **Coordinaten***) einer **Dyname** oder einer **Windung** reden.

---

*) Der Begriff der Coordinaten einer Kraft oder einer unendlich kleinen Rotation tritt zuerst bei **Plücker** auf (Phil. Transact. vol. 156, p. 362) und „Neue Geometrie des Raumes“ No. 25. Man sehe zum Inhalte dieses und der

„Und zwar betrachten wir einfach als Coordinaten einer Dyname die Intensitäten der componirenden Dynamen auf den Fundamentalschrauben.“

Und ganz ebenso definiren wir:

„Als Coordinaten einer Windung werden die Amplituden der componirenden Windungen um die Fundamentalschrauben betrachtet.“

§ 6.

Wir können nun auch die Arbeit einer Dyname von der Intensität β'' in Bezug auf eine Windung von der Amplitude α' um eine Schraube α durch die Coordinaten der Dyname und der Windungen ausdrücken.

Die Coordinaten einer Dyname von der Intensität ϱ'' auf einer Schraube ϱ mögen mit $\varrho_1'', \varrho_2'', \ldots, \varrho_6''$ bezeichnet werden; und analog die Coordinaten einer Windung von der Amplitude ϱ' um eine Schraube ϱ mit $\varrho_1', \varrho_2', \ldots, \varrho_6'$.

Ersetzen wir nun die gegebene Dyname auf der Schraube β und die Windung um die Schraube α durch ihre respectiven Coordinaten (d. i. ihre Componenten auf den Fundamentalschrauben), so ist die Arbeit der gegebenen Dyname in Bezug auf die gegebene Windung gleich der Summe der sechsunddreissig Arbeitsmengen, die man erhält, wenn man die Arbeit jeder Dynamencomponente in Bezug auf jede Windungscomponente bestimmt.

Da nun aber die Fundamentalschrauben coreciprok sind, so verschwinden dreissig dieser Grössen und wir haben als Arbeit der Dyname D_β auf β in Bezug auf die Windung W_α um α den einfachen Ausdruck*)

$$A(D_\beta, W_\alpha) = 2p_1\alpha_1'\beta_1'' + \cdots + 2p_6\alpha_6'\beta_6''.$$

---

folgenden Paragraphen auch die Aufsätze von **Battaglini** „Sulle diname in involuzione“ (Atti di Napoli 1869, IV) und **Zeuthen** (Math. Annal. Bd. I p. 432) nach. Zur Orientirung ist aber insbesondere zu studiren die Abhandlung des Herrn F. **Klein** in Math. Annal. Bd. I p. 403 über den Zusammenhang der Liniengeometrie mit der Mechanik starrer Körper. Endlich sind zu erwähnen die betreffenden Abschnitte in Herrn **Schell**'s „Theorie der Bewegungen und der Kräfte“ und in **Somoff**'s „Mechanik“.

*) Siehe den vorhin erwähnten Aufsatz des Herrn **Klein**, p. 413.

§ 7.

Es ist von grossem Nutzen, auch eine Schraube durch Coordinaten bestimmen zu können; und es lässt sich dieses Ziel im Zusammenhange der bisher entwickelsen Begriffe auch leicht erreichen. Wir haben gesehen, dass aus sechs gegebenen auf den Fundamentalschrauben liegenden Dynamen jederzeit eine resultirende Dyname eindeutig und vollständig kann hergeleitet werden, also vor allem auch hinsichtlich ihrer Schraube. Auf Grund dieser Bemerkung können wir in sehr einfacher Weise zu einer Definition der „Schraubencoordinaten" gelangen.

„Als Coordinaten einer Schraube α werden die Coordinaten einer auf dieser Schraube liegenden Dyname definirt, deren Intensität gleich der Einheit ist."

Diese Coordinaten der Schraube α bezeichnen wir mit $\alpha_1, \alpha_2, \ldots, \alpha_6$.

Eine Schraube wird aus ihren Coordinaten auf folgende Weise bestimmt. Es sei ι eine kleine Grösse 1. Ordnung. Man betrachte nun ein starres System, dessen Lage A sei; und ertheile demselben nacheinander Windungen um die Fundamentalschrauben und zwar resp. von den Amplituden $\iota\alpha_1, \iota\alpha_2, \ldots, \iota\alpha_6$. Hierdurch möge das System in die Lage B übergeführt werden. Die nämliche Lagenänderung kann aber auch durch eine einzige Windung erreicht werden. Die Schraube dieser Windung ist die gesuchte Schraube, welche die Coordinaten $\alpha_1, \alpha_2, \ldots, \alpha_6$ hat.

§ 8.

Diese Coordinaten einer Schraube sind nicht von einander unabhängig. Ihre Anzahl übersteigt um eins die zur Bestimmung einer Schraube nothwendigen Grössen. Sie müssen daher einer Bedingungsgleichung genügen, die wir nun aufsuchen wollen.

Wenn zwei Windungen mit Hülfe des Cylindroids componirt werden, so bemerken wir, dass die Amplitude der resultirenden Windung sowohl, als auch die Richtung ihrer Schraube lediglich von den Amplituden der gegebenen Windungen und den Richtungen der gegebenen Schrauben abhängen, aber nicht von deren Parametern und absoluten Lagen im Raume. Diese Bemerkung lässt sich dann selbstverständlich dahin ausdehnen, dass auch bei der Zusammensetzung einer beliebigen Anzahl von Windungen die Amplitude der resultirenden Windung und die Richtung von deren Schraube nur abhängen von den Amplituden der gegebenen Windungen und den Richtungen der Schrauben derselben. Beachten wir noch, dass die Amplitude der aus zwei Windungen resultirenden Windung gleich der geometrischen Summe der Amplituden der gegebenen Windungen ist, so kommen wir zu folgendem Ergebniss für den allgemeinen Fall.

„Wenn n Windungen (oder Dynamen) zusammen äquivalent Null sind, so kann stets ein geschlossenes Polygon von n Seiten construirt werden derart, dass jede Seite desselben proportional ist einer der gegebenen Windungsamplituden (Dynamenintensitäten) und zugleich parallel mit der Schraube dieser Windung (Dyname)."

Legen wir nun durch einen beliebigen Punkt des Raumes ein orthogonales Parallelcoordinatensystem und ziehen durch diesen Punkt Parallelen zu den sechs Fundamentalschrauben ω_n. Die Richtungscosinus dieser Parallelen seien resp. a_n, b_n, c_n.

Da nun eine Dyname, deren Intensität der Einheit gleich ist, Componenten $\alpha_1, \alpha_2, \ldots, \alpha_6$ auf den Fundamentalschrauben hat, so müssen wir nach dem Obigen haben

$$(a_1\alpha_1+\cdots+a_6\alpha_6)^2+(b_1\alpha_1+\cdots+b_6\alpha_6)^2+(c_1\alpha_1+\cdots+c_6\alpha_6)^2=1,$$

oder

$$\Sigma\alpha_1^2+2\Sigma\alpha_1\alpha_2\cos(\omega_1,\omega_2)=1;$$

wenn wir mit (ω_1, ω_2) den Winkel zweier durch einen Punkt zu den Fundamentalschrauben ω_1, ω_2 gezogenen parallelen Geraden bezeichnen.

§ 9.

Die Schraube selbst ist, wie schon bei ihrer Einführung hervorgehoben wurde, keine der Rechnung zugängliche Grösse. Wohl ist das aber der Fall bei ihren Coordinaten, wie aus deren Definition (als Intensitäten der Componenten einer speciellen Dyname) hervorgeht.

Sei α eine gegebene Schraube, deren Coordinaten bestimmt werden sollen. Die Arbeit, welche die auf α liegende Dyname von der Einheit der Intensität in Beziehung auf eine Windung von der Amplitude ω'_1 um die Fundamentalschraube ω_1 leistet, ist gegeben durch

$$2\omega'_1 \varpi_{\alpha\omega_1};$$

diese Arbeit aber muss gleich sein derjenigen, welche eine Dyname von der Intensität α_1 auf ω_1 in Beziehung auf dieselbe Windung leistet. Daher

$$2p_1\alpha_1\omega'_1 = 2\omega'_1 \varpi_{\alpha\omega_1},$$

oder

$$\alpha_1 = \frac{\varpi_{\alpha\omega_1}}{p_1},$$

und auf dieselbe Weise bestimmen sich die andern fünf Coordinaten der Schraube.

§ 10.

Mit Hülfe der Schraubencoordinaten kann ein sehr eleganter Ausdruck für den virtuellen Coefficienten zweier Schrauben aufgestellt werden.

Die Coordinaten einer Windung von der Amplitude α' sind resp. $\alpha'\alpha_1, \alpha'\alpha_2, \ldots, \alpha'\alpha_6$. Und die Coordinaten einer Dyname, deren Intensität β'' ist, sind resp. $\beta''\beta_1, \beta''\beta_2, \ldots, \beta''\beta_6$. Dabei bedeuten also die α_n und die β_n die Coordinaten der Schrauben α und β. Erinnern wir uns der für die Coordinaten von Windungen und Dynamen von uns festgesetzten Bezeichnungen, so haben wir also

$$\alpha'_n = \alpha'\alpha_n, \quad \beta''_n = \beta''\beta_n \quad (n = 1, 2, \ldots, 6).$$

Und der Ausdruck für die Arbeit, welche die Dyname auf β in Bezug auf die Windung um α leistet, wird

$$\alpha'\beta''[2p_1\alpha_1\beta_1 + \cdots + 2p_6\alpha_6\beta_6].$$

Die in der Klammer enthaltene Grösse ist der virtuelle Coefficient der Schrauben α und β, sodass wir also die interessante Relation haben

$$\varpi_{\alpha\beta} = \Sigma p_1\alpha_1\beta_1,$$

welche für allgemeinere Untersuchungen besonders werthvoll ist.

Auch in diesem Ausdruck treten die Schrauben α, β (durch ihre Coordinaten) symmetrisch auf, sodass wir an ihn dieselben Folgerungen knüpfen können, wie in Kap. IV § 1 an die gewöhnliche Form des virtuellen Coefficienten.

§ 11.

Der vorige Paragraph liefert uns auch noch eine elegante Darstellung des Parameters einer Schraube. Denn man bedenke nur, dass der virtuelle Coefficient zweier zusammenfallenden gleichen Schrauben gleich dem doppelten Parameter ist, den diese Schrauben haben. Daher ist also der Parameter einer Schraube α

$$p_\alpha = p_1\alpha_1^2 + \cdots + p_6\alpha_6^2 = \Sigma p_1\alpha_1^2.$$

§ 12.

Die Einführung der Coordinaten einer Schraube ermöglicht es auch, die im vorigen Kapitel rein geometrisch durchgeführten Betrachtungen analytisch darzustellen.

So können wir z. B. leicht die Coordinaten derjenigen (einzigen) Schraube ϱ bestimmen, die zu fünf gegebenen Schrauben α, β, γ, δ, ε reciprok ist. Denn wir erhalten für die Coordinaten ϱ_1, ..., ϱ_6 die Bedingungsgleichungen

$$\Sigma p_1\varrho_1\alpha_1 = 0, \quad \Sigma p_1\varrho_1\beta_1 = 0, \quad \Sigma p_1\varrho_1\gamma_1 = 0, \quad \Sigma p_1\varrho_1\delta_1 = 0,$$
$$\Sigma p_1\varrho_1\varepsilon_1 = 0,$$

aus denen die Verhältnisse der Grössen $p_n\varrho_n$ bestimmt werden können. Und zwar ist dann bekanntlich $p_n\varrho_n$ proportional der Determinante, die man aus dem rechteckigen Systeme

$$\begin{vmatrix} \alpha_1, & \alpha_2, & \alpha_3, & \alpha_4, & \alpha_5, & \alpha_6 \\ \beta_1, & \beta_2, & \beta_3, & \beta_4, & \beta_5, & \beta_6 \\ \gamma_1, & \gamma_2, & \gamma_3, & \gamma_4, & \gamma_5, & \gamma_6 \\ \delta_1, & \delta_2, & \delta_3, & \delta_4, & \delta_5, & \delta_6 \\ \varepsilon_1, & \varepsilon_2, & \varepsilon_3, & \varepsilon_4, & \varepsilon_5, & \varepsilon_6 \end{vmatrix}$$

durch Unterdrückung der n^{ten} Colonne erhält.

Nachdem man dann so zu den relativen Werthen der Coordinaten von ϱ gelangt ist, wird man ihre absoluten Werthe auf Grund des § 8 dieses Capitels bestimmen.

Die Bedingung, dass sechs gegebene Schrauben eine gemeinschaftliche Reciproke haben, wird, wie man aus Obigem weiter schliesst, durch das Verschwinden einer Determinante ausgedrückt, welche mit derjenigen verglichen werden kann, deren Verschwinden besagt, dass drei durch ihre Richtungscosinus gegebene Geraden in einer Ebene liegen.

§ 13.

Eine Schraube ϑ auf einem Cylindroid ist definirt durch den Winkel l, welchen sie mit der Schraube α auf der x-Axe macht. Da nun eine Dyname auf ϑ, deren Intensität gleich der Einheit ist, auf α und β (Kap. III § 5) Componenten hat, deren Intensitäten bez. $\cos l$ und $\sin l$ sind, und da ferner jede dieser Componenten in sechs Dynamen auf irgend sechs coreciproken Schrauben zerlegt werden kann, so haben wir also nach § 7 dieses Kapitels für die Coordinaten von ϑ die Ausdrücke

$$\vartheta_n = \alpha_n \cos l + \beta_n \sin l,$$

sodass wir also nunmehr auch die Schrauben eines Cylindroids analytisch darstellen können unter Zugrundelegung eines Systems von Fundamentalschrauben.

Der Parameter von ϑ ergiebt sich nach der vorhin gefundenen Formel zunächst in der Gestalt

$$p_\vartheta = \Sigma p_1 (\alpha_1 \cos l + \beta_1 \sin l)^2.$$

Entwickelt man hier die Quadrate und beachtet, dass α und β reciprok sind, dass also

$$\Sigma p_1 \alpha_1 \beta_1 = 0$$

und dass ferner

$$\Sigma p_1 \alpha_1^2 = p_\alpha, \quad \Sigma p_1 \beta_1^2 = p_\beta,$$

so gelangen wir wieder zu unserer bekannten Formel

$$p_\vartheta = p_\alpha \cos^2 l + p_\beta \sin^2 l.$$

Sind zwei Schrauben ϑ und φ eines Cylindroids, die durch die Winkel l und m definirt sein mögen, reciprok, so haben wir

$$\Sigma p_1 (\alpha_1 \cos l + \beta_1 \sin l)(\alpha_1 \cos m + \beta_1 \sin m) = 0$$

oder

$$p_\alpha \cos l \cos m + p_\beta \sin l \sin m = 0.$$

Erinnern wir uns nun der Betrachtungen, die zur Einführung des Parameterkegelschnitts führten, so giebt die letzte Gleichung den nützlichen Satz:

„Irgend zwei reciproke Schrauben eines Cylindroids sind conjugirten Durchmessern des Parameterkegelschnitts parallel.“

Da, wenn der Parameterkegelschnitt eine Ellipse oder eine Hyperbel ist, die Summe oder Differenz der Quadrate zweier conjugirter Durchmesser constant ist, so schliessen wir auch noch, dass die Summe oder Differenz der reciproken Werthe der Parameter zweier reciproken Schrauben eines Cylindroids constant ist, sofern der Parameterkegelschnitt eine Ellipse oder Hyperbel ist.

Kapitel VI.

Allgemeine Betrachtungen über das Gleichgewicht eines starren Systems.

§ 1.

Ein starres System, welches um jede beliebige Schraube im Raume Windungen ausführen kann, heisst ein freies System. Es ist hinsichtlich seiner Bewegung also keiner Bedingung unterworfen. Es hat völlige Freiheit der Bewegung.

Jede von dem System ausgeführte Windung kann dargestellt werden als Resultirende aus sechs Windungen um sechs beliebig ausgewählte Coordinatenschrauben. Wenn das System nicht frei ist, d. h. wenn seine Beweglichkeit durch geometrische Bedingungen, die ihm auferlegt sind, oder durch Widerstände beschränkt wird, so wird es nicht mehr möglich sein, ihm Windungen um alle beliebigen Schrauben des Raumes zu ertheilen, sondern es wird dies nur angehen in Bezug auf ein, in jedem Falle aus den gegebenen Bedingungen bestimmbares, System von Schrauben, welches zwar im allgemeinen Falle auch eine unendliche Mannigfaltigkeit von Schrauben enthält, aber nicht von derselben Mächtigkeit, wie für das freie System.

Das System der Schrauben aller möglichen Bewegungen beim freien System lässt sich, wie schon hervorgehoben, aus irgend welchen sechs Schrauben herleiten.

Die Schraubensysteme der möglichen Windungen für in ihrer Beweglichkeit beschränkte Körper unterscheiden sich von dem eben genannten dadurch, dass sie aus einer geringeren Anzahl von Schrauben herleitbar sind.

Es geht schon hieraus hervor, dass diese Schraubensysteme in der That von geringerer Mächtigkeit sind als jene für den freien Körper.

Dass diese Systeme wirklich Mannigfaltigkeiten von Schrauben sind, lässt sich leicht finden. Man möge z. B. gefunden haben, dass die Bedingungen eines starren Systemes dessen Bewegung so modificiren, dass man nur noch k Schrauben willkürlich auswählen kann, um eine wirklich von dem System ausgeführte Windung um eine Schraube A durch Windungen um jene zusammenzusetzen. Nun können wir aber doch dem starren System Windungen von ganz beliebigen Amplituden (sofern diese Amplituden nur immer kleine Grössen 1. O. sind) um jene k Schrauben $A_1, A_2, \ldots, A_k$ ertheilen, sodass also die Windung um A, welche wir ursprünglich darstellen wollten, in der That nur ein Individuum ist aus der Mannigfaltigkeit von Windungen, die sich durch Variirung der k Amplituden der Windungen um $A_1, \ldots, A_k$ herstellen lassen. Damit variirt natürlich dann auch die Schraube A in gleichem Maasse.

Ein solches Schraubensystem, welches durch k seiner Elemente bestimmt wird, wollen wir ein Schraubensystem k^{ter} Stufe nennen.

Und von einem starren Körper, der lediglich um die Schrauben eines Systems der k^{ten} Stufe Windungen ausführen kann, sagen wir, er besitze Freiheit k^{ten} Grades.

Es möge noch hervorgehoben werden, dass man bei der im übrigen ja willkürlichen Wahl der k Schrauben $A_1, \ldots, A_k$, aus denen man ein System k^{ter} Stufe völlig herstellt, darauf achten muss, dass diese Schrauben nicht etwa Elemente eines Systems niedrigerer Stufe sind. Denn man sieht ein, dass man dann nur zu Windungen um Schrauben gelangen kann, die selbst diesem niedrigeren System angehören.

Da die Amplituden der k Windungen um $A_1, \ldots, A_k$ willkürlich angenommen werden können, so könnte man glauben, dass man bei Bestimmung einer Schraube S eines Systems k^{ter} Stufe über k Grössen zu verfügen habe. Dies ist aber nicht so. Denn wir erinnern uns aus Kap. III, dass die Bestimmung der Lage und des Parameters von S nur von den Verhältnissen der Amplituden der Windungen um $A_1, \ldots, A_k$ abhängt. Daher:

Bei der Bestimmung einer Schraube S eines Systems der k^{ten} Stufe verfügt man über $k-1$ Grössen.

§ 2.

Wie schon aus Kap. I (bei der Ableitung der Lagrange'schen Bewegungsgleichungen) zu ersehen ist, besteht das wesentliche mathematische Kennzeichen der Bedingungen eines starren Körpers in der Anzahl der unabhängigen Variabeln, deren man zur vollständigen Fixirung der Lage des Körpers in jedem Augenblick bedarf, wenn der Körper sich eben den gegebenen Bedingungen gemäss bewegt.

Die einfachsten Fälle mögen hier kurz angeführt werden.

Die Lage eines Punktes wird durch drei Grössen (durch drei Bedingungsgleichungen) bestimmt. Wenn also für einen Punkt zu den Bewegungsgleichungen noch drei Bedingungsgleichungen hinzutreten, so wird dieser Punkt unbeweglich. Er beschreibt eine Linie, wenn zwei Bedingungsgleichungen vorhanden sind, nämlich die Durchschnittscurve von

$$\varphi(x, y, z) = 0, \quad \psi(x, y, z) = 0,$$

wenn $\varphi = 0$, $\psi = 0$ die Bedingungsgleichungen sind. Er bewegt sich auf einer Oberfläche, wenn nur eine Bedingung $\chi = 0$ vorhanden ist. Endlich ist er völlig frei, wenn keine Bedingung vorhanden ist, d. h. wenn wir in jedem Augenblick über drei Grössen zur Bestimmung seiner Lage frei verfügen.

Betrachten wir eine gerade Linie und auf dieser ein Segment ab. Ist der Punkt a fest, so kann b sich nur auf einer Kugel, deren Centrum in a ist, bewegen. Während für die Feststellung der Unbeweglichkeit von a drei Bedingungen nöthig sind, bedürfen wir nur noch deren zwei, um auch diejenige von b zu erhalten, da ja schon eine Bedingung für b darin vorhanden ist, dass die

Entfernung ab unveränderlich sein soll. Eine gerade Linie ist also unbeweglich, wenn fünf Bedingungsgleichungen für sie vorhanden sind.

Hierbei ist jedoch die Gerade als Punktgebilde und nicht als selbstständiges geometrisches Element aufgefasst.

Geschieht aber dies letztere, so haben wir eine Verschiebung der Geraden in sich nicht mehr als Bewegung aufzufassen, sondern lediglich als eine Transformation der auf ihr liegenden Punktreihe. Die Lage der Geraden bleibt ja auch unverändert, wenn wir irgend eine Transformation der auf ihr befindlichen Punktreihe ausführen, selbstverständlich sofern diese Transformation so beschaffen ist, dass sie die Punkte des Trägers nicht von demselben entfernt. Wir werden Gelegenheit haben, auf diese Betrachtungen zurückzukommen.

Für jetzt ergiebt sich also, dass die Unbeweglichkeit einer Geraden, wenn diese als selbstständiges Gebilde aufgefasst wird, durch vier Bedingungsgleichungen gegeben sind. Denn die Bedingung der unveränderlichen Abstände ihrer Punkte ist weggefallen.

Sind drei Bedingungen vorhanden, so beschreibt die Gerade eine Regelfläche; bei zwei Bedingungen ist sie Element eines Strahlensystems; bei einer Bedingung gehört sie einem Strahlencomplex an.

Betrachten wir jetzt die Gerade als Element eines starren Körpers, also jetzt auch wieder als Punktgebilde, da nunmehr auch wieder die Bedingung der Unveränderlichkeit der Abstände ihrer Punkte stattfindet.

Betrachten wir ferner eine durch die Gerade gehende Ebene des starren Systems. Das System ist unbeweglich, wenn diese Ebene unbeweglich ist. Da aber auch die Punkte der Geraden unbeweglich sind, so ist die einzige noch mögliche Bewegung für diese Ebene eine Rotation um die Gerade als Axe. Damit die Ebene also unbeweglich wird, muss noch eine Bedingung zu denen für die Unbeweglichkeit der Geraden hinzutreten.

Die Unbeweglichkeit eines starren Systems ist festgestellt, wenn zu den Bewegungsgleichungen noch sechs Bedingungen hinzutreten.

Das System ist völlig frei, wenn keine Bedingungen vorhanden, wenn also in jedem Augenblick sechs Grössen zur Bestimmung seiner Lage verfügbar sind*).

Dies ist schon im § 1 dieses Kapitels gesehen worden.

Die Zahl der unabhängigen Variabeln, durch die die Lage eines starren Systems bestimmt wird, kann also nicht kleiner als eins und nicht grösser als sechs sein. Diese Zahl ist, wie man sieht, nichts anderes als der Grad der Freiheit des starren Systems. Jedem Werthe k dieser Zahl ($k = 1, \ldots, 6$) entspricht also ein Schraubensystem von der Stufe k.

Wir werden die Freiheit eines Systems demnach in Zukunft immer durch das zugehörige Schraubensystem genugsam definirt haben, und auch keinen Anlass nehmen über diese rein mathematische Kennzeichnung der Bedingungen eines starren Körpers hinauszugehen; sodass wir also im vorliegenden Buche auch die zu betrachtenden Probleme lediglich mathematisch und allgemein ohne jede weitere Specialisirung aufstellen werden, als sie eben in der Angabe der Stufe des zugehörigen Schraubensystems besteht.

§ 3.

Wenn eine Schraube X reciprok ist zu k Schrauben $A_1, \ldots, A_k$, welche einem Schraubensystem k^{ter} Stufe angehören, dann ist X reciprok zu jeder anderen Schraube A, welche ebenfalls zu diesem System gehört.

Denn aus dem Begriff des Schraubensystems ergiebt sich, dass wir eine Windung um A zusammensetzen können durch Windungen von geeignet gewählten Amplituden um $A_1, \ldots, A_k$. Ebenso werden sich Dynamen von passend gewählten Intensitäten auf den Schrauben $A_1, \ldots, A_k$ zusammensetzen in eine Dyname auf A.

Die Dynamen auf $A_1, \ldots, A_k$ leisten aber keine Arbeit in Bezug auf eine Windung um X, da eben die Reciprocität von X mit den A_k eine Störung des Gleichgewichts verhindert. Die resultirende Dyname auf A kann daher auch keine Wirkung auf den Körper ausüben. Folglich müssen X und A in der That reciprok sein.

*) Siehe weitere Ausführungen hierzu bei Mannheim, Géométrie descriptive; Thomson und Tait, Handbuch der theoret. Physik, sowie bei Schell und Somoff a. a. O.

Die Schraube X ist somit reciprok zu dem ganzen System k^{ter} Stufe $(A_1, \ldots, A_k)$.

§ 4.

Da für die Reciprocität zweier Schrauben nur eine einzige Bedingung nothwendig ist, so folgt aus dem Vorhergehenden, dass eine Schraube, die einem Systeme k^{ter} Stufe reciprok ist, k Bedingungen zu erfüllen hat. Es bleiben daher für die Bestimmung einer solchen Schraube X noch $5-k$ Elemente verfügbar, und es kann daher für $k > 5$ eine unendliche Mannigfaltigkeit von Schrauben X gefunden werden, die reciprok sind einem Systeme $(A_1, \ldots, A_k)$.

Die Theorie der reciproken Schrauben zeigt nun, dass diese Mannigfaltigkeit von Schrauben ein Schraubensystem von der Stufe $6-k$ sein muss.

Zunächst ist klar, dass die Schrauben X überhaupt wirklich ein System bilden in dem Sinne, den dieses Wort hier hat.

Denn wir wissen, dass im Allgemeinen ein Körper völlig frei ist, wenn er um irgend sechs beliebige Schrauben Windungen ausführen kann. Hier aber können wir einem Körper Windungen um beliebig viele Schrauben X ertheilen, und er ist doch nicht frei, da er im Gleichgewicht bleibt, ob auch auf jeder der Schrauben des Systems $(A_1, \ldots, A_k)$ eine Dyname auf ihn wirken möge, denn diese Dynamen leisten ja keine Arbeit in Bezug auf die Windungen um die X.

Daraus folgt denn also in der That, dass die Schrauben X in der That eine solche Mannigfaltigkeit von Schrauben bilden, um die ein Körper Windungen ausführen kann, der einen bestimmten Grad von Freiheit besitzt.

Und es ist leicht zu sehen, dass der Grad der Freiheit des Körpers oder die Stufe des Systems der X durch die Zahl $6-k$ gegeben ist. Denn aus § 1 dieses Kapitels folgt, dass die Anzahl der bei Bestimmung einer zu einem System gehörigen Schraube verfügbaren Constanten um eine kleiner ist, als die Stufenzahl des Systems. Aber bei Auswahl einer Schraube X verfügen wir über $5-k$ Grössen. Somit ist die Stufenzahl des Systems der X in der That gleich $6-k$.

„Alle Schrauben, die reciprok sind zu einem Schraubensystem k^{ter} Stufe, bilden ein Schraubensystem der $(6-k)^{ten}$ Stufe."

Zu jedem Schraubensystem der k^{ten} Stufe gehört ein reciprokes der $(6-k)^{ten}$ Stufe.

Dabei ist also die Beziehung zweier solcher Systeme so, dass jede Schraube des einen Systems jeder Schraube des anderen reciprok ist.

Wir sind durch diesen Satz in den Stand gesetzt zu entscheiden, ob irgend eine Schraube α einem gegebenen Schraubensystem angehört. Ist dieses System nämlich k^{ter} Stufe, so construiren wir irgend welche $6-k$ Schrauben des reciproken Systems. Wenn dann also α reciprok ist zu diesen $6-k$ Schrauben, so ist es offenbar ein Element des gegebenen Systems. Es müssen also $6-k$ Bedingungen erfüllt sein für eine Schraube α, wenn dieselbe einem System der k^{ten} Stufe angehören soll.

§ 5.

Wenn ein Schraubensystem P den Grad der Freiheit eines starren Körpers definirt, so wird der Körper im Gleichgewicht bleiben, auch wenn er unter die Wirkung von Dynamen auf den Schrauben des reciproken Systems Q gelangt.

In diesem Satz, der wol der allgemeinste ist, der über das Gleichgewicht eines starren Systems aufgestellt werden kann, erkennt man so recht die ausserordentliche Bedeutung von Herrn Ball's Theorie. Denn dieser Satz ermöglicht es in jedem Problem bei Aufstellung des Princips der virtuellen Geschwindigkeiten mit einem einzigen Blick die Gesammtheit aller möglichen Bewegungen zu umfassen und so auch jedes specielle Problem von vornherein in völliger Allgemeinheit zu behandeln.

Der Beweis des Satzes möge kurz angefügt werden. Wir nehmen an, auf einer Schraube η von Q wirke eine Dyname auf den Körper. Wenn der Körper nicht in Ruhe bleibt, so kann er, da durch P seine Freiheit definirt ist, nur anfangen, eine Windung um eine Schraube α des Systems P auszuführen. Das ist aber nicht möglich, denn es würde dann eine Dyname auf η eine Wirkung auf einen Körper leisten, der um α eine Windungsbewegung hat, während zugleich α und η reciprok sind.

In der gleichen Weise würde zu zeigen sein, dass ein Körper, dessen Freiheit durch das System Q definirt wird, in seinem Gleichgewicht nicht gestört wird durch Dynamen, die auf den Schrauben des Systems P wirken.

Von zwei reciproken Schraubensystemen ist also immer das eine der Ort aller der Dynamen, welche auf einen Körper, der nur Freiheit hat, um die Schrauben des anderen Systems Windungen auszuführen, keine Wirkung ausüben können.

§ 6.

Dies giebt uns nun wieder einen guten Einblick in die physische Natur der von den Bedingungen und den Widerständen herrührenden Kräfte bei der Bewegung eines starren Systems. Denn es folgt, dass die Wirkungen dieser Umstände, durch welche also die Beweglichkeit des Körpers auf Windungen um Schrauben eines bestimmten Systems P beschränkt wird, lediglich von Dynamen auf den Schrauben des zu P reciproken Systems Q herrühren können. Denn diese Wirkungen zeigen sich eben nur durch den Erfolg, mit dem sie dem Bestreben gewisser Dynamen, das Gleichgewicht zu stören, widerstehen.

§ 7.

Wir stellen uns noch die Frage, wie viele Bedingungen nothwendig und hinreichend sind, um ein Schraubensystem der k^{ten} Stufe zu bestimmen. Da ein solches System definirt ist, wenn k Schrauben desselben gegeben sind, so möchte es scheinen, als ob wir nun $5k$ Bedingungen (oder verfügbare Grössen) haben müssten, um das System vollständig zu bestimmen, da doch jede Schraube von fünf Parametern abhängt.

Das ist aber nicht der Fall, denn $5k$ Parameter sind hinreichend, um k specielle Schrauben vollständig zu bestimmen. Dies wird ja aber gar nicht beabsichtigt, sondern wir wollen nur das aus den k Schrauben herleitbare System bestimmen. Eine Schraube eines Systems k^{ter} Ordnung ist aber, wie wir gesehen haben, durch $k-1$ Parameter, nämlich durch die $k-1$ Verhältnisse von k Windungsamplituden bestimmt. Das giebt also für k Schrauben im ganzen $k(k-1)$ willkürlich wählbare Grössen. Unter den $5k$ Bedingungen, welche zur Bestimmung von k Schrauben im Allgemeinen nothwendig, sind $k(k-1)$ willkürlich wählbare vorhanden, wenn diese Schrauben einem System der k^{ten} Ordnung angehören sollen. Daher ist die Anzahl der zur Bestimmung eines solchen Systems nothwendigen und hinreichenden Bedingungen

$$z_k = 5k - k(k-1) = k(6-k).$$

Dieses Rusultat ist zugleich von Bedeutung für die Theorie der reciproken Schraubensysteme. Denn wir wissen, wenn ein System P von der k^{ten} Stufe ist, so ist das reciproke System Q von der $(6-k)^{ten}$ Stufe. Aber der Ausdruck

$$z_k = k(6-k)$$

ist symmetrisch in Bezug auf k und $6-k$. Daraus ergiebt sich also, dass ein Schraubensystem k^{ter} Stufe und sein reciprokes System durch gleichviel Parameter bestimmt sind.

Dieses Resultat ist, wie wir später sehen werden, besonders wichtig für die Systeme vierter und fünfter Stufe. Das System vierter Stufe ist das reciproke System eines Cylindroids (die Gesammtheit aller zu einem Cylindroid reciproken Schrauben, die im Kap. IV betrachtet wurde), und das System der fünften Stufe wird durch die Reciproken einer einzigen Schraube gebildet. Die allgemeinste Form eines Schraubensystems vierter Stufe wird daher durch jenen a. a. O. gefundenen Liniencomplex zweiten Grades gebildet, der aus allen einem Cylindroid reciproken Schrauben besteht. Und die allgemeinste Form eines Systems fünfter Stufe ist in der Gesammtheit aller zu einer gegebenen Schraube reciproken Schrauben gegeben.

Schreiben wir die Gleichung der Reciprocität der Schrauben α und ξ in der Form

$$p_\alpha + p_\xi = d.\text{tang}(\alpha, \xi) = d.\text{tang}\, l,$$

so sieht man sofort, dass alle Schrauben ξ des Raumes, deren Parameter p_ξ denselben Werth hat, und die zu der Schraube α reciprok sind, einen Liniencomplex des ersten Grades bilden. Denn wenn p_ξ constant, also auch $p_\alpha + p_\xi$ eine Constante k ist, so ist

$$k = d.\text{tang}\, l$$

die Relation, welche für die Strahlen eines Complexes ersten Grades vom Parameter k bekanntlich existirt, wenn noch d die kürzeste Entfernung eines Strahles von der Axe des Complexes (also hier α) und l den Winkel zwischen Strahl und Axe bedeutet*).

Man kann diesen Satz übrigens auch leicht geometrisch beweisen. Zu diesem Zwecke wollen wir zunächst alle die durch einen gegebenen Punkt O zu einer gegebenen Schraube α reciproken Schrauben ξ betrachten, ohne Rücksicht auf die Werthe der Parameter p_ξ zu nehmen. Es ist sofort klar, dass diese Schrauben eine zweifache Mannigfaltigkeit bilden werden.

Durch den Punkt ziehen wir ein orthogonales Parallelcoordinatensystem, das wir in folgender Weise orientiren wollen. Die Z-Axe möge der gegebenen Schraube α parallel laufen. Die X-Axe legen wir in die gemeinschaftliche Senkrechte von z und α. Den Abstand der Z-Axe von α selber bezeichnen wir mit h. Endlich wird als Y-Axe eine Gerade gewählt, die in O senkrecht steht auf der Ebene (z, x). Durch den Punkt O ist also eine Schraube vom Parameter p_ξ gelegt zu denken, welche zu α reciprok sein soll, die daher der Bedingung genügen soll

$$(p_\alpha + p_\xi)\cos l - d \sin l = 0.$$

Wegen der von uns getroffenen Wahl der Z-Axe ist der Winkel $(\xi, z) = l$. Auf der Schraube ξ trage man nun eine Strecke $OP = p_\alpha + p_\xi$ auf, deren Projection Op auf die xy-Ebene den Winkel ϑ mit der x-Axe mache. Dann ist

$$d = h \sin\vartheta,$$

und die Coordinaten des Punktes P sind

$$x = Op.\cos\vartheta,$$
$$y = Op.\sin\vartheta,$$
$$z = Op.\mathrm{cotang}\, l,$$
$$OP = r = \sqrt{x^2 + y^2 + z^2}.$$

Die Gleichung der Reciprocität von α und ξ lautet also zunächst

$$OP \cos l - h \sin\vartheta \sin l = 0,$$

*) Reye, Geometrie der Lage II, p. 76.

oder mit Benutzung der obigen Ausdrücke für die Grössen x, y, z, OP

$$1)\quad rz = hy.$$

Nach Wegschaffung der Quadratwurzel r erkennen wir also, dass der Punkt P auf der Fläche vierten Grades liegt*)

$$2)\quad z^2(x^2+y^2+z^2)-h^2y^2 = 0.$$

Da nun jedem Punkte P ein bestimmter Parameter p_ξ, also auch eine bestimmte Schraube ξ entspricht, so sieht man noch einmal, dass allerdings die Gesammtheit der durch einen Punkt O gezogenen Schrauben ξ, die einer gegebenen reciprok sind, eine doppelte Mannigfaltigkeit bilden.

Andererseits sieht man aber sofort aus Gleichung 1), dass bei constantem Parameter p_ξ, alle zu α reciproken Schrauben dieses Parameters, die durch O gehen, in einer Ebene liegen.

Ebenso lässt sich auch zeigen, dass alle in einer Ebene liegenden Schrauben ξ von demselben Parameter p_ξ, die zu der Schraube α reciprok sind, durch einen Punkt gehen.

Die Vereinigung beider Ergebnisse zeigt also dann, dass alle Schrauben von gegebenem Parameter, die zu einer gegebenen Schraube reciprok sind, einen Liniencomplex des ersten Grades bilden.

Man kann dies auch direct auf einen Blick erkennen, wenn man von den Gleichungen der Schrauben α und ξ ausgeht. Es seien also die Gleichungen von α

$$\frac{x-x_0}{\alpha_0} = \frac{y-y_0}{\beta_0} = \frac{z-z_0}{\gamma_0} \quad (\text{Parameter} = p_\alpha)$$

und die von ξ

$$\frac{x-x'}{\alpha'} = \frac{y-y'}{\beta'} = \frac{z-z'}{\gamma'} \quad (\text{Parameter} = p_\xi).$$

Erinnert man sich nun der Ausdrücke, welche die analytische Geometrie für die Grössen d, $\cos l$ und $\sin l$ giebt, die sich auf obige

*) Die Fläche ist von Herrn Ball in den Transactions of the Royal Irish Academy vol. XXV unter dem Namen „Pectenoid" (wegen ihrer Form) betrachtet worden zum Zwecke der Auflösung des in Kap. V § 1 angegebenen Problems.

zwei Geraden beziehen*), so stellt sich die Bedingung der Reciprocität der Schrauben α und ξ in der Form dar:

$$3)\quad \left\{\begin{aligned} &\alpha'\{(p_a+p_\xi)\alpha_0+\gamma_0 y_0-\beta_0 z_0\}+\beta'\{(p_a+p_\xi)\beta_0+\alpha_0 z_0-\gamma_0 x_0\}\\ &\qquad\qquad\qquad\qquad\qquad\qquad+\gamma'\{(p_a+p_\xi)\gamma_0+\beta_0 x_0-\alpha_0 y_0\}\\ &+\alpha_0(\gamma' y'-\beta' z')+\beta_0(\alpha' z'-\gamma' x')+\gamma_0(\beta' x'-\alpha' y')=0.\end{aligned}\right.$$

Die Grössen

$$\alpha',\ \beta',\ \gamma',\ (\gamma' y'-\beta' z'),\ (\alpha' z'-\gamma' x'),\ (\beta' x'-\alpha' y'),$$

für welche die Identität besteht

$$\alpha'(\gamma' y'-\beta' z')+\beta'(\alpha' z'-\gamma' x')+\gamma'(\beta' x'-\alpha' y')=0,$$

sind aber die Coordinaten der geraden Linien ξ, und da p_a+p_ξ eine Constante ist, so stellt die Gleichung 3) in der That einen linearen Complex dar.

§ 8.

Wenn die Coordinaten einer Schraube n linearen homogenen Bedingungen genügen, so gehört diese Schraube einem Systeme der $(6-n)^{\text{ten}}$ Stufe an. Denn es sei für eine Schraube η

$$A_1\eta_1+\cdots+A_6\eta_6=0$$

eine dieser Bedingungsgleichungen. Dann ist nach Früherem aus dieser Gleichung ersichtlich, dass η reciprok ist zu derjenigen Schraube, deren Coordinaten proportional sind resp. den Grössen

$$\frac{A_1}{p_1},\ \ldots,\ \frac{A_6}{p_6}.$$

Wenn also n verschiedene solcher Gleichungen existiren für die Schraube η, so folgt daraus, dass η reciprok ist zu n bestimmten Schrauben. Wenn dies aber der Fall ist, so gehört η einem System der Stufe $6-n$ an, wie wir in diesem Kapitel gesehen haben.

§ 9.

Da jede Schraube, die einem System n^{ter} Ordnung angehört, zu $6-n$ von einander unabhängigen Schrauben reciprok ist, so ergiebt sich, dass $6-n$ Bedingungsgleichungen erfüllt sein müssen,

---

*) Man sehe etwa nach Hesse, Analytische Geometrie des Raumes.

wenn $n+1$ Schrauben gleichzeitig Glieder eines Systems n^{ter} Stufe sein sollen. Diese Bedingungsgleichungen sollen für den Fall $n=3$ aufgestellt werden, obgleich das angewandte Verfahren ein ganz allgemeines ist.

Seien also α, β, γ, δ vier Schrauben, die einem Systeme dritter Stufe angehören. Dann müssen also vier Windungen um diese Schrauben, deren Amplituden wir mit α', β', γ', δ' bezeichnen, zusammen äquivalent Null sein.

Nun ist gezeigt worden, dass eine jede Windung um eine Schraube α zerlegt werden kann in Windungen um die sechs Coordinatenschrauben, und dass die Amplituden dieser componirenden Windungen resp. $\alpha'\alpha_1, \ldots, \alpha'\alpha_6$ sind. Sollen daher die vier Windungen um α, β, γ, δ einer einzigen Windung von der Amplitude ϱ' um eine Schraube ϱ äquivalent sein, so müssen die sechs zur Bestimmung von ϱ' und der Coordinaten der Schraube ϱ hinreichenden und nothwendigen Gleichungen bestehen

$$\begin{aligned}\varrho'\varrho_1 &= \alpha'\alpha_1+\beta'\beta_1+\gamma'\gamma_1+\delta'\delta_1\\ &\vdots\\ \varrho'\varrho_6 &= \alpha'\alpha_6+\beta'\beta_6+\gamma'\gamma_6+\delta'\delta_6,\end{aligned}$$

und man sieht, dass für eine beliebige Anzahl gegebener Windungen die Resultirende in ganz der nämlichen Weise bestimmt wird.

Gehören die Schrauben α, β, γ, δ einem System der dritten Ordnung an, so müssen, nach dem oben Gesagten, die linken Seiten der eben hingeschriebenen sechs Gleichungen verschwinden, d. h. wir haben in diesem Falle

$$\begin{aligned}\alpha'\alpha_1+\beta'\beta_1+\gamma'\gamma_1+\delta'\delta_1 &= 0\\ &\vdots\\ \alpha'\alpha_6+\beta'\beta_6+\gamma'\gamma_6+\delta'\delta_6 &= 0.\end{aligned}$$

Aus irgend vier dieser Gleichungen können wir nun die Amplituden α', β', γ', δ' eliminiren und erhalten auf diese Weise eine der Bedingungsgleichungen, welcher die vier Schrauben genügen müssen, wenn sie gleichzeitig einem Systeme dritter Stufe angehören. In der That reducirt sich die Anzahl dieser Bedingungsgleichungen auf $3=6-3$. Denn in der Theorie der Determinanten wird gezeigt, dass alle die Determinanten vierten Grades, welche man aus den Horizontalreihen des folgenden rechteckigen Systems bildet

$$\begin{vmatrix} \alpha_1, & \beta_1, & \gamma_1, & \delta_1 \\ \alpha_2, & \beta_2, & \gamma_2, & \delta_2 \\ \alpha_3, & \beta_3, & \gamma_3, & \delta_3 \\ \alpha_4, & \beta_4, & \gamma_4, & \delta_4 \\ \alpha_5, & \beta_5, & \gamma_5, & \delta_5 \\ \alpha_6, & \beta_6, & \gamma_6, & \delta_6 \end{vmatrix}$$

sich als lineare Functionen dreier unter ihnen darstellen lassen. Bezeichnen wir diese drei Determinanten mit D_1, D_2, D_3 und mit D_k irgend eine andere aus dem rechteckigen Systeme hervorgehende Determinante vierten Grades, so ist also

$$D_k = k_1 D_1 + k_2 D_2 + k_3 D_3,$$

und die Bedingung

$$D_k = 0$$

ist also schon durch die Bedingungen

$$D_1 = 0, \quad D_2 = 0, \quad D_3 = 0$$

gegeben. In ganz analoger Weise ergeben sich die Bedingungsgleichungen für jeden anderen Werth von n.

§ 10.

In der elementaren Behandlungsweise der Mechanik wird das Gleichgewicht eines starren Körpers durch sechs Bedingungen gegeben. Es müssen nämlich die drei Einzelkräfte und die drei Paare, auf die man das auf den Körper wirkende Kräftesystem reducirt, einzeln verschwinden. Genau ebensoviel Bedingungen bestimmen auch in unserer Theorie das Gleichgewicht. Denn in diesem Falle muss die resultirende Dyname verschwinden. Die Bedingung hierfür ist aber, dass die Coordinaten der Dyname verschwinden. Das giebt aber wieder sechs Gleichungen.

Man muss dabei aber auch hier bemerken, dass oft Fälle vorkommen, in denen diese sechs Bedingungen des Gleichgewichts implicite gegeben sind durch die einzige Bedingung, dass eine bestimmte Function Null werden soll.

Wenn z. B. die Intensität einer aus mehreren gegebenen resultirenden Dyname R bekannt ist als Function der Coordinaten der gegebenen Dynamenschrauben, so ist die Bedingung für das

Gleichgewicht der gegebenen Dynamen, dass die die Intensität von R darstellende Function verschwindet. Das Verschwinden dieser Function ist auch hinreichend um uns von dem Gleichgewichte zu überzeugen, denn man kann, wenn diese Function bekannt ist, jederzeit mit ihrer Hülfe die sechs Bedingungen des Gleichgewichtes aufstellen, sodass also das Verschwinden der erwähnten Function und diese sechs Bedingungen in der That äquivalent sind.

Kapitel VII.

Von den Hauptaxen eines starren Körpers.

§ 1.

Wir wollen die kinetische Energie darstellen, welche ein Körper, der eine Windung um eine Schraube α ausführt, in einem bestimmten Momente besitzt; und zwar soll dies zunächst nur in elementarer Weise geschehen. Die Windungsgeschwindigkeit sei ω und die Translationsgeschwindigkeit τ. Die Componenten von τ längs drei rechtwinkligen Coordinatenaxen, durch deren Ursprung die Schraube α geht, seien u, v, w. Die entsprechenden Componenten von ω seien p, q, r. Dabei ist zu bemerken, dass das hier benutzte Coordinatensystem ein an der Bewegung des Körpers theilnehmendes, also veränderliches ist.

Um nun die Gesammtgeschwindigkeit eines Punktes des Körpers in dem betrachteten Zeitmomente ausdrücken zu können, erinnern wir uns des in Kapitel I über die Rotationen und deren Darstellung Gesagten. Danach tragen wir die Strecke ω auf der Schraube α ab; und da es gleichgültig ist, wo dies geschieht, so verlegen wir den Anfangspunkt der Strecke ω in den Ursprung O des Coordinatensystems. Wird diese Strecke ω dann mit OM bezeichnet, so sind also p, q, r die Coordinaten des Punktes M. Um nun das Wegelement s zu bestimmen, welches ein Punkt $P(xyz)$ vermöge der Rotation um α in der Zeiteinheit beschreibt, bedenken wir, dass dasselbe gleich der doppelten Fläche des aus der Strecke ω

und dem Punkte P gebildeten Dreiecks ist. Wenn man daher die Formel anwendet, die den Inhalt eines Dreiecks angiebt, dessen einer Eckpunkt im Nullpunkte des Coordinatensystems liegt, so findet man die Componenten der Rotationsgeschwindigkeit des Punktes P längs den Axen der x, y, z resp. gleich

$$zq - yr, \quad xr - zp, \quad yp - xq.$$

Die Componenten der Gesammtgeschwindigkeit von P sind daher nach den Axen der x, y, z resp. gleich

$$\begin{aligned} &u + zq - yr, \\ &v + xr - zp, \\ &w + yp - xq. \end{aligned}$$

Quadrirt man diese Ausdrücke und addirt, so hat man das Quadrat der Gesammtgeschwindigkeit des Punktes P. Nennt man dann noch m die Masse dieses Punktes, so erhält man durch Summation über das ganze System dessen kinetische Energie für den betrachteten Moment durch den Ausdruck:

$$2T = \Sigma m \{(u + zp - yr)^2 + (v + xr - zp)^2 + (w + yp - xq)^2\}.$$

Wenn dann in dieser Gleichung die Quadrate entwickelt werden, so ergiebt sich

$$\begin{aligned} 2T = \; & (u^2 + v^2 + w^2)\Sigma m \\ & + 2(vr - wq)\Sigma mx + 2(wp - ur)\Sigma my + 2(uq - vp)\Sigma mz \\ & + p^2 \Sigma m(y^2 + z^2) + q^2 \Sigma m(z^2 + x^2) + r^2 \Sigma m(x^2 + y^2) \\ & - 2qr\Sigma myz - 2rp\Sigma mzx - 2pq\Sigma mxy. \end{aligned}$$

Es stellt sich also die kinetische Energie des Systems als eine homogene quadratische Function der sechs Grössen u, v, w; p, q, r dar. Die Coefficienten hängen von den Massen der Systempunkte, deren relativer Lage und selbstverständlich auch von der Lage des Coordinatensystems ab.

Die Coefficienten Σmx, Σmy, Σmz sind aus der elementaren Statik bekannt als die mit der Gesammtmasse M des Körpers multiplicirten Coordinaten ξ, η, ζ seines Schwerpunktes oder Trägheitsmittelpunktes. Mit ihnen werden wir uns hier nicht beschäftigen, sondern unser Interesse auf die drei Summen

$$\Sigma m(x^2 + y^2), \quad \Sigma m(y^2 + z^2), \quad \Sigma m(z^2 + x^2)$$

beschränken. Diese Grössen, welche also die Summen aus den

Massen der Systempunkte in die Quadrate ihrer resp. Abstände von den Coordinatenaxen bedeuten, werden als Trägheitsmomente des Körpers in Bezug auf diese Axen bezeichnet. Auch die Coefficienten Σmyz, Σmzx, Σmxy haben eine eigene Benennung erhalten und zwar werden sie nach Rankine als Deviationsmomente bezeichnet.

Wir wollen nun ganz allgemein das Trägheitsmoment eines Körpers in Bezug auf irgend eine Axe betrachten. Wir werden es also ebenso definiren, wie diejenigen Trägheitsmomente, auf welche wir oben geführt worden waren, nämlich durch den Ausdruck

$$\Sigma mr^2,$$

wo m die Massen und r die Abstände der Punkte des starren Systems von der betreffenden Axe bedeuten. Dazu wollen wir noch zwei gleich gebildete Ausdrücke einführen, in denen an die Stelle der r die Abstände der Systempunkte von einer Ebene, resp. von einem Punkte treten.

Es möge also gegeben sein eine Gerade g. Durch einen beliebigen Punkt O derselben legen wir eine Ebene ε und bezeichnen die Abstände der einzelnen Punkte unseres starren Systems von ε durch q, und die Abstände dieser Punkte von O mit p. Dann nennen wir die Summe

$$\Sigma mq^2$$

das quadratische Moment des Körpers bezüglich der Ebene ε und die Summe

$$\Sigma mp^2$$

das polare quadratische Moment des Körpers in Bezug auf den Punkt O. Ebenso könnte man die Summe Σmr^2 als quadratisches Moment des Körpers bezüglich der Axe g bezeichnen. Wir ziehen jedoch vor, den gebräuchlichen Ausdruck Trägheitsmoment beizubehalten. Da für jeden der Punkte die Relation stattfindet

$$p^2 = r^2 + q^2,$$

so findet auch zwischen den drei quadratischen Momenten eines Punktes und eines starren Systems die Relation statt

$$\Sigma mp^2 = \Sigma mr^2 + \Sigma mq^2 \text{ *)}.$$

*) Obgleich wir die starren Systeme oder Körper, von denen hier die Rede ist, als continuirliche Gebilde ansehen, ohne uns auf Betrachtungen

Da sämmtliche drei quadratischen Momente wesentlich positive Grössen sind, sofern man im Gebiete der reinen Mechanik keinen Anlass hat zur Einführung negativer Massen, so sieht man, dass stets drei reelle Grössen ι, $\varkappa$, λ durch die Gleichungen

$$\iota^2.\Sigma m = \Sigma m p^2, \quad \varkappa^2.\Sigma m = \Sigma m r^2, \quad \lambda^2.\Sigma m = \Sigma m q^2$$

definirt werden. Von diesen Grössen heisst $\varkappa$ der Trägheitsradius des starren Körpers in Bezug auf die Axe G. Die beiden andern, ι und λ, können wir bezeichnen als resp. den Radius des polaren quadratischen Moments in Bezug auf O und den Radius des quadratischen Moments in Bezug auf die Ebene ε.

Aus der Definition der Grössen ι, $\varkappa$, λ lässt sich leicht erkennen, dass sie gewisse Mittelwerthe aus den Grössen p resp. r oder q sind.

§ 2.

Die Aufgabe der Theorie der Trägheitsmomente besteht nun darin, das Trägheitsmoment eines starren Körpers für jede beliebige Axe des Raumes anzugeben.

Betrachten wir zunächst den einfachsten Fall, in dem wir das Trägheitsmoment des Körpers in Bezug auf irgend eine Axe G' bestimmen sollen, die zu der vorhin gegebenen Axe G parallel ist. Der Abstand der Geraden G, G' sei d. Dann ist die Entfernung ϱ eines Punktes P von G', der von G den Abstand r hat, gegeben durch die Gleichung

$$\varrho^2 = r^2 + d^2 - 2rd\cos(r, d)$$

und somit das Trägheitsmoment des Körpers in Bezug auf die Axe G'

$$\Sigma m\varrho^2 = \Sigma m r^2 + d^2\Sigma m - 2d\Sigma m r\cos(r, d).$$

Legt man durch die Axe G eine Ebene senkrecht zu d, so ist

$$r\cos(r, d) = x$$

der Abstand des zu r gehörigen Systempunktes von dieser Ebene.

über Constitution und Anordnung der Materie einzulassen, behalten wir im Obigen doch die Form der quadratischen Momente bei, die auch für Systeme discreter Punkte gültig ist Streng genommen sollten wir eigentlich schreiben $\int r^2 dm$ statt $\Sigma m r^2$ u. s. w., sodass also der letzte Satz wäre

$$\int p^2 dm = \int r^2 dm + \int q^2 dm.$$

Die Summe $\Sigma mr\cos(r, d) = \Sigma mx = \xi\Sigma m$ verschwindet aber, wenn die Axe G durch den Trägheitsmittelpunkt des starren Körpers geht, in welchem Falle nämlich $\xi = 0$ ist; und es ist dann $d^2.\Sigma m$ das Trägheitsmoment des Trägheitsmittelpunktes, in Bezug auf die Axe G', wenn man sich in diesem Punkte die Gesammtmasse des Körpers $M = \Sigma m$ vereinigt denkt. Es ist also dann

$$\Sigma m\varrho^2 = \Sigma mr^2 + d^2.M.$$

„Das Trägheitsmoment eines starren Körpers in Bezug auf irgend eine Axe G' des Raumes ist gleich dem Trägheitsmoment des Körpers in Bezug auf die durch den Trägheitsmittelpunkt gehende zu G' parallele Axe, vermehrt um das Trägheitsmoment des letzteren Punktes in Bezug auf die Axe G', wenn in diesem die Gesammtmasse des Systems concentrirt angenommen wird."

Allen Axen G' eines Parallelbündels, welche gleichen Abstand von der Axe G (dieser Richtung) des Trägheitsmittelpunktes haben, entsprechen gleiche Trägheitsmomente des Systems.

Unter allen Trägheitsmomenten des Körpers in Bezug auf die Axen dieses Parallelbündels ist dasjenige in Bezug auf die Axe G des Trägheitsmittelpunktes das kleinste.

Die Gleichung

$$\Sigma m\varrho^2 = \Sigma mr^2 + d^2.M$$

besteht auch dann noch, wenn zwar G nicht selbst den Trägheitsmittelpunkt enthält, wohl aber dieser Punkt in der zu d oder zu der Ebene (G, G') senkrechten Ebene liegt, welche durch G geht.

Ganz analoge Ergebnisse erhält man bei der Betrachtung der quadratischen Momente eines Körpers in Bezug auf ein Büschel paralleler Ebenen.

Seien ε, ε' zwei parallele Ebenen und q, q' die Abstände des Punktes P von ihnen. Ihr gegenseitiger Abstand werde wieder mit d bezeichnet, dann ist

$$q' = q - d,$$

wo d auf der einen Seite von ε positiv, auf der anderen negativ zu nehmen ist. Das quadratische Moment des Körpers in Bezug auf die Ebene ε' ist dann

$$\Sigma mq'^2 = \Sigma mq^2 + d^2.M - 2d\Sigma mq,$$

wo wieder $\Sigma mq = q_1 . \Sigma m$ zu setzen ist, wenn q_1 den Abstand des Trägheitsmittelpunktes des Körpers von ε bezeichnet. Geht also ε durch diesen Punkt hindurch, so ist $q_1 = 0$, und wir haben die der obigen analoge Formel

$$\Sigma mq'^2 = \Sigma mq^2 + d^2 . M.$$

„Kennt man das quadratische Moment eines Körpers in Bezug auf eine Ebene ε des Trägheitsmittelpunktes, so findet man den Werth dieser Function für irgend eine zu ε parallele Ebene ε', indem man zu dem gegebenen Werthe das quadratische Moment des Trägheitsmittelpunktes in Bezug auf ε hinzufügt und dabei die Gesammtmasse des Körpers in seinem Trägheitsmittelpunkt vereinigt annimmt.“

„In Bezug auf Ebenen, die zu beiden Seiten von ε gleichweit abstehen, sind die quadratischen Momente des Körpers gleich.“

„Unter den quadratischen Momenten eines Körpers in Bezug auf ein Bündel paralleler Ebenen ist das auf die Ebene des Trägheitsmittelpunktes bezügliche das kleinste.“

§ 3.

Es ist also möglich das Trägheitsmoment eines starren Körpers in Bezug auf eine beliebige Axe G' des Raumes anzugeben, wenn man diese Function in Bezug auf eine zu G' parallele, durch den Trägheitsmittelpunkt des Körpers gehende Axe G kennt.

Wir haben somit noch die Aufgabe vor uns, die Trägheitsmomente des Körpers für alle Axen des Trägheitsmittelpunktes zu bestimmen, welche Aufgabe zunächst für einen beliebigen Punkt gelöst werden soll.

Diesen durch O bezeichneten Punkt nehmen wir als Ursprung eines rechtwinkligen Systems von Parallelcoordinaten. Die Richtungscosinus der durch diesen Punkt gehenden Axe G seien α, β, γ; der Abstand des Punktes P des starren Systems von der Axe G sei r, seine Coordinaten x, y, z. Die Strecke OP wird wieder mit p bezeichnet; und q bedeutet wieder den Abstand des Punktes P von der zu G senkrechten Ebene ε des Coordinatenursprungs O.

Dann ist

$$p^2 = x^2 + y^2 + z^2, \quad q = \alpha x + \beta y + \gamma z;$$

und es wird

$$\Sigma m p^2 = \Sigma m x^2 + \Sigma m y^2 + \Sigma m z^2,$$

$$\Sigma m q^2 = \alpha^2 \Sigma m x^2 + \beta^2 \Sigma m y^2 + \gamma^2 \Sigma m z^2 + 2\beta\gamma \Sigma m y z + 2\gamma\alpha \Sigma m z x$$
$$+ 2\alpha\beta \Sigma m x y.$$

Führen wir diese Werthe in die Gleichung

$$\Sigma m p^2 = \Sigma m r^2 + \Sigma m q^2$$

ein, so kommt

$$\Sigma m r^2 = (1-\alpha^2)\Sigma m x^2 + (1-\beta^2)\Sigma m y^2 + (1-\gamma^2)\Sigma m z^2$$
$$- 2\beta\gamma \Sigma m y z - 2\gamma\alpha \Sigma m z x - 2\alpha\beta \Sigma m x y.$$

Aber es ist

$$\alpha^2 + \beta^2 + \gamma^2 = 1$$

und daher auch

$$1-\alpha^2 = \beta^2 + \gamma^2, \quad 1-\beta^2 = \alpha^2 + \gamma^2, \quad 1-\gamma^2 = \alpha^2 + \beta^2,$$

womit der Ausdruck für $\Sigma m r^2$ die Form erhält

$$\Sigma m r^2 = \alpha^2 \Sigma m(y^2+z^2) + \beta^2 \Sigma m(z^2+x^2) + \gamma^2 \Sigma m(x^2+y^2)$$
$$- 2\beta\gamma \Sigma m y z - 2\gamma\alpha \Sigma m z x - 2\alpha\beta \Sigma m x y.$$

Das Trägheitsmoment eines Körpers bezüglich einer durch den Punkt O gehenden Axe ist also eine homogene quadratische Function der Richtungscosinus dieser Axe. Die Coefficienten dieser Function sind uns schon bekannt; die drei ersten haben uns den Anlass zu den Betrachtungen dieses Kapitels gegeben. Wir wollen für sie und die Deviationsmomente die folgenden Bezeichnungen einführen

$$\Sigma m(y^2+z^2) = A, \quad \Sigma m y z = D,$$
$$\Sigma m(z^2+x^2) = B, \quad \Sigma m z x = E,$$
$$\Sigma m(x^2+y^2) = C, \quad \Sigma m x y = F,$$

sodass wir also endlich schreiben

$$\text{I)} \qquad \Sigma m r^2 = A\alpha^2 + B\beta^2 + C\gamma^2 - 2D\beta\gamma - 2E\gamma\alpha - 2F\alpha\beta.$$

Bezeichnen wir die quadratischen Momente des Körpers in Bezug auf die Coordinatenebenen resp. mit A', B', C', setzen also

$$\Sigma m x^2 = A', \quad \Sigma m y^2 = B', \quad \Sigma m z^2 = C',$$

so finden wir für das quadratische Moment des Körpers in Bezug auf die Ebene ε (deren Normale also die Richtungscosinus α, β, γ hat) den dem obigen analogen Ausdruck

$$\text{II)} \qquad \Sigma mq^2 = A'\alpha^2 + B'\beta^2 + C'\gamma^2 + 2D\beta\gamma + 2E\gamma\alpha + 2F\alpha\beta.$$

Zwischen den Grössen A, B, C; A', B', C' besteht die Relation

$$A + B + C = 2(A' + B' + C'),$$

und es ist

$$A' + B' + C' = \Sigma mx^2 + \Sigma my^2 + \Sigma mz^2 = \Sigma mp^2.$$

Beachtet man nun, dass unsere orthogonalen Coordinatenaxen, und somit auch die Coordinatenebenen, ganz willkürlich gewählt waren, so können wir den Satz aussprechen:

„Die Summe der Trägheitsmomente eines starren Systems in Bezug auf drei zu einander rechtwinklige Axen eines Punktes O, und die Summe der quadratischen Momente des Systems in Bezug auf drei zu einander rechtwinklige Ebenen dieses Punktes bleiben constant für jedes Tripel solcher Axen oder Ebenen des Punktes O.

Die erste Summe ist doppelt so gross wie die zweite und zwar gleich dem doppelten polaren quadratischen Momente des Systems in Bezug auf den Punkt O."

Die noch bestehenden Gleichungen

$$A = B' + C', \quad B = C' + A', \quad C = A' + B'$$

liefern den Satz:

„Die Summe der quadratischen Momente eines Körpers bezüglich zweier senkrechter Ebenen ist das Trägheitsmoment des Systems in Bezug auf die Durchschnittslinie der Ebenen als Axe."

§ 4.

Die Grössen A, B, C; A', B', C' sind stets positive Grössen, sofern in der reinen Mechanik eben nur positive Massen auftreten. Dagegen kommen in den Aggregaten Σmxy, Σmyz, Σmzx sowohl positive wie negative Elemente vor. Da diese Grössen von dem Coordinatensystem abhängig sind, so entsteht naturgemäss die Frage, ob es nicht möglich sei, ein solches Tripel rechtwinkliger Axen oder Ebenen des Punktes O zu finden, dass die Grössen D, E, F Null werden. Wenn dies möglich ist, so werden dann die

Momente

$$\Sigma m r^2 \text{ und } \Sigma m q^2$$

durch Ausdrücke dargestellt werden, die nahezu ebenso einfach sind, wie der Ausdruck für $\Sigma m p^2$. Um die aufgeworfene Frage zu entscheiden, bedient man sich seit Poinsot eines geometrischen Verfahrens, welches zugleich einen guten Einblick in die Vertheilung der Trägheitsmomente in Bezug auf die Axen eines Punktes O giebt.

Wir definiren eine Zahl ϱ durch die Gleichung

$$\varrho^2 . \Sigma m r^2 = 1$$

und multipliciren die Gleichung I) mit ϱ^2, so dass wir also erhalten

$$1 = A\varrho^2\alpha^2 + B\varrho^2\beta^2 + C\varrho^2\gamma^2 - 2D\varrho\beta.\varrho\gamma - 2E\varrho\gamma.\varrho\alpha - 2F\varrho\alpha.\varrho\beta.$$

Betrachten wir nun ϱ als die Maasszahl einer vom Punkte ausgehenden Strecke OM, also OM als den Radiusvector eines bestimmten Punktes M, so ist zu setzen

$$\varrho\alpha = x, \quad \varrho\beta = y, \quad \varrho\gamma = z,$$

wo dann x, y, z die Coordinaten des Punktes M, bezogen auf das bisher benutzte Coordinatensystem darstellen. Die Gleichung I) geht also definitiv über in

$$\text{I}') \qquad Ax^2 + By^2 + Cz^2 - 2Dyz - 2Ezx - 2Fxy - 1 = 0.$$

Dies ist aber die Gleichung einer Fläche zweiten Grades, deren Mittelpunkt in O liegt. Diese Fläche ist insbesondere ein Ellipsoid, da kein Radiusvector unendlich gross werden kann, wie sich aus der Gleichung

$$\varrho^2 \Sigma m r^2 = 1$$

ergiebt, wenn man bedenkt, dass $\Sigma m r^2$ nicht verschwinden kann, da die Coefficienten m stets positive Grössen sind. Die Bedeutung der letzten Gleichung ist also die, dass wir jedem Trägheitsmoment des Körpers in Bezug auf eine Axe des Punktes O, den auf dieser Axe liegenden Diameter des Ellipsoids I') zuordnen.

Wären als Coordinatenaxen, auf die sich die Gleichung I') bezieht, von vorne herein die Hauptaxen dieses Ellipsoids benutzt worden, so würden die Glieder mit xy, yz, zx verschwinden und wir hätten als Gleichung der Fläche

$$Ax^2 + By^2 + Cz^2 - 1 = 0,$$

worin dann A, B, C die Trägheitsmomente des Körpers in Bezug auf die Hauptaxen des Ellipsoids I') bedeuten.

Dieses Ellipsoid wurde von Cauchy aufgefunden, von Poinsot aber zuerst und definitiv in die Mechanik eingeführt. Es führt daher den Namen des Cauchy-Poinsot'schen Trägheitsellipsoids. Seine Hauptaxen, die also die Eigenschaft haben, dass für sie die Deviationsmomente Null sind, heissen die Hauptträgheitsaxen des Körpers im Punkte O, die zugehörigen Trägheitsmomente die Hauptträgheitsmomente des Körpers für den Punkt O. Ist insbesondere O der Trägheitsmittelpunkt des Körpers, so heisst das Trägheitsellipsoid Centralellipsoid und seine Axen Hauptaxen des Körpers, während die Grössen A, B, C als Hauptmomente des Körpers bezeichnet werden.

Führen wir die durch die Gleichungen

$$a^2.\Sigma m = A,\quad b^2\Sigma m = B,\quad c^2\Sigma m = C$$

definirten Hauptträgheitsradien ein, so hat die Gleichung der Fläche I') die Form

$$a^2x^2+b^2y^2+c^2z^2-1=0,$$

und der zu Σmr^2 gehörige Trägheitsradius $\varkappa$ wird

$$\varkappa^2 = a^2\alpha^2+b^2\beta^2+c^2\gamma^2,$$

und das Trägheitsmoment

$$\text{II)}\qquad \Sigma mr^2 = A\alpha^2+B\beta^2+C\gamma^2,$$

wenn man berücksichtigt, dass

$$x=\varrho\alpha,\quad y=\varrho\beta,\quad z=\varrho\gamma,\quad 1=\varrho\varkappa.$$

Die Gleichung II) ist das erste Hauptresultat, welches wir zu erlangen wünschten, da sie uns Auskunft giebt darüber, wie das Trägheitsmoment für irgend eine Axe (α, β, γ) eines Punktes O gefunden wird, wenn die Hauptträgheitsmomente des Körpers für diesen Punkt gegeben sind; sodass wir dann auch im Stande sind, nach dem Vorigen das Trägheitsmoment des Körpers in Bezug auf irgend eine Axe des Raumes zu bestimmen.

§ 5.

Im Allgemeinen giebt es in einem Punkte O nur drei Hauptträgheitsaxen für einen starren Körper. Eine Ausnahme hiervon tritt zunächst ein, wenn zwei der Hauptträgheitsmomente für diesen

Punkt gleich werden. Denn sei z. B. $A = B$, so wird das Poinsot'sche Ellipsoid ein Rotationsellipsoid, dessen Drehungsaxe in der Z-Axe liegt. Das Trägheitsmoment eines Körpers in Bezug auf irgend eine durch den Punkt O gehende Axe wird dargestellt durch

$$\Sigma mr^2 = A + (C - A)\gamma^2.$$

Zu allen Axen des Punktes O, die gleiche Winkel mit der Z-Axe bilden, gehören gleiche Trägheitsmomente. Ist insbesondere dieser Winkel ein rechter, so ergiebt sich, dass die Wahl der beiden in der xy-Ebene liegenden Hauptträgheitsaxen willkürlich ist, d. h. je ein Paar orthogonaler Strahlen des Punktes O ist ein Paar von Hauptträgheitsaxen in der xy-Ebene.

Werden alle drei Hauptträgheitsmomente eines Körpers einander gleich, so ist das Trägheitsmoment des Körpers überhaupt für jede Axe des Punktes O constant, wie sich aus

$$\Sigma mr^2 = A(\alpha^2 + \beta^2 + \gamma^2) = A$$

ergiebt. Jede Axe des Punktes O ist Hauptträgheitsaxe des Körpers. Dieser Fall tritt bei homogenen oder concentrisch geschichteten Kugeln wie bei regulären Körpern ein, wenn der Punkt O der geometrische Mittelpunkt des betr. Körpers ist.

§ 6.

Die definitive Aufstellung der Gleichung des Trägheitsellipsoids ist ein rein algebraisches Problem, welches also identisch ist mit dem Problem der Axentransformation einer Fläche zweiten Grades.

In rein algebraischer Fassung liegt somit folgende Aufgabe vor: „Eine homogene quadratische Function dreier Variabeln

$$\text{I)} \quad f(x, y, z) = a_{00}x^2 + a_{11}y^2 + a_{22}z^2 + 2a_{12}yz + 2a_{20}zx + 2a_{01}xy$$

soll durch eine orthogonale Substitution

$$\text{II)} \quad \begin{cases} x = \alpha\,\xi + \beta\,\eta + \gamma\,\zeta, \\ y = \alpha'\,\xi + \beta'\,\eta + \gamma'\,\zeta, \\ z = \alpha''\xi + \beta''\eta + \gamma''\zeta \end{cases}$$

so transformirt werden, dass

$$\text{III)} \quad f(x, y, z) = \lambda\xi^2 + \lambda'\eta^2 + \lambda''\zeta^2$$

identisch wird."

Da die Substitution eine orthogonale ist, so haben wir also die Gleichung

$$x^2+y^2+z^2=\xi^2+\eta^2+\zeta^2,$$

und es gelten für die neun Coefficienten α, β, γ die bekannten Gleichungen, sodass die neuen Variabeln durch die alten in folgender Weise dargestellt werden:

$$\text{IV)}\quad \begin{cases} \xi=\alpha x+\alpha' y+\alpha'' z, \\ \eta=\beta x+\beta' y+\beta'' z, \\ \zeta=\gamma x+\gamma' y+\gamma'' z. \end{cases}$$

Differenziren wir die Gleichung III) nach ξ unter Rücksichtnahme auf II), so erhalten wir

$$\alpha\frac{\partial f}{\partial x}+\alpha'\frac{\partial f}{\partial y}+\alpha''\frac{\partial f}{\partial z}=2\lambda\xi,$$

was, wegen IV), auch so geschrieben werden kann

$$x\frac{\partial f}{\partial \alpha}+y\frac{\partial f}{\partial \alpha'}+z\frac{\partial f}{\partial \alpha''}=2\lambda(\alpha x+\alpha' y+\alpha'' z).$$

Diese letzte Gleichung ist aber unabhängig von den Werthen der x, y, z zu erfüllen, sodass sie zerfällt in die drei anderen

$$\text{V)}\quad \begin{cases} \dfrac{\partial f}{\partial \alpha}=2\lambda\alpha, \\ \dfrac{\partial f}{\partial \alpha'}=2\lambda\alpha', \\ \dfrac{\partial f}{\partial \alpha''}=2\lambda\alpha''. \end{cases}$$

Diese Gleichungen enthalten nur drei Unbekannte. Nämlich es kommen nur die Verhältnisse der drei Grössen α in ihr vor, die also zwei Unbekannte liefern, während die dritte λ ist. Diese drei Grössen können also aus V) bestimmt werden. Um dann noch die absoluten Werthe der α zu erhalten, wird man sich der Gleichung bedienen

$$\alpha^2+\alpha'^2+\alpha''^2=1.$$

In ganz analoger Weise erhalten wir noch die beiden Gleichungssysteme

$$\text{V}')\quad \begin{cases} \dfrac{\partial f}{\partial \beta} = 2\lambda'\beta, & \dfrac{\partial f}{\partial \gamma} = 2\lambda''\gamma, \\ \dfrac{\partial f}{\partial \beta'} = 2\lambda'\beta', & \dfrac{\partial f}{\partial \gamma'} = 2\lambda''\gamma', \\ \dfrac{\partial f}{\partial \beta''} = 2\lambda'\beta'', & \dfrac{\partial f}{\partial \gamma''} = 2\lambda''\gamma'', \end{cases}$$

denen zur Bestimmung der absoluten Werthe der β, resp. der γ noch die Gleichungen hinzuzufügen sind:

$$\beta^2+\beta'^2+\beta''^2 = 1, \quad \gamma^2+\gamma'^2+\gamma''^2 = 1.$$

In expliciter Form lauten die Gleichungen V)

$$\begin{aligned} (a_{00}-\lambda)\alpha + \quad a_{01}\alpha' \quad + \quad a_{02}\alpha'' \quad &= 0, \\ a_{10}\alpha \quad + (a_{11}-\lambda)\alpha' + \quad a_{12}\alpha'' \quad &= 0, \\ a_{20}\alpha \quad + \quad a_{21}\alpha' \quad + (a_{22}-\lambda)\alpha'' &= 0, \end{aligned}$$

in welchen Gleichungen $a_{ik} = a_{ki}$ ist. Ganz ähnlich lauten die Gleichungen V'), nur dass an die Stelle der α die β resp. die γ treten und λ durch λ' resp. λ'' ersetzt wird. Ob man daher aus den V) die α, oder aus den V') die β oder γ eliminirt, man wird immer dieselbe Gleichung

$$\Delta(\lambda) = 0$$

erhalten, wo $\Delta(\lambda)$ die Determinante

$$\begin{vmatrix} a_{00}-\lambda, & a_{01}, & a_{02} \\ a_{10}, & a_{11}-\lambda, & a_{12} \\ a_{20}, & a_{21}, & a_{22}-\lambda \end{vmatrix}$$

bedeutet. Diese Gleichung, die in vielen Untersuchungen auftritt, ist also vom dritten Grade. Ihre Wurzeln sind sämmtlich reell. Bei dem Beweise der letzten Bemerkung können wir uns hier nicht aufhalten und verweisen auf Herrn Schell's Mechanik, sowie auf Hesse's Vorlesungen aus der analytischen Geometrie des Raumes, dessen Methode wir überhaupt in diesem Paragraphen gefolgt sind. Die Wurzeln der Gleichung $\Delta = 0$ müssen aber gerade die drei gesuchten Werthe λ, λ', λ'' sein, da ja, wenn irgend eine dieser drei Grössen mit Λ bezeichnet wird, jedes der Systeme V) oder V') zu derselben Gleichung $\Delta(\Lambda) = 0$ führt, wie oben bemerkt ist.

Nachdem so die drei Grössen λ, λ', λ'' bestimmt sind, wird man aus V) und V') die Verhältnisse der α, resp. der β und der γ bestimmen und nachher ihre absoluten Werthe in der angegebenen Weise finden, sodass dann auch die Richtungen der neuen Axen in Bezug auf die alten der x, y, z bekannt sind. Wir haben dann, wenn wir mit

$$f(x, y, z) - 1 = 0$$

die Gleichung des Poinsot'schen Ellipsoides bezeichnen, dieses auf seine Hauptaxen bezogen in der Form

$$\lambda x^2 + \lambda' y^2 + \lambda'' z^2 - 1 = 0,$$

wo die λ also jetzt die Hauptträgheitsradien des Körpers bedeuten.

Da wir hier von vorne herein wussten, dass die drei Grössen λ positiv sein müssen, so kann man nun mit Hülfe des Descartes'schen Satzes aus der entwickelten Gleichung $\Delta = 0$ gewisse Ungleichungsrelationen zwischen den Quadraten und Producten der Trägheits- und Deviationsmomente eines Körpers in Bezug auf eine beliebige Axe entwickeln. Wir gehen jedoch nicht darauf ein, da wir keine Anwendung davon machen werden.

§ 7.

Ist also wie oben

$$a^2x^2 + b^2y^2 + c^2z^2 = 1$$

die Gleichung des Poinsot'schen Ellipsoides, sodass also a, b, c die drei Hauptträgheitsradien sind, so sind

$$\frac{1}{a},\ \frac{1}{b},\ \frac{1}{c}$$

die Halbaxen dieses Ellipsoides, wonach also dem grössten Hauptträgheitsradius die kleinste Hauptaxe der Fläche, dem kleinsten Hauptträgheitsradius die grösste, und dem mittleren Trägheitsradius die mittlere Axe entspricht.

Es mag hier gleich noch gezeigt werden, dass, wenn A das grösste und C das kleinste Hauptträgheitsmoment eines Körpers bedeuten, A und C überhaupt resp. der grösste und kleinste Werth des Trägheitsmoments eines Körpers in Bezug auf Axen des Punktes

O sind. Denn es ist

$$\Sigma mr^2 = A\alpha^2 + B\beta^2 + C\gamma^2,$$
$$= A - (A-B)\beta^2 - (A-C)\gamma^2,$$

woraus, da $A-B>0$, $A-C>0$, sich ergiebt, dass in der That Σmr^2 den Werth A niemals überschreiten kann. Andererseits ist auch

$$\Sigma mr^2 = C + (A-C)\alpha^2 + (B-C)\beta^2,$$

woraus, da wieder $A-C>0$, $B-C>0$, folgt, dass Σmr^2 niemals unter den Betrag C herabsinken kann, vorausgesetzt natürlich in beiden Fällen, dass Σmr^2 sich auf Axen des Punktes O bezieht.

§ 8.

Nach Einführung des Poinsot'schen Trägheitsellipsoides sind wir nun im Stande, uns von jedem Satze aus der Theorie der Trägheitsmomente ein klares geometrisches Bild zu machen; und andererseits leicht Sätze über Trägheitsmomente zu finden. Denn jedem Trägheitsmoment entspricht der auf der zugehörigen Axe liegende Diameter. Es wird somit fast jede Beziehung zwischen den Diametern eines Ellipsoides sich auch als Beziehung zwischen Trägheitsmomenten in Bezug auf Axen eines Punktes auffassen lassen.

So ist nach einem bekannten Satze, wenn a', a'', a''' drei zu einander senkrechte Semidiameter eines Ellipsoides sind, die Summe

$$\frac{1}{a'^2} + \frac{1}{a''^2} + \frac{1}{a'''^2} = \text{const.}$$

Sind nun k', k'', k''' die Trägheitsradien eines Körpers in Bezug auf die Axen, auf denen a', a'', a''' liegen, so ist nach § 4 dieses Kapitels

$$a'^2.k'^2 = 1, \quad a''^2.k''^2 = 1, \quad a'''^2.k'''^2 = 1;$$

daher also auch

$$k'^2 + k''^2 + k'''^2 = \text{const.},$$

und wenn wir mit M', M'', M''' die Trägheitsmomente bezeichnen, die zu den k gehören, so ist auch

$$M' + M'' + M''' = \text{const.}$$

Dies giebt also den bereits früher erkannten Satz, dass die Summe der Trägheitsmomente eines Körpers in Bezug auf ein orthogonales Axentripel eines Punktes constant ist, und zwar gleich der Summe der drei Hauptträgkeitsmomente für diesen Punkt.

Sind ferner a', a'', a''' drei conjugirte Semidiameter eines Ellipsoides, so ist

$$a'^2 + a''^2 + a'''^2 = \text{const.},$$

woraus sich für die Theorie der Trägheitsmomente die Gleichungen ergeben:

$$\frac{1}{M'} + \frac{1}{M''} + \frac{1}{M'''} = \text{const.},$$

$$\frac{1}{k'^2} + \frac{1}{k''^2} + \frac{1}{k'''^2} = \text{const.}$$

„Haben drei Axen eines Punktes O die Richtungen dreier conjugirter Semidiameter des Trägheitsellipsoids des Punktes O, so ist die Summe der reciproken Werthe der zu diesen Axen gehörigen Trägheitsmomente eines Körpers constant, nämlich gleich der Summe der reciproken Werthe der drei Hauptträgheitsmomente für den Punkt O.“

§ 9.

Die Richtungslinien aller Durchmesser gleicher Länge 2ϱ eines Ellipsoids liegen auf einem Kegel zweiter Ordnung, der mit dem Ellipsoid den Mittelpunkt und die Hauptaxen gemein hat. Diese Bemerkung liefert für die Theorie der Trägheitsmomente den Satz:

„Der geometrische Ort aller Axen eines Punktes O von gleichem Trägheitsmomente ist ein Kegel zweiter Ordnung, der mit dem Cauchy-Poinsot'schen Ellipsoide des Punktes O gemeinsame Hauptaxen besitzt.“

Die Gleichung dieses Kegels folgt aus derjenigen des Ellipsoids $a^2x^2 + b^2y^2 + c^2z^2 - 1 = 0$, unter Berücksichtigung der Bedingung $x^2 + y^2 + z^2 - \varrho^2 = 0$, in der folgenden Form:

$$(a^2\varrho^2 - 1)x^2 + (b^2\varrho^2 - 1)y^2 + (c^2\varrho^2 - 1)z^2 = 0.$$

Die Erzeugungslinien derselben sind Axen gleichen Trägheitsmomentes $H = \Sigma m \cdot \frac{1}{\varrho^2}$.

Sind a, b, c der Grösse nach geordnet $a < b < c$, sodass also a, b, c die Trägheitsradien resp. der grössten, mittleren, kleinsten Axe des Ellipsoids sind und ist $\frac{1}{b} > \varrho > \frac{1}{c}$, so umgiebt der Kegel die kleinste Axe des Ellipsoids; liegt dagegen ϱ zwischen $\frac{1}{b}$ und $\frac{1}{a}$, so umgiebt er die grösste Axe des Ellipsoids. Für $b\varrho \doteq 1$ zerfällt endlich der Kegel in die beiden Ebenen

$$(a^2-b^2)x^2-(b^2-c^2)z^2 = 0,$$

welche die durch die mittlere Axe gehenden Kreisschnitte des Ellipsoids darstellen.

Lässt man ϱ variiren von $\frac{1}{c}$ bis $\frac{1}{a}$, so erhält man die Schaar der Kegel, deren Erzeugende Axen gleichen Trägheitsmomentes sind, wobei dieses entsprechend variirt von seinem grössten Werthe bis zu seinem kleinsten Werthe herab.

§ 10.

Das Trägheitsmoment H' in Bezug auf irgend eine Axe G' des Raumes wird mit Hülfe des Trägheitsmomentes H in Bezug auf die zu G' parallele Axe G des Trägheitsmittelpunktes nach § 2 durch die Formel gefunden

$$H' = H + d^2 . M,$$

wo d den Abstand von G und G' bedeutet. An der Hand dieser Gleichung kann man sich orientiren über die räumliche Vertheilung der Axen gleichen Trägheitsmomentes. Die beiden Grössen H und d der obigen Gleichung betrachten wir als Veränderliche und drücken d durch H aus:

$$d = \sqrt{\frac{H'-H}{M}}.$$

Ist ϱ der durch $H = \frac{\Sigma m}{\varrho^2}$ definirte Semidiameter des Centralellipsoids, so ist

$$K(\varrho) = (a^2\varrho^2-1)x^2+(b^2\varrho^2-1)y^2+(c^2\varrho^2-1)z^2 = 0$$

der zum Trägheitsmittelpunkt gehörende Kegel der Axen gleichen

Trägheitsmomentes H. Aus der Gleichung für d folgt, dass jede Erzeugungslinie dieses Kegels Axe eines Cylinders vom Radius

$$d = \sqrt{\frac{H' - \frac{\Sigma m}{\varrho^2}}{M}}$$

ist, dessen Erzeugende Axen gleichen Trägheitsmomentes H' sind. Aendert also ϱ seine Position auf dem Kegel, so ändert auch der Cylinder seine Lage, während sein Radius unverändert bleibt.

Alle diese Cylinder sind also, wie man sieht, die Kugel

$$x^2 + y^2 + z^2 = d^2$$

umschrieben. Legen wir nun der Grösse H einen anderen Werth bei, so gehen wir zu einer zu der vorigen concentrischen Kugel

$$x^2 + y^2 + z^2 = d_1^2$$

über; und wenn wir jeden Radius dieser Kugel, der zugleich auf dem Kegel $K(\varrho_1) = 0$ liegt, wieder als Axe eines Cylinders vom Radius

$$d = \sqrt{\frac{H' - \frac{\Sigma m}{\varrho_1^2}}{M}}$$

annehmen, so sind die Erzeugungslinien der so erlangten Schaar von Cylindern wieder Axen gleichen Trägheitsmomentes H'. Die Reihe dieser Kugeln ist indess keine unbegrenzte, sondern zwischen endliche Grenzen eingeschlossen. Denn dies ist der Fall hinsichtlich der Grössen H beziehungsweise ϱ. Die Grösse H, als das Trägheitsmoment in Bezug auf eine Axe des Trägheitsmittelpunktes, ist eingeschlossen zwischen die Grenzen A und C, so dass

$$d = \sqrt{\frac{H' - A}{M}}, \quad d = \sqrt{\frac{H' - C}{M}}$$

resp. der grösste und kleinste Werth des Abstandes einer Axe vom Trägheitsmittelpunkt ist, wenn das Trägheitsmoment eines Körpers in Bezug auf diese Axe einen vorgeschriebenen Werth H' annehmen soll. Mit jedem zwischen diesen Grenzen liegenden Werthe

$$d = \sqrt{\frac{H' - h}{M}}$$

als Radius kann man aber eine Kugel um den Trägheitsmittelpunkt construiren, und dann mit Hülfe der Relation $h = \frac{\Sigma m}{\varrho^2}$ den Kegel $K(\varrho) = 0$ finden, dessen Erzeugungslinien die Axen der der Kugel zu umschreibenden Cylinder von der oben dargelegten Bedeutung sind.

§ 11.

Es ist für manche Betrachtungen wichtig, die Fläche zu kennen, welche aus dem Cauchy-Poinsot'schen Ellipsoid durch die Transformation nach der Methode der reciproken Radienvectoren hervorgeht. Diese Methode selbst darf ich hier wohl als bekannt voraussetzen, sodass ich ohne weiteres an die specielle Aufgabe herangehe.

Als Centrum der Inversion nehme ich den Mittelpunkt O des Cauchy-Poinsot'schen Ellipsoids, dessen Gleichung in der bisherigen Form angenommen wird, nämlich

$$a^2x^2 + b^2y^2 + c^2z^2 - 1 = 0.$$

Im Punkte (ξ, η, ζ) dieser Fläche wollen wir deren Tangentenebene construiren, deren Gleichung ist

$$a^2\xi . x + b^2\eta . y + c^2\zeta . z - 1 = 0,$$

wo also x, y, z wieder laufende Coordinaten bedeuten. Die Elemente der Hesse'schen Normalform der Gleichung dieser Ebene folgen aus

$$\alpha = a^2\xi . \varDelta, \quad \beta = b^2\eta . \varDelta, \quad \gamma = c^2\zeta . \varDelta, \quad \varDelta = \frac{1}{(a^4\xi^2 + b^4\eta^2 + c^4\zeta^2)^{\frac{1}{2}}},$$

wo also $\varDelta$ die Länge der von O auf die Tangentenebene gefällten Normale OM bedeutet und durch α, β, γ die Richtungscosinus dieser Geraden bezeichnet werden. Die Gleichungen für α, β, γ schreibe man nun in der Form

$$\frac{\alpha}{a} = a\xi . \varDelta, \quad \frac{\beta}{b} = b\eta . \varDelta, \quad \frac{\gamma}{c} = c\gamma . \varDelta,$$

woraus man dann erhält

$$\frac{\alpha^2}{a^2} + \frac{\beta^2}{b^2} + \frac{\gamma^2}{c^2} = \varDelta^2(a^2\xi^2 + b^2\eta^2 + c^2\zeta^2),$$

d. h. da der Punkt (ξ, η, ζ) dem Cauchy-Poinsot'schen Ellipsoid angehört

$$\frac{\alpha^2}{a^2}+\frac{\beta^2}{b^2}+\frac{\gamma^2}{c^2}=\Delta^2.$$

Nun bestimme man auf OM den Punkt P so, dass $OM.OP=1$, so ist, wenn die ganze bisherige Construction für alle Punkte (ξ, η, ζ) des gegebenen Ellipsoids ausgeführt wird, die von den Punkten P gebildete Figur die nach der Methode der reciproken Radienvectoren transformirte der gegebenen Figur. Setzen wir noch $OP=\varrho$, also $\Delta\varrho=1$, so schreiben wir die letzte Gleichung so

$$\frac{\varrho^2\alpha^2}{a^2}+\frac{\varrho^2\beta^2}{b^2}+\frac{\varrho^2\gamma^2}{c^2}=1,$$

oder, da $\varrho\alpha$, $\varrho\beta$, $\varrho\gamma$ die rechtwinkligen Coordinaten von P sind, d. i. $\varrho\alpha=x$, $\varrho\beta=y$, $\varrho\gamma=z$,

$$\frac{x^2}{a^2}+\frac{y^2}{b^2}+\frac{z^2}{c^2}-1=0.$$

Nennen wir kurz zwei Figuren reciproke Figuren, wenn die eine aus der andern durch die Transformation mittelst reciproker Radienvectoren erhalten wird, so ist also unser Resultat:

„Die reciproke Fläche des Cauchy-Poinsot'schen Ellipsoids ist ebenfalls ein Ellipsoid. Dasselbe hat mit jenem gleichen Mittelpunkt und gleiche Axenrichtungen. Die Halbaxen des Cauchy-Poinsot'schen Ellipsoids sind gleich den reciproken Werthen der Hauptträgheitsradien. Die Halbaxen des jenem reciproken Ellipsoids sind die Hauptträgheitsradien selber."

Die Tangentenebene des reciproken Ellipsoids im Punkte (x', y', z') ist

$$\frac{xx'}{a^2}+\frac{yy'}{b^2}+\frac{zz'}{c^2}-1=0.$$

Die Senkrechte vom Punkte O auf diese Ebene hat die Länge

$$\Delta'=\left(\frac{x'^2}{a^4}+\frac{y'^2}{b^4}+\frac{z'^2}{c^4}\right)^{-\frac{1}{2}}$$

und ihre Richtungscosinus sind

$$\alpha'=\frac{x'}{a^2}\Delta',\quad \beta'=\frac{y'}{b^2}\Delta',\quad \gamma'=\frac{z'}{c^2}\Delta',$$

woraus, unter Berücksichtigung des Umstandes, dass (x', y', z') ein Punkt des Ellipsoids ist, für die Länge Δ' folgt

$$\Delta'^2 = a^2\alpha'^2 + b^2\beta'^2 + c^2\gamma'^2.$$

Nach Früherem ist aber $a^2\alpha'^2 + b^2\beta'^2 + c^2\gamma'^2$ das Quadrat des Trägheitsradius in Bezug auf eine durch O gehende Axe von der Richtung $(\alpha', \beta', \gamma')$.

Das Trägheitsellipsoïd und sein reciprokes Ellipsoid haben daher die wichtige Beziehung zu einander, die sich im folgenden Satze ausdrückt:

„Das Trägheitsmoment in Bezug auf eine durch den Punkt O mit der Richtung (α, β, γ) gegen die Hauptaxen dieses Punktes gezogenen Axe G ist proportional dem reciproken Quadrate des auf G liegenden Semidiameters des Cauchy-Poinsot'schen Trägheitsellipsoids für den Punkt O.

Dagegen ist die Strecke OP von G, welche vom Punkte O bis zu dem Punkte P geht, in welchem diese Axe die auf ihr senkrechte Tangentenebene des reciproken Ellipsoids trifft, der Trägheitsradius in Bezug auf die Axe G.“

Das Cauchy-Poinsot'sche Ellipsoid und das ihm reciproke Ellipsoid liegen so gegeneinander, dass die kleinsten und grössten Axen des einen mit den grössten und kleinsten Axen des andern zusammenfallen.

§ 12.

Das quadratische Moment eines Körpers bezüglich einer Ebene ist im § 3 dieses Kapitels in der Form dargestellt worden

$$\Sigma mq^2 = A'\alpha^2 + B'\beta^2 + C'\gamma^2 + 2D\beta\gamma + 2E\gamma\alpha + 2F\alpha\beta,$$

wo also durch A', B', C' die quadratischen Momente bezüglich der Coordinatenebenen bezeichnet sind, und D, E, F wie bisher die Deviationsmomente bedeuten. Definiren wir wieder eine Grösse ϱ durch die Gleichung

$$\varrho^2 \Sigma mq^2 = \Sigma m,$$

und wiederholen die Betrachtungen von § 4, so gelangen wir zu dem Ellipsoide

$$A'x^2 + B'y^2 + C'z^2 - \Sigma m = 0,$$

welches den Mittelpunkt und das Axenkreuz mit dem Cauchy-Poinsot'schen Ellipsoid gemeinschaftlich hat. Wir wollen noch die Radien der quadratischen Momente A', B', C', nämlich a', b, c' einführen, die durch die Gleichungen gegeben sind

$$a'^2 . \Sigma m = A', \quad b'^2 . \Sigma m = B', \quad c'^2 . \Sigma m = C',$$

wodurch die Gleichung des Ellipsoids die Form erhält

$$a'^2 x^2 + b'^2 y^2 + c'^2 z^2 - 1 = 0.$$

Setzen wir

$$x = \varrho\alpha, \quad y = \varrho\beta, \quad z = \varrho\gamma$$

und bezeichnen den Radius von Σmq^2 wieder wie in § 1 mit λ, so folgt, wegen

$$\varrho^2 \Sigma mq^2 = \Sigma m \quad \text{oder} \quad \varrho^2 \lambda^2 = 1,$$

$$a'^2 \alpha^2 + b'^2 \beta^2 + c'^2 \gamma^2 = \lambda^2.$$

Die quadratischen Momente in Bezug auf Ebenen sind von Binet zuerst betrachtet worden. Das vorhin gefundene Ellipsoid wird daher als das Binet'sche Ellipsoid des Punktes O bezeichnet. Mit Hülfe desselben lassen sich über die quadratischen Momente in Bezug auf Ebenen Sätze formuliren, welche den über Trägheitsmomente aufgeführten völlig analog sind.

Die letzte Gleichung zeigt, dass, wenn das Loth vom Punkte O aus auf eine Ebene ε die Richtung (α, β, γ) hat, der Radius des quadratischen Momentes eines Körpers bezüglich der Ebene ε sich aus α, β, γ und den Halbaxen des Binet'schen Ellipsoids in ganz derselben Weise herleitet, wie sich der Trägheitsradius des Körpers in Bezug auf eine durch O gehende Axe gleicher Richtung (α, β, γ) aus α, β, γ und den Halbaxen des Trägheitsellipsoids des Punktes O bildet.

Mit λ ist auch Σmq^2 gefunden, und es wird

$$\Sigma mq^2 = A'\alpha^2 + B'\beta^2 + C'\gamma^2.$$

Führen wir noch das dem Binet'schen Ellipsoide reciproke, nämlich

$$\frac{x^2}{a'^2} + \frac{y^2}{b'^2} + \frac{z^2}{c'^2} - 1 = 0$$

ein, so können wir die Betrachtungen dieses Paragraphen in folgendem Satz zusammenfassend abschliessen.

„Ist ein starres System gegeben, so kann man für jeden Punkt O des Raumes ein Binet'sches Ellipsoid und dessen reciprokes construiren, welche ihren gemeinschaftlichen Mittelpunkt in O haben und deren Axenrichtungen derart zusammenfallen, dass die grössten und kleinsten Axen des einen Ellipsoids mit den kleinsten und grössten Axen des anderen coincidiren.

Ist ϱ ein in der Richtung (α, β, γ) gegen das Axenkreuz gezogener Semidiameter des Binet'schen Ellipsoids, so ist $\frac{\Sigma m}{\varrho^2}$ das quadratische Moment des starren Systems bezüglich der Ebene, deren von O ausgehende Normale die Richtung (α, β, γ) hat. Wird ϱ bis zu dem Punkte P verlängert, in welchem eine zu ϱ senkrechte Tangentenebene des dem Binet'schen reciproken Ellipsoids diese Gerade ϱ schneidet, so ist $OP = \lambda$ der Radius des quadratischen Momentes $\frac{\Sigma m}{\varrho^2}$."

„Insbesondere sind also die Halbaxen des Binet'schen Ellipsoids umgekehrt proportional den Radien der quadratischen Momente bezüglich der Coordinatenebenen; und die Halbaxen des reciproken Ellipsoids sind diese Radien selbst."

Da

$$A + A' = \Sigma m(y^2 + z^2) + \Sigma m x^2 = \Sigma m p^2,$$
$$B + B' = \Sigma m(z^2 + x^2) + \Sigma m y^2 = \Sigma m p^2,$$
$$C + C' = \Sigma m(x^2 + y^2) + \Sigma m z^2 = \Sigma m p^2,$$

so ist auch

$$a^2 + a'^2 = b^2 + b'^2 = c^2 + c'^2 = \frac{\Sigma m p^2}{\Sigma m} = \iota^2$$

und es ergiebt sich aus der Addition der Gleichungen des Cauchy-Poinsot'schen und des Binet'schen Ellipsoids

$$a^2 x^2 + b^2 y^2 + c^2 z^2 - 1 = 0, \quad a'^2 x^2 + b'^2 y^2 + c'^2 z^2 - 1 = 0$$

die Gleichung

$$x^2 + y^2 + z^2 - \frac{2}{\iota^2} = 0,$$

d. h. die beiden Ellipsoide schneiden einander in einer sphärischen Curve.

§ 13.

Die bisherigen Paragraphen dieses Kapitels setzen uns in den Stand jede die Theorie der Trägheitsmomente und der verwandten Grössen betreffende Frage leicht zu erledigen. Es lässt sich aber denken, dass diese Theorie mit dem gegebenen nicht abgeschlossen sein wird. In der That ist durch die Poinsot'sche Verknüpfung der Lehre von den Trägheitsmomenten mit der von den Oberflächen 2. Ordnung der Weg gegeben, immer neue Resultate für die erstere aus der letzteren zu gewinnen. Insbesondere lässt die Theorie der confocalen Oberfläche 2. Ordnung eine elegante Weiterbildung der Theorie der Trägheitsmomente zu. Nichtsdestoweniger nehme ich Abstand davon, diese schönen Untersuchungen hier darzustellen, da sie uns zu weit von unserem eigentlichen Gegenstande ablenken würden, ohne doch im Folgenden eine Anwendung zu finden.

Ich wende mich daher zu einer elementaren Betrachtung über die Impulsivkräfte, die einem starren System einen gegebenen Geschwindigkeitszustand verleihen können. Dabei wird sich dann von selbst ein Zurückkommen auf den Ausgangspunkt dieses Kapitels, die kinetische Energie des starren Systems, ergeben.

Kapitel VIII.

Von den Impulsivkräften, welche einem starren System einen gegebenen Geschwindigkeitszustand zu ertheilen vermögen.

§ 1.

Den in der Ueberschrift angegebenen Gegenstand will ich in diesem Kapitel in der Weise der elementaren Mechanik behandeln, um auch für diejenigen Leser, welche hinsichtlich der geometrischen Methoden der neueren Mechanik nur über geringe Kenntnisse verfügen, das Verständniss der späteren Darlegung der auf jenen Gegenstand bezüglichen Untersuchungen des Herrn Ball zu erleichtern.

Betrachten wir zunächst ein starres System, welches eine Translationsgeschwindigkeit v besitzt. Die Momentankraft oder Impulsivkraft, welche einem Punkte P von der Masse m die Geschwindigkeit v zu ertheilen vermag, hat nun nach Kap. I die Intensität mv, ihre Richtungslinie ist die Tangente in P an die Bahn dieses Punktes und sie stimmt dem Sinne nach mit v überein.

An dem starren Körper wirkt also ein System solcher Kräfte mv. Wir bilden die Reduction dieses Kräftesystems für einen, zunächst ganz beliebigen Punkt, O. Die Elemente der Reduction sind dann, wie aus Kap. I bekannt, die Einzelresultante R, welche gleich der geometrischen Summe der gegebenen Kräfte ist, und ein Paar vom Axenmoment G, welches die geometrische Summe der Axenmomente der durch die Reduction für den Punkt O entstandenen Paare ist. Die geometrische Summe der Kräfte mv ist hier identisch mit deren algebraischer Summe, da die Kräfte alle gleiche Richtung haben. Es ist also

$$R = \Sigma mv = v\Sigma m = v.M,$$

wenn durch M die Gesammtmasse des starren Körpers bezeichnet wird. Für G erhalten wir zunächst die Form

$$G = \overline{\Sigma mvp},$$

wo p den Abstand der im Punkte P wirkenden Kraft mv von dem Punkte O bedeutet.

Bei der geometrischen Summe kann aber ebenso wie bei der algebraischen ein gemeinschaftlicher Factor der Summanden vor das Summenzeichen gebracht werden, daher haben wir

$$G = v\overline{\Sigma mp}.$$

Nun kann aber immer ein Strahl von der Richtung v so bestimmt werden, dass sein Abstand π von O der Gleichung genügt

$$\pi\Sigma m = \overline{\Sigma mp}.$$

Dieser Strahl ist also die Gerade mittleren Abstandes von den Punkten P, oder, mit anderen Worten, die durch den Trägheitsmittelpunkt des von den Punkten P gebildeten starren Systems zu ziehende Gerade der Richtung v. Wir haben also

$$R = v.M, \quad G = v.M.\pi,$$

d. h. für einen beliebigen Punkt O reducirt sich das System von Impulsivkräften, welche einem starren Körper eine gegebene Translationsgeschwindigkeit zu ertheilen vermögen, auf eine Einzelresultante durch O und ein Paar. Die erstere ist von gleicher Richtung und gleichem Sinn mit v. Die Intensität dieser Resultante ist gleich dem Producte aus der Geschwindigkeit in die Gesammtmasse des Körpers. Die Seitenkräfte des Paares haben dieselbe Intensität, wie die Einzelresultante und sind dieser parallel; der Arm des Paares ist gleich dem Abstande π der Richtungslinie von R von dem Trägheitsmittelpunkt des starren Körpers. Das Axenmoment des Paares steht somit senkrecht auf der Ebene (R, π).

Aus dem soeben Gesagten ist ersichtlich, dass die einfachste Reduction eines Systems von Impulsivkräften, die eine Translationsgeschwindigkeit hervorrufen, diejenige auf einen Punkt der durch den Trägheitsmittelpunkt gezogenen Geraden H von der Richtung v ist. Denn in diesem Falle ist $\pi = 0$, das Axenmoment verschwindet also, und die Reduction besteht nur noch aus der Resultante R auf H, was man auch direct daraus herleiten kann, dass die Verbindung einer Einzelkraft und eines Paares in einer Ebene lediglich eine Parallelverschiebung des Angriffspunktes der Einzelkraft um eine Strecke gleich dem Arm des Paares zur Folge hat. Die Resultante R und das Paar vom Momente G können aber als in einer Ebene liegend angesehen werden, da G normal ist zu R. Da nun endlich noch der Angriffspunkt von R auf der Richtungslinie H beliebig verschoben werden darf, so haben wir folgenden definitiven Satz:

„Die Impulsivkräfte, welche einem starren Körper eine Translationsgeschwindigkeit augenblicklich zu ertheilen vermögen, sind äquivalent einer Einzelresultanten $R = Mv$, gleich dem Producte aus der Geschwindigkeit in die Gesammtmasse des Körpers. Die Richtung dieser Resultanten geht durch den Trägheitsmittelpunkt des starren Systems und ist mit der Translationsgeschwindigkeit parallel und gleichen Sinnes. Wir können uns den Trägheitsmittelpunkt S als Angriffspunkt der Resultanten denken. Aus $R = Mv$ geht dann hervor, dass die Intensität der Resultanten eine solche ist, dass R

dem Punkte S die Geschwindigkeit v zu ertheilen vermöchte, wenn die Gesammtmasse des starren Körpers in S vereinigt wäre."

§ 2.

Wir fragen nun nach den Impulsivkräften, welche einem starren Körper eine Rotation um eine Axe H mit der Winkelgeschwindigkeit ω zu ertheilen vermögen.

Ist P ein Punkt des Körpers und $CP = r$ sein Abstand von der Rotationsaxe H, so ist $v = \omega r$ die Geschwindigkeit dieses Punktes und $m\omega r$ die Impulsivkraft, welche ihm diese Geschwindigkeit zu ertheilen vermag, wenn m wieder die Masse des Punktes P bedeutet. Alle diese Kräfte $m\omega r$ sind einer zu H senkrechten Ebene parallel. Sei nun S der Trägheitsmittelpunkt des Körpers, so fällen wir das Loth SO von S auf die Axe H und reduciren die Kräfte $m\omega r$ für diesen Punkt O der Axe H. Zu dem Zwecke nehmen wir O zum Anfangspunkt eines rechtwinkligen Coordinatensystems, dessen positive x-Axe mit OS, dessen positive z-Axe mit der positiven Seite der Axe H zusammenfällt, und dessen positive y-Axe so bestimmt wird, dass man im Sinne der Drehung ω von der positiven Seite der x-Axe zu der positiven Seite der y-Axe gelangt.

Bilden wir nun die Reductionselemente für den Punkt O, so ist die Einzelresultante R wieder die geometrische Summe

$$R = \overline{\Sigma m\omega r} = \omega \overline{\Sigma m r}.$$

Ist der Winkel $(r, x) = \alpha$, dann sind die Winkel

$$(R, x) = 180^\circ + \alpha, \quad (R, y) = \alpha$$

und somit die Componenten von R nach den Coordinatenaxen

$$X = -\omega \Sigma m y, \quad Y = \omega \Sigma m x, \quad Z = 0.$$

Es verschwindet aber auch die Componente X, weil die x-Axe durch den Trägheitsmittelpunkt des Körpers geht. Und setzen wir dann noch

$$\xi . \Sigma m = \Sigma m x, \quad Y = \omega \xi . \Sigma m = M . \omega \xi,$$

wo ξ den Abstand des Trägheitsmittelpunktes von O, und M die Gesammtmasse des Körpers bedeutet, so bleibt für die Reductionsresultante der Ausdruck

$$R = M\omega\xi.$$

Diese Kraft ist senkrecht auf der xz-Ebene, und ihr Sinn stimmt überein mit dem von ω. Nun ist $\omega\xi$ die Geschwindigkeit des Trägheitsmittelpunktes. Die Resultante R würde also einem Punkte, in dem die Gesammtmasse M vereinigt wäre, die Geschwindigkeit des Trägheitsmittelpunktes ertheilen können.

Das Axenmoment G der Reduction ist die geometrische Summe

$$\omega\overline{\Sigma mr . OP}$$

der Axenmomente $m\omega r . OP$ der einzelnen bei der Reduction auf den Punkt O eingeführten Paare. Diese Axenmomente laufen den Ebenen (H, r) parallel. Bedenkt man, dass OP die geometrische Summe

$$OP = \overline{r + z}$$

ist, so sieht man, dass jedes der genannten Paare in zwei andere mit den resp. Armen r und z zerfällt, während die Seitenkräfte beider Paare die Grösse $m\omega r$ haben.

Das erste Paar, mit dem Arm r, liegt in der xy-Ebene und hat gleichen Sinn mit ω. Sein Axenmoment ist $m\omega r^2$ und stimmt also nach Richtung und Sinn mit ω überein. Das zweite Paar liegt senkrecht zur Ebene (H, r). Sein Axenmoment ist $m\omega rz$ und dem Sinne nach entgegengesetzt mit r. Es ist daher zunächst

$$G = \overline{\omega\Sigma mr^2 + \omega\Sigma mrz}.$$

Im zweiten Gliede dieser geometrischen Summe kann aber noch eine weitere Zerlegung vorgenommen werden; denn es ist wieder r die geometrische Summe von x und y. Nehmen wir dabei jetzt noch Rücksicht auf den Sinn der Axenmomente $m\omega rz$, so können wir jedes derselben als geometrische Summe so darstellen

$$m\omega rz = \overline{-m\omega xz - m\omega yz}.$$

Setzen wir also zur Abkürzung

$$G_z = \omega\Sigma mr^2, \quad G_x = -\omega\Sigma mxz, \quad G_y = -\omega\Sigma myz,$$

so erhalten wir also für das Axenmoment G der Reduction die definitive geometrische Gleichung:

$$G = \overline{G_x + G_y + G_z}.$$

Die Grössen G_z, G_x, G_y sind ihrer Bedeutung nach im vorigen Kapitel bekannt geworden. Es ist G_z das Trägheitsmoment des Körpers in Bezug auf die Axe H, multiplicirt mit der Winkelgeschwindigksit ω. Die Grössen G_x und G_y sind

$$G_x = -\omega E, \quad G_y = -\omega D,$$

wo D und E die Deviationsmomente des Körpers bezüglich der Axen x und y sind. Bei der Ersetzung der obigen geometrischen Gleichungen durch die äquivalenten algebraischen kann man aus formalen Rücksichten und um der Abkürzung willen neben dem Trägheitsradius auch Radien der Deviationsmomente einführen, also setzen

$$M.\varkappa^2 = \Sigma m r^2, \quad M.\varepsilon^2 = \Sigma m x z, \quad M.\delta^2 = \Sigma m y z,$$

wobei man indessen beachten muss, dass zwar die Grösse $\varkappa$ stets reell ist, die Radien ε, δ aber sehr wohl auch imaginär werden können, nämlich dann, wenn die Deviationsmomente negativen Werth erhalten.

Es ist also jetzt

$$G_z = \omega M \varkappa^2, \quad G_x = -\omega M \varepsilon^2, \quad G_y = -\omega M \delta^2.$$

Wollen wir auch noch das Axenmoment wieder darstellen, welches die geometrische Summe von G_x und G_y ist, so haben wir, wenn dasselbe durch K bezeichnet wird

$$K^2 = G_x^2 + G_y^2 = \omega^2 M^2 (\varepsilon^4 + \delta^4)$$

und der Winkel von K mit der x-Axe folgt aus

$$\text{tg}(K, x) = \frac{G_y}{G_x} = \frac{\delta^2}{\varepsilon^2}.$$

Endlich ist dann

$$G^2 = G_z^2 + G_x^2 + G_y^2 = G_z^2 + K^2,$$

$$G^2 = \omega^2 M^2 (\varkappa^4 + \varepsilon^2 + \delta^4),$$

und wenn ψ die Neigung von G gegen die Rotationsaxe bezeichnet

$$\text{tg}\psi = \frac{K}{G_z} = \frac{1}{\varkappa^2} (\varepsilon^4 + \delta^4)^{\frac{1}{2}}.$$

Der Winkel ψ wird nur dann verschwinden, wenn K gleich Null wird. Bei der Zusammensetzung von K ist dies aber nur möglich, wenn gleichzeitig

$$G_x = 0, \quad G_y = 0$$

oder also

$$E = 0, \quad D = 0.$$

Das Axenmoment G ist also nur dann zu der Rotationsaxe parallel, wenn die Deviationsmomente verschwinden, d. h. wenn die Rotationsaxe eine Hauptaxe des Körpers für den Punkt O ist.

Wir wollen die Resultate dies Paragraphen wieder zusammenfassen:

„Wenn ein starrer Körper sich um eine Axe H mit der Winkelgeschwindigkeit ω dreht, so sind die Impulsivkräfte, welche dem Körper diese Geschwindigkeit zu ertheilen vermöchten, äquivalent einer Resultanten R, welche senkrecht wirkt zu der Ebene, welche durch die Axe H und den Trägheitsmittelpunkt S des Körpers geht, in Verbindung mit einem Paare, dessen Axenmoment G im Allgemeinen gegen die Rotationsaxe geneigt ist. Die Resultante R besitzt eine Intensität, die proportional ist dem Producte aus der Gesammtmasse M des Körpers in den Abstand des Trägheitsmittelpunktes von der Rotationsaxe. Diese Kraft $R = M\omega\xi$ stimmt nach Richtung und Sinn mit der Geschwindigkeit $\omega\xi$ des Trägheitsmittelpunktes überein, sodass sie diesem die Geschwindigkeit $\omega\xi$ ertheilen könnte, wenn in ihm die Gesammtmasse des Körpers concentrirt wäre, also dieselbe Geschwindigkeit, welche dieser Punkt wirklich in Folge der Winkelgeschwindigkeit ω hat, die der Körper um die Axe H besitzt. Das Axenmoment G des resultirenden Paares ist der Winkelgeschwindigkeit ω proportional und zerfällt zunächst in zwei Componenten, deren eine parallel zu der Rotationsaxe ist, während die andere auf dieser Axe senkrecht steht. Wird als Reductionspunkt der Punkt O gewählt, in dem die durch den Trägheitsmittelpunkt S zur Rotationsaxe H senkrecht gelegte Ebene diese Axe trifft, so ist die erstgenannte Componente des Axenmomentes G durch $G_z = \omega M x^2$, das Product aus der Winkelgeschwindigkeit in das Trägheitsmoment des Körpers in Bezug auf die Rotationsaxe, gegeben. Die zweite, zu H senkrechte, Componente von G zerfällt wieder in zwei zu einander rechtwinklige Componenten $G_x = -\omega E$, $G_y = -\omega D$, welche resp. parallel und senkrecht sind zu dem Abstande ξ des Trägheitsmittelpunktes von der Rotationsaxe. Diese Componenten sind also proportional den Deviationsmomenten

$$E = \Sigma mxz = M\varepsilon^2, \quad D = \Sigma myz = M\delta^2,$$

welche der Ebene der Rotationsaxe, welche den Trägheitsmittelpunkt enthält, und der zu dieser senkrechten Ebene der Rotationsaxe entsprechen."

Da die Resultante $R = M\omega\xi$ nur dann verschwindet, wenn $\xi = 0$ wird, so haben wir noch:

„Die Impulsivkräfte, welche einem freien starren Körper eine Rotation mit der Winkelgeschwindigkeit ω um eine Axe H zu ertheilen vermögen, sind dann und nur dann einem Paare äquivalent, wenn die Rotationsaxe durch den Trägheitsmittelpunkt hindurchgeht."

§ 3.

Es möge nun wieder als Reductionscentrum der Trägheitsmittelpunkt S des starren Systems genommen werden. Gehen wir von der im vorigen Paragraphen durchgeführten Reduction für einen beliebigen Punkt O aus, so ist also zunächst die neue Resultante R gleich und gleichgerichtet mit der dort gefundenen. Dagegen tritt zu dem Paare mit dem Axenmomente G noch ein neues Paar hinzu, welches aus der Uebertragung der Resultanten R vom Punkte O nach dem Punkte S entsteht. Der Sinn dieses Paares ist nach früheren Festsetzungen negativ, woraus für das Axenmoment der Werth folgt:

$$G'_z = -R\xi = -\omega M\xi^2.$$

Dieses Axenmoment ist dem oben mit G_z bezeichneten parallel. Die Summe $G_z + G'_z$ ist daher der Werth $G_z^{(s)}$ von G_z für den Punkt S, also

$$G_z^{(s)} = \omega(Mk^2 - M\xi^2).$$

Es ist aber, nach Kapitel VII,

$$Mk^2 = Mk_s^2 + M\xi^2,$$

wenn k_s der Trägheitsradius des starren Systems in Bezug auf eine durch S gezogene Parallele zur Rotationsaxe ist. Es ist also

$$G_z^{(s)} = \omega M k_s^2.$$

Verlegen wir endlich unter Beibehaltung der Axenrichtungen den Anfangspunkt des im § 2 benutzten Coordinatensystems nach dem Punkte S, so wird durch diese Coordinatentransformation die Grösse Σmyz überhaupt nicht beeinflusst, während Σmxz übergeht in

$$\Sigma m(\xi + x)z = \xi \Sigma mz + \Sigma mxz = \Sigma mxz,$$

da $\Sigma mz = 0$.

„In Bezug auf das resultirende Axenmoment ist die Reduction der Impulsivkräfte, welche einem starren Systeme eine Rotation mit gegebener Amplitude ω um eine Axe H ertheilen können, für den Trägheitsmittelpunkt S dieselbe, als ob die Drehung um die zu H parallele H_s des Trägheitsmittelpunktes stattfinde."

Die formelmässige Darstellung dieser Reduction kann der Leser also leicht aus dem vorigen Paragraphen herübernehmen.

§ 4.

Es ist im Kapitel I die Existenz und Bedeutung der Centralaxe eines Kräftesystems nachgewiesen worden. Wir wollen unter Erinnerung an das dort Gesagte nun die besonders wichtige Reduction der Impulsivkräfte, die eine Rotation um eine Axe hervorbringen können, auf ihre Centralaxe betrachten.

Die Gleichungen der Centralaxe sind a. a. O. in der Form gegeben worden

$$\frac{x - x'}{X} = \frac{y - y'}{Y} = \frac{z - z'}{Z},$$

wo X, Y, Z die Componenten der Einzelresultanten R, nach den Axen der x, y, z, darstellen; und (x', y', z') der Schnittpunkt der Centralaxe, die bekanntlich die Richtung von R hat, mit einer durch den Ursprung des Coordinatensystems senkrecht zur Richtung

R gelegten Ebene ist. Die Gleichung dieser Ebene ist

$$Xx + Yy + Zz = 0.$$

Gehen wir nun, was instructiver ist, von der Reduction für den Punkt O des Paragraphen 2 dieses Kapitels aus, so haben wir für die Componenten der Resultanten R und des Axenmomentes G

$$X = 0, \quad Y = \omega M \xi, \quad Z = 0,$$

$$G_x = -\omega \Sigma mxz, \quad G_y = -\omega \Sigma myz, \quad G_z = \omega M k^2.$$

Die oben erwähnte Ebene ist also hier die xz-Ebene, von der wir schon im § 2 sahen, dass sie senkrecht auf der Richtung von R steht. Die Grössen x', y', z' bestimmen sich nun nach Kapitel I aus den folgenden Gleichungen

$$R^2 x' = \begin{vmatrix} Y, & Z \\ G_y, & G_z \end{vmatrix}, \quad R^2 y' = \begin{vmatrix} Z, & X \\ G_z, & G_x \end{vmatrix}, \quad R^2 z' = \begin{vmatrix} X, & Y \\ G_x, & G_z \end{vmatrix}.$$

sodass wir nach Einsetzung der Werthe der sechs Reductionscomponenten und indem wir wieder den Radius ε des Deviationsmomentes $E = \Sigma mxz$ einführen, erhalten

$$x' = \frac{k^2}{\xi}, \quad y' = 0, \quad z' = \frac{\varepsilon^2}{\xi}.$$

Die Centralaxe steht also senkrecht auf der xz-Ebene und ihre Lage hängt von der Winkelgeschwindigkeit nicht ab, sondern nur von der Lage der Rotationsaxe. Bezeichnen wir den Punkt $(x', 0, 0)$ mit O', und den Punkt $(x', 0, z')$ mit P', so sehen wir zunächst, dass der Trägheitsmittelpunkt zwischen den Punkten O und O' liegt. Denn es sind ξ und x' die Abstände der Punkte S und O' von O. Es ist aber stets

$$x' > \xi.$$

da der Trägheitsradius k in Bezug auf die Rotationsaxe H der Gleichung genügt

$$k^2 = \xi^2 + k_s^2,$$

wo k_s den Trägheitsradius bedeutet in Bezug auf die durch S gehende zu H parallele Axe H_s. Führen wir wieder ein neues Coordinatensystem der ξ', η', ζ' mit dem Ursprung S und dem vorigen parallel ein, so ist also

$$x' = \xi + \xi', \quad y' = \eta', \quad z' = \zeta', \quad \xi x' = \xi^2 + \xi\xi' = k^2,$$

$$\xi\xi' = k_s^2.$$

Consequenter wäre diese letzte Gleichung allerdings zu schreiben $\xi\xi' = -k_s^2$, um anzuzeigen, dass der Punkt O auf entgegengesetzter Seite von S mit O' liegt. Die Gleichung zeigt, dass die Punkte O, O' conjugirte Punkte einer Involution ohne Doppelelemente mit dem Centrum S sind (Involution zweiter Art).

Die Bestimmungsgleichung für z' oder ζ', nämlich

$$\xi z' = \xi\zeta' = \varepsilon^2$$

kann ebenfalls als Gleichung einer Involution aufgefasst werden. Man ziehe durch den Punkt P' eine Parallele H' zur Rotationsaxe, so geht H' auch durch den Punkt O'. Von diesem Punkte aus trage man nun auf H' die Strecke ξ dem Sinne von ω entsprechend ab bis P. Ob die Involution

$$\xi\zeta' = \varepsilon^2$$

dann Doppelelemente besitzt oder nicht, hängt davon ab, ob das Deviationsmoment $E = \Sigma mxz$ positiv oder negativ ist. Im ersteren Falle ist ε reell, also ε^2 eine positive Zahl: die Involution, der die Punkte P, P' als conjugirte Elemente angehören, ist dann von der ersten Art. Wenn dagegen ε imaginär ist, wird diese Involution von der zweiten Art. Zieht man endlich durch P' und S eine Gerade, welche die Rotationsaxe in Q trifft, so sind, wie man leicht sieht, auch P' und Q conjugirte Punkte einer Involution*) zweiter Art; und zwar hat man

$$SQ.SP' = \frac{1}{k_s^2}(k_s^4 + \varepsilon^4).$$

Wir fassen die Resultate dieses Paragraphen wieder zusammen:

„Die Impulsivkräfte, welche einem starren System eine Rotation mit der Winkelgeschwindigkeit ω um eine Axe zu ertheilen vermögen, besitzen eine Centralaxe, welche senkrecht steht auf der Ebene, welche durch die Rotationsaxe und den Trägheitsmittelpunkt des Systems geht. Die Centralaxe trifft diese Ebene in einem Punkte

---

*) Es sind nämlich, da H und H' durch die conjugirten Punkte O und O' gehen und sich in einem Punkte (im Unendlichen) schneiden, diese beiden Geraden conjugirte Strahlen eines involutorischen Strahlenbüschels. Ein solches wird aber von jeder Transversale in einer involutorischen Punktreihe geschnitten.

P', dessen Lage von derjenigen der Rotationsaxe abhängt, aber unabhängig ist von der Winkelgeschwindigkeit ω. Zieht man in der genannten Ebene durch P' eine Parallele H' zu der Rotationsaxe, so liegt der Trägheitsmittelpunkt S zwischen den beiden Geraden, und seine Abstände von der Rotationsaxe (ξ) und ihrer Parallelen (ξ') genügen der Gleichung $\xi\xi' = k_s^2$, wenn mit k_s der Trägheitsradius des Systems in Bezug auf die zur Rotationsaxe parallele Axe des Trägheitsmittelpunktes bezeichnet wird. Die senkrechte Projection O' von S auf H' ist Centrum einer involutorischen Punktreihe $O'(P, P')$, deren Art abhängt von der Lage der Rotationsaxe und der Geraden $O'S$ oder, was dasselbe ist, von der Massenvertheilung im starren System bezüglich jener Geraden. Die Gerade $P'S$ trifft die Rotationsaxe in einem Punkte Q so, dass $P'Q$ wieder conjugirte Elemente einer Involution sind. Da nun in involutorischen Punktreihen conjugirte Elemente sich doppelt entsprechen, so folgt, dass, wenn die Rotationsaxe ohne ihre Richtung zu ändern, durch P' ginge statt durch Q, die Centralaxe durch Q gehen würde statt durch P'. Für die Reduction im Punkte S sind die Componenten der Resultanten R und des Axenmomentes G:

$$X = 0, \qquad Y = \omega M\xi, \qquad Z = 0,$$
$$G_x = -\omega\Sigma mxz, \quad G_y = -\omega\Sigma myz, \quad G_z = \omega M k_s^2.$$

Das Axenmoment für die Reduction auf die Centralaxe findet man hiermit nach der Formel

$$RG_0 = XG_x + YG_y + ZG_z$$
$$G_0 = G_y = -\omega\Sigma myz = -\omega D$$
$$G_0 = -\omega M\delta^2.$$

Die Impulsivkräfte sind also einer Einzelresultanten $\omega M\xi$ äquivalent, wenn $D = 0$ ist."

§ 8.

Wir wenden uns zur Reduction der Impulsivkräfte, welche einem starren System eine Windung mit der Translationsgeschwindigkeit τ und der Winkelgeschwindigkeit ω um eine Axe H ertheilen.

Die von diesem letzteren, rotatorischen Theile der Geschwindigkeit herrührenden Impulsivkräfte reduciren wir wie in § 3 für den Trägheitsmittelpunkt S. Ist wieder ξ der Abstand des Punktes S von der Axe H, so haben wir also eine Einzelresultante $\omega M\xi = R_1$, welche durch S geht und senkrecht ist auf der Ebene durch H und S. Die Componenten des resultirenden Axenmomentes sind am Schlusse des vorigen Paragraphen aufgeführt. Hierzu treten nun noch die von der Translationsgeschwindigkeit τ herrührenden Impulsivkräfte. Nach § 1 reduciren diese sich auf eine Einzelresultante R_2, die durch S geht und Richtung und Sinn mit τ gemein hat. Ihre Intensität ist $R_2 = M\tau$. Die geometrische Summe

$$R = \overline{R_1 + R_2}$$

ist die Gesammtresultante der hier betrachteten Impulsivkräfte. R liegt in der durch den Punkt S gehenden Normalebene zu dem Lothe von S auf die Axe H und die Intensität dieser Kraft ist

$$R = M\sqrt{\tau^2 + \omega^2\xi^2}.$$

sie stimmt nach Sinn und Richtung mit der Gesammtgeschwindigkeit v_s des Trägheitsmittelpunktes überein, welche dieser in folgender Windungsbewegung besitzt. Der Winkel $(H, R) = \varphi$ ergiebt sich aus der Gleichung

$$\operatorname{tg}\varphi = \frac{\omega\xi}{\tau}.$$

„Die Impulsivkräfte, welche im Stande sind, ein starres System in eine Windungsbewegung mit der Translationsgeschwindigkeit τ und der Amplitude ω um eine Axe H zu versetzen, reduciren sich auf eine Resultante R durch den Trägheitsmittelpunkt S des Systems und ein Paar vom Axenmoment G. Dieses letztere befolgt die nämlichen Bildungsgesetze, als ob das System ohne die Translationsgeschwindigkeit τ lediglich mit der Winkelgeschwindigkeit ω um die Axe H rotirte. Die Resultante R stimmt nach Sinn und Richtung mit der Gesammtgeschwindigkeit des Punktes S überein, welche dieser durch die Windungsbewegung erlangt. Ihre Intensität ist derart, dass sie dem Trägheitsmittelpunkt S seine Geschwindigkeit ertheilen würde, wenn in ihm die Gesammtmasse des starren Systems concentrirt wäre.“

§ 6.

Es soll wieder die Centralaxe dieser Kräfte bestimmt werden. Das schon öfter benutzte Coordinatensystem soll auch hier wieder angewandt werden. Die positive Richtung der Rotationsaxe H wird also positive Z-Axe, die Linie kürzesten Abstandes des Trägheitsmittelpunktes S von H wird x-Axe, deren positive Richtung so festgesetzt wird, dass die Abscisse von S positiv ist. Die positive Richtung der y wird so bestimmt wie in § 2. Gehen wir nun aus von der Reduction für den Punkt S. Die Resultante R_1 hat die Componenten

$$X_1 = 0, \quad Y_1 = \omega M\xi, \quad Z_1 = 0,$$

die von R_2 sind

$$X_2 = 0, \quad Y_2 = 0, \quad Z_2 = M\tau.$$

Da R die geometrische Summe von R_1, R_2 ist, so haben wir also die Componenten von R

$$X = X_1 + X_2 = 0,$$
$$Y = Y_1 + Y_2 = \omega M\xi,$$
$$Z = Z_1 + Z_2 = M\tau.$$

Die Componenten des resultirenden Axenmomentes sind

$$G_x = -\omega M\varepsilon^2, \quad G_y = -\omega M\delta^2, \quad G_z = \omega M k_s^2.$$

Man findet also das Axenmoment G_0 für die Centralaxe wieder aus

$$RG_0 = XG_x + YG_y + ZG_z,$$

also

$$G_0 = \frac{\omega M}{v_s}(\tau k^2 - \omega\xi\delta^2).$$

Wir construiren nun wieder die Ebene $Xx + Yy + Zz = 0$, welche hier wird

$$\omega M\xi y + M\tau z = 0,$$

also durch die x-Axe geht. Der Durchschnittspunkt (x', y', z') der

Centralaxe mit dieser Ebene ist dann bestimmt durch

$$R^2x' = \begin{vmatrix} \omega M\xi, & M\tau \\ G_y, & G_z \end{vmatrix}, \quad R^2y' = \begin{vmatrix} M\tau, & 0 \\ G_z, & G_x \end{vmatrix}, \quad R^2z' = \begin{vmatrix} 0, & \omega M\xi \\ G_x, & G_y \end{vmatrix}$$

oder

$$R^2x' = \omega^2M^2\xi k^2 + \omega M^2\tau\delta^2, \quad R^2y' = -\omega M^2\tau\varepsilon^2, \quad R^2z' = \omega^2M^2\xi\varepsilon^2.$$

Nun ist aus dem Obigen zu ersehen, dass die Centralaxe unserer yz-Ebene parallel ist. Es bedeutet daher x' den kürzesten Abstand der Centralaxe von der Axe H. Ferner sieht man, dass

$$\varrho = \sqrt{y'^2 + z'^2}$$

der kürzeste Abstand der Centralaxe von der x-Axe ist. Man findet nun

$$R^4(y'^2 + z'^2) = \omega^2M^4\varepsilon^4(\omega^2\xi^2 + \tau^2),$$

also nach einfacher Reduction

$$\varrho = -\frac{\omega\varepsilon^2}{v_s},$$

wo das negative Vorzeichen geschrieben werden muss, weil y' negativ ist. Durch diese beiden kürzesten Abstände ist aber die Lage der Centralaxe vollständig bestimmt.

„Die Reduction der Impulsivkräfte, welche einem starren System eine Windung (τ, ω) um eine Axe H, deren Abstand vom Trägheitsmittelpunkt ξ ist, zu ertheilen vermögen, für die Centralaxe besteht aus einer Einzelresultanten R und einem Paare vom Axenmomente G_0

$$R = M\sqrt{\omega^2\xi^2 + \tau^2} = Mv_s, \quad G_0 = \frac{\omega M}{v_s}(\tau k_s^2 - \omega\xi\delta^2),$$

die kürzesten Abstände der Centralaxe von der Axe H und von der zu H normalen Geraden des Trägheitsmittelpunktes sind

$$d = \frac{\omega}{v_s^2}(\omega\xi k_s^2 + \tau\delta^2), \quad d' = -\frac{\omega\varepsilon^2}{v_s}.$$

Dabei ist v_s die Geschwindigkeit des Trägheitsmitelpunktes, die dieser der Windungsbewegung verdankt; k_s ist der Trägheitsradius des Systems in Bezug auf die zu H parallele Axe H' des Trägheitsmittelpunktes, ε und δ sind die Radien der Deviationsmomente E und D.“

Wenn diese Reduction nur aus einem Paare bestehen soll, wenn also $R=0$ sein soll, so ist dazu nöthig, dass $\xi=0$, $\tau=0$ wird. Das heisst aber:

Die Impulsivkräfte, welche einem starren Systeme eine Rotationsgeschwindigkeit um eine Axe des Trägheitsmittelpunktes zu ertheilen vermögen, reduciren sich auf ein Paar.

Die obige Reduction besteht in allen den Fällen aus einer Einzelkraft, in denen $G_{\text{ll}}=0$, d. h.

$$\omega(\tau k_s^2-\omega\xi\delta^2)=0,$$

also 1) wenn $\omega=0$, d. i. wenn das System nur Translationsgeschwindigkeit hat; 2) wenn $\tau=0$ und $\delta=0$, d. h. wenn das System nur Rotationsgeschwindigkeit besitzt und das Deviationsmoment D verschwindet; 3) wenn $\tau k_s^2=\omega\xi\delta^2$, also

$$\frac{\omega\xi}{\tau}=\frac{k_s^2}{\delta^2}.$$

Da nach Obigem $\frac{\omega\xi}{\tau}=\operatorname{tg}\varphi$ die Tangente des Winkels der Richtungen R und H ist, da ferner $\frac{\delta^2}{k_s^2}=\frac{G_z}{G_y}$ die Tangente des Winkels ist, welchen das Axenmoment $G_{yz}=(G_z^2+G_y^2)^{\frac{1}{2}}$ mit H macht, so sagt diese Gleichung, dass R senkrecht auf G_{yz} steht. Es ist klar, dass dann in der That die Impulsivkräfte sich auf eine Einzelkraft reduciren. Denn G_x steht stets senkrecht auf R. Es wird somit bei der Reduction auf den Trägheitsmittelpunkt das Axenmoment G senkrecht auf R, bewirkt somit nur eine Parallelverschiebung von R nach der Centralaxe ohne resultirendes Paar.

§ 7.

Mit Hülfe der Ergebnisse des vorigen Kapitels kann man den Untersuchungen der §§ 2—6 eine geometrisch anschauliche Darstellung geben, welche besonders wünschenswerth erscheint in Betreff der Beziehungen zwischen der Lage der Axe H und der des Axenmomentes G. Gleichzeitig werden hierdurch die Grössenbeziehungen zwischen G und ω in klares Licht gesetzt.

Reduciren wir daher die Impulsivkräfte für den Trägheitsmittelpunkt S des starren Systems, und wählen die Hauptaxen des

Körpers zu Coordinatenaxen. Die Componenten der Winkelgeschwindigkeit ω nach diesen Axen seien resp. p, q, r; die Componenten von G mögen wieder durch G_x, G_y, G_z bezeichnet werden.

Aus § 2 folgt dann, dass die Impulsivkräfte, welche dem System die Winkelgeschwindigkeit p um die x-Axe ertheilen, äquivalent sind einem Paare, dessen Axenmoment pMk^2 ist, wenn k den Trägheitsradius des Systems in Bezug auf diese Axe darstellt. Analoges ergiebt sich für die Reduction der Impulsivkräfte, welche dem System die Winkelgeschwindigkeit um die Axen y und z resp. ertheilen. Man hat somit

$$G_x = pMa^2, \quad G_y = qMb^2, \quad G_z = rMc^2,$$

wenn, wie früher, a, b, c die Hauptträgheitsradien des Systems sind. Da nun, wenn $\mathfrak{a}, \mathfrak{b}, \mathfrak{c}$ die Axen des Centralellipsoids sind, die Gleichungen bestehen

$$a\mathfrak{a} = 1, \quad b\mathfrak{b} = 1, \quad c\mathfrak{c} = 1,$$

so ist auch

$$G_x = \frac{p.M}{\mathfrak{a}^2}, \quad G_y = \frac{q.M}{\mathfrak{b}^2}, \quad G_z = \frac{r.M}{\mathfrak{c}^2}.$$

Durch den Punkt S ziehen wir zu H eine Parallele H_0, deren positive Seite das Cauchy-Poinsot'sche Ellipsoid in einem Punkte $P(x, y, z)$ treffen möge. Der Semidiameter SP werde durch ϱ bezeichnet. Es sind dann $\frac{x}{\varrho}, \frac{y}{\varrho}, \frac{z}{\varrho}$ die Richtungscosinus der Rotationsaxe H, oder wir haben

$$\frac{p}{x} = \frac{q}{y} = \frac{r}{z} = \frac{\omega}{\varrho}.$$

Setzt man die hieraus folgenden Werthe von p, q, r in die Gleichungen für die Grössen G ein, so erhält man

$$G_x = \frac{M}{\mathfrak{a}^2}\frac{\omega x}{\varrho}, \quad G_y = \frac{M}{\mathfrak{b}^2}\frac{\omega y}{\varrho}, \quad G_z = \frac{M}{\mathfrak{c}^2}\frac{\omega z}{\varrho}$$

und weiter

$$G^2 = M^2\frac{\omega^2}{\varrho^2}\left(\frac{x^2}{\mathfrak{a}^4} + \frac{y^2}{\mathfrak{b}^4} + \frac{z^2}{\mathfrak{c}^4}\right).$$

Die Grösse in der Klammer ist das Quadrat der reciproken Länge der von S auf die Tangentenebene in P des Centralellipsoids gefällten Senkrechten. Bezeichnen wir die Länge dieser Senkrechten, wie in § 11 des vorigen Kapitels, mit Δ, so ist also

$$G = \frac{M\omega}{\varrho . \Delta}.$$

Die Richtungscosinus dieses Axenmomentes ergeben sich dann

$$\cos(x, G) = \frac{x . \Delta}{\mathfrak{a}^2}, \quad \cos(y, G) = \frac{y . \Delta}{\mathfrak{b}^2}, \quad \cos(z, G) = \frac{z . \Delta}{\mathfrak{c}^2}.$$

Diese Grössen sind zugleich auch die Richtungscosinus der Normalen des Centralellipsoids im Punkte P (siehe Kap. VII § 11). Da also G der Normalen im Punkt P parallel ist, so folgt, dass die Ebene des resultirenden Paares der Tangentenebene im Punkte P parallel ist.

Fassen wir zunächst die bisherigen Ergebnisse dieses Paragraphen zusammen, so haben wir den Satz:

„Das resultirende Axenmoment der Reduction eines Systems von Impulsivkräften auf den Trägheitsmittelpunkt ist der Normalen des Cauchy-Poinsot'schen Trägheitsellipsoids parallel, welche man in dem Punkte P construirt, in welchem die zur Axe der Winkelgeschwindigkeit parallele Axe des Trägheitsmittelpunktes die Fläche trifft.

Die Ebene des resultirenden Paares der Impulsivkräfte ist somit derjenigen Diametralebene des Centralellipsoids parallel, welche der Richtung der Axe der Winkelgeschwindigkeit conjugirt ist.

Die Grösse des resultirenden Axenmomentes $G = \frac{M\omega}{\varrho . \Delta}$ ist der Grösse der Winkelgeschwindigkeit direct, und dem Producte aus dem der Rotationsaxe parallele Semidiameter ϱ und dem senkrechten Abstande der Tangentenebene des Punktes P vom Trägheitsmittelpunkt umgekehrt proportional."

Aus der ersten Darstellung, welche wir für die Componenten von G gegeben haben, folgt

$$p = \frac{G_x}{Ma^2}, \quad q = \frac{G_y}{Mb^2}, \quad r = \frac{G_z}{Mc^2}.$$

Bemerken wir nun, dass die Hauptträgheitsradien a, b, c die Halbaxen des reciproken Centralellipsoids sind, und ziehen durch S einen Semidiameter ϱ' dieser Fläche, welcher zu G parallel ist. Der Punkt $Q(x, y, z)$ möge einer der Durchschnittspunkte von ϱ' mit dem Ellipsoid sein. Dann ist

$$\frac{G_x}{x} = \frac{G_y}{y} = \frac{G_z}{z} = \frac{G}{\varrho'}$$

und damit wird

$$p = \frac{G}{Ma^2} \frac{x}{\varrho'}, \quad q = \frac{G}{Mb^2} \frac{y}{\varrho'}, \quad r = \frac{G}{Mc^2} \frac{z}{\varrho'}.$$

Setzen wir wieder

$$\varDelta' = \left(\frac{x^2}{a^4} + \frac{y^2}{b^4} + \frac{z^2}{c^4}\right)^{-\frac{1}{2}},$$

wo also $\varDelta'$ den senkrechten Abstand des Trägheitsmittelpunktes von der im Punkte Q an das reciproke Centralellipsoid gezogenen Tangentenebene bedeutet, so folgt aus Obigem

$$\omega = \frac{G}{M\varrho'\varDelta'}$$

und die Richtungscosinus der Rotationsaxe H bezüglich der Hauptaxen werden

$$\frac{p}{\omega} = \frac{x.\varDelta'}{a^2}, \quad \frac{q}{\omega} = \frac{y.\varDelta'}{b^2}, \quad \frac{r}{\omega} = \frac{z.\varDelta'}{c^2}.$$

Wir haben somit ferner den Satz:

„Die Rotationsaxe H ist der Normalen des zu dem Cauchy-Poinsot'schen Centralellipsoid reciproken Ellipsoids in dem Punkte Q parallel, in dem ein zu dem resultirenden Axenmoment der Impulsivkräfte paralleler Semidiameter dieses Ellipsoids die Fläche trifft. Die zur Axe H senkrechte Ebene des Trägheitsmittelpunktes ist conjugirte Diameterebene des reciproken Centralellipsoids zur Richtung des resultirenden Axenmomentes.

Die Grösse der Winkelgeschwindigkeit $\omega = \frac{M\varrho'\varDelta'}{G}$ ist dem Axenmomente direct und dem Product jenes zu ihm parallelen Semidiameters ϱ' in den senkrechten Abstand $\varDelta'$ des Trägheitsmittelpunktes von der Tangentenebene Q umgekehrt proportional.“

§ 8.

Wir wollen hier die Reduction der Impulsivkräfte in einer für analytische Anwendungen geeigneten Form durchführen, und zwar für den Trägheitsmittelpunkt S als Reductionscentrum. Es wird also S zum Anfangspunkt eines ganz beliebigen orthogonalen Coordinatensystems genommen. $O(x_0, y_0, z_0)$ sei ein beliebiger Punkt der Axe H, um welche die Impulsivkräfte einem starren System eine Windung mit den Geschwindigkeiten (τ, ω) ertheilen. Des Zusammenhangs halber möge O zu S dieselbe Lage haben, wie bisher, nämlich der Fusspunkt des Loths von S auf die Axe H sein, sodass also wieder $SO = \xi$.

Die Componenten von τ längs Parallelen durch O zu den Coordinatenaxen bezeichne ich, wie in Kap. VII, durch u, v, w. Die entsprechenden Componenten von ω seien ebenso wieder p, q, r.

Der Translationsgeschwindigkeit τ entspricht eine Impulsivkraft $R_1 = M\tau$, welche durch den Trägheitsmittelpunkt hindurch geht, und deren Componenten längs den Coordinatenaxen also Mu, Mv, Mw sind.

Um die Rotationscomponenten auch auf die Coordinatenaxen zu beziehen, ertheilen wir dem starren System zwei entgegengesetzt gleiche Winkelgeschwindigkeiten p um die x-Axe, mit andern Worten, wir ersetzen p um die zu x parallele Axe des Punktes O durch eine Winkelgeschwindigkeit p um die x-Axe und ein Rotationspaar $(p, -p)$. Durch ein analoges Verfahren in Bezug auf q und r erhalten wir die Componenten q, r um die Coordinatenaxen und die zwei Rotationspaare $(q, -q)$, $(r, -r)$. Ein jedes dieser Rotationspaare ist aber einer Translationsgeschwindigkeit senkrecht zu seiner Ebene äquivalent. Diese Translationsgeschwindigkeiten, d. h. die Momente der drei Rotationspaare finden sich aber nach Kap. I wie folgt

$$ry_0 - qz_0, \quad pz_0 - rx_0, \quad qx_0 - py_0$$

und sind resp. parallel den Axen der x, y, z. Ihnen entsprechen die Impulsivkräfte

$$M(ry_0 - qz_0), \quad M(pz_0 - rx_0), \quad M(qx_0 - py_0),$$

sodass also durch ihre Vereinigung mit den Componenten von R_1

sich folgende Ausdrücke für die Componenten der Resultanten R für den Trägheitsmittelpunkt ergeben:

$$X = M(u + ry_0 - qz_0),$$
$$Y = M(v + pz_0 - rx_0),$$
$$Z = M(w + qx_0 - py_0)$$

und für die Resultante selber und ihre Richtung

$$R^2 = X^2 + Y^2 + Z^2;$$

$$\cos(R, x) = \frac{X}{R}, \quad \cos(R, y) = \frac{Y}{R}, \quad \cos(R, z) = \frac{Z}{R}.$$

In Folge der Componenten p, q, r um die Axen der x, y, z erhält nun ein beliebiger Systempunkt (x, y, z) die Geschwindigkeitscomponenten

$$\varphi = qz - ry, \quad \chi = rx - pz, \quad \psi = py - qx.$$

Diesen entsprechen die Impulsivkräfte $m\varphi$, $m\chi$, $m\psi$, wenn m die Masse des Punktes (x, y, z) bedeutet. Die Reduction dieser Kräfte ergiebt

$$\Sigma m\varphi = q\Sigma mz - r\Sigma my,$$
$$\Sigma m\chi = r\Sigma mx - p\Sigma mz,$$
$$\Sigma m\psi = p\Sigma my - q\Sigma mx,$$

welche aber verschwinden, da sich die Summen Σmx, Σmy, Σmz annulliren, weil der Anfangspunkt der Coordinaten im Trägheitsmittelpunkt des Systems liegt. Ferner folgen aus dieser Reduction die Paare mit den Axenmomenten parallel den Axen der x, y, z, nämlich

$$G_x = \Sigma m(\psi y - \chi z), \quad G_y = \Sigma m(\varphi z - \psi x), \quad G_z = \Sigma m(\chi x - \varphi y).$$

Substituiren wir die Werthe von φ, χ, ψ, so erhalten wir

$$G_x = p\Sigma m(y^2 + z^2) - q\Sigma mxy - r\Sigma mxz,$$
$$G_y = p\Sigma mxy + q\Sigma m(z^2 + x^2) - r\Sigma myz,$$
$$G_z = p\Sigma mxz - q\Sigma myz + r\Sigma m(x^2 + y^2).$$

Erinnern wir uns noch der Bezeichnungen für die Trägheitsmomente und Deviationsmomente in Bezug auf die Coordinatenaxen, nämlich

$$\Sigma m(y^2 + z^2) = A, \quad \Sigma myz = D,$$
$$\Sigma m(z^2 + x^2) = B, \quad \Sigma mzx = E,$$
$$\Sigma m(x^2 + y^2) = C, \quad \Sigma mxy = F,$$

so können wir also endgültig schreiben:

$$G_x = \quad Ap - Fq - Er,$$
$$G_y = -Fp + Bq - Dr,$$
$$G_z = -Ep - Dq + Cr$$

und das resultirende Axenmoment G und seine Richtungscosinus bestimmen sich wieder aus

$$G^2 = G_x^2 + G_y^2 + G_z^2;$$
$$\cos(G, x) = \frac{G_x}{G}, \quad \cos(G, y) = \frac{G_y}{G}, \quad \cos(G, z) = \frac{G_z}{G}.$$

Sind insbesondere die Hauptaxen des Körpers zu Coordinatenaxen gewählt worden, so haben wir für G_x, G_y, G_z wieder die schon früher gefundene einfache Darstellung

$$G_x = Ap, \quad G_y = Bq, \quad G_z = Cr;$$

da nämlich dann die Grössen D, E, F verschwinden.

Ist die Reduction der Impulsivkräfte für einen anderen Punkt P auszuführen, so ändert sich an dem Vorstehenden nur das, dass die Componenten $\Sigma m\varphi$, $\Sigma m\chi$, $\Sigma m\psi$ nicht verschwinden, sondern noch als leicht zu vereinfachende Zusatzglieder zu den Componenten X, Y, Z hinzutreten.

§ 9.

Die kinetische Energie eines starren Systems steht in einem sehr interessanten Zusammenhang mit der eben betrachteten Reduction der Impulsivkräfte, den wir jetzt darlegen wollen. Wir können zu diesem Zwecke sowohl von der Darstellung des Kap. VII § 1 ausgehen, als auch uns im engeren Anschluss an die letzten Paragraphen des folgenden Weges bedienen.

Ist ϱ der Abstand eines Systempunktes von der Axe H, um welche dem System eine Windungsbewegung mit den Geschwindigkeiten (τ, ω) ertheilt worden ist, so besitzt dieser Punkt die Geschwindigkeit

$$v = \tau^2 + \omega^2 \varrho^2.$$

Es wird somit die kinetische Energie des Systems

$$2T = \Sigma m v^2 = \Sigma m(\tau^2 + \omega^2 \varrho^2),$$
$$2T = M\tau^2 + \omega^2 \Sigma m \varrho^2.$$

$\Sigma m\varrho^2$ ist das Trägheitsmoment des Körpers in Bezug auf die Axe

H. Durch S ziehen wir die Axe H_s und bezeichnen wieder wie bisher durch k, k_s, ξ resp. den Trägheitsradius des Systems bezüglich der Axen H und H_s und den Abstand dieser beiden Axen. Dann ist wieder

$$\Sigma m\varrho^2 = Mk^2 = M\xi^2 + Mk_s^2,$$

wodurch erhalten wird

$$2T = M(\tau^2 + \omega^2\xi^2) + \omega^2 Mk_s^2.$$

Die Grösse $\tau^2 + \omega^2\xi^2$ ist uns aber bekannt als die Geschwindigkeit des Trägheitsmittelpunktes, welche dieser in Folge der Windungsbewegung annimmt. Es ist daher

$$2T_0 = M(\tau^2 + \omega^2\xi^2) = Mv_0^2$$

die kinetische Energie, welche dieser Punkt besitzen würde, wenn in ihm die Gesammtmasse des starren Systems vereinigt wäre. Die Grösse ωMk_s^2 wollen wir mit $2T_1$ bezeichnen, sodass also

$$T = T_0 + T_1$$

wird. Damit lässt sich folgender Satz aussprechen:

„Die kinetische Energie eines starren Systems, welchem eine Windungsbewegung mit den Geschwindigkeit (τ, ω) um eine Axe H ertheilt ist, setzt sich zusammen aus zwei Theilen, T_0 und T_1, deren erster die kinetische Energie des Trägheitsmittelpunktes ist, wenn man in diesem die Gesammtmasse des Systems concentrirt denkt. Der zweite Theil, T_1, ist die kinetische Energie, welche das System besitzen würde, wenn es die rotatorische Geschwindigkeit ω nicht um die Axe H, sondern um die zu H parallele Axe H_s des Trägheitsmittelpunktes besässe."

Der zweite Theil T_1 der kinetischen Energie ist es nun, der in dem erwähnten Zusammenhang mit den Ergebnissen des vorigen Paragraphen steht.

Es war

$$2T_1 = \omega^2 Mk_s^2,$$

also gleich dem Producte des Quadrats der Winkelgeschwindigkeit in das Trägheitsmoment des Systems in Bezug auf die Axe H_s. Seien α, β, γ die Richtungscosinus dieser Axe gegen die im vorigen Paragraphen benutzten Coordinatenaxen, so ist nach Kap. VII

$$Mk_s^2 = A\alpha^2 + B\beta^2 + C\gamma^2 - 2D\beta\gamma - 2E\gamma\alpha - 2F\alpha\beta.$$

Bedenkt man nun, dass

$$\omega\alpha = p, \quad \omega\beta = q, \quad \omega\gamma = r,$$

so folgt

$$\omega^2 M k_s^2 = Ap^2 + Bq^2 + Cr^2 - 2Dqr - 2Erp - 2Fpq.$$

Aus dieser Darstellung von $2T_1$ oder $\omega M k_s^2$ ist aber unmittelbar ersichtlich, dass

$$\frac{\partial T_1}{\partial p} = \quad Ap - Fq - Er,$$

$$\frac{\partial T_1}{\partial q} = -Fp + Bq - Dr,$$

$$\frac{\partial T_1}{\partial r} = -Ep - Dq + Cr,$$

oder

$$\frac{\partial T_1}{\partial p} = G_x, \quad \frac{\partial T_1}{\partial q} = G_y, \quad \frac{\partial T_1}{\partial r} = G_z.$$

„Differentiirt man den von der Winkelgeschwindigkeit ω um die Axe des Trägheitsmittelpunktes herrührenden Theil der kinetischen Energie partiell nach den Componenten p, q, r dieser Winkelgeschwindigkeit, so sind diese partiellen Derivirten gleich den Componenten des resultirenden Axenmomentes der Impulsivkräfte nach den Axen x, y, z."

Da T_1 eine homogene quadratische Function der Grössen p, q, r ist, so ergiebt die Anwendung des Euler'schen Satzes über die homogene Functionen:

$$2T_1 = \frac{\partial T_1}{\partial p} \cdot p + \frac{\partial T_1}{\partial q} \cdot q + \frac{\partial T_1}{\partial r} \cdot r,$$

$$= G_x . p + G_y . q + G_z . r.$$

Setzt man nun hier einmal

$$p = \omega\alpha, \quad q = \omega\beta, \quad r = \omega\gamma,$$

das anderemal

$$G_x = G\lambda, \quad G_y = G\mu, \quad G_z = G\nu,$$

wo λ, μ, ν die Richtungscosinus des resultirenden Axenmomentes G sind, so erhält man

$$2T_1 = \omega(\alpha G_x + \beta G_y + \gamma G_z) = \omega^2 M k_s^2,$$

$$2T_1 = G(\lambda p + \mu q + \nu r) = \omega^2 M k_s^2.$$

„Die Componente $\alpha G_x + \beta G_y + \gamma G_z$ des resultirenden Axenmomentes der Impulsivkräfte parallel zur Axe H ist das Product aus der Winkelgeschwindigkeit und dem Trägheitsradius des Systems in Bezug auf die zu H parallele Axe H_s des Trägheismittelpunktes.

Die Componente $\lambda p + \mu q + \nu r$ der Winkelgeschwindigkeit ω um die Axe des resultirenden Paares ist gleich $\frac{\omega^2}{G} M k_s^2$."

Bezeichnen wir den Semidiameter des Cauchy-Poinsot'schen Centralellipsoids, der auf der Axe H_s liegt, mit ϱ, so ist, nach Kap. VII, $\varrho k_s = 1$, daher auch

$$2T_1 = M\frac{\omega^2}{\varrho^2},$$

$$\omega = \frac{\varrho\sqrt{2T_1}}{\sqrt{M}}.$$

„Die Winkelgeschwindigkeit ω ist proportional dem Semidiameter des Centralellipsoids, welcher ihrer Axe parallel ist und der Quadratwurzel aus dem Theile der kinetischen Energie, welcher der Winkelgeschwindigkeit um diesen Diameter entspricht."

Die Gleichung des Centralellipsoids ist hier

$$\varphi = Ax^2 + By^2 + Cz^2 - 2Dyz - 2Ezx - 2Fxy = 0.$$

Die Richtungscosinus der Normalen im Punkte (x, y, z) sind proportional den Grössen

$$\frac{1}{2}\frac{\partial\varphi}{\partial x} = Ax - Fy - Ez = (A\alpha - F\beta - E\gamma)\varrho$$
$$= (Ap - Fq - Er)\frac{\varrho}{\omega} = \frac{G_x . \varrho}{\omega},$$

$$\frac{1}{2}\frac{\partial\varphi}{\partial y} = \frac{G_y . \varrho}{\omega}, \quad \frac{1}{2}\frac{\partial\varphi}{\partial z} = \frac{G_z . \varrho}{\omega},$$

durch welche Gleichungen der Satz des § 7 bestätigt wird über die Parallelität des resultirenden Axenmomentes G mit der Normalen des Cauchy-Poinsot'schen Centralellipsoids in dem Punkte P, in dem die Fläche von der Axe H_s getroffen wird. Der Cosinus der Neigung ϑ der Axe H gegen die Axe des resultirenden Paares findet sich aus

$$\cos\vartheta = \frac{G_x}{G}\frac{p}{\omega} + \frac{G_y}{G}\frac{q}{\omega} + \frac{G_z}{G}\frac{r}{\omega}.$$

Es ist also

$$G\omega\cos\vartheta = G_x.p + G_y.q + G_z.r, \quad \text{d. h.}$$
$$G\omega\cos\vartheta = 2T_1.$$

Das Product $gg'\cos(g, g')$ zweier Strecken in den Cosinus ihres Richtungsunterschiedes wird als geometrisches Product der Strecken bezeichnet und durch $\overline{gg'}$ dargestellt. Es ist also $\overline{G\omega} = 2T_1$:

„Das geometrische Product der Winkelgeschwindigkeit und des resultirenden Axenmomentes ist gleich dem doppelten Betrage der kinetischen Energie, der von der Winkelgeschwindigkeit um die Axe H_s herrührt."

Der Ausdruck der kinetischen Energie wird besonders einfach, wenn die Hauptträgheitsaxen des starren Systems zu Coordinatenaxen gewählt sind. Dann verschwinden die Deviationsmomente D, E, F und es wird zunächst, wie oben öfters erwähnt,

$$G_x = Ap, \quad G_y = Bq, \quad G_z = Cr,$$
$$G^2 = A^2p^2 + B^2q^2 + C^2r^2$$

und $2T_1$ erhält die Form

$$2T_1 = Ap^2 + Bq^2 + Cr^2.$$

§ 10.

Wir wenden uns zur Umkehrung des in den bisherigen Paragraphen dieses Kapitels behandelten Problems. Es ist also nun folgende Aufgabe zu lösen:

„Einem freien starren Körper wird ein System von Impulsen ertheilt. Welches ist der Geschwindigkeitszustand des Körpers, den dieser unter der Einwirkung jener Impulsivkräfte annehmen wird?"

Der noch unbekannte Geschwindigkeitszustand des Körpers wird sich nach dem Bisherigen im Allgemeinen als Translationsgeschwindigkeit v des Trägheitsmittelpunktes in Verbindung mit einer Rotationsgeschwindigkeit ω um eine Axe dieses Punktes darstellen.

Reduciren wir die gegebenen Impulsivkräfte auf den Trägheitsmittelpunkt, so erhalten wir eine Resultante R und ein Paar vom Axenmomente G. Ebenso wollen wir nach den vorhergehenden Paragraphen die Reduction für den Trägheitsmittelpunkt berechnen für diejenigen Impulsivkräfte, welche aus dem noch unbekannten Geschwindigkeitszustand (τ, ω) folgen. Die Reductionselemente seien R' und G'.

Die Anwendung des d'Alembert'schen Princips auf einen freien starren Körper ergiebt dann die Aequivalenz der beiden Reductionen. Es ist also

$$R - R' = 0, \quad G - G' = 0.$$

Die Grössen R', G' ergeben sich nun aus § 7, nämlich

$$R' = M\tau, \quad G' = \frac{M\omega}{\varrho . \varDelta},$$

wo M die Gesammtmasse des Körpers bezeichnet und die Bedeutung der Grössen ϱ und $\varDelta$ an der angezogenen Stelle zu ersehen ist. Der aus den dem Körper ertheilten Impulsen folgende Geschwindigkeitszustand ergiebt sich also aus den Gleichungen

$$\tau = \frac{R}{M}, \quad \omega = \frac{G . \varrho . \varDelta}{M},$$

und die Winkelgeschwindigkeit ω findet um eine Axe H_s des Trägheitsmittelpunktes S statt. Die Richtung dieser Axe bestimmt man durch folgende Ueberlegung. Man zerlege sowohl ω als G in drei Componenten in Bezug auf die drei Hauptaxen von S. Sind die Componenten von ω durch p, q, r, diejenigen von G durch G_x, G_y, G_z bezeichnet, so haben wir

$$Ap = G_x, \quad Bq = G_y, \quad Cr = G_z,$$

wo A, B, C die Trägheitsmomente des Körpers in Bezug auf die genannten Axen sind. Es ergiebt sich also

$$\omega^2 = p^2 + q^2 + r^2 = \frac{G_x^2}{A^2} + \frac{G_y^2}{B^2} + \frac{G_z^2}{C^2},$$

und die Richtungscosinus von H_s folgen dann aus den Gleichungen

$$\frac{\alpha}{p} = \frac{\beta}{q} = \frac{\gamma}{r} = \frac{1}{\omega}.$$

Der Winkel $(H_s, \tau) = \psi$ wird im Allgemeinen von 0 verschieden sein. Um die Verbindung der Geschwindigkeiten auf die Normalform einer Windung zu bringen, zerlege man τ in die Componenten $\tau \sin \psi$ und $\tau \cos \psi$. Die letztere ist parallel der Axe H_s. Die Componente $\tau \sin \psi$ ist normal auf H_s und bewirkt nach einem bekannten Satze eine Parallelverschiebung dieser Axe bis zu der Lage H, deren Abstand von H_s durch $\frac{\tau \sin \psi}{\omega}$ gemessen wird. Einem Auge in der Spitze der Componenten $\tau \sin \psi$, welches auf die zu $\tau \sin \psi$ normale Ebene des Punktes S herabblickt, erscheint die Axe H in dem linken Felde dieser Ebene. Die Verbindung $(\tau \cos \psi, \omega)$ ist also die Normalform des Geschwindigkeitszustandes, den die gegebenen Impulse dem Körper ertheilen.

Betrachten wir noch kurz die beiden speciellen Fälle, in denen der Körper nur eine Translationsgeschwindigkeit oder nur eine Rotationsgeschwindigkeit erlangt.

Wenn ω verschwindet, die Impulse dem Körper also nur Translationsgeschwindigkeit ertheilen, so ist dies nur möglich, wenn G Null wird, wie sich aus obigen Gleichungen ergiebt.

Analog ist die nothwendige Bedingung für das Verschwinden von τ, der Translationsgeschwindigkeit des Trägheitsmittelpunktes, durch das Verschwinden von R gegeben.

Wir haben also die Sätze:

„Ein System von Impulsivkräften, welches sich auf eine durch den Trägheitsmittelpunkt gehende Einzelkraft reducirt, kann dem Körper, auf welchen es einwirkt, lediglich eine Translationsgeschwindigkeit ertheilen. Die Richtung und der Sinn dieser Geschwindigkeit stimmen mit Richtung und Sinn jener Einzelkraft überein. Die Grösse der Geschwindigkeit wird gefunden, wenn man die Intensität der Resultanten durch die Masse des Körpers dividirt."

„Wenn ein System von einem Körper ertheilten Impulsen sich auf ein Paar reducirt, so erhält der Körper hierdurch lediglich Rotationsgeschwindigkeit um eine Axe des Trägheitsmittelpunktes. Ist insbesondere das Axenmoment des Paares einer der Hauptaxen des Körpers parallel, so fällt die Rotationsaxe mit dieser Hauptaxe zusammen."

§ 11.

Bei der Reduction der einem Körper ertheilten Impulse kann man auf den Fall geführt werden, dass das System der Impulsivkräfte äquivalent wird einer Einzelkraft, die in einem mit dem Trägheitsmittelpunkt nicht zusammenfallenden Punkte O angreift. Der durch eine solche Kraft hervorgerufene Geschwindigkeitszustand des Körpers kann niemals eine reine Translationsgeschwindigkeit sein, wohl aber eine Rotationsgeschwindigkeit oder die Verbindung einer Rotationsgeschwindigkeit mit einer Translationsgeschwindigkeit parallel zur Axe der Rotation.

Das Gleiche gilt von der Wirkung der dem Kräftesystem äquivalenten impulsiven Dyname (d. i. der Reduction des Systems auf seine Centralaxe).

Betrachten wir zunächst den ersten Fall, dass das System der Impulsivkräfte sich auf eine Einzelkraft durch den beliebigen Punkt O reducirt.

Um zu sehen, wann diese Einzelkraft eine reine Winkelgeschwindigkeit hervorruft, reduciren wir die gegebenen Impulse für den Trägheitsmittelpunkt S. Die Reduction besteht aus der Resultanten R und einem Paare vom Axenmomente G. Die Kraft R ertheilt dem Körper eine Translationsgeschwindigkeit $\tau = \frac{R}{M}$ und das Paar G erzeugt eine Winkelgeschwindigkeit ω um eine Axe H_s des Trägheitsmittelpunktes. Dieser Geschwindigkeitszustand reducirt sich auf eine reine Winkelgeschwindigkeit, wenn τ mit ω in eine Ebene fällt, oder mit anderen Worten, wenn τ, also auch R normal ist zu G. Denn hierdurch wird nur die Axe von ω parallel zu sich in die Lage H verschoben, während zu ω kein weiterer Zusatz hinzukommt.

Legen wir also durch S eine Ebene ε normal zu R, so enthält diese Ebene alle die Richtungen, welche H_s, und somit auch H, haben kann. Nun ist aber G normal zu derjenigen Tangentenebene des Cauchy-Poinsot'schen Centralellipsoids, welche man in dem Punkte P construiren kann, in dem die Axe H_s die Fläche trifft.

Construiren wir daher den Cylinder, welcher das Centralellipsoid längs dem Schnitte dieser Fläche mit der Ebene ε berührt, so kann also G normal sein zu jeder Tangentenebene dieses Cylinders. Die Richtungen von G erfüllen daher eine zu den Erzeugenden dieses Cylinders normale Ebene ε'.

Alle Systeme von Impulsivkräften, für welche das Axenmoment G der Reduction für den Trägheitsmittelpunkt bei derselben Resultanten R in diese Ebene ε' fällt, ertheilen also dem Körper eine reine Rotationsgeschwindigkeit, alle anderen aber die Verbindung einer Rotationsgeschwindigkeit mit einer Translationsgeschwindigkeit.

Zu demselben Resultate gelangen wir, wenn wir von der Reduction für die Centralaxe zu der für den Trägheitsmittelpunkt übergehen.

Die Ebenen ε und ε' fallen zusammen, wenn G in eine Hauptebene des Centralellipsoids fällt. Dann liegt auch H_s in dieser Hauptebene. Ist G endlich einer Hauptaxe parallel, so ist, wie schon gezeigt, diese Hauptaxe selber die Axe H_s.

§ 12.

Die analytische Darstellung der kinetischen Gleichungen eines starren Systems, welchem eine Reihe gegebener Impulse ertheilt werden, ist für den Fall des freien Systems mit Hülfe des d'Alembert'schen Princips eine so einfache und macht nach den bisherigen Darlegungen so wenig Schwierigkeiten, dass sie wohl dem Leser kann überlassen werden.

Dagegen sollen einige Worte gesagt werden über das nicht freie System. Bezeichnen wir Differentiationen nach der Zeit t in der Lagrange'schen Weise, setzen also $\varphi' = \frac{d\varphi}{dt}$, so ist das d'Alembert'sche Princip für Impulsivkräfte

$$\Sigma(mx' - X)\delta x + (my' - Y)\delta y + (mz' - Z)\delta z = 0,$$

wo X, Y, Z die Componenten der auf den Punkt m wirkenden gegebenen Impulsivkraft und x', y', z' die Componenten der Geschwindigkeit dieses Punktes sind. Bezeichnen

$$f = c, \quad \varphi = c_1, \ldots$$

die das starre System individualisirenden Bedingungsgleichungen, so wollen wir wieder, wie im Kap. I annehmen, dass sie die Zeit t nicht explicite enthalten. Uebrigens bleibt die Gleichung des d'Alembert'schen Princips auch dann bestehen, wenn die Zeit in den Bedingungsgleichungen explicite vorhanden ist. Die Bedeutung der Grössen $\delta x, \delta y, \delta z, \ldots$ ist dann nur so zu modificiren, dass diese Verrückungen sich auf einen bestimmten Zeitpunkt, für den also $t = \text{const.}$ ist, beziehen. Diese Grössen werden also in jedem Falle aus den Gleichungen

$$\Sigma \frac{\partial f}{\partial x} \delta x + \frac{\partial f}{\partial y} \delta y + \frac{\partial f}{\partial z} \delta z = 0,$$

$$\Sigma \frac{\partial \varphi}{\partial x} \delta x + \frac{\partial \varphi}{\partial y} \delta y + \frac{\partial \varphi}{\partial z} \delta z = 0,$$

$$\vdots \qquad \vdots$$

zu bestimmen sein.

Ist m die Anzahl der Bedingungsgleichungen, so führen wir m unbestimmte Multiplicatoren $\lambda, \mu, \ldots$ ein, und können dann, analog wie in Kap. I, die Gleichung des d'Alembert'schen Princips durch die Lagrange'schen Gleichungen ersetzen. Aus diesen oder direct aus dem d'Alembert'schen Princip folgt dann die Gleichung

$$\begin{aligned} \Sigma m(x'\delta x + y'\delta y + z'\delta z) = {} & \Sigma X\delta x + Y\delta y + Z\delta z \\ & + \Sigma \lambda \left(\frac{\partial f}{\partial x} \delta x + \frac{\partial f}{\partial y} \delta y + \frac{\partial f}{\partial z} \delta z \right) \\ & + \Sigma \mu \left(\frac{\partial \varphi}{\partial x} \delta x + \frac{\partial \varphi}{\partial y} \delta y + \frac{\partial \varphi}{\partial z} \delta z \right) \\ & + \cdots \end{aligned}$$

d. i. wegen der obigen Gleichungen

$$\text{I)} \qquad \Sigma m(x'\delta x + y'\delta y + z'\delta z) = \Sigma X\delta x + Y\delta y + Z\delta z.$$

Wenn die Anzahl der das System bildenden Punkte n ist, so beträgt die Anzahl der zu bestimmenden Coordinaten $3n$. Von diesen sind aber nur $k = 3n - m$ unabhängig veränderlich, wegen der m Bedingungsgleichungen. Führen wir also an Stelle der $3n$ Grössen x, y, z die k Grössen $q_1, q_2, \ldots, q_k$ ein, welche so gewählt sind, dass die k Gleichungen $f = c$, $\varphi = c_1, \ldots$ nach Einsetzung der Grössen q identisch erfüllt werden, so sind diese Grössen q dann als die zu bestimmenden unabhängig Veränderlichen des Problems zu betrachten.

Durch Einführung der q an Stelle der x, y, z wird zunächst

$$\Sigma X\delta x + Y\delta y + Z\delta z = \Sigma Q_s \delta q_s$$

und

$$\Sigma m(x'\delta x + y'\delta y + z'\delta z) = \sum_s \sum_m m\left(x'\frac{\partial x}{\partial q_s} + y'\frac{\partial y}{\partial q_s} + z'\frac{\partial z}{\partial q_s}\right)\delta q_s$$

$$= \sum_s \delta q_s \sum_m m\left(x'\frac{\partial x}{\partial q_s} + y'\frac{\partial y}{\partial q_s} + z'\frac{\partial z}{\partial q_s}\right),$$

woraus, wegen der Gleichung I, folgt

$$\sum_m m\left(x'\frac{\partial x}{\partial q_s} + y'\frac{\partial y}{\partial q_s} + z'\frac{\partial z}{\partial q_s}\right) = Q_s.$$

Nun ist

$$x' = \Sigma \frac{\partial x}{\partial q_s} q'_s,$$

wenn wieder $q'_s = \frac{dq_s}{dt}$ ist. Aus der letzten in den q'_s linearen Gleichungen folgt aber durch Differentiation

$$\frac{\partial x'}{\partial q'_s} = \frac{\partial x}{\partial q_s}$$

und ebenso erhalten wir

$$\frac{\partial y'}{\partial q'_s} = \frac{\partial y}{\partial q_s}, \quad \frac{\partial z'}{\partial q'_s} = \frac{\partial z}{\partial q_s}.$$

Machen wir von diesen Relationen in der letzten Gleichung Gebrauch, so kommt

$$\sum_m m\left(x'\frac{\partial x'}{\partial q'_s} + y'\frac{\partial y'}{\partial q'_s} + z'\frac{\partial z'}{\partial q'_s}\right) = Q_s.$$

Die linke Seite dieser Gleichung aber ist

$$\frac{\partial}{\partial q'_s}\sum_m \frac{m}{2}(x'^2 + y'^2 + z'^2) = \frac{\partial T}{\partial q'_s},$$

wenn wir wieder mit T die kinetische Energie

$$T = \Sigma \tfrac{1}{2} m v^2 = \Sigma \frac{m}{2}(x'^2 + y'^2 + z'^2)$$

des starren Systems bezeichnen. Wir haben also definitiv

$$\text{II)} \qquad \frac{\partial T}{\partial q'_s} - Q_s = 0.$$

Für jeden Werth von s, d. h. für jede unabhängige Coordinate erhalten wir eine ähnliche Gleichung, welche k Gleichungen dann zur Bestimmung der Grössen q hinreichen.

Wir wollen die Gleichungen II) als Lagrange's **kinetische Gleichungen für einen von Impulsivkräften beeinflussten starren Körper** bezeichnen, weil sie durch denselben Gedankengang erlangt wurden, nachdem Lagrange seine sogenannte zweite Form der kinetischen Gleichungen eines starren Körpers, auf den Kräfte erster Ordnung wirken, entwickelt hat. Wir werden diese Gleichungen in einem der nächsten Kapitel betrachten.

Kapitel IX.

Von den Hauptträgheitsschrauben eines starren Körpers.

§ 1.

Wenn ein starrer Körper einen festen Punkt O besitzt, so hat der Körper nur noch Freiheit, sich um diesen Punkt zu drehen. Der Körper hat Freiheit dritten Grades. Die Drehung des Körpers erfolgt in jedem Augenblicke seiner Bewegung um eine Axe des Punktes O. Betrachten wir nun einen freien starren Körper, der sich zu einem bestimmten Augenblicke in Ruhe befindet, und der einen festen Punkt O besitzt. Diesem Körper wird ein System von Impulsen ertheilt. Dieses Kräftesystem reduciren wir für den Punkt O. Durch den Widerstand des festen Punktes wird die Resultante R vernichtet und es bleibt nur das Paar G bestehen (Kap. VIII § 2). Aus den weiteren Entwicklungen des vorigen Paragraphen erhellt, dass, wenn das Axenmoment einer Hauptaxe des Punktes O parallel ist, wenn also das impulsive Paar in der zugehörigen Hauptebene liegt, der Körper um eben diese Hauptaxe rotirt.

Wir können aber eine Rotation um eine Axe betrachten als eine Windung um eine Schraube von unendlich kleinem Parameter. Und ebenso ist ein Kräftepaar der Grenzfall einer Dyname auf einer Schraube, wenn gleichzeitig die Intensität der Dyname über alle Grenzen wächst und der Parameter der Schrauben unter alle Grenzen hinabsinkt.

Beachten wir dies, so haben wir also in einem speciellen Falle eines Körpers mit Freiheit dritter Stufe die wichtige Thatsache constatirt, dass es für diesen immer drei Schrauben giebt, derart, dass eine impulsive Dyname auf irgend einer dieser Schrauben dem Körper eine Windung um eben diese Schraube ertheilt. Und zwar erhellt zugleich, dass es nicht mehr als diese drei Schrauben mit der genannten Eigenschaft giebt. Denn es giebt nur drei Hauptaxen des Punktes O und nur diese besitzen jene Eigenschaft.

Diese Bemerkung zeigt nur einen ganz speciellen Fall eines ganz allgemeinen, von Herrn Ball gefundenen Satzes, den wir so formuliren:

„Wenn ein ruhender starrer Körper Freiheit n^{ten} Grades besitzt, so können immer n und nur n Schrauben gefunden werden, derart, dass, wenn auf einer dieser Schrauben eine impulsive Dyname auf den Körper wirkt, diese dem Körper eine Windung um die nämliche Schraube ertheilt."

Diese n Schrauben sind von grosser Wichtigkeit für die Mechanik starrer Systeme. Sie werden als die „Hauptträgheitsschrauben des starren Körpers", um den es sich handelt, bezeichnet.

Wir werden in diesem Kapitel die Hauptträgheitsschrauben im Allgemeinen betrachten und später die speciellen Theorien für die einzelnen Freiheitsgrade entwickeln.

§ 2.

Wir wollen zunächst ein System von sechs coreciproken Schrauben einführen, welches besonders geeignet ist, in den ferneren Untersuchungen als Coordinatensystem zu dienen.

Es sei S der Trägheitsmittelpunkt des betrachteten starren Körpers; SA, SB, SC mögen die Hauptaxen und a, b, c die zugehörigen Hauptträgheitsradien sein.

Auf SA nehmen wir zwei Schrauben ω_1, ω_2 an mit den resp. Parametern $p_1 = a$, $p_2 = -a$; auf SB ebenso zwei Schrauben ω_3, ω_4 mit den Parametern $p_3 = b$, $p_4 = -b$; und endlich auf SC zwei Schrauben ω_5, ω_6 mit den Parametern $p_5 = c$, $p_6 = -c$. Irgend zwei dieser Schrauben schneiden einander entweder unter rechtem Winkel oder liegen auf einer und derselben Geraden und die Summe ihrer Parameter verschwindet. Diese sechs Schrauben bilden daher ein coreciprokes System und sind also geeignet, als Coordinatensystem gebraucht zu werden. Zu diesem Zwecke werden wir uns derselben denn auch im Folgenden bedienen.

Es ist übrigens leicht ersichtlich, dass diese sechs Schrauben die Hauptträgheitsschrauben des Körpers sind, wenn derselbe vollkommen frei ist, d. h. Freiheit 6ten Grades hat.

Sei wieder M die Masse des Körpers. Man ertheile dem Körper eine Impulsivdyname auf der Schraube ω_1. Die Intensität dieser Dyname ist mit ω_1'' zu bezeichnen; das Moment des in der Dyname enthaltenen Paares ist dann $a\omega_1''$. Aus dem vorigen Kapitel wissen wir nun, dass die Kraft ω_1'' dem Körper eine Translationsgeschwindigkeit $\frac{\omega_1''}{M}$ längs SA ertheilt, und dass ferner das Paar dem Körper eine Winkelgeschwindigkeit um SA mittheilt, welche erhalten wird, wenn man das Moment des Paares durch das Trägheitsmoment in Bezug auf SA dividirt. Nach der in Kapitel II getroffenen Vereinbarung wird die Winkelgeschwindigkeit mit $\dot{\omega}_1'$ bezeichnet. Wir haben also, wenn im Uebrigen die Bezeichuungen des vorigen Kapitels beibehalten werden,

$$\dot{\omega}_1' = \frac{G}{A} = \frac{a\omega_1''}{Ma^2},$$

daher

$$\dot{\omega}_1' = \frac{\omega_1''}{Ma}.$$

Die Wirkung einer impulsiven Dyname auf ω_1 setzt sich daher zusammen aus einer Rotationsgeschwindigkeit um die Axe SA in Verbindung mit einer Translationsgeschwindigkeit parallel zu dieser Axe. Diese beiden Bewegungen treten zusammen zu einer Windungsbewegung um eine Schraube auf SA, deren Parameter durch Division der Translationsgeschwindigkeit durch die Winkelgeschwindigkeit zu bestimmen ist. Derselbe ergiebt sich also gleich a. Dies ist aber der Parameter von ω_1.

Es ist somit bewiesen, dass eine impulsive Dyname auf der Schraube ω_1 dem Körper eine Windung um diese nämliche Schraube ertheilt. Die Schraube ω_1 ist somit in der That eine Hauptträgheitsschraube des starren Körpers. In derselben Weise führt man den Nachweis, dass auch den anderen fünf Schrauben ω diese Eigenschaft zukommt.

§ 3.

Die Schraube der impulsiven Dyname fällt also nur dann mit der Schraube der hervorgerufenen Windung zusammen, wenn jene auf einer Hauptträgheitsschraube wirkt.

Wir wollen die Schraube, um welche der Körper in dem Momente der Einwirkung einer impulsiven Dyname eine Windungsbewegung beginnt, als Momentanschraube oder instantane Schraube bezeichnen. Abkürzungsweise kann die Schraube einer impulsiven Dyname auch einfach als impulsive Schraube bezeichnet werden.

Es entsteht nun die Frage nach der Bestimmung der impulsiven Schraube, wenn die instantane gegeben ist oder umgekehrt.

Sei also eine impulsive Dyname auf einer Schraube η gegeben, unter deren Einwirkung der Körper eine Windungsbewegung um eine instantane Schraube α beginne.

Die Dyname, deren Intensität η'' ist, zerlegen wir nach den Coordinatenschrauben ω in die sechs Componenten, deren Intensitäten $\eta''\eta_1, \ldots, \eta''\eta_6$ sind, wo $\eta_1, \eta_2, \ldots, \eta_6$ die Coordinaten der impulsiven Schraube sind. Nach § 2 erzeugt die Componente $\eta''\eta_k$ eine Windungsgeschwindigkeit um die Schraube ω_k vom Betrage

$$\frac{\eta''\eta_k}{Mp_k}.$$

Wenn nun $\dot{\alpha}'$ die Windungsgeschwindigkeit der um die Schraube α hervorgerufenen Windung ist, so sind deren Componenten $\dot{\alpha}'\alpha_1, \ldots, \dot{\alpha}'\alpha_6$, wo $\alpha_1, \ldots, \alpha_6$ die Coordinaten von α sind. Wir haben daher die Gleichung

$$\dot{\alpha}'\alpha_k = \frac{\eta''\eta_k}{Mp_k}.$$

Aus diesen sechs Gleichungen (für $k = 1, \ldots, 6$) können also die Coordinaten der instantanen Schraube berechnet werden, wenn die impulsive Schraube gegeben ist und umgekehrt. Insbesondere haben wir den Satz:

„Wenn die Coordinaten der instantanen Schraube proportional sind sechs Grössen $\alpha_1, \ldots, \alpha_6$, so sind die Coordinaten der zugehörigen impulsiven Schraube proportional den Grössen $p_1\alpha_1, \ldots, p_6\alpha_6$."

Dabei ist der Kürze halber als die zu einer instantanen Schraube α gehörige impulsive Schraube diejenige bezeichnet worden, auf der die Impulsivdyname liegt, welche dem Körper eine Windung um α ertheilt hat.

§ 4.

Seien α und β zwei instantane Schrauben, η und ξ die zugehörigen impulsiven Schrauben. Nach Kap. V § 10 sind zwei Schrauben λ, μ reciprok, wenn ihre Coordinaten die Gleichung erfüllen

$$p_1\lambda_1\mu_1 + p_2\lambda_2\mu_2 + \cdots + p_6\lambda_6\mu_6 = 0.$$

Die Coordinaten von ξ sind nach vorigem Paragraphen proportional den Grössen $p_1\beta_1, \ldots, p_6\beta_6$. Es ergiebt sich also für die Reciprocität der Schrauben α und ξ die Gleichung

$$p_1^2\alpha_1\beta_1 + \cdots + p_6^2\alpha_6\beta_6 = 0.$$

Ganz dieselbe Gleichung erhalten wir aber auch, wenn wir die Bedingung für die Reciprocität von β und η aufstellen, da die Grössen η_k proportional sind den Grössen $p_k\alpha_k$. Wir haben daher den Satz:

„Sind α, β zwei instantane Schrauben, η, ξ die zugehörigen impulsiven Schrauben und ist ξ reciprok zu α, so ist auch β reciprok zu η."

Zwei solche Schrauben α, β werden als conjugirte Trägheitsschrauben bezeichnet.

Die bei der Ableitung dieses Satzes stillschweigend gemachte Voraussetzung, dass der starre Körper vollkommen frei sei, ist nicht nothwendig.

Sei in der That das System ein unfreies, so wird in demselben

Momente, in dem eine impulsive Dyname auf der Schraube ξ in Wirkung tritt, in Folge der geometrischen oder sonstigen Bedingungen, unter denen der Körper steht, eine impulsive Reaction entstehen, die wir ebenfalls als eine Dyname auf einer Schraube μ darstellen. Dabei ist zu bemerken, dass diese Schraube μ ihrer Natur nach reciprok ist zu der Schraube α (Kap. VI § 6).

Nach Einführung der Dyname auf μ kann die Bewegung des Körpers als die eines freien Körpers betrachtet werden, auf den eine Dyname einwirkt, deren Componenten auf den Coordinatenschrauben durch den Typus $\xi''\xi_n + \mu''\mu_n$ gegeben sind. Wird nun durch h ein constanter Factor bezeichnet, so ist nach vorigem Paragraphen

$$\begin{aligned} \xi''\xi_1 + \mu''\mu_1 &= hp_1\beta_1, \\ \vdots \quad & \quad \vdots \\ \xi''\xi_6 + \mu''\mu_6 &= hp_6\beta_6. \end{aligned}$$

Die erste dieser Gleichung multipliciren wir mit $p_1\alpha_1$, die zweite mit $p_2\alpha_2$, u. s. w. die sechste mit $p_6\alpha_6$ und addiren dann sämmtliche Gleichungen, so kommt

$$\xi''\Sigma p_n\alpha_n\xi_n + \mu''\Sigma p_n\alpha_n\mu_n = h\Sigma p_n^2\alpha_n\beta_n.$$

Die linke Seite dieser Gleichung verschwindet aber, da jede der beiden Schrauben ξ, μ reciprok ist zu α; ξ nach Voraussetzung und μ nach Kap. VI § 6. Es wird also erhalten

$$p_1^2\alpha_1\beta_1 + p_2^2\alpha_2\beta_2 + \cdots + p_6^2\alpha_6\beta_6 = 0,$$

aus welcher Gleichung, wie oben, die Reciprocität von β und η folgt.

Die Existenz und Grundeigenschaft der conjugirten Trägheitsschrauben ist also unabhängig von dem Freiheitsgrade, den ein starres System besitzt.

§ 5.

Wenn ein starres System vollkommen frei ist, so kann die zu einer gegebenen instantanen Schraube α gehörige impulsive Schraube β jederzeit eindeutig bestimmt werden, wie aus § 3 dieses Kapitels erhellt.

Ist aber das System ein unfreies, so kann jede einem bestimmten Schraubensysteme angehörende Schraube η als die zu α gehörige impulsive Schraube angesehen werden, oder mit anderen

Worten: der Ort der zu α gehörigen impulsiven Schraube ist ein gewisses Schraubensystem.

Von dem Schraubensystem $(6-n)^{\text{ter}}$ Stufe, welches reciprok ist zu dem die Freiheit n^{ten} Grades eines starren Körpers definirenden wählen wir $6-n$ Schrauben B_1, B_2, ..., B_{6-n} aus. Sei nun S eine instantane Schraube und man möge auf irgend eine Weise eine Schraube X so gefunden haben, dass eine Impulsivdyname auf X den Körper in eine Windungsbewegung um S versetzt. Dann wird eine Dyname auf irgend einer Schraube Y des aus X, B_1, B_2, ..., B_{6-n} zu construirenden Systems $(7-n)^{\text{ter}}$ Stufe denselben Effect haben. Denn es kann die Dyname auf Y zerlegt werden in $7-n$ Dynamen auf X, B_1, B_2, ..., B_{6-n}. Alle diese Componenten mit Ausnahme der ersten, auf X, werden aber sofort zerstört in Folge der Reactionen, welche von den die Bewegung des Körpers modificirenden Bedingungen veranlasst werden. Daher ist die Dyname auf Y thatsächlich äquivalent der Dyname auf X, d. h. die Schraube Y ist ebenso eine zu S gehörige impulsive Schraube, wie die Schraube X. Unsere Behauptung ist somit erwiesen.

Wenn z. B. der Körper Freiheit fünften Grades besitzt, so wird eine impulsive Dyname auf irgend einer Schraube eines gewissen Cylindroids dem Körper eine Windung um eine gegebene Schraube ertheilen.

Hat der Körper Freiheit dritten Grades, so ist der Ort der zu einer gegebenen instantanen Schraube zugehörigen impulsiven Schraube das System aller der Schrauben im Raume, welche zu einem bestimmten Cylindroid reciprok ist, also nach Kap. IV § 4 ein Liniencomplex des zweiten Grades.

§ 6.

Aus dem Schraubensystem n^{ter} Stufe P, welches die Freiheit n^{ten} Grades eines starren Körpers definirt, können stets n Schrauben so ausgewählt werden, dass je zwei derselben conjugirte Trägheitsschrauben sind.

In der That seien wieder B_1, B_2, ..., B_{6-n} wie vorhin $6-n$ Schrauben des zu P reciproken Systems Q. A_1 möge eine beliebige Schraube des Systems P sein. Bei der Bestimmung dieser Schraube verfügen wir über $n-1$ willkürliche Grössen. Sei ferner

J_1 irgend eine zu A_1 gehörige impulsive Schraube, wenn A_1 als instantane Schraube angesehen wird. Bestimmen wir eine Schraube A_2, die zu $J_1, B_1, B_2, \ldots, B_{6-n}$ reciprok ist, so sind A_1 und A_2 conjugirte Trägheitsschrauben, und zur Bestimmung von A_2 verfügt man über $n-2$ willkürliche Grössen (Kap. VI § 7). Sei nun wieder J_2 eine zu A_2 gehörige impulsive Schraube, A_2 als instantane betrachtet. Eine Schraube A_3, die reciprok ist zu $J_2, J_1, B_1, B_2, \ldots, B_{6-n}$, wird sowohl mit A_1, als auch mit A_2 ein Paar conjugirter Schrauben bilden. In dieser Weise fahren wir fort, bis wir zu einer Schraube A_n gelangen, bei deren Bestimmung wir nur noch über eine willkürliche Grösse verfügen können*). Diese n Schrauben $A_1, A_2, \ldots, A_n$ besitzen also dann die Eigenschaft, dass je zwei von ihnen conjugirte Trägheitsschrauben sind. Die Anzahl der bei Auswahl einer solchen Gruppe von Schrauben verfügbaren Grössen beträgt, wie aus der obigen Entwicklung hervorgeht

$$(n-1)+(n-2)+\cdots+2+1=\frac{n.(n-1)}{2},$$

also gerade die Hälfte der Anzahl der zur Bestimmung von n beliebigen Schrauben eines Systems der n^{ten} Stufe erforderlichen Grössen.

§ 7.

Zur vollständigen Bestimmung der n Schrauben $A_1, \ldots, A_n$ können wir also immer noch über $\frac{1}{2}n(n-1)$ willkürliche Grössen verfügen. Wir können diese Grössen dazu verwenden die Schrauben A, die paarweise conjugirte Trägheitsschrauben sind, auch noch paarweise reciprok zu wählen, d. h. als Schrauben A ein System von n coreciproken Schrauben aus dem Schraubensystem n^{ter} Stufe herauszunehmen. In der That, A_1 ist reciprok zu $B_1, B_2, \ldots, B_{6-n}$, zu seiner Bestimmung sind also $n-1$ Grössen verbraucht. Man wähle A_2 reciprok zu $A_1, B_1, B_2, \ldots, B_{6-n}$, wozu $n-2$ Grössen nothwendig sind, u. s. f. Es werden also

*) Es ist ersichtlich, dass diese letzte Schraube jedesmal dann erreicht ist, wenn die Anzahl der Schrauben J und B zusammen gleich 5 geworden ist. Kap. IV § 7.

wieder genau

$$(n-1)+(n-2)+\cdots+2+1=\frac{n(n-1)}{2}$$

Grössen verbraucht, wodurch die Anzahl $n(n-1)$ der zur Bestimmung von n Schrauben eines Systems der n^{ten} Stufe erforderlichen Grössen erschöpft ist.

Es ist also jederzeit möglich durch passende Bestimmung von $n(n-1)$ Grössen n Schrauben eines Schraubensystems der n^{ten} Stufe so zu bestimmen, dass diese gleichzeitig paarweise reciprok und conjugirte Trägheitsschrauben sind.

Diese so bestimmten n Schrauben sind die n Hauptträgheitsschrauben des starren Körpers, der Freiheit n^{ten} Grades besitzt. Um dies zu zeigen, mögen also $A_1, A_2, \ldots, A_n$ wieder n Schrauben des Systems n^{ter} Stufe P sein, welche paarweise reciprok und conjugirt sind. $B_1, B_2, \ldots, B_{6-n}$ seien $6-n$ Schrauben des reciproken Systems $(6-n)^{\text{ter}}$ Stufe Q. Endlich seien $R_1, R_2, \ldots, R_n$ resp. zu $A_1, A_2, \ldots, A_n$ gehörige n impulsive Schrauben.

Eine impulsive Dyname auf irgend einer zu dem durch $R_1, B_1, B_2, \ldots, B_{6-n}$ bestimmten Systeme $(7-n)^{\text{ter}}$ Stufe gehörenden Schraube wird dem Körper eine Windung um A_1 ertheilen (§ 5). Aber die Schrauben dieses Systems sind reciprok zu $A_2, A_3, \ldots, A_n$, denn die Paare $A_1 A_2, A_1 A_3, \ldots, A_1 A_n$ sind conjugirte Trägheitsschrauben und da R_1 die zu A_1 gehörige impulsive Schraube ist, so müssen nach der Definition conjugirter Schrauben die Paare $R_1 A_2, R_1 A_3, \ldots, R_1 A_n$ Paare reciproker Schrauben sein. Daher wird also eine impulsive Dyname auf irgend einer zu $A_2, A_3, \ldots, A_n$ reciproken Schraube dem Körper eine Windung um A_1 ertheilen. Aber A_1 ist selber reciprok zu A_2, $A_3, \ldots, A_n$ und somit wird also auch eine impulsive Dyname auf A_1 dem Körper eine Windung um diese nämliche Schraube A_1 ertheilen. Es ist also in der That A_1 eine Hauptträgheitsschraube. Und ebenso führt man den Nachweis, dass auch $A_2, A_3, \ldots, A_n$ diese Eigenschaft zukommt.

Es bleibt noch zu zeigen, dass es ausser diesen in bestimmter Weise ausgewählten Schrauben A keine weiteren Schrauben giebt, die ebenfalls Hauptträgheitsschrauben sind. Eine einfache Methode, diesen Zweck zu erreichen, bietet sich in dem apagogischen Verfahren. Wir nehmen demnach an, es existire noch eine $(n+1)^{te}$ Schraube S mit der Eigenschaft der Hauptträgheitsschrauben. Da der Körper Freiheit n^{ten} Grades hat, so muss eine Dyname auf S sich zerlegen lassen in n Dynamen auf $A_1, A_2, \ldots, A_n$, denn wenn der Körper eine Windung um S soll ausführen können, so muss S zu dem durch $A_1, A_2, \ldots, A_n$ gegebenen Schraubensystem n^{ter} Stufe gehören. Die Intensitäten der Componenten der gegebenen Dyname sind $S_1'', S_2'', \ldots, S_n''$. Nun mögen n impulsive Dynamen auf den Schrauben A wirken. Die Dyname auf irgend einer derselben, etwa A_k, ertheilt dem Körper eine Windung um diese Schraube A_k selber. Aber diese Windungen müssen sich wieder zusammensetzen lassen zu einer einzigen Windung um die Schraube S. Daraus folgt dann aber, dass die Windungsgeschwindigkeiten $S_1', S_2', \ldots, S_n'$ um die Schrauben $A_1, A_2, \ldots, A_n$ proportional sein müssten den entsprechenden Intensitäten S_1'', S_2'', $\ldots, S_n''$. Aber wenn dies der Fall wäre, so würde j e d e b e l i e b i g e Schraube des Systems P eine Hauptträgheitsschraube sein. Denn es sei X irgend eine impulsive Schraube und Y die entsprechende instantane Schraube. Die Componenten der Dyname auf X haben die resp. Intensitäten $X_1'', X_2'', \ldots, X_n''$, wenn die Dyname wieder nach $A_1, A_2, \ldots, A_n$ zerlegt wird. Diese einzelnen Dynamen rufen Windungsgeschwindigkeiten hervor von den resp. Werthen

$$\frac{S_1'}{S_1''} X_1'', \ldots, \frac{S_n'}{S_n''} X_n'',$$

und diese Grössen müssen gleich sein den entsprechenden Componenten der Windungsgeschwindigkeit der Windung um Y. Aber die Verhältnisse

$$\frac{S_1'}{S_1''}, \ldots, \frac{S_n'}{S_n''}$$

sind sämmtlich einander gleich. Daher müssten wiederum die Windungsgeschwindigkeiten der Componenten auf $A_1, A_2, \ldots, A_n$ der Windung um Y proportional sein den Intensitäten der Componenten der Dyname auf X genommen in Bezug auf dieselben Schrauben $A_1, A_2, \ldots, A_n$. Beachtet man, dass Windungen und Dynamen sich nach denselben Gesetzen zusammensetzen, so folgt aus dieser Ueberlegung, dass X und Y identisch sein müssten. Da aber jeder einfache Versuch zeigt, dass nicht jede beliebige Schraube des den Freiheitsgrad n eines starren Körpers definirenden Systems eine Hauptträgheitsschraube ist, da dies aber der Fall sein müsste, wenn es $n+1$ solcher Schrauben gäbe, so haben wir den Satz:

„Besitzt ein starrer Körper Freiheit n^{ten} Grades, so können aus dem zugehörigen Schraubensystem der n^{ten} Stufe stets n und nicht mehr als n Schrauben ausgewählt werden, derart, dass eine impulsive Dyname auf irgend einer dieser Schrauben dem Körper eine Windung um diese Schraube selber ertheilt. Diese n Hauptträgheitsschrauben des starren Körpers besitzen die Eigenschaft, dass jedes beliebige Paar derselben gleichzeitig reciprok und conjugirt ist."

§ 8.

Da wir sowohl die Bewegung eines starren Körpers, sowie die auf ihn wirkenden Dynamen nach einem System von Coordinatenschrauben zerlegen, so entsteht hinsichtlich der kinetischen Energie des Körpers die Frage, wie sie sich zusammensetzt oder bildet aus den Beträgen an kinetischer Energie, welche in jeder componirenden Windung unter dem Einfluss einer componirenden Dyname entwickelt wird. Es genügt, die Frage in ihrer einfachsten Form zu stellen und zu erledigen.

Es möge also in einem bestimmte Zeitpunkte t auf einen bis dahin in Ruhe befindlichen starren Körper, beliebigen Freiheitsgrades, eine impulsive Dyname auf einer Schraube λ einwirken. Die Lage des Körpers zur Zeit t sei kurz mit A bezeichnet. Unter dem Einflusse der Dyname wird der Körper eine Windung um eine Schraube α beginnen mit einer kinetischen Energie T_{α}. Weiter soll angenommen werden, dass eine zweite Dyname auf einer Schraube β auf diesen Körper wirkt, so beschaffen, dass, wenn der Körper zur Zeit t noch in Ruhe befindlich gewesen wäre, er unter ihrem Einflusse mit der kinetischen Energie T_{β} eine Windung um eine Schraube β begonnen hätte. Die wirklich vorhandene Energie des Körpers sei $T_{\alpha,\beta}$. Und es wird nun gefragt nach dem Zusammenhang der drei Grössen T_{α}, T_{β}, $T_{\alpha,\beta}$.

Es handelt sich zunächst darum, zu untersuchen, in welcher Weise der durch den zweiten Impuls hervorgerufene Betrag an kinetischer Energie modificirt wird durch den Umstand, dass der Körper im Momente der Einwirkung dieses Impulses in der Lage A sich nicht in Ruhe befunden, sondern in Folge des ersten Impulses in derselben bereits in Bewegung war. Dieser Betrag wird im Allgemeinen nicht gleich T_β bleiben können; es kann ein Theil dieser kinetischen Energie verbraucht werden, durch die Arbeit der Dyname auf μ während der differentiellen Zeit ihrer Einwirkung, so dass nicht nur der Körper einen Theil der innegehabten kinetischen Energie verausgabt, sondern dass auch die Wirkungsfähigkeit der Dyname auf μ vermindert wird. Andererseits kann aber die Bewegung des Körpers durch die Lage A auch so beschaffen sein, dass die Dyname auf μ, wenn sie eine gegebene, wenn auch unendlich kleine, Zeit hindurch wirkt, dem Körper einen höheren Betrag kinetischer Energie einprägen kann, als wenn sie auf den in A ruhenden Körper wirkte.

Zwischen diesen beiden Möglichkeiten liegt der mittlere Fall, in dem die Dyname auf μ dem Körper gleich viel kinetische Energie mittheilt, ob er nun in A in Ruhe oder in Bewegung sich befindet. Die näheren Umstände dieses Falles können aber leicht angegeben werden.

Es ist offenbar, dass er eintritt, wenn die Bahn jedes Punktes des Körpers senkrecht steht auf der Richtung der Kraft, welche in diesem Punkte als angreifend gedacht werden kann in Folge des Wirkens der Dyname auf μ, oder mit anderen Worten, wenn die Schraube α reciprok ist zur Schraube μ. Wenn dies aber der Fall ist, so müssen α und β conjugirte Trägheitsschrauben sein. Wir haben also den Satz:

„Wenn die kinetische Energie eines Körpers, der eine Windung um eine Schraube α mit einer bestimmten Windungsgeschwindigkeit ausführt, den Werth T_α hat und wenn die kinetische Energie desselben Körpers bei einer mit einer anderen bestimmten Windungsgeschwindigkeit um eine Schraube β ausgeführten Windung gleich T_β ist, so ist, wenn der Körper eine aus den beiden vorgenannten Windungen zusammengesetzte Bewegung hat, seine kinetische $T_{\alpha\beta}$ dann einfach gleich der Summe $T_\alpha + T_\beta$, wenn die beiden Schrauben α, β conjugirte Trägheitsschrauben sind."

Es ist nun klar, dass und wie dieser Satz auf eine beliebige Anzahl von Bewegungen um conjugirte Schrauben ausgedehnt werden kann. Mit seiner Hülfe wird sich auch in unserer Theorie die kinetische Energie eines starren Körpers wesentlich als eine Summe von Quadraten darstellen.

§ 9.

Dieses Resultat können wir nun sofort erhalten. Es möge ein starrer Körper von der Masse M eine Windung um eine Schraube α mit der Windungsgeschwindigkeit $\dot{\alpha}'$ ausführen. Wir wollen seine kinetische Energie in Function der Coordinaten der Schraube α darstellen.

Wir zerlegen also die Bewegung des Körpers in sechs Windungen um die Coordinatenschrauben $\omega_1, \omega_2, \ldots, \omega_6$. Die Windungsgeschwindigkeit der Componente um ω_k ist $\dot{\alpha}'\alpha_k$. Der translatorische Theil der Windung um ω_k besitzt die Geschwindigkeit $\dot{\alpha}' p_k \alpha_k$ und liefert einen Beitrag $\frac{1}{2} M \dot{\alpha}'^2 p_k^2 \alpha_k^2$ zur kinetischen Energie des Körpers. Der rotatorische Theil der Windung besitzt die Geschwindigkeit $\dot{\alpha}'\alpha_k$ um die Axe ω_k und liefert zur kinetischen Energie den Beitrag

$$\tfrac{1}{2}\dot{\alpha}'^2 \alpha_k^2 \Sigma m r^2,$$

wo $\Sigma m r^2$ das Trägheitsmoment des Körpers in Bezug auf die Axe ω_k bedeutet. Es ist aber, wie aus § 2 hervorgeht,

$$M p_k^2 = \Sigma m r^2,$$

also

$$\tfrac{1}{2}\dot{\alpha}'^2 \alpha_k^2 \Sigma m r^2 = \tfrac{1}{2} M \dot{\alpha}'^2 p_k^2 \alpha_k^2,$$

Somit liefert die ganze Windung um ω_k den Beitrag $M\dot{\alpha}'^2 p_k^2 \alpha_k^2$ zur kinetischen Energie des Körpers.

Die Coordinatenschrauben entsprechen aber der Bedingung des vorigen Paragraphen. Daher erhalten wir für die kinetische Energie des Körpers, die er in Folge der Windung um α besitzt, den

Ausdruck

$$T = M\dot{\alpha}'^2 (p_1^2 \alpha_1^2 + p_2^2 \alpha_2^2 + \cdots + p_6^2 \alpha_6^2).$$

Die Grösse innerhalb dieser Klammer kann als das Quadrat einer Liniengrösse, einer Strecke, betrachtet werden, die von der Massenvertheilung in dem starren Körper in Bezug auf die Schraube α abhängig ist. Wir wollen diese Strecke besonders bezeichnen und in die Formeln einführen, indem wir setzen

$$\Sigma p_k^2 \alpha_k^2 = u_\alpha^2,$$

sodass also wird

$$T = M\dot{\alpha}'^2 u_\alpha^2.$$

§ 10.

Ein starrer Körper möge zur Zeit t gezwungen sein, um eine ganz bestimmte Schraube α eine Windungsbewegung auszuführen. Zu dieser Zeit möge ferner eine impulsive Dyname auf eine Schraube η auf den Körper wirken. Wir wollen die unter diesen Umständen stattfindende Windungsgeschwindigkeit $\dot{\alpha}'$ des Körpers bestimmen.

Die in Folge der Bedingungen, unter denen der Körper sich befindet, entstehenden impulsiven Reactionen treten wieder zu einer Dyname auf einer Schraube λ zusammen, mit deren Einführung die Bewegung des Körpers als die eines freien betrachtet werden kann, auf den eine Dyname wirkt, deren Componenten auf den Coordinatenschrauben die Form haben $\eta''\eta_m + \lambda''\lambda_m$. Die Componente auf der Fundamentalschraube ω_m erzeugt also eine Translationsgeschwindigkeit

$$\frac{\eta''\eta_m + \lambda''\lambda_m}{M},$$

wenn M die Masse des Körpers bedeutet. Die Windungsgeschwindigkeit um ω_m findet sich hieraus durch Division mit p_m. Andererseits hat aber die Windungsgeschwindigkeit $\dot{\alpha}'$ um die Schraube α auf ω_m die Componente $\dot{\alpha}'\alpha_m$, sodass also wird

$$\dot{\alpha}'\alpha_m = \frac{\eta''\eta_m + \lambda''\lambda_m}{M . p_m}.$$

Multipliciren wir diese Gleichung mit p_m^2 und addiren die sechs

Gleichungen, welche den sechs Werthen von m entsprechen, und beachten ferner wieder, dass α und λ reciprok sind, so kommt

$$\dot{\alpha}' u_a^2 = \frac{\eta'' \varpi_{\eta a}}{M},$$

durch welche Gleichung also $\dot{\alpha}'$ bestimmt ist.

„Diese Gleichung zeigt also, dass die Windungsgeschwindigkeit, welche ein starrer Körper, der nur um eine gegebene Schraube eine Windung ausführen kann, unter dem Einfluss einer impulsiven Dyname annimmt, direct proportional ist dem Producte aus der Intensität der Dyname in den virtuellen Coefficienten beider Schrauben, und umgekehrt proportional dem Quadrate der Strecke u_a."

§ 11.

Die kinetische Energie, welche der Körper durch den Impuls erhält, kann aus der letzten Gleichung leicht gefunden werden, und zwar ist sie

$$T = M\dot{\alpha}'^2 u_a^2 = \frac{\eta''^2 \varpi_{\eta a}^2}{M u_a^2}.$$

„Die kinetische Energie eines starren Körpers, der nur um eine gegebene Schraube α gewunden werden kann, und auf den eine impulsive Dyname auf einer Schraube η einwirkt, ist direct proportional dem Producte aus dem Quadrate der Intensität der Dyname in das Quadrat der virtuellen Coefficienten beider Schrauben, umgekehrt proportional dem Quadrate der Strecke u_a."

§ 12.

Wenn der Körper völlig frei ist, so kann der Ausdruck für die kinetische Energie, welche ihm eine impulsive Dyname mittheilt, entweder aus § 3 entnommen, oder aus § 10, wenn dort $\lambda'' = 0$ gesetzt wird, hergeleitet werden. Die Componente der Dyname auf der Fundamentalschraube ω_m liefert zu der kinetischen Energie des Körpers den Beitrag

$$\frac{\eta''^2 \eta_m^2}{M}.$$

Die ganze kinetische Energie ist somit

$$\frac{\eta''^2}{M} \Sigma \eta_m^2,$$

was in der Form

$$\frac{\eta''^2}{M u_a^2} (u_a^2 \Sigma \eta_m^2)$$

geschrieben werden möge.

Dies ist also der Betrag an kinetischer Energie, welche der Körper unter dem Einfluss der gegebenen Impulsivdyname erlangt, wenn er sich frei bewegen, d. h. die Windungsschraube α frei auswählen kann. Wenn aber seine Bewegungsfreiheit beschränkt ist, d. h. wenn die Schraube α der Windung vorgeschrieben ist, so erlangt der Körper einen anderen Betrag kinetischer Energie, dessen Ausdruck im vorigen Paragraphen entwickelt ist. Die Differenz beider Beträge ist

$$\frac{\eta''^2}{M u_a^2} [u_a^2 \Sigma \eta_m^2 - (\Sigma p_m \alpha_m \eta_m)^2].$$

Es kann nun leicht der Nachweis geführt werden, dass die Grösse in der Klammer stets positiv ist. Zu dem Zwecke betrachten wir zunächst den zweiten Theil dieser Grösse. Setzen wir

$$p_\iota \alpha_\iota \beta_\iota \cdot p_\varkappa \alpha_\varkappa \beta_\varkappa = \pi_{\iota\varkappa},$$

so wird

$$(\Sigma p_m \alpha_m \beta_m)^2 = \Sigma\Sigma \pi_{\iota\varkappa} \qquad \binom{\iota = 1, 2, \ldots, 6}{\varkappa = 1, 2, \ldots, 6}$$

mit der Bedingung

$$\pi_{\iota\varkappa} = \pi_{\varkappa\iota}.$$

Andererseits ist

$$u_a^2 \Sigma \eta_m^2 = \Sigma\Sigma p_\iota^2 \alpha_\iota^2 \eta_\varkappa^2 = \Sigma\Sigma \pi'_{\iota\varkappa}. \qquad \binom{\iota = 1, 2, \ldots, 6}{\varkappa = 1, 2, \ldots, 6}$$

Dieser Ausdruck enthält 36 Glieder, der vorhin aufgestellte deren 21. Von diesen 57 Gliedern bleiben in der Differenz beider Ausdrücke nur 45 erhalten, da

$$\pi'_{\iota\iota} = \pi_{\iota\iota}.$$

Damit reducirt sich aber

$$u_a^2 \Sigma \eta_m^2 - (\Sigma p_m \alpha_m \beta_m)^2$$

auf

$$\Sigma\Sigma (\pi'_{\iota\varkappa} - 2\pi_{\iota\varkappa}),$$

wo nun bei der Bildung der Grössen $\pi_{\iota\varkappa}$ nur die Combinationen zu je zweien der Indices 1, 2, ..., 6, bei den Grössen $\pi'_{\iota\varkappa}$ aber die Variationen zu je zweien derselben Indices verwendet werden. Es wird also der betrachtete Ausdruck dargestellt als eine Summe von 15 Grössen

$$\pi'_{\iota\varkappa} - 2\pi_{\iota\varkappa} + \pi'_{\varkappa\iota},$$

d. h. als eine Summe von fünfzehn Quadraten der Form

$$(p_\iota \alpha_\iota \eta_\varkappa - p_\varkappa \alpha_\varkappa \eta_\iota)^2.$$

Da aber die sämmtlichen vorkommenden Grössen reell sind, so wird in der That

$$\frac{\eta''^2}{Mu_a^2} \Sigma\Sigma (p_\iota \alpha_\iota \eta_\varkappa - p_\varkappa \alpha_\varkappa \eta_\iota)^2$$

stets positiv sein.

Die Bedeutung dieses Ergebnisses ist die:

„Wenn auf einen zur Zeit t in Ruhe befindlichen starren Körper plötzlich eine impulsive Dyname einwirkt, so wird diese dem Körper, wenn er frei ist, einen grösseren Betrag kinetischer Energie ertheilen, als wenn der Körper gezwungen ist, seine Windung um eine bestimmte vorgegebene Schraube auszuführen."

§ 13.

Wenn eine Gruppe instantaner Schrauben zu einem Schraubensystem der n^{ten} Stufe gehören, dann ist leicht zu sehen, dass auch die Gruppe der zugehörigen impulsiven Schrauben zu einem System n^{ter} Stufe gehören. Denn wenn $n+1$ Windungsbewegungen um $n+1$ Schrauben äquivalent sind einer vollständig verschwindenden Windungsbewegung, d. h. einander neutralisiren, so müssen auch die $n+1$ zugehörigen impulsiven Dynamen im Gleichgewicht sein. Dieses letztere ist aber unmöglich, wenn nicht, wie behauptet, alle impulsiven Schrauben Glieder eines Schraubensystems der n^{ten} Stufe sind.

§ 14.

Es giebt einen auf Euler zurückzuführenden Satz, der als eine Verallgemeinerung des Satzes im § 12 dieses Kapitels angesehen werden kann. Diesen Satz sprechen wir in der Form aus:

„Wenn auf einen starren Körper mit Freiheit n^{ten} Grades eine impulsive Dyname wirkt, so wird der Körper mit einem grösseren Betrage an kinetischer Energie seine Bewegung beginnen, wenn er aus dem den Freiheitsgrad definirenden Schraubensystem P seine instantane Schraube frei auswählen kann, als wenn er seine Bewegung um eine beliebig vorgeschriebene Schraube dieses Systems ausführen muss.“

In der That, sei Q das reciproke Schraubensystem $(6-n)^{ter}$ Stufe, und P' dasjenige Schraubensystem n^{ter} Stufe, welches aus allen den impulsiven Schrauben besteht, denen, wenn der Körper frei wäre, die Schrauben des Systems P als instantane Schrauben entsprechen würden. Es entspricht also jedem Elemente von P' ein Element von P in eindeutiger Weise.

Ferner sei η eine beliebige Schraube, auf der eine impulsive Dyname auf den Körper wirkt. Diese Dyname zerlegen wir in sechs Componenten derart, dass n derselben auf irgend welchen n Schrauben des Systems P', die übrigen $6-n$ auf irgend welchen $6-n$ Schrauben des Systems Q wirken. Diese letzteren $6-n$ Componenten werden, wie bekannt, durch die aus den Bedingungen des Systems folgenden Widerstände vernichtet. Die anderen n setzen sich zusammen zu einer einzigen Dyname auf einer Schraube ζ, die dem Systeme P' angehört. Die gegebene Dyname kann daher durch diese Dyname auf ζ ersetzt werden.

Wenn nun der Körper frei wäre, so würde eine impulsive Dyname auf einer Schraube des Systems P' (also etwa auf ζ) nach unseren obigen Festsetzungen dem Körper eine Windungsbewegung um eine bestimmte instantane Schraube α ertheilen, die dem System P angehört. Die Voraussetzung der völligen Freiheit des Körpers trifft nun im vorliegenden Falle allerdings nicht zu, wohl aber ist der Körper frei, soweit Windungen um α in Betracht zu ziehen sind, da ja α ein Element des den Freiheitsgrad des Körpers definirenden Schraubensystems P ist. Es kann daher in der That, wie es von Herrn Ball geschieht, mit Rücksicht auf diesen speciellen Impuls auf ζ der Körper als völlig frei betrachtet werden, da eben, wie ausdrücklich nochmals hervorgehoben werden, die Schrauben ζ und α eindeutig von einander abhängen, wie im Falle des vollkommen freien Körpers.

Dann ist aber nach § 12 der Betrag kinetischer Energie, mit der der Körper die Bewegung um α beginnt, grösser als derjenige, bezüglich irgend einer anderen, vorgeschriebenen, Schraube β. Die Schraube α selber aber ist nicht vorgeschrieben, sondern kann von dem Körper frei gewählt werden; womit der aufgestellte Satz bewiesen ist.

Wir werden übrigens im nächsten Kapitel noch einmal hierauf zurückkommen.

§ 15.

Der Begriff der Schraubencoordinaten ist einer Erweiterung fähig, mit Hülfe deren die Untersuchungen über Körper mit Freiheit n^{ten} Grades sich sehr vereinfachen. Es ist schon gezeigt worden und mag hier wiederholt werden, dass man aus dem diese Freiheit definirenden Schraubensystem n^{ter} Stufe immer n Schrauben so auswählen kann, dass jede derselben zu allen übrigen $n-1$ reciprok ist (coreciprokes System). Man nehme aus dem zu dem System n^{ter} Stufe P reciproken System Q beliebige $6-n$ Schrauben, $B_1, \ldots, B_{6-n}$, und zu diesen eine beliebige Schraube A_1 des Systems P; dann ist also A_1 reciprok zu den Schrauben B. Dann suche man eine Schraube A_2, welche reciprok ist zu $B_1, B_2, \ldots, B_{6-n}, A_1$; ferner eine Schraube A_3, welche reciprok ist zu $B_1, B_2, \ldots, B_{6-n}, A_1; A_2$; und fahre so fort, bis man zu einer Schraube A_n gelangt die reciprok ist zu $6-n+n-1$, d. h. 5 Schrauben $B_1, B_2, \ldots, B_{6-n}, A_1, A_2, \ldots, A_{n-1}$. Dann haben nach dem in Anwendung gebrachten Verfahren die Schrauben $A_1, A_2, \ldots, A_n$ offenbar die verlangte Eigenschaft, ein reciprokes System zu bilden.

Es mag hier noch gleich bemerkt werden, dass es stets möglich ist, eine einzige Schraube aus einem System n^{ter} Stufe P so zu bestimmen, dass sie zu $n-1$ gegebenen Schrauben desselben Systems reciprok ist. Denn man nehme noch $6-n$ Schrauben des reciproken Systems Q, dann ist die gesuchte Schraube A reciprok zu $6-n+n-1=5$ gegebenen Schrauben, kann also nach Früherem stets eindeutig construirt werden.

Um nun die Coordinaten einer Schraube α zu bestimmen, welche einem Schraubensystem P der n^{ten} Stufe angehört, wollen wir die Festsetzung treffen, dass n von den 6 Coordinatenschrauben n coreciproke Schrauben des Systems sein sollen.

In diesem Falle verschwinden also $6-n$ von den 6 Coordinaten $\alpha_1, \alpha_2, \ldots, \alpha_6$ der Schraube α, welche dem System n^{ter} Stufe angehört. Somit können wir also für die Schraubencoordinaten folgende allgemeinere Definition aufstellen, in der die frühere schon enthalten ist:

„Als Coordinaten einer Schraube α, welche einem Schraubensystem n^{ter} Stufe P angehört, werden die nach n coreciproken Schrauben genommenen Componenten einer Dyname genommen, welche auf α wirkt und deren Intensität gleich der Einheit ist."

Der Parameter von α wird hiernach

$$p_\alpha = p_1\alpha_1^2 + p_2\alpha_2^2 + \cdots + p_n\alpha_n^2$$

und der virtuelle Coefficient zweier solcher Schrauben α und β

$$2\varpi_{\alpha\beta} = 2(p_1\alpha_1\beta_1 + p_2\alpha_2\beta_2 + \cdots + p_n\alpha_n\beta_n).$$

§ 16.

Es ist sehr bemerkenswerth, dass eine Dyname, welche auf einer beliebigen Schraube auf einen starren Körper mit Freiheit n^{ten} Grades wirkt, stets durch eine Dyname ersetzt werden kann, welche auf einer dem die Freiheit des Körpers definirenden System P, n^{ter} Stufe angehörenden Schraube liegt.

Denn man zerlege die gegebene Dyname nach sechs Schrauben, die so gewählt sind, dass n derselben dem System P, und $6-n$ Schrauben dem reciproken System Q angehören. Dann werden die letzteren $6-n$ Componenten wieder durch die Reactionen vernichtet, und die n Dynamen auf den n Schrauben von P setzen sich zusammen zu einer Dyname auf einer Schraube, die ebenfalls dem System n^{ter} Stufe P angehört.

Die so gefundene Dyname auf einer Schraube des Systems P, durch welche also die gegebene Dyname auf der beliebigen Schraube äquivalent ersetzt wird, heisst die Reducirte der gegebenen Dyname oder kurz die reducirte Dyname.

Es ist zu beachten, dass die reducirte Dyname aus der gegebenen zwar stets in bestimmter Weise hergeleitet werden kann, dass das umgekehrte Problem aber unbestimmt ist.

Man kann, was aber im Grunde mit dem Obigen identisch ist, die reducirte Dyname aus der gegebenen auch dadurch herleiten, dass man letztere zerlegt in zwei Dynamen, deren eine auf einer Schraube von P, während die andere auf einer Schraube von Q wirkt. Die erstgefundene Dyname ist dann eben die reducirte Dyname. Wie man sieht ist dies Verfahren nichts weiter als eine Zusammenfassung des Obigen.

§ 17.

Die n Hauptträgheitsschrauben eines Körpers mit Freiheit n^{ten} Grades sind ein solches System von n Schrauben, wie es in § 15 als Coordinatensystem aufgestellt wurde. Unter der Annahme dieses Systems wollen wir nun auch für einen nicht freien Körper die Beziehungen zwischen einer impulsiven und der zugehörigen instantanen Schraube ermitteln. Diese Untersuchung wird in einfacher Weise möglich durch die Einführung der einer gegebenen Impulsivdyname äquivalenten reducirten Dyname. Dieselbe wirke auf der Schraube η und ihre Coordinaten seien also $\eta_1'', \eta_2'', \ldots, \eta_n''$. Die Coordinaten der entsprechenden Windung werden mit $\dot{\alpha}_1', \dot{\alpha}_2', \ldots, \dot{\alpha}_n'$ bezeichnet. Beachtet man nun die Eigenschaft der Hauptträgheitsschrauben und bezeichnet mit $u_1, u_2, \ldots, u_n$ die Werthe der Grösse u für diese Schrauben, so ergiebt sich nach § 10 dieses Kapitels:

$$\dot{\alpha}_\varkappa' u_\varkappa^2 = \frac{\eta_\varkappa'' p_\varkappa}{M},$$

indem nämlich, wenn mit $\xi_\varkappa$ die $\varkappa^{\text{te}}$ Coordinatenschraube bezeichnet wird, der a. a. O. auftretende virtuelle Coefficient $\varpi_{\eta\alpha}$ hier $\varpi_{\xi_\varkappa \xi_\varkappa}$, d. h. gleich $p_\varkappa$ wird. Da nun $\dot{\alpha}_\varkappa' = \dot{\alpha}'\alpha_\varkappa$, $\eta_\varkappa'' = \eta''\eta_\varkappa$, so haben wir folgenden allgemeinen Satz, der für $n = 6$ in den des § 3 übergeht:

„Wenn ein starrer Körper mit Freiheit n^{ter} Stufe unter der Einwirkung einer impulsiven Dyname eine Windung um eine Schraube α ausführt, deren Coordinaten in Bezug auf die Hauptträgheitsschrauben $\alpha_1, \alpha_2, \ldots, \alpha_n$

sind, und wenn $p_1, p_2, \ldots, p_n$ die Parameter und $u_1, u_2, \ldots, u_n$ die Werthe der Grösse u für diese Schrauben sind, so sind die Coordinaten der reducirten impulsiven Dyname proportional den Grössen

$$\frac{u_1^2 \alpha_1}{p_1}, \quad \frac{u_2^2 \alpha_2}{p_2}, \quad \ldots, \quad \frac{u_n^2 \alpha_n}{p_n}.\text{“}$$

§ 18.

Sei T die kinetische Energie eines Körpers von der Masse M und mit Freiheit n^{ten} Grades, wenn derselbe um eine Schraube α eine Windung mit der Windungsgeschwindigkeit $\dot{\alpha}'$ ausführt. Die Windung zerlegen wir nach irgend welchen n conjugirten Trägheitsschrauben. Die Windungsgeschwindigkeiten der Componenten seien $\dot{\alpha}'_1, \dot{\alpha}'_2, \ldots, \dot{\alpha}'_n$. Die angeführten Schrauben sind also im Allgemeinen nicht coreciprok, sondern nur dann, wenn sie die Hauptträgheitsschrauben des Körpers sind. Die kinetische Energie T wird sich dann als Summe von n Einzelbeträgen kinetischer Energie darstellen, welche sich auf die resp. componirenden Windungsbewegungen beziehen. Danach wird also sein

$$T = Mu_1^2 \dot{\alpha}_1'^2 + Mu_2^2 \dot{\alpha}_2'^2 + \cdots + Mu_n^2 \dot{\alpha}_n'^2.$$

Sie ist aber auch $= Mu_\alpha^2 \dot{\alpha}'^2$, daher

$$u_\alpha^2 = u_1^2 \alpha_1^2 + u_2^2 \alpha_2^2 + \cdots + u_n^2 \alpha_n^2.$$

§ 19.

„Sind $\alpha_1, \alpha_2, \ldots, \alpha_n$; $\beta_1, \beta_2, \ldots, \beta_n$ die Coordinaten irgend zweier zu einem Schraubensystem n^{ter} Stufe gehörigen Schrauben, bezogen auf irgend welche n conjugirte Trägheitsschrauben, mögen diese nun coreciprok oder nicht sein, welche aber zu demselben System n^{ter} Stufe gehören, dann ist die Bedingung, dass die Schrauben α und β conjugirte Trägheitsschrauben sein sollen, dargestellt durch die Gleichung

$$u_1^2 \alpha_1 \beta_1 + u_2^2 \alpha_2 \beta_2 + \cdots + u_n^2 \alpha_n \beta_n = 0.\text{“}$$

Zum Beweise seien $A_1, A_2, \ldots, A_k, \ldots, A_n$ die angenommenen n Coordinatenschrauben. Ferner seien $A_{k,1}, A_{k,2}, \ldots, A_{k,6}$ die sechs Coordinaten der Schraube A_k, wenn zu Coordinatenschrauben jetzt diejenigen gewählt werden, welche im Falle vollkommener Freiheit des Körpers dessen Hauptträgheitsschrauben wären. Dann sind, bezogen auf die eben zuletzt genannten Schrauben, die sechs Coordinaten von α

$$\begin{array}{c} A_{1,1}\alpha_1 + A_{2,1}\alpha_2 + \cdots + A_{n,1}\alpha_n \\ \vdots \quad\quad \vdots \quad\quad \vdots \quad\quad \vdots \\ A_{1,6}\alpha_1 + A_{2,6}\alpha_2 + \cdots + A_{n,6}\alpha_6, \end{array}$$

und analoge Ausdrücke ergeben sich für die Coordinaten von β. Die Bedingung, dass α und β conjugirte Trägheitsschrauben seien, ergiebt sich nun aus § 4 in der Form

$$\sum_k p_k^2 (A_{1,k}\alpha_1 + A_{2,k}\alpha_2 + \cdots + A_{n,k}\alpha_n)(A_{1,k}\beta_1 + A_{2,k}\beta_2 + \cdots + A_{n,k}\beta_n) = 0.$$
$$(k = 1, 2, \ldots, 6)$$

Setzt man nun

$$p_1^2 A_{k,1}^2 + p_2^2 A_{k,2}^2 + \cdots + p_6^2 A_{k,6}^2 = u_k^2$$

und beachtet, dass, da die Schrauben A_1, A_2, ..., A_n conjugirte Trägheitsschrauben sind, alle die Summen, wie

$$\sum_k p_k^2 A_{h,k} A_{i,k}$$

verschwinden, so erhalten wir in der That als Bedingung dafür, dass auch α und β conjugirte Trägheitsschrauben seien, die Gleichung

$$u_1^2 \alpha_1 \beta_1 + u_2^2 \alpha_2 \beta_2 + \cdots + u_n^2 \alpha_n \beta_n = 0.$$

Kapitel X.

Von der kinetischen Energie.

§ 1.

Wenn ein starrer Körper sich in Bewegung befindet und im Momente t einen Impuls erhält, so setzt sich die Geschwindigkeit des Körpers im Momente $t + dt$, also unmittelbar nach dem Impuls zusammen aus der zur Zeit $t - dt$, also unmittelbar vor dem Impuls bestehenden Geschwindigkeit und derjenigen, welche aus dem Impuls hervorgeht. Diese letztere Geschwindigkeit kann daher auch dargestellt werden als die geometrische Differenz der Geschwindigkeiten des Körpers unmittelbar nach und unmittelbar vor dem Impuls. Die Componenten der erstgenannten Geschwindigkeit seien u', v', w'; die der zweiten u, v, w. Dann ist die Gleichung des d'Alembert'schen Princips

$$\Sigma m((u'-u)\delta x+(v'-v)\delta y+(w'-w)\delta z) = \Sigma X\delta x+Y\delta y+Z\delta z.$$

Dieser Gleichung lassen sich nun zunächst drei verschiedene Formen geben. Denn da die Grössen δx, δy, δz virtuelle Verrückungen bedeuten, so ist die Gleichung jedenfalls auch richtig, wenn diese Grössen durch die wirklich stattfindenden, actuellen, Verrückungen dx', dy', dz'; dx, dy, dz, welche den Momenten unmittelbar nach und unmittelbar vor dem Impulse entsprechen, ersetzt werden. Wenn wir dann noch $dx' = \frac{dx'}{dt}dt = u'dt$, ... u. s. w., $dx = \frac{dx}{dt}dt = udt$, ... u. s. w. setzen und endlich im allgemeinen Fall $\delta x''$, $\delta y''$, $\delta z''$ statt δx, δy, δz schreiben und wieder $\delta x'' = \frac{dx''}{dt}dt = u''dt$, ..., u. s. w. setzen, so erhalten wir, wenn der Factor dt weggelassen wird, folgende drei Gleichungen

$$\Sigma m((u'-u)u\ \ +(v'-v)v\ \ +(w'-w)w\ \ ) = \Sigma Xu\ \ +Yv\ \ +Zw,$$
$$\Sigma m((u'-u)u'\ +(v'-v)v'\ +(w'-w)w'\ ) = \Sigma Xu'\ +Yv'\ +Zw',$$
$$\Sigma m((u'-u)u''+(v'-v)v''+(w'-w)w'') = \Sigma Xu''+Yv''+Zw'',$$

wo also die dritte Gleichung dieselbe allgemeine Gleichung des d'Alembert'schen Princips ist, wie oben, während die beiden ersten specielle Anwendungen darstellen.

Man könnte nun diese beliebige durch (u'', v'', w'') charakterisirte Bewegung auch als die wirkliche ansehen, wodurch dann die beiden anderen zu virtuellen Variationen derselben würden. Die Bewegung (u'', v'', w'') kann dann als Folge bestimmter Impulse (X'', Y'', Z'') betrachtet werden und es lassen sich somit noch drei weitere Gleichungen aufstellen, die aus den obigen hervorgehen, wenn in diesen (u', v', w') mit (u'', v'', w'') und (X, Y, Z) mit (X'', Y'', Z'') vertauscht werden.

§ 2.

Die im vorigen Paragraphen angenommene Form der Gleichungen eines starren, von Impulsivkräften beeinflussten Systems ist ganz besonders geeignet zur Herleitung einer Reihe wichtiger Sätze über die kinetische Energie und insbesondere zur Darstellung des Gauss'schen Princips des kleinsten Zwanges.

Betrachten wir nun ein bereits in Bewegung begriffenes System, dessen kinetische Energie zu einem bestimmten Zeitpunkte gleich T sei. In diesem Momente wirken eine Reihe neuer Impulse auf das System, welche ihm die kinetische Energie T' mittheilen. In gleicher Weise möge T'' die kinetische Energie des Systems bedeuten, herrührend von Impulsen, welche dem System irgend eine mögliche, mit seinen Bedingungen vereinbare Bewegung ertheilen. Die erste Reihe von Impulsen werde kurz mit J', die zweite mit J'' bezeichnet. Wir wollen nun die aus J' und J'' jedesmal folgenden Bewegungen relativ zur anfänglichen Bewegung betrachten und die zugehörigen Beträge kinetischer Energie bestimmen.

Die Bewegung eines Systems relativ zu einer gegebenen Bewegung ist aber bekanntlich in jedem Momente die Resultante aus dieser gegebenen Bewegung und einer Bewegung, welche der wirklichen Bewegung des Systems entgegengesetzt gleich ist.

Die aus den Kräften J' folgende Bewegung des Systems relativ zur anfänglichen findet daher statt mit den Geschwindigkeiten $(u-u'; v-v'; w-w')$, wenn (u, v, w), (u', v', w') die Geschwindigkeit eines Systempunktes m resp. in der anfänglichen und in der von den J' herrührenden Bewegung des Systems bezeichnen. Ebenso ist $(u-u''; v-v''; w-w'')$ die Geschwindigkeit eines Systempunktes bei der aus J'' folgenden Bewegung relativ zur anfänglichen. Endlich hat $(u'-u''; v'-v''; w'-w'')$ die analoge Bedeutung, wenn die aus J'' folgende Bewegung relativ zu der aus J'' folgenden betrachtet wird. Die diesen drei relativen Bewegungen zukommenden Beträge an kinetischer Energie bezeichnen wir der Reihe nach durch $T_{0,1}$, $T_{0,2}$, $T_{1,2}$. Es ist dann

$$2T_{0,1} = \Sigma m((u-u')^2+(v-v')^2+(w-w')^2)$$
$$= 2T+2T'-2\Sigma m(uu'+vv'+ww'),$$
$$\Sigma m(uu'+vv'+ww') = T+T'-T_{0,1}$$

und ganz ebenso erhalten wir die beiden anderen Gleichungen

$$\Sigma m(u\,u''+v\,v''+w\,w'') = T+T''-T_{0,2},$$
$$\Sigma m(u'u''+v'v''+w'w'') = T'+T''-T_{1,2}.$$

Diese verschiedenen Grössen T werden in Verbindung gebracht mit den gegebenen Impulsivkräften, wenn man die im vorigen Paragraphen gegebenen Darstellungen des d'Alembert'schen Princips entwickelt. Man erhält so

$$\Sigma Xu +Yv +Zw = T'-T-T_{0,1},$$
$$\Sigma Xu' +Yv' +Zw' = T'-T+T_{0,1},$$
$$\Sigma Xu''+Yv''+Zw'' = T'-T-T_{1,2}+T_{0,2}.$$

Die verbale Darstellung dieser Gleichungen ist einfach genug, um dem Leser überlassen bleiben zu können. Addiren wir die beiden ersten Gleichungen, so kommt

$$T'-T = \Sigma\left(X\frac{u+u'}{2}+Y\frac{v+v'}{2}+Z\frac{w+w'}{2}\right),$$

d. h.:

„Wenn auf ein in Bewegung begriffenes System eine Reihe von Impulsen einwirken, so ist die hierdurch hervorgerufene Aenderung der kinetischen Energie gleich der Summe der Producte, welche man bildet aus jeder Kraftcomponente in das arithmetische Mittel der mit ihr gleich gerichteten Geschwindigkeitscomponenten, welche ihr Angriffspunkt vor und nach dem Impuls besitzt."

Subtrahiren wir die erste von der zweiten Gleichung, so kommt

$$T_{0,1} = \Sigma\left(X\frac{u'-u}{2}+Y\frac{v'-v}{2}+Z\frac{w'-w}{2}\right),$$

d. i.:

„Werden einem in Bewegung begriffenen System eine Reihe von Impulsen ertheilt, so ist die kinetische Energie der so hervorgerufenen Bewegung, wenn diese relativ zur anfänglichen Bewegung betrachtet wird, gleich der halben Summe der geometrischen Producte aus jeder Kraft in die geometrische Differenz der Geschwindigkeiten ihres Anfangspunktes vor und nach dem Impuls."

Der Ausdruck „geometrisches Product" ist bereits früher erklärt worden. Bezeichnen wir die Resultante von X, Y, Z durch

R, diejenige der Geschwindigkeiten (u, v, w) mit g, diejenige von (u', v', w') mit g', so ist zunächst die Resultante von $(u'-u; v'-v; w'-w)$ darzustellen durch

$$\overline{g'-g},$$

nämlich als geometrische Differenz von g' und g. Wir wollen diese Grösse kurz durch V bezeichnen, so ist in der That das geometrische Product von R und V

$$\overline{RV} = RV\cos(R, V) = X(u'-u) + Y(v'-v) + Z(w'-w),$$

also auch, wie im Satze ausgesprochen,

$$T_{0,1} = \tfrac{1}{2}\Sigma(\overline{RV}).$$

Mit Aufnahme des Begriffs des geometrischen Products kann der erste Satz auch so ausgesprochen werden:

„Die Aenderung in der kinetischen Energie eines bewegten Systems, welche durch einen gegebenen Impuls hervorgerufen wird, ist gleich der halben Summe der geometrischen Producte jeder einzelnen der Kräfte, aus denen der Impuls sich zusammensetzt, in die geometrische Summe der Geschwindigkeiten ihres Anfangspunktes vor und nach dem Impuls."

Wenn die Bewegung mit den Geschwindigkeiten (u'', v'', w''), welche dem Impuls J'' entspricht, so gewählt ist, dass die in ihr von den Kräften geleistete Arbeit gleich ist der bei der Bewegung (u, v, w) geleisteten Arbeit, so folgt aus den drei Fundamentalgleichungen dieses Paragraphen

$$T_{0,2} = T_{0,1} + T_{1,2}.$$

„Wenn auf ein bewegtes System gegebene Impulsivkräfte, die wir unter den Zeichen J zusammenfassen, wirken, und wenn die nach dem Impuls J stattfindende Bewegung relativ zur anfänglichen betrachtet wird, so ist, falls bei der von J direct erzeugten Bewegung in dem Zeitelemente dt gleichviel Arbeit geleistet wird, wie bei der ursprünglichen Bewegung, die kinetische Energie in der relativen Bewegung grösser, als wenn dies nicht der Fall ist."

Wenn das System sich in Ruhe befand zu der Zeit, als ihm der Impuls ertheilt wurde, so ist

$$T = 0, \quad T_{0,1} = T', \quad T_{0,2} = T'',$$

und somit

$$T'' = T' + T_{1,2}.$$

Diese Gleichung ist ein Ausdruck für den in § 14 des vorigen Kapitels gefundenen und dort, nach Sir W. Thomson, auf Euler zurückgeführten Satz.

Im Zusammenhange unserer jetzigen Untersuchungen sprechen wir diesen Satz so aus:

„Wenn ein in Ruhe befindlicher starrer Körper durch Impulsivkräfte so in Bewegung gesetzt wird, dass die Punkte des Körpers *vorgeschriebene* Wege durchlaufen, so ist die kinetische Energie des Körpers bei einer solchen Bewegung *geringer*, als bei jeder anderen möglichen Bewegung des Körpers, bei der seine Punkte *dieselben* Wege, aber *frei*, *ohne* dass diese *vorgeschrieben* wären, durchlaufen."

Durch diesen Satz wird die Aufsuchung der wirklichen Bewegung des Körpers aus der Reihe der möglichen zu einem einfachen Problem des Maximums oder Minimums.

§ 3.

Die Gleichungen der Bewegung eines starren Körpers in ihrer Abhängigkeit von den im vorigen Paragraphen eingeführten Impulsen J'' sind nach § 1

$$\begin{aligned}
\Sigma X''u + Y''v + Z''w &= T'' - T - T_{0,2},\\
\Sigma X''u'' + Y''v'' + Z''w'' &= T'' - T + T_{0,2},\\
\Sigma X''u' + Y''v' + Z''w' &= T'' - T - T_{1,2} + T_{0,1}.
\end{aligned}$$

Wenn nun die von J'' herrührende Bewegung (u'', v'', w'') so gewählt ist, dass während derselben von den Kräften J dieselbe Arbeit geleistet wird, wie von den Kräften J'', sodass also

$$\Sigma X''u'' + Y''v'' + Z''w'' = \Sigma Xu' + Yv' + Zw',$$

so folgt aus der zweiten der obigen Gleichung und der dritten der analogen Gruppe des vorigen Paragraphen

$$T'' + T_{1,2} = T'.$$

Als inneren Grund für das Bestehen dieser Gleichung oder vielmehr der unmittelbar vorhergehenden, aus der sie fliesst, können wir uns denken, dass die Bewegungen (u'', v'', w'') und (u', v', w') sich nur dadurch unterscheiden, dass für eine derselben, etwa für die erstere, noch gewisse Bedingungsgleichungen bestehen, welche für die andere Bewegung nicht stattfinden, sodass also die Kräfte J'' oder (X'', Y'', Z'') sich von den Kräften J oder (X, Y, Z) nur durch gewisse Reactionen unterscheiden, welche dann bei der Bewegung (u'', v'', w'') keine Arbeit leisten (Kap. VIII). Damit erhalten wir folgenden, von Bertrand in seiner Ausgabe von Lagrange's Mécanique analytique als Verallgemeinerung eines Lagrange'schen Theorems aufgestellten Satz:

„Wenn auf einen bewegten starren Körper ein System von Impulsivkräften wirkt, so ist die kinetische Energie des Körpers bei der nachher erlangten Bewegung grösser, wenn der Körper frei ist, als wenn er gewissen seine Bewegungen beschränkenden Bedingungen unterworfen ist und dieselben Impulsivkräfte auf ihn wirken."

Auch diesen Satz haben wir übrigens schon im vorigen Kapitel kennen gelernt.

Fassen wir den Euler-Thomson'schen Satz und den von Bertrand zusammen, so ergiebt sich also:

„Sind die Bewegungen der Punkte eines starren Körpers vorgeschrieben, so findet man die wirklich vom Körper ausgeführte Bewegung des Körpers, indem man die kinetische Energie zu einem *Minimum* macht. Sind dagegen die auf einen freien Körper wirkenden Impulse gegeben, so wird man beliebige unbestimmte Bedingungsgleichungen einführen und die wirkliche Bewegung des Körpers finden, wenn man dann die kinetische Energie zu einem *Maximum* macht."

§ 4.

Von der Betrachtung der einer relativen Bewegung entsprechenden kinetischen Energie kann man leicht zu einem von Gauss aufgestellten Princip gelangen.

Ein Punkt P eines starren Körpers wird, wenn der Körper

frei ist, unter der Einwirkung eines auf den Körper wirkenden Systems von Impulsivkräften in der unendlich kleinen Zeit dt einen Weg PQ durchlaufen. Ist der Körper aber irgend welchen seine Bewegung beschränkenden Bedingungen unterworfen, so wird der Punkt P in der Zeit dt nicht nach Q, sondern nach irgend einen andern Punkt R gelangen. Die Strecke QR oder die geometrische Differenz der Strecke PQ und PR könnte dann in Analogie mit einem in Kapitel I gebrauchten Ausdruck als der „verloren gegangene Weg" des Punktes P bezeichnet werden. Dies ist aber nicht gebräuchlich. Dagegen hat Gauss für die Summe

$$\Sigma m \overline{QR}^2,$$

wo m die Masse des Systempunktes P bedeutet, einen besonderen Namen eingeführt und zwar hat er diese Grösse als das „Maass des Zwanges" eines unfreien starren Körpers bezeichnet. Man spricht auch wohl kurz von dem Zwange eines Körpers und meint dann die eben definirte Grösse.

Es ist also QR die geometrische Differenz der Strecken PQ und PR. Seien nun in Bezug auf ein rechtwinkliges Parallelcoordinatensystem xyz die Coordinaten von Q und x', y', z' die von R, so ist das Maass des Zwanges

$$F = \Sigma m((dx - dx')^2 + (dy - dy')^2 + (dz - dz')^2).$$

Statt dieses Ausdruckes kann auch sein Verhältniss zu dt^2 als Maass des Zwanges angesehen werden, sodass ist

$$F = \Sigma m((u' - u)^2 + (v' - v)^2 + (w' - w)^2).$$

Und in dieser Form kann der Ausdruck nun dazu dienen, um, gestützt auf die Ergebnisse des vorigen Paragraphen, einen Satz zu entwickeln, den Gauss als ein Princip der Dynamik aufgestellt hat (Journal f. Mathem. Bd. IV. 1829).

Es möge also ein starres, beliebigen Bedingungen unterworfenes, System gegeben sein. Dieses System möge ferner unter der Wirkung gegebener Impulse eine Bewegung annehmen, deren kinetische Energie wir mit $2T'$ bezeichnen wollen. Neben dieser wirklich stattfindenden Bewegung betrachten wir noch zwei andere, nämlich erstens eine hypothetische, virtuelle, Bewegung, die mit den gegebenen Bedingungen vereinbar ist, die wir uns aber zu Stande kommend denken als in Folge des Hinzutretens weiterer Bedingungen.

Die kinetische Energie bei dieser hypothetischen Bewegung sei $2T''$. Zweitens betrachten wir noch die Bewegung, welche das gegebene starre System unter Wirkung der gegebenen Impulse annehmen würde, wenn es völlig frei wäre, und bezeichnen die entsprechende kinetische Energie mit $2T'''$.

Dann haben wir nach Bertrand's Satz, wenn den dort eingeführten Begriffen und Bezeichnungen analoge auch hier verwandt werden:

$$T' = T'' + T_{1,2},$$
$$T''' = T' + T_{1,3},$$
$$T''' = T'' + T_{2,3},$$

da erstens die wirkliche Bewegung einen grösseren Grad von Freiheit besitzt, als die hypothetische, und ferner die wirkliche sowohl wie die hypothetische Bewegung weniger frei sind als die völlig freie. Aus diesen Gleichungen folgt die Relation

$$T_{1,3} = T_{2,3} - T_{1,2}.$$

Es ist nun aber nach Obigem $T_{1,3}$ das Maass des Zwanges der wirklichen Bewegung und $T_{2,3}$ dasjenige der virtuellen, sodass wir den Satz haben:

„Die Bewegung, welche ein starres System unter der Einwirkung gegebener Impulse wirklich annimmt, ist so beschaffen, dass das Maass des Zwanges für sie kleiner ist, als für jede andere ebenfalls mit den Bedingungen des starren Systems vereinbare Bewegung."

Wenn wir jeden der gegebenen Impulse unendlich klein werden lassen, so geht das System der Impulse über in ein System von Kräften erster Ordnung. Der eben angeführte Satz behält aber auch dann seine Gültigkeit und kann nunmehr mit Gauss als Princip des kleinsten Zwanges allgemein so ausgesprochen werden:

„Die Bewegung eines starren, irgend welchen Bedingungen unterworfenen, Systems erfolgt stets in möglichster Uebereinstimmung mit der freien Bewegung, oder unter kleinstem Zwang; wenn der Zwang der Bewegung eines starren Systems in der obigen Weise gemessen wird. d. h. im Wesentlichen, abgesehen von einem beliebigen constanten Factor, durch die Summe der Quadrate der Abweichungen eines jeden Systempunktes von dem Orte, den er bei der freien Bewegung in dem betrachteten Zeitmomente annähme, jedes Quadrat multiplicirt mit der Masse des betreffenden Punktes."

Bezeichnen wir die Abweichung des wahren Ortes eines Systempunktes von denjenigen, den er bei der freien Bewegung annähme, kurz durch δ, so lässt sich das Princip also so darstellen:

$$[m\delta\delta] = \text{Minimum},$$

wenn wir uns der in der Ausgleichungsrechnung üblichen Schreibweise bedienen, wonach $[m\delta\delta] = \Sigma m\delta^2$ ist. Es ist aber

$$[m\delta\delta] = \text{Minimum}$$

auch die fundamentale Bedingung, welche der Ausgleichung von Beobachtungen zu Grunde gelegt wird, deren Fehler, d. h. Abweichungen von der Wahrheit, durch die δ bezeichnet werden und denen die resp. Gewichte m zukommen. Man kann auf Grund dieser Analogie zwischen dem mechanischen und dem Ausgleichsprincip geradezu sagen, dass die verschiedenen für jeden Punkt eines starren Systems möglichen Bewegungen dadurch untereinander und mit den Bedingungen des Systems vereinbar gemacht werden, dass man die Abweichungen der Punkte von ihren Lagen bei der freien Bewegung nach der Methode der kleinsten Quadrate bestimmt und dabei der Position jedes Punktes (als Beobachtung betrachtet) die Masse dieses Punktes als Gewicht zuertheilt.

Es ist leicht, aus der obigen Minimumsgleichung das d'Alembert'sche Princip herzuleiten, wenn man für die Grössen δ ihre wirklichen Ausdrücke einsetzt. Ebenso kann man auch direct von d'Alembert's Princip zu dem von Gauss gelangen. Die Durchführung dieser einfachen Betrachtungen kann aber hier wohl unterlassen werden.

§ 5.

Im Zusammenhange dieses Kapitels, in dem wir uns wiederholt mit den Fundamentalgleichungen der Mechanik beschäftigt haben, scheint uns auch der richtige Ort zu sein für diejenige Darstellung dieser Gleichungen, welche von Lagrange herrührt und als zweite Lagrange'sche Form der Bewegungsgleichungen bezeichnet wird. Für Impulsivkräfte ist dieser Gegenstand schon im vorigen Kapitel erledigt worden. Wir werden unsere Betrachtungen hier also sofort auf Kräfte erster Ordnung richten. Dabei sei bemerkt, dass zunächst gar keine einschränkende Voraussetzung über die physische Natur dieser Kräfte soll gemacht werden. Es wird also namentlich die Gültigkeit unserer Ergebnisse nicht etwa nur auf conservative Systeme beschränkt sein, sondern volle Allgemeinheit besitzen. Für conservative Systeme vereinfachen sich die Herleitungen zwar, wir ziehen aber vor, die betr. Resultate aus dem allgemeinen Fall abzuleiten.

Wir gehen aus von den im I. Kapitel entwickelten Lagrange'schen Gleichungen (I. Form) für ein durch n Punkte gegebenes starres System, dessen Bewegung durch m Bedingungsgleichungen modificirt werden. Diese Gleichungen haben für einen beliebigen der Systempunkte die Form

$$m_\iota x_\iota'' = X_\iota + \lambda \frac{\partial f}{\partial x_\iota} + \mu \frac{\partial \varphi}{\partial x_\iota} + \cdots$$

$$m_\iota y_\iota'' = Y_\iota + \lambda \frac{\partial f}{\partial y_\iota} + \mu \frac{\partial \varphi}{\partial y_\iota} + \cdots$$

$$m_\iota z_\iota'' = Z_\iota + \lambda \frac{\partial f}{\partial z_\iota} + \mu \frac{\partial \varphi}{\partial z_\iota} + \cdots,$$

wo der Einfachheit halber für die zweiten Differentialquotienten der Coordinaten $\frac{d^2 x_\iota}{dt^2}$, $\frac{d^2 y_\iota}{dt^2}$, $\frac{d^2 z_\iota}{dt^2}$ die Lagrange'sche Schreibweise x_ι'', y_ι'', z_ι'' benutzt ist.

$$f = 0, \quad \varphi = 0, \quad \ldots$$

sind die m Bedingungsgleichungen, von denen vorausgesetzt wird, dass sie die Zeit t nicht explicite enthalten; λ, μ, ... sind unbestimmte Multiplicatoren. Infolge des Bestehens der Bedingungsgleichungen sind die $3n$ Coordinaten x, y, z der n Systempunkte nicht alle von einander unabhängig, sondern können als Functionen von $k = 3n - m$ Grössen q_1, q_2, ..., q_k dargestellt werden. Die Bedingungsgleichungen werden dann identisch Null, wenn in ihnen die Grössen x, y, z durch die Grössen q ausgedrückt werden.

Denken wir uns also die Coordinaten der Punkte durch die q ausgedrückt, so wird

$$\delta x_\iota = \sum_s \frac{\partial x_\iota}{\partial q_s}\delta q_s, \quad \delta y_\iota = \sum_s \frac{\partial y_\iota}{\partial q_s}\delta q_s, \quad \delta z_\iota = \sum_s \frac{\partial z_\iota}{\partial q_s}\delta q_s.$$

$$s = 1, 2, \ldots, k.$$

Multipliciren wir dann die obigen Gleichungen der Reihe nach mit δx_ι, δy_ι, δz_ι und summiren durch das ganze System der n dreigliedrigen Gruppen solcher Gleichungen hindurch, so wird

$$\sum_s \sum_\iota m_\iota \left(x_\iota'' \frac{\partial x_\iota}{\partial q_s} + y_\iota'' \frac{\partial y_\iota}{\partial q_s} + z_\iota'' \frac{\partial z_\iota}{\partial q_s}\right)\delta q_s$$
$$= \sum_s \sum_\iota \left(X_\iota \frac{\partial x_\iota}{\partial q_s} + Y_\iota \frac{\partial y_\iota}{\partial q_s} + Z_\iota \frac{\partial z_\iota}{\partial q_s}\right)\delta q_s$$

oder

$$\sum_s \delta q_s \left\{\sum_\iota m_\iota \left(x_\iota'' \frac{\partial x_\iota}{\partial q_s} + y_\iota'' \frac{\partial y_\iota}{\partial q_s} + z_\iota'' \frac{\partial z_\iota}{\partial q_s}\right)\right\}$$
$$= \sum_s \delta q_s \left\{\sum_\iota \left(X_\iota \frac{\partial x_\iota}{\partial q_s} + Y_\iota \frac{\partial y_\iota}{\partial q_s} + Z_\iota \frac{\partial z_\iota}{\partial q_s}\right)\right\}$$
$$= \sum_s Q_s \delta q_s,$$

wenn

$$Q_s = \sum_\iota \left(X_\iota \frac{\partial x_\iota}{\partial q_s} + Y_\iota \frac{\partial y_\iota}{\partial q_s} + Z_\iota \frac{\partial z_\iota}{\partial q_s}\right)$$

gesetzt wird. Da die Variationen δq von einander unabhängig sind, so zerfällt diese Gleichung in k Gleichungen

$$\sum_\iota m_\iota \left(x_\iota'' \frac{\partial x_\iota}{\partial q_s} + y_\iota'' \frac{\partial y_\iota}{\partial q_s} + z_\iota'' \frac{\partial z_\iota}{\partial q_s}\right) = Q_s.$$

Die linke Seite dieser Gleichung lässt sich nun auf eine sehr einfache Form bringen. Zunächst geht sie, da

$$x'' \frac{\partial x}{\partial q} = \frac{d}{dt}\left(x' \frac{\partial x}{\partial q}\right) - x' \frac{d}{dt}\frac{\partial x}{\partial q},$$

über in

$$\frac{d}{dt}\sum_\iota m_\iota \left(x_\iota' \frac{\partial x_\iota}{\partial q_s} + y_\iota' \frac{\partial y_\iota}{\partial q_s} + z_\iota' \frac{\partial z_\iota}{\partial q_s}\right)$$
$$- \sum_\iota m_\iota \left(x_\iota' \frac{d}{dt}\frac{\partial x_\iota}{\partial q_s} + y_\iota' \frac{d}{dt}\frac{\partial y_\iota}{\partial q_s} + z_\iota' \frac{d}{dt}\frac{\partial z_\iota}{\partial q_s}\right).$$

Nun ist aber

$$x'_\iota = \frac{\partial x_\iota}{\partial q_1} q'_1 + \frac{\partial x_\iota}{\partial q_2} q'_2 + \cdots + \frac{\partial x_\iota}{\partial q_k} q'_k$$

$$y'_\iota = \frac{\partial y_\iota}{\partial q_1} q'_1 + \frac{\partial y_\iota}{\partial q_2} q'_2 + \cdots + \frac{\partial y_\iota}{\partial q_k} q'_k$$

$$z'_\iota = \frac{\partial z_\iota}{\partial q_1} q'_1 + \frac{\partial z_\iota}{\partial q_2} q'_2 + \cdots + \frac{\partial z_\iota}{\partial q_k} q'_k,$$

woraus folgt

$$\frac{\partial x'_\iota}{\partial q'_s} = \frac{\partial x_\iota}{\partial q_s}, \quad \frac{\partial y'_\iota}{\partial q'_s} = \frac{\partial y_\iota}{\partial q_s}, \quad \frac{\partial z'_\iota}{\partial q'_s} = \frac{\partial z_\iota}{\partial q_s},$$

sodass also

$$\sum_\iota m_\iota \left(x'_\iota \frac{\partial x_\iota}{\partial q_s} + y'_\iota \frac{\partial y_\iota}{\partial q_s} + z'_\iota \frac{\partial z_\iota}{\partial q_s} \right)$$

$$= \sum_\iota m_\iota \left(x'_\iota \frac{\partial x'_\iota}{\partial q'_s} + y'_\iota \frac{\partial y'_\iota}{\partial q'_s} + z'_\iota \frac{\partial z'_\iota}{\partial q'_s} \right)$$

$$= \frac{\partial}{\partial q'_s} \sum_\iota \tfrac{1}{2} m_\iota (x'^2_\iota + y'^2_\iota + z'^2_\iota)$$

$$= \frac{\partial T}{\partial q'_s}$$

wird, wenn wieder

$$2T = \sum_\iota m_\iota (x'^2_\iota + y'^2_\iota + z'^2_\iota)$$

die kinetische Energie T des starren Systems definirt.

Weiter ergiebt sich, da die Differentialquotienten $\frac{\partial x_\iota}{\partial q_s}$, $\frac{\partial y_\iota}{\partial q_s}$, $\frac{\partial z_\iota}{\partial q_s}$ Functionen der Grössen q sind,

$$\frac{d}{dt} \frac{\partial x_\iota}{\partial q_s} = \frac{\partial^2 x_\iota}{\partial q_s \partial q_1} q'_1 + \frac{\partial^2 x_\iota}{\partial q_s \partial q_2} q'_2 + \cdots + \frac{\partial^2 x_\iota}{\partial q_s \partial q_k} q'_k = \frac{\partial x'_\iota}{\partial q_s}$$

$$\frac{d}{dt} \frac{\partial y_\iota}{\partial q_s} = \frac{\partial^2 y_\iota}{\partial q_s \partial q_1} q'_1 + \frac{\partial^2 x_\iota}{\partial q_s \partial q_2} q'_2 + \cdots + \frac{\partial^2 x_\iota}{\partial q_s \partial q_k} q'_k = \frac{\partial y'_\iota}{\partial q_s}$$

$$\frac{d}{dt} \frac{\partial z_\iota}{\partial q_s} = \frac{\partial^2 z_\iota}{\partial q_s \partial q_1} q'_1 + \frac{\partial^2 x_\iota}{\partial q_s \partial q_2} q'_2 + \cdots + \frac{\partial^2 x_\iota}{\partial q_s \partial q_k} q'_k = \frac{\partial z'_\iota}{\partial q_s}.$$

wonach

$$\sum_\iota m_\iota \left(x'_\iota \frac{d}{dt} \frac{\partial x_\iota}{\partial q_s} + y'_\iota \frac{d}{dt} \frac{\partial y_\iota}{\partial q_s} + z'_\iota \frac{d}{dt} \frac{\partial z_\iota}{\partial q_s} \right)$$

$$= \sum_\iota m_\iota \left(x'_\iota \frac{\partial x'_\iota}{\partial q_s} + y'_\iota \frac{\partial y'_\iota}{\partial q_s} + z'_\iota \frac{\partial z'_\iota}{\partial q_s} \right)$$

$$= \frac{\partial}{\partial q_s} \sum_\iota \tfrac{1}{2} m_\iota (x'^2_\iota + y'^2_\iota + z'^2_\iota)$$

$$= \frac{\partial T}{\partial q_s}$$

wird. Man hat also

$$\sum_\iota m_\iota \left(x''_\iota \frac{\partial x_\iota}{\partial q_s} + y''_\iota \frac{\partial y_\iota}{\partial q_s} + z''_\iota \frac{\partial z_\iota}{\partial q_s} \right) = \frac{d}{dt} \frac{\partial T}{\partial q'_s} - \frac{\partial T}{\partial q_s}$$

und hiermit ergeben sich zur Bestimmung der Bewegung des gegebenen starren Systems die k Gleichungen

$$\text{(A)} \qquad \frac{d}{dt} \frac{\partial T}{\partial q'_s} - \frac{\partial T}{\partial q_s} = Q_s. \qquad {\scriptstyle s = 1, 2, \ldots, k}$$

In dieser Form hat Lagrange bereits im Jahre 1788 in der ersten Ausgabe der Mécanique analytique die Gleichungen der Bewegung eines unveränderlichen Systems dargestellt. Sie wird, wie schon erwähnt, gewöhnlich als die zweite Lagrange'sche Form der Bewegungsgleichungen bezeichnet. Diese Gleichungen sind also ohne jede weitere Beschränkung entwickelt worden, als dass die Bedingungsgleichungen des starren Systems die Zeit t nicht explicite enthalten sollen.

Existirt eine Kräftefunction U, besteht also die Gleichung

$$\sum_\iota (X_\iota \delta x_\iota + Y_\iota \delta y_\iota + Z_\iota \delta z_\iota) = \delta U,$$

so haben wir auch

$$\delta U = \sum_s \frac{\partial U}{\partial q_s} \delta q_s = \sum_s Q_s \delta q_s,$$

d. h.

$$Q_s = \frac{\partial U}{\partial q_s}.$$

Führen wir nun statt U in Gleichung (A) die potentielle Energie P ein, welche nach Kap. I durch $P = -U$ definirt ist, so haben wir

$$\frac{d}{dt}\frac{\partial T}{\partial q'_s} - \frac{\partial T}{\partial q_s} = -\frac{\partial P}{\partial q_s}$$

oder

$$\text{(B)} \qquad \frac{d}{dt}\frac{\partial T}{\partial q'_s} = \frac{\partial (T-P)}{\partial q_s}.$$

Setzen wir

$$\frac{\partial T}{\partial q'_s} = p_s,$$

so haben wir in

$$\text{(C)} \qquad p_s = \frac{\partial T}{\partial q'_s}, \quad \frac{dp_s}{dt} = \frac{\partial (T-P)}{\partial q_s}$$

diejenige Form der Bewegungsgleichungen, von welchen Poisson im Cahier XV des Journal de l'Ecole Polytechnique in seinem Aufsatze über die Variation der Constanten ausgegangen. Er ist dann in dieser Abhandlung aber zu wichtigen anderen Formen gelangt, welche wir wenigstens noch kurz skizziren wollen.

Die kinetische Energie T ist ist eine homogene Function zweiten Grades der Grössen $q'_1, q'_2, \ldots, q'_k$. Die Coefficienten dieser Function sind Functionen der Grössen q_s. Es stellt sich also jede Grösse p dar als lineare homogene Function des q'_s. Aus diesen k Gleichungen, die also die Form haben

$$p_s = g_s(q'_1, q'_2, \ldots, q'_k),$$

wo g eine lineare homogene Function bedeutet, lassen sich die q'_s bestimmen als lineare Functionen der p, also in der Form

$$q'_s = h_s(p_1, p_2, \ldots, p_k),$$

wo die Coefficienten der linearen Functionen h ebenfalls von den Grössen q abhängen. Diese Ausdrücke für die Grössen q' wollen wir nun in die zweite Gleichung (C) einführen. Die Grösse P wird von dieser Transformation nicht berührt werden, da sie nur von den Grössen q abhängt. Dagegen wird die kinetische Energie T nunmehr erscheinen als homogene quadratische Function der Grössen p mit Coefficienten, die von den q abhängig sind. Man wird also erhalten

$$\frac{dp_s}{dt} = l_s(q_1, q_2, \ldots, q_k;\ p_1, p_2, \ldots, p_k),$$

und die $2k$ Gleichungen

$$\frac{dq_s}{dt} = h_s, \quad \frac{dp_s}{dt} = l_s \qquad s = 1, 2, \ldots, k$$

werden nunmehr die Gleichungen der Bewegung des unveränderlichen Systems sein. Dies ist die erwähnte Poisson'sche Form der Bewegungsgleichungen. An sie lassen sich noch viele interessante Untersuchungen anknüpfen, die wir uns jedoch versagen müssen, hier durchzuführen, weil sie uns zu weit von unserem eigentlichen Zwecke ablenken würden. Es möge auf den angeführten Poisson'schen Aufsatz und namentlich auf Jacobi's Vorlesungen über Dynamik verwiesen sein.

Erwähnt sei nur noch eine Bemerkung, die man an die Gleichungen (C) anknüpfen kann. Aus diesen erhellt nämlich sofort der Satz:

„Wenn es möglich ist, die k unabhängigen Grössen q, durch die die Coordinaten eines unfreien starren Systems ausgedrückt werden können, so zu wählen, dass eine derselben, q_s, in dem Ausdruck für die potentielle Energie (also in der Kräftefunction) nicht vorkommt, und dass zur Darstellung der kinetischen Energie nicht die Variabeln q_s selbst, sondern nur ihre Differentialquotienten q'_s gebraucht werden, so kann man immer sofort ein Integral des Systems der Differentialgleichungen der Bewegung angeben. Es ist nämlich dann $\frac{\partial(T-P)}{\partial q_s} = 0$, also auch $\frac{dp_s}{dt} = 0$ und somit $p_s = \text{const.}$ oder was dasselbe ist $\frac{\partial T}{\partial q'_s} = \text{const.}$, welche Gleichung das betr. Integral ist."

Dieser Fall tritt bei der Anziehung eines materiellen Punktes durch ein festes Centrum ein, wie Jacobi a. a. O. weiter ausführt.

§ 7.

Wenn wir in den Lagrange'schen Gleichungen für P wieder U einführen, ferner beachten, dass die q'_s in U nicht vorkommen, also $\frac{\partial U}{\partial q'_s} = 0$ ist, und endlich

$$T + U = f$$

setzen, so werden diese Gleichungen

$$\frac{d}{dt}\frac{\partial f}{\partial q'_s} - \frac{\partial f}{\partial q_s} = 0. \qquad s = 1, 2, \ldots, k$$

Diese k Gleichungen sind aber die nothwendigen und hinreichenden Bedingungen dafür, dass die Variation des zwischen festen Grenzen t_0, t_1 genommenen Integrals $\int f dt$ verschwinde, d. h. dass

$$\delta \int_{t_0}^{t_1} f(t, q_1, q_2, \ldots, q_k; q'_1, q'_2, \ldots, q'_k)\, dt = 0$$

oder

$$\delta \int_{t_0}^{t_1} (T + U)\, dt = 0.$$

Dabei ist vorausgesetzt, dass die Function f an den Grenzen unveränderlich gegeben sei und dass keiner der partiellen Differentialquotienten an diesen Grenzen unendlich werde. Man kann somit folgenden Satz aufstellen:

„Wenn für die auf ein System wirkenden Kräfte eine Kräftefunction existirt, und wenn die Positionen des Systems für die Momente t_0 und t_1 fest gegeben sind, so lassen sich die Gleichungen der Bewegung des Systems herleiten aus

$$\delta \int_{t_0}^{t_1} (T + U)\, dt = 0,$$

wo T die kinetische Energie und U die Kräftefunction bedeuten."

Dieser Satz, welcher das Hamilton'sche Princip heisst, gilt auch dann noch, wenn keine Kräftefunction besteht, nur ist alsdann seine obige Form lediglich als eine symbolische aufzufassen und in Wirklichkeit zu ersetzen durch

$$\int_{t_0}^{t_1} (\delta T + \delta U)\, dt = 0$$

oder besser noch durch

$$\int_{t_0}^{t_1} (\delta T + U')\,dt = 0,$$

wo man also die Elementarbeit $\Sigma(X_\iota \delta x_\iota + Y_\iota \delta y_\iota + Z_\iota \delta z_\iota)$ durch U' bezeichnet hat, um durch das Zeichen δU nicht das Missverständniss zu ermöglichen, es sei $dU = \Sigma(X_\iota dx_\iota + Y_\iota dy_\iota + Z_\iota dz_\iota)$.

In der That, die Grössen δx, δy, δz sind als (unendlich kleine) Functionen der Zeit t aufzufassen, die, da für $t = t_0$ und $t = t_1$ die Lagen des Systems fest gegeben sind, für diese Zeiten verschwinden müssen. Nun ist

$$T = \Sigma \tfrac{1}{2} m_\iota (x_\iota'^2 + y_\iota'^2 + z_\iota'^2), \quad \delta T = \Sigma m_\iota (x_\iota' \delta x_\iota' + y_\iota' \delta y_\iota' + z_\iota' \delta z_\iota'),$$

$$\delta T = \Sigma m_\iota \left(\frac{dx_\iota}{dt} \delta \frac{dx_\iota}{dt} + \frac{dy_\iota}{dt} \delta \frac{dy_\iota}{dt} + \frac{dz_\iota}{dt} \delta \frac{dz_\iota}{dt} \right)$$

$$= \Sigma m_\iota \left(\frac{dx_\iota}{dt} \frac{d\delta x_\iota}{dt} + \frac{dy_\iota}{dt} \frac{d\delta y_\iota}{dt} + \frac{dz_\iota}{dt} \frac{d\delta z_\iota}{dt} \right).$$

Und somit

$$H = \int_{t_0}^{t_1} (\delta T + U')\,dt$$

$$= \int_{t_0}^{t_1} \left[\Sigma m_\iota \left(\frac{dx_\iota}{dt} \frac{d\delta x_\iota}{dt} + \frac{dy_\iota}{dt} \frac{d\delta y_\iota}{dt} + \frac{dz_\iota}{dt} \frac{d\delta z_\iota}{dt} \right) + \Sigma(X_\iota \delta x_\iota + Y_\iota \delta y_\iota + Z_\iota \delta z_\iota) \right] dt.$$

Nun ist aber

$$\int \frac{dx}{dt} \frac{d\delta x}{dt}\,dt = \frac{dx}{dt}\,\delta x - \int \frac{d^2 x}{dt^2}\,\delta x\,dt.$$

Die Grössen δx etc. verschwinden an den Grenzen t_0, t_1; führt man daher die eben angezeigte partielle Integration bei dem Ausdruck für δT durch, so erhält man

$$\int_{t_0}^{t_1} \left[\Sigma m_\iota \left(\frac{dx_\iota}{dt} \frac{d\delta x_\iota}{dt} + \frac{dy_\iota}{dt} \frac{d\delta y_\iota}{dt} + \frac{dz_\iota}{dt} \frac{d\delta z_\iota}{dt} \right) \right] dt$$

$$= -\int_{t_0}^{t_1} \left[\Sigma m_\iota \left(\frac{d^2 x_\iota}{dt^2} \delta x_\iota + \frac{d^2 y_\iota}{dt^2} \delta y_\iota + \frac{d^2 z_\iota}{dt^2} \delta z_\iota \right) \right] dt$$

und somit endlich

$$\int_{t_0}^{t_1}(\delta T + U')dt$$

$$= \int_{t_0}^{t_1} \Sigma\left\{\left(X_\iota - m_\iota \frac{d^2 x_\iota}{dt^2}\right)\delta x_\iota + \left(Y_\iota - \frac{d^2 y_\iota}{dt^2}\right)\delta y_\iota + \left(Z_\iota - \frac{d^2 z_\iota}{dt^2}\right)\delta z_\iota\right\}dt = 0,$$

weil nach dem d'Alembert'schen Princip der Ausdruck unter dem Integral verschwindet.

§ 8.

Die Lagrange'schen Gleichungen gewähren die Möglichkeit, die Frage nach der Stabilität eines Gleichgewichtes in einfacher Form zu erledigen. Die Bedingung dafür, dass die auf ein starres System wirkenden Kräfte sich das Gleichgewicht halten, ist

$$\Sigma(X\delta x + Y\delta y + Z\delta z) = 0,$$

welche Gleichung im Falle des Bestehens einer Kräftefunction auch so geschrieben werden kann

$$\delta U = 0$$

und dann gleichzeitig die Bedingung darstellt, dass das die Arbeit der Kräfte (X, Y, Z) in dem Intervall von t_0 bis t_1 darstellende Integral, eben U, ein Maximum oder Minimum werde, wobei jedoch zu beachten ist, dass $\delta U = 0$ zwar eine nothwendige, aber keine hinreichende Bedingung ist für das Eintreten eines Maximums oder Minimums des Integrals U.

Wir wollen zunächst den Fall betrachten, wo aus der Bedingung $\delta U = 0$ ein Maximum der Function U folgt, wo also für den Zustand des Gleichgewichts des betreffenden starren Systems der Werth U_0 der Kräftefunction grösser ist, als für jede noch so nahe gelegene andere Position des Systems.

Denken wir uns nun das System um ein weniges von der Gleichgewichtslage entfernt, sodass, wenn die Coordinaten der Systempunkte von der Gleichgewichtslage aus gezählt (in dieser also gleich Null gesetzt) werden, diese Coordinaten kleine Grössen sein werden. Sind sie schon auf die geringste Anzahl gebracht, also alle unabhängig von einander, so haben wir für die kinetische Energie T den Ausdruck

$$2T = a_{11} q_1'^2 + a_{12} q_1' q_2' + \cdots + a_{\iota\lambda} q_\iota' q_\lambda' + \cdots + a_{\varkappa\varkappa} q_\varkappa'^2,$$

wo die Coefficienten $a_{\iota\lambda}$ Functionen der Grössen q sind, von denen wir annehmen, dass sie sich nach Potenzen dieser Variabeln entwickeln lassen. Wenn wir dann nur die niedrigste vorkommende Potenz der hier auftretenden kleinen Grössen beibehalten, so sind die variabelen Theile dieser Entwickelungen zu unterdrücken, sodass wir die $a_{\iota\lambda}$ als Constanten betrachten dürfen.

Von der Kräftefunction U setzen wir gleichfalls voraus, dass sie sich als Potenzreihe der Grössen q darstellen lasse, also, wenn mit dem Index 0 auf den Ausgangswerth der mit ihm behafteten Grösse hingewiesen wird, in der Form erscheine*)

$$U = U_0 + \left(\frac{\partial U}{\partial q_1}\right)_0 q_1 + \cdots + \left(\frac{\partial U}{\partial q_\lambda}\right)_0 q_\lambda + \cdots + \left(\frac{\partial U}{\partial q_\varkappa}\right)_0 q_\varkappa$$
$$+ \text{ Glieder höherer Ordnung.}$$

Die sämmtlichen Differentialquotienten $\left(\frac{\partial U}{\partial q_\lambda}\right)_0$ verschwinden aber, da sie sich ja auf die Gleichgewichtslage des Systems beziehen. Es ist daher, wenn wir mit Rücksicht darauf, dass in den Lagrange'schen Gleichungen die Summe $T+U$ vorkommt, mit 2 multipliciren

$$2(U-U_0) = b_{11} q_1^2 + b_{12} q_1 q_2 + \cdots + b_{\iota\lambda} q_\iota q_\lambda + \cdots + b_{kk} q_k^2,$$

wo wieder, wie oben, alle Glieder von höherer Ordnung als der zweiten unterdrückt sind.

Wenden wir nun auf die Variabeln q eine lineare Substitution an

$$q_s = \mu_1^{(s)} p_1 + \mu_2^{(s)} p_2 + \cdots + \mu_k^{(s)} p_k,$$

so gilt auch

$$q'_s = \mu_1^{(s)} p'_1 + \mu_2^{(s)} p'_2 + \cdots + \mu_k^{(s)} p'_k.$$

Werden diese beiden Substitutionen gleichzeitig ausgeführt, so ist es immer möglich, die ihrer Natur nach stets positive Function T überzuführen in die Form

$$2T = p_1'^2 + p_2'^2 + \cdots + p_k'^2,$$

*) Es ist hier wieder angenommen, dass der Satz von der Erhaltung der Energie gilt, dass in U also weder die Zeit explicite, noch die Differentialquotienten der q vorkommen.

während sich zugleich für U die Darstellung ergiebt

$$2(U-U_0)=c_1p_1^2+c_2p_2^2+\cdots+c_kp_k^2,$$

wo also in beiden Functionen die Producte der Grössen p' und p mit ungleichen Indices nicht mehr vorkommen; und wo die c Constanten sind. Soll nun, wie angenommen, U_0 ein Maximum der Function U sein, so müssen die Coefficienten c sämmtlich negativ sein. Denn wenn nur einer von ihnen positiv wäre, etwa c_s, und man ertheilte dem in Ruhe befindlichen System eine kleine Bewegung, bei der nur die Coordinate p_s variirt, so würde folgen

$$2U=2U_0+c_sp_s^2:$$

es würde also U in einer andern, der Gleichgewichtslage benachbarten, Lage einen grösseren Werth haben, wie in jener; U_0 also kein Maximum, d. i. U in der Gleichgewichtslage nicht grösser sein, als in jeder benachbarten Lage.

Stellen wir nun die Lagrange'schen Gleichungen auf

$$\frac{d}{dt}\frac{\partial T}{\partial p'_s}=\frac{\partial(T+U)}{\partial p_s},$$

so werden diese hier

$$\frac{d^2p_s}{dt^2}=c_sp_s=-\gamma_sp_s,$$

wo γ_s eine positive Zahl bedeutet. Das Integral dieser Gleichung ist

$$p_s=M\sin(\sqrt{\gamma_s}(t-t_0)),$$

wo M eine Constante ist und die zweite Constante durch die Bemerkung bestimmt wurde, dass p_s für $t=t_0$ verschwindet.

„Wenn also die Kräftefunction U für eine Gleichgewichtslage eines starren Systems ein Maximum ist, so werden, wenn man das System durch eine kleine Bewegung aus jener Lage entfernt, die seinen jedesmaligen Ort bestimmenden unabhängigen Grössen niemals im Laufe der Zeit beliebig anwachsen können, das System wird sich also niemals weit von seiner Gleichgewichtslage entfernen, sondern immer in (durch geeignete Bestimmung von M) beliebig eng zu ziehenden Grenzen um dieselbe oscilliren."

Ein Gleichgewicht dieser Art wird als ein stabiles bezeichnet.

Ist die Kräftefunction in der Gleichgewichtslage ein Minimum, so zeigt man wieder, in derselben Weise wie vorhin, dass jetzt alle Grössen c positiv sein müssen. Dann hat man für die p_s die Differentialgleichung

$$\frac{d^2 p_s}{dt^2} = +\gamma_s p_s$$

und es ist jetzt deren Integral eine Exponentialfunction

$$p_s = N e^{\sqrt{\gamma_s}\, t}.$$

Die Coordinaten können also jetzt mit der Zeit jeden beliebig grossen Werth annehmen. d. i. das System, einmal aus seiner Gleichgewichtslage entfernt, wird niemals in dieselbe zurückkehren. Diese Art des Gleichgewichtes wird als labiles Gleichgewicht bezeichnet.

Endlich ist noch der Fall zu betrachten, dass einige der Grössen c positiv, andere negativ sind. Seien daher

$$r_1, r_2, \ldots, r_\mu, \ldots r_\varkappa$$

eine beliebige Permutation der Zahlen 1, 2, ..., $\varkappa$: seien ferner $c_{r_1}, c_{r_2}, \ldots c_{r_\mu}$ positiv, dagegen $c_{r_{\mu+1}}, c_{r_{\mu+2}}, \ldots, c_{r_\varkappa}$ negativ. Dann wird, wenn wir den Körper aus einer Gleichgewichtslage durch eine Bewegung entfernen, bei der nur die Coordinaten $p_{r_1}, p_{r_2}, \ldots, p_{r_\mu}$ sich ändern, er niemals in die Anfangslage zurückkehren, jenes Gleichgewicht also labil sein. Andererseits sieht man ein, dass, wenn die dem Körper ertheilte Bewegung nur die Coordinaten $p_{r_{\mu+1}}, p_{r_{\mu+2}}, \ldots, p_{r_\varkappa}$ geändert hätte, jenes Gleichgewicht den Charakter eines stabilen gehabt hätte. Wenn die Coefficienten so beschaffen sind, wie wir eben annehmen, so wird, trotz der Bedingung $\delta U = 0$, U_0 weder ein Maximum noch ein Minimum sein. In diesem Falle ist also das durch $\delta U = 0$ gegebene Gleichgewicht des Körpers so beschaffen, dass es für einige Bewegungen des Körpers stabil für andere dagegen labil ist. Es heisst dann ein neutrales Gleichgewicht.

§ 9.

Der Satz, dass für $\delta U = 0$, $U =$ Maximum. das Gleichgewicht eines starren Körpers stabil sei, kann auch direct aus dem Satz für die Erhaltung der Energie hergeleitet werden und Lagrange und Andere haben dies auch gethan. Die Beweise liessen aber alle die erforderliche Strenge vermissen, bis Dirichlet im 32. Band des Journals f. Mathem. (pag. 35) eine exacte Darstellung der Sache gab. Wir nehmen wieder an, dass das Problem auf die kleinste Anzahl unabhängiger Variabeln zurückgeführt sei, die wir mit $q_1, q_2, \ldots, q_\varkappa$ bezeichnen. Das Maximum der Function möge eintreten, wenn sämmtliche Coordinaten q Null sind, d. h. wir zählen die Werthe dieser Grössen wieder von der Gleichgewichtslage aus. Da ferner im Satze der Erhaltung der Energie

$$T - T_0 = U - U_0$$

nur das Aggregat $U - U_0$ vorkommt, so kann der Function U auch eine beliebige Constante zugefügt werden, durch deren geeignete Wahl man erreicht, dass der Maximalwerth von U die Null ist. Es lässt sich nun die obige Gleichung so schreiben

$$T = U(q_1, q_2, \ldots, q_\varkappa) - U(q_1^{(0)}, q_2^{(0)}, \ldots, q_\varkappa^{(0)}) + T_0,$$

wo $q_1^{(0)}, q_2^{(0)}, \ldots, q_\varkappa^{(0)}$ und T_0 zusammengehörige Werthe sind und wo $U =$ Maximum für $q_1 = 0, q_2 = 0, \ldots, q_\varkappa = 0$.

Da nun jeder Nachbarwerth des Maximums negativ sein wird, so lassen sich immer $\varkappa$ Grössen ε_s so bestimmen, dass für jedes System der q_s, für welches

$$q_s < \varepsilon_s,$$

$U(q_1, q_2, \ldots, q_\varkappa)$ stets negativ wird, ausgenommen den Fall, wo die Grössen q_s alle der Null gleich werden. Das Eintreten dieses Ausnahmefalles wird indessen vermieden, wenn wir, was geschehen soll, immer nur solche Werthsysteme der q in Betracht ziehen, bei denen stets wenigstens ein q den Betrag seiner Grenze ε erreicht. Sei nun von allen diesen negativen Werthen der Function U derjenige, dessen absoluter Betrag am kleinsten ist, mit $-u$ bezeichnet. Wenn dann die Grössen q numerisch unter ihren Grenzen ε bleiben und zugleich so angenommen werden, dass

$$-U(q_1^{(0)}, q_2^{(0)}, \ldots, q_\varkappa^{(0)}) + T_0 < u,$$

dann wird überhaupt im Laufe der Bewegung keine der Variabeln ihre Grenze überschreiten. Fände nämlich ein solches Ueberschreiten statt, so müsste, da die Grössen q als stetige Grössen vorauszusetzen sind, zuerst zwischen einer oder mehreren dieser Grössen Gleichheit mit den betr. Grenzwerthen eintreten, während die übrigen q unter ihren Grenzen verblieben. Für diesen Moment würde dann aber der (negative) Werth von U numerisch grösser als u sein, d. h. es würde

$$U - U_0 + T_0 < 0,$$

was aber unmöglich ist, da dieser Ausdruck gleich T, einer wesentlich positiven Function, sein muss.

Die Grössen q überschreiten also ihre Grenzen wirklich nicht und das Gleichgewicht ist somit stabil. Auch die Geschwindigkeiten v können gewisse Grenzen nicht überschreiten, denn da das Maximum von U Null ist, so hat man

$$T = \tfrac{1}{2}\Sigma m_s v_s^2 \leqq -U(q_1^{(0)}, q_2^{(0)}, \ldots, q_k^{(0)}) + T_0.$$

Endlich sehen wir auch hier wieder, dass die Grenzen für die Variabilität der Grösse q und der Geschwindigkeiten beliebig eng gezogen werden können, denn wir können die Zahlen ε beliebig klein annehmen.

Kapitel XI.

Von der potentiellen Energie.

§ 1.

Im Rahmen der Ball'schen Theorie ist es immer möglich, auch bei den allgemeinsten Untersuchungen, mit dem Begriff der allgemeinen Coordinaten eines starren Systems, den k unabhängigen Variabeln des vorigen Kapitels, ganz bestimmte Vorstellungen zu verbinden. Betrachten wir z. B. einen starren Körper mit Freiheit k^{ten} Grades, der unter der Einwirkung eines beliebigen Systems von Kräften steht von der Art, wie wir sie in diesem Werke überhaupt nur betrachten wollen. (Kap. II § 8.) Mit O wollen wir kurz eine Lage des Körpers bezeichnen, in der er unter dem Einfluss der gegebenen Kräfte in Ruhe verharrt. Aus dieser Lage entfernen wir den Körper durch eine Windung von der (kleinen) Amplitude ϑ' um eine Schraube ϑ, welche dem den Freiheitsgrad des Körpers charakterisirenden Schraubensystem k^{ter} Stufe angehört. Die hierdurch erreichte Lage des Körpers sei P; die bei der Bewegung geleistete Arbeit werde mit U bezeichnet, wo die Kräftefunction U mit der potentiellen Energie V also in der Beziehung steht $U+V=0$. Dabei können wir, wie im vorigen Kapitel schon gelegentlich erwähnt, den Werth von U für die Anfangslage unbeschadet der Allgemeinheit gleich Null setzen, was darauf hinauskommt, dass wir, ohne Rücksicht auf den vorherigen Zustand des Körpers, die Betrachtung desselben erst in dem Momente beginnen, wo er die Lage O einnimmt.

Es ist nun, bei der Natur der hier vorkommenden Kräfte, der Werth von U oder V in der Lage P unabhängig von dem Wege, auf dem der Körper von O nach P gelangt ist. Daher wird V sich darstellen lassen als eine Function der Coordinaten des Körpers in der Lage P, deren Coefficienten constante Grössen sind. Ueber die Wahl dieser Coordinaten haben wir uns noch schlüssig zu machen. Die einfachste Wahl wird die sein, wonach als Coordinaten genommen werden die Coordinaten der Windung, durch welche die Ueberführung des Körpers von O nach P bewirkt wurde. Im Allgemeinen kommen wir so auf sechs Coordinaten, aber, wenn k von den Coordinatenschrauben aus dem die Freiheit des Körpers definirenden System k^{ter} Stufe ausgewählt werden, so werden k Coordinaten hinreichen zur völligen Beschreibung der Bewegung des Körpers. Diese Coordinaten (der Windung um ϑ) werden, unserem Gebrauche gemäss, durch $\vartheta'_1, \vartheta'_2, \ldots, \vartheta'_k$ zu bezeichnen sein.

Als Function dieser Grössen wird sich also V darstellen lassen, und zwar, da wir dieselben immer als kleine Grössen ansehen, in Form einer Potenzreihe:

$$V = H + H_1\vartheta'_1 + H_2\vartheta'_2 + \cdots + H_k\vartheta'_k$$
$$+ \text{ Glieder zweiter und höherer Ordnung.}$$

Von der Grösse $H = V_0$ ist schon angenommen, dass sie Null sei: ebenso sind auch, wie in Kapitel X § 8, die Coefficienten der ersten Potenzen der Coordinaten Null. Es ist also, wenn wir Grössen von höherer als der zweiten Ordnung vernachlässigen.

$$V = F(\vartheta'_1, \vartheta'_2, \ldots, \vartheta'_k)_2,$$

wo der Index 2 an der Klammer anzeigt, dass unter F eine homogene quadratische Function ihrer Argumente soll verstanden werden.

§ 2.

Wenn der Körper in die Lage P gelangt ist, wird das auf ihn wirkende Kräftesystem im Allgemeinen nicht mehr im Gleichgewichte sein. Wir können sagen, dass durch die Windung um ϑ eine Dyname hervorgerufen worden sei. Die Coordinaten dieser Dyname, oder, genauer noch, die Coordinaten der äquivalenten reducirten Dyname auf einer Schraube des die Freiheit des Körpers definirenden Systems k^{ter} Stufe, lassen sich nun mit Hülfe der Function V bestimmen.

Wenn die Lage O des Körpers eine Lage stabilen Gleichgewichts war, so hat bei dem Uebergang von O nach P die potentielle Energie zugenommen, da in jener Lage V ein Minimum ist. Möge nun durch die Bewegung um ϑ eine reducirte Dyname auf einer Schraube η des Systems k^{ter} Stufe hervorgerufen werden. Wir verschieben den Körper nach einer zu P unendlich nahen Lage P', sodass seine Coordinaten in P' dargestellt werden durch

$$\vartheta'_1 + \delta\vartheta'_1, \; \vartheta'_2 + \delta\vartheta'_2, \; \ldots, \; \vartheta'_k + \delta\vartheta'_k.$$

Die potentielle Energie V' in der Lage P' ist

$$V' = V + \frac{\partial V}{\partial \vartheta'_1}\,\delta\vartheta'_1 + \cdots + \frac{\partial V}{\partial \vartheta'_k}\,\delta\vartheta'_k,$$

wo also die $\delta\vartheta'_\varkappa$ kleine Grössen von einer höheren Ordnung als die $\vartheta'_\varkappa$ sind. Die bei der Verschiebung des Körpers von P nach P' geleistete Arbeit ist $U' - U = -(V' - V)$. Wenn die Schraube der gesuchten reducirten Dyname η heisst, so sind $\eta''_1, \eta''_2, \ldots, \eta''_k$ die Coordinaten der Dyname, d. h. ihre Componenten auf den k Coordinatenschrauben. Die Arbeit dieser k Dynamen in Bezug auf die k Windungen um die Coordinatenschrauben, mit den Amplituden $\delta\vartheta'_k$, muss nun gleich dem eben angegebenen Ausdruck der Arbeit für die Bewegung von P nach P' sein. Die Coordinatenschrauben sind aber coreciprok, daher

$$-(V'-V) = -\frac{\partial V}{\partial \vartheta'_1}\delta\vartheta'_1 - \frac{\partial V}{\partial \vartheta'_2}\delta\vartheta'_2 - \cdots - \frac{\partial V}{\partial \vartheta'_k}\delta\vartheta'_k$$

$$= 2p_1\eta''_1\delta\vartheta'_1 + 2p_2\eta''_2\delta\vartheta''_2 + \cdots + 2p_k\eta''_k\delta\vartheta'_k.$$

Da diese Gleichung für jede beliebige Verschiebung des Körpers nach einer zu P unendlich nahe gelegenen Position P' gelten muss, und da die $\delta\vartheta'_k$ von einander unabhängig sind, so zerfällt sie in die k Gleichungen

$$2p_s\eta''_s = -\frac{\partial V}{\partial \vartheta'_s} \qquad s = 1, 2, \ldots, k$$

oder

$$\eta''_s = -\frac{1}{2p_s}\frac{\partial V}{\partial \vartheta'_s}. \qquad s = 1, 2, \ldots, k$$

Diese Darstellung der reducirten Dyname ist also ganz analog der Darstellung der Kraftcomponenten in der elementaren Mechanik für den Fall des Bestehens einer Kräftefunction, wie wir denn auch obige Gleichungen mit der Kraftfunction U so schreiben können

$$\eta''_s = \frac{1}{2p_s}\frac{\partial U}{\partial \vartheta'_s}.$$

„Wenn ein starrer Körper mit Freiheit beliebigen Grades aus einer Gleichgewichtslage durch eine Windung entfernt wird, deren Coordinaten, nach den Fundamentalschrauben genommen, $\vartheta'_1, \vartheta'_2, \ldots, \vartheta'_k$ sind, und wenn V die potentielle Energie bedeutet, so werden die Coordinaten der durch die Windung hervorgerufenen reducirten Dyname bezüglich der Fundamentalschrauben gefunden, wenn man die negative potentielle Energie nach den Coordinaten der Windung ϑ partiell differentiirt und durch den doppelten Parameter der entsprechenden Fundamentalschraube dividirt."

An dieser Stelle möge eine Bemerkung Platz finden, die an Kap. IX § 17 anknüpft. Dort hatten wir die Coordinaten der reducirten impulsiven Dyname bestimmt, die dem Körper bei der Windung um eine Schraube ϑ die kinetische Energie ertheilt. Dabei sind die Coordinaten auf die Hauptträgheitsschrauben des Körpers bezogen worden. Es fand sich

$$\eta_s'' = \frac{M\dot{\vartheta}_s' u_s^2}{p_s}$$

$$T = M(u_1^2 \dot{\vartheta}_1'^2 + \cdots + u_s^2 \dot{\vartheta}_s'^2 + \cdots + u_k^2 \dot{\vartheta}_k'^2),$$

also

$$\frac{\partial T}{\partial \dot{\vartheta}_s'} = 2Mu_s^2 \dot{\vartheta}_s',$$

womit wir für die Coordinaten dieser Dyname eine ähnliche Darstellung finden, wie für die oben betrachtete

$$\eta_s'' = \frac{1}{2p_s} \frac{\partial T}{\partial \dot{\vartheta}_s'}.$$

§ 3.

Eine Windung um eine Schraube ϑ möge eine Dyname auf einer Schraube η hervorrufen; und ebenso eine Windung um eine Schraube φ eine Dyname auf einer Schraube ζ veranlassen.

Wenn dann ϑ reciprok ist zu ζ, so lässt sich beweisen, dass auch φ reciprok ist zu η.

Die Bedingung für die Reciprocität von ϑ und ζ ist

$$p_1 \vartheta_1 \zeta_1 + p_2 \vartheta_2 \zeta_2 + \cdots + p_k \vartheta_k \zeta_k = 0,$$

die sich, wenn man beachtet, dass die Coordinaten einer Windung sowohl, wie die einer Dyname den Coordinaten der resp. Schrauben proportional sind, auch so Schreiben lässt

$$p_1 \vartheta_1' \zeta_1'' + p_2 \vartheta_2' \zeta_2'' + \cdots + p_k \vartheta_k' \zeta_k'' = 0.$$

Es ist aber im vorigen Paragraphen gefunden worden

$$\zeta_1'' = -\frac{1}{2p_1} \frac{\partial V_\varphi}{\partial \varphi_1'}, \ \ldots, \ \zeta_k'' = -\frac{1}{2p_k} \frac{\partial V_\varphi}{\partial \varphi_k'},$$

wo V_φ die bei der durch $(\varphi_1', \varphi_2', \ldots, \varphi_k')$ angedeuteten Bewegung verbrauchte Energie bedeutet, sodass die Reciprocitätsgleichung für ϑ und ζ nun in der Form erscheint

$$\vartheta_1' \frac{\partial V_\varphi}{\partial \varphi_1'} + \vartheta_2' \frac{\partial V_\varphi}{\partial \varphi_2'} + \cdots + \vartheta_k' \frac{\partial V_\varphi}{\partial \varphi_k'} = 0.$$

Nun ist aber V_φ eine homogene quadratische Function der Coordinaten $\varphi'_1, \varphi'_2, \ldots, \varphi'_\varkappa$, für die wir nach § 1 schreiben werden

$$V_\varphi = A_{11}\varphi_1'^2 + \cdots + A_{mm}\varphi_n'^2 + \cdots + A_{\varkappa\varkappa}\varphi_\varkappa'^2 + 2A_{12}\varphi'_1\varphi'_2 + \cdots$$
$$\cdots + 2A_{mn}\varphi'_m\varphi'_n + \cdots$$
$$A_{mn} = A_{nm}.$$

Wir erhalten also

$$\frac{\partial V_\varphi}{\partial \varphi'_m} = 2(A_{m1}\varphi'_1 + A_{m2}\varphi'_2 + \cdots + A_{mm}\varphi'_m + A_{m\varkappa}\varphi'_\varkappa).$$

Damit wird nun endlich die Reciprocitätsgleichung für ϑ und ζ

$$\vartheta'_1(A_{11}\varphi'_1 + A_{12}\varphi'_2 + \cdots + A_{1k}\varphi'_k) + \cdots$$
$$\cdots + \vartheta'_m(A_{m1}\varphi'_1 + A_{m2}\varphi'_2 + \cdots + A_{mk}\varphi'_k) + \cdots$$
$$\cdots + \vartheta'_k(A_{k1}\varphi'_1 + A_{k2}\varphi'_2 + \cdots + A_{kk}\varphi'_k) = 0.$$

Dies können wir noch so stellen:

$$A_{11}\vartheta'_1\varphi'_1 + \cdots + A_{kk}\vartheta'_k\varphi'_k + \cdots + A_{mn}(\vartheta'_m\varphi'_n + \vartheta'_n\varphi'_m) + \cdots = 0,$$

woraus erhellt, dass wir es mit einer symmetrischen Function der ϑ' und φ' zu thun haben, sodass wir also sehen, dass wir zu ganz dem gleichen Resultate gekommen wären, wenn wir dieselbe Reihe von Transformationen auf die Gleichung der Reciprocität zwischen φ und η angewandt hätten. Die eine Reciprocität ist also eine nothwendige Folge der anderen, wie behauptet wurde.

Zwei Schrauben dieser Eigenschaft nennt Sir R. Ball conjugirte Potentialschrauben.

Die Bedingung für das Bestehen dieser Eigenschaft kann als Function der Coordinaten der Schrauben ϑ und φ ausgedrückt werden, wenn man wieder setzt

$$\vartheta'_m = \vartheta'.\vartheta_m, \quad \varphi'_m = \varphi'.\varphi_m,$$

wodurch wird

$$A_{11}\vartheta_1\varphi_1 + \cdots + A_{kk}\vartheta_k\varphi_k + \cdots + A_{mn}(\vartheta_m\varphi_n + \vartheta_n\varphi_m) + \cdots = 0.$$

Wenn die Schraube ϑ gegeben ist, so kann, in gewissem Sinne, das Schraubensystem fünfter Stufe, welches alle zu η reciproken Schrauben enthält, als der „Ort" der Schraube φ angesehen werden. Alle diejenigen Schrauben, deren jede mit ϑ ein Paar conjugirter Potentialschrauben bildet — oder wie wir, obgleich weniger kurz, auch sagen wollen: zu ϑ in Bezug auf das Potential conjugirt sind — und welche zugleich dem System C k^{ter} Stufe angehören, welches die Freiheit des starren Körpers definirt, bilden ihrerseits ein Schraubensystem der $(k-1)^{\text{ten}}$ Stufe. Denn zunächst genügen sie den $6-k$ Bedingungen, durch welche C gegeben wird, während noch hinzutritt die Bedingung, dass sie reciprok sind zu η. Aber alle Schrauben, welche reciprok sind zu $7-k$ Schrauben, bilden ein System $(k-1)^{\text{ter}}$ Stufe.

Der Leser wird bereits die Analogie bemerkt haben, welche besteht zwischen den conjugirten Trägheitsschrauben und den conjugirten Potentialschrauben. Aber es muss doch wohl beachtet werden, dass ein wesentlicher Unterschied zwischen beiden besteht: dass nämlich die ersteren lediglich Bezug haben auf innere Eigenschaften des Körpers selbst, insofern sie nämlich nur von der Massenvertheilung in diesem abhängen, während die letzteren von extensiver Bedeutung sind, abhängig von den Kräften, deren Wirkung der Körper unterliegt.

§ 4.

„Die Analogie der hier betrachteten Schrauben mit den conjugirten Trägheitsschrauben geht noch weiter. Es lassen sich für einen starren Körper mit Freiheit k^{ten} Grades stets k und nur k Schrauben so angeben, dass eine Windung um eine dieser Schrauben immer eine reducirte Dyname auf dieser Schraube selbst hervorruft."

Solche Schrauben werden als Hauptpotentialschrauben bezeichnet.

Sei α eine solche Schraube, so bestehen nach § 2 die k Gleichungen:

$$\alpha''_s = -\frac{1}{2p_s}\frac{\partial V_\alpha}{\partial \alpha'_s}.$$

Entwickeln wir hier V_α und beachten wieder die Relationen

$$\alpha''_s = \alpha''\alpha_s, \quad \alpha'_s = \alpha'\alpha_s,$$

so ergeben sich hieraus die k Gleichungen

$$\alpha_1\left(A_{11}+\frac{\alpha''}{\alpha'}p_1\right)+\alpha_2 A_{12}+\cdots+\alpha_k A_{1k}=0$$

$$\vdots \qquad\qquad \vdots$$

$$\alpha_1 A_{k1}+\alpha_2 A_{k2}+\cdots+\alpha_k\left(A_{kk}+\frac{\alpha''}{\alpha'}p_n\right)=0.$$

Aus dieser Gleichung ergiebt sich durch Elimination der Grössen $\alpha_1, \alpha_2, \ldots, \alpha_k$ eine Gleichung k^{ten} Grades für $\frac{\alpha''}{\alpha'}$, und zwar in Form einer Determinante. Es ist dies, nur eben allgemeiner, dieselbe Gleichung, wie die bei der Hauptaxentransformation der Oberflächen 2. Ordnung und vielen anderen Problemen auftretende. Sie hat bekanntlich lauter reelle Wurzeln. Substituirt man die so gefundenen Werthe k des Verhältnisses $\frac{\alpha''}{\alpha'}$ in die oben aufgestellten linearen Gleichungen, so wird man hiernach die Coordinaten der k Hauptpotentialschrauben bestimmen können.

Diese k Schrauben sind coreciprok. In der That, sei S eine Hauptpotentialschraube und möge eine Windung um eine Schraube ϑ eine Dyname auf einer Schraube η hervorrufen. Dann geht aus § 3 hervor, dass, wenn ϑ reciprok ist zu S, auch η reciprok zu S sein muss. Sind nun $S_1, S_2, \ldots, S_k$ die k Hauptpotentialschrauben, so sei T_k diejenige Schraube des Systems, die zu $S_1, S_2, \ldots, S_{k-1}$ reciprok ist (Kap. IX § 15). Wenn dann der Körper durch eine Windung um T_k eine Lagenveränderung erfährt, so wird die hierdurch hervorgerufene Dyname auf einer Schraube liegen, die reciprok ist zu $S_1, S_2, \ldots, S_{k-1}$. Aber T_k ist die einzige Schraube des Systems, welche diese Eigenschaft besitzt. Daher muss also eine Windung von T_k eine Dyname auf T_k hervorrufen, d. h. T_k muss eine Hauptpotentialschraube sein. Aber es giebt nicht mehr als k solcher Schrauben. Daher muss T_k zusammenfallen mit S_k und muss also S_k reciprok sein zu $S_1, S_2, \ldots, S_{k-1}$. Da die Reihenfolge, nach der wir die Schrauben S geordnet haben, völlig willkürlich war, so gilt das für S_k Bewiesene für jede andere Hauptpotentialschraube ebenso.

§ 5.

Die bei einer Windung (mit der kleinen Amplitude α') eines starren Körpers um eine Schraube α verbrauchte potentielle Energie kann in der Form

$$F\alpha'^2 v_\alpha^2$$

dargestellt werden. Erinnert man sich nämlich wieder der Relationen $\alpha'\alpha_s = \alpha'_s$ und transformirt durch sie den Ausdruck für V_α, so kann man setzen

$$Fv_\alpha^2 = A_{11}\alpha_1^2 + \cdots + A_{\varkappa\varkappa}\alpha_\varkappa^2 + 2A_{12}\alpha_1\alpha_2 + \cdots + 2A_{mn}\alpha_m\alpha_n + \cdots,$$

wo F eine Constante und v_α eine der Schraube α zugeordnete Liniengrösse (Strecke) ist, die abhängt von den Coordinaten der Schraube α und den Coefficienten der Entwicklung der Function V. Der wesentliche Bestandtheil der Grösse F ist die Masse des Körpers.

Diese Strecke v_α kann zusammengestellt werden mit der oben eingeführten Strecke u_α. Beide hängen von den Coordinaten von α ab, die letztere ausserdem aber nur noch von der Massenvertheilung in dem Körper. Endlich kann mit diesen beiden Strecken noch der Parameter p_α verglichen werden, der ebenfalls von den Coordinaten von α abhängt, aber allein von diesen, also eine rein geometrische Grösse ist, während die anderen noch Functionen physicalischer Bedingungen sind.

Wenn nun ein starrer Körper eine Windung um eine Hauptpotentialschraube α ausführt, so wird die Intensität der hervorgerufenen Dyname, die auf derselben Schraube wirkt, nach Obigem gegeben durch

$$\alpha'' = -\frac{1}{2p_\alpha}\frac{\partial V_\alpha}{\partial \alpha'}.$$

Wir setzen aber $V_\alpha = F\alpha'^2 v_\alpha^2$, daher

$$\alpha'' = -F\cdot\frac{v_\alpha^2}{p_\alpha}\alpha',$$

woraus wir den Satz ziehen:

„Wenn ein starrer Körper mit Freiheit k^{ten} Grades aus einer Gleichgewichtslage entfernt wird durch eine Windung um eine Schraube α, deren Coordinaten in Bezug auf die Hauptpotentialschrauben resp. sind $\alpha_1, \alpha_2, \ldots, \alpha_k$, dann sind die Coordinaten der durch die Windung hervorgerufenen Dyname beziehlich proportional den Grössen

$$\frac{v_1^2}{p_1}\alpha_1, \quad \frac{v_2^2}{p_2}\alpha_2, \quad \ldots, \quad \frac{v_k^2}{p_k}\alpha_k,$$

wo die Grössen v_ι und p_ι die Werthe der Strecke v und des Parameters für die ι^{te} Hauptpotentialschraube sind."

Damit lässt sich nun auch die Bedingung, dass zwei Schrauben ϑ, φ conjugirte Potentialschrauben sein sollen, leicht ausdrücken. Denn es muss dann ϑ reciprok sein zu der Schraube, deren Coordinaten proportional sind den Grössen

$$\frac{v_1^2}{p_1}\varphi_1, \; \frac{v_2^2}{p_2}\varphi_2, \; \ldots, \; \frac{v_k^2}{p_k}\varphi_k,$$

sodass sich die gesuchte Bedingung ergiebt in der Form

$$v_1^2\vartheta_1\varphi_1+v_2^2\vartheta_2\varphi_2+\cdots+v_k^2\vartheta_k\varphi_k=0.$$

Die potentielle Energie wird dargestellt durch den einfachen Ausdruck

$$V=F(v_1^2\alpha_1'^2+v_2^2\alpha_2'^2+\cdots+v_k^2\alpha_k'^2).$$

Wenn die Function V proportional ist dem Producte aus dem Parameter der Schraube, um die der starre Körper eine Windung ausführt, in das Quadrat der Amplitude dieser Windung, so wird jede Windungsschraube zusammenfallen mit der Schraube der durch die Windung hervorgerufenen Dyname.

§ 6.

Die k Hauptpotentialschrauben eines starren Körpers von Freiheit k^{ten} Grades bilden eine eindeutig bestimmte Gruppe, da sie sowohl coreciprok, als auch in Bezug auf das Potential conjugirt sind, und somit $15+15=30$ Bedingungsgleichungen erfüllen, also die volle Anzahl der zu einer vollständigen Bestimmung von sechs Schrauben erforderlichen Bedingungen.

Wir wollen nun noch zeigen, dass die potentielle Energie stets durch eine Summe von k Quadraten dargestellt werden kann, sobald sie auf irgend welche Gruppe von k conjugirten Potentialschrauben bezogen wird.

Die Energie, welche verbraucht wird, wenn man den starren Körper durch eine Windung von der Amplitude ϑ' aus einer Gleichgewichtslage O in eine benachbarte Lage P überführt, ist nach § 5 dargestellt durch $Fv_\vartheta^2\vartheta'^2$. Dabei wird auf einer Schraube η eine Dyname hervorgerufen. Wenn wir nun annehmen, der Körper werde durch eine neue Windung von der Amplitude φ'

aus der Lage P in eine andere übergeführt, so wird es im Allgemeinen nicht gestattet sein, anzunehmen, dass die bei der zweiten Bewegung verbrauchte Energie ebenfalls noch proportional sei dem Quadrate der Amplitude der Windung. Denn wir haben jetzt noch die Arbeit der Dyname auf η in Betracht zu ziehen, durch welche die potentielle Energie jedenfalls modificirt wird. Wenn nun aber η reciprok ist zu φ, so wird also eine Dyname auf η keine Arbeit leisten bei einer Windung des Körpers um φ, sie wird also die potentielle Energie nicht beeinflussen.

Daher:

„Wenn ϑ und φ zwei conjugirte Potentialschrauben sind, so wird die dadurch erzeugte potentielle Energie, dass man dem Körper zuerst eine Windung mit der Amplitude ϑ' um eine Schraube ϑ und darauf eine Windung mit der Amplitude φ' um eine Schraube φ ertheilt, dargestellt werden durch:

$$\vartheta = F(v_\vartheta^2 \vartheta'^2 + v_\varphi^2 \varphi'^2).“$$

Es ist nun leicht zu sehen, wie man weiter geht, um die aufgestellte Behauptung völlig zu erweisen. Durch Zufügen einer dritten Schraube, die sowohl zu ϑ, wie zu φ in Bezug auf das Potential conjugirt ist, dehnt man die Darstellung von V auf den Fall dreier Schrauben aus. Nimmt man eine vierte, zu den vorhandenen drei in Bezug auf das Potential conjugirte Schraube und fährt so fort, so erlangt man zuletzt eine Darstellung von V als Summe von k Quadraten, bezogen auf k Schrauben, von denen jedes Paar einander conjugirt ist in Bezug auf das Potential.

Kapitel XII.

Harmonische Schrauben.

§ 1.

In Kapitel IX sahen wir, dass jeder Schraube ϑ eines Systems k^{ter} Stufe eine Schraube λ desselben Systems in ganz bestimmter Weise entspricht. Die Beziehung beider Schrauben auf einander ist bestimmt, wenn der starre Körper, sowie das Schraubensystem k^{ter} Stufe, welches seine Freiheit definirt, vollkommen bekannt sind. Der physische Zusammenhang zwischen denselben besteht darin, dass, wenn eine impulsive Dyname auf λ wirkt, sie dem Körper, wenn er sich vorher in Ruhe befand, eine Windung um ϑ ertheilt. (Impulsive und instantane Schraube.)

Weiter fanden wir im vorigen Kapitel, dass zu jeder Schraube ϑ des Systems k^{ter} Stufe eine bestimmte Schraube η desselben Systems gehört. Zur Bestimmung der Relation zwischen den Schrauben ϑ und η bedürfen wir der vollen Kenntniss des starren Körpers, der auf ihn wirkenden Kräfte und des die Freiheit desselben bestimmenden Schraubensystems. Diese beiden Schrauben ϑ, η stehen in dem physischen Zusammenhang, dass, wenn der Körper aus einer Gleichgewichtslage durch eine Windung um ϑ entfernt wird, hierdurch eine Dyname hervorgerufen wird, die, nach ihrer Reduction auf das Schraubensystem k^{ter} Ordnung, auf η wirkt.

Wir haben also, wenn ein starrer Körper mit dem seinen Freiheitsgrad bestimmenden Schraubensystem C und den auf ihn wirkenden Kräften in einer Gleichgewichtslage gegeben ist, zu jeder Schraube ϑ des Systems C zwei ihr in bestimmter Weise entsprechende Schrauben λ, η desselben Systems.

Wenn wir die grosse Verschiedenheit uns vergegenwärtigen, welche zwischen diesen beiden Arten der Correspondenz zweier Schrauben eines Systems besteht, so wird man einsehen, dass im Allgemeinen die Schrauben λ und η nicht zusammenfallen werden. Eine kleine Ueberlegung indessen führt doch zu der — nachher als richtig nachzuweisenden — Vermuthung, dass durch eine geeignete Wahl von ϑ es zu erreichen sein möchte, dass λ und η identisch werden.

Denn da $k-1$ willkürliche Grössen verfügbar sind bei der Auswahl einer Schraube eines Systems k^{ter} Stufe, so folgt, dass zur Herbeiführung der Coincidenz zweier solcher Schrauben (etwa λ und η) $k-1$ Bedingungen erfüllt sein müssen, d. h. dieselbe Anzahl, die erforderlich ist zur Bestimmung von ϑ. Es wird daher wohl möglich sein können, dass für eine oder mehrere besondere Schrauben ϑ des Systems die beiden correspondirenden Schrauben λ, η zusammenfallen.

Die Frage wird entschieden werden mit Hülfe des folgenden Satzes:

„Wenn ein starrer Körper aus einer Gleichgewichtslage durch eine Windung um eine Schraube ϑ entfernt wird, und wenn die durch diese Windung hervorgerufene Dyname dem Körper eine Windung um die Schraube ϑ selber zu ertheilen strebt, so ist die Anzahl dieser Schrauben ϑ gleich dem Grade der Freiheit des starren Körpers, d. h. gleich der Stufenzahl k des diese Freiheit definirenden Schraubensystems. Schrauben ϑ dieser Eigenschaft heissen „harmonische oder periodische Schrauben“.

Zum Beweise führen wir als System der Fundamentalschrauben die k Hauptträgheitsschrauben des starren Körpers ein. Der instantanen Schraube ϑ entspricht dann eine impulsive Schraube, deren Coordinaten sind

$$h\frac{u_1^2}{p_1}\vartheta_1,\quad h\frac{u_2^2}{p_2}\vartheta_2,\quad \ldots,\quad h\frac{u_k^2}{p_k}\vartheta_k,$$

wo h eine Constante ist, die durch die Bedingung von Kap. V § 8 bestimmt wird, indem man in die dortige Gleichung die Ausdrücke der Coordinaten einsetzt. Wenn nun ϑ eine harmonische Schraube ist, so haben wir, wenn beachtet wird, dass die Fundamentalschrauben ein coreciprokes System bilden,

$$h\frac{u_s^2}{p_s}\vartheta_s'' = -\frac{1}{2p_s}\frac{\partial V}{\partial \vartheta_s'}.$$

Definiren wir eine Grösse σ durch die Gleichung

$$\frac{h\vartheta''}{\vartheta'} = -M\sigma^2,$$

wo M die Masse des starren Körpers bedeutet, und führen wir für V seinen entwickelten Ausdruck aus dem vorigen Kapitel ein, so erhalten wir die k Gleichungen:

$$\begin{aligned}
\vartheta_1(A_{11}-M\sigma^2u_1^2)+\vartheta_2A_{12}+\cdots+\vartheta_kA_{1k} &= 0\\
\vdots \qquad\qquad \vdots \qquad&\\
\vartheta_1A_{k1}+\vartheta_2A_{k2}+\cdots+\vartheta_k(A_{kk}-M\sigma^2u_k^2) &= 0.
\end{aligned}$$

Die Elimination der Grössen $\vartheta_1, \ldots, \vartheta_k$ liefert wieder für σ^2 eine

Gleichung k^{ten} Grades in der Determinantenform

$$\varDelta = \begin{vmatrix} A_{11} - M\sigma^2 u_1^2, & A_{12}, \ldots, & A_{1k} \\ \vdots & \vdots & \vdots \\ A_{k1}, & A_{k2}, \ldots, & A_{kk} - M\sigma^2 u_k^2 \end{vmatrix} = 0,$$

die also auch k Wurzeln σ^2 liefert. Setzen wir jede Wurzel in das obige System von k linearen Gleichungen ein, so werden hierdurch der Reihe nach die Verhältnisse der k Coordinaten einer jeden der k harmonischen Schrauben erhalten. Und zwar erhellt klar, dass wir nicht mehr als k solcher Schrauben erhalten, während andrerseits im Allgemeinen auch richtig ist, dass wir immer k, d. h. k verschiedene, Schrauben finden werden; wodurch unsere Behauptung erwiesen ist.

Diese harmonischen Schrauben haben nun die bemerkenswerthe Eigenschaft, dass je zwei derselben sowohl ein Paar conjugirter Trägheitsschrauben, als auch ein Paar conjugirter Potentialschrauben bilden.

In der That, seien $H_1, H_2, \ldots, H_{k-1}$ irgend welche $k-1$ von den k harmonischen Schrauben, und seien $S_1, S_2, \ldots, S_{k-1}$, die zugehörigen impulsiven Schrauben. Endlich sei T die, bekanntlich eindeutig bestimmte, Schraube des gegebenen Schraubensystems k^{ter} Stufe, welche reciprok ist zu $S_1, S_2, \ldots, S_{k-1}$ (Kap. IX § 15). Dann wird T mit jeder der Schrauben $H_1, H_2, \ldots, H_{k-1}$ ein Paar congugirter Trägheitsschrauben bilden. Ferner, da $S_1, S_2, \ldots, S_{k-1}$ die Schrauben sind, auf denen durch Windungen um resp. $H_1, H_2, \ldots, H_{k-1}$ Dynamen hervorgerufen werden, so wird offenbar T mit jeder der Schrauben $H_1, H_2, \ldots, H_{k-1}$ auch ein Paar conjugirter Potentialschrauben bilden (Kap. XI § 3). Daraus folgt nun, dass die impulsive Schraube, welche der als instantane betrachteten Schraube T entspricht, reciprok ist zu $H_1, H_2, \ldots, H_{k-1}$; und ebenso, dass eine Windung um T eine Dyname hervorrufen muss auf einer Schraube, die reciprok ist zu $H_1, H_2, \ldots, H_{k-1}$. Aber es giebt in dem Schraubensystem k^{ter} Stufe nur eine einzige Schraube, die reciprok ist zu $H_1, H_2, \ldots, H_{k-1}$. Mithin muss die impulsive Schraube, welche zu der als instantane betrachteten Schraube T gehört, zusammenfallen mit derjenigen Schraube, auf der durch eine Windung um T eine Dyname hervorgerufen wird: d. h. es muss T

eine harmonische Schraube sein. Und da es nur k harmonische Schrauben giebt, so muss T mit H_k identisch sein, sodass also H_k mit jeder der übrigen $k-1$ harmonischen Schrauben sowohl ein Paar conjugirter Trägheitsschrauben als auch ein Paar conjugirter Potentialschrauben bildet. Was hier für H_k gezeigt worden ist, kann auf dieselbe Weise für jede andere der $k-1$ Schrauben H bewiesen werden.

§ 2.

Wir betrachten nun das kinetische Problem:

„Ein starrer Körper mit Freiheit k^{ten} Grades wird aus einer Gleichgewichtslage durch eine Windung von kleiner Amplitude entfernt und erhält zugleich eine kleine anfängliche Windungsgeschwindigkeit. Man soll nun die Bewegung des Körpers beschreiben, welche er unter der Einwirkung eines gegebenen Kräftesystems hiernach annimmt."

Sei T die kinetische Energie des Körpers in einer Lage, in der seine Coordinaten, bezogen auf die Hauptträgheitsschrauben des zugehörigen Systems k^{ter} Stufe, resp. sind ϑ'_1, ϑ'_2, ..., ϑ'_k. Dann ist

$$T = M\left[u_1^2\left(\frac{d\vartheta'_1}{dt}\right)^2 + u_2^2\left(\frac{d\vartheta'_2}{dt}\right)^2 + \cdots + u_k^2\left(\frac{d\vartheta'_k}{dt}\right)^2\right],$$

während die potentielle Energie V eine homogene quadratische Function der k Argumente ϑ'_1, ϑ'_2, ..., ϑ'_k ist, deren Ausdruck aus dem vorigen Kapitel zu entnehmen ist. Da die hier gebrauchten Coordinaten den Bedingungen von selbst genügen, denen die Bewegung des Körpers unterworfen ist, so können die kinetischen Gleichungen direct in Lagrange's Form aufgestellt werden. Setzen wir dabei noch zur Abkürzung

$$\frac{d\vartheta'_h}{dt} = \dot{\vartheta}'_h. \qquad h = 1, 2, \ldots, k$$

so haben wir also die k Gleichungen

$$\frac{d}{dt}\frac{\partial T}{\partial \dot{\vartheta}'_h} + \frac{\partial V}{\partial \vartheta'_h} = 0, \qquad h = 1, 2, \ldots, k$$

wo wir $\frac{\partial V}{\partial \vartheta'_h}$ statt $\frac{\partial (T+V)}{\partial \vartheta'_h}$ schreiben durften, weil in T die Grössen ϑ'_h nicht vorkommen. Unter Berücksichtigung des Ausdruckes für T werden diese Gleichungen so lauten:

$$Mu_h^2 \frac{d^2 \vartheta'_h}{dt^2} + \frac{\partial V}{\partial \vartheta'_h} = 0,$$

wo $\frac{\partial V}{\partial \vartheta'_h}$ eine lineare homogene Function der k Grössen ϑ'_1, ϑ'_2, ..., ϑ'_k ist.

Dies ist jedoch noch nicht die definitive Form, welche wir diesen Gleichungen geben wollen, und in der sie integrirt werden. Die Herleitung dieser endgültigen Gestalt der Bewegungsgleichungen ist abhängig von der Lösung eines eben so einfachen, wie interessanten und einer eleganten Darstellung fähigen algebraischen Problems, zu dessen Behandlung wir uns nun wenden. Die Bewegungsgleichungen können nämlich ohne Weiteres integrirt werden, wenn V in eine solche Form gebracht wird, dass nur die Quadrate der Variabeln darin vorkommen, während bei dieser Transformation der Ausdruck von T unverändert erhalten wird.

§ 3.

Wenn zwei Reihen von je n Variabeln, $x_1, x_2, \ldots, x_n$; $y_1, y_2, \ldots, y_n$ in dem Zusammenhange stehen, der durch die beiden Gruppen von Gleichungen

$$\text{(I)} \quad x_k = \alpha_{k1} y_1 + \alpha_{k2} y_2 + \cdots + \alpha_{kn} y_n, \qquad k = 1, 2, \ldots, n$$

$$\text{(I')} \quad y_i = \beta_{i1} x_1 + \beta_{i2} x_2 + \cdots + \beta_{in} x_n, \qquad i = 1, 2, \ldots, n$$

seinen Ausdruck findet, wo die Grössen α und β Constanten sind, so stehen die Differentialquotienten irgend einer Ordnung der Grössen x und y in demselben Zusammenhang. Insbesondere ist also auch

$$x'_k = \alpha_{k1} y'_1 + \alpha_{k2} y'_2 + \cdots + \alpha_{kn} y'_n,$$
$$y'_i = \beta_{i1} x'_1 + \beta_{i2} x'_2 + \cdots + \beta_{in} x'_n.$$

Wenn daher $f(x_1, x_2, \ldots, x_n)$ eine beliebige homogene Function der Grössen x ist, die durch die Transformation (I) übergeht in $\varphi(y_1, y_2, \ldots, y_n)$, so geht auch, wenn $f(x'_1, x'_2, \ldots, x'_n)$ dieselbe Function der ersten Differentialquotienten bezeichnet, dieses $f(x'_1, x'_2, \ldots, x'_n)$ durch dieselbe Transformation über in $\varphi(y'_1, y'_2, \ldots, y'_n)$, wo φ derselbe Ausdruck der Grössen y' ist, wie vorher von den Grössen y. Auf Grund dieser einfachen Bemerkung erkennt man, dass die simultane Transformation der beiden Formen

$$f(x'_1, x'_2, \ldots, x'_n), \quad F(x_1, x_2, \ldots, x_n)$$

erledigt sein wird, wenn die Theorie der simultanen Transformation der Formen

$$f(x_1, x_2, \ldots, x_n), \quad F(x_1, x_2, \ldots, x_n)$$

gegeben ist, wo also wieder unter f beide Male derselbe aus den n Argumenten x gebildete arithmetische Ausdruck verstanden wird. Hiernach werden wir also den am Schlusse des vorigen Paragraphen angegebenen Zweck erreichen durch Behandlung des Problems:

„Zwei gegebene quadratische Formen von n Variabeln

$$\text{(I)} \quad \begin{cases} T = a_{11}x_1^2 + a_{22}x_2^2 + \cdots + a_{nn}x_n^2 \\ V = b_{11}x_1^2 + 2b_{12}x_1x_2 + \cdots + 2b_{ik}x_ix_k + \cdots + b_{nn}x_n^2, \end{cases}$$

wo die Coefficienten a reelle positive und die b beliebige reelle Zahlen bedeuten, sollen durch eine lineare Substitution

$$\text{(II)} \quad \begin{cases} x_1 = \alpha_{11}y_1 + \alpha_{12}y_2 + \cdots + \alpha_{1n}y_n \\ \vdots \qquad \vdots \qquad \vdots \qquad \vdots \\ x_n = \alpha_{n1}y_1 + \alpha_{n2}y_2 + \cdots + \alpha_{nn}y_n \end{cases}$$

so transformirt werden, dass identisch erhalten wird

$$\text{(III)} \quad \begin{cases} T \equiv a_{11}y_1^2 + a_{22}y_2^2 + \cdots + a_{nn}y_n^2 \\ V \equiv c_{11}y_1^2 + c_{22}y_2^2 + \cdots + c_{nn}y_n^2. \text{“} \end{cases}$$

Unsere Aufgabe besteht also darin, die unbekannten Grössen α_{ik} und c_{kk} als Functionen der gegebenen Grössen a_{kk} und b_{ik} so darzustellen, dass die Identitäten (III) stattfinden. Aus dem Bestehen der ersten Gleichung (III) folgen für die Substitutionscoefficienten α sofort die Relationen

$$\text{(IV)} \quad \begin{cases} a_{11}\alpha_{1k}^2 + a_{22}\alpha_{2k}^2 + \cdots + a_{nn}\alpha_{nk}^2 = a_{kk} \\ a_{11}\alpha_{1i}\alpha_{1k} + a_{22}\alpha_{2i}\alpha_{2k} + \cdots + a_{nn}\alpha_{ni}\alpha_{nk} = 0 \end{cases}$$
$$i = 1, 2, \ldots, n$$
$$k = 1, 2, \ldots, n.$$

Bezeichnen wir also allgemein mit δ_{ik} den Ausdruck

$$\delta_{ik} = a_{11} a_{1i} a_{1k} + a_{22} a_{2i} a_{2k} + \cdots + a_{nn} a_{ni} a_{nk},$$

so ist

$$\delta_{ik} = 0 \quad \text{für} \quad i \lesseqgtr k$$
$$\delta_{ik} = a_{kk} \quad \text{für} \quad i = k.$$

Wird nun unter Δ die Determinante der Substitution verstanden, also

$$\begin{vmatrix} a_{11}, & a_{12}, & \ldots, & a_{1n} \\ \vdots & \vdots & \vdots & \vdots \\ a_{n1}, & a_{n2}, & \ldots, & a_{nn} \end{vmatrix} = \Delta$$

oder nach Herrn Kronecker's Bezeichnung

$$|a_{ik}| = \Delta \qquad \begin{matrix} i = 1, 2, \ldots, n \\ k = 1, 2, \ldots, n \end{matrix}$$

gesetzt; und bildet man ferner die Determinante

$$D = \begin{vmatrix} \sqrt{a_{11}}.a_{11}, & \sqrt{a_{22}}.a_{22}, & \ldots, & \sqrt{a_{nn}}.a_{1n} \\ \vdots & \vdots & \vdots & \vdots \\ \sqrt{a_{11}}.a_{k1}, & \sqrt{a_{22}}.a_{k2}, & \ldots, & \sqrt{a_{nn}}.a_{kn} \\ \vdots & \vdots & \vdots & \vdots \\ \sqrt{a_{11}}.a_{n1}, & \sqrt{a_{22}}.a_{n2}, & \ldots, & \sqrt{a_{nn}}.a_{nn} \end{vmatrix} = |\sqrt{a_{kk}}.a_{ik}|,$$

so ist zunächst ohne weiteres offenbar

$$D^2 = (a_{11}.a_{22}.\ldots.a_{nn}).\Delta^2.$$

Stellt man aber andererseits das Quadrat der Determinante D auch direct her mit Hülfe des Multiplicationssatzes für zwei Determinanten, so folgt, wegen der Bedingungsgleichungen (IV)

$$D^2 = \begin{vmatrix} a_{11}, & 0, & \ldots\ldots\ldots\ldots, & 0 \\ 0, & a_{22}, & \ldots\ldots\ldots\ldots, & 0 \\ \vdots & & & \\ 0, & 0, & \ldots, a_{kk}, \ldots, & 0 \\ \cdot & \cdot & \cdots & \cdot \\ \cdot & \cdot & \cdots & \cdot \\ 0, & 0, & \ldots\ldots\ldots\ldots, & a_{nn} \end{vmatrix} = a_{11}.a_{22}.\ldots.a_{nn}.$$

Somit ergiebt sich

$$\Delta^2 = 1,$$

also $\Delta = \pm 1$. Wir nehmen der Einfachheit halber im Folgenden nur den Fall $\Delta = +1$ in Betracht.

Bezeichnen wir nun durch A_{ik} die zum Elemente a_{ik} gehörige Unterdeterminante der Substitutionsdeterminante Δ, so haben wir nun für die umgekehrte Transformation, der Grössen y in die Grössen x, die Gleichungen:

$$(\mathrm{V})\quad \begin{cases} y_1 = A_{11}x_1 + A_{21}x_2 + \cdots + A_{n1}x_n \\ \vdots \qquad \vdots \qquad \vdots \qquad \vdots \qquad \vdots \\ y_n = A_{1n}x_1 + A_{2n}x_2 + \cdots + A_{nn}x_n, \end{cases}$$

und es ist

$$(\mathrm{VI})\quad \begin{cases} a_{1k}A_{1k} + a_{2k}A_{2k} + \cdots + a_{nk}A_{nk} = \varepsilon_{kk} = 1 \\ a_{1i}A_{1k} + a_{2i}A_{2k} + \cdots + a_{ni}A_{nk} = \varepsilon_{ik} = 0 \end{cases}$$

$$A_{ik} = 1.$$

Führen wir diese Ausdrücke für die Grössen y in die rechte Seite der ersten Gleichung (III) ein, so erhalten wir für die A die Bedingungsgleichungen

$$(\mathrm{VI})\quad \begin{cases} \delta'_{kk} = a_{11}A_{k1}^2 + a_{22}A_{k2}^2 + \cdots + a_{nn}A_{kn}^2 = a_{kk} \\ \delta'_{ik} = a_{11}A_{i1}A_{k1} + a_{22}A_{i2}A_{k2} + \cdots + a_{nn}A_{in}A_{kn} = 0, \end{cases}$$

wo in Analogie mit dem Obigen noch das Zeichen δ' eingeführt ist, welches für ungleiche Werthe der Indices verschwindet, und für gleiche Werthe derselben die ebenso bezeichneten Grössen a bedeutet.

Nun bilden wir in zwei verschiedenen Weisen die Summe

$$\sum_i a_{i\varrho}\delta'_{ik},$$

einmal, indem wir einfach setzen

$$\sum_i a_{i\varrho}\delta'_{ik} = a_{1\varrho}\delta'_{1k} + a_{2\varrho}\delta'_{2k} + \cdots + a_{k\varrho}\delta'_{kk} + \cdots + a_{n\varrho}\delta'_{nk},$$

woraus folgt

$$\sum_i a_{i\varrho}\delta'_{ik} = a_{k\varrho}\,.\,a_{kk}\,.$$

Das zweite Mal bilden wir diese Summe mit Hülfe der entwickelten Ausdrücke der Grössen δ'. Es ist also

$$\begin{aligned} \delta'_{1k} &= a_{11}A_{11}A_{k1} + a_{22}A_{12}A_{k2} + \cdots + a_{\varrho\varrho}A_{1\varrho}A_{k\varrho} + \cdots + a_{nn}A_{1n}A_{kn} \\ \delta'_{2k} &= a_{11}A_{21}A_{k1} + a_{22}A_{22}A_{k2} + \cdots + a_{\varrho\varrho}A_{2\varrho}A_{k\varrho} + \cdots + a_{nn}A_{2n}A_{kn} \\ &\vdots \qquad \vdots \qquad \vdots \qquad \vdots \qquad \vdots \qquad \vdots \\ \delta'_{nk} &= a_{11}A_{n1}A_{k1} + a_{22}A_{n2}A_{k2} + \cdots + a_{\varrho\varrho}A_{n\varrho}A_{k\varrho} + \cdots + a_{nn}A_{nn}A_{kn} \end{aligned}$$

und somit

$$\sum_i \alpha_{i\varrho}\delta'_{ik} = a_{11}A_{k1}\cdot\sum_i \alpha_{i\varrho}A_{i1} + a_{22}A_{k2}\cdot\sum_i \alpha_{i\varrho}A_{i2} + \cdots$$

$$\cdots + a_{\varrho\varrho}A_{k\varrho}\cdot\sum_i \alpha_{i\varrho}A_{i\varrho} + \cdots + a_{nn}A_{kn}\cdot\sum_i \alpha_{i\varrho}A_{in}$$

$$= a_{11}A_{k1}\cdot\varepsilon_{\varrho 1} + \cdots + a_{\varrho\varrho}A_{k\varrho}\cdot\varepsilon_{\varrho\varrho} + \cdots + a_{nn}\cdot A_{kn}\cdot\varepsilon_{\varrho n},$$

d. h.

$$\sum_i \alpha_{i\varrho}\delta'_{ik} = a_{\varrho\varrho}A_{k\varrho}.$$

Die Vergleichung der beiden so gefundenen Ausdrücke für diese Summe liefert also die Relation

$$\text{(VIII)} \qquad A_{k\varrho} = \alpha_{k\varrho}\cdot\frac{a_{kk}}{a_{\varrho\varrho}},$$

die zwischen den Elementen der Substitutionsdeterminante und den zugehörigen Unterdeterminanten der letzteren stattfindet. Die Existenz der Gleichung (VIII) ermöglicht nun die definitive Lösung des Problems in ganz elementarer Weise, nämlich in derjenigen, die bei einer einfacheren Aufgabe schon in Kap. VII § 6 angewandt wurde.

Wir differentiiren die zweite der identischen Gleichungen (III) nach y_k und erhalten zunächst

$$\alpha_{1k}\sum_i b_{1i}x_i + \alpha_{2k}\sum_i b_{2i}x_i + \cdots + \alpha_{nk}\sum_i b_{ni}x_i = c_{kk}y_k,$$

was sich aber mit Rücksicht auf (V) und (VIII) so schreiben lässt

$$\sum_i(\alpha_{1k}b_{1i} + \alpha_{2k}b_{2i} + \cdots + \alpha_{ik}b_{ii} + \cdots + \alpha_{nk}b_{ni})x_i = \sum_i c_{kk}A_{ik}x_i$$

$$= \sum_i \alpha_{ik}\cdot a_{ii}\cdot\frac{c_{kk}}{a_{kk}}\cdot x_i.$$

Diese Gleichung muss unabhängig von den Werthen der x bestehen. Sie zerfällt somit in die n Gleichungen

$$\text{(VIII)} \qquad \alpha_{1k}b_{1i} + \alpha_{2k}b_{2i} + \cdots + \alpha_{ik}(b_{ii} - a_{ii}\lambda_k) + \cdots + \alpha_{nk}b_{ni} = 0,$$
$$i = 1, 2, \ldots, n,$$

wo zur Abkürzung gesetzt wird

$$\frac{c_{kk}}{a_{kk}} = \lambda_k.$$

Eliminirt man aus diesen n linearen homogenen Gleichungen die

Unbekannten α, so erhält man zur Bestimmung der Unbekannten λ_k die Gleichung

$$(IX) \quad \varDelta(\lambda_k) =$$

$$\begin{vmatrix} b_{11}-a_{11}\lambda_k, & b_{21}, & \dots, & b_{i1}, & \dots, & b_{n1} \\ b_{12}, & b_{22}-a_{22}\lambda_k, & \dots, & b_{i2}, & \dots, & b_{n2} \\ \vdots & \vdots & \vdots & \vdots & \vdots & \vdots \\ b_{1i}, & b_{2i}, & \dots, & b_{ii}-a_{ii}\lambda_k, & \dots, & b_{ni} \\ . & . & \dots, & . & \dots, & . \\ . & . & \dots, & . & \dots, & . \\ b_{1n}, & b_{2n}, & \dots, & b_{in}, & \dots, & b_{nn}-a_{nn}\lambda_k \end{vmatrix} = 0,$$

also eine Gleichung n^{ten} Grades für λ_k. Aus ihrer Herleitung, und aus dem Umstande, dass die Coefficienten von dem Werthe des Index gänzlich unabhängig sind, ergiebt sich, dass für jeden beliebigen Werth des Index k für λ dieselbe Gleichung folgen wird; mit andern Worten, die Wurzeln

$$\lambda_k^{(1)}, \quad \lambda_k^{(2)}, \quad \dots, \quad \lambda_k^{(n)}$$

der Gleichung $\varDelta(\lambda_k) = 0$ sind genau die n gesuchten Grössen

$$\lambda_k = \frac{c_{kk}}{a_{kk}},$$

wonach denn auch sofort die Grössen c selber gefunden sind.

Setzt man nun die einem beliebigen Werthe des Index k entsprechende Wurzel λ_k der Gleichung (IX) in die Gleichungen (VIII) ein, so lassen sich aus $(n-1)$ beliebigen dieser Gleichungen die Verhältnisse der n Grössen α_{ik} zu einer derselben bestimmen. Die absoluten Werthe dieser Grössen findet man dann mit Hülfe der Gleichungen (IV). Führt man diese Rechnung für jeden Werth des Index k aus, so wird man also zur Kenntniss der n^2 Grössen α gelangen, sodass nunmehr in der That die vorgelegte Aufgabe gelöst ist.

Sind nun λ_k, $\lambda_{k'}$ zwei zu den Indexwerthen k' gehörige Wurzeln der Gleichung $\varDelta(\lambda_k) = 0$, so beachte man, dass die Grössen α_{sk} und $\alpha_{sk'}$ durch d a s s e l b e Verfahren aus λ_k resp. $\lambda_{k'}$ hergeleitet werden, wenn beide Male dieselben $(n-1)$ Gleichungen der Gruppe (VIII) benutzt werden. Es ist also α_{sk} d i e s e l b e Function von λ_k, wie es $\alpha_{sk'}$ von $\lambda_{k'}$ ist. Wenn nun unter den Wurzeln der Gleichung (IX) complexe vorkommen, so mögen λ_k, $\lambda_{k'}$ zwei conjugirte complexe Wurzeln sein. Also

$$\lambda_k = P + Qi, \quad \lambda_{k'} = P - Qi.$$

Dann sind nach dem oben Gesagten auch α_{sk}, $\alpha_{sk'}$ auch conjugirte complexe Zahlen, also etwa

$$\alpha_{sk} = p_s + q_s . i, \quad \alpha_{sk'} = p_s - q_s . i.$$

Nun haben wir aber die Bedingungsgleichung

$$\sum_s a_{ss} . \alpha_{sk} . \alpha_{sk'} = 0,$$

wo die a_{ss} wesentlich positive Grössen sind. Diese Gleichung wird nun

$$\sum_s a_{ss} . (p_s^2 + q_s^2) = 0.$$

Dies kann aber nicht stattfinden, da eine Summe von lauter positiven Zahlen nicht verschwinden kann. Die Annahme von complexen Wurzeln der Gleichung (IX) führt also auf eine unmögliche Bedingung. Diese Annahme kann also nicht zutreffen: die Gleichung (IX) hat lauter reelle Wurzeln.

§ 4.

Wenden wir uns nun wieder zu dem ursprünglich vorgelegten Problem zurück, so ist also eine lineare Transformation

$$\vartheta'_\lambda = \sum_\mu \alpha_{\lambda\mu} \zeta'_\mu \qquad \begin{matrix} \lambda = 1, 2, \ldots, n \\ \mu = 1, 2, \ldots, n \end{matrix}$$

so zu bestimmen, dass die potentielle Energie

$$V = A_{11} \vartheta'^2_1 + \cdots + A_{kk} \vartheta'^2_k + 2A_{12} \vartheta'_1 \vartheta'_2 + 2A_{13} \vartheta'_1 \vartheta'_3 + \cdots$$
$$\cdots + 2A_{\lambda\mu} \vartheta'_\lambda \vartheta'_\mu + \cdots$$

übergeht in

$$V = c_{11} \zeta'^2_1 + \cdots + c_{kk} \zeta'^2_k,$$

während gleichzeitig durch die Transformation der Ausdruck für die kinetische Energie in sich selbst übergeführt wird, d. h.

$$T = M \left[u_1^2 \left(\frac{d\vartheta'_1}{dt} \right)^2 + \cdots + u_k^2 \left(\frac{d\vartheta'_k}{dt} \right)^2 \right]$$
$$= M \left[u_1^2 \left(\frac{d\zeta'_1}{dt} \right)^2 + \cdots + u_k^2 \left(\frac{d\zeta'_k}{dt} \right)^2 \right]$$

wird.

Zu diesem Zwecke werden wir also nach § 3 die Gleichung auflösen

$$\begin{vmatrix} A_{11} - Mu_1^2 s^2, & \dots, & A_{k1} \\ \vdots & & \\ A_{k1}, & \dots, & A_{kk} - Mu_k^2 s^2 \end{vmatrix} = 0,$$

durch deren Wurzeln zunächst, wie a. a. O. gezeigt, die Grössen c und dann die Coefficienten $\alpha_{\lambda\mu}$ bestimmt werden. Diese Gleichung ist aber dieselbe, welche, § 1, zur Bestimmung der Coordinaten einer harmonischen Schraube aufgestellt wurde. Die Grössen $\alpha_{\lambda\mu}$ sind daher den Coordinaten einer harmonischen Schraube proportional. Die Bedeutung dieses Umstandes wird später erhalten.

Beachten wir, dass nach § 3

$$c_{\lambda\lambda} = Mu_\lambda^2 s_\lambda^2$$

wird, so werden wir in den transformirten Coordinaten die Bewegungsgleichungen haben

$$\frac{d^2\zeta_\lambda'}{dt^2} + s_\lambda^2 \zeta_\lambda' = 0, \qquad \lambda = 1, 2, \dots, k$$

woraus folgt

$$\zeta_\lambda' = H_\lambda \sin(s_\lambda t + h_\lambda), \qquad \lambda = 1, 2, \dots, k$$

sodass sich also für die ursprünglichen Coordinaten das Resultat ergiebt

$$\vartheta_1' = \alpha_{11} H_1 \sin(s_1 t + h_1) + \alpha_{12} H_2 \sin(s_2 t + h_2) + \dots + \alpha_{1k} H_k \sin(s_k t + h_k)$$
$$\vdots \qquad\qquad \vdots \qquad\qquad \vdots$$
$$\vartheta_k' = \alpha_{k1} H_1 \sin(s_1 t + h_1) + \alpha_{k2} H_2 \sin(s_2 t + h_2) + \dots + \alpha_{kk} H_k \sin(s_k t + h_k).$$

Bevor wir in eine Discussion dieses Resultats eintreten, möge dasselbe noch einmal, und zwar in einer sehr einfachen von Herrn Ball angegebenen Weise hergeleitet werden.

§ 5.

Zunächst kann man zu den Bewegungsgleichungen in ihrer ursprünglichen Form auch ganz unabhängig von der Kenntniss der Lagrange'schen Gleichungen gelangen.

In der That, wir haben den starren Körper (§ 2) aus der Ruhelage durch eine Windung herausgeführt und ihm eine Windungsgeschwindigkeit ertheilt, deren Coordinaten zur Zeit t wir mit Bezug auf die Hauptträgheitsschrauben durch $\frac{d\vartheta'_1}{dt}, \ldots, \frac{d\vartheta'_k}{dt}$ bezeichneten. Wir können uns denken, dass der Körper diese Bewegung erhalten habe in Folge der Wirkung einer impulsiven Dyname, deren Coordinaten wir durch $\zeta''_1, \zeta''_2, \ldots, \zeta''_k$ bezeichnen wollen. Dann haben wir nach Kap. IX § 17

$$\zeta''_i = M \frac{u_i^2}{p_i} \frac{d\vartheta'_i}{dt}.$$

Nun wird aber durch die von dem Körper ausgeführte Windung in dem auf t folgenden unendlich kleinen Zeitelemente dt eine Dyname hervorgerufen, deren Coordinaten resp. sein werden

$$\frac{d\zeta''_1}{dt}, \quad \frac{d\zeta''_2}{dt}, \quad \ldots, \quad \frac{d\zeta''_k}{dt}.$$

In Kapitel XI § 2 ist aber gezeigt worden, dass diese Coordinaten resp. gleich sind

$$-\frac{1}{2p_1}\frac{\partial V}{\partial \vartheta'_1}, \quad -\frac{1}{2p_2}\frac{\partial V}{\partial \vartheta'_2}, \quad \ldots, \quad -\frac{1}{2p_k}\frac{\partial V}{\partial \vartheta'_k}.$$

Wir haben also einerseits

$$\frac{d\zeta''_i}{dt} = -\frac{1}{2p_i}\frac{\partial V}{\partial \vartheta'_i}$$

und andererseits folgt aus der Gleichung für ζ''_i

$$\frac{d\zeta''_i}{dt} = M \frac{u_i^2}{p_i} \frac{d^2\vartheta'_i}{dt^2}.$$

Vergleichen wir nun diese beiden Ausdrücke für $\frac{d\zeta''_i}{dt}$, so folgt:

$$2Mu_i^2 \frac{d^2\vartheta'_i}{dt^2} + \frac{\partial V}{\partial \vartheta'_i} = 0.$$

also dieselbe Gleichung, wie sie oben durch die Methode von Lagrange erhalten worden ist.

Um diese k Gleichungen zu integriren, setzt Herr Ball

$$\vartheta'_1 = f_1 \Omega, \quad \vartheta'_2 = f_2 \Omega, \quad \ldots, \quad \vartheta'_k = f_k \Omega,$$

wo Ω eine unbekannte Function der Zeit ist und die Grössen f noch zu bestimmende Grössen bedeuten. Hiermit nehmen, mit

Rücksicht auf den Ausdruck für V die Bewegungsgleichungen die Form an

$$Mu_1^2 f_1 \frac{d^2\Omega}{dt^2} + (A_{11}f_1 + A_{12}f_2 + \cdots + A_{1k}f_k)\Omega = 0$$
$$\vdots \qquad \vdots \qquad \vdots$$
$$Mu_k^2 f_k \frac{d^2\Omega}{dt^2} + (A_{k1}f_1 + A_{k2}f_2 + \cdots + A_{kk}f_k)\Omega = 0,$$

was man auch so schreiben kann

$$Mu_1^2 f_1\left(\frac{d^2\Omega}{dt^2} + s^2\Omega\right) + ((A_{11} - Mu_1^2 s^2)f_1 + A_{12}f_2 + \cdots + A_{1k}f_k)\Omega = 0$$
$$\vdots \qquad \vdots \qquad \vdots$$
$$Mu_k^2 f_k\left(\frac{d^2\Omega}{dt^2} + s^2\Omega\right) + (A_{k1}f_1 + A_{k2}f_2 + \cdots + (A_{kk} - Mu_k^2 s^2)f_k)\Omega = 0.$$

Bestimmt man nun die Grösse s und die Verhältnisse der f so, dass den Gleichungen

$$f_1(A_{11} - Mu_1^2 s^2) + f_2 A_{12} + \cdots + f_k A_{1k} = 0$$
$$\vdots \qquad \vdots \qquad \vdots$$
$$f_1 A_{k1} + f_2 A_{k2} + \cdots + f_k(A_{kk} - Mu_k^2 s^2) = 0$$

Genüge geleistet wird, so erhält man die einzige Gleichung

$$\frac{d^2\Omega}{dt^2} + s^2\Omega = 0.$$

Eliminiren wir die f, so erhalten wir zur Bestimmung von s die schon mehrfach betrachtete Gleichung, und die einer jeden Wurzel s entsprechenden Werthe der f sind proportional den Coordinaten einer harmonischen Schraube. Die Gleichung für Ω giebt

$$\Omega = H\sin(st + h).$$

Seien nun $H_1, H_2, \ldots, H_k$; $h_1, h_2, \ldots, h_k$ willkürliche Constanten; und sei f_{pq} derjenige Werth von f_q, der aus den obigen Gleichungen folgt, wenn in diesen $s^2 = s_p^2$ ist. Dann folgt aus der Theorie der linearen Differentialgleichungen

$$(\vartheta)\quad \begin{cases} \vartheta'_1 = f_{11}H_1\sin(s_1 t + h_1) + \cdots + f_{1k}H_k\sin(s_k t + h_k) \\ \vdots \qquad \vdots \qquad \vdots \qquad \vdots \\ \vartheta'_k = f_{k1}H_1\sin(s_1 t + h_1) + \cdots + f_{kk}H_k\sin(s_k t + h_k), \end{cases}$$

wovon man sich auch leicht durch directe Anwendung der Bewegungsgleichungen auf diese Ausdrücke, welche die nothwendige Anzahl willkürlicher Constanten enthalten, überzeugt.

Wir sind also wieder zu demselben Ergebniss gelangt, wie am Schlusse des § 4 und wenden uns nun zur näheren Discussion unserer Resultate.

§ 6.

Zunächst ist dies klar, dass s^2 stets eine positive Grösse sein muss, wenn die Ruhelage, von der aus der Körper die betrachtete Bewegung begonnen hat, eine stabile war. Denn andererseits würde wenigstens eine der Grössen ζ' des § 4 als Exponentialfunction mit reellem Exponenten erscheinen, sodass also sämmtliche ϑ' im Laufe der Zeit beliebig anwachsen könnten, d. h. das System vor der Bewegung nicht in stabiler Gleichgewichtslage gewesen sein können. Es sind somit auch alle Grössen c positiv, da

$$c_{\lambda\lambda} = M u_\lambda^2 s_\lambda^2.$$

Die $2k$ willkürlichen Constanten H und h werden aus den Anfangsbedingungen zu bestimmen sein. Zu dem Zwecke wird man die dem Körper anfänglich ertheilte Windung in ihre Componenten nach den Hauptträgheitsschrauben zerlegen und die erhaltenen Werthe in die Gleichungen (ϑ) einsetzen, nachdem in diesen $t = 0$ gesetzt worden ist.

Ebenso wird man die anfängliche Windungsgeschwindigkeit in Componenten nach den genannten Schrauben zerlegen. Die erhaltenen Werthe sind gleich den Werthen von $\frac{d\vartheta_1'}{dt}, \ldots, \frac{d\vartheta_k'}{dt}$ für $t = 0$, wodurch also weitere k Gleichungen gefunden sind, welche mit den vorhin erhaltenen k Gleichungen hinreichen um die $2k$ Grössen H und h zu bestimmen.

Wenn die anfänglichen Umstände so beschaffen sind, dass alle Grössen H mit Ausnahme von H_1 sich gleich Null ergeben, so erhalten wir für die Coordinaten die sehr einfache Darstellung

$$\begin{aligned} \vartheta_1' &= f_{11} H \sin(st+h) \\ &\vdots \\ \vartheta_k' &= f_{1k} H \sin(st+h), \end{aligned}$$

wo einfach H und h statt H_1 und h_1 geschrieben worden ist.

Die Bedeutung dieses Ergebnisses ist eine sehr bemerkenswerthe. Wir sehen, dass die Coordinaten des Körpers fortwährend proportional sind den Grössen $f_{11}, \ldots, f_{1k}$. Der Körper kann also stets aus der Anfangslage in irgend eine beliebige andere Lage durch eine Windung übergeführt werden um eine Schraube, deren Coordinaten proportional sind den Grössen f. Aber wir haben schon mehrfach darauf hingewiesen, dass die so definirte Schraube eine harmonische ist, sodass wir nun folgendes Theorem aussprechen können:

„Wenn ein starrer Körper in einer stabilen Gleichgewichtslage sich unter dem Einfluss eines conservativen Kräftesystems befindet, so können aus dem die Freiheit des Körpers definirenden Schraubensystem k^{ter} Stufe stets k harmonische Schrauben ausgewählt werden. Wenn nun der Körper aus jener Gleichgewichtslage durch eine Windung um eine solche harmonische Schraube herausgeführt wird und zugleich eine Windungsgeschwindigkeit um diese selbe Schraube erhält, so wird der Körper ohne Unterlass oscillatorische Windungen um diese Schraube ausführen und die Amplitude der Windung wird in jedem Augenblick gleich der Amplitude eines einfachen Pendels sein, welches in Bezug auf seine Länge, sowie in Bezug auf den Beginn seiner Bewegung geeignet ausgewählt ist.“

Eine harmonische Schraube und ein Pendel, welche so zu einander in Beziehung gesetzt sind, wollen wir isochron nennen. Dann können wir aus der allgemeinen Form der Integrale der Bewegungsgleichungen den Satz entnehmen:

„Ein starrer Körper, der unter dem Einflusse eines conservativen Kräftesystems steht, wird aus einer stabilen Gleichgewichtslage durch eine kleine Windung herausgeführt und erhält eine kleine anfängliche Windungsgeschwindigkeit. Die Windung und die Windungsgeschwindigkeit zerlegen wir in ihre resp. Componenten auf den k harmonischen Schrauben, welche für den Körper existiren. Nun denke man sich k einfache Pendel, deren jedes isochron mit einer der harmonischen Schrauben ist.

Man setze ferner alle diese Pendel gleichzeitig mit dem Körper in Bewegung und zwar jedes mit einer Amplitude und einer Winkelgeschwindigkeit, welche gleich sind resp der Amplitude der anfänglichen Windung und der anfänglichen Windungsgeschwindigkeit des Körpers um die harmonische Schraube, mit der das betr. Pendel isochron ist. Handelt es sich nun darum, die Lage des Körpers zu einer beliebigen späteren Zeit zu bestimmen, so hat man nur nöthig, für die betreffende Epoche die Amplituden der k Pendel zu berechnen und dann dem Körper in seiner Gleichgewichtslage Windungen um die k harmonischen Schrauben zu ertheilen, deren Amplituden gleich sind den soeben für die entsprechenden Pendel berechneten Amplituden."

§ 7.

Man kann sich leicht auch ohne Rechnung klar machen, warum ein Körper, der einmal um eine harmonische Schraube oscillatorische Windungen ausführt, niemals von dieser Schraube abweichen wird. Wenn nämlich der Körper aus der Gleichgewichtslage entfernt wird durch eine Windung um eine harmonische Schraube ϑ, so wird durch diese Windung eine Dyname hervorgerufen auf einer Schraube η. Nun würde aber die Wirkung einer impulsiven Dyname auf der Schraube η die sein, dem Körper eine Windung um die Schraube ϑ zu ertheilen. Nun können wir aber eine continuirliche Dyname uns bestehend denken als eine Reihe unendlich nahe aufeinander folgender impulsiver Dynamen von unendlich kleiner Intensität. Alle diese kleinen Impulse werden dem Körper also immer wieder eine Windung um ϑ ertheilen. Es erwächst somit aus der Existenz des Einflusses der gegebenen Kräfte auf den Körper keine Ursache, die den Körper zu einer Abweichung von der Schraube ϑ zwänge.

Specielle Kinetik.

Kapitel XIII.

Kinetik eines starren Körpers mit Freiheit ersten Grades.

§ 1.

In dem vorliegenden Kapitel werden die in den vorhergehenden entwickelten allgemeinen Principien angewandt werden, um die Bewegung eines starren Körpers zu untersuchen, der Freiheit ersten Grades besitzt. In gleicher Weise werden die folgenden Kapitel den verschiedenen Graden der Freiheit gewidmet werden. Dabei werden wir immer den gleichen Gang einhalten, zuerst, soweit kleine Bewegungen in Betracht kommen, die Kinematik des starren Körpers zu bearbeiten unter keiner anderen Voraussetzung als derjenigen der Kenntniss des Grades der Freiheit, welche der Körper besitzt. Auf diese Weise gelangen wir zur Kenntniss des Schraubensystems, welches eben den Freiheitsgrad des Körpers in exacter Weise definirt. Ist dieses bekannt, so wird auch leicht das reciproke System gefunden, mit Hülfe dessen dann die Theorie des Gleichgewichts erledigt wird.

Vornehmlich aber wird sich unserer Betrachtung darbieten jene Gruppe von Fragen, welche sich auf die Wirkung eines Impulses auf ein ruhendes starres System beziehen, welches um alle Schrauben des Schraubensystems Windungen ausführen kann. Endlich sind dann immer noch zu discutiren die kleinen Schwingungen des starren

Systems, welche dasselbe ausführen kann in der Nähe einer stabilen Gleichgewichtslage unter dem Einflusse eines gegebenen Kräftesystems, wenn die Beweglichkeit des Systems also auf Windungen um die Schrauben des zugehörigen Schraubensystems beschränkt ist.

§ 2.

Ein starrer Körper mit Freiheit ersten Grades kann keine andere Bewegung ausführen als Windungen um eine einzige bestimmte Schraube. Die Lage des Körpers zu irgend einem Zeitpunkte ist nur von einer einzigen Grösse, Coordinate, abhängig, für die wir die Amplitude derjenigen Windung um die gegebene Schraube nehmen können, durch welche der Körper von einer gegebenen Anfangslage in die Lage übergeführt wird, welche er zu der betreffenden Zeit einnimmt.

Es lassen sich ohne Weiteres zwei elementare Beispiele angeben von Körpern mit Freiheit ersten Grades: nämlich ein Körper, der ohne Gleiten um eine feste Axe rotiren kann; und ein Körper der längs einer festen Geraden gleiten, aber nicht sich um diese Gerade drehen kann. Im ersteren Fall besteht das zugehörige Schraubensystem erster Stufe aus einer Schraube vom Parameter Null; im anderen aus einer Schraube von unendlich grossem Parameter.

§ 3.

Die Stufenzahl des Schraubensystems, welches die Freiheit eines starren Körpers definirt und diejenige des reciproken Systems ergänzen einander immer zur Summe sechs. Das zu einem Schraubensystem erster Stufe reciproke System wird daher von der fünften Stufe sein.

Wir werden daher schon in diesem Kapitel einige Eigenschaften der Schraubensysteme fünfter Stufe zu discutiren haben, welche nachher nochmals ihren Platz finden werden in Kap. XVII.

Damit eine beliebige Schraube ϑ zu einem System fünfter Stufe gehöre ist es nothwendig und hinreichend, dass sie zu einer gegebenen Schraube α reciprok sei. Diese Bedingung findet den uns wohlbekannten Ausdruck

$$(p_\alpha + p_\vartheta)\cos\Theta - d\sin\Theta = 0,$$

wo O der Winkel und d die kürzeste Distanz zwischen beiden Schrauben ϑ, α ist.

Es lässt sich nun sofort erkennen, dass jede beliebige Gerade im Raume, wenn ihr ein geeigneter Parameter ertheilt wird, Element eines Schraubensystems fünfter Stufe werden kann. Denn es sind in der That, wenn die Gerade und α gegeben sind, die Grössen d und O ebenfalls gegeben, und es kann daher aus der obigen linearen Gleichung ein einziger bestimmter Parameter p_ϑ gefunden werden.

Es sei nun gegeben die Schraube α und ein beliebiger Punkt A ausser ihr im Raume. Dann wird jede Gerade des Punktes A, wenn mit einem geeigneten Parameter versehen, welche die Schraube α schneidet, reciprok sein zu dieser Schraube. Die Anzahl der Geraden des Punktes A ist doppelt unendlich, woraus folgt, dass eine einfach unendliche Zahl von Geraden des Punktes A reciprok zu α sein wird. Es lässt sich nun in der That beweisen, dass alle Schrauben gleichen Parameters, welche durch A gehen und zu α reciprok sind, in einer Ebene liegen. Es möge dies zunächst mit Herrn Ball für den Fall gezeigt werden, wo es sich um Schrauben vom Parameter Null handelt, worauf wir dann den allgemeineren Satz beweisen werden.

Dieser Satz ist nun allerdings schon früher einmal vorgekommen und ist auch damals bewiesen worden. Er soll indessen hier mit Sir R. Ball einer eingehenderen Betrachtung unterworfen werden.

Betrachten wir also zunächst eine unendlich kleine Windung um die Schraube α, so wird ein Punct A des starren Körpers in die Position B übergeführt werden. Bei dieser Bewegung leistet nun eine in A angreifende Kraft, deren Richtung senkrecht steht auf der unendlich kleinen Strecke AB, keine Arbeit. Mit andern Worten: jede durch A gehende Gerade, die normal zu AB ist, kann als eine Schraube vom Parameter Null aufgefasst werden, die reciprok ist zu der gegebenen Schraube. Alle diese Geraden liegen aber offenbar in einer Ebene, womit der specielle Fall des in Rede stehenden Satzes bewiesen ist.

Um weiter zu gehen, erinnern wir an ein allgemeines Princip, von dem bereits in Kap. IV wiederholter Gebrauch gemacht worden ist. Dieses Princip bestand darin, dass ein Schraubensystem beliebiger Stufe seinem Wesen nach nicht geändert wird, wenn die Parameter sämmtlicher ihm angehörenden Schrauben um eine und dieselbe beliebige, positive oder negative, Grösse vermehrt werden. Denn es hängt ja in der That die Gleichung der Reciprocität nur von der Summe der Parameter der betr. reciproken Schrauben ab. Wenn daher alle Parameter eines Systems P um eine bestimmte positive oder negative Grösse vermehrt werden, während man gleichzeitig die Parameter des reciproken Systems Q um die entgegengesetzt gleiche Grösse vermehrt, so wird die aus P abgeleitete Gesammtheit P' von Schrauben wieder reciprok sein der aus Q abgeleiteten Gesammtheit Q'. Es wird also jede der Schrauben des Systems P' reciprok sein zu $6-k$ beliebig ausgewählten Schrauben des Systems Q' und somit P' in der That wieder ein System k^{ter} Stufe sein.

Hiernach kann der aufgestellte Satz nun so bewiesen werden. Wir betrachten eine Schraube η vom Parameter $p_\alpha+k$, welche dieselbe Gerade zum Träger hat, wie α. Vorhin wurde bewiesen, dass alle Schrauben μ vom Parameter Null, deren Träger durch den Punkt A gehen, und die reciprok zu η sind, in einer Ebene liegen. Diese Reciprocität wird nun nach dem dargelegten Princip nicht gestört, wenn, bei festgehaltenen Trägern, aus η und μ andere Schrauben abgeleitet werden, sofern nur die Parametersumme unverändert, also hier gleich $p_\alpha+k$, bleibt. Sie wird also insbesondere stattfinden, wenn den Schrauben μ der Parameter k und der Schraube auf dem Träger von η der Parameter p_α zuertheilt wird, d. h. wenn wir wieder zur Schraube α zurückgehen. Da nun die Schrauben μ alle in einer durch A gehenden Ebene liegen, wie oben bewiesen, da ferner die Grösse k eine ganz beliebige war, so ist nun offenbar auch der allgemeine Satz bewiesen.

Von der Gültigkeit der Umkehrung des Theorems haben wir uns a. a. O. bereits überzeugt, sodass wir uns hier nicht mehr damit aufhalten wollen. Es möge jedoch noch eine kurze Bemerkung hier Platz finden. Es kann also immer, wenn ein Parameter k gegeben ist in einer ebenfalls gegebenen Ebene ein Punkt A so bestimmt werden, dass alle in der gegebenen Ebene liegenden Schrauben des Punktes A, die den Parameter k besitzen, zu einer gegebenen Schraube α reciprok sind. Wenn wir nun eine Reihe von Parametern haben, $k_1, k_2, \ldots, k_n$, so gehört zu jedem derselben ein Punkt A. Die Reihe dieser Punkte, die mit $A_1, A_2, \ldots, A_n$ bezeichnet seien, liegt nun offenbar auf einer Geraden, welche α unter rechtem Winkel trifft. Denn, man verbinde die Punkte A_μ, A_ν der Reihe durch eine Gerade, so muss, wenn auf dieser Geraden eine Schraube λ liegt, die entweder den Parameter k_μ oder k_ν hat, λ reciprok sein zu α. Dies ist aber nur möglich, wenn die Gerade $A_\mu A_\nu$ die Gerade α rechtwinklig schneidet.

§ 4.

Die nothwendige und hinreichende Bedingung für das Gleichgewicht eines starren Körpers mit Freiheit ersten Grades besteht darin, dass die auf den Körper wirkenden Kräfte äquivalent sein müssen einer Dyname auf einer Schraube, die dem Systeme fünfter Stufe angehört, welches reciprok ist zu der die Freiheit des Körpers definirenden Schraube. Daraus folgt also, dass jede Gerade des Raumes Träger einer Schraube sein kann, derart dass eine Dyname auf dieser das Gleichgewicht des Körpers nicht stört.

Wenn zwei Dynamen auf den Körper wirken, so wird man die Frage, ob unter diesen Umständen das Gleichgewicht des Körpers bestehen bleibe, so beantworten. Die beiden Dynamen können mit Hülfe des Cylindroids zu einer einzigen zusammengesetzt werden. Auf dem Cylindroid giebt es aber, wie wir wissen, nur eine einzige Schraube, welche zu einer gegebenen reciprok ist. Die Wirkung beider Dynamen wird also dann das Gleichgewicht des Körpers nicht stören oder mit anderen Worten: die Dynamen sind im Gleichgewichte, wenn ihre Resultante auf der eben angeführten Schraube des Cylindroids liegt.

Mit Hülfe der Schraubencoordinaten lässt sich die Bedingung des Gleichgewichts zweier Dynamen, von den Intensitäten ϑ'', φ'', auf den Schrauben ϑ und φ, für den Fall sehr leicht ausdrücken, dass sie auf einen Körper wirken, der nur um eine Schraube α gewunden werden kann.

Wir legen ein beliebiges System von Fundamentalschrauben (coreciprokes System) als Coordinatensystem zu Grunde und zerlegen jede der Dynamen auf ϑ und φ in ihre sechs Componenten auf diesen Fundamentalschrauben. Dann hat die resultirende Dyname auf der Fundamentalschraube ω_n eine Componente von der Intensität

$$\vartheta''\vartheta_n + \varphi''\varphi_n.$$

Die Coordinaten der resultirenden Dyname sind also proportional zu

$$\vartheta''\vartheta_1 + \varphi''\varphi_1, \quad \ldots, \quad \vartheta''\vartheta_6 + \varphi''\varphi_6.$$

Soll Gleichgewicht bestehen, so muss die Schraube dieser Dyname reciprok sein zu α, es muss also sein

$$p_1\alpha_1(\vartheta''\vartheta_1 + \varphi''\varphi_1) + \cdots + p_6\alpha_6(\vartheta''\vartheta_6 + \varphi''\varphi_6) = 0$$

d. h.

$$\vartheta''\varpi_{\alpha\vartheta} + \varphi''\varpi_{\alpha\varphi} = 0,$$

zu welcher Gleichung man übrigens auch direct mit Hülfe des Princips der virtuellen Geschwindigkeiten hätte gelangen können. Denn diese Gleichung drückt nichts anderes aus, als dass die Summe der Arbeiten, welche die Dynamen auf ϑ und φ bezüglich einer Windung um α leisten, verschwindet.

Andererseits kann die letzte Gleichung auch so interpretirt werden, dass — hinsichtlich der Wirkung auf einen Körper, der nur um eine Schraube α Windungen ausführen kann — eine gegebene Dyname stets ersetzt werden kann durch eine Dyname von geeignet bestimmter Intensität auf irgend einer anderen Schraube.

Sir Robert Ball weist auf die Analogie hin, die besteht zwischen unserer Gleichung

$$\vartheta''\varpi_{\alpha\vartheta} + \varphi''\varpi_{\alpha\varphi} = 0$$

und derjenigen, welche sich als Bedingung findet dafür dass zwei Kräfte P, Q, die auf einen Massenpunkt wirken, der nur in einer gegebenen Geraden sich bewegen kann, im Gleichgewicht sind. Denn wenn l, m die Winkel sind, welche P und Q mit dieser Geraden machen, so ist die erwähnte Bedingung

$$P\cos l + Q\cos m = 0,$$

welche Gleichung die bemerkenswerthe Thatsache zeigt, dass eben zwischen dem virtuellen Coefficienten zweier Schrauben und dem Cosinus des Winkels zweier Geraden eine gewisse Analogie besteht.

§ 5.

Aus dem vorigen ergiebt sich eine interessante Folgerung für einen speciellen Fall. Nämlich man überzeugt sich ohne jede Mühe von der Richtigkeit dieses Satzes:

Wenn ein starrer Körper mit Freiheit ersten Grades unter der Wirkung der Schwerkraft im Gleichgewicht ist, so liegt die Verticale durch den Trägheitsmittelpunkt in der Ebene der reciproken Schrauben vom Parameter Null, die man durch den Trägheitsmittelpunkt ziehen kann. (§ 3.)

§ 6.

Wir haben schon früher gesehen, wie man die Windungsgeschwindigkeit finden kann, welche eine Dyname von der Intensität η'' (auf der Schraube η) einem Körper ertheilt, welcher nur um eine gegebene Schraube α bewegt werden kann. Wir haben bei der Aufstellung des betreffenden Ausdrucks Rücksicht zu nehmen gehabt auf die — in Folge der beschränkten Freiheit des Körpers — bei der Einwirkung der Dyname auftretenden impulsiven Reactionen. Diese letzteren sollen nun hier näher dargestellt werden.

Zunächst wissen wir von vornherein, dass diese Reactionen zum Ausdruck kommen in einer Dyname von der Intensität λ'' auf einer Schraube λ, welche reciprok ist zu α.

Sei also η die Schraube der gegebenen Impulsivdyname. Es ist nun ein sehr einfacher Gedankengang, welcher zur Auffindung und constructiven Darstellung von λ führt. Denn die Dyname auf λ und die Dyname auf η müssen offenbar zur Resultanten diejenige Dyname haben, welche dem Körper eine Windung um α ertheilen würde, wenn derselbe vollkommen frei wäre. Nennen wir die Schraube dieser resultirenden Dyname μ, so müssen also η, λ, μ „cocylindroidal" sein, d. h. auf einem Cylindroid liegen (Kap. II). Die Schraube λ ist demnach, da sie auch noch zu α reciprok sein soll, vollkommen bestimmt, denn μ kann jederzeit angegeben werden. Construiren wir also das durch η, μ gegebene Cylindroid (η, μ), und bestimmen auf dieser Fläche diejenige Schraube, welche reciprok ist zu α, so ist das bekanntlich eindeutige Ergebniss der

Construction die Schraube λ. Nachdem so alle drei Schrauben, η, λ, μ bekannt sind, kann mit Hülfe der bekannten Intensität η'' auch die Intensität λ'' der Dyname der impulsiven Reactionen bestimmt werden.

§ 7.

Wir wollen nun einen Körper betrachten, der in einem bestimmten Momente unter dem Einfluss eines Systems gegebener Kräfte, von der hier zu betrachtenden Natur, sich in einer Lage stabilen Gleichgewichtes befindet. Der Körper soll Freiheit ersten Grades besitzen, also nur um eine Schraube α sich bewegen können*). Nun führe man den Körper durch eine Windung von kleiner Amplitude aus der Ruhelage heraus und ertheile ihm zugleich eine kleine anfängliche Windungsgeschwindigkeit. Dann wird der Körper ohne Unterlass kleine oscillatorische Windungen um α ausführen. Die Zeit einer Oscillation soll bestimmt werden.

Zu dem Zwecke erinnern wir uns, dass die von der Windungsgeschwindigkeit $\frac{d\alpha'}{dt}$ herrührende kinetische Energie des Körpers ist

$$Mu_\alpha^2\left(\frac{d\alpha'}{dt}\right)^2.$$

Ferner ist, unter Anwendung früher gebrauchter Bezeichnungen

$$Fv_\alpha^2\alpha'^2$$

die potentielle Energie, welche der Körper in der Lage besitzt, in die er durch die Windung von der Amplitude α' von der Gleichgewichtslage aus übergeführt wurde. Da die totale Energie des Körpers constant ist (Kap. I), so haben wir also die Gleichung

$$Mu_\alpha^2\left(\frac{d\alpha'}{dt}\right)^2+Fv_\alpha^2\alpha'^2=\text{const.}.$$

*) Es wird im Folgenden öfter der Kürze halber der Ausdruck gebraucht werden: „ein Körper bewegt sich um eine Schraube“, worunter natürlich immer zu verstehen ist: „der Körper führt um die gegebene Schraube eine Windung aus von der Art und in dem Sinne, wie dies im Kapitel II definirt worden ist“.

welche durch Differentiation übergeht in

$$\frac{d^2 a'}{dt^2} + \frac{F v_a^2}{M u_a^2} a' = 0.$$

Das Integral dieser Gleichung kann in der Form dargestellt werden

$$a' = A \sin\left(\sqrt{\frac{F v_a^2}{M u_a^2}} \cdot t\right) + B \cos\left(\sqrt{\frac{F v_a^2}{M u_a^2}} \cdot t\right),$$

wo A, B die durch die Integration eingeführten willkürlichen Constanten sind. Die Zeit einer oscillatorischen Windung (kürzer: die Schwingungszeit) ist demnach

$$2\pi \cdot \frac{u_a}{v_a} \sqrt{\frac{M}{F}}.$$

Halten wir also den Körper und das auf ihn wirkende Kräftesystem fest, so kommen wir bei Vergleichung der Schwingungszeiten, die sich auf verschiedene Schrauben α beziehen, zu dem Resultate, dass diese Zeiten proportional sind, für jede Schraube, dem Verhältniss $\frac{u_a}{v_a}$.

§ 8.

Die Schwingungsdauer ist wegen der in ihrem Ausdruck vorkommenden Grössen u_a, v_a abhängig von der Lage der Schraube α, sodass wir naturgemäss zu der Frage nach derjenigen Schraube geleitet werden, für welche die Schwingungsdauer ein Maximum oder Minimum wird. Stellen wir dann, behufs vollständiger Erledigung, die Frage gleich in allgemeiner Form auf, so liegt folgendes Problem vor:

Ein Körper vom Freiheitsgrade k und ein auf ihn wirkendes Kräftesystem sind gegeben. In dem Schraubensysteme k^{ter} Stufe soll nun diejenige oder — falls es deren mehrere giebt — diejenigen Schrauben bestimmt werden, für welche, wenn der Körper um sie Windungen der in § 7 beschriebenen Art ausführt, die Dauer einer solchen oscillatorischen Windung grösser oder kleiner wird, wie die auf alle benachbarten Schrauben des Systems bezüglichen Schwingungszeiten.

Nehmen wir die k Hauptträgheitsschrauben des Systems als Coordinatenschrauben, so haben wir die k Coordinaten einer Schraube α so zu bestimmen, dass die Bedingung

$$\frac{u_\alpha}{v_\alpha} = \text{Max. oder Min.},$$

oder

$$\frac{v_\alpha}{u_\alpha} = \text{Min. oder Max.}$$

erfüllt wird.

Führen wir die bekannten Ausdrücke von u_α, v_α durch die Coordinaten von α ein, so ist also das Maximum oder Minimum der Function

$$x = \frac{A_{11}\alpha_1^2 + \cdots + A_{kk}\alpha_k^2 + 2A_{12}\alpha_1\alpha_2 + 2A_{13}\alpha_1\alpha_3 + \cdots}{u_1^2\alpha_1^2 + \cdots + u_k^2\alpha_k^2}$$

zu bestimmen.

Schreiben wir dies so

$$(A_{11}\alpha_1^2 + \cdots + A_{kk}\alpha_k^2 + 2A_{12}\alpha_1\alpha_2 + 2A_{13}\alpha_1\alpha_3 + \cdots)$$
$$- x(u_1^2\alpha_1^2 + \cdots + u_k^2\alpha_k^2) = \varphi = 0,$$

bilden die Differentialquotienten

$$\frac{\partial\varphi}{\partial\alpha_i}$$

und beachten, dass für ein Maximum oder Minimum von x

$$\frac{\partial x}{\partial\alpha_i} = 0,$$

so erhalten wir die k Gleichungen, aus denen die Coordinatenwerthe hervorgehen, die x die extremen Werthe ertheilen:

$$\begin{matrix} (A_{11} - u_1^2 x)\alpha_1 + A_{12}\alpha_2 + \cdots + A_{1k}\alpha_k = 0 \\ \vdots \qquad \vdots \qquad \vdots \qquad \vdots \\ A_{k1}\alpha_1 + A_{k2}\alpha_k + \cdots + (A_{kk} - u_k^2 x)\alpha_k = 0. \end{matrix}$$

„Es giebt also in einem Schraubensystem k^{ter} Stufe immer k Schrauben, für welche die in Rede stehende Schwingungsdauer ein Maximum oder ein Minimum wird. Sieht man die Gleichungen aber näher an, so findet man, dass die eben bestimmten Schrauben nichts anderes sind, als die zu dem System gehörenden k harmonischen Schrauben."

Wenn somit ein vollkommen freier Körper, zu dem also das alle Schrauben des Raumes umfassende System 6ter Stufe gehört, auf einer der sechs harmonischen Schrauben oscillirt, so wird die dabei stattfindende Dauer einer Schwingung stets grösser (oder kleiner) sein, als diejenige, die für irgend eine benachbarte Schraube stattfindet.

Werden diese sechs harmonischen Schrauben als Fundamentalsystem genommen, so reduciren sich nach früherem u_α und v_α auf Summen von je sechs quadratischen Termen. Sind dann insbesondere die Coefficienten dieser Ausdrücke einander proportional, sodass u_α^2 und v_α^2 nur durch einen constanten Factor von einander verschieden sind, so sieht man, dass jetzt alle Schrauben des Raumes harmonische sind und dass die Schwingungsdauer für jede denselben Werth hat.

Kapitel XIV.

Kinetik starrer Körper mit Freiheit zweiten Grades.

§ 1.

Wenn ein starrer Körper um zwei gegebene Schrauben ϑ und φ Windungen ausführen kann, so kann er solche, wegen der Grundeigenschaft des Cylindroids, auch um jede Schraube des durch ϑ, φ gelegten Cylindroids (ϑ, φ) ausführen. Wenn nun umgekehrt der Körper um keine weitere Schraube sich bewegen kann, als um diejenigen des Cylindroids (ϑ, φ), so können wir zurückschliessen, dass die Beweglichkeit des Körpers ursprünglich auf Windungen um ϑ und φ beschränkt war, denn jede Windung um eine Schraube von (ϑ, φ) ist ja äquivalent dem Zusammenbestehen einer Windung um ϑ und einer solchen um φ. Wir sagen daher: der Körper hat Freiheit zweiten Grades. Und als geometrisches Characteristicum dieser Freiheit erscheint also das Cylindroid. Diese Fläche bildet also das Schraubensystem zweiter Stufe.

Zur Bestimmung des Cylindroids sind acht Daten erforderlich. Nämlich, wir bedürfen zur Bestimmung der Doppellinie vier Daten, zwei weitere sind nothwendig zur Angabe der Endpunkte der Strecke, welche auf der Doppellinie von der Fläche ausgeschnitten wird. Endlich wird ein Datum erfordert zur Bestimmung der Richtung einer Generatrix der Fläche und als letzte Grösse muss gegeben sein der Parameter irgend einer als Schraube betrachteten Erzeugenden, oder was auf dasselbe hinauskommt, die Excentricität des zum Cylindroid gehörenden Parameterkegelschnitts muss gegeben sein.

Im Widerspruch mit dieser Constantenzählung für die Bestimmung des Cylindroids steht nicht der Umstand, dass zur Construction der beiden Schrauben ϑ, φ, durch welche das Cylindroid hindurchgeht, zehn Data nothwendig sind. Denn es ist zu bedenken, dass durch diese zehn gegebene Grössen nicht nur das Cylindroid (ϑ, φ) als solches, sondern auch zugleich zwei ganz bestimmte Schrauben auf demselben gefunden werden.

§ 2.

Sind nun α, β zwei Schrauben des Cylindroids, welche sich unter rechtem Winkel schneiden, so können bekanntlich die Coordinaten einer Schraube, welche mit α den Winkel l macht, in der Form dargestellt werden

$$\begin{gathered}\alpha_1 \cos l + \beta_1 \sin l, \\ \vdots \quad\quad \vdots \\ \alpha_6 \cos l + \beta_6 \sin l,\end{gathered}$$

wenn, wie immer ein System von sechs coreciproken Schrauben als Coordinatensystem benutzt wird. Wir wollen mit Hülfe dieser Ausdrücke diejenige Schraube ϑ des Cylindroids (α, β) bestimmen, welche zu einer gegebenen Schraube η reciprok ist. Bekanntlich giebt es nur eine einzige solche Schraube, wie sich nun auch rechnungsmässig zeigen muss.

Wir gehen aus von der Grundgleichung der Reciprocität

$$p_1 \eta_1 (\alpha_1 \cos l + \beta_1 \sin l) + \cdots + p_6 \eta_6 (\alpha_6 \cos l + \beta_6 \sin l) = 0,$$

die wir dann so schreiben

$$(p_1 \eta_1 \alpha_1 + \cdots + p_6 \eta_6 \alpha_6) \cos l + (p_1 \eta_1 \beta_1 + \cdots + p_6 \eta_6 \beta_6) \sin l = 0$$

oder

$$\varpi_{\alpha\eta}\cos l+\varpi_{\beta\eta}\sin l=0.$$

Aus dieser Gleichung ergiebt sich der Werth von $\tan g\, l$ eindeutig und für l zwei um 180° verschiedene Werthe, welche den beiden Seiten der ins Unendliche ausgedehnten Geraden ϑ entsprechen. Daher ist also die Bestimmung dieser Geraden — die, da sie auf dem Cylindroid liegt, eben nur noch von l abhängig war — in der That eindeutig geleistet.

Die letzte Gleichung ist nur ein specieller Fall der folgenden. Sei wieder ϑ eine Schraube des Cylindroids (α, β) und η irgend eine beliebige Schraube, so ist, wenn $\varpi_{\eta\vartheta}$ den virtuellen Coefficienten beider Schrauben bedeutet

$$\varpi_{\eta\vartheta}=\varpi_{\alpha\eta}\cos l+\varpi_{\beta\eta}\sin l.$$

Sind aber η, ϑ reciprok, so wird

$$\varpi_{\eta\vartheta}=0,$$

d. h. wir haben wieder die obige Gleichung.

Wenn wir also auf jeder Schraube ϑ des Cylindroids, von der Doppellinie aus gerechnet, eine Strecke abtragen, gleich dem halben virtuellen Coefficienten dieser Schraube mit irgend einer anderen η, so werden die Endpunkte aller dieser Strecken auf einem geraden Kreiscylinder liegen, dessen Gleichung diese ist

$$x^2+y^2=\varpi_{\alpha\eta}x+\varpi_{\beta\eta}y.$$

Die Interpretation der letzten Gleichungen liefert die Sätze:

Diejenige Schraube des Cylindroids, welche mit einer gegebenen, ausserhalb liegenden, Schraube η den grössten virtuellen Coefficienten hat, steht senkrecht auf derjenigen Schraube der Fläche, welche reciprok ist zu η.

Im allgemeinen können auf einem Cylindroid zwei Schrauben gefunden werden, welche mit einer gegebenen, ausserhalb liegenden, Schraube η einen gegebenen virtuellen Coefficienten $\varpi_{\xi\eta}$ haben. Wie wir gesehen haben erleidet der Satz eine Ausnahme im Fall $\varpi_{\xi\eta}=0$.

§ 3.

Wir haben früher gesehen, dass eine Schraube, die reciprok ist zu zwei Schrauben eines Cylindroids, in der gleichen Beziehung zu jeder Schraube der Fläche steht, also, nach dem von uns adoptirten Ausdruck, reciprok zu dem Cylindroid ist. Wir betrachten nun zwei Cylindroide (α, β) und (λ, μ) und nehmen an, auf dem Cylindroid (α, β) könne eine Schraube σ so gefunden werden, dass sie reciprok ist zu (λ, μ). Die Coordinaten von σ sind nach obigem

$$\begin{aligned} \sigma_1 &= \alpha_1 \cos l + \beta_1 \sin l, \\ &\vdots \\ \sigma_6 &= \alpha_6 \cos l + \beta_6 \sin l, \end{aligned}$$

wenn der Winkel $(\sigma, \alpha) = l$ ist. Wir erhalten also als Gleichungen der Reciprocität der Schraube σ und des Cylindroids (λ, μ)

$$p_1 \lambda_1 (\alpha_1 \cos l + \beta_1 \sin l) + \cdots + p_6 \lambda_6 (\alpha_6 \cos l + \beta_6 \sin l) = 0$$

$$p_1 \mu_1 (\alpha_1 \cos l + \beta_1 \sin l) + \cdots + p_6 \mu_6 (\alpha_6 \cos l + \beta_6 \sin l) = 0$$

oder

$$\varpi_{\alpha\lambda} \cos l + \varpi_{\beta\lambda} \sin l = 0$$

$$\varpi_{\alpha\mu} \cos l + \varpi_{\beta\mu} \sin l = 0$$

und hieraus durch Elimination von $\cos l$, $\sin l$

$$\begin{vmatrix} \varpi_{\alpha\lambda}, & \varpi_{\beta\lambda} \\ \varpi_{\alpha\mu}, & \varpi_{\beta\mu} \end{vmatrix} = 0.$$

Zu demselben Resultate gelangt man aber, wenn man die Bedingungsgleichungen aufstellt, für die Reciprocität einer Schraube σ' von (λ, μ) mit der Fläche (α, β), indem man beachtet, dass dann

$$\sigma'_n = \lambda_n \cos m + \mu_n \sin m,$$

wenn $(\sigma', \lambda) = m$ gesetzt wird.

Es besteht somit der Satz:

„Stehen zwei Cylindroide (α, β), (λ, μ) in solcher Beziehung, dass die virtuellen Coefficienten der Schrauben α, β mit den Schrauben λ, μ die Gleichung erfüllen

$$\varpi_{\alpha\lambda} \varpi_{\beta\mu} - \varpi_{\alpha\mu} \varpi_{\beta\lambda} = 0,$$

so liegt auf jedem Cylindroid eine Schraube, welche dem anderen Cylindroid reciprok ist.“

§ 4.

Die Coordinaten dreier auf demselben Cylindroid liegender Schrauben genügen vier von einander unabhängigen Relationen, wie man mit Hülfe von Kap. IV, §§ 5 u. 6 durch eine einfache Ueberlegung findet. Indessen würde die Darstellung dieser Relationen zu einem wenig eleganten Resultate führen. Man kommt aber zu einem sehr symmetrischen Ergebnisse, wenn man noch drei Hülfsgrössen, resp. deren beide Verhältnisse einführt und dann sechs Gleichungen für die Coordinaten der drei Schrauben aufstellt. Aus diesen können dann jederzeit durch Elimination der beiden überzählig eingeführten Grössen die vorhin erwähnten vier Relationen abgeleitet werden.

Seien also λ, μ, ν drei Schrauben eines Cylindroids und bezeichnen wir zur Abkürzung die Winkel

$$(\mu, \nu) = A, \quad (\nu, \lambda) = B, \quad (\lambda, \mu) = C.$$

Wenn nun drei auf den Schrauben λ, μ, ν wirkende Dynamen mit den Intensitäten λ'', μ''. ν'' im Gleichgewicht sind, so bestehen bekanntlich die Gleichungen

$$\frac{\lambda''}{\sin A} = \frac{\mu''}{\sin B} = \frac{\nu''}{\sin C}.$$

Andererseits werden die Bedingungen des Gleichgewichts zwischen den drei Dynamen gefunden, wenn man jede der letzteren in ihre sechs Componenten nach sechs Fundamentalschrauben zerlegt und die Summe der drei Componenten, die man so auf jeder Fundamentalschraube hat, gleich Null setzt. Mit Benutzung des vorigen kommen wir so zu den sechs Gleichungen

$$\begin{array}{c}\lambda_1 \sin A + \mu_1 \sin B + \nu_1 \sin C = 0 \\ \vdots \quad\quad \vdots \quad\quad \vdots \\ \lambda_6 \sin A + \mu_6 \sin B + \nu_6 \sin C = 0,\end{array}$$

welche also mit Hülfe der Verhältnisse $\frac{\sin A}{\sin c}$, $\frac{\sin B}{\sin c}$ die Relationen darstellen, die zwischen den Coordinaten dreier auf einem Cylindroid liegender Schrauben bestehen.

Beachtet man die Form, in der auf Grund dieser Gleichungen die Coordinaten der Schraube ν als Function derjenigen von λ und μ auftreten, so erhält man noch den Zusatz:

Eine Schraube, deren Coordinaten den linearen Functionen $a\lambda_1 + b\mu_1, \ldots, a\lambda_6 + b\mu_6$ proportional sind, liegt auf dem Cylindroid (λ, μ) und bildet mit den Schrauben λ, μ Winkel, deren Sinus resp. umgekehrt proportional sind den Coefficienten a und b.

Man sieht leicht, wie diese Bemerkung aus der gewöhnlichen Darstellung der Coordinaten einer Schraube auf einem Cylindroid hätte gezogen werden können.

Weiter wird man noch auf Grund des obigen anmerken:

Die beiden Schrauben ϱ, σ, deren Coordinaten resp. proportional sind zu $a\lambda_k + b\mu_k$ und $a\lambda_k - b\mu_k$, und die beiden Schrauben λ, μ sind beziehungsweise parallel zu den vier Strahlen eines ebenen harmonischen Büschels.

§ 5.

Die geometrischen Gebilde, welche wir als Schraubensysteme bezeichnen, sind bisher nur auf Grund ihrer Bedeutung für die Kinematik resp. Statik aufgetreten und in dieser Hinsicht allein betrachtet worden. Diese Beschränkung soll jetzt aufgegeben werden, weshalb uns eine kleine Digression von dem Gegenstande dieses Kapitels gestattet sein möge.

Das Schraubensystem fünfter Stufe ist definirt als die Gesamtheit aller der Schrauben im Raume, um welche ein starrer Körper mit Freiheit fünften Grades Windungen ausführen kann; und wir wissen, dass alle diese Schrauben reciprok sind zu einer und derselben Schraube, mit andern Worten, dass der reciproke Complex aus einer einzigen Schraube besteht. Diese letztere Eigenschaft des Schraubensystems fünfter Stufe ist nun eines einfachen analytischen Ausdrucks fähig. Denn, wenn ϑ irgend eine beliebige Schraube des Systems ist, so genügen ihre Coordinaten, die also als Variable aufzufassen sind, der bekannten linearen Gleichung der Reciprocität zwischen ϑ und der erwähnten Schraube, welche das reciproke System darstellt.

Dabei möge hier sofort ausdrücklich bemerkt werden, dass eine Gleichung zwischen den Coordinaten einer Schraube nie für sich allein, sondern immer als zusammenbestehend mit der in Kap. V, § 8 entwickelten Identität gedacht werden muss. Indem wir also das Hinzutreten dieser Identität als etwas selbstverständliches nicht besonders erwähnen, können wir sagen: das Schraubensystem fünfter Stufe ist analytisch durch eine homogene lineare Gleichung in den sechs Schraubencoordinaten characterisirt.

In diesem Sinne könnte man mit Herrn Ball von dem System fünfter Stufe und ersten Grades reden.

Wenn wir in jedem Falle an den sechs Coordinaten eine Schraube bei analytischen Untersuchungen festhalten, so sieht man leicht, dass ein Schraubensystem beliebiger k^{ter} Stufe nicht durch eine Gleichung zwischen den sechs Coordinaten dargestellt wird. Auf diesen Punkt wird aber erst später zurückgekommen werden.

Wir wollen im Gegentheil hier gerade ein Gebilde untersuchen, welches definirt wird durch eine homogene quadratische Function zwischen den sechs Schraubencoordinaten, ein Gebilde welches von Sir R. Ball System fünfter Stufe und zweiten Grades genannt worden ist, welche Bezeichnung hier zunächst beibehalten werden möge. Wir werden dieses System auch vorzugsweise vom analytisch-geometrischen Standpunkt aus betrachten und in Erörterungen über seine Bedeutung in der Mechanik an anderer Stelle eintreten.

§ 6.

Sei somit

$$U_\vartheta = U(\vartheta_1, \vartheta_2, \vartheta_3, \vartheta_4, \vartheta_5, \vartheta_6) = 0$$

die Gleichung des Systems fünfter Stufe und zweiten Grades, also U_ϑ eine homogene quadratische Function der Grössen $\vartheta_1, \ldots, \vartheta_6$. Ferner seien η und ζ zwei beliebige Schrauben. Setzen wir dann — uns einer durch die Salmon'schen Lehrbücher allgemein bekannten Methode bedienend —

$$\begin{aligned} \vartheta_1 &= l\eta_1 + m\zeta_1, \\ &\vdots \\ \vartheta_6 &= l\eta_6 + m\zeta_6 \end{aligned}$$

in die obige Gleichung ein und entwickeln, so kommt

$$l^2 U_\eta + lm U_{\eta\zeta} + m^2 U_\zeta = 0,$$

wenn in bekannter Weise

$$U_{\eta\zeta} = \zeta_1 \frac{\partial U}{\partial \eta_1} + \cdots + \zeta_6 \frac{\partial U}{\partial \eta_6}.$$

Lösen wir die in $\frac{l}{m}$ quadratische Gleichung auf, so erhalten wir also zwei Werthe von $\frac{l}{m}$. Beachten wir dann noch, dass nach § 4 die Schraube ϑ wegen der Gleichungen

$$\vartheta_k = l\eta_k + m\zeta_k$$

auf dem Cylindroid (η, ζ) liegt, so ergiebt sich die Folgerung, dass auf jedem beliebigen Cylindroid (η, ζ) des Raumes zwei Schrauben des Gebildes liegen.

Besteht insbesondere zwischen den Schrauben η, ζ die Relation

$$U_{\eta\zeta} = 0,$$

so werden die beiden Wurzeln der obigen quadratischen Gleichung einander gleich und entgegengesetzt. Daher:

„Wenn die Bedingung $U_{\eta\zeta} = 0$ erfüllt ist, so sind die beiden Schrauben η, ζ und die beiden Schrauben des Cylindroids (η, ζ), welche auch dem Gebilde $U_\vartheta = 0$ angehören beziehungsweise parallel zu den vier Strahlen eines ebenen harmonischen Büscheln."

Wenn eine der Schrauben η, ζ, etwa η, als fest gegeben angesehen wird, so definirt

$$U_{\eta\zeta} = 0$$

ein Schraubensystem fünfter Stufe und ersten Grades, welches unschwer zu construiren ist. Man lege durch η ein Cylindroid und bestimme die beiden Schrauben (λ, μ) der Fläche, welche dem System $U_\vartheta = 0$ angehören. In einer zur Doppellinie des Cylindroids normalen Ebene ziehe man durch einen beliebigen Punkt drei Strahlen, welche resp. parallel zu η, λ, μ sind und construire den vierten harmonischen zu diesen drei Strahlen. Diejenige Erzeugende des Cylindroids, welche dem letzten Strahle parallel ist, ist eine der Schrauben ζ. Wiederholt man dieses ganze Verfahren für noch vier andere durch η gelegte Cylindroide, so erhält man fünf Schrauben ζ, welche dann die Construction des Systems

$$U_{\eta\zeta} = 0$$

ermöglichen.

Bei der Ableitung dieser Resultate sind wir nicht abhängig gewesen von dem Fundamentalsystem, auf welches sich die gebrauchten Schraubencoordinaten beziehen.

Nun bemerke man noch, dass die Schraube, welche das dem System $U_{\eta\zeta} = 0$ reciproke System bildet, Coordinaten erhält, die resp. proportional sind den Grössen

$$\frac{1}{p_1} \frac{\partial U_\eta}{\partial \eta_1}, \ldots, \frac{1}{p_6} \frac{\partial U_\eta}{\partial \eta_6},$$

wo also, wie vorhin, η eine fest gegebene Schraube bedeutet. Dann wollen wir die Schraube, deren Coordinaten eben gegeben wurden, als Polarschraube oder einfacher als Polare von η bezeichnen, sodass wir also, da als Schraube η jede beliebige Schraube des Raumes gewählt werden kann, sagen können:

„Wenn $U_\vartheta = 0$ ein Schraubensystem fünfter Stufe und zweiten Grades darstellt, so lässt sich durch dieses System jeder Schraube η des Raumes eine andere, die Polare von η, zuordnen, deren Coordinaten proportional sind den Grössen

$$\frac{1}{p_1}\frac{\partial U_\eta}{\partial \eta_1}, \ldots, \frac{1}{p_6}\frac{\partial U_\eta}{\partial \eta_6}.\text{“}$$

Die Beziehung zwischen einer Schraube und ihrer Polare ist also völlig unabhängig von dem zur Coordinatenbestimmung zu Grunde gelegten Fundamentalsysteme.

§ 7.

Ein interessanter specieller Fall eines solchen Systems $U = 0$ bietet sich dar in jenem, welches aus allen Schrauben des Raumes besteht, welche gleichen Parameter haben. Um die Gleichung des Systems in homogener Form zu erhalten, machen wir Gebrauch von der mehrfach erwähnten Identität. Dieselbe ist bekanntlich

$$\vartheta_1^2 + \cdots + \vartheta_6^2 + \vartheta_1\vartheta_2\cos(\omega_1, \omega_2) + \cdots + \vartheta_\iota\vartheta_\varkappa\cos(\omega_\iota, \omega_\varkappa) + \cdots \equiv 1,$$

wo die ω die Coordinatenschrauben bedeuten. Der Kürze halber führen wir für die linke Seite das Zeichen R ein, sodass also die Identität $R \equiv 1$ wird. Damit wird die Gleichung des zu betrachtenden Systems in homogener Form

$$p_1\vartheta_1^2 + \cdots + p_6\vartheta_6^2 - hR = 0,$$

wenn h den Werth des Parameters bedeutet, welchen alle Schrauben des Systems besitzen sollen. Dieses Gebilde ist seiner Natur nach vollkommen unabhängig vom Coordinatensystem. Das gleiche gilt von der Polare einer Schraube η in Bezug auf das System, und man erkennt leicht, schon aus Gründen der Symmetrie, dass hier die Schraube η und ihre Polare in dieselbe Gerade fallen, (natürlich aber im Allgemeinen verschieden sind, d. h. verschiedene Parameter haben).

Beachtet man nun weiter die Form, unter der sich hier die Coordinaten der Polare von η darstellen werden, so kommt man zu dem Schlusse, dass die Coordinaten einer Schraube ζ, welche mit η auf derselben Schraube liegt, aber einen von p_η verschiedenen Parameter p_ζ besitzt, stets in der Form erscheinen müssen

$$A\left(\eta_1 - \frac{h}{p_1}\frac{\partial R}{\partial \eta_1}\right), \ldots, A\left(\eta_6 - \frac{h}{p_6}\frac{\partial R}{\partial \eta_6}\right),$$

wo A und h noch zu bestimmende Constanten sind.

Wir werden den gegebenen Parameter der Schraube η der Einfachheit wegen hier mit c bezeichnen, sodass also

$$p_1\eta_1^2 + \cdots + p_6\eta_6^2 = c.$$

Und es bestehen nun für den Parameter p_ζ der Schraube ζ die beiden bekannten Gleichungen:

$$A^2 p_1\left(\eta_1 - \frac{h}{p_1}\frac{\partial R}{\partial \eta_1}\right)^2 + \cdots + A^2 p_6\left(\eta_6 - \frac{h}{p_6}\frac{\partial R}{\partial \eta_6}\right)^2 = p_\zeta$$

$$A p_1\eta_1\left(\eta_1 - \frac{h}{p_1}\frac{\partial R}{\partial \eta_1}\right) + \cdots + A p_6\eta_6\left(\eta_6 - \frac{h}{p_6}\frac{\partial R}{\partial \eta_6}\right) = \tfrac{1}{2}(p_\zeta + c).$$

Nun ist R eine homogene quadratische Function der η und daher nach Euler's Satz:

$$\eta_1\frac{\partial R}{\partial \eta_1} + \cdots + \eta_6\frac{\partial R}{\partial \eta_6} = 2R = 2,$$

sodass die obigen Gleichungen werden:

$$A^2(c - 4h) + A^2h^2\left(\frac{1}{p_1}\left(\frac{\partial R}{\partial \eta_1}\right)^2 + \cdots + \frac{1}{p_6}\left(\frac{\partial R}{\partial \eta_6}\right)^2\right) = p_\zeta$$

$$A(2c - 4h) = p_\zeta + c.$$

Durch die letzte Gleichung ist h immer sofort einfach bestimmt, wenn man A kennt. Der Werth dieses Factors bestimmt sich aber ohne Rechnung, wenn man bedenkt, dass für $p_\zeta = c$ die Schraube ζ in η übergeht, dass also ihre Coordinaten dann η_1, ..., η_6 werden müssen, woraus folgt, dass $A = 1$ sein muss. Es ist dann h immer gegeben durch

$$h = \frac{c - p_\zeta}{4}.$$

Nachdem wir die Untersuchung allgemein, d. i. für einen beliebigen

Werth des Parameters von η durchgeführt haben, steht nun nichts im Wege für die fernere Anwendung einen bestimmten Parameter c zu Grunde zu legen und wir wählen naturgemäss den Werth, der die einfachste Darstellung der Coordinaten von ζ ergiebt, also $c = 0$, wonach $h = -\frac{p_\zeta}{4}$ wird und die Coordinaten diese Form erhalten

$$\zeta_1 = \eta_1 + \frac{p_\zeta}{4p_1}\frac{\partial R}{\partial \eta_1}, \ldots, \zeta_6 = \eta_6 + \frac{p_\zeta}{4p_6}\frac{\partial R}{\partial \eta_6},$$

wo also, wie zu grösserer Deutlichkeit nochmals bemerkt sei,

$$R = \eta_1^2 + \cdots + \eta_6^2 + 2\eta_1\eta_2\cos(\omega_1, \omega_2) + \cdots \equiv 1$$

ist.

Diese Darstellung der Coordinaten einer Schraube führt zu wichtigen Consequenzen. Zunächst lehrt der Anblick der beiden für p_ζ erhaltenen Gleichungen, unter Berücksichtigung, dass $A = 1$, das Bestehen der Identität

$$\frac{1}{p_1}\left(\frac{\partial R}{\partial \eta_1}\right)^2 + \cdots + \frac{1}{p_6}\left(\frac{\partial R}{\partial \eta_6}\right)^2 = 0.$$

Um die Bedeutung derselben zu erkennen, wollen wir uns diejenige der partiellen Derivirte von R zunächst klar machen. Bilden wir zu dem Zwecke den Ausdruck für den virtuellen Coefficienten der Schraube η und der Fundamentalschrauben ω_k, so haben wir einmal die elementare Form

$$2\varpi_{\eta\omega_k} = (p + p_\zeta)\cos\theta - d\sin\theta,$$

wo θ den Winkel und d den kürzesten Abstand der Schrauben η und ω_k bedeutet; und dann nach Kap. V § 6 in Verbindung mit obigem

$$2\varpi_{\eta\omega_k} = 2p_k\left(\eta_k + \frac{p_\zeta}{4p_k}\frac{\partial R}{\partial \eta_k}\right).$$

Da diese beiden Darstellungen von $\varpi_{\eta\omega_k}$ für jeden beliebigen Werth von p_ζ identisch sein müssen, so ergiebt sich

$$\frac{1}{2}\frac{\partial R}{\partial \eta_k} = \cos\theta.$$

„Es stellt also die partielle Derivirte von R nach η_k

den Cosinus des Winkels dar, den die Schraube η mit der Fundamentalschraube ω_k bildet."

Die Grössen $\frac{\partial R}{\partial \eta_k}$ sind also stets reell und ihre Quadrate somit stets positiv. Wir kommen somit, wegen der obigen Identität -- und darin liegt deren Bedeutung — zu dem Schlusse:

„Jede Gruppe von sechs coreciproken Schrauben zerfällt in zwei Tripel der Art, dass die Parameter des einen Tripels alle drei positiv, die des andern sämmtlich negativ sind."

Ein Satz, der sein Analogon in der Theorie der linearen Complexe hat, für welche er schon vor dem Erscheinen der Theory of Screws durch Herrn Felix Klein aufgestellt wurde (Math. Annal. Bd. II pag. 204).

Der Beweis des Satzes wird im Zusammenhang dieses Werkes am einfachsten nach Herrn Ball so geführt.

Man nehme an, die Scheidung der coreciproken Gruppe in zwei Tripel fände nicht statt, sondern es hätten etwa vier der Parameter p_k gleiches, die beiden anderen das entgegengesetzte Zeichen. Dann wollen wir die obige Identität aufstellen für eine Schraube η, die auf den letzten beiden Fundamentalschrauben, die ω_λ, ω_μ heissen mögen, senkrecht steht. In diesem Falle ergiebt sich aber nach obigen

$$\frac{\partial R}{\partial \eta_\mu} = 0, \quad \frac{\partial R}{\partial \eta_\nu} = 0,$$

es muss also jetzt die Summe von vier positiven Gliedern verschwinden, was aber unmöglich ist, woraus also auch die Unmöglichkeit der angenommenen Vertheilung der Vorzeichen der Parameter folgt. In der gleichen Weise überzeugen wir uns, dass auch nicht etwa fünf der Schrauben ω Parameter gleichen Zeichens und die sechste einen solchen mit entgegengesetzten Zeichen besitzen können; sodass also in dieser apagogischen Weise der Satz erwiesen ist.

Indem wir diese Digression vorläufig abschliessen, sei noch erwähnt, dass eine zu ζ (oder η) parallele Schraube von unendlich grossem Parameter Coordinaten besitzt, welche beziehlich proportional sind den Grössen

$$\frac{1}{p_1}\frac{\partial R}{\partial \eta_1}, \ldots, \frac{1}{p_6}\frac{\partial R}{\partial \eta_6}.$$

§ 8.

Die Ergebnisse der letzten Paragraphen erleichtern sehr die Untersuchung eines speciellen Falles in der Theorie starrer Körper mit Freiheit zweiten Grades, der besondere Aufmerksamkeit erfordert.

Es handelt sich nämlich um den Fall, in welchem das die Freiheit definirende Schraubensystem zweiter Stufe, also das Cylindroid, unbestimmt wird. Dies tritt ein, wenn die beiden ursprünglich gegebenen Schrauben ϑ, φ, aus denen das Cylindroid hergeleitet werden soll, dieselbe Gerade zum Träger haben.

Den beiden von einander unabhängigen Windungen des Körpers mögen resp. die Amplituden ϑ' und φ' zukommen. Der Körper führt also beim Zusammenbestehen dieser Windungen eine Rotation mit der Amplitude $\vartheta'+\varphi'$ um die Gerade, auf der ϑ, φ liegen, und gleichzeitig eine Translation $\vartheta' p_\vartheta + \varphi' p_\varphi$ parallel zu dieser Geraden aus. Diese Bewegung ist aber dieselbe wie eine Windung um eine Schraube (auf demselben Träger) vom Parameter

$$\frac{\vartheta' p_\vartheta + \varphi' p_\varphi}{\vartheta' + \varphi'}.$$

Da nun das Verhältniss $\frac{\vartheta'}{\varphi'}$, von dem dieser Ausdruck abhängt, alle möglichen Werthe annehmen kann, so erhellt, dass in diesem Falle das die Freiheit des Körpers characterisirende Schraubensystem aus allen auf der gegebenen Geraden, als Träger, liegenden Schrauben besteht, und dass deren Parameter alle Werthe von $-\infty$ bis $+\infty$ annehmen.

Alle diese Schrauben können nun auf Grund des obigen leicht durch ihre Coordinaten dargestellt werden. Diese sind nämlich

$$\vartheta_1 + \frac{p}{4p_1}\frac{\partial R}{\partial \vartheta_1}, \ldots, \vartheta_6 + \frac{p}{4p_6}\frac{\partial R}{\partial \vartheta_6},$$

wenn der Grösse p alle Werthe von $-\infty$ bis $+\infty$ zuertheilt werden.

§ 9.

Wir haben nun eines der wichtigsten Sätze Erwähnung zu thun, der in der Theorie starrer Körper mit Freiheit zweiten Grades besteht.

„Es sei P ein Punkt eines solchen Körpers und α, β zwei Schrauben des zugehörigen*) Cylindroids. Durch eine Windung des Körpers um die Schraube α möge der Punkt P in die Lage P' gelangen, dagegen durch eine Windung des Körpers um β in den Punkt P'' übergehen. Diese drei Lagen des Punktes, $PP'P''$, bestimmen eine Ebene und

welches auch die Schraube γ immer sein möge, um die man den Körper eine Windung ertheilt, der Punkt P wird niemals aus der Ebene $PP'P''$ heraustreten.“

Denn die Windung um γ kann zerlegt werden in zwei Windungen resp. um α und β, woraus ohne weiteres folgt, dass jede Verschiebung des Punktes P sich muss zusammensetzen lassen aus solchen längs PP' und PP'', also in der durch diese beiden Geraden bestimmten Ebene $PP'P''$ stattfindet.

Es kann also durch jeden Punkt P des Raumes eine Ebene gelegt werden, auf welche die Verschiebungen dieses Punktes beschränkt sind, welche von Windungen eines durch ihn gehenden Körpers um Schrauben eines gegebenen Cylindroids herrühren.

Die einfachste Construction dieser Ebene ist folgende:

Wir legen durch den Punkt P zwei Ebenen, deren jede eine der Schrauben vom Parameter Null enthält. Die durch P gelegte Normalebene zur Durchschnittslinie beider Ebenen, ist die gesuchte.

Die Verification der Construction ist einfach genug, um hier übergangen werden zu können. Die Construction versagt aber offenbar, wenn P selbst auf einer der Schrauben vom Parameter Null liegt. Dann sind aber überhaupt die Verschiebungen von P nicht auf eine Ebene, sondern auf eine Gerade beschränkt.

*) Unter dem „zu einem Körper gehörigen“ Schraubensystem oder dem „zugehörigen System“ wollen wir der Kürze halber immer dasjenige System verstehen, welches die Freiheit des Körpers definirt.

Diese Gerade bestimmt sich aber leicht als die Normale durch P zu der durch P und die andere Schraube vom Parameter Null gehende Ebene.

Es ergiebt sich somit die folgende merkwürdige Eigenschaft der Schrauben vom Parameter Null:

„Liegt ein Punkt eines starren Körpers auf einer Schraube vom Parameter Null, so wird derselbe stets in der nämlichen Richtung anfangen sich zu bewegen, um welche Schraube des zugehörigen Cylindroids man auch dem Körper eine Windung ertheilen möge.“

Es lässt sich dies auch leicht in folgender Weise einsehen. Man kann dem Körper um zwei Schrauben α, β des Cylindroids Windungen ertheilen, deren Amplituden so gewählt sind, dass die Windungen sich in eine solche um die Schraube λ vom Parameter Null zusammensetzen. Aber die Windung um λ wird einen Punkt auf λ nicht aus seiner Lage herausbringen. Ist ein Punkt P von λ also durch die Windung um α aus seiner Anfangslage herausgebracht worden, so muss ihn die Windung um β wieder in diese zurückführen. Also müssen Windungen um α und β den Punkt in derselben Gerade verschieben. (Es sei hier daran erinnert, dass die von uns betrachteten Windungen stets unendlich kleine Amplituden haben.)

§ 10.

Der Parameter einer Schraube auf einem Cylindroid ist bekanntlich umgekehrt proportional dem Quadrate des der Schraube parallelen Durchmessers des Parameterkegelschnittes. Die Asymptoten dieses Kegelschnittes müssen daher parallel sein den Schrauben vom Parameter Null. Und da weiter ein Paar reciproke Schrauben auf einem Cylindroid parallel ist einem Paar conjugirter Durchmesser, so folgt, dass die beiden Schrauben vom Parameter Null mit irgend einem beliebigen Paar reciproker Schrauben auf dem Cylindroid ein Schraubenquadrupel bilden, dessen Elemente beziehlich parallel sind zu den vier Strahlen eines ebenen harmonischen Büschels.

Wenn der Parameterkegelschnitt eine Ellipse ist, so giebt es keine reellen Schrauben vom Parameter Null. Ist der Parameterkegelschnitt eine Parabel, so giebt es nur eine einzige Schraube vom Parameter Null und dies ist eine der beiden, die sich unter rechtem Winkel schneiden. Diese Schraube ist nun sowohl sich selber, als auch der sie schneidenden reciprok: sie ist daher dem ganzen Cylindroid reciprok. Dies ist der einzige Fall, in welchem eine Schraube auf einem Cylindroid dem Cylindroid reciprok ist.

§ 11.

Wir wollen nun mit Ausführlichkeit die Bedingungen discutiren, unter denen ein starrer Körper mit Freiheit zweiten Grades im Gleichgewichte verharren wird. Die fundamentale nothwendige und hinreichende Bedingung ist die, dass die angreifenden Kräfte einer Dyname äquivalent sein sollen, welche auf einer Schraube wirkt, die reciprok ist zu dem die Freiheit des Körpers definirenden Cylindroid.

Wir haben nun schon früher Veranlassung genommen, die Gesammtheit aller zu einem Cylindroid reciproken Schrauben näher zu betrachten. Wir erinnern uns, dass alle solche Schrauben, die durch einen beliebigen Punkt P des Raumes gehen, auf einem Kegel zweiter Ordnung liegen, den wir als den Reciprocalkegel bezeichneten. Wir wenden uns nun der wichtigen Frage der Parametervertheilung auf einem solchen Kegel zu.

Wir wissen, dass der Parameter einer reciproken Schraube gleich und entgegengesetzt ist dem Parameter der beiden Schrauben gleichen Parameters auf dem Cylindroid, welche sie schneidet. Nun sind p_α und p_β resp. der grösste und der kleinste Werth, den der Parameter einer Schraube auf dem Cylindroid annehmen kann, (wo α und β die stets benutzten ausgezeichneten Schrauben des Cylindroids sind). Es ist dies leicht einzusehen, denn

$$p = p_\alpha \cos^2 l + p_\beta \sin^2 l$$

liegt stets zwischen den Werthen

$$p_\alpha \cos^2 l + p_\alpha \sin^2 l \quad \text{und} \quad p_\beta \cos^2 l + p_\beta \sin^2 l.$$

Es werden somit auch diejenigen Erzeugenden des Reciprocalkegels, welche das Cylindroid in drei reellen Punkten treffen Parameter besitzen müssen, die zwischen p_α und p_β liegen. Und wir bemerken gleich noch, dass immer nur eine Schraube von gegebenem Parameter auf dem Reciprocalkegel gefunden werden kann. Denn wir können nur eine einzige Schraube durch den Scheitel des Kegels so legen, dass sie irgend zwei Schrauben des Cylindroids schneidet.

Die Gerade, welche durch den Scheitel des Kegels parallel zur Doppellinie des Cylindroids gelegt wird, ist eine Erzeugende des Kegels der wir den Parameter ∞ beilegen müssen. Gehen wir von dieser Geraden aus und immer zur nächsten und nächsten Schraube über, so wird der Parameter fortwährend kleiner und kleiner werden, durch Null in das Gebiet der negativen Werthe übertreten und bis $-\infty$ gelangen, bei welchem Werthe wir auch wieder bei der Ausgangslinie angekommen sind. Ueberhaupt unterscheiden wir bei einem unendlich grossen Parameter nicht, ob derselbe diesen Werth von der positiven oder von der negativen Seite her erlangt hat.

Wir können also für jeden beliebigen Werth des Parameters zwischen $-\infty$ und $+\infty$ eine Schraube auf dem Reciprocalkegel finden. Denken wir uns vom Scheitel desselben aus auf jeder Erzeugungslinie eine Strecke abgetragen, welche gleich ist dem zugehörigen Parameter, so bilden die Endpunkte dieser Strecken eine Curve doppelter Krümmung, die die oben erwähnte Parallele zur Doppellinie des Cylindroids zur Asymptote hat.

Als ein Ergebniss der hier angestellten Ueberlegungen ist noch zu beachten, dass wir zu der Annahme imaginärer Schrauben auf dem Cylindroid genöthigt sind, denen gleichwohl ein reeller Parameter zukommt.

Der Reciprokalkegel zerfällt in zwei Ebenen, wenn sein Scheitel P auf dem Cylindroid liegt. Die eine dieser Ebenen ist normal zu der durch P gehenden Erzeugungslinie π. Jede Gerade dieser Ebene kann durch Ertheilung eines geeigneten Parameters eine zum Cylindroid reciproke Schraube werden. Die andere der beiden Ebenen wird bestimmt durch P und diejenige Schraube, welche mit π gleichen Parameter hat.

Nachdem somit erkannt war, dass beim Gleichgewicht eines starren Körpers mit Freiheit zweiten Grades die resultirende Dyname der wirkenden Kräfte auf eine Schraube liegen muss, die reciprok ist zu dem die Freiheit characterisirenden Cylindroid, nachdem ferner nicht nur die räumliche Vertheilung der Träger zu einem Cylindroid reciproker Schrauben, sondern auch die Vertheilung der zugehörigen Parameter völlig klar geworden ist, erscheint das Problem der Bestimmung dieses Gleichgewichts in allgemeinster Weise gelöst, und es mögen nur noch einige specielle Fälle angeführt werden.

Ein Körper mit Freiheit zweiten Grades ist unter der Wirkung einer Kraft im Gleichgewicht, wenn die Richtungslinie der Kraft die beiden auf dem zugehörigen Cylindroid liegenden Schrauben vom Parameter Null schneidet.

Wenn ein Körper mit Freiheit zweiten Grades nur unter der Wirkung der Schwerkraft steht, so ist die nothwendige und hinreichende Bedingung für das Gleichgewicht des Körpers die, dass die Verticale durch den Trägheitsmittelpunkt die beiden Schrauben vom Parameter Null auf dem zugehörigen Cylindroid schneidet.

Das Gleichgewicht eines Körpers mit Freiheit zweiten Grades wird durch die Einwirkung eines Kräftepaares nicht gestört werden, wenn die Axe des Paares parallel zur Doppellinie des zugehörigen Cylindroids ist.

Ein Körper mit Freiheit zweiten Grades verharrt auch dann im Gleichgewicht, wenn auf der Doppellinie des zugehörigen Cylindroids eine Dyname auf einer Schraube von irgend einem beliebigen Parameter wirkt.

§ 12.

Ein starrer Körper M sei in der Lage P in Ruhe. Wenn nun M ein Impuls in Gestalt einer Dyname auf der Schraube X_1 ertheilt wird, so wird er beginnen sich um eine instantane Schraube A_1 zu bewegen. Ganz ebenso mögen X_2 und X_3 Schrauben zweier anderer impulsiven Dynamen (vor deren Auftreten der Körper stets in der Ruhelage P gewesen sein soll) bedeuten, denen die instantanen Schrauben A_2 und A_3 entsprechen.

Dann haben wir zunächst den folgenden Satz:

„Wenn X_1, X_2, X_3 auf einem Cylindroid S liegen, das wir kurz als das impulsive Cylindroid bezeichnen wollen, so werden auch A_1, A_2, A_3 auf einem Cylindroid S' liegen, dass dann das instantane Cylindroid heissen soll.“

In der That, den drei Dynamen können geeignete Intensitäten ertheilt werden, sodass sie zusammen äquivalent Null sind, denn die Schrauben X sind ja, nach Voraussetzung cocylindroidal. Wenn die Dynamen aber so beschaffen sind, also sich das Gleichgewicht halten, so müssen auch die durch sie hervorgerufenen Windungen zusammen äquivalent Null sein. Dies ist aber wieder nur möglich, wenn die instantanen Schrauben A_1, A_2, A_3 cocylindroidal sind, wie der Satz behauptet.

Wenn durch irgend einen Punkt P vier Strahlen gezogen werden, welche beziehungsweise parallel sind zu vier Erzeugenden eines Cylindroids, so ist klar, dass diese vier Strahlen in einer Ebene liegen werden. Dieser Umstand ermöglicht folgende Festsetzung:

Unter dem Doppelverhältniss von vier Erzeugungslinien eines Cylindroids ist das Doppelverhältniss eines zu den vier Geraden parallelen ebenen Strahlenbüschels von vier Strahlen zu verstehen.

Damit können wir nun folgenden Satz aussprechen:

„Das Doppelverhältniss von vier Schrauben des impulsiven Cylindroids ist gleich dem Doppelverhältniss der vier jener entsprechenden Schrauben des instantanen Cylindroids."

Bevor wir in den Beweis eintreten möge auf eine Bemerkung hingewiesen sein, deren Richtigkeit aus früherem leicht folgt, dass nämlich, wenn eine Dyname von der Intensität F auf einer Schraube X eine Windungsgeschwindigkeit $= 1$ um eine Schraube A hervorbringt, eine Dyname von der Intensität $F\omega$ auf X eine Windungsgeschwindigkeit ω um A erzeugt.

Seien nun X_1, X_2, X_3, X_4 vier Schrauben des impulsiven Cylindroids und auf ihnen vier Dynamen gegeben, deren Intensitäten beziehungsweise $F_1\omega_2$, $F_2\omega_2$, $F_3\omega_3$, $F_4\omega_4$ sein mögen. Die vier entsprechenden instantanen Schrauben seien A_1, A_2, A_3, A_4 um welche Windungsgeschwindigkeiten ω_1, ω_2, ω_3, ω_4 stattfinden sollen. Endlich bezeichnen wir mit $\varphi_{,,,}$ den Winkel, der eine Schraube $X_{,,,}$ auf dem impulsiven Cylindroid bestimmt und analog sei $\vartheta_{,,,}$ der Winkel, durch den eine Schraube $A_{,,,}$ des instantanen Cylindroids gegeben ist.

Wenn nun drei impulsive Dynamen im Gleichgewicht sind, so sind auch die drei hervorgerufenen Windungsgeschwindigkeiten zusammen äquivalent Null. Dann können aber (Kap. III § 6) Grössen ω_1, ω_2, ω_3, ω_4 so gefunden werden, dass man hat

$$\frac{\omega_1}{\sin(\vartheta_2-\vartheta_3)} = \frac{\omega_2}{\sin(\vartheta_3-\vartheta_1)} = \frac{\omega_3}{\sin(\vartheta_1-\vartheta_2)}\,.$$

$$\frac{F_1\omega_1}{\sin(\varphi_2-\varphi_3)} = \frac{F_2\omega_2}{\sin(\varphi_3-\varphi_1)} = \frac{F_3\omega_3}{\sin(\varphi_1-\varphi_2)}\,,$$

$$\frac{\omega_2}{\sin(\vartheta_3-\vartheta_4)} = \frac{\omega_3}{\sin(\vartheta_4-\vartheta_2)} = \frac{\omega_4}{\sin(\vartheta_2-\vartheta_3)}\,.$$

$$\frac{F_2\omega_2}{\sin(\varphi_3-\varphi_4)} = \frac{F_3\omega_3}{\sin(\varphi_4-\varphi_2)} = \frac{F_4\omega_4}{\sin(\varphi_2-\varphi_3)}\,.$$

Aus diesen Gleichungen folgt aber

$$\frac{\sin(\vartheta_1-\vartheta_2)\sin(\vartheta_3-\vartheta_4)}{\sin(\vartheta_2-\vartheta_3)\sin(\vartheta_4-\vartheta_2)} = \frac{\sin(\varphi_1-\varphi_2)\sin(\varphi_3-\varphi_4)}{\sin(\varphi_2-\varphi_3)\sin(\varphi_4-\varphi_2)}\,,$$

wodurch der aufgestellte Satz bewiesen ist. Dadurch ist nun auch die Beziehung zwischen dem impulsiven und dem instantanen Cylindroid völlig klar. Diese beiden Flächen stehen in projectiver Verwandtschaft: und wenn drei Schrauben des einen und die entsprechenden drei Schrauben des anderen Cylindroids gegeben sind, so kann jedes beliebige weitere Paar entsprechender Schrauben auf diesen Flächen construirt werden.

§ 13.

Wenn an einem unvollkommen freien Körper eine impulsive Dyname auf einer Schraube X_1 angreift, so entsteht im gleichen Momente in Folge der geometrischen oder physischen Bedingungen (der Widerstände), denen der Körper unterworfen ist, eine impulsive Reaction, die wir, wie früher, als Dyname auf einer Schraube R_1 darstellen. Die beiden Dynamen auf X_1 und R_1 setzen sich zusammen in eine Dyname auf eine Schraube Y_1. Wenn der Körper vollkommen frei wäre, so würde die Schraube Y_1 diejenige sein, welcher die im vorigen Paragraphen mit A_1 bezeichnete Schraube als instantane Schraube entspricht. Sind demnach wieder X_1, X_2, X_3 drei cocylindroidale impulsive Schrauben, so sind die zugehörigen instantanen Schrauben A_1, A_2, A_3 ebenfalls cocylindroidal. Daher müssen auch Y_1, Y_2, Y_3 cocylindroidal sein, wenn

Y_2, Y_3 die Schrauben sind, die zu X_2, X_3 in derselben Beziehung stehen, wie Y_1 zu X_1.

Bezeichnen wir für einen Augenblick die Dynamen mit denselben Buchstaben, wie die Schrauben, auf welche sie wirken, so müssen also die neuen Dynamen X_1, X_2, X_3; R_1, R_2, R_3; $-Y_1$, $-Y_2$, $-Y_3$ im Gleichgewicht sein. Wenn nun aber X_1, X_2, X_3 im Gleichgewicht sind, so müssen die Windungen um A_1, A_2, A_3 zusammen äquivalent Null sein, woraus wieder das Gleichgewicht der Dynamen Y_1, Y_2, Y_3 und endlich auch das von R_1, R_2, R_3 folgt. Die drei Schrauben gleicher Bezeichung sind somit cocylindroidal.

Unter Anwendung des im vorigen Paragraphen befolgten Gedankenganges beweist man nun leicht den folgenden Satz:

„Wirken auf einen theilweise freien Körper impulsive Dynamen auf vier cocylindroidalen Schrauben, so werden die entsprechenden vier anfänglichen Reactionen ebenfalls Dynamen auf vier cocylindroidalen Schrauben sein, und zwar sind die beiden Gruppen von je vier Schrauben projectiv auf einander bezogen, d. h. das Doppelverhältniss der einen Gruppe ist gleich demjenigen der anderen Gruppe.“

§ 14.

Wenn nun auf einen ruhenden starren Körper mit Freiheit zweiten Grades drei impulsive Dynamen wirken, deren Schrauben X_1, X_2, X_3 auf dem die Freiheit des Körpers characterisirenden Cylindroid liegen, und wenn ferner mit A_1, A_2, A_3 die zugehörigen instantanen Schrauben bezeichnet werden, so ist jedes andere Paar X, A zusammengehöriger impulsiver und instantaner Schrauben bestimmt durch die Beziehung

$$(X X_1 X_2 X_3) = (A A_1 A_2 A_3),$$

wenn, wie üblich, das Doppelverhältniss von vier Elementen a, b, c, d durch $(abcd)$ bezeichnet wird.

Wir hatten nun der Gesammtheit der impulsiven Schrauben sowohl, wie derjenigen der instantanen Schrauben je ein ebenes Strahlbüschel zugeordnet derart, dass die Elemente des einen den impulsiven, die Elemente des anderen den instantanen Schrauben parallel waren. Die gegenseitige Lage dieser Büschel ist vollständig willkürlich. Man kann daher die einfachste aller Lagen wählen, nämlich die concentrische.

Wenn wir uns nun die Aufgabe stellen, eine Schraube so zu bestimmen, dass eine impulsive Dyname auf ihr dem Körper eine Windungsgeschwindigkeit um diese selbe Schraube ertheilt, so ist dies gleichbedeutend mit der Frage nach demjenigen Strahl, welchen die beiden aufeinanderliegenden Strahlbüschel, die wir eingeführt haben, mit einander entsprechend gemein haben. Zwei projective einförmige Gebilde auf demselben Träger*) haben aber immer zwei Elemente entsprechend gemein, die beide stets reell sind, wenn die Grundgebilde entgegengesetzt projectiv sind.

Wir kommen somit hier durch specielle Betrachtungen zu einem Resultate, welches in allgemeiner Form uns schon früher entgegengetreten ist. Nämlich:

„Für einen starren Körper mit Freiheit zweiten Grades giebt es stets zwei Schrauben des zugehörigen Schraubensystems von der Eigenschaft, dass eine Impulsivdyname auf einer solchen Schraube dem Körper eine Windungsgeschwindigkeit um dieselbe Schraube ertheilt.“

Diese beiden „*Hauptträgheitsschrauben*“ des starren Körpers mit Freiheit zweiten Grades können aber stets durch ein einfaches geometrisches Verfahren gefunden werden.

§ 15.

Es lässt sich aber noch durch eine andere interessante Betrachtung zu diesen beiden Schrauben gelangen. Erinnern wir uns der Grösse u_α, welche zu einer Schraube α gehört und deren Bedeutuug die ist, dass die kinetische Energie eines sich um α mit der Einheit der Windungsgeschwindigkeit bewegenden Körpers ausgedrückt wird durch das Product aus der Masse des Körpers in das Quadrat der Strecke u_α. Die Vertheilung aller dieser Strecken u_α auf die Schrauben des Cylindroids, welches in dem in diesem

*) Als Träger eines Strahlbüschels sehe ich dessen Centrum an.

Kapitel betrachteten Fall das die Freiheit des Körpers definirende Schraubensystem darstellt, soll nun betrachtet werden. Wenn wir mit u_1, u_2 die Werthe von u_a bezeichnen, welche diese Grösse für irgend ein Paar conjugirter Trägheitsschrauben des Cylindroids besitzt, und wenn ferner a_1, a_2 die entsprechenden Componenten einer auf der Schraube a wirkenden Dyname von der Einheit der Intensität bedeuten, so ist bekanntlich

$$u_a^2 = u_1^2 a_1^2 + u_2^2 a_2^2.$$

Nun ziehen wir durch das Centrum des Cylindroids zwei gerade Linien, die resp. parallel sind zu dem obigen Paar conjugirter Trägheitsschrauben, nehmen dieselben als Axen eines rechtwinkligen ebenen Coordinatensystems und construiren die Ellipse

$$u_1^2 x^2 + u_2^2 y^2 = H,$$

wo H eine beliebige Constante bedeutet. Bedeutet r den Radiusvector in dieser Ellipse, so ist

$$\frac{x}{r} = a_1, \quad \frac{y}{r} = a_2,$$

sodass sich mit Obigem ergiebt:

$$u_a^2 = \frac{H}{r^2}.$$

Die hier eingeführte Ellipse ist also dadurch characterisirt, dass ein Paar conjugirter Durchmesser derselben parallel ist zu einem Paar conjugirter Trägheitsschrauben des Cylindroids. Sie wird nach Herrn Ball als Trägheitsellipse bezeichnet. Mit Benutzung dieses Begriffes können wir also das letzte Resultat so aussprechen:

„Die zu einer Schraube a eines Cylindroids gehörige Strecke u_a (die man auch als auf a aufliegend denken kann), ist umgekehrt proportional dem parallelen Semidiameter der Trägheitsellipse."

Die grosse sowohl wie die kleine Axe dieser Ellipse sind parallel zu Schrauben auf dem Cylindroid, denen für eine gegebene Windungsgeschwindigkeit ein Maximum resp. ein Minimum der kinetischen Energie entspricht.

Mit Hülfe der Trägheitsellipse wollen wir nun zunächst folgende Aufgabe behandeln:

Auf einen in Ruhe befindlichen starren Körper mit Freiheit zweiten Grades wirkt eine impulsive Dyname auf der Schraube η. Auf dem Cylindroid, welches die Freiheit des Körpers characterisirt, soll die Schraube ϑ bestimmt werden, um welche der Körper zufolge jenes Impulses anfangen wird, sich zu bewegen.

Die Lösung ergiebt sich leicht, wie folgt. Man bestimme auf dem Cylindroid diejenige, einzige, Schraube φ, welche zu η reciprok ist. Zieht man dann in der Trägheitsellipse den zu φ parallelen Durchmesser D und gleichzeitig den zu D conjugirten Durchmesser D', so ist die zu D' parallele Schraube des Cylindroids die gesuchte Schraube ϑ.

Man beachte, dass das umgekehrte Problem, nämlich die Bestimmung der Schraube η, auf welcher eine impulsive Dyname wirken muss, um eine Windung um ϑ hervorzurufen, unbestimmt ist. Jede zu φ reciproke Schraube des Raumes kann hier als Lösung figuriren.

Für das Folgende knüpfen wir an den im Kapitel IX eingeführten Begriff der „reducirten Dyname" an. Es ist dies bekanntlich diejenige Dyname auf einer Schraube eines Schraubensystems, durch welche eine impulsive Dyname auf irgend einer Schraube des Raumes äquivalent ersetzt wird. Wenn wir also das soeben behandelte Problem weiter verfolgen, so handelt es sich nun darum, an Stelle der dort gegebenen Dyname auf η die äquivalente reducirte Dyname einzuführen. Hierzu ist dann die Aufgabe zu lösen, auf einem Cylindroid eine Schraube ε so zu bestimmen, dass eine auf derselben wirkende Impulsivdyname dem betrachteten starren Körper eine Windung ertheilt um eine gegebene Schraube ϑ desselben Cylindroids. Auch die Lösung dieser Aufgabe lässt sich ganz einfach rein geometrisch bewerkstelligen. Hierzu benutzen wir den Parameterkegelschnitt und zwar auf Grund des Satzes, dass irgend zwei reciproke Schrauben des Cylindroids parallel sind zu einem Paar conjugirter Durchmesser des Parameterkegelschnitts.

Das Verfahren zur Bestimmung von ε wird sich nun mit Rücksicht auf das oben gelöste Problem so gestalten:

Wir bestimmen zunächst in der Trägheitsellipse den Durchmesser, welcher conjugirt ist zu dem mit der gegebenen Schraube

ϑ parallel gezogenen. Er heisse A. Da nun Parameterkegelschnitt und Trägheitsellipse concentrisch sind, so liegt auf A auch ein Durchmesser der ersteren Curve. Zu diesem construiren wir wiederum den conjugirten (also in Bezug auf den Parameterkegelschnitt), und nennen die erlangte Gerade B. Die zu B parallele Schraube des Cylindroids ist dann nach den obigen Auseinandersetzungen die gesuchte Schraube ε.

Zwei concentrische Kegelschnitte haben im Allgemeinen ein und nur ein Paar conjugirter Durchmesser gemein. Es trifft dies also auch bei dem Parameterkegelschnitt und der Trägheitsellipse ein. Als Durchmesser der letzteren Curve betrachtet hat das Paar gemeinsamer conjugirter Durchmesser die Bedeutung, dass die parallelen Schrauben des Cylindroids conjugirte Trägheitsschrauben sind. Da dasselbe Durchmesserpaar aber auch dem Parameterkegelschnitt angehört, so sind die erwähnten Schrauben auch noch reciprok. Sie sind somit, nach der früher gegebenen Definition, Hauptträgheitsschrauben. Ihre Zahl ist im Allgemeinen zwei und nur zwei, dem Freiheitsgrad des Körpers entsprechend, in Uebereinstimmung mit dem allgemeinen Satz über die Hauptträgheitsschrauben.

Die hier zuletzt benutzte Eigenschaft zweier concentrischen Kegelschnitte findet nicht statt, wenn die beiden Curven ähnlich und ähnlich gelegen sind. Dann haben sie jedes Paar conjugirter Durchmesser gemein. Wenn also die Vertheilung der Masse in einem Körper und die Anordnung der Bewegungshindernisse so beschaffen sind, dass Parameterkegelschnitt und Trägheitsellipse die angeführte besondere Beziehung zu einander haben, so folgt, dass in diesem Falle jede Schraube des Cylindroids die Eigenschaft der Hauptträgheitsschrauben besitzt.

§ 16.

Bei Aufstellung eines Ausdruckes für die Arbeit, welche geleistet wird, wenn ein Körper unter dem Einflusse eines gegebenen Kräftesystems aus einer Lage stabilen Gleichgewichtes in eine andere Lage übergeführt wird durch eine Windung von gegebener Amplitude um eine Schraube α, haben wir eine Grösse v_α eingeführt, deren Quadrat eben jener Arbeit proportional ist.

Es folgt nun aus Kap. XI § 5, dass in unserem Falle eines Körpers mit Freiheit zweiten Grades gesetzt werden kann

$$v_a^2 = v_1^2 \alpha_1^2 + v_2^2 \alpha_2^2,$$

wenn α_1, α_2 die Coordinaten der Schraube α bedeuten in Bezug auf zwei conjugirte Potentialschrauben des zugehörigen Schraubensystems, also des Cylindroids; und wenn v_1, v_2 die resp. Werthe von v_a sind für diese beiden Schrauben.

Diese Gleichung giebt nun wieder Anlass zu einer einfachen geometrischen Darstellung der Vertheilung der Grösse v_a auf den Schrauben α des Cylindroids. Denn ziehen wir durch den Mittelpunkt des Cylindroids Parallelen zu den beiden conjugirten Potentialschrauben, und construiren unter Annahme dieser beiden Geraden als Axen der x und y die Ellipse

$$v_1^2 x^2 + v_2^2 y^2 = H,$$

wo H eine Constante bedeutet, so ist, wenn durch r der Radiusvector in der Ellipse bezeichnet wird,

$$\frac{x}{r} = \alpha_1, \quad \frac{y}{r} = \alpha_2,$$

womit durch Substitution in die Ellipsengleichung folgt

$$v_a^2 = \frac{H}{r^2}.$$

„Die zu jeder Schraube α eines Cylindroids gehörige Strecke v_a ist umgekehrt proportional dem zu α proportionalen Durchmesser einer bestimmten Ellipse, deren Construction aus obigem erhellt. Und ein Paar conjugirter Potentialschrauben des Cylindroids ist proportional einem Paar zu ihnen paralleler Durchmesser dieser Ellipse."

Herr Ball bezeichnet diese Curve als die Potentialellipse. Die grosse und kleine Axe derselben sind parallel zu Schrauben des Cylindroids, denen beziehungsweise ein Maximum und ein Minimum potentieller Energie für eine Windung von gegebener Amplitude entspricht.

Wenn auf einen Körper, der sich in der Gleichgewichtslage befindet, eine Dyname von gegebener Intensität auf eine

Schraube η einwirkt, so wird derselbe in eine neue Lage übergeführt werden durch eine Windung um eine Schraube ϑ.

Die Construction dieser Schraube wird nun ohne weiteres geleistet werden können, sobald die Potentialellipse eingeführt ist.

Denn wenn wir auf dem die Freiheit des Körpers characterisirenden Cylindroid C diejenige Schraube φ bestimmen, welche zu η reciprok ist und gleichzeitig jenen Durchmesser der Potentialellipse ziehen, der zu φ parallel ist, so wird der zu diesem conjugirte Durchmesser offenbar parallel sein der gesuchten Schraube ϑ, wodurch diese dann also auch bestimmt erscheint. Von der Richtigkeit dieser Construction überzeugt man sich sofort, wenn man sich der Grundeigenschaft der conjugirten Potentialschrauben erinnert.

Betrachten wir diese Construction eingehender, wenn die Aufgabe so specialisirt wird, dass η und ϑ zusammenfallen sollen. In diesem Falle ist aber η eine Schraube des Cylindroids C. Wir construiren also die zu η reciproke Schraube η' des Cylindroids. Dann sind nach einem bekannten Satze η, η' parallel zu einem Paar conjugirter Durchmesser d, d' des Parameterkegelschnitts. Verfahren wir nun weiter ganz analog dem obigen, so ist nun d' als Durchmesser der Potentialellipse zu nehmen und der ihm in dieser conjugirte Durchmesser d'' zu construiren. Es soll aber nach Forderung der Aufgabe d'' mit d zusammenfallen. Daher ist dieses specielle Problem identisch mit demjenigen, das gemeinsame Paar conjugirter Durchmesser des Parameterkegelschnitts und der Potentialellipse zu construiren. Diese Aufgabe ist eindeutig, d. h. es giebt im Allgemeinen nur ein Paar gemeinsamer conjugirter Durchmesser für zwei concentrische Kegelschnitte, wie schon im vorigen Paragraphen gesagt wurde. Das Schraubenpaar η, η' ist daher ebenfalls eindeutig bestimmt. Und ferner ist sofort zu sehen, dass η und η' beide die Eigenschaft haben, dass der Körper, unter Einwirkung einer Dyname auf einer von ihnen, in seine neue Lage durch eine Windung um dieselbe Schraube übergeführt wird. Es giebt also für einen Körper mit Freiheit zweiten Grades nur zwei solche Schrauben: sie sind die Hauptpotentialschrauben, deren Existenz schon im Kapitel XI § 4 für den allgemeinen Freiheitsgrad n nachgewiesen worden war, und die wir nun hier, conform mit den dortigen Darlegungen, für den speciellen Fall wieder gefunden haben. Aus der Construction geht auch hier deutlich hervor, dass sie zugleich conjugirte Potentialschrauben und reciprok sind.

§ 17.

Ganz analog werden auch die Trägheitsellipse und die Potentialellipse ein Paar gemeinschaftlicher conjugirter Durchmesser besitzen. Die Constituenten dieses Paares sind dann parallel zu einem Schraubenpaar, welches gleichzeitig in Bezug auf Trägheit und Potential conjugirt ist. Es giebt im allgemeinen wieder nur ein solches Schraubenpaar. Dasselbe ist, der früher gegebenen Definition nach, das Paar der harmonischen Schrauben des Systems zweiter Stufe.

Wenn also der Körper eine Lagenänderung erfährt durch eine unendlich kleine Windung um eine solche Schraube, und dann dem Einflusse der wirkenden Kräfte überlassen wird, so wird er in Folge dessen oscillatorische Windungen um eben diese Schraube ausführen.

Stehen die beiden hier betrachteten Kegelschnitte wieder in der besonderen Beziehung, ähnlich und ähnlich gelegen zu sein, so haben sie also alle Paare conjugirter Durchmesser gemeinschaftlich. Es sind also dann auch alle Schrauben des Systems zweiter Stufe, des Cylindroids, harmonische Schrauben.

§ 18.

Es erübrigt noch eine eingehendere Betrachtung des in § 9 angeführten Falles, in dem das Cylindroid illusorisch wird, wenn nämlich die beiden Schrauben α, β, welche es bestimmen, einen gemeinschaftlichen Träger haben.

Seien also ξ, ζ ein Paar conjugirter Trägheitsschrauben auf der Geraden, um welche der Körper in diesem Falle Freiheit hat sich entweder ohne Gleitung zu drehen oder längs ihr zu gleiten ohne Drehung. Wir wollen als Coordinatensystem diejenigen sechs Schrauben wählen, welche im Falle der vollkommenen Freiheit die Hauptträgheitsschrauben des Körpers wären — es sind dies also die Hauptaxen des Körpers, Herr Ball nennt sie die absoluten Hauptträgheitsschrauben —, und wollen mit η die Schraube vom Parameter Null auf dem gegebenen Träger bezeichnen. Es ist dann, unter Anwendung bekannter Bezeichnungen,

$$\Sigma\left\{p_1^2\left(\eta_1+\frac{p_\xi}{4p_1}\frac{\partial R}{\partial\eta_1}\right)\left(\eta_1+\frac{p_\zeta}{4p_1}\frac{\partial R}{\partial\eta_1}\right)\right\}=0.$$

Entwickelt man hier und bringt auf die einfachste Form, so erhält man

$$u^2+\tfrac{1}{4}(p_\xi+p_\zeta)\Sigma p_1\eta_1\frac{\partial R}{\partial\eta_1}+\tfrac{1}{16}p_\xi p_\zeta\Sigma\left(\frac{\partial R}{\partial\eta_1}\right)^2=0.$$

Nun ist aber sofort einleuchtend, dass in diesem Falle der Ausdruck R die einfache Form annimmt

$$R=(\eta_1+\eta_2)^2+(\eta_3+\eta_4)^2+(\eta_5+\eta_6)^2,$$

woraus man erhält

$$\frac{\partial R}{\partial\eta_1}=\frac{\partial R}{\partial\eta_2}=2(\eta_1+\eta_2)$$

$$\frac{\partial R}{\partial\eta_3}=\frac{\partial R}{\partial\eta_4}=2(\eta_3+\eta_4)$$

$$\frac{\partial R}{\partial\eta_5}=\frac{\partial R}{\partial\eta_6}=2(\eta_5+\eta_6).$$

Unter gehöriger Rücksichtnahme auf die Eigenschaft des Coordinatensystems ergiebt sich nun

$$\Sigma p_1\eta_1\frac{\partial R}{\partial\eta_1}=2\Sigma p_1\eta_1^2=2p_\eta=0$$

und weiter

$$\Sigma\left(\frac{\partial R}{\partial\eta_1}\right)^2=8R=8,$$

da ja $R=1$ ist. Die obige Gleichung reducirt sich somit auf diese einfache

$$2u^2+p_\xi p_\zeta=0,$$

die mit Rücksicht darauf, dass hier u den Trägheitsradius des Körpers in Bezug auf den Träger von η bedeutet, den Satz enthält, dass im vorliegenden Falle das Product der Parameter zweier conjugirter Trägheitsschrauben constant ist.

§ 19.

Es möge zum Schlusse dieses Kapitels noch die Frage erörtert werden, wie die Schraube λ zu finden sei, auf der wir uns diejenige Dyname zu denken haben, welche die Reaction der Widerstände darstellt, wenn auf den Körper eine impulsive Dyname auf einer Schraube η wirkt. Das Cylindroid, welches die Freiheit des Körpers definirt, heisse C. Mit C'' wollen wir dasjenige Cylindroid bezeichnen, dessen Schrauben, wenn der Körper vollständig frei wäre, zu denen von C als impulsive Schrauben gehörten, wenn diejenigen der eben genannten Fläche als instantane betrachtet werden.

Da nun eine Dyname auf η und eine auf λ zusammen dem Körper eine unendlich kleine Windung um eine Schraube von C ertheilen, so muss das Cylindroid (η, λ) eine Schraube ϱ gemein haben mit C''. Nun kann die Dyname auf λ zerlegt werden in zwei Componenten, eine auf η und eine auf ϱ, von denen die letztere wieder zerlegbar ist in zwei Dynamen auf irgend zwei Schrauben von C''. Es muss also λ zu dem System dritter Stufe gehören, welches bestimmt ist durch η und irgend zwei Schrauben von C''. Nehmen wir nun irgend welche drei diesem System angehörende Schrauben und irgend zwei von C, so sind dies fünf Schrauben, zu denen λ reciprok sein muss, wonach diese Schraube bekanntlich eindeutig construirt werden kann.

Wenn nun λ bestimmt ist, so gilt dies auch von dem Cylindroid (η, λ) und endlich auch von der den Flächen C'' und (η, λ) gemeinsamen Schraube ϱ. Die Lage von ϱ auf C'' wird dann diejenige Schraube auf C bestimmen, um welche die Elementarwindung seitens des Körpers ausgeführt wird; andererseits wird durch die Lage von ϱ auf (η, λ) und die bekannte Intensität der Dyname auf η die Intensität der Reactionsdyname auf λ gegeben sein.

Kapitel XV.

Kinetik starrer Körper mit Freiheit dritten Grades.

§ 1.

Die Theorie starrer Körper mit Freiheit dritten Grades ist von ganz besonderem Interesse, da sie als speciellen Fall das berühmte Problem der Drehung eines starren Körpers um einen festen Punkt in sich schliesst. Sie wird daher, unter Innehaltung des im Kap. XIV befolgten Ganges der Entwicklungen, mit eingehenderer Ausführlichkeit behandelt werden. Die Theorie der kleinen Schwingungen eines schweren Körpers um einen festen Punkt herum wird sich insbesondere ebenso vollständig wie einfach darstellen.

Eine reiche Fundgrube interessanter Sätze wird sich aus dem Umstande ergeben, dass das Reciprocalsystem eines Schraubensystems der dritten Stufe ebenfalls von der dritten Stufe ist. Wir werden dabei wieder auf den schon öfter betonten Zusammenhang zwischen der modernen Mechanik und der Liniengeometrie hingewiesen werden. Es wird sich ergeben, dass die Träger der Schrauben des Systems dritter Stufe ein Strahlensystem zweiter Classe und dritter Ordnung bilden.

§ 2.

Wenn der Körper Freiheit dritten Grades besitzt, so lässt sich jede Bewegung desselben darstellen als Resultirende von Windungen um drei von einander unabhängige Schrauben. Zur Kenntniss dreier solcher Schrauben gelangt man mit jeweiliger Berücksichtigung der besonderen Umstände, unter denen die Bewegung vor sich gehen kann, auf diese Weise. Es sei A eine Anfangslage des Körpers. Man führe denselben nun in eine unendlich nahe Lage B über. Die Schraube, um welche die ausgeführte Elementarwindung stattgefunden hat, möge mit ξ bezeichnet sein. In analoger Weise kann der Körper von der Lage A aus nach den unendlich nahen Lagen B', B'' gelangen durch Windungen um die Schrauben η resp. ζ. Nachdem wir so von drei Schrauben, um welche der Körper Bewegungen ausführen kann, Kenntniss erhalten haben, können wir nun überhaupt die möglichen Bewegungen des Körpers näher beschreiben. Der Körper kann sich also ausnahmslos um eine jede der Schrauben ξ, η, ζ bewegen. Er wird demnach, wie leicht gezeigt wird, überhaupt fähig sein, Windungen auszuführen um eine doppelte Mannigfaltigkeit von Schrauben. Denn, stellen wir uns vor, dem Körper seien gleichzeitig Elementarbewegungen um die Schrauben ξ, η, ζ ertheilt, denen die resp. Amplituden ξ',

η', ζ' zukommen mögen. Nach Ausführung der so zu Stande kommenden Bewegung wird der Körper sich in der Lage V befinden. Aber der Körper hätte auch von der Lage A aus nach der unendlich nahen Lage V durch eine einzige Elementarwindung können übergeführt werden, deren Schraube wir mit e bezeichnen wollen. Nun sind aber die Verhältnisse der drei Amplituden willkürlich. Es sind also hier zwei Veränderliche vorhanden, nämlich die beiden Verhältnisse, die man aus diesen Grössen bilden kann. Sowie sich nun auch nur eines dieser beiden Verhältnisse ändert, so wird auch die Schraube e eine andere werden, sodass es also in der That zweifach unendlich viele Schrauben e giebt. Diese doppelte Mannigfaltigkeit von Schrauben ist eben das Schraubensystem S dritter Stufe. Wenn nun eine Dyname auf einer Schraube ϑ auf den Körper wirkt, das reciprok ist zu den Schrauben ξ, η, ζ, so wird sie nicht fähig sein, das Gleichgewicht des Körpers zu stören. Wenn also ϑ reciprok ist zu drei Schrauben des Systems S, so wird sie auch reciprok sein zu sämmtlichen Schrauben dieses Systems. Zur Bestimmung einer solchen Schraube ϑ haben wir also die drei Bedingungen der Reciprocität zu ξ, η, ζ. Da zur vollständigen Bestimmung einer Schraube aber fünf Bedingungen genügt werden muss, so ist nun wieder sofort offenbar, dass auch die Schrauben ϑ eine zweifache Mannigfaltigkeit S' bilden, die wir bekanntlich als das dem System S reciproke System bezeichnen. Eine Dyname auf einer Schraube von S' übt keine Wirkung auf einen Körper aus, der Freiheit der Bewegung in Bezug auf die Schrauben des Systems S hat, und umgekehrt wird eine Dyname auf einer Schraube von S niemals einen Körper beeinflussen können, dessen specielle kinematischen Verhältnisse durch das System S' definirt sind.

§ 3.

Wir wenden uns zu einem näheren Studium des Schraubensystems der dritten Stufe, und untersuchen zunächst die Vertheilung der zugehörigen Schrauben des Raumes hinsichtlich der Grösse ihrer Parameter.

Nehmen wir also drei Schrauben p, q, r an, die geometrisch unabhängig von einander sein sollen, aus denen wir also jedenfalls ein System S herleiten können. Dabei soll aber die Auswahl dieser Schrauben so getroffen sein, dass sie alle drei gleiche Parameter, $+k$, besitzen. Nun nehmen wir irgend drei andere Schrauben, l, m, n, deren Träger diejenige von p, q, r schneiden. Diesen neuen Schrauben ertheilen wir den Parameter $-k$. Nun sind zwei Schrauben von entgegengesetzt gleichen Parametern einander reciprok. Also ist jede der Schrauben l, m, n reciprok zu jeder der Schrauben p, q, r. Das ist aber nichts anderes, als dass die Schrauben l, m, n Elemente des zu S reciproken Systems S' sind. Alle anderen Schrauben nun vom Parameter $+k$, welche gleichzeitig l, m, n schneiden, sind nun ebenfalls reciprok zu l, m, n und gehören daher dem System S an. Alle Strahlen aber, welche drei beliebige Strahlen im Raume schneiden bilden die eine Regelschaar eines einfachen Hyperboloids. Wir kommen somit leicht zu dem Satze:

„Alle Schrauben eines Systems dritter Stufe, deren Parameter den Werth $+k$ haben, bilden die eine Regelschaar eines einfachen Hyperboloids, dessen andre Regelschaar aus Schrauben mit dem Parameter $-k$ gebildet wird, die dem reciproken System angehören.“

Wir sehen also, wie, wenn die Schrauben nach den numerischen Werthen ihrer Parameter geordnet werden, sich die gesammte Mannigfaltigkeit des Schraubensystems zusammensetzt aus den einfachen Mannigfaltigkeiten, den Regelschaaren zweiten Grades, die von den Trägern der Schrauben gleichen Parameters gebildet werden.

§ 4.

Unter dieser Schaar von Hyperboloiden ist namentlich eine Fläche besonderer Beachtung werth, nämlich diejenige, welche den geometrischen Ort aller Schrauben des Systems dritter Stufe bildet, welche den Parameter Null haben. Aber nicht nur durch diese Definitionseigenschaft, sondern wesentlich durch einen anderen für die ganze Theorie wichtigen Umstand zeichnet sich diese Fläche so aus, dass Sir Robert Ball ihr einen besonderen Namen beigelegt hat, wonach sie als die „Parameterfläche“ zu bezeichnen ist. Es ist also festzuhalten, dass die Parameterfläche immer ein einfaches Hyperboloid ist.

Um die Gleichung des Hyperboloids aufzustellen verfahren wir nun so. Nehmen wir eine der Hauptaxen der Fläche als Axe der x, so wird diese Gerade die Fläche in zwei Punkten treffen, durch deren jeden ein Paar von Erzeugungslinien gezogen werden kann. Eine der Geraden jedes dieser Paare gehört der einen Regelschaar, also auch etwa dem System S, die andere der zweiten Regelschaar, also dem System S' an. Und bekanntlich ist jedes Paar dieser Erzeugungslinien parallel zu den Asymptoten des ebenen Schnittes der Fläche, der durch die die beiden anderen Hauptaxen der Fläche, die Axen der y und der z, enthaltende Ebene gemacht wird. Seien demnach μ, ν diejenigen beiden Erzeugenden der Fläche, welche dem System S angehören. In der Ebene der y und z ziehen wir Parallelen zu μ und ν durch den Anfangspunkt der Coordinaten. Wenn wir nun den Winkel der so erhaltenen Geraden und auch seinen Nebenwinkel halbiren, so sind die beiden Halbirungslinien zwei von den Hauptaxen der Fläche. Nun wollen wir das Cylindroid (μ, ν) construiren. Auf diesem haben die zwei Schrauben vom Parameter Null gleichen Abstand vom Mittelpunkt des Cylindroids. Und andererseits halbiren die beiden auf einander senkrechten Schrauben des Cylindroids sowohl den äusseren wie den inneren Winkel der beiden Parallelen zu den Schrauben vom Parameter Null. Hieraus folgt nun, dass die Träger der beiden orthogonalen Schrauben des Cylindroids (μ, ν) in die Axen y und z des Hyperboloids fallen müssen. Wir wollen diese, als Schrauben betrachtet, jetzt mit β und γ bezeichnen, ihre Parameter also mit p_β und p_γ. Aus den bekannten Eigenschaften des Cylindroids folgt nun, dass wir die Halbaxe a, nach der üblichen Bezeichnung, des Hyperboloids aus den Gleichungen zu bestimmen haben werden

$$a = (p_\beta - p_\gamma) \sin l \cos l$$

$$p_\beta \cos l^2 + p_\gamma \sin l^2 = 0,$$

aus denen durch Elimination von l gefunden wird

$$a = \sqrt{-p_\beta p_\gamma}.$$

Sind b, c die beiden anderen Halbaxen des Hyperboloids, so müssen wir haben

$$\frac{\cos^2 l}{b^2} + \frac{\sin^2 l}{c^2} = 0,$$

da die Schrauben μ, ν parallel sind zu den Asymptoten der Curve

$$\frac{y^2}{b^2} + \frac{z^2}{c^2} = 1,$$

wie schon vorhin bemerkt worden. Hiermit finden wir

$$p_\beta^2 = -\frac{a^2b^2c^2}{b^4}, \quad p_\gamma^2 = -\frac{a^2b^2c^2}{c^4}$$

und mit Hülfe der Tangentenebenen an die Flächen in den Endpunkten der Axe y hätten wir ganz analog gefunden

$$p_\alpha^2 = -\frac{a^2b^2c^2}{a^4}, \quad p_\gamma^2 = -\frac{a^2b^2c^2}{c^4}.$$

Beachten wir nun, in welcher Weise wir zu den Axen des Hyperboloids hier gelangt sind, d. h. wie sie constructiv aus den Schrauben μ, ν des vorliegenden Schraubensystems hergeleitet wurden, so sehen wir, dass diese Axen selbst Elemente eben dieses Schraubensystems sind. Also:

„Ertheilt man den drei Hauptaxen der Parameterfläche geeignete Parameter p_α, p_β, p_γ, so können diese Axen vollkommen als Schrauben betrachtet werden und zwar gehören sie dem Schraubensystem dritter Stufe an, für welches die Parameterfläche construirt wird. Die Gleichung dieser Fläche ist, bezogen auf ihre Hauptaxen,

$$p_\alpha x^2 + p_\beta y^2 + p_\gamma z^2 + p_\alpha p_\beta p_\gamma = 0.“$$

Es lässt sich nun auch nachweisen, dass jede Schraube ϑ vom Parameter Null, die dem System dritter Stufe angehört, als Träger eine Erzeugende der Parameterfläche haben muss. Denn ϑ muss reciprok sein zu allen Schrauben vom Parameter Null, die derjenigen Regelschaar der Parameterfläche angehören, deren Geraden Elemente des dem System dritter Stufe reciproken Systems S' sind, wie dies aus § 3 folgt. Nun können aber zwei Schrauben vom Parameter Null nur dann reciprok sein, wenn sie sich in endlichem oder unendlichem Abstande schneiden. Daraus folgt also, dass ϑ die Parameterfläche in einer unendlichen Reihe von Punkten treffen, also selbst auf der Fläche liegen muss.

Wenn wir nun die Parameter aller Schrauben des Systems S um eine constante Grösse k vermindern, so wird dadurch (Kap. XIII § 4) der Charakter des Systems nicht alterirt, sodass Schlüsse die für das neue System gelten leicht ausnutzbar sind für das frühere. Nach Verminderung aller Parameter um den Betrag k, heisst die Gleichung der Parameterfläche

$$(p_\alpha-k)x^2+(p_\beta-k)y^2+(p_\gamma-k)z^2+(p_\alpha-k)(p_\beta-k)(p_\gamma-k)=0.$$

In dem transformirten System ist dies also der Ort der Schrauben vom Parameter Null. In dem ursprünglichen somit, nach dem a. a. O. angeführten Princip der Ort der Schrauben vom Parameter $+k$, sodass also in sehr einfacher Weise aus der Parameterfläche sich jedes andere Hyperboloid ableiten lässt, das durch die Schrauben der Systeme S und S' gebildet wird.

Bezeichnen wir

$$\varphi(x, y, z; k)=(p_\alpha-k)x^2+(p_\beta-k)y^2+(p_\gamma-k)z^2 \\ +(p_\alpha-k)(p_\beta-k)(p_\gamma-k),$$

so ist also durch $\varphi(x, y, z; k)=0$ eine Schaar von Flächen zweiten Grades dargestellt, wenn k als ein variabler Parameter (dies Wort im gewöhnlichen Sinne genommen) angesehen wird. Und zwar ist dies also die Schaar von Hyperboloiden, welche sowohl das System S als auch sein reciprokes S' constituiren. Und insbesondere sind alle Erzeugenden einer Regelschaar einer solchen Fläche Schrauben, vom Parameter k, um welche der Körper Freiheit der Bewegung hat; während die andere Regelschaar aus Schrauben gebildet wird von der Eigenschaft, dass eine Dyname auf irgend einer derselben neutralisirt wird durch die Widerstände und Bewegungshindernisse, welche die Bewegungsfreiheit des Körpers auf den dritten Grad herabgedrängt haben.

Die Bedingung für die Realität der Fläche $\varphi(x, y, z; k)=0$ ist die, dass k grösser als der kleinste und kleiner als der grösste der drei Parameter p_α, p_β, p_γ sein muss. Es liegen also die Parameter aller reellen Schrauben eines Systems dritter Stufe ihrem numerischen Werthe nach zwischen dem grössten und kleinsten der drei Parameter p_α, p_β, p_γ.

§ 4.

Wenn wir bei unbestimmt gelassenem k die Coordinaten eines gegebenen Punktes in die Form $\varphi(x, y, z; k)$ einsetzen, so erhalten wir für k die cubische Gleichung:

$$\varphi(x, y, z; k) = 0.$$

Dies besagt also, dass durch einen gegebenen Punkt des Raumes drei Flächen der Schaar $\varphi = 0$ gehen. Jede dieser Flächen besitzt in diesem Punkte eine Tangentenebene, und in jeder dieser Ebenen liegen zwei Erzeugende des Hyperboloids, deren eine dem Systeme S selber, deren andere dem reciproken System S' angehört. Wir haben somit den wichtigen Satz:

„In einem Schraubensystem dritter Stufe gehen durch jeden Punkt des Raumes drei Schrauben des Systems."

Es mag noch der leicht zu beweisenden Thatsache Erwähnung gethan sein, dass die drei Tangentenebenen an die eben betrachteten drei Hyperboloide sich in einer Geraden schneiden.

Entwickeln wir die Form $\varphi(x, y, z; k)$ nach Potenzen von k, so ist

$$\begin{aligned}-\varphi(x, y, z; k) = k^3 &- (p_\alpha + p_\beta + p_\gamma)k^2 \\ &+ (p_\alpha p_\beta + p_\alpha p_\gamma + p_\beta p_\gamma + x^2 + y^2 + z^2)k \\ &- p_\alpha p_\beta p_\gamma - p_\alpha x^2 - p_\beta y^2 - p_\gamma z^2.\end{aligned}$$

Sind nun k_1, k_2, k_3 die drei Wurzeln der Gleichung

$$\varphi(x, y, z; k) = 0,$$

wenn x, y, z die Coordinaten eines gegebenen Punktes bedeuten, so ist

$$k_1 + k_2 + k_3 = p_\alpha + p_\beta + p_\gamma$$

woraus der Satz zu entnehmen ist:

„Die Summe der Parameter der drei durch einen gegebenen Punkt gehenden Schrauben eines Systems dritter Stufe ist constant."

Zwei einander schneidende Schrauben können nur dann reciprok sein, wenn sie auf einander senkrecht stehen, oder wenn die Summe ihrer Parameter Null ist. Beschreiben wir demnach um einen Punkt O des Raumes eine Kugel mit beliebigem Radius und nennen

A, B, C die Punkte, in welchen die Kugelfläche getroffen wird von den drei durch O gehenden Schrauben eines Systems dritter Stufe S, sind ferner A', B', C' die Punkte, in denen die Kugel von den drei durch O gehenden Schrauben des reciproken Systems durchsetzt wird, so ist das sphärische Dreieck ABC die Polarfigur des sphärischen Dreiecks $A'B'C'$.

Alle Erzeugungslinien der Fläche $\varphi(x, y, z;\ k) = 0$ sind denen des Kegels

$$(p_\alpha - k)x^2 + (p_\beta - k)y^2 + (p_\gamma - k)z^2 = 0$$

beziehlich parallel; und k kann so bestimmt werden, dass dieser Kegel eine Erzeugende hat, die parallel ist zu einer bestimmten gegebenen Richtung. Dieser gegebenen Richtung werden auf dem zu demselben Werthe von k gehörenden Hyperboloid zwei und nur zwei Erzeugende parallel sein, jede in einer der beiden Regelschaaren der Fläche, von denen die eine also dem System S, die andere dem reciproken System S' angehört. Es giebt also durch einen Punkt des Raumes nur eine einzige Schraube des Systems dritter Stufe, welche zu einer gegebenen Richtung parallel ist.

Schreiben wir die Gleichung des eben betrachteten Kegels so

$$p_\alpha x^2 + p_\beta y^2 + p_\gamma z^2 = k(x^2 + y^2 + z^2)$$

nennen r die Strecke, die auf eine der Erzeugenden des Kegels durch die Parameterfläche abgeschnitten wird, sodass also

$$r^2 = x^2 + y^2 + z^2,$$

und schreiben endlich noch die Gleichung der Parameterfläche in der Form

$$p_\alpha x^2 + p_\beta y^2 + p_\gamma z^2 = -p_\alpha p_\beta p_\gamma,$$

so ergiebt sich sofort

$$k = -\frac{p_\alpha p_\beta p_\gamma}{r^2}.$$

Dies ist der Satz:

„In einem Schraubensystem dritter Stufe besitzt jede Schraube einen Parameter, der umgekehrt proportional ist dem Quadrate des ihr parallelen Durchmessers der Parameterfläche des Systems.“

Aus Kap. VIII § 7 geht hervor, dass neun Data gegeben sein

müssen, um ein Schraubensystem der dritten Stufe vollständig zu bestimmen. Genau so vieler Data bedarf man zur Bestimmung einer Fläche zweiten Grades. Aus dieser Bemerkung schliesst man noch einmal, was schon anderweit klar ist, dass das ganze Schraubensystem dritter Stufe bekannt sein wird, wenn man seine Parameterfläche kennt.

§ 5.

Betrachten wir nun eine Gruppe dreier coreciproken Schrauben des Systems dritter Stufe und nennen deren Parameter p_1, p_2, p_3. Dann ist, wenn ϱ irgend eine andere Schraube des Systems ist und ϱ_1, ϱ_2, ϱ_3 also ihre Coordinaten bedeuten, nach bekannten Sätzen:

$$p_\varrho = p_1\varrho_1^2 + p_2\varrho_2^2 + p_3\varrho_3^2.$$

Nun wollen wir durch den Mittelpunkt der Parameterfläche vier Gerade ziehen, deren drei erste beziehlich parallel sind den drei coreciproken Schrauben, während die vierte parallel sein soll zur Schraube ϱ. Auf jeder dieser vier Geraden schneiden wir nun solche Strecken ab, dass wir ein Parallelepiped erhalten, dessen Diagonale in der zur Schraube ϱ parallelen Geraden liegt. Die Länge der Diagonalen bezeichnen wir durch r, während x, y, z die Längen der Kanten des Parallelepipeds bedeuten.

Dann ist bekanntlich

$$\frac{x}{r} = \varrho_1, \quad \frac{y}{r} = \varrho_2, \quad \frac{z}{r} = \varrho_3.$$

Also muss p_ϱ umgekehrt proportional sein dem Quadrate des zu ϱ parallelen Durchmessers einer Fläche zweiten Grades, nämlich

$$p_1x^2 + p_2y^2 + p_3z^2 = H.$$

Nun ist aber oben gezeigt worden, dass p_ϱ auch umgekehrt proportional sein muss dem Quadrate des zu ϱ parallelen Durchmessers der Parameterfläche. Die eben hingeschriebene Gleichung muss also geradezu die Gleichung der Parameterfläche — nach richtiger Bestimmung von H — sein. Die Gleichung

$$p_1x^2 + p_2y^2 + p_3z^2 = H$$

ist nun offenbar auf conjugirte Durchmesser bezogen, sodass wir als Endergebniss dieser kurzen Betrachtung den Satz aufstellen dürfen:

„**Irgend drei coreciproke Schrauben eines Schraubensystems dritter Stufe sind beziehlich parallel zu einem Tripel conjugirter Durchmesser der Parameterfläche des Systems.**"

Und es folgt nun ganz von selbst:

„**Die Summe der reciproken Werthe der Parameter dreier coreciproken Schrauben eines Systems dritter Stufe ist constant.**"

§ 6.

Wir haben bisher die Schrauben des Systems der dritten Stufe nur in Bezug auf die Grösse ihrer Parameter in Gruppen gebracht; indem wir die Theilsysteme von Schrauben constanten Parameters untersuchten. Wir waren dabei schon einmal auf einen rein geometrischen Gesichtspunkt geführt worden, als wir aus der Gleichung $\varphi(x, y, z; k) = 0$ erkannten, dass durch einen beliebigen Punkt des Raumes stets drei und nur drei Schrauben des Systems gezogen werden können. Es entsteht ganz naturgemäss nun die Frage, wieviel Schrauben des Systems in einer Ebene liegen, durch deren Beantwortung dann der geometrische Charakter des Schraubensystems der dritten Stufe klar gelegt wird.

Im Anschlusse an Herrn Ball's Darlegung betrachten wir zunächst die zu einer gegebenen Ebene parallelen Schrauben des Systems. Herr Ball zeigt nun, dass diese eine einfach unendliche Mannigfaltigkeit von Schrauben constituiren, und zwar, dass diese Mannigfaltigkeit gebildet wird durch die Schrauben eines Cylindroids. Denn man nehme an, eine Schraube von unendlich grossem Parameter stehe senkrecht auf der gegebenen Ebene. Dann sind alle zu dieser Ebene parallelen Schrauben des Systems reciprok zu dieser Schraube. Aber sie sind auch reciprok zu irgend welchen drei Schrauben des Systems S', welches dem System S dritter Stufe, von dem wir reden, reciprok ist. Sie bilden daher ein Schraubensystem zweiter Stufe — weil sie nämlich reciprok sind zu vier Schrauben — das ist aber eben ein Cylindroid.

Um zum endgültigen Resultate zu gelangen, verfahren wir so. Bekanntlich berührt eine Fläche zweiter Ordnung, die eine Gerade enthält, jede durch diese Gerade gelegte Ebene. Die Anzahl von

Schrauben eines Systems dritter Stufe, die in einer Ebene liegen, wird daher gleich der Anzahl der Fläche der Schaar

$$\varphi(x, y, z; k) = 0$$

sein, welche diese Ebene berühren. Nun ist für diese Fläche oder für

$$(p_\alpha - k)x^2 + (p_\beta - k)y^2 + (p_\gamma - k)z^2 + (p_\alpha - k)(p_\beta - k)(p_\gamma - k) = 0$$

die Ebene

$$Lx + My + Nz + P = 0$$

eine Tangentenebene*), wenn

$$L^2(p_\beta - k)(p_\gamma - k) + M^2(p_\alpha - k)(p_\gamma - k) + N^2(p_\alpha - k)(p_\beta - k) + P^2 = 0.$$

*) Man überzeugt sich leicht von dem Bestehen dieser Bedingung, wenn man die Gleichung der Fläche in die Form

$$\frac{x^2}{a^2} + \frac{y^2}{b^2} + \frac{z^2}{c^2} + 1 = 0$$

und die der Ebene in die Form

$$Ax + By + Cz + 1 = 0$$

bringt. Ist überhaupt

$$a_1^2 x_1^2 + a_2^2 x_2^2 + a_3^2 x_3^2 + a_4^2 x_4^2 = 0$$

die Gleichung einer Fläche zweiten Grades und soll die Ebene

$$\xi_1 x_1 + \xi_2 x_2 + \xi_3 x_3 + \xi_4 x_4 = 0$$

die Fläche im Punkte x' berühren, so hat man die Bedingungsgleichungen, in denen ρ einen Proportionalitätsfactor bedeutet,

$$a_i^2 x_i' = \rho \xi_i,$$

die man auch so schreiben kann

$$a_i x_i' = \rho \cdot \frac{\xi_i}{a_i}.$$

Quadrirt man und summirt, so ist

$$\Sigma a_i^2 x_i'^2 = 0,$$

weil x' auf der Fläche liegt, und man erhält die Bedingung dafür, dass die Ebene ξ die Fläche berührt:

$$\frac{\xi_1^2}{a_1^2} + \frac{\xi_2^2}{a_2^2} + \frac{\xi_3^2}{a_3^2} + \frac{\xi_4^2}{a_4^2} = 0,$$

womit dann zugleich auch die Gleichung der Fläche in Ebenencoordinaten erhalten ist.

Diese Gleichung ist nun vom zweiten Grade für den Parameter k. Es giebt also zwei Flächen aus der Schaar $\varphi(x, y, z; k) = 0$, welche die Ebene $Lx + My + Nz + P = 0$ berühren. Daher liegen auch zwei Schrauben des Systems dritter Stufe S in dieser Ebene. Es mag hier gleich noch einmal ausdrücklich darauf hin gewiesen werden, dass alle diese rein geometrischen Ergebnisse, die wir über das System dritter Stufe S erhalten, gleichzeitig auch für das reciproke System S' gültig sind, da dieses ja auch von der dritten Stufe ist.

Halten wir dies Resultat mit dem in § 4 erlangten zusammen, so ersehen wir also, dass in rein geometrischer Beziehung das Schraubensystem dritter Stufe — oder hier besser das System seiner Träger — definirt ist als ein Strahlensystem dritter Ordnung und zweiter Klasse.

Auf dieses Strahlensystem werde ich hier nicht näher eingehen, da ich dasselbe an anderer Stelle ausführlich behandle, wo

---

Ist allgemein die Fläche

$$a_{11}x_1^2 + 2a_{12}x_1x_2 + 2a_{13}x_1x_3 + 2a_{14}x_1x_4 + a_{22}x_2^2 + 2a_{23}x_2x_3 + 2a_{24}x_2x_4$$
$$+ a_{33}x_3^2 + 2a_{34}x_3x_4 + a_{44}x_4^2 = 0$$

gegeben, so haben wir dafür, dass die Ebene ξ im Punkte x tangiren soll, zunächst die Bedingungen

$$\begin{aligned}
\rho\xi_1 + a_{11}x_1 + a_{12}x_2 + a_{13}x_3 + a_{14}x_4 &= 0\\
\rho\xi_2 + a_{21}x_1 + a_{22}x_2 + a_{23}x_3 + a_{24}x_4 &= 0\\
\rho\xi_3 + a_{31}x_1 + a_{32}x_2 + a_{33}x_3 + a_{34}x_4 &= 0\\
\rho\xi_4 + a_{41}x_1 + a_{42}x_2 + a_{43}x_3 + a_{44}x_4 &= 0
\end{aligned}$$

die wir verbinden mit

$$\xi_1x_1 + \xi_2x_2 + \xi_3x_3 + \xi_4x_4 = 0.$$

Die Elimination von ρ und den vier Grössen x aus diesen fünf Gleichungen giebt die Bedingung, dass die Ebene ξ die Fläche berührt, in der Determinante

$$\begin{vmatrix}
\xi_1, & a_{11}, & a_{12}, & a_{13}, & a_{14}\\
\xi_2, & a_{21}, & a_{22}, & a_{23}, & a_{24}\\
\xi_3, & a_{31}, & a_{32}, & a_{33}, & a_{34}\\
\xi_4, & a_{41}, & a_{42}, & a_{43}, & a_{44}\\
0, & \xi_1, & \xi_2, & \xi_3, & \xi_4
\end{vmatrix} = 0,$$

wobei also noch zu bemerken ist, dass

$$a_{ik} = a_{ki}.$$

ich auch eine Construction der sehr bemerkenswerthen Brennfläche dieses Strahlensystems geben werde.

Nachdem wir nun so die Anzahl der in einer Ebene liegenden Schrauben des Systems festgestellt haben, können wir wieder rückwärts zeigen, dass alle einer Ebene parallelen Systemschrauben auf einem Cylindroid liegen. Denn man nehme eine Ebene E und zwei ihr parallele dem System angehörige Schrauben σ und τ. Durch σ und τ legen wir ein Cylindroid C. Dann wird jede zu E parallele Ebene E_k die Fläche C in zwei Schrauben σ_k und τ_k schneiden, die dem System S angehören; aber die Ebene E_k kann nach obigem auch keine andere Schraube mehr enthalten, welche dem Systeme S angehören. Daraus folgt also wieder, dass alle zur Ebene E parallelen Schrauben von S auf dem Cylindroid C liegen.

§ 7.

Wir wollen uns in diesem Paragraphen mit der thatsächlichen Ausführung der Construction des am Schlusse von § 6 betrachteten Cylindroids C beschäftigen, indem wir uns dabei auf solche Data stützen, welche durch den Charakter des Systems S als der eines Systems dritter Stufe gegeben werden. Es sei also gegeben eine beliebige Ebene im Raume, E; und gesucht wird das Cylindroid C der zu E parallelen Schrauben eines gegebenen Schraubensystems dritter Stufe S.

Durch den mit dem System S gegebenen Mittelpunkt O der Parameterfläche legen wir eine Ebene A parallel zu E. Dann wird der Mittelpunkt der Fläche C in dieser Ebene liegen.

Fig. 17.

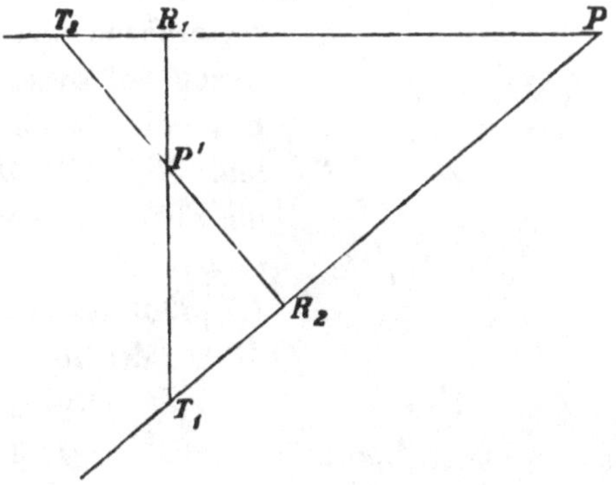

Die Ebene des Blattes stelle irgend eine zu A parallele Ebene A' vor. Dann wissen wir, dass es zwei bestimmte Flächen $\varphi(x, y, z; k) = 0$ giebt, die diese Ebene A' berühren. Seien also T_1, T_2 diese Berührungspunkte, sei ferner P der Durchschnittspunkt der beiden in A' liegenden Schrauben des Systems S. Dann können wir uns durch $T_1 R_1$ und $T_2 R_2$ die beiden ebenfalls in A' liegenden Schrauben des reciproken Systems vorgestellt denken ($T_1 R_1 \perp PT_2$, $T_2 R_2 \perp PT_1$). Ihren Schnittpunkt wollen wir mit P' bezeichnen. Die PT_1 und PT_2 sind also Systemschrauben, die der Ebene E parallel sind. Sie liegen somit auf dem Cylindroid C, und die Axe des Cylindroids muss durch den Punkt P gehen. Ebenso liegen die reciproken Schrauben auf einem Cylindroid C', dessen Axe durch den Punkt P' hindurchgeht. Diese beiden Flächen C und C' werden sich metrisch, d. h. durch die Constante in der Gleichung $z(x^2+y^2)-axy=0$, überhaupt gar nicht unterscheiden. Sie sind nur verschieden gelegen. Wenn der Winkel $T_1 PT_2$ ein rechter wird, so rücken bekanntlich die Punkte T_1, T_2 ins Unendliche, d. h. die Ebene A' berührt im Unendlichen die Fläche $\varphi(x, y, z; k) = 0$. Sie muss daher den Asymptotenkegel berühren und somit durch den Mittelpunkt O der Parameterfläche hindurchgehen. Wenn aber diese orthogonale Lage der Schrauben PT_1, PT_2 eintritt, dann ist P Mittelpunkt des Cylindroids C. Wie eben gezeigt, geht dann die Ebene A', in der er angenommen wurde durch den Punkt O; aber es giebt durch O nur eine einzige zu E parallele Ebene; es muss also A' mit A zusammenfallen, sodass also in der That diese letztere Ebene, wie behauptet, den Mittelpunkt der Fläche C enthält.

Fig. 18.

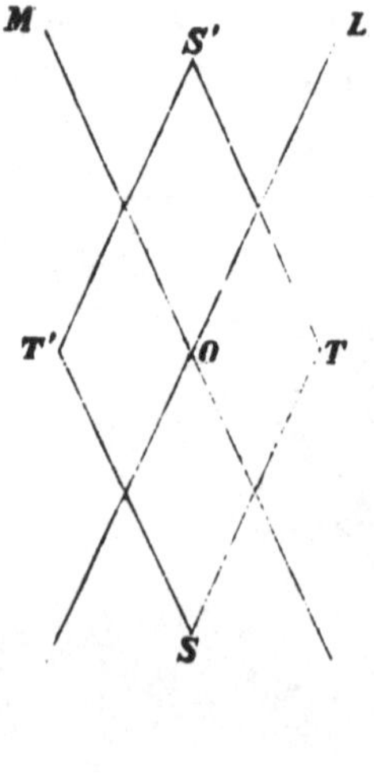

Nachdem nun einmal festgestellt ist, dass der Punkt P in der Ebene A enthalten ist, wird man zu seiner Construction innerhalb dieser Ebene so verfahren. Durch den Punkt O ziehen wir einen Durchmesser der Parameterfläche, der conjugirt ist zur Ebene A in Bezug auf diese Fläche. Dieser Durchmesser möge die Fläche in den Punkten M_1, M_2 treffen. Von M_1, M_2 fällen wir dann Lothe auf die Ebene A, deren Fusspunkte S, S' heissen sollen. Nun construiren wir die Asymptoten OL, OM des ebenen Schnittes der Parameterfläche, der in A liegt. Dann ziehen wir

$$ST \parallel OM, \quad ST' \parallel OL$$
$$S'T' \parallel OM, \quad S'T \parallel OL,$$

so sind T', T die Mittelpunkte resp. des aus den Schrauben von S — parallel zu E — bestehenden Cylindroids C und des aus den Schrauben von S' analog gebildeten Cylindroids C'.

Diese Construction beweist sich so:

Jede der Tangentenebenen in M_1. M_2 schneidet die Fläche φ in zwei Geraden, die parallel sind zu OM und OL. Diese Geraden mögen für den Punkt M_1 durch M_1M', M_1L' bezeichnet werden und für M_2 durch M_2M'', M_2L''. Dann sind M_1M' und M_2L'' Schrauben des Systems S, und M_1L' und M_2M'' Schrauben des reciproken Systems S'. Nun ist aber OM eine Tangente der Parameterfläche. Dieser Strahl muss daher von zwei Erzeugenden der Fläche geschnitten werden, von denen eine der einen, die andere der anderen Regelschaar angehört. Und diese beiden Erzeugenden müssen in einer Ebene liegen mit OM. Da nun der Berührungspunkt von OM mit dem Hyperboloid im Unendlichen liegt, so müssen diese Erzeugenden parallel zu OM, und daher ihre Projectionen auf der durch A gehenden Ebene ST und $S'T'$ sein. Ganz ebenso kommt zur Kenntniss von der Bedeutung der Geraden ST' und $S'T$. Es sind also ST' und $S'T'$ Projectionen zweier Schrauben des Systems S und somit ist T' das Centrum des Cylindroids C. Ganz ebenso gelangt man zu dem Nachweise, dass T das Centrum des Cylindroids C' ist.

Hat man so den Mittelpunkt von C bestimmt, so ist es leicht die Construction zu Ende zu führen. Die Parameter zweier Schrauben der Fläche φ müssen proportional sein zu dem reciproken Quadrat der ihnen beziehlich parallelen Diameter des ebenen Schnittes der Fläche. der durch die durch A gehenden Ebene erzeugt wird. Demgemäss wird der grösste und der kleinste Parameter Schrauben zukommen, die den Hauptaxen des Schnittes parallel sind. Zieht man also durch T' Strahlen, die parallel sind der äusseren und inneren Halbirungslinie des Asymptotenwinkels, so sind dies die beiden rechtwinkligen Schrauben des Cylindroids C. Nach Kenntniss dieser ist die Fläche aber vollständig, auch nach ihrer Orientirung, bekannt. Ganz ebenso kommt man zur vollständigen Bestimmung von C'.

Man sieht übrigens leicht, dass jedes dieser Cylindroide jede der Flächen φ in zwei Punkten berührt.

Es folgt noch aus den Ergebnissen dieses Paragraphen, dass jede Ebene, die ein Paar orthogonaler Systemschrauben enthält, durch den Mittelpunkt der Parameterfläche geht.

§ 8.

Wir sind nun auch im Stande, die wirkliche Lage einer Schraube ϑ eines Systems dritter Stufe zu bestimmen, deren Richtung gegeben ist. Und zwar wird sich die Construction so gestalten:

Durch den Mittelpunkt O der Parameterfläche ziehen wir einen Durchmesser OR parallel zu der gegebenen Richtung von ϑ, der die Fläche in R schneidet. Im Punkte R legen wir eine Tangentenebene an die Fläche. In dieser Ebene construiren wir die Gerade RS, die senkrecht steht auf dem Diameter OR. Legen wir dann durch OR, RS eine Ebene α, so ist in dieser Ebene die Schraube ϑ enthalten. Denn wir haben die Ebene α ja ausdrücklich so construirt, dass der Schnitt derselben mit der Parameterfläche in R eine Tangente besitzt, die normal ist zu OR. Danach ist also die Strecke OR eine Hauptaxe dieser Fläche, und es muss nach § 7 eine der beiden Schrauben des Systems, die in der Ebene α liegen, parallel zu OR sein. Um nun die wirkliche Lage von ϑ in dieser Ebene zu finden, beachten wir, dass, weil die Richtung von ϑ bekannt ist, auch der Parameter dieser Schraube gegeben ist, da er ja umgekehrt proportional ist zu dem Quadrate von OR. Wir können also diejenige Fläche $\varphi(x, y, z; k) = 0$ construiren, für welche k den zur Schraube ϑ gehörigen Werth besitzt, und welche ja der geometrische Ort ist aller Schrauben gleichen Parameters mit ϑ. Diese Fläche wird von der Ebene α in zwei Strahlen geschnitten, die einander parallel sind. Einer derselben ist der Träger von ϑ, während der andere Strahl, der zu der zweiten Regelschaar von $\varphi = 0$ gehört, Träger einer Schraube des reciproken Systems S' ist, welche einen Parameter besitzt, der dem von ϑ entgegengesetzt gleich ist.

Für eine Schaar von Flächen $\varphi(x, y, z; k)$ constanten Parameters ist das System der Ebenen der Kreisschnitte gemeinschaftlich. Daher schneidet jede Ebene durch den Mittelpunkt die Fläche in einem System von Kegelschnitten mit gleichen Axenrichtungen.

Dasjenige Cylindroid nun, welches alle die Schrauben eines

Systems dritter Stufe enthält, welche zu der Ebene eines solchen Kreisschnittes parallel sind, muss aus Schrauben gleichen Parameters gebildet sein. Aber ein solches Cylindroid ist bekanntlich kein eigentliches Cylindroid mehr, sondern degenerirt in einen ebenen Strahlbüschel erster Ordnung. Wir haben also auf der durch a bezeichneten Axe der Parameterfläche zwei Punkte, durch deren jeden ein ebener Strahlbüschel 1. O. geht, dessen Elemente Träger sind von Schrauben des Systems dritter Stufe. Die Schrauben eines jeden solchen Büschels haben gleiche Parameter unter einander. Ist p_1 der Parameter der Schrauben des einen, p_2 derjenige der Schrauben des anderen Büschels, so stehen beide Grössen in der Beziehung

$$p_1 + p_2 = 0.$$

Der absolute Betrag von p_1 und p_2 ist gegeben durch den Werth des Parameters jener Systemschraube, die auf der Axe a der Parameterfläche liegt. Sind überhaupt in dem üblichen Sinne a, b, c die drei Halbaxen der Parameterfläche und d der Abstand der hier betrachteten Punkte vom Centrum der Fläche, so folgt leicht aus § 7, dass

$$a^2 d^2 = (a^2 - b^2)(a^2 - c^2).$$

Es ist also d die vierte Proportionale zur Axe a der Parameterfläche und der Axen gleicher Bedeutung von deren Focalellipse und Focalhyperbel.

§ 9.

Es möge ϱ eine Schraube des Systems S bedeuten, deren Richtungscosinus f, g, h sind, wenn als Fundamentalschrauben die drei Schrauben α, β, γ genommen werden, deren Träger die Axen der Parameterfläche sind. Dann sind, in Bezug auf irgend welches System von sechs coreciproken Schrauben, die Coordinaten von ϱ

$$\begin{aligned} \varrho_1 &= f\alpha_1 + g\beta_1 + h\gamma_1 \\ &\vdots \\ \varrho_6 &= f\alpha_6 + g\beta_6 + h\gamma_6. \end{aligned}$$

Ist nun η irgend welche andere Schraube, so ist der virtuelle Coefficient von ϱ und η

$$2\varpi_{\varrho\eta} = 2f\varpi_{\alpha\eta} + 2g\varpi_{\beta\eta} + 2h\varpi_{\gamma\eta}.$$

Nun ziehen wir durch den Mittelpunkt O der Parameterfläche einen Strahl und tragen auf diesem eine Strecke $OP = r$ ab, derart, dass

$$r = 2\varpi_{\varrho\eta}$$

ist. Dann ist der geometrische Ort des Punktes P die Kugel

$$x^2 + y^2 + z^2 - 2\varpi_{\alpha\eta}.x - 2\varpi_{\beta\eta}.y - 2\varpi_{\gamma\eta}.z = 0,$$

oder

$$(x - \varpi_{\alpha\eta})^2 + (y - \varpi_{\beta\eta})^2 + (z - \varpi_{\gamma\eta})^2 = \varpi_{\alpha\eta}^2 + \varpi_{\beta\eta}^2 + \varpi_{\gamma\eta}^2.$$

Die Tangentenebene dieser Kugel im Punkte 0 hat die Gleichung

$$\varpi_{\alpha\eta}.x + \varpi_{\beta\eta}.y + \varpi_{\gamma\eta}.z = 0$$

oder

$$\varpi_{\varrho\eta} = 0.$$

Diese Ebene ist die Mittel- oder Hauptebene eines Cylindroids, welches alle diejenigen Schrauben des Systems S enthält, welche zu η reciprok sind.

§ 10.

Wenn irgend vier Schrauben α, β, γ, δ einem System dritter Stufe angehören, so muss das Cylindroid (α, β) mit dem Cylindroid (γ, δ) eine Schraube gemeinschaftlich haben. Denn Windungen eines Körpers mit Freiheit dritten Grades um α, β, γ, δ neutralisiren sich. Es muss also einer Windung um α, β eine gleiche und entgegengesetzte um γ, δ entsprechen. Dies ist aber nur möglich, wenn die Cylindroide (α, β) und (γ, δ) eine gemeinschaftliche Schraube besitzen. Durch diesen Satz ist ein einfaches Mittel gewonnen, um zu erkennen, ob vier gegebene Schrauben zu einem System dritter Stufe gehören.

§ 11.

Wir wollen in diesem Paragraphen untersuchen, unter welchen Bedingungen vier Kräfte im Gleichgewicht sind, die auf einen starren Körper wirken. Nehmen wir zunächst den einfachsten Fall an, dass der Körper vollkommene Bewegungsfreiheit besitze, sodass also keine Widerstände vorhanden sind, so ist sofort klar, dass die vier Kräfte Dynamen sein müssen auf vier Schrauben vom Parameter Null, die einem System dritter Stufe angehören. Die Kräfte müssen daher längs vier Erzeugenden eines Hyperboloids wirken, die alle vier derselben Regelschaar angehören. Wenn also drei Kräfte auf beliebigen Strahlen des Raumes gegeben sind, P, Q, R, so wird man eine vierte S, die so beschaffen ist, dass P, Q, R, S sich das Gleichgewicht halten, finden, indem man das durch P, Q, R bestimmte einfache Hyperboloid construirt. Der Ort von S ist dann diejenige Regelschaar dieser Fläche, zu der P, Q, R gehören.

Der Inhalt dieses Satzes ist schon von Moebius gegeben. Mit Hülfe der alten Methode gestaltet sich der Beweis aber ziemlich umständlich. Wir haben den Satz schon um deswillen hier reproducirt, um zu zeigen, mit welcher Einfachheit solche Resultate sich auf Grund der Ball'schen Theorie herleiten lassen.

Wenn der Körper nicht vollkommen frei ist, so wird der Spielraum, den man bei Auswahl der vierten Kraft S besitzt, mit Verminderung des Freiheitsgrades immer grösser. Nehmen wir einen Körper mit Freiheit fünften Grades. Zu einem solchen Körper gehört ein Schraubensystem fünfter Stufe, dessen Reciprocalsystem bekanntlich aus einer einzigen Schraube besteht. Sei X diese Schraube. Dann ist zum Gleichgewicht dieses Körpers nur nothwendig, dass die vierte Kraft S zu dem System vierter Stufe gehört, welches durch die vier Schrauben P, Q, R, X bestimmt ist. In einem solchen System geht durch jeden Punkt des Raumes ein Kegel von Systemschrauben; und zwar kann auf diesem Kegel immer eine Schraube vom Parameter Null gefunden werden. Also kann, wenn im Falle eines Körpers mit Freiheit fünfter Stufe zu drei gegebenen Kräften P, Q, R eine vierte S gefunden werden soll, so dass unter dem gesammten Einfluss von P, Q, R, S das Gleichgewicht des Körpers nicht gestört werde, für jeden Punkt des Raumes ein Strahl eindeutig bestimmt werden, längs dessen eine der Forderung genügende Kraft S wirken kann.

Besitzt der Körper Freiheit vierten Grades, so seien X_1, X_2 zwei Schrauben, die dem zugehörigen Schraubensystem reciprok sind, dann sind wir bei der Bestimmung von S nur an die Bedingung gebunden, dass die Richtungslinie dieser Kraft Träger einer Schraube des Systems fünfter Ordnung sei, welches bestimmt wird durch die fünf Schrauben

$$P,\ Q,\ R,\ X_1,\ X_2.$$

In diesem Falle ist jede Grade des Raumes, nach Zuertheilung eines geeigneten Parameters eine Schraube dieses Systems fünfter Ordnung. Durch jeden Punkt des Raumes kann eine Ebene gelegt werden, derart dass jede Gerade dieser Ebene, die durch den Punkt geht, mit dem Parameter Null, zu diesem System gehört (Kap. XIII § 3).

Wenn endlich der Körper Freiheit dritten Grades hat, so ist die Lage von vier im Gleichgewichte befindlichen Kräften eine ganz beliebige. Und wenn die Lage der Richtungslinien der Kräfte gegeben ist, so sind auch ihre Intensitäten bestimmt. Denn man bezeichne durch X_1, X_2, X_3 drei Schrauben des reciproken Systems S' dritter Stufe, und bestimme S so, dass die sieben Dynamen auf den Schrauben

$$P,\ Q,\ R,\ S,\ X_1,\ X_2,\ X_3$$

im Gleichgewichte sind. Die drei letzten werden schon durch die Reaction der Widerstände neutralisirt, sodass dann auch die übrigen vier für sich im Gleichgewichte sind. Die Bestimmung der Intensitäten erfolgt nach Kap. V § 1. seqq.

Wenn also irgend vier Schrauben im Raume gegeben sind, so ist es immer möglich vier Dynamen auf denselben und mit solchen Intensitäten zu bestimmen, dass diese Dynamen das Gleichgewicht eines Körpers mit Freiheit dritten Grades nicht zu stören vermögen. Denn man nehme zu den vier gegebenen Schrauben noch drei reciproke Schrauben hinzu. Dann kann man auf jeder dieser sieben Schrauben eine Dyname von solcher Intensität so angeben, dass die sieben Dynamen im Gleichgewicht sind. Aber die drei Dynamen auf den Schrauben des reciproken Systems werden schon durch die Reaction der Widerstände aufgehoben, sodass auch schon die vier Dynamen auf den vier gegebenen Schrauben sich das Gleichgewicht halten.

Es ist offenbar, dass man diese letzte Bemerkung auch für jeden Grad der Bewegungsfreiheit als allgemeinen Satz so aussprechen kann:

„Wenn ein Körper Freiheit k^{ten} Grades hat, so ist es immer möglich Dynamen auf $k+1$ Schrauben, (die nicht dem Reciprocalsystem $(6-k)^{\text{ter}}$ Stufe angehören) so auszuwählen, dass dieselben das Gleichgewicht des Körpers nicht stören."

Wenn ein starrer Körper mit Freiheit dritten Grades unter der Einwirkung der Schwerkraft im Gleichgewichte verharren soll, so ist dazu nothwendig und hinreichend:

„die Verticale durch den Trägheitsmittelpunkt des Körpers muss eine Erzeugende derjenigen Regelschaar der Parameterfläche sein, welche dem Reciprocalsystem S' angehört.“

Der Trägheitsmittelpunkt des Körpers muss daher auf einer Schraube vom Parameter Null liegen, die zu dem System S gehört. Wir haben also noch den Satz:

„Die zur Erhaltung des Gleichgewichts eines Körpers mit Freiheit dritten Grades, der unter der Einwirkung der Schwerkraft steht, nothwendigen Bedingungen, lassen immer noch eine Drehung des Körpers um eine bestimmte Gerade des Trägheitsmittelpunktes zu.“

§ 12.

Wenn wir drei conjugirte Trägheitsschrauben als Fundamentalschrauben aus einem System dritter Stufe auswählen, so ist, wenn ϑ_1, ϑ_2, ϑ_3 die Coordinaten einer Schraube ϑ bezeichnen, die zur Schraube ϑ gehörige Grösse u bekanntlich durch die Formel gegeben

$$u_\vartheta^2 = u_1^2\vartheta_1^2 + u_2^2\vartheta_2^2 + u_3^2\vartheta_3^2,$$

wo u_1, u_2, u_3 die resp. Werthe von u für die drei conjugirten Trägheitsschrauben bedeuten. Ziehen wir nun von einem beliebigen Punkte aus Parallelen zu ϑ und den drei Fundamentalschrauben. Die so entstandene körperliche Ecke ergänzen wir dann derart zu einem Parallelepiped, dass die Parallele zu ϑ dessen Diagonale und die Parallelen zu den Fundamentalschrauben drei in einem Punkte zusammenstossende Kanten desselben sind. Die Längen der so auf den vier Geraden abgeschnittenen Strecken sind beliebig. Sei r die Länge der Diagonale, und x, y, z die Längen der drei Kanten, dann ist

$$\frac{x}{r} = \vartheta_1, \quad \frac{y}{r} = \vartheta_2, \quad \frac{z}{r} = \vartheta_3.$$

Wir sehen hieraus, dass die zu einer Schraube ϑ eines Systems dritter Stufe gehörige Grösse u umgekehrt proportional ist dem Quadrat des ihm parallelen Durchmessers des Ellipsoids

$$u_1^2 x^2 + u_2^2 y^2 + u_3^2 z^2 = H,$$

wo H eine beliebige Constante bedeutet. Dieses Ellipsoid ist eine Verallgemeinerung des Cauchy-Poinsot'schen Trägheitsellipsoids. Wir wollen es, da es von Sir Robert Ball in die Mechanik starrer Systeme eingeführt worden ist, das Ball'sche Trägheitsellipsoid nennen, welche Bezeichnung wir in Fällen, wo kein Irrthum möglich ist, kürzer zusammenziehen wollen in den Ausdruck Ball'sches Ellipsoid, wie man ja auch schlechtweg vom Poinsot'schen Ellipsoid redet.

Im Hinblick auf die Bedeutung der Grösse u, giebt nun die letzte Gleichung den Satz:

„Die kinetische Energie eines starren Körpers mit Freiheit dritten Grades, der mit einer gegebenen Windungsgeschwindigkeit sich um irgend eine Schraube des zugehörigen Schraubensystems dritter Stufe S bewegt, ist umgekehrt proportional dem Quadrat des zu dieser Schraube parallelen Durchmessers des Ball'schen Ellipsoids; und jedes Tripel conjugirter Durchmesser dieses Ellipsoids ist parallel zu einem Tripel conjugirter Trägheitsschrauben des Systems S."

Derselbe Satz ist auch noch des anderen Ausdrucks fähig:

„Jeder Durchmesser des Ball'schen Ellipsoids ist proportional derjenigen Windungsgeschwindigkeit, mit welcher der Körper um die den Durchmesser parallele Schraube des Systems dritter Stufe sich bewegen muss wenn seine kinetische Energie constant bleiben soll."

§ 13.

Die Lage des Ball'schen Ellipsoids im Raume ist beliebig. Der Einfachheit halber wird man daher sein Centrum mit demjenigen der Parameterfläche zusammenfallen lassen. Es wird dann immer möglich sein, ein Tripel gemeinsamer Durchmesser beider Flächen zu finden. Es ist dann ferner ebenfalls immer möglich drei Schrauben des Systems dritter Stufe zu finden, die diesen drei

Durchmessern parallel sind. Diese Schrauben werden dann sowohl coreciprok als auch conjugirte Trägheitsschrauben sein. Sie sind daher die drei Hauptträgheitsschrauben, welche in jedem System dritter Stufe existiren. Wenn ein solches System degenerirt in einen Strahlenbündel, der aus lauter Schrauben vom Parameter Null gebildet ist, so reduciren sich die Hauptträgheitsschrauben auf die drei Hauptaxen des Körpers.

§ 14.

Wenn wir aus einem Schraubensystem der n^{ten} Stufe n Schrauben $A_1, A_2, \ldots, A_n$ auswählen, welche conjugirte Trägheitsschrauben sind, und wenn ferner S_1 irgend eine beliebige Schraube bedeutet, welche nur reciprok ist zu $A_2, \ldots, A_n$, dann wird eine Impulsivdyname auf S_1 einem Körper, dessen Freiheitsgrad durch das Schraubensystem n^{ter} Stufe gegeben ist, eine Windungsgeschwindigkeit um die Schraube A_1 ertheilen.

Denn es sei R_1 diejenige Schraube, welche, wenn der Körper vollkommen frei wäre, als impulsive Schraube zu der als instantane Schraube betrachteten A_1 gehörte. Es muss also R_1 reciprok sein zu $A_2, \ldots, A_n$. Nun nehme man weiter $6-n$ Schrauben des reciproken Systems: sie seien $B_1, \ldots, B_{6-n}$. Dann müssen die $8-n$ Schrauben $R_1, S_1, B_1, \ldots, B_{6-n}$ reciprok sein zu den $n-1$ Schrauben $A_2, \ldots, A_n$. Daher müssen diese $8-n$ Schrauben zu einem System $(7-n)^{ter}$ Ordnung gehören. In diesem Falle kann aber eine impulsive Dyname auf S_1 zerlegt werden in Componenten auf $R_1, B_1, \ldots, B_{6-n}$. Von diesen werden aber alle, mit Ausnahme der ersten, durch die Reaction der Widerstände neutralisirt. Diese Zerlegung von S_1 reducirt sich also auf die Dyname auf R_1. Diese ertheilt aber gemäss der Voraussetzung dem Körper eine Windungsgeschwindigkeit um die Schraube A_1. Daher wird auch eine impulsive Dyname auf S_1 dem Körper eine Windungsgeschwindigkeit um diese Schraube ertheilen. Die hier gegebene Entwicklung wird uns sofort als Lemma dienen zur Lösung des nun aufzustellenden Problems.

§ 15.

Ein ruhender starrer Körper mit Freiheit dritten Grades möge unter den Einfluss einer impulsiven Dyname kommen, die auf einer gegebenen Schraube η wirken soll. Wir wollen die zugehörige instantane Schraube ϑ suchen.

Alle Schrauben eines Systemes dritter Stufe, welche einer beliebigen Schraube η reciprok sind, müssen offenbar auf einem Cylindroid liegen, da jede von ihnen die Bedingung erfüllt, gleichzeitig reciprok zu vier Schrauben zu sein. Alle Schrauben dieses Cylindroids sind nun, wie wir oben sahen, parallel zu einer durch den Mittelpunkt der Parameterfläche gehenden Ebene. Diese Ebene wollen wir der Kürze halber die reciproke Ebene in Bezug auf η nennen. Nach Bestimmung dieser reciproken Ebene construiren wir denjenigen Durchmesser des Ball'schen Ellipsoids, welcher der reciproken Ebene conjugirt ist. Die gesuchte Schraube ϑ ist dann parallel zu diesem Durchmesser.

Denn es seien μ und ν zwei Schrauben des Systems dritter Stufe, die parallel sind einem Paar conjugirter Durchmesser des Ball'schen Ellipsoids, welche in der reciproken Ebene liegen. Dann sind ϑ, μ, ν ein Tripel conjugirter Trägheitsschrauben. Aber η ist reciprok zu μ und ν. Demgemäss wird also eine impulsive Dyname auf η — wie aus dem Lemma des vorhergehenden Paragraphen folgt — dem Körper eine Windungsgeschwindigkeit um ϑ ertheilen; d. h. ϑ ist die gesuchte instantane Schraube, die zu der impulsiven Schraube η gehört.

§ 16.

Wenn ein ruhender starrer Körper unter den Einfluss einer impulsiven Dyname von der Intensität η'', auf der Schraube η, gebracht wird, so erhält der Körper eine Windungsgeschwindigkeit um eine Schraube ϑ, und seine kinetische Energie ist, nach Kapitel IX § 11,

$$\frac{\eta''^2 \varpi_{\eta\vartheta}^2}{M u_\vartheta^2}.$$

Es kann nun die Aufgabe gestellt werden, den Ort einer Schraube ϑ die einem System der dritten Stufe angehört, so zu bestimmen, dass diese kinetische Energie einen bestimmten Werth E habe, so dass also

$$\frac{\eta''^2 \varpi_{\eta\vartheta}^2}{M u_\vartheta^2} = E.$$

Es soll also E eine gegebene, mithin als constant anzusehende, Grösse sein. Ebenso sind η'' und M Constanten. Wir schreiben daher, unter vollkommener Trennung der Veränderlichen und Constanten, indem wir noch beiderseits die Quadratwurzel ausgezogen denken:

$$\frac{\varpi_{\eta\vartheta}}{u_\vartheta} = c.$$

Es kann nun ohne weiteres auf Grund früherer Ergebnisse eine geometrische Interpretation dieser Gleichung gegeben werden. Zu dem Zwecke legen wir zunächst durch den Mittelpunkt O der Parameterfläche die in Bezug auf die Schraube η reciproke Ebene A. Nun construiren wir eine Kugel, welche diese Ebene im Punkte O berührt, und deren Radius wir wieder durch die Bedingung definiren, dass wenn P ein Kugelpunkt, und die Strecke OP irgend einer Schraube ϑ parallel ist, man habe

$$OP = \varpi_{\eta\vartheta}.$$

Diese Kugel haben wir im § 9 dieses Kapitels schon betrachtet. Andererseits ist die Strecke u_ϑ umgekehrt proportional demjenigen Radiusvector OQ des Ball'schen Ellipsoids, welcher parallel ist zur Schraube ϑ. Die Gleichung

$$\frac{\varpi_{\eta\vartheta}}{u_\vartheta} = c,$$

lässt sich daher jetzt auch so schreiben

$$OP.OQ = c,$$

d. h. für alle Schrauben eines Systems dritter Stufe, bei Bewegung um welche der Körper eine gegebene kinetische Energie erlangt, wenn eine gegebene impulsive Dyname auf ihn einwirkt, ist das Produkt $OP.OQ$ constant. Der Ort des Punktes Q ist bekanntlich eine Ebene A', die parallel ist zu A. Diese Ebene A' schneidet das Ball'sche Ellipsoid in einer Ellipse. Und alle Schrauben ϑ, welche der Gleichung

$$\varpi_{\eta\vartheta} = cu_\vartheta$$

genügen, sind parallel zu den Erzeugenden des Kegels zweiten Grades, dessen Spitze in O liegt, und dessen Leitcurve jene Ellipse ist. Wir haben bereits gezeigt, wie eine Schraube ϑ eines Systems dritter Stufe vollständig gefunden werden kann, sobald ihre Richtung gegeben ist. Wir sind also auch in der Lage, alle die Schrauben ϑ wirklich zu bestimmen, bei Bewegung um welche die Körper unter Einwirkung eines gegebenen Impulses einen gegebenen Betrag kinetischer Energie erlangt.

Der Abstand der Ebenen A und A' ist proportional zu $OP.OQ = c$, d. h. nach obigem zu der Quadratwurzel aus der gegebenen kinetischen Energie E. Ist also ϱ ein Proportionalitätsfactor, so können wir jetzt kurz schreiben

$$E = \varrho . c^2.$$

Die kinetische Energie wird ihren Maximalwerth gleichzeitig mit c erreichen, d. h. wenn die Ebenen A, A' ihren grössten Abstand haben. Das tritt aber ein, wenn die Ebene A' zur Berührungsebene des Ball'schen Ellipsoids wird. In diesem Falle degenerirt der vorhin gefundene Kegel in einen einzigen Strahl durch O, und es giebt somit auch nur eine einzige Schraube ϑ, für welche die kinetische Energie ein Maximum wird. Diese ist parallel zu demjenigen Durchmesser des Ball'schen Ellipsoids, welcher der Ebene A conjugirt ist. Wir sahen aber in § 15, dass dies diejenige Schraube ist, welche der Körper von selbst — gewissermassen freiwillig — aus dem System dritter Stufe als instantane Schraube auswählen wird, zu der η als impulsive Schraube gehört. Der Körper erlangt also einen grösseren Betrag kinetischer Energie, wenn er, unter dem Einflusse einer impulsiven Dyname stehend, seine instantane Schraube frei auswählen kann, als wenn er gezwungen wird, sich um irgend welche andere, für seine Bewegung mögliche, Schraube zu bewegen. Es ist dies ein specieller Fall des in Kapitel XII § 14 und Kapitel X § 2 besprochenen Satzes, der von Euler herrührt.

§ 17.

Wenn eine impulsive Dyname auf einer Schraube η auf einen starren Körper mit Freiheit dritten Grades einwirkt, so wird derselbe also mit einer Windungsgeschwindigkeit, die wir bestimmen können, beginnen sich um eine Schraube ϑ zu bewegen. Die Reactionen der Bewegungswiderstände bei Beginn dieser Windung lassen sich nun auch durch eine Dyname auf einer Schraube λ

darstellen, und diese Schraube λ bestimmt sich leicht durch folgende Ueberlegung. Wenn φ diejenige impulsive Schraube ist, welcher, im Falle vollkommener Freiheit des Körpers, ϑ als instantane Schraube entsprechen würde, dann muss nämlich offenbar λ auf dem Cylindroid (φ, η) liegen, und ist also zu bestimmen als eine Schraube des Cylindroids (φ, η), die zu irgend einer Schraube des gegebenen Systems dritter Stufe reciprok ist.

§ 18.

Ist eine Schraube ϑ eines Systems dritter Stufe als instantane Schraube gegeben, so ist die ihr entsprechende impulsive Schraube η keine eindeutig bestimmte Grösse. Denn die auf η wirkende impulsive Dyname, welche die Bewegung um ϑ hervorrufen soll, kann mit den Reactionen irgend welcher der Bewegungswiderstände zusammengesetzt werden, ohne dass durch das Resultat dieser Zusammensetzung die Schraube ϑ sich ändert. In der That kann die Dyname η, wenn die Widerstände berücksichtigt werden, aus einem System vierter Stufe ausgewählt werden. Wenn wir dann die Durchmesserebene des Ball'schen Ellipsoids construiren, die der Richtung der Schraube ϑ conjugirt ist, und ferner das Cylindroid construiren, welches erzeugt wird durch diejenigen Schrauben des Systems dritter Stufe, welche zu jener Ebene parallel sind, so kann irgend welche Schraube, die reciprok ist zu diesem Cylindroid als impulsive Schraube der instantanen Schraube ϑ entsprechen.

Es giebt also durch jeden Punkt des Raumes einen Kegel zweiter Ordnung, dessen Erzeugende als Träger von impulsiven Schrauben fungiren können, die zu einer und derselben instantanen Schraube ϑ gehören.

Insbesondere kann immer ein impulsives Kräftepaar gefunden werden, welches dem Körper eine Bewegung um irgend eine Schraube des Systems dritter Stufe ertheilt. Denn ein Paar in einer zur Knotenlinie eines Cylindroids normalen Ebene kann als eine Dyname auf einer zum Cylindroid reciproken Schraube betrachtet werden. Also wird ein Kräftepaar in einer zur Richtung der Schraube ϑ conjugirten Durchmesserebene des Ball'schen Ellipsoids dem Körper auch eine Bewegung um die Schraube ertheilen.

Es ist bemerkenswerth, dass eine Einzelkraft, die längs der Knotenlinie des Cylindroids wirkt, dem Körper eine Windung um die nämliche Schraube ertheilt als das Paar in einer zur Knotenlinie normalen Ebene.

Wenn durch zwei der Hauptträgheitsschrauben des Systems dritter Stufe ein Cylindroid gelegt wird, dann wird, wie leicht zu zeigen, eine impulsive Dyname auf irgend einer Schraube dieser Fläche dem Körper eine Windung um eine Schraube ertheilen, die ebenfalls auf der Fläche liegt. Denn es kann ja jede Dyname zerlegt werden in Componenten, die auf den beiden Hauptträgheitsschrauben wirken. Jede dieser Componenten bringt aber eine Windung um ihre eigene Schraube hervor. Die so erhaltenen beiden Windungen setzen sich aber zusammen in eine Windung um eine Schraube des Cylindroids.

§ 19.

Ein Körper mit Freiheit dritten Grades möge sich in einem bestimmten Augenblicke im Gleichgewichte befinden unter dem Einfluss eines gegebenen conservativen Kräftesystems. Wir führen den Körper durch eine Windung von kleiner Amplitude ϑ' um eine Schraube ϑ des zugehörigen Systems dritter Stufe in eine Nachbarposition über, und wollen die bei dieser Verrückung des Körpers geleistete Arbeit betrachten. Mit Hülfe der zur Schraube ϑ gehörigen Strecke v_ϑ können wir diese Arbeit bekanntlich zunächst darstellen in der Form

$$A = F . v_\vartheta^2 \vartheta'^2,$$

wobei wir noch für v_ϑ den Ausdruck haben

$$v_\vartheta^2 = v_1^2 \vartheta_1^2 + v_2^2 \vartheta_2^2 + v_3^2 \vartheta_3^2,$$

wenn durch ϑ_1, ϑ_2, ϑ_3 die Coordinaten von ϑ in Bezug auf drei conjugirte Potentialschrauben des Systems bezeichnet werden, und wenn v_1, v_2, v_3 die Werthe von v für diese drei Coordinatenschrauben sind. Ziehen wir zu diesen letzteren Parallelen durch den Mittelpunkt der Parameterfläche, so können wir analog, wie in § 12 dieses Kapitels ein Ellipsoid construiren, dessen Gleichung jetzt

$$v_1^2 x^2 + v_2^2 y^2 + v_3^2 z^2 = H$$

ist. Bezeichnet dann r einen Durchmesser dieses Ellipsoids, so ist

$$A = \frac{H}{r^2}.$$

Diese Fläche soll als **Potentialellipsoid** bezeichnet werden. Und wir haben also folgenden Satz über die geometrische Darstellung der Arbeit A:

„Wenn ein starrer Körper mit Freiheit dritten Grades aus der Gleichgewichtslage in eine Nachbarposition übergeführt wird durch eine Windung kleiner Amplitude um eine Schraube ϑ des zugehörigen Systems dritter Stufe, so ist die bei dieser Verrückung geleistete Arbeit umgekehrt proportional dem Quadrate des zu ϑ parallelen Durchmessers des Potentialellipsoids. Und irgend drei conjugirte Durchmesser dieses Ellipsoids sind parallel zu drei Schrauben des Systems dritter Stufe."

§ 20.

Zwei concentrische Flächen zweiten Grades haben im allgemeinen ein Tripel conjugirter Durchmesser gemeinschaftlich. Drei conjugirte Durchmesser der Parameterfläche sind parallel zu einem Tripel coreciproker Schrauben des Systems dritter Stufe, zu welchem die Fläche gehört. Drei conjugirte Durchmesser des Potentialellipsoids sind parallel zu einem Tripel conjugirter Potentialschrauben des Systems. Das gemeinschaftliche Tripel conjugirter Durchmesser der Parameterfläche und jenes Ellipsoids wird also parallel einem Tripel von Systemschrauben, welche sowohl coreciproke als auch conjugirte Potentialschrauben sind, d. h. parallel den Hauptpotentialschrauben. Und es giebt nicht mehr als drei solcher Schrauben in Uebereinstimmung mit den Ergebnissen unserer allgemeinen Untersuchungen über die Hauptpotentialschrauben eines Systems k^{ter} Stufe. Wenn also ein Körper durch eine kleine Windung um eine dieser Schrauben in eine Nachbarlage übergeführt wird, so wirkt die zugehörige reducirte Dyname auf derselben Schraube.

Man darf übrigens nicht die drei Hauptpotentialschrauben verwechseln mit denjenigen drei Schrauben des Systems dritter Stufe, welche den drei Hauptaxen des Potentialellipsoids parallel sind.

Diese letztgenannten Schrauben sind diejenigen des Systems, bei Bewegung um welche ein Maximum oder Minimum von Arbeit geleistet wird. Sie sind ausserdem natürlich senkrecht auf einander, was im Allgemeinen nicht der Fall ist bei den Hauptpotentialschrauben.

§ 21.

Wenn ein Kräftesystem auf einen starren Körper wirkt und wenn diesem Körper eine kleine Windung um eine Schraube des Systems dritter Stufe ertheilt wird, so wird das Kräftesystem eine Arbeit in Bezug auf diese Windung leisten, und diese Arbeit wird man natürlich immer als diejenige einer Dyname darstellen können. Es ist dies eben diejenige Dyname, welche wir, conform der Terminologie Sir Robert Ball's auch als die durch jene Windung hervorgerufene Dyname bezeichnet haben. Es empfiehlt sich der Kürze halber diesen Ausdruck auch beizubehalten. Wir wollen nun folgendes Problem lösen: Ein starrer Körper mit Freiheit dritten Grades wird aus der Ruhelage durch eine kleine Windung um eine Schraube ϑ in eine Nachbarlage übergeführt. Man soll die durch diese Windung hervorgerufene Dyname angeben. Es wird sich dabei empfehlen, sofort die „reducirte" Dyname von dieser Bedeutung zu suchen, umsomehr als dieselbe sich ganz natürlich ergiebt.

Zur Lösung ziehen wir durch den Mittelpunkt der Parameterfläche eine Gerade, welche parallel ist zu der gegebenen Schraube ϑ. Dann construiren wir diejenige Durchmesserebene A des Potentialellipsoids, welche hinsichtlich dieser letzteren Fläche der Richtung von ϑ conjugirt ist. Es seien nun λ, μ zwei Schrauben des Systems dritter Stufe, welche parallel sind zu einem Paar conjugirter Durchmesser des Potentialellipsoids, die in der Ebene A liegen. Dann muss die gesuchte Schraube φ parallel sein zu demjenigen Durchmesser der Parameterfläche, der conjugirt ist zu der Ebene A. Denn φ ist in diesem Falle reciprok zu λ und μ: die drei Schrauben λ, μ, ϑ sind aber, nach Construction, conjugirte Trägheitsschrauben; φ ist also die Schraube der durch die Windung um ϑ hervorgerufenen Dyname, und da φ auch Element ist des Systems dritter Stufe, so ist die Dyname auf φ auch die sogenannte reducirte Dyname.

§ 22.

Nach dem, was zu Beginn des § 20 gesagt worden ist, werden auch das Ball'sche Trägheitsellipsoid und das Potentialellipsoid im Allgemeinen ein und nur ein Tripel conjugirter Durchmesser gemeinschaftlich haben. Dieses Tripel von Durchmesser wird dann parallel sein einem Tripel von Schrauben des Systems dritter Stufe, die zugleich conjugirte Trägheits- und conjugirte Potentialschrauben sind. Das sind aber diejenigen Schrauben, welche wir früher als die harmonischen Schrauben des Systems bezeichnet haben, und wir sehen, es giebt deren im Allgemeinen drei und nur drei, entsprechend der Stufenzahl des Schraubensystems.

Wenn wir uns der früheren allgemeinen Erörterungen über die harmonischen Schrauben erinnern, so haben wir nun, da wir sie hier jederzeit leicht construiren können, mit ihrer Hülfe eine vollkommen klare Anschauung von den kleinen Schwankungen eines starren Körpers mit Freiheit dritten Grades. Wenn dem Körper einmal eine Windungsbewegung um eine der harmonischen Schrauben ertheilt worden ist, so wird er immer oscillatorische Windungen um diese selbe Schraube ausführen, und im Allgemeinen wird seine Bewegung zusammengesetzt sein aus solchen Windungen um die drei harmonischen Schrauben.

Denken wir uns durch zwei der harmonischen Schrauben ein Cylindroid gelegt und entfernen wir den Körper aus einer Ruhelage durch eine Windung um eine Schraube dieses Cylindroids, dann können wir bekanntlich jederzeit diese Windung zerlegen in zwei Windungen, die bez. stattfinden um die beiden harmonischen Schrauben. In diesem Falle wird also die instantane Schraube, um welche der Körper sich zu einer beliebigen Zeit bewegt, stets auf diesem Cylindroid liegen. Wenn die Perioden der oscillatorischen Windungen um die zwei harmonischen Schrauben einander gleich sind, dann wird, wie man sofort sieht, jede Schraube des durch jene beiden bestimmten Cylindroids ebenfalls eine harmonische sein. Wenn endlich die Perioden für alle drei harmonischen Schrauben dieselben sein sollten, dann ist natürlich eine jede Schraube des Systems dritter Stufe eine harmonische Schraube.

§ 23.

Wir wollen das vorliegende Kapitel schliessen indem wir die Principien der Ball'schen Theorie anwenden auf ein specielles Problem von besonderem Interesse.

Ein starrer schwerer Körper, der sich in jeder Richtung um einen festen Punkt O drehen kann befindet sich in einem gegebenen Momente in Ruhe. Dieser Zustand wird durch einen Impuls gestört. Unter dem Einflusse der auf ihn allein wirkenden Schwerkraft wird der Körper nun Oscillationen um jenen festen Punkt ausführen. Die Natur derselben wollen wir mit unserer Theorie aufklären.

Nehmen wir erstens ein — der Einfachheit halben orthogonales — Coordinatensystem an, dessen Ursprung in dem festen Punkte liegt, und welches im Raume fest gedacht wird. Zweitens nehmen wir ein eben solches Coordinatensystem, dessen Ursprung auch in jenem Punkte liegt, das aber mit dem Körper fest verbunden ist.

Ist das erste Coordinatensystem das der x, y, z; das zweite dasjenige der x', y', z', so sind beide durch die orthogonale Substitution verbunden.

$$\begin{aligned} x &= ax' + a'y' + a''z' \\ y &= bx' + b'y' + b''z' \\ z &= cx' + c'y' + c''z' \end{aligned}$$

oder

$$\begin{aligned} x' &= a\,x + by + cz \\ y' &= a'x + b'y + c'z \\ z' &= a''x + b''y + c''z; \end{aligned}$$

und die Lage des Körpers ist offenbar in jedem Augenblick bestimmt durch die Lage, welche das System (x', y', z') in diesem Augenblick gegen das System der (x, y, z) hat. Diese Lage hängt aber ab von den neun Veränderlichen a, b, c, deren Bedeutung bekanntlich die folgende ist:

$$\begin{array}{lll} a = \cos(xx') & a' = \cos(xy') & a'' = \cos(xz') \\ b = \cos(yx') & b' = \cos(yy') & b'' = \cos(yz') \\ c = \cos(zx') & c' = \cos(zy') & c'' = \cos(zz'). \end{array}$$

Sei nun

$$\vartheta = \angle Z'OZ,$$

ψ der Winkel zwischen OX und der Knotenlinie OA der Ebene $X'OY'$ auf der Ebene YOX; und φ der Winkel zwischen dieser Knotenlinie und OX'. Dann ist, wie schon Euler zeigte*)

$$\begin{aligned}
a &= \cos\varphi\cos\psi - \sin\varphi\sin\psi\cos\vartheta \\
a' &= -\sin\varphi\cos\psi - \cos\varphi\sin\psi\cos\vartheta \\
a'' &= \sin\psi\sin\vartheta \\
b &= \cos\varphi\sin\psi + \sin\varphi\cos\psi\cos\vartheta \\
b' &= -\sin\varphi\sin\psi + \cos\varphi\cos\psi\cos\vartheta \\
b'' &= -\cos\psi\sin\vartheta \\
c &= \sin\varphi\sin\vartheta \\
c' &= \cos\varphi\sin\vartheta \\
c'' &= \cos\vartheta.
\end{aligned}$$

Von der Richtigkeit dieser Darstellungen der a, b, c kann man sich leicht auch a posteriori überzeugen, wenn man die Ausdrücke in die bekannten Bedingungsgleichungen der orthogonalen Substitution einsetzt, welche dann identisch erfüllt werden. Die die Lage des um den Punkt O drehenden Körpers bestimmenden Grössen lassen sich also als Functionen der drei unabhängigen Winkel φ, ψ, ϑ darstellen, d. h. die Lage des Körpers in jedem Augenblicke hängt von drei unabhängigen Variabeln ab: der Körper hat somit Freiheit dritten Grades, sodass das vorgelegte Problem in der That in den Kreis unserer jetzigen Betrachtungen gehört.

Das zugehörige Schraubensystem dritter Stufe ist aber ein sehr specielles. Es besteht aus lauter Schrauben vom Parameter Null, sodass also die Parameterfläche illusorisch wird; und das System reducirt sich auf ein Strahlenbündel durch den Punkt O.

Die Strecke u_ϑ, die zu jeder Schraube ϑ gehört, wird zum Trägheitsradius des Körpers in Bezug auf ϑ, wenn diese Schraube den Parameter Null hat. Im vorliegenden Falle ist also das Ball'sche Ellipsoid mit dem Cauchy-Poinsot'schen identisch.

---

*) Siehe auch Encke's Gesammelte mathematische und astronomische Abhandlungen Band III pg. 81.

Sehr interessant ist es zu beachten, wie hier das Potentialellipsoid degenerirt. Beachten wir vor allen Dingen, dass die Schwere nach Annahme hier die einzige auf den Körper wirkende Kraft ist. Wenn nun der letztere eine kleine Verschiebung aus der Gleichgewichtslage erfährt, so ist die hierbei geleistete Arbeit proportional der verticalen Strecke, um welche bei dieser Verschiebung der Trägheitsmittelpunkt gehoben wird. Da nun in der Gleichgewichtslage der Trägheitsmittelpunkt sich senkrecht unter dem Aufhängepunkt O befindet, so sieht man aus Gründen der Symmetrie leicht ein, dass das Trägheitsellipsoid eine Rotationsoberfläche um eine verticale Axe sein muss. Des weiteren ist aber auch klar, dass der verticale Radiusvector dieser Fläche unendlich gross sein muss, da ja — weil eben die Schwere die einzige wirkende Kraft ist — bei einer Drehung des Körpers um eine verticale Axe keine Arbeit geleistet wird. Die Arbeit bei einer Bewegung ist aber immer umgekehrt proportional dem Quadrate des Radiusvector des Potentialellipsoids, welcher parallel ist zu der Schraube, um die die betreffende Bewegung stattfindet.

Um diese Fläche näher zu bestimmen, verfahren wir nun so. Ist J der Trägheitsmittelpunkt, so ist für die Gleichgewichtslage OJ die Richtung der Verticalen nach unten. Wir ertheilen nun dem Körper eine Elementarrotation von der Amplitude $d\alpha$ um irgend eine Axe des Punktes O. Diese Axe möge das Potentialellipsoid (resp. dessen Ausartung für diesen Fall) im Punkte P treffen. Dann ist die bei dieser Bewegung geleistete Arbeit A erstens umgekehrt proportional zu $\overline{OP}^2$, also

$$A = \varrho \cdot \frac{1}{\overline{OP}^2},$$

ferner ist A direct proportional zu der senkrechten Hebung von J, also wenn diese den Betrag $\overline{JJ'}$ hat

$$A = k . \overline{JJ'}.$$

Die Multiplication dieser Gleichung liefert eine andere, die wir kurz so schreiben

$$\overline{JJ'} = \lambda . \overline{OP}^2 . A^2.$$

Fällen wir aber von J aus das Perpendikel JQ auf die Strecke

OP, so ist auch A proportional dem Producte $\overline{JQ}.d\alpha$ oder kurz proportional der Strecke JQ, sodass wir also endlich haben

$$\overline{JJ'} = \mu . \overline{OP}^2 . \overline{JQ}^2,$$

d. h. die verticale Strecke, um welche der Trägheitsmittelpunkt gehoben wird, ist dem Producte $(\overline{OP}.\overline{JQ})^2$ proportional. Für jede Axe OP aber, eine Drehung um welche den Punkt J um dieselbe Strecke JJ' hebt, werden wir aber eine solche Gleichung erhalten, in der μ eine constante Grösse ist. Die Fläche des Dreiecks OJP muss also constant und daher der Ort des Punktes P ein gerader Kreiscylinder mit der Axe OJ sein. Denn fällen wir von P das Loth PT auf OJ, so ist der constante Inhalt $\triangle$ des Dreiecks OJP ausgedrückt durch

$$2\triangle = \overline{OJ}.\overline{PT}$$

d. h.

$$\overline{PT} = \frac{2\triangle}{\overline{OJ}} = \text{const.}$$

Zur Bestimmung der harmonischen Schrauben dieses besonderen Systems dritter Stufe müssen wir also nun das Tripel gemeinschaftlicher conjugirter Durchmesser des Poinsot'schen Ellipsoids mit diesem Cylinder bestimmen. Ein Tripel conjugirter Durchmesser des Cylinders besteht nun immer aus der Verticalen OJ und irgend zwei andern Strahlen des Punktes O, die in der Ellipse, in der ihre Ebene den Cylinder schneidet, conjugirte Durchmesser sind. Wenn wir also die Ebene construiren, welche in dem Poinsot'schen Ellipsoid der Richtung der Verticalen conjugirt ist, so wird diese Ebene sowohl das Ellipsoid als den Cylinder in einer Ellipse schneiden. Das Paar gemeinschaftlicher conjugirter Durchmesser dieser beiden Curven bildet zusammen mit der Verticalen dann das gesuchte Tripel gemeinschaftlicher conjugirter Durchmesser des Ellipsoids und des Cylinders. Die so gefundenen drei Axen sind dann die harmonischen Schrauben unseres speciellen Problems.

Da nun in Bezug auf die Verticale die Schwingungsdauer sich unendlich gross ergeben würde, so wird diese Axe naturgemäss aus der Zahl der harmonischen Axen auszuscheiden sein, sodass wir in diesem Falle also deren nur zwei übrigbehalten.

Wir fassen unsere Ergebnisse so zusammen:

Ein starrer Körper mit dem Trägheitsmittelpunkt J, der sich um einen festen Punkt O drehen kann, und nur unter dem Einflusse der Schwerkraft steht, ist in einer Gleichgewichtslage gegeben. Wenn man durch den Aufhängepunkt O eine Ebene S legt, welche dem verticalen Durchmesser OJ des Poinsot'schen Trägheitsellipsoids conjugirt ist, und dann die beiden gemeinschaftlichen conjugirten Durchmesser des Ellipsoids und eines geraden Kreiscylinders mit der Axe OJ construirt, so sind diese beiden Linien die harmonischen Axen des Körpers. Das bedeutet, dass, wenn der Körper durch eine kleine Drehung um eine dieser Axen aus der Gleichgewichtslage herausgeführt wird, er immer um diese Axe oscilliren wird ganz so, als ob der Körper direct gezwungen wäre um diese Axe sich zu bewegen.

Es erübrigen noch einige kurze Bemerkungen, um die Lösung des Problems für alle beliebigen Anfangsbedingungen, denen wir die Bewegung unterwerfen können, zu einer vollständigen zu machen.

Nehmen wir also wieder an, der Körper sei in irgend einer Gleichgewichtslage gegeben. Er wird zunächst durch eine kleine Drehung um eine Axe OX aus dieser Lage herausgebracht. Wir construiren die Ebene, welche durch die Axen OJ und OX hindurchgeht. Dieselbe möge von der Ebene S (siehe oben) in der Axe OY geschnitten werden. Dann können wir uns immer die Drehung um OX zerlegt denken in eine solche um OJ gefolgt von einer um OY. Durch die Drehung um OJ wird nun der oben eingeführte Winkel nicht geändert. Es wird nur eine rein azimuthale Aenderung eintreten, durch die das Gleichgewicht des Körpers nicht gestört wird. Hätten wir also die jetzt erreichte Lage des Körpers als diejenige Gleichgewichtslage gewählt, von der wir ausgehen, so würde nun die Bewegung zu beginnen haben mit einer Drehung um OY. Wir können daher, ohne die Allgemeinheit der Untersuchung zu beeinträchtigen direct annehmen, die Axe, um welche dem Körper die anfängliche Drehung ertheilt wird, liege in der Ebene S. Dies festgesetzt, wollen wir nun weiter annehmen, dass dem Körper eine kleine Drehungsgeschwindigkeit um irgend welche andere Axe ertheilt werde.

Diese Axe muss in der Ebene S liegen, wenn überhaupt kleine Schwingungen des Körpers zu Stande kommen sollen. Denn wenn es nicht möglich wäre, die anfängliche Drehungsgeschwindigkeit vollständig nach den beiden harmonischen Axen zu zerlegen, so würde dieselbe eine Componente in Bezug auf OJ haben müssen. Der Effect aber einer anfänglichen Drehungsgeschwindigkeit um OJ würde der sein, dem Körper eine continuirliche Rotation um die Verticalaxe zu ertheilen. Eine solche Drehung muss aber ausgeschlossen bleiben, wenn nur kleine Schwankungen betrachtet werden.

Wenn daher der Körper nur kleine Schwankungen ausführt, so dürfen wir die Axe des anfänglichen Impulses oder der anfänglichen Verschiebung in der Ebene S annehmen, weil dann die anfängliche instantane Axe in dieser Ebene liegen muss. Die anfängliche Verschiebung kann dann immer in zwei andere, eine auf jeder der harmonischen Axen, zerlegt werden; und ebenso kann auch die anfängliche Winkelgeschwindigkeit immer nach diesen Axen zerlegt werden. Der ganze Bewegungszustand wird also dann stets gefunden durch Zusammensetzung der Oscillationen um diese harmonischen Axen. Ganz ebenso wird die instantane Axe in jedem Augenblicke in der Ebene S gefunden werden und nie aus derselben heraustreten.

Die conjugirten Durchmesser einer Ellipse behalten ihre Eigenschaft, wenn die Curve projicirt wird. Die harmonischen Axen müssen sich daher in zwei conjugirte Durchmesser eines Kreises auf jeder horizontalen Ebene projiciren. Zwei Ebenen durch die Verticale OJ, von denen jede eine harmonische Axe enthält, schneiden sich daher unter rechten Winkeln.

Kapitel XVI.

Kinetik starrer Körper mit Freiheit vierten Grades.

§ 1.

Bei der Frage nach dem allgemeinsten Character eines Schraubensystems vierter Stufe können wir zum Theil an früheres anknüpfen. Dieses Schraubensystem ist das Reciprocalsystem desjenigen der zweiten Stufe und besteht daher aus allen Schrauben des Raumes, welche reciprok sind zu einem Cylindroid. Wir haben schon früher gesehen, dass alle Schrauben eines Punktes im Raume, die zu einem gegebenen Cylindroid reciprok sind, einen Kegel zweiten Grades bilden.

Alle Schrauben eines Systems vierter Stufe, deren Parameter den gegebenen Werth p hat schneiden zwei gegebene Linien, nämlich diejenigen beiden Erzeugenden des reciproken Cylindroids, deren Parameter gleich dem negativen Werthe von p ist. Alle diese Schrauben vom Parameter p des Systems vierter Stufe bilden also ein Strahlensystem erster Ordnung und Classe.

Endlich wissen wir schon, dass durch jeden Punkt des Raumes eine Schraube gelegt werden kann, die einem System vierter Stufe angehört und einen gegebenen Parameter besitzt.

§ 2.

Suchen wir nach dem Ort aller Systemschrauben, die zu einer gegebenen Geraden L parallel sind, so beantwortet sich auch diese Frage leicht nach früherem. In Kapitel IV § 9 ist gezeigt worden, dass jede Schraube η, die reciprok ist zu einem Cylindroid eine der Erzeugenden dieser Flächen unter rechtem Winkel schneidet. Legen wir daher durch diejenige Schraube ϑ des dem System vierter Stufe reciproken Cylindroids, welche normal ist zu der gegebenen Geraden L eine Ebene, welche durch L geht, so ist diese Ebene offenbar der gesuchte Ort.

§ 3.

Im Kapitel IV § 4 wurde bereits darauf hingewiesen, dass alle Schrauben, welche zu einem Cylindroid reciprok sind und in einer Ebene liegen, einen Kegelschnitt umhüllen. Den besonderen Character dieses Kegelschnitts können wir indessen auch leicht bestimmen. Wir verfahren ähnlich wie an dem eben angeführten Orte. In der gegebenen Ebene nehmen wir einen Punkt P. Durch diesen Punkt geht ein Kegel zweiten Grades von Systemschrauben. Dieser Kegel wird von der Ebene also in zwei Strahlen geschnitten. Durch jeden Punkt einer gegebenen Ebene gehen also zwei Schrauben eines Systems vierter Stufe; und es ist also wieder klar, dass alle diese Schrauben eine Curve zweiter Classe umhüllen. Aus dem letzten Paragraphen erhellt aber, dass in einer Ebene nur eine einzige Schraube eines Systems vierter Stufe gefunden werden kann, welche einer gegebenen Geraden parallel ist. Daraus folgt, dass die eben gefundene Curve zweiter Classe eine Parabel sein muss.

„Alle Schrauben eines Systems vierter Stufe, die in einer Ebene liegen, umhüllen eine Parabel."

§ 4.

Wir wollen in diesem Kapitel Gelegenheit nehmen zu einigen allgemeinen Betrachtungen, die theilweise schon an früherer Stelle angedeutet wurden, deren richtiges Verständniss aber die Kenntniss der Resultate der letztvorhergehenden Kapitel wünschen liess. Wir werden zunächst zu einer interessanten Eigenschaft der Parameter einer Gruppe coreciproker Schrauben eines Systems beliebiger Stufe geführt werden.

Beim Cylindroid fanden wir, dass auf dieser Fläche eine Schraube liegt, deren Parameter ein Maximum, und eine solche, deren Parameter ein Minimum ist. Diese Schrauben waren parallel zu den Hauptaxen des Parameterkegelschnitts. Ganz ebenso fanden wir beim System dritter Stufe drei solcher Schrauben, deren Parameter ausgezeichnete Werthe zukamen, nämlich diejenigen, deren Träger die Hauptaxen der Parameterfläche waren. Es entsteht nun die allgemeine Frage, ob es immer möglich ist, in einem Schraubensystem n^{ter} Stufe eine bestimmte Anzahl — vermuthlich n — Schrauben so zu finden, dass ihrem Parameter Maximal- oder Minimalwerthe zukommen.

Seien also $\vartheta_1, \vartheta_2, \ldots, \vartheta_n$ die Coordinaten einer Schraube ϑ eines Systems n^{ter} Stufe, bezogen auf ein System n coreciproker Schrauben dieses Systems als Coordinatenschrauben. Dann ist die Function

$$p_\vartheta = p_1 \vartheta_1^2 + p_2 \vartheta_2^2 + p_3 \vartheta_3^2 + p_4 \vartheta_4^2 + p_5 \vartheta_5^2 + p_6 \vartheta_6^2$$

zu einem Maximum oder Minimum zu machen, während gleichzeitig die Bedingungsgleichung

$$R = \Sigma \vartheta_i^2 + 2\Sigma \vartheta_i \vartheta_k (i, k) = 1$$

besteht, wo durch (i, k) der Cosinus der beiden Coordinatenschrauben ω_i, ω_k bezeichnet ist. Es ergeben sich also in der gewöhnlichen Weise, die folgenden Gleichungen zur Bestimmung der ausgezeichneten Werthe von p_ϑ,

$$\begin{aligned} 2p_1 \vartheta_1 - p_\vartheta \frac{\partial R}{\partial \vartheta_1} &= 0 \\ \vdots \quad \vdots \quad & \vdots \quad \vdots \\ 2p_n \vartheta_n - p_\vartheta \frac{\partial R}{\partial \vartheta_n} &= 0. \end{aligned}$$

Nun ist

$$\frac{\partial R}{\partial \vartheta_i} = 2\vartheta_i + 2\sum_k \vartheta_k (i, k), \qquad k = 1, 2, \ldots, i-1, i+1, \ldots, n$$

wodurch die Gleichung

$$2p_i \vartheta_i - p_\vartheta \frac{\partial R}{\partial \vartheta_i} = 0$$

unter Weglassung des gemeinschaftlichen Factors 2 diese wird

$$(p_i - p_\vartheta)\vartheta_i - p_\vartheta \Sigma \vartheta_k (i, k) = 0.$$

Bilden wir zur Elimination der Grösse ϑ die Determinante dieser n Gleichungen, so besitzen immer $n-1$ Verticalreihen den Factor p_ϑ, der also wegfällt, wenn die Determinante gleich Null gesetzt wird, sodass zur Bestimmung der Specialwerthe von p_ϑ eine Gleichung vom n^{ten} Grade übrig bleibt. Für $n = 4$ ist diese Gleichung die folgende:

$$\begin{vmatrix} p_1 - p_\vartheta, & (12), & (13), & (14) \\ (12), & p_2 - p_\vartheta, & (23), & (24) \\ (13), & (23), & p_3 - p_\vartheta, & (34) \\ (14), & (24), & (34), & p_4 - p_\vartheta \end{vmatrix} = 0.$$

Zunächst ist also dargethan, dass es im Allgemeinen in einem System n^{ter} Stufe n Schrauben giebt, deren Parameter die verlangte Eigenschaft besitzen. Dies Resultat bedarf indessen einer Modification für den Fall $n = 6$. Der Ausdruck „Schraubensystem 6ter Stufe“ bedeutet nichts anderes als die Gesammtheit aller Schrauben des Raumes. In diesem Falle werden also die Werthe von p_ϑ, die hier vorkommen, alle unendlich gross sein, woraus wiederum folgt, dass jeder Coefficient der Gleichung sechsten Grades für p_ϑ verschwinden muss, mit Ausnahme des absoluten Gliedes. Diese Gleichung, ganz analog der letztgeschriebenen gebildet, ist

$$\begin{vmatrix} p_1 - p_\vartheta, & (12), & (13), & (14), & (15), & (16) \\ (12), & p_2 - p_\vartheta, & (23), & (24), & (25), & (26) \\ (13), & (23), & p_3 - p_\vartheta, & (34), & (35), & (36) \\ (14), & (24), & (34), & p_4 - p_\vartheta, & (45), & (46) \\ (15), & (25), & (35), & (45), & p_5 - p_\vartheta, & (56) \\ (16), & (26), & (36), & (46), & (56), & p_6 - p_\vartheta \end{vmatrix} = 0.$$

Aus ihr gehen also nach obigem sechs Relationen zwischen den Parametern und den Winkeln der Coordinatenschrauben hervor. Wir greifen die einfachste davon heraus, indem wir den Coefficienten von p_ϑ gleich Null setzen. Dies giebt

$$\frac{1}{p_1} + \frac{1}{p_2} + \frac{1}{p_3} + \frac{1}{p_4} + \frac{1}{p_5} + \frac{1}{p_6} = 0.$$

„Die Summe der reciproken Parameter irgend welchen Systems von sechs coreciproken Schrauben ist Null.“

§ 5.

Herr Everett hat an Sir Robert Ball einen Beweis des letzten Satzes mitgetheilt, der sich in der That durch Einfachheit und Eleganz auszeichnet. Er scheidet die sechs coreciproken Schrauben in zwei Gruppen A und B von je drei Schrauben. Aus der Gruppe A können wir ein System dritter Stufe herleiten, dessen Reciprocalsystem dann ebenso aus der Gruppe B entsteht. Die Parameterfläche ist also beiden Systemen gemeinschaftlich. Nun sind die drei Schrauben von A bez. parallel einem Tripel conjugirter Durchmesser der Parameterfläche und jeder Parameter ist umgekehrt proportional dem Quadrate des ihm parallelen Durchmessers. Daher ist die Summe

$$\frac{1}{p_1} + \frac{1}{p_2} + \frac{1}{p_3} = \text{const.}$$

Die drei Schrauben von B sind ebenfalls parallel einem Tripel conjugirter Durchmesser der Parameterfläche. Da sie dem Reciprocalsystem angehören, so müssen wir ihren Parametern entgegengesetztes Vorzeichen ertheilen, wie denen des vorigen Systems. Es ist dann

$$\frac{1}{-p_4}+\frac{1}{-p_5}+\frac{1}{-p_6}=\text{const.},$$

wo in beiden Gleichungen die Constante denselben Werth hat, wie sich aus dem vorigen Kapitel ergiebt. Aus Verbindung beider Gleichungen folgt dann wieder sofort

$$\frac{1}{p_1}+\frac{1}{p_2}+\frac{1}{p_3}+\frac{1}{p_4}+\frac{1}{p_5}+\frac{1}{p_6}=0.$$

§ 6.

Endlich kann dieses Resultat noch erlangt werden als specielles Ergebniss ganz allgemeiner Untersuchungen, die mit Hülfe der neueren Algebra anzustellen sind.

Sind $\alpha_1, \ldots, \alpha_6$ die Componenten oder Coordinaten einer Dyname von der Intensität α'' in Bezug auf irgend ein System von sechs coreciproken Schrauben, so werden $x\alpha_1, \ldots, x\alpha_6$ die Coordinaten einer Dyname von der Intensität $x\alpha''$ auf derselben Schraube sein. Gleicherweise, wenn $\beta_1, \ldots, \beta_6$ die Coordinaten einer Dyname von der Intensität β'' auf einer Schraube β bezeichnen, bezogen auf dasselbe Coordinatensystem, so sind $y\beta_1, \ldots, y\beta_6$ die Coordinaten einer Dyname von der Intensität $y\beta''$ auf der Schraube β. Die Zusammensetzung der beiden Dynamen $x\alpha''$ und $y\beta''$ geschieht nach bekannten Gesetzen und ist ganz unabhängig von dem Coordinatensystem. Die Lage und Intensität der Resultirenden hängt nur ab von den beiden gegebenen Dynamen und den numerischen Werthen von x und y. Bilden wir die Coordinaten der Resultirenden in Bezug auf dasselbe zu Grunde liegende Coordinatensystem, so ist auf der Schraube ω_1 die Componente der ersten Dyname gleich $x\alpha_1$ und diejenige der zweiten Dyname gleich $y\beta_1$. Die Componente oder Coordinate der Resultirenden auf ω_1 ist aber die Summe beider Einzelcomponenten. Wir haben also als Coordinaten der Resultirenden die Grössen

$$x\alpha_1+y\beta_1, \ldots, x\alpha_6+y\beta_6.$$

Wir wollen nun diese beiden Dynamen auf ein anderes System von sechs coreciproken Schrauben beziehen, in welchem die Coordinaten von α seien $\lambda_1, \ldots, \lambda_6$ und die von β übergehen in $\mu_1, \ldots, \mu_6$. Die Coordinaten der Resultirenden von $x\alpha''$ und $y\beta''$ in diesem neuen System werden dann sich ganz analog dem obigen ergeben als

$$x\lambda_1+y\mu_1, \ldots, x\lambda_6+y\mu_6.$$

Und natürlich muss, da sie unabhängig ist vom Coordinatensystem die Resultirende in beiden Fällen nach Lage und Intensität dieselbe sein, welche Werthe auch immer x, y haben mögen. Bezeichnen wir ganz allgemein durch $\vartheta_1, \ldots, \vartheta_6$ die Coordinaten einer Dyname im ersten, und durch $\varphi_1, \ldots, \varphi_6$ die Coordinaten derselben Dyname im zweiten System. Sei dann $f(\vartheta_1, \ldots, \vartheta_6)$ irgend eine homogene Function der Dyname, die durch die Transformation der Coordinaten übergeht in $F(\varphi_1, \ldots, \varphi_6)$. Dann haben wir also

$$f(\vartheta_1, \ldots, \vartheta_6) = F(\varphi_1, \ldots, \varphi_6)$$

als eine identische Gleichung, die immer erfüllt sein muss, wenn die durch $\vartheta_1, \ldots, \vartheta_6$ oder $\varphi_1, \ldots, \varphi_6$ definirten Dynamen identisch sind. Setzen wir statt der Abkürzungen ϑ und φ wieder die ursprünglichen Werthe, so muss also sein

$$f(x\alpha_1+y\beta_1, \ldots, x\alpha_6+y\beta_6) = F(x\lambda_1+y\mu_1, \ldots, x\lambda_6+y\mu_6),$$

für jeden Werth des Verhältnisses $\frac{y}{x}$.

Entwickeln wir also beiderseits nach den Potenzen dieser Grösse, so müssen die Coefficienten gleicher Potenzen auf beiden Seiten einander gleich sein. Dies giebt eine Reihe von Gleichungen, deren allgemeiner Typus in bekannter symbolischer Bezeichnungsweise ist

$$\left(\beta_1 \frac{\partial}{\partial\alpha_1} + \cdots + \beta_6 \frac{\partial}{\partial\alpha_6}\right)^n f = \left(\mu_1 \frac{\partial}{\partial\lambda_1} + \cdots + \mu_6 \frac{\partial}{\partial\lambda_6}\right)^n F.$$

Die hier auftretenden Formen sind aber diejenigen, welche die neuere Algebra als Emananten bezeichnet, und die man um ihrer geometrischen Bedeutung willen auch die Polarformen der Originalformen nennen könnte.

Die Betrachtung der ersten und zweiten Emanante ist für uns

hier von besonderem Interesse. Die Function f mag dabei eine ganz beliebige homogene Function ihrer Argumente sein. Wesentlichen Werth erhalten die Betrachtungen natürlich erst dann, wenn wir für f bekannte, in unserer mechanischen Theorie vorkommende Formen wählen. Als solche wählen wir zunächst die im § 4 wieder aufgetretene Grösse R, welche im Allgemeinen bekanntlich die Intensität der Dyname ausdrückt, also etwa für die Dyname α in unserem ersteren Coordinatensystem die Form hat:

$$R = \alpha_1^2 + \cdots + \alpha_6^2 + 2\alpha_1\alpha_2(12) + \cdots.$$

Das zweite Coordinatensystem wollen wir nun als ein besonderes so auswählen, dass es auf den absoluten Trägheitsschrauben liegt (Kap. XIV § 18). Für dieses Coordinatensystem ist dann

$$R = (\lambda_1 + \lambda_2)^2 + (\lambda_3 + \lambda_4)^2 + (\lambda_5 + \lambda_6)^2.$$

Die Betrachtung der ersten Emanante giebt nun die neue Gleichung

$$\Sigma\alpha_i\beta_k + \Sigma(\alpha_i\beta_k + \alpha_k\beta_i)(i, k)$$
$$= (\mu_1 + \mu_2)(\lambda_1 + \lambda_2) + (\mu_3 + \mu_4)(\lambda_3 + \lambda_4) + (\mu_5 + \mu_6)(\lambda_5 + \lambda_6).$$

Der Ausdruck auf der rechten Seite ist aber offenbar der Cosinus des Winkels zwischen α und β, wenn die Intensitäten beider Dynamen gleich der Einheit sind. Wir sehen somit:

In jedem Coordinatensystem von sechs coreciproken Schrauben ist der Cosinus des Winkels zweier Schrauben α, β durch die Coordinaten dieser Schrauben und die Winkel zwischen den Coordinatenschrauben durch die Formel gegeben:

$$\cos(\alpha, \beta) = \Sigma\alpha_i\beta_k + \Sigma(\alpha_i\beta_k + \alpha_k\beta_i)(i, k).$$

Im Allgemeinen ist der Cosinus zweier Schrauben, multiplicirt in das Product ihrer Intensitäten, gegeben durch den Ausdruck

$$\cos(\vartheta, \alpha) = \tfrac{1}{2}\vartheta_1 \frac{\partial R}{\partial \alpha_1} + \cdots + \tfrac{1}{2}\vartheta_6 \frac{\partial R}{\partial \alpha_6}.$$

Wenn demnach α, β, γ drei Schrauben sind, die einer Ebene parallel sind, und wenn ϑ eine Schraube bezeichnet, welche auf dieser Ebene senkrecht steht, so müssen wir also haben

$$\vartheta_1 \frac{\partial R}{\partial \alpha_1} + \cdots + \vartheta_6 \frac{\partial R}{\partial \alpha_6} = 0$$

$$\vartheta_1 \frac{\partial R}{\partial \beta_1} + \cdots + \vartheta_6 \frac{\partial R}{\partial \beta_6} = 0$$

$$\vartheta_1 \frac{\partial R}{\partial \gamma_1} + \cdots + \vartheta_6 \frac{\partial R}{\partial \gamma_6} = 0.$$

Drei beliebige Schrauben können wir immer als Bestimmende eines Systems dritter Stufe betrachten, in dem es immer möglich ist, zu einer gegebenen Richtung eine parallele Schraube zu ziehen. Und wir können es auch dann immer erreichen, dass drei der Grössen $\vartheta_1, \ldots, \vartheta_6$ verschwinden. Aus dieser Bemerkung gewinnen wir also das Ergebniss, dass die Bedingung dafür, dass drei Schrauben α, β, γ einer und derselben Ebene parallel sein sollen, durch eine Determinante von dem Typus

$$\begin{vmatrix} \frac{\partial R}{\partial \alpha_1}, & \frac{\partial R}{\partial \alpha_2}, & \frac{\partial R}{\partial \alpha_3} \\ \frac{\partial R}{\partial \beta_1}, & \frac{\partial R}{\partial \beta_2}, & \frac{\partial R}{\partial \beta_3} \\ \frac{\partial R}{\partial \gamma_1}, & \frac{\partial R}{\partial \gamma_2}, & \frac{\partial R}{\partial \gamma_3} \end{vmatrix} = 0$$

ausgedrückt wird. Diese Gleichungen sind jedenfalls auch erfüllt, wenn die drei Schrauben cocylindroidal sind. Aber für diesen Fall lassen sich einfachere Gleichuugen aufstellen. Wenn nämlich γ auf dem Cylindroid (α, β) liegt, so müssen die Relationen bestehen

$$\begin{aligned} \gamma_1 &= \lambda\alpha_1 + \mu\beta_1 \\ \vdots \quad & \quad \vdots \quad\quad \vdots \\ \gamma_6 &= \lambda\alpha_6 + \mu\beta_6 \end{aligned}$$

sodass also die Bedingung, dass drei Schrauben α, β, γ cocylindroidal seien, sich durch jede Determinante von dem Typus

$$\begin{vmatrix} \alpha_1, & \beta_1, & \gamma_1 \\ \alpha_2, & \beta_2, & \gamma_2 \\ \alpha_3, & \beta_3, & \gamma_3 \end{vmatrix} = 0$$

darstellt.

Der Ort einer Schraube ϑ, die senkrecht ist zu einer anderen Schraube α, ist gegeben durch die Gleichung

$$\vartheta_1 \frac{\partial R}{\partial \alpha_1} + \cdots + \vartheta_6 \frac{\partial R}{\partial \alpha_6} = 0.$$

Wenn wir nun annehmen, dass die Coordinatenschrauben wieder coreciprok sind, so stellt diese Gleichung offenbar nichts anderes dar als alle die Schrauben, welche reciprok sind zu derjenigen, deren Coordinaten sind

$$\frac{1}{p_1} \frac{\partial R}{\partial \alpha_1}, \ldots, \frac{1}{p_6} \frac{\partial R}{\partial \alpha_6}.$$

Es ist klar, dass alle zu einer Richtung normalen Schrauben nur dann zu der dieser Linie parallelen Schraube reciprok sein können, wenn der Parameter derselben unendlich gross wird, da andererseits die Gleichung

$$(p_\alpha + p_\vartheta)\cos O - d\sin O = 0$$

nicht zu erfüllen wäre. Wir sehen daher, dass die eben gegebenen Coordinatenausdrücke diejenigen für die Coordinaten einer zu α parallelen Schraube von unendlich grossem Parameter sind. Wenn dann x eine willkürliche Constante bezeichnet, die also alle Werthe annehmen kann, so sind

$$\alpha_1 + \frac{x}{p_1} \frac{\partial R}{\partial \alpha_1}, \ldots, \alpha_6 + \frac{x}{p_6} \frac{\partial R}{\partial \alpha_6}$$

die Coordinaten einer Schraube mit variabelem Parameter x, deren Träger mit dem von α zusammenfällt. Dies Resultat war etwas umständlicher schon in Kapitel XIV erlangt worden.

Wir wollen nun eine Function definiren, die gleich ist dem Parameter der Schraube α multiplicirt in das Quadrat der Intensität einer auf α wirkenden Dyname. Diese Function hat eine physikalische Bedeutung. Sie kann aufgefasst werden als der halbe Werth der Arbeit, der von einer Dyname auf α in Bezug auf eine Windung um α geleistet wird, wenn die Amplitude der Windung gleich ist der Intensität der Dyname. Wenn diese Function auf irgend welches beliebige Coordinatensystem $(\lambda_1, \ldots, \lambda_6)$ bezogen wird, so wollen wir sie durch V bezeichnen. Wenn sie insbesondere auf ein coreciprokes System bezogen ist, so haben wir

$$V = p_1 \alpha_1^2 + \cdots + p_6 \alpha_6^2.$$

Die Bildung der ersten Emanante giebt

$$2p_1\alpha_1\beta_1+\cdots+2p_6\alpha_6\beta_6=\mu_1\frac{\partial V}{\partial\lambda_1}+\cdots+\mu_6\frac{\partial V}{\partial\lambda_6}.$$

Die linke Seite dieser Gleichungen stellt aber das Product des virtuellen Coefficienten zweier Schrauben α, β mit dem Product der Intensität der Dyname auf α und der Amplitude der Windung um β dar. Wenn wir daher rechts, nach Ausführung der Differentiationen, diese letzteren Grössen der Einheit gleich setzen, so haben wir folgenden Ausdruck des virtuellen Coefficienten zweier Schrauben μ, λ, bezogen auf ein ganz beliebiges, im Allgemeinen also nicht coreciprokes Coordinatensystem:

$$\mu_1\frac{\partial V}{\partial\lambda_1}+\cdots+\mu_6\frac{\partial V}{\partial\lambda_6}.$$

Nehmen wir zum Beispiel an, die Schraube λ sei reciprok zur ersten Coordinatenschraube, so haben wir dafür die Bedingung

$$\frac{\partial V}{\partial\lambda_1}=0.$$

Dies kann nun auch noch a posteriori in instructiver Weise nachgewiesen werden. Wir haben nämlich hier

$$V=p\lambda'^2$$

$$\frac{\partial V}{\partial\lambda_1}=\lambda'^2\frac{dp}{d\lambda_1}+2\lambda'p\frac{d\lambda'}{d\lambda_1}.$$

Wenn also jene Reciprocität stattfinden soll, so muss sein

$$\lambda'^2\frac{dp}{d\lambda_1}+2\lambda'p\frac{d\lambda'}{d\lambda_1}=0.$$

Hier ist nun zunächst einiges zu sagen über die geometrische Bedeutung der vorgenommenen Differentiationen. Betrachten wir also eine Dyname λ, die auf ein Coordinatensystem von vollkommener Allgemeinheit bezogen ist. Nehmen wir dann an, dass eine der Coordinaten, etwa λ_1, variirt. Dann wird auch fortwährend die Lage von λ sich ändern. Nehmen wir weitergehend nach und nach jede der sechs Coordinaten veränderlich, so werden wir also im ganzen sechs Wege haben, welche die Dyname λ entsprechend den Aenderungen der Coordinaten durchläuft. Jeder dieser Wege ist nun natürlich eine geradlinige Fläche. Aber die geometrische Vorstellung einer Fläche ist allein nicht hinreichend um einen vollkommenen Begriff, von diesen Wegen zu geben. Denn es handelt sich ja hier nicht um reine Linien, sondern um Schrauben. Wir müssen also jeder Erzeugenden einer solchen Fläche eine lineare Strecke zuordnen, welche wir dann als den Parameter der correspondirenden Schraube zu bezeichnen haben. Nehmen wir also die ursprüngliche λ und irgend eine andere Erzeugende einer solchen Fläche, so lässt sich durch beide ein Cylindroid legen. Es kann nun bewiesen werden, dass dieses Cylindroid eben der Weg ist, auf dem sich ω_1 bewegt, wenn die Coordinate λ_1 sich ändert. Sei ϑ diejenige Schraube, welche entsteht durch eine Aenderung des Werthes von λ_1. Eine Dyname auf ϑ, die die Intensität ϑ'' besitzt, hat Componenten, deren Intensitäten sind $\vartheta_1'', \ldots, \vartheta_6''$. Die Intensitäten der Componenten von λ sind $\lambda_1'', \ldots, \lambda_6''$. Aber es muss natürlich die Reihe von Verhältnissgleichungen bestehen:

$$\frac{\vartheta_2''}{\lambda_2''} = \frac{\vartheta_3''}{\lambda_3''} = \cdots = \frac{\vartheta_6''}{\lambda_6''}.$$

Man kann nun jedenfalls ϑ'' so wählen, dass jedes dieser Verhältnisse gleich -1 wird, sodass also, wenn ϑ'' und λ'' beide in Bezug auf die sechs allgemeinen Coordinatenschrauben zerlegt werden, die sämmtlichen Componenten mit Ausnahme von $\vartheta_1'' - \lambda_1''$ verschwinden. Aber dies ist nur möglich, wenn die erste Coordinatenschraube, ω_1, auf dem Cylindroid (ϑ, λ) liegt. Hieraus ziehen wir also das allgemeine Resultat, dass jedes der so entstehenden sechs Cylindroide durch die entsprechende Coordinatenschraube gehen muss. Damit ist dann ein vollkommen klares Bild geschaffen von der Art und Weise, wie eine Schraube in Abhängigkeit von einer ihrer Coordinaten variirt.

Fig. 19.

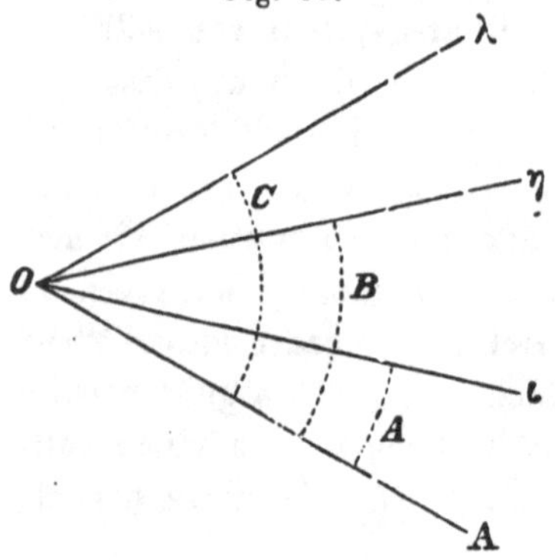

Bezeichnen wir die sechs Coordinatenschrauben kurz durch 1, 2, 3, 4, 5, 6. Dann construiren wir das Cylindroid $(\lambda, 1)$ und bestimmen diejenige Schraube η auf der Fläche, welche mit 2, 3, 4, 5, 6 eine gemeinschaftliche Reciproke hat. In der beistehenden Figur mögen die Geraden durch O ein Büschel von vier Strahlen bedeuten, die bez. parallel sind zu vier Schrauben von $(\lambda, 1)$. Sei OA parallel zu einer der beiden Hauptschrauben, $O\lambda$ parallel zu λ, $O\eta$ zu η und $O\iota$ parallel zur ersten Coordinatenschraube. Der Winkel $AO\iota$ sei durch A, der Winkel $AO\eta$ durch B und der Winkel $AO\lambda$ durch φ bezeichnet. Um die Coordinate λ_1 zu finden müssen wir λ', eine Windung um λ, zerlegen nach den Schrauben η und 1. Die Componente auf η kann dann weiter zerlegt werden nach den fünf übrigen Coordinatenschrauben, da diese alle sechs ein System mit einer gemeinschaftlichen Reciproken bilden. Ist η' die Componente auf η, so ist

$$\frac{\lambda'}{\sin(B-A)} = \frac{\lambda_1}{\sin(\varphi-B)} = \frac{\eta'}{\sin(\varphi-A)},$$

und wenn a, b die Parameter der beiden Hauptschrauben von $(\lambda, 1)$ sind, so ist

$$p_\lambda = a\cos^2\varphi + b\sin^2\varphi.$$

Ferner ist

$$\frac{dp}{d\lambda_1} = \frac{dp}{d\varphi} \cdot \frac{d\varphi}{d\lambda_1},$$

weil die Wirkung einer Aenderung von λ_1 in einer Verschiebung der Schraube auf dem Cylindroid besteht. Nun ist

$$\lambda_1 = \eta' \frac{\sin(\varphi-B)}{\sin(\varphi-A)}.$$

und da die anderen Coordinaten nicht variiren sollen, so muss nothwendig η' constant bleiben, sodass also

$$\frac{d\lambda_1}{d\varphi} = \eta' \frac{\sin(B-A)}{\sin^2(\varphi-A)}$$

und damit

$$\frac{dp}{d\lambda_1} = (b-a)\sin 2\varphi \cdot \frac{\sin^2(\varphi-A)}{\eta'\sin(B-A)}.$$

Ebenso erhält man

$$\frac{d\lambda'}{d\lambda_1} = \frac{d\lambda'}{d\varphi} \cdot \frac{d\varphi}{d\lambda_1} = -\cos(\varphi-A).$$

Substituiren wir nun diese Werthe in die obige Gleichung

$$\lambda' \frac{dp}{d\lambda'} + 2p \frac{d\lambda'}{d\lambda_1} = 0,$$

wie wir nach Weglassung des Factors λ' auch schreiben können, so erhalten wir

$$a = b \operatorname{tang}\varphi \operatorname{tang} A.$$

Dies ist aber nach Kapitel VI § 13 eine Form für die Bedingung der Reciprocität zweier Schrauben, die Anwendung findet, wenn die Schrauben bestimmt sind durch die Winkel, die sie mit den Hauptschrauben des Cylindroids machen. Hierdurch ist also in der That wieder gezeigt, dass

$$\frac{\partial V}{\partial \lambda_1} = 0$$

die Bedingung ist, dass die Schraube λ zur Schraube 1 reciprok ist.

Die zweiten Emananten liefern die Gleichheit

$$\left(\beta_1 \frac{\partial}{\partial \alpha_1} + \cdots + \beta_6 \frac{\partial}{\partial \alpha_6}\right)^2 f = \left(\mu_1 \frac{\partial}{\partial \lambda_1} + \cdots + \mu_6 \frac{\partial}{\partial \lambda_6}\right)^2 F.$$

Wenden wir dieselbe auf die beiden betrachteten Formen von f an, so erlangen wir nur Identitäten. Wenn wir aber f ganz allgemein lassen, so lassen sich einige Resultate von Interesse erlangen, unter denen wir die Relation zwischen den sechs Parametern einer Gruppe coreciproker Schrauben herausgreifen, die uns den Anstoss zu dieser Digression gab.

Wir können also die allgemeine Form f transformiren durch den Uebergang von einem System coreciproker Coordinatenschrauben zu einem andern derselben Art. Sind $p_1, \ldots, p_6$ die Parameter der ersten Gruppe, $q_1, \ldots, q_6$ die der zweiten, so muss offenbar sein

$$p_1 \beta_1^2 + \cdots + p_6 \beta_6^2 = q_1 \mu_1^2 + \cdots + q_6 \mu_6^2,$$

da beide Ausdrücke das Product des Parameters einer und derselben Dyname in das Quadrat ihrer Intensität darstellen, nur bezogen auf verschiedene Coordinatensysteme, von denen diese Grösse aber unabhängig ist. Wir multipliciren die letzte Gleichung durch einen beliebigen Factor x und addiren zur obigen ersten Gleichung, Seite für Seite. Man erhält

$$\left(\beta_1 \frac{\partial}{\partial \alpha_1} + \cdots + \beta_6 \frac{\partial}{\partial \alpha_6}\right)^2 f + x(p_1 \beta_1^2 + \cdots + p_6 \beta_6^2)$$
$$= \left(\mu_1 \frac{\partial}{\partial \lambda_1} + \cdots + \mu_6 \frac{\partial}{\partial \lambda_6}\right)^2 F + x(q_1 \mu_1^2 + \cdots + q_6 \mu_6^2).$$

Betrachtet man die β als Variabele, so stellt die gleich Null gesetzte linke Seite ein räumliches Linien-(Schrauben-)Gebilde zweiter Ordnung dar. Wenn, um nach Analogie der Theorie der Flächen zweiter Ordnung zu reden, dieses Gebilde ein „centrales" wäre, wenn es für dasselbe also eine kanonische Darstellung gäbe der Form

$$a_1\beta_1^2 + \cdots + a_6\beta_6^2 = 0,$$

wo dann die a geradezu als Parameter eines neuen coreciproken Systems zu betrachten wären, so würde es eine Schraube in diesem System geben, zu der die Polaren aller anderen Schrauben in Bezug auf das System reciprok wären, wenn wir, wie auch sonst in der Geometrie, unter Polare das geometrische Ergebniss der Bildung der ersten Emanante verstehen. Ausserdem würde aber die Discriminante jener linken Seite dann verschwinden müssen. Wegen der Covarianteneigenschaft der Emanante gilt für die rechte Seite, was für die linke gilt, was hier übrigens auch sofort einleuchtet, da ja die Schrauben β und μ völlig identisch sind. Bilden wir nun die Discriminante, so stellt sich diese als Function von x dar, und es müssen also die Verhältnisse der Coefficienten der verschiedenen Potenzen von x in der Entwicklung nach x durch die Transformation eines coreciproken Systems in ein anderes nicht berührt werden. Gebrauchen wir die Abkürzung

$$\frac{\partial^2 f}{\partial a_i \partial a_k} = f_{ik},$$

so ist die in Rede stehende Discriminante

$$\begin{vmatrix} f_{11}+xp_1, & f_{12}, & f_{13}, & f_{14}, & f_{15}, & f_{16} \\ f_{21}, & f_{22}+xp_2, & f_{23}, & f_{24}, & f_{25}, & f_{26} \\ f_{31}, & f_{32}, & f_{33}+xp_3, & f_{34}, & f_{35}, & f_{36} \\ f_{41}, & f_{42}, & f_{43}, & f_{44}+xp_4, & f_{45}, & f_{46} \\ f_{51}, & f_{52}, & f_{53}, & f_{54}, & f_{55}+xp_5, & f_{56} \\ f_{61}, & f_{62}, & f_{63}, & f_{64}, & f_{65}, & f_{66}+xp_6 \end{vmatrix} = 0.$$

Wir betrachten nun das Verhältniss des Coefficienten von x^5 zu dem von x^6. Man sieht leicht, dass dasselbe dargestellt wird durch

$$\frac{1}{p_1}\cdot f_{11} + \cdots + \frac{1}{p_6} f_{66}.$$

Dieser Ausdruck bleibt also vollkommen ungeändert beim Uebergang von einem coreciproken System zu einem andern. Nehmen wir jetzt wieder für f die Form R, durch welche das Quadrat der Intensität einer Dyname ausgedrückt, und wählen wir insbesondere um für $f = R$ den Werth von

$$\varphi = \frac{1}{p_1} f_{11} + \cdots + \frac{1}{p_6} f_{66}$$

zu ermitteln, für R die einfachste Darstellung, indem wir die absoluten Trägheitsschrauben als Coordinatensystem anwenden, was ja erlaubt ist, da dieselben auch coreciprok sind, und für alle coreciproken Systeme φ denselben Werth hat, also

$$R = (\alpha_1 + \alpha_2)^2 + (\alpha_3 + \alpha_4)^2 + (\alpha_5 + \alpha_6)^2,$$

so ist

$$f_{11} = f_{22} = \cdots = f_{66} = 2;$$

also zunächst

$$\varphi = 2\left(\frac{1}{p_1} + \cdots + \frac{1}{p_6}\right).$$

Es besteht aber auch die Gleichung (Kap. XIV § 7)

$$\frac{1}{p_1}\left(\frac{\partial R}{\partial \alpha_1}\right)^2 + \cdots + \frac{1}{p_6}\left(\frac{\partial R}{\partial \alpha_6}\right)^2 = 0,$$

die auch eine Covariante von R ist.

Diese Gleichung differentiiren wir partiell nach α_1, so kommt

$$\frac{2}{p_1} \frac{\partial R}{\partial \alpha_1} \cdot f_{11} + \cdots + \frac{2}{p_6} \frac{\partial R}{\partial \alpha_6} f_{16} = 0.$$

Hier ist aber

$$\frac{\partial R}{\partial \alpha_1} = \frac{\partial R}{\partial \alpha_2}, \quad f_{11} = f_{12} = 2,$$

$$f_{13} = f_{14} = f_{15} = f_{16} = 0,$$

sodass wir zunächst erhalten

$$\frac{1}{p_1} + \frac{1}{p_2} = 0.$$

Ebenso erhalten wir aber auch

$$\frac{1}{p_3} + \frac{1}{p_4} = 0$$

$$\frac{1}{p_5} + \frac{1}{p_6} = 0,$$

durch welche Gleichung auch diese erfüllt ist

$$\frac{1}{p_1}+\frac{1}{p_2}+\frac{1}{p_3}+\frac{1}{p_4}+\frac{1}{p_5}+\frac{1}{p_6}=0.$$

Wir haben als das Resultat, von dem wir ausgingen, wieder erhalten; und ausserdem von neuem den Nachweis geführt, dass bei einer Gruppe von sechs coreciproken Schrauben drei Parameter positiv und drei negativ sind, wobei aber wohl zu verstehen ist, dass die Gleichungen zwischen zwei Parametern, die wir oben erhielten, keineswegs für jedes coreciproke System, sondern nur für das specielle der absoluten Trägheitsschrauben bewiesen sind.

Diese Untersuchungen auf dem Gebiete der Anwendung der neueren Algebra auf die Mechanik sind natürlich noch der Erweiterung und Fortsetzung fähig. Wir begnügen uns aber hier mit dem Gegebenen, das ja nur den Zweck hatte, zu zeigen, wie die wichtige letzte Relation ein Ausfluss dieser allgemeineren Beziehungen ist, wie sie die Theorie der Covarianten liefert. Interessante Resultate ergeben sich namentlich noch durch Betrachtung der Hesse'schen Determinante einer Function von Schraubencoordinaten.

§ 7.

Der Satz, dessen Betrachtung die drei letzten Capitel vornehmlich gewidmet waren, kann, wie man übrigens schon aus § 4 zu ersehen vermag, leicht dahin verallgemeinert werden, dass die Summe der reciproken Werthe von n coreciproken Schrauben eines Systems n^{ter} Stufe eine Constante ist. Zunächst ist ja das Problem der Bestimmung der Maximalwerthe des Parameters p_ϑ so wie es in § 4 aufgefasst wurde, vollkommen identisch mit der Reduction der Gleichung

$$F=p_1\vartheta_1^2+\cdots+p_n\vartheta_n^2+\lambda R=0$$

eines Schraubengebildes zweiter Ordnung, wo λ eine willkürliche Grösse bedeutet, auf eine canonische oder, wie wir wieder sagen wollen, centrale Form. Die Determinante n^{ter} Ordnung, welche sich dort zur Bestimmung der Werthe p_ϑ gefunden hatte, ist nichts anderes, als die Discriminante der Form F. Die Discriminante ist aber immer eine Invariante der Form F. Wenn wir sie also nach Potenzen von p_ϑ entwickeln, so müssen die Verhältnisse der

Coefficienten dieser einzelnen Potenzen beim Uebergang von einem System coreciproker Schrauben zum andern unverändert bleiben. Auf diese Weise wird man durch Betrachtung der Coefficienten der ersten Potenz von p_ϑ immer finden, dass die Summe

$$\frac{1}{p_1} + \cdots + \frac{1}{p_n}$$

einer Constanten gleich sein muss. Für die Fälle $n = 2$, $n = 3$ ist der Satz ja übrigens auch schon durch seine geometrische Betrachtungen erwiesen worden. Und es tritt schon aus jenen speciellen Resultaten deutlich hervor, dass der constante Werth dieser Summe eine markante characteristische Bedeutung für das betreffende System hat.

Man kann sich den allgemeinen Satz auch durch eine ganz einfache Ueberlegung klar machen, wenn er für $n = 6$ einmal bewiesen ist. Sei nämlich A das Schraubensystem n^{ter} Stufe und B das Reciprocalsystem. Wir wählen aus B dann $6-n$ coreciproke Schrauben aus, und ebenso irgend welche n coreciproke Schrauben aus A. Dann haben wir also wieder eine Gruppe von 6 coreciproken Schrauben, für die jedenfalls der Satz von § 4 gilt. Aber die nur als Hülfselemente zugezogenen Schrauben von B können wir constant erhalten, während diejenigen von A durch das ganze System hindurch variirt werden mögen. Die Summe der reciproken Parameter der $6-n$ ersten Schrauben bleibt also dann absolut constant, und da die Summe aller sechs reciproken Parameter gleich Null ist, so muss der Satz noch für die n Schrauben des Systems A gelten.

§ 8.

Es ist sehr bemerkenswerth, dass es in einem Schraubensystem vierter Stufe immer eine Gerade giebt, welche Systemschraube bleibt, welchen Werth man auch immer ihrem Parameter ertheilen möge. Es ist dies nämlich die Knotenlinie des reciproken Cylindroids. Es giebt also für einen Körper mit Freiheit vierten Grades immer eine Linie, um welche derselbe sich sowohl drehen, als auch längs welcher er gleiten kann.

Um eine concrete Vorstellung von einem Körper mit Freiheit vierten Grades zu geben, erinnern wir an den Fall, dass ein Körper gezwungen ist, stets mit einem seiner Puncte P auf einer gegebenen Curve zu bleiben. Es sind dann in der That vier Grössen zur Bestimmung einer Lage des Körpers erforderlich, nämlich: der Bogen der Curve von einem als Anfangspunct genommenen Puncte aus bis zum Puncte P, und ferner wieder die drei Winkel, welche die Lage dreier im Körper fester, mit diesem beweglichen Axen gegen drei feste Axen des Raumes bestimmen. An die Stelle dieser Winkel kann man auch drei Rotationen um drei im Puncte P sich schneidende Axen setzen. Beides kommt aber, wie man sieht, auf dasselbe hinaus. Das reciproke Cylindroid nimmt in diesem Falle eine specielle Form an. Es besteht dann offenbar aus lauter Schrauben vom Parameter Null, die auf den Normalen der Curve im Puncte P liegen.

§ 9.

Wenn ein starrer Körper Freiheit vierten Grades hat, so ist für sein Gleichgewicht hinreichend und nothwendig, dass die auf ihn wirkenden Kräfte stets eine Dyname auf einer Schraube des reciproken Cylindroids bilden. Wenn insbesondere das Gleichgewicht des Körpers durch eine Einzelkraft nicht soll gestört werden, so muss diese Kraft auf einer der beiden Schrauben vom Parameter Null des genannten Cylindroids liegen. Wenn daher insbesondere der Parameterkegelschnitt, der zu dieser Fläche gehört, eine Ellipse ist, sodass es also keine reelle Schraube des Cylindroids giebt, die den Parameter Null besässe, dann ist die Erhaltung des Gleichgewichts bei Einwirkung einer Einzelkraft auf den Körper unmöglich. Wenn aber das Gleichgewicht bestehen kann für eine bestimmte Einzelkraft, so giebt es im Allgemeinen immer noch eine zweite Kraft, welche ebenfalls das Gleichgewicht des Körpers nicht stört. Denn die beiden Schrauben vom Parameter Null, die auf einem Cylindroid liegen, sind immer gleichzeitig reell, können aber allerdings auch zusammenfallen*). Ein Kräftepaar in einer zur Knotenlinie des Cylindroids senkrechten Ebene, kann durch die Reaction der Widerstände neutralisirt werden. Es ist daher mit dem Gleichgewicht des Körpers wohl verträglich. Aber nur in diesem besonderen Falle. In jedem anderen stört die Anwesenheit eines Paares das Gleichgewicht.

*) Siehe Kapitel XX.

§ 10.

Wenn fünf Einzelkräfte an einem freien Körper im Gleichgewichte sein sollen, so muss die fünfte immer als Resultante der andern vier sich darstellen lassen, sie muss aus jenen hergeleitet werden können, d. h. die fünf Kräfte müssen einem System vierter Stufe angehören. Und es ist insbesondere sofort klar, dass sie sämmtlich die beiden Schrauben vom Parameter Null des reciproken Systems schneiden müssen. Wir haben also das Ergebniss, dass, wenn fünf Kräfte an einem freien starren Körper im Gleichgewicht sind, immer zwei Linien gefunden werden können im allgemeinen, die jene fünf Kräfte schneiden. Die fünf Kräfte gehören also wieder einem Strahlensystem erster Ordnung und Klasse an, dessen Leitstrahlen die beiden Schrauben vom Parameter Null auf dem Cylindroid sind, welches zu irgend vier derselben reciprok ist. Der Ort der fünften ist sonach immer bestimmt, wenn vier gegeben sind.

Sind nun $A_1, \ldots. A_5$ die Intensitäten jener fünf Kräfte, so ist das Verhältniss $A_1 : A_2$ bestimmt. Seien nämlich P, Q die zwei Schrauben vom Parameter Null auf dem Cylindroid; endlich seien, wenn wir nicht nur die Intensitäten sondern auch Lage und Richtung der Kräfte durch die Buchstaben A bezeichnen, X, Y zwei Schrauben, die reciprok sind zu A_1, A_2, und Z eine Schraube reciprok zu A_3, A_4, A_5. Zu den fünf Schrauben

$$X, Y, P, Q, Z$$

lässt sich immer eine Schraube J finden, die ihnen allen reciprok ist. Nun sind die vier Schrauben X, Y, P, Q reciprok zu dem Cylindroid (A_1, A_2) nach Construction. Folglich muss J, welches reciprok ist zu X, Y, P, Q, Z, auf dem Cylindroid (A_1, A_2) liegen. Sofern aber J betrachtet wird als Reciproke von P, Q, Z, die alle reciprok sind zu A_3, A_4, A_5, muss es auch zu dem durch A_3, A_4, A_5 bestimmten System dritter Stufe gehören. Es gehört also J sowohl zu (A_1, A_2) als auch zu (A_1, A_2, A_3). Wenn daher Kräfte auf den Strahlen $A_1, A_2, \ldots, A_5$ im Gleichgewichte sind, so müssen die Kräfte auf A_1, A_2 sich zusammensetzen in eine Dyname auf J. Durch diese Bedingung ist eben das Verhältniss $A_1 : A_2$ bestimmt.

§ 11.

Seien wieder fünf Kräfte $A_1, \ldots, A_5$ gegeben. Wir bestimmen dann die zwei Transversalen L, M, welche $A_1, \ldots, A_4$ schneiden. Die so gefundenen Strahlen sehen wir als die Schrauben vom Parameter Null eines Cylindroids an und construiren danach diese Fläche. Auf diesem Cylindroid bestimmen wir dann noch diejenige Schraube X, die reciprok ist zu A_5.

Dann ist X reciprok zu allen fünf Kräften, und hat daher die Eigenschaft, dass diese bei keiner Bewegung eines freien Körpers, auf den sie angreifen, um die Schraube X Arbeit leisten. Die Schraube X ist ihrer ganzen Construction nach eindeutig bestimmt.

Aus der Theorie der reciproken Schrauben folgt nun noch sofort, dass eine Dyname auf X keine Arbeit leistet in Bezug auf Bewegungen des Körpers um eine der Schrauben $A_1, \ldots, A_5$.

Als specieller Fall kann hier der eintreten, dass $A_1, \ldots, A_5$ eine gemeinschaftliche Transversale besitzen. Dann ist eben X diese Transversale und der Parameter von X ist Null. In diesem Fall bedarf es nun keines weiteren Nachweises, dass $A_1, \ldots, A_5$ das Gleichgewicht eines Körpers nicht zu stören vermögen, der sich nur um X drehen kann.

§ 12.

Wir wollen nun den Fall betrachten, dass ein Körper mit Freiheit vierter Stufe einen Impuls erhält durch eine Dyname auf einer Schraube η. Und wir wollen die Coordinaten der zugehörigen instantanen Schraube ϑ und auch die bei dem Impuls eintretenden Reactionen der Widerstände berechnen.

Sind nun λ, μ irgend zwei Schrauben des reciproken Cylindroids, so können diese Reactionen immer dargestellt werden durch zwei Dynamen, die gleichzeitig auf λ, resp. μ wirken, und die Intensitäten λ'', μ'' seien. Wenn wir die sechs absoluten Trägheitsschrauben zum Coordinatensystem machen, so kann die anfängliche Bewegung des Körpers so dargestellt werden, als ob er frei sei, aber als ob eine Dyname auf den Körper wirke, deren Coordinaten proportional den Grössen sind $p_1\vartheta_1, \ldots, p_6\vartheta_6$. Wenn wir daher den gegebenen Impuls mit den Reactionen zusammensetzen, so muss das Resultat dieser Zusammensetzung geradezu diese Dyname sein, deren Coordinaten wir eben angaben. Ist also h ein Proportionalitätsfactor, so haben wir die Gleichungen

$$\begin{array}{l} hp_1\vartheta_1 = \eta''\eta_1 + \lambda''\lambda_1 + \mu''\mu_1 \\ \vdots \\ hp_6\vartheta_6 = \eta''\eta_6 + \lambda''\lambda_6 + \mu''\mu_6. \end{array}$$

Multipliciren wir die erste dieser Gleichungen durch λ_1, die zweite durch λ_2, u. s. w. die letzte durch λ_6 und addiren, so erhalten wir, mit Rücksichtnahme auf die Reciprocität von ϑ und λ

$$\eta''\Sigma\eta_i\lambda_k + \lambda''\Sigma\lambda_i^2 + \mu''\Sigma\lambda_i\mu_k = 0$$

und ganz analog

$$\eta''\Sigma\eta_i\mu_k + \lambda''\Sigma\lambda_i\mu_k + \mu''\Sigma\lambda_i^2 = 0.$$

Aus diesen beiden Gleichungen lassen sich die beiden Unbekannten λ'', μ'' berechnen, wodurch die Reactionen der Widerstände bei Beginn der Bewegung vollkommen bestimmt sind. Führt man dann die Werthe λ'', μ'' in die obigen Gleichungen für die ϑ ein, so sind auch diese, d. h. durch sie die gesuchte instantane Schraube ϑ, bestimmt.

§ 13.

Wir wenden uns zur Bestimmung der Hauptträgheitsschrauben des Systems vierter Stufe. Als Coordinatensystem benutzen wir dabei wieder die absoluten Trägheitsschrauben. Sind dann α, β, γ, δ irgend vier coreciproke Schrauben des Systems vierter Stufe, so können die Coordinaten irgend welcher anderen Schraube ϑ desselben Systems ausgedrückt werden durch die Darstellung

$$\begin{array}{l} \vartheta''\vartheta_1 = \alpha''\alpha_1 + \beta''\beta_1 + \gamma''\gamma_1 + \delta''\delta_1 \\ \vdots \\ \vartheta''\vartheta_6 = \alpha''\alpha_6 + \beta''\beta_6 + \gamma''\gamma_6 + \delta''\delta_6. \end{array}$$

Seien wie im vorhergehenden λ, μ zwei Schrauben des reciproken Cylindroids. Wenn dann ϑ eine Hauptträgheitsschraube sein soll, so muss sein

$$h p_1 (\alpha'' \alpha_1 + \beta'' \beta_1 + \gamma'' \gamma_1 + \delta'' \delta_1)$$
$$= \alpha'' \alpha_1 + \beta'' \beta_1 + \gamma'' \gamma_1 + \delta'' \delta_1 + \lambda'' \lambda_1 + \mu'' \mu_1$$
$$\vdots \qquad \vdots$$
$$h_6 p_6 (\alpha'' \alpha_6 + \beta'' \beta_6 + \gamma'' \gamma_6 + \delta'' \delta_6)$$
$$= \alpha'' \alpha_6 + \beta'' \beta_6 + \gamma'' \gamma_6 + \delta'' \delta_6 + \lambda'' \lambda_6 + \mu'' \mu_6 .$$

Multipliciren wir die erste dieser Gleichungen mit α_1, die zweite mit $\alpha_2, \ldots$, die letzte mit α_6, addiren und beachten, dass α reciprok ist zu β, γ, δ, λ, μ; führen wir ferner dieselbe Operation unter Anwendung der Grössen β_i, γ_i, δ_i durch, so erhalten wir endlich diese vier Gleichungen:

$$\begin{array}{lllll}
\alpha''(\Sigma\alpha^2 - h p_\alpha) & + \beta'' \Sigma\alpha\beta & + \gamma'' \Sigma\alpha\gamma & + \delta'' \Sigma\alpha\delta & = 0 \\
\alpha'' \Sigma\alpha\beta & + \beta''(\Sigma\beta^2 - h p_\beta) & + \gamma'' \Sigma\beta\gamma & + \delta'' \Sigma\beta\delta & = 0 \\
\alpha'' \Sigma\alpha\gamma & + \beta'' \Sigma\beta\gamma & + \gamma''(\Sigma\gamma^2 - h p_\gamma) & + \delta'' \Sigma\gamma\delta & = 0 \\
\alpha'' \Sigma\alpha\delta & + \beta'' \Sigma\beta\delta & + \gamma'' \Sigma\gamma\delta & + \delta''(\Sigma\delta^2 - h p_\delta) & = 0,
\end{array}$$

wo wir der Kürze wegen die Indices an den Grössen α, β, γ, δ weggelassen haben. Aus diesen Gleichungen können die vier Grössen α'', β'', γ'', δ'' eliminirt werden, wodurch eine Gleichung vierten Grades für h erhalten wird. Wenn h bekannt ist, bestimmen sich α'', β'', γ'', δ'', sodass dann die vier Hauptträgheitsschrauben bekannt sind.

§ 14.

Das schon mehrfach, auch im vorigen Kapitel wieder, besprochene Euler'sche Theorem kann hier in sehr interessanter Weise verwandt werden zur Bestimmung der instantanen Schraube, die einer gegebenen impulsiven Schraube entspricht.

Wenn ein Körper einen Impuls erhält durch eine Dyname auf einer Schraube η, während er gezwungen ist, sich um eine vorgegebene Schraube ϑ zu bewegen, so ist der Ausdruck für die bei der Windung um ϑ erlangte kinetische Energie bekanntlich

$$\frac{\varpi_{\eta\vartheta}^2}{u_\vartheta^2} .$$

Wenn nun ϑ_1, ϑ_2, ϑ_3, ϑ_4 die Coordinaten von ϑ sind, bezogen auf die vier Hauptträgheitsschrauben des Systems vierter Stufe, dann haben wir in bekannter Weise

$$\varpi_{\eta\vartheta}^2 = (p_1\eta_1\vartheta_1 + p_2\eta_2\vartheta_2 + p_3\eta_3\vartheta_3 + p_4\eta_4\vartheta_4)^2$$
$$u_\vartheta^2 = u_1^2\vartheta_1^2 + u_2^2\vartheta_2^2 + u_3^2\vartheta_3^2 + u_4^2\vartheta_4^2.$$

Soll der Körper die Schraube ϑ frei wählen können, in welchem Falle sie also die zu η gehörige instantane Schraube ist, so müssen nach Euler's Satz die vier unabhängigen Variabeln $\vartheta_1, \vartheta_2, \vartheta_3, \vartheta_4$ so bestimmt werden, dass der Quotient

$$\frac{\varpi_{\eta\vartheta}^2}{u_\vartheta^2} = \frac{(p_1\eta_1\vartheta_1 + p_2\eta_2\vartheta_2 + p_3\eta_3\vartheta_3 + p_4\eta_4\vartheta_4)^2}{u_1^2\vartheta_1^2 + u_2^2\vartheta_2^2 + u_3^2\vartheta_3^2 + u_4^2\vartheta_4^2}$$

ein Maximum wird. Es scheint nicht nöthig, die einfache Rechnung hier durchzuführen. Man findet leicht, dass die gesuchten Werthe $\vartheta_1, \vartheta_2, \vartheta_3, \vartheta_4$ proportional sein müssen respective zu den Werthen

$$\frac{p_1\eta_1}{u_1^2}, \quad \frac{p_2\eta_2}{u_2^2}, \quad \frac{p_3\eta_3}{u_3^2}, \quad \frac{p_4\eta_4}{u_4^2}.$$

Wir hätten diese Methode schon früher auch bei Betrachtung der anderen Freiheitsgrade anwenden können, und würden damit ebenso wie hier die früher allgemein erhaltenen Resultate bestätigt gefunden haben.

§ 15.

Wir fügen hier noch einige ganz allgemeine Betrachtungen an über das Problem der Bestimmung der instantanen Schraube, die zu einer gegebenen impulsiven Schraube gehört. Diese Ueberlegungen werden veranlasst durch den Umstand, dass für diese Bestimmung, wenn der Körper Freiheit vierten Grades hat, die Methode, welche wir für Freiheit zweiten und dritten Grades anwenden konnten, nicht zum Ziel führte. Wir haben in Kapitel IX § 3 ganz allgemein die Berechnung der Coordinaten der instantanen Schraube aus denen der impulsiven gelehrt, wenn der Körper, um den es sich handelt, vollkommen frei ist.

Es muss nun beachtet werden, dass der Zusammenhang zwischen diesen beiden Schrauben einzig bestimmt wird von den drei Hauptaxen des Körpers und den Trägheitsradien um diese Axen*).

*) Siehe hierzu Kapitel VIII.

Wir können diese Bemerkung succincter ausdrücken, wenn wir von der Vorstellung des Poinsot'schen Ellipsoids Gebrauch machen. Der Mittelpunkt dieser Fläche ist in dem besonderen Falle, wo sie Centralellipsoid heisst, im Trägheitsmittelpunkte des Körpers gelegen. Die Hauptaxen des Körpers fallen der Richtung nach zusammen mit den Hauptaxen der Fläche und die Länge der letzteren Axen sind durch die reciproken Werthe der correspondirenden Trägheitsradien gegeben. Wenn daher die impulsive Schraube gegeben ist, so muss es möglich sein, mit Hülfe des Centralellipsoids allein die zugehörige instantane Schraube zu bestimmen, wie dies übrigens auch schon von uns im Kapitel VIII ausgeführt worden ist.

Wenn eine Schaar starrer Körper gegeben ist, von denen jeder neun bestimmte Bedingungen erfüllt, so werden diese sämmtlichen Körper ein gemeinschaftliches Poinsot'sches Ellipsoid haben. Wenn dann eine impulsive Dyname auf einer Schraube η auf irgend einen dieser Körper wirkt und dieser in Folge dessen eine Windungsbewegung um eine Schraube ϑ annimmt, so wird derselbe Impuls auf derselben Schraube η jeden andern Körper der Schaar eine Windung um dieselbe instantane Schraube ϑ ertheilen. Wenn insbesondere die Massen aller dieser Körper gleich sind, dann werden auch, wie man aus Kapitel VIII sieht, die Windungsgeschwindigkeit und die in Folge jenes Impulses erlangte kinetische Energie dieselben sein, auf welches Glied der Schaar von Körpern gleichen Poinsot'schen Ellipsoids man auch den Impuls habe wirken lassen.

§ 16.

Wenn die Coordinaten einer Schraube, an der Zahl n, einer linearen homogenen Gleichung genügen

$$a_1\vartheta_1+a_2\vartheta_2+\cdots+a_n\vartheta_n=0,$$

so wollen wir sagen, dass die Schraube — die, als durch n Schrauben bestimmt, Element eines Systems n^{ter} Stufe ist — einer Ableitung oder **Gruppe erster Ordnung** des **Systems** n^{ter} **Stufe** angehört. Erinnern wir uns der allgemeinsten Form der Reciprocitätsgleichung zweier Schrauben ϑ, ξ, nämlich

$$p_1\xi_1\vartheta_1+\cdots+p_n\xi_n\vartheta_n=0,$$

so sehen wir, dass die anfänglich aufgestellte lineare Gleichung alle diejenigen Schrauben darstellt, welche reciprok sind einer Schraube ξ, die dem System n^{ter} Stufe angehört und die Coordinaten hat

$$\frac{ha_1}{p_1}, \ldots, \frac{ha_n}{p_n},$$

wo h ein Proportionalitätsfactor ist. Alle diese Schrauben sind also reciprok zu ξ und $6-n$ Schrauben des dem Originalsystem reciproken Systems, also zu $7-n$ Schrauben und gehören somit einem Schraubensystem $(n-1)^{\text{ter}}$ Stufe an. Durch die Ableitung wird also immer die Stufenzahl um eins erniedrigt (siehe Kap. XIV).

In ganz analoger Weise gelangen wir zu der Schraubengruppe $(n-1)^{\text{ter}}$ Stufe und zweiter Ordnung. Alle Schrauben eines Systemes n^{ter} Stufe, deren Coordinaten einer homogenen Gleichung zweiten Grades genügen, bilden eine solche Gruppe. Man kann sich diese Erniedrigung der Stufenzahl durch eine Gleichung, der die Schraube ϑ genügen muss, ja leicht erklären. Wenn eine Schraube einem System n^{ter} Stufe angehört, so muss sie $6-n$ Bedingungen genügen. Tritt nun noch eine Bedingung hinzu, so genügt die Schraube also $6-n+1=6-(n-1)$ Bedingungen, gehört also einem System $(n-1)^{\text{ter}}$ Stufe an.

Wenn wir nun aus einem gegebenen Schraubensystem n^{ter} Stufe A eine Schraubengruppe $(n-1)^{\text{ter}}$ Stufe und zweiten Grades durch eine homogene Gleichung zweiten Grades $U=0$ ausscheiden, dann definiren wir als Polare*) einer Schraube ϑ in Hinsicht auf die Gruppe $U=0$ diejenige Schraube von A, deren n Coordinaten

*) Siehe die Angaben über die Emananten, die im § 6 dieses Kapitels gemacht wurden. Ist $U=0$ die Gleichung zweiten Grades, von der oben die Rede ist, so ist die erste Emanante

$$\xi_1 \cdot \frac{\partial U}{\partial \vartheta_1} + \cdots + \xi_n \frac{\partial U}{\partial \vartheta_n}$$

oder

$$2p_1 \xi_1 \cdot \frac{1}{2p_1} \frac{\partial U}{\partial \vartheta_1} + \cdots + 2p_n \xi_n \cdot \frac{1}{2p_n} \frac{\partial U}{\partial \vartheta_n},$$

wo die $\frac{\partial U}{\partial \vartheta_k}$ lineare homogene Ausdrücke in den ϑ_k sind. Das Verschwinden dieser Emanante besagt dann, dass die Schraube ξ reciprok ist zu der Schraube mit den Coordinaten $\frac{1}{2p_k} \frac{\partial U}{\partial \vartheta_k}$.

proportional sind zu den Grössen

$$\frac{1}{2p_1}\frac{\partial U}{\partial \vartheta_1}, \quad \ldots, \quad \frac{1}{2p_n}\frac{\partial U}{\partial \vartheta_n},$$

wobei immer vorausgesetzt ist, dass die Coordinatenschrauben ein coreciprokes System bilden.

§ 17.

Die kinetische Energie eines um eine Schraube eines Systems n^{ter} Stufe sich bewegenden Körpers, dessen Windungsgeschwindigkeit $\frac{d\vartheta'}{dt}$ ist, wird bekanntlich durch den Ausdruck gegeben

$$M\left(\frac{d\vartheta'}{dt}\right)^2 (u_1^2\vartheta_1^2 + \cdots + u_n^2\vartheta_n^2),$$

wenn als Coordinatensystem die Hauptträgheitsschrauben gewählt sind. Setzen wir nun

$$u_1^2\vartheta_1^2 + \cdots + u_n^2\vartheta_n^2 = 0,$$

so wird dadurch die Schraube ϑ ein Element einer Schraubengruppe $(n-1)^{\text{ter}}$ Stufe und zweiter Ordnung. Diese Gruppe ist nun ersichtlich imaginär. Die kinetische Energie eines Körpers, der sich um eine dieser Schrauben bewegt, ist Null. Sir R. Ball nennt diese Gruppe die kinetische Gruppe. Dieselbe hat auch ihre geometrisch-mechanische Bedeutung, die wol zuerst von Herrn Felix Klein angegeben worden ist, weshalb wir sie auch die Klein'sche Gruppe nennen werden. Wenn einem Körper nämlich um eine Schraube ϑ mit den Coordinaten $\vartheta_1, \ldots, \vartheta_n$, in Bezug auf die Hauptträgheitsaxen, eine Windungsgeschwindigkeit ertheilt worden ist, so sind die Coordinaten der zugehörigen impulsiven Schraube

$$\frac{u_1^2\vartheta_1}{p_1}, \quad \ldots, \quad \frac{u_n^2\vartheta_n}{p_n}.$$

Soll also diese impulsive Schraube reciprok sein zu der instantanen Schraube, so haben wir die Gleichung zu erfüllen

$$p_1\vartheta_1 \cdot \frac{u_1^2\vartheta_1}{p_1} + \cdots + p_n\vartheta_n \cdot \frac{u_n^2\vartheta_n}{p_n} = 0$$

oder

$$u_1^2\vartheta_1^2 + \cdots + u_n^2\vartheta_n^2 = 0.$$

Die Klein'sche Gruppe $(n-1)^{\text{ter}}$ Stufe und zweiter Ordnung von Schrauben aus einem System n^{ter} Stufe besteht also aus denjenigen Schrauben des letzteren Systems, die, als instantane Schrauben betrachtet, den zugehörigen impulsiven Schrauben reciprok sind.

Beachten wir nun noch, dass die Schraube mit den Coordinaten, die proportional sind den Grössen

$$\frac{u_1^2 \vartheta_1}{p_1}, \ldots, \frac{u_n^2 \vartheta_n}{p_n}$$

nach der Definition des § 16 die Polare der Schraube ϑ in Bezug auf die Klein'sche Gruppe ist, so können wir folgenden Satz aussprechen:

„Der Freiheitsgrad eines zu einer bestimmten Zeit ruhenden Körpers ist durch ein Schraubensystem A bestimmt. Wenn dann der Körper einen Impuls erhält durch eine Dyname auf einer Schraube η des Systems A, so wird seine Bewegung beginnen um diejenige Schraube ϑ, deren Polare in Bezug auf die Klein'sche Gruppe von A eben jene Schraube η ist."

§ 18.

Wenn ein starrer Körper mit Freiheit n^{ten} Grades aus einer Lage stabilen Gleichgewichts entfernt wird durch eine Windung um eine Schraube ϑ, deren Coordinaten mit Bezug auf die n Hauptpotentialschrauben des zugehörigen Schraubensystems n^{ter} Stufe sind $\vartheta_1, \vartheta_2, \ldots, \vartheta_n$, dann ist die von den auf den Körper wirkenden Kräften hierbei geleistete Arbeit — oder auch die potentielle Energie des Körpers in seiner neuen Lage — proportional der Grösse

$$v_1^2 \vartheta_1^2 + \cdots + v_n^2 \vartheta_n^2.$$

Die Componenten der Dyname, welche nach dieser Bewegung auf den Körper wirkt, sind, in demselben Coordinatensystem, proportional den Grössen

$$\frac{1}{2p_1} \frac{\partial V}{\partial \vartheta_1}, \ldots, \frac{1}{2p_n} \frac{\partial V}{\partial \vartheta_n},$$

wo wir durch

$$V = v_1^2 \vartheta_1^2 + \cdots + v_n^2 \vartheta_n^2 = 0$$

eine dem ursprünglichen System n^{ter} Stufe angehörige Gruppe $(n-1)^{\text{ter}}$ Stufe und zweiter Ordnung bestimmen. Nach unserer Definition wirkt diese Dyname also auf einer Schraube, welche die Polare von ϑ ist in Bezug auf die Gruppe $V=0$. Sir Ball nennt diese Gruppe die Potentialgruppe.

Wenn also ein Körper aus einer Lage stabilen Gleichgewichtes durch eine Windung um eine Schraube des zugehörigen Systems n^{ter} Stufe entfernt wird, so wirkt in der neuen Lage des Körpers eine Dyname auf den Körper auf jener Schraube, die die Polare von ϑ in Bezug auf die Potentialgruppe ist.

Die Schraube ϑ und ihre Polare sind wieder reciprok. Ueberhaupt gilt der Satz:

Wenn die linke Seite der Gleichung einer Schraubengruppe $(n-1)^{\text{ter}}$ Stufe und zweiter Ordnung auf die Normalform einer Summe von n Quadraten gebracht ist, so ist jede Schraube des Systems n^{ter} Stufe, dem die Gruppe angehört, ihrer Polare in Bezug auf jene Gruppe reciprok. Denn wenn

$$G = a_1\vartheta_1^2 + \cdots + a_n\vartheta_n^2 = 0$$

die Gruppe ist, so sind die Coordinaten der Polare η einer Schraube ϑ

$$\eta_1 = \frac{1}{2p_1}\frac{\partial G}{\partial \vartheta_1} = \frac{a_1\vartheta_1}{p_1}, \ldots, \eta_6 = \frac{1}{2p_6}\frac{\partial G}{\partial \vartheta_6} = \frac{a_6\vartheta_6}{p_6}.$$

Sollen also ϑ, η reciprok sein, so muss

$$p_1\vartheta_1\eta_1 + \cdots + p_n\vartheta_n\eta_n = 0$$

sein, was durch Substitution der Werthe von η zu der richtigen Gleichung führt

$$G = 0.$$

Die Schraube ϑ fällt mit ihren Polaren zusammen in jener Gruppe, für die

$$\vartheta_i = \frac{1}{2p_i}\frac{\partial G}{\partial \vartheta_i}.$$

Dies ist aber offenbar die Gruppe

$$P = p_1\vartheta_1^2 + \cdots + p_n\vartheta_n^2 = 0,$$

oder die Gruppe der Schrauben vom Parameter Null, die wir als Parametergruppe vielleicht bezeichnen dürfen. In diesem Falle ist die Reciprocität von ϑ mit ihrer Polare besonders evident, denn eine Einzelkraft längs einer Geraden (Dyname auf einer Schraube vom Parameter Null) leistet bekanntlich keine Arbeit in Bezug auf eine Rotation um diese Gerade (Windung um eine Schraube vom Parameter Null).

Da die Identität besteht

$$\alpha_1 \frac{\partial G}{\partial \beta_1} + \cdots + \alpha_n \frac{\partial G}{\partial \beta_n} = \beta_1 \frac{\partial G}{\partial \alpha_1} + \cdots + \beta_n \frac{\partial G}{\partial \alpha_n},$$

so können wir folgenden Satz aussprechen:

Sind α, β zwei Schrauben, und η, ζ ihre Polaren; ist dann ferner α reciprok zu ζ, so ist auch β reciprok zu η. Zwei solche Schrauben α, β mögen einander conjugirt heissen.

Ist die linke Seite der Gleichung einer Gruppe als allgemeinste homogene Function zweiten Grades von n Argumenten gegeben, so sind zur Reduction auf die hier immer angewandte Normalform nur Betrachtungen anzuwenden, welche schon öfters in unseren Entwicklungen aufgetreten sind. Wir brauchen dieselben also hier wohl nicht in extenso wiederzugeben, sondern dürfen uns damit begnügen, die Resultate herzusetzen, was wir in folgender Form nach Sir Ball thun:

Wenn die Discriminante der allgemeinen Gleichung der Gruppe zweiten Grades verschwindet, so besitzt die Gruppe eine besondere — vielleicht als „central" zu bezeichnende — Schraube, zu der die Polaren aller anderen Schrauben reciprok sind.

Die Gleichung der Gruppe wird sich immer in der Normalform darstellen, wenn als Coordinatensystem n solche Schrauben gewählt werden, von denen jedes Paar einander conjugirt ist.

Im allgemeinen sind in jeder Gruppe $(n-1)^{\text{ter}}$ Stufe n Schrauben vorhanden, die mit ihren Polaren zusammenfallen. Endlich kann man n Schrauben finden, von denen jedes Paar conjugirt ist mit Rücksicht auf jede von zwei gegebenen Gruppen der hier betrachteten Art.

§ 19.

Sind $U = 0$ und $V = 0$ die resp. Gleichungen der Klein'schen Gruppe und der Potentialgruppe, wobei wir annehmen, dass die Formen U und V in ihrer allgemeinsten Gestalt gegeben sind, so giebt es bekanntlich immer eine solche lineare Transformation der

Coordinaten, durch welche U und V gleichzeitig auf die Summe von n Quadraten gebracht werden können. Das neue Coordinatensystem ist dann sowohl das System der Hauptträgheitsschrauben — denn es bringt die Klein'sche Gruppe auf die Normalform — als auch das System der Hauptpotentialschrauben — denn es bringt die Potentialgruppe ebenfalls auf die Normalform — also das System der harmonischen Schrauben.

Es mag hier noch bemerkt werden, dass jede in allgemeinen Coordinaten gegebene Gruppe zweiter Ordnung U auf die Normalform für ein System n coreciproker Schrauben des die Gruppe umfassenden Systems n^{ter} Stufe gebracht werden kann. Denn in allgemeinen Coordinaten wird auch die Parametergruppe die Normalform nicht besitzen. Die Gruppen $U = 0$ und $P = 0$ können aber immer gleichzeitig in die Form einer Summe von n Quadraten gebracht werden. Wenn das aber bei P stattfindet, so ist bekannt, dass das zu Grunde gelegte Coordinatensystem ein coreciprokes ist.

Kapitel XVII.

Kinetik starrer Systeme mit Freiheit fünften Grades.

§ 1.

Der Satz, dass es eine bestimmte Schraube giebt, die zu fünf gegebenen Schrauben reciprok ist, erscheint von so grosser Wichtigkeit, dass wir ihm eine ausführliche Betrachtung, nach allen Richtungen hin, mit elementaren Mitteln widmen wollen. Wir reproduciren zu dem Zwecke zunächst einiges aus Kapitel VI § 7. Seien also die Gleichungen der fünf gegebenen Schrauben

$$\frac{x-x_k}{\alpha_k} = \frac{y-y_k}{\beta_k} = \frac{z-z_k}{\gamma_k} \text{ (Parameter} = \varrho_k), \quad k = 1, 2, \ldots, 5$$

und diejenigen der gesuchten Schraube

$$\frac{x-x'}{\alpha} = \frac{y-y'}{\beta} = \frac{z-z'}{\gamma} \text{ (Parameter} = \varrho).$$

Die Bedingung der Reciprocität der letzteren zu den erst gegebenen fünf Schrauben liefert dann fünf Gleichungen der Form

$$
(\mathrm{I})\quad \begin{cases} \alpha\{(\varrho+\varrho_k)\alpha_k+\gamma_k y_k-\beta_k z_k\}+\beta\{(\varrho+\varrho_k)\beta_k+\alpha_k z_k-\gamma_k x_k\} \\ \quad +\gamma\{(\varrho+\varrho_k)\gamma_k+\beta_k x_k-\alpha_k y_k\}+\alpha_k(\gamma y'-\beta z') \\ \quad +\beta_k(\alpha z'-\gamma x')+\gamma_k(\beta x'-\alpha y') \\ \quad = 0. \end{cases}
$$

Aus diesen fünf Gleichungen können die Verhältnisse der sechs Grössen

$$\alpha,\ \beta,\ \gamma,\ \gamma y'-\beta z',\ \alpha z'-\gamma x',\ \beta x'-\alpha y'$$

bestimmt werden, und die Einführung der erhaltenen Werthe in die Identität liefert die Gleichung zur Berechnung des Werthes von ϱ.

Diese Gleichung kann nun in eleganter Form mit Hülfe von Determinanten dargestellt werden. Man denke sich, um zu diesen Determinanten zu gelangen, einmal das mit α multiplicirte Glied in den Gleichungen (I) auf die linke Seite gebracht, dann das mit β und endlich das mit γ multiplicirte. Die Determinanten der linken Seiten der Gleichungen, nach Abtrennung des von ϱ abhängigen Theils, in diesen drei Fällen bezeichne man der Reihe nach mit P, Q, R. Wir schreiben, um der Vorstellung einen Anhalt zu bieten, die Determinante P hin; Q und R erhält man aus dieser durch einfache cyklische Vertauschungen. Es ist also

$$
R=\begin{vmatrix}
\varrho_1\beta_1+z_1\alpha_1-x_1\gamma_1, & \varrho_1\gamma_1+x_1\beta_1-y_1\alpha_1, & \alpha_1, & \beta_1, & \gamma_1 \\
\varrho_2\beta_2+z_2\alpha_2-x_2\gamma_2, & \varrho_2\gamma_2+x_2\beta_2-y_2\alpha_2, & \alpha_2, & \beta_2, & \gamma_2 \\
\varrho_3\beta_3+z_3\alpha_3-x_3\gamma_3, & \varrho_3\gamma_3+x_3\beta_3-y_3\alpha_3, & \alpha_3, & \beta_3, & \gamma_3 \\
\varrho_4\beta_4+z_4\alpha_4-x_4\gamma_4, & \varrho_4\gamma_4+x_4\beta_4-y_4\alpha_4, & \alpha_4, & \beta_4, & \gamma_4 \\
\varrho_5\beta_5+z_5\alpha_5-x_5\gamma_5, & \varrho_5\gamma_5+x_5\beta_5-y_5\alpha_5, & \alpha_5, & \beta_5, & \gamma_5
\end{vmatrix}.
$$

Aehnlich bilde man die Determinante

$$
L=\begin{vmatrix}
\varrho_1\alpha_1+\gamma_1 y_1-z_1\beta_1, & \varrho_1\beta_1+z_1\alpha_1-x_1\gamma_1, & \varrho_1\gamma_1+x_1\beta_1-y_1\alpha_1, & \beta_1, & \gamma_1 \\
\varrho_2\alpha_2+\gamma_2 y_2-z_2\beta_2, & \varrho_2\beta_2+z_2\alpha_2-x_2\gamma_2, & \varrho_2\gamma_2+x_2\beta_2-y_2\alpha_2, & \beta_2, & \gamma_2 \\
\varrho_3\alpha_3+\gamma_3 y_3-z_3\beta_3, & \varrho_3\beta_3+z_3\alpha_3-x_3\gamma_3, & \varrho_3\gamma_3+x_3\beta_3-y_3\alpha_3, & \beta_3, & \gamma_3 \\
\varrho_4\alpha_4+\gamma_4 y_4-z_4\beta_4, & \varrho_4\beta_4+z_4\alpha_4-x_4\gamma_4, & \varrho_4\gamma_4+x_4\beta_4-y_4\alpha_4, & \beta_4, & \gamma_4 \\
\varrho_5\alpha_5+\gamma_5 y_5-z_5\beta_5, & \varrho_5\beta_5+z_5\alpha_5-x_5\gamma_5, & \varrho_5\gamma_5+x_5\beta_5-y_5\alpha_5, & \beta_5, & \gamma_5
\end{vmatrix}
$$

und die beiden anderen M, N, welche sich durch cyclische Vertauschungen aus L ergeben. Dann wird die Gleichung für ϱ

$$(P^2+Q^2+R^2)\varrho+PL+QM+RN=0.$$

Durch diese Gleichung ist nun bewiesen, dass nicht nur die Coordinaten, sondern auch der Parameter der zu fünf gegebenen Schrauben reciprok in linearer Weise gefunden wird, dass es also in der That nur eine solche Schraube giebt.

§ 2.

Wenn sechs gegebene Schrauben $A_1, \ldots, A_6$ zu einer und derselben Schraube T reciprok sind, so können sie nicht unabhängig von einander sein, sondern es muss eine Relation zwischen ihnen stattfinden. In Schraubencoordinaten — im Sinne dieses Werkes — ausgedrückt, ist diese Relation gegeben durch das Verschwinden der Determinante

$$\begin{vmatrix} \alpha_1, & \alpha_2, & \alpha_3, & \alpha_4, & \alpha_5, & \alpha_6 \\ \beta_1, & \beta_2, & \beta_3, & \beta_4, & \beta_5, & \beta_6 \\ \gamma_1, & \gamma_2, & \gamma_3, & \gamma_4, & \gamma_5, & \gamma_6 \\ \delta_1, & \delta_2, & \delta_3, & \delta_4, & \delta_5, & \delta_6 \\ \varepsilon_1, & \varepsilon_2, & \varepsilon_3, & \varepsilon_4, & \varepsilon_5, & \varepsilon_6 \\ \zeta_1, & \zeta_2, & \zeta_3, & \zeta_4, & \zeta_5, & \zeta_6 \end{vmatrix}.$$

Wenn wir aber die Schrauben A wieder so darstellen, wie im vorigen Paragraphen, also A_k durch

$$\frac{x-x_k}{\alpha_k}=\frac{y-y_k}{\beta_k}=\frac{z-z_k}{\gamma_k}\text{(Parameter} = \varrho_k)$$

und für T die Gleichungen aufstellen

$$\frac{x}{\alpha}=\frac{y}{\beta}=\frac{z}{\gamma}\text{(Parameter} = \varrho),$$

so ist die Bedingung für die Reciprocität von T und A_k

$$(\varrho+\varrho_k)(\alpha\alpha_k+\beta\beta_k+\gamma\gamma_k)+x_k(\gamma\beta_k-\beta\gamma_k)+y_k(\alpha\gamma_k-\gamma\alpha_k)$$
$$+z_k(\beta\alpha_k-\alpha\beta_k)=0.$$

Solcher Gleichungen haben wir also sechs, entsprechend den Werthen der Indices 1, ..., 6. Durch Elimination der sechs Grössen

$$\varrho\alpha,\quad \varrho\beta,\quad \varrho\gamma,\quad \alpha,\quad \beta,\quad \gamma$$

aus ihnen erhalten wir

$$\Delta = \begin{vmatrix} \alpha_1\varrho_1+\gamma_1 y_1-\beta_1 z_1, & \beta_1\varrho_1+\alpha_1 z_1-\gamma_1 x_1, & \gamma_1\varrho_1+\beta_1 x_1-\alpha_1 y_1, & \alpha_1, & \beta_1, & \gamma_1 \\ \alpha_2\varrho_2+\gamma_2 y_2-\beta_2 z_2, & \beta_2\varrho_2+\alpha_2 z_2-\gamma_2 x_2, & \gamma_2\varrho_2+\beta_2 x_2-\alpha_2 y_2, & \alpha_2, & \beta_2, & \gamma_2 \\ \alpha_3\varrho_3+\gamma_3 y_3-\beta_3 z_3, & \beta_3\varrho_3+\alpha_3 z_3-\gamma_3 x_3, & \gamma_3\varrho_3+\beta_3 x_3-\alpha_3 y_3, & \alpha_3, & \beta_3, & \gamma_3 \\ \alpha_4\varrho_4+\gamma_4 y_4-\beta_4 z_4, & \beta_4\varrho_4+\alpha_4 z_4-\gamma_4 x_4, & \gamma_4\varrho_4+\beta_4 x_4-\alpha_4 y_4, & \alpha_4, & \beta_4, & \gamma_4 \\ \alpha_5\varrho_5+\gamma_5 y_5-\beta_5 z_5, & \beta_5\varrho_5+\alpha_5 z_5-\gamma_5 x_5, & \gamma_5\varrho_5+\beta_5 x_5-\alpha_5 y_5, & \alpha_5, & \beta_5, & \gamma_5 \\ \alpha_6\varrho_6+\gamma_6 y_6-\beta_6 z_6, & \beta_6\varrho_6+\alpha_6 z_6-\gamma_6 x_6, & \gamma_6\varrho_6+\beta_6 x_6-\alpha_6 y_6, & \alpha_6, & \beta_6, & \gamma_6 \end{vmatrix} = 0.$$

Diese Determinante wird durch Transformation auf irgend welche parallele Axen nicht geändert. Ihr Verschwinden ist daher die nothwendige und hinreichende Bedingung dafür, dass sechs Schrauben gleichzeitig einer siebenten reciprok sind. Die anfänglich gemachte Annahme, dass T durch den Anfangspunct gehe, hat also die Allgemeinheit des Resultats nicht beeinträchtigt.

Da Δ linear ist in den Grössen x_1, y_1, z_1, so folgt, dass alle Schrauben von gegebenem Parameter, die zu einer und derselben Schraube reciprok sind, in einer Ebene liegen.

Da Δ auch linear ist in Bezug auf die Grössen α_1, β_1, γ_1, so folgt insbesondere der Satz von Moebius, der in Kapitel XIII § 3 gegeben wurde, dass alle Schrauben von gegebenem Parameter, welche durch einen Punct P gehen und einer und derselben Schraube reciprok sind, in einer Ebene liegen.

Nennen wir überhaupt die Determinante Δ kurz die Determinante der sechs Schrauben A, so können wir also die folgenden fünf gleichbedeutenden Sätze aussprechen:

1. Wenn die Determinante von sechs Schrauben verschwindet, so sind diese Schrauben alle einer und derselben Schraube reciprok.

2. Alle solche sechs Schrauben gehören einem Schraubensystem fünfter Stufe an.

3. Die Intensitäten von Dynamen, die auf solchen Schrauben auf einen freien Körper wirken, können immer so bestimmt werden, dass die sechs Dynamen im Gleichgewicht sind.

4. Die Windungsgeschwindigkeiten eines Körpers um sechs solche Schrauben lassen sich immer so bestimmen, dass die Ge-

sammtheit aller sechs Windungen äquivalent der Windung Null ist, oder

5. Man kann dem Körper immer sechs solche Windungen um solche Schrauben ertheilen, dass er nach der sechsten wieder die Lage einnimmt, die er vor der ersten besass.

Wenn sieben Dynamen im Gleichgewicht sind (oder sieben Windungen sich neutralisiren), dann ist die Intensität irgend einer derselben (oder die Amplitude irgend einer der Windungen) proportional der Determinante der sechs anderen Schrauben.

§ 3.

Damit ein Körper mit Freiheit fünften Grades im Gleichgewicht verharren könne, ist nothwendig und hinreichend, dass die auf ihn wirkenden Kräfte eine Dyname bilden, die auf derjenigen einzigen Schraube wirkt, welche reciprok ist zu dem in diesem Falle zum Körper gehörigen Schraubensysteme fünfter Stufe. Daraus ersehen wir, dass es nicht möglich einen Körper mit Freiheit fünften Grades unter dem Einfluss der Schwerkraft im Gleichgewicht zu erhalten, wenn nicht jene einzige Schraube den Parameter Null hat und mit der Verticalen durch den Trägheitsmittelpunkt des Körpers zusammenfällt.

Wenn die sechs Schrauben $A_1, \ldots, A_6$ des § 2 alle den Parameter Null haben, so wird ihre Determinante

$$\triangle = \begin{vmatrix} \alpha_1, & \beta_1, & \gamma_1, & \gamma_1 y_1 - z_1 \beta_1, & z_1 \alpha_1 - x_1 \gamma_1, & x_1 \beta_1 - y_1 \alpha_1 \\ \alpha_2, & \beta_2, & \gamma_2, & \gamma_2 y_2 - z_2 \beta_2, & z_2 \alpha_2 - x_2 \gamma_2, & x_2 \beta_2 - y_2 \alpha_2 \\ \alpha_3, & \beta_3, & \gamma_3, & \gamma_3 y_3 - z_3 \beta_3, & z_3 \alpha_3 - x_3 \gamma_3, & x_3 \beta_3 - y_3 \alpha_3 \\ \alpha_4, & \beta_4, & \gamma_4, & \gamma_4 y_4 - z_4 \beta_4, & z_4 \alpha_4 - x_4 \gamma_4, & x_4 \beta_4 - y_4 \alpha_4 \\ \alpha_5, & \beta_5, & \gamma_5, & \gamma_5 y_5 - z_5 \beta_5, & z_5 \alpha_5 - x_5 \gamma_5, & x_5 \beta_5 - y_5 \alpha_5 \\ \alpha_6, & \beta_6, & \gamma_6, & \gamma_6 y_6 - z_6 \beta_6, & z_6 \alpha_6 - x_6 \gamma_6, & x_6 \beta_6 - y_6 \alpha_6 \end{vmatrix}.$$

Eine Dyname auf einer Schraube vom Parameter Null ist nichts anderes als eine Einzelkraft, die längs dem Träger der Schraube wirkt. Wenn also sechs Kräfte auf einen freien Körper wirken auf sechs Geraden, deren Determinante Null ist, so sind diese Kräfte im Gleichgewicht und umgekehrt, ist das Verschwinden von $\triangle$ die hinreichende und nothwendige Bedingung für das Gleichgewicht der Kräfte. Für diesen speciellen Fall wurde die Determinante Δ zuerst von Herrn Sylvester aufgestellt, in den Comptes rendus, tome 52, pag. 816. Er drückte die geometrische Beziehung, welche zwischen den Richtungen linear der sechs Kräfte besteht, wenn $\Delta = 0$, dadurch aus, dass er sagte, die sechs Geraden seien in Involution. Die Beibehaltung dieses Wortes, das in der Geometrie schon eine ganz bestimmte, aber, von der durch $\Delta = 0$ ausgedrückten Eigenschaft von sechs Raumgeraden, sehr verschiedene, Bedeutung hat, würde sich nicht empfohlen haben. Sie ist aber auch überflüssig geworden in Folge der wenige Jahre später von Plücker geschaffenen und bald nachher auch in extenso publicirten Theorie der Liniencomplexe. Die letzte Gleichung

$$\Delta = 0$$

ist eben für variabele $\alpha_1, \beta_1, \gamma_1; x_1, y_1, z_1$ nichts anderes als die Gleichung des durch fünf seiner Strahlen $A_2, \ldots, A_6$ bestimmten Complexes erster Ordnung; oder die Bedingung, dass die sechs Strahlen $A_1, \ldots, A_6$ diesem Complex angehören.

Wir haben hier nur wieder gefunden, was schon auf pag. 113 gezeigt worden war, dass nämlich das Schraubensystem fünfter Stufe einen linearen Complex bildet.

Kehren wir wieder insbesondere zu den eben betrachteten im Gleichgewicht befindlichen sechs Kräften zurück, so ist also auch wieder eine jede derselben aus den anderen fünf herleitbar, oder, wie dies ja schon klar war, ihre Richtungslinien gehören einem System fünfter Stufe an. Es lässt sich also immer eine und nur eine Schraube X bestimmen, die reciprok ist zu allen sechs Schrauben $A_1, \ldots, A_6$. Wenn also ein Körper nur fähig wäre, sich um X zu bewegen, so würden demnach die sechs Kräfte $A_1, \ldots, A_6$ nicht nur unter sich ein Gleichgewicht sein, sondern jede einzelne wäre auch unfähig, das Gleichgewicht eines nur um X bewegbaren Körpers zu stören.

Während im allgemeinen ein Körper, der Windungen um sechs Schrauben von irgend welchen Parametern ausführen kann, vollständig frei ist, kann auf Grund unserer Theorie leicht sofort eingesehen werden, dass dies nicht der Fall sein wird, wenn der Körper Drehungen um jede der Geraden $A_1, \ldots, A_6$ ausführen kann. Denn diese Geraden gehören ja einem System fünfter Stufe an. Dieser Satz ist durch Moebius ziemlich umständlich durch die älteren Methoden bewiesen worden.

Ebenso ist Folgendes sofort klar. Wenn ein starrer Körper vollkommen frei ist, so kann eine Dyname auf jeder Schraube des Raumes ihn in Bewegung setzen. Wenn er aber nur um die sechs Geraden $A_1, \ldots, A_6$ Drehungen anführen kann, so ist dies nicht mehr möglich. Denn eine Dyname auf der vorhin mit X bezeichneten Schraube vermag dem Körper keine Bewegung zu ertheilen.

§ 4.

Zu irgend vier Strahlen eines linearen Complexes giebt es zwei und nur zwei gemeinschaftliche Transversalen. Diese gehören ebenfalls dem Complex an und sind die Leitgeraden irgend eines in dem Complex enthaltenen Strahlensystems erster Ordnung und Klasse. Man kann dies im Rahmen unserer Theorie leicht so zeigen. Durch die Schraube X, die wir vorhin als gemeinschaftliche Reciproke zu $A_1, \ldots, A_6$ construirten, legen wir irgend ein beliebiges Cylindroid. Die beiden Schrauben vom Parameter Null auf dieser Fläche haben die angegebene Eigenschaft. Denn jede Transversale dieser beiden Schrauben, als Richtungslinie einer Kraft betrachtet, ist reciprok zu dem Cylindroid, also auch zu X. Die Gesammtheit aller zu X reciproken Schrauben ist aber das Schraubensystem fünfter Stufe oder der lineare Complex, zu dem $A_1, \ldots, A_6$, gehören. Man kann auch umgekehrt verfahren und zeigen, dass das Cylindroid durch die gemeinsamen Transversalen irgend welcher vier von den sechs Geraden durch X geht. Die A sind als Richtungslinien von Kräften Schrauben vom Parameter Null. Werden also die zwei Transversalen g, h zu vier derselben, etwa zu $A_1, \ldots, A_4$, auch als Richtungslinie von Kräften angesehen, so sind g, h beide reciprok zu jeder einzelnen der $A_1, \ldots, A_4$. Diese letzteren können wir aber als Bestimmende eines Systems vierter Ordnung ansehen, dessen reciprokes Cylindroid dann durch seine beiden Schrauben verschwindenden Parameters g, h bestimmt ist. Aber $A_1, \ldots, A_4$ sind auch alle zu X reciprok. Ausserhalb des Reciprocalsystemes giebt es aber keine zu $A_1, \ldots, A_4$ reciproke Schraube. Folglich muss X auf dem Cylindroid (g, h) enthalten sein. Zu jedem Quadrupel von Complexstrahlen gehört nun ein solches Cylindroid (g, h). Und wir sehen also, dass alle diese Cylindroide eine gemeinsame Erzeugende X haben.

Die beiden Geraden g, h heissen conjugirte Strahlen des Complexes $(A_1, \ldots, A_6)$.

Alle diese Geraden g, h liegen auf einem einfachen Hyperboloid, wie Herr Sylvester durch andere Methoden gezeigt hat. In der That, irgend zwei Cylindroide (g, h) (g', h') haben die gemeinschaftliche Erzeugende X. Die Gesammtheit aller Schrauben von (g, h) und (g', h') zusammen bildet also ein Schraubensystem dritter Stufe. Daher müssen die beiden Paare von Geraden g, h; g', h' als Paare von Schrauben verschwindenden Parameters auf einem und demselben einfachen Hyperboloid liegen.

Es mag bei dieser Gelegenheit darauf hingewiesen werden, dass die allgemeinste Elementarverschiebung eines freien starren Körpers auch durch zwei unendlich kleine Rotationen um zwei conjugirte Strahlen eines linearen Complexes hervorgebracht werde. Denn offenbar ist jede Windung um eine Schraube in zwei solche Rotationen zerlegbar. Denn wenn diese Windung um die Schraube ϑ stattfindet, so lege man durch ϑ irgend ein Cylindroid. Die Windung von ϑ lässt sich dann immer zerlegen in zwei andere um zwei Schrauben dieser Fläche. Wählen wir zu diesen letzteren Schrauben diejenige vom Parameter Null auf dem Cylindroid, so ist die Behauptung erwiesen. Eine Windung um eine Schraube vom Parameter Null ist eben eine Drehung um den Träger der Schraube als Axe.

§ 5.

In der Theorie der Schraubensysteme fünfter Stufe können wir die zu einer gegebenen impulsiven Schraube gehörige instantane Schraube durch einfache geometrische Betrachtungen bestimmen. Es sei λ die zu dem System fünfter Stufe reciproke Schraube, und ϱ möge diejenige Schraube, welche als instantane Schraube der impulsiven Schraube λ entsprechen würde, wenn der Körper vollkommen frei wäre. Ferner sei η die Schraube, auf welcher eine impulsive Dyname auf den Körper wirkt, und endlich bedeute ξ diejenige Schraube, welche als instantane zu η gehören würde, wenn der Körper vollkommen frei wäre.

Die wirklich stattfindende Bewegung kann nun betrachtet werden als eine freie Bewegung, die zu Stande kommt unter dem Einflusse einer gewissen unbekannten Dyname auf λ in Zusammenwirkung mit der Dyname auf η.

Die wirkliche Bewegung des Körpers wird also eine Windung sein, die sich zusammensetzt aus einer Windung um ϱ und einer solchen um ξ. Sie muss also stattfinden um eine Schraube ϑ des Cylindroids (ξ, ϱ). Und zwar ist es leicht diese Schraube ϑ individuell anzugeben. Sie muss offenbar diejenige Erzeugende der Fläche (ξ, ϱ) sein, welche reciprok ist zu λ. Danach ist bekanntlich ϑ eindeutig bestimmt. Die Windungsgeschwindigkeit der anfänglichen Bewegung um ϑ sowohl als die Intensität λ'' der die Reaction der Widerstände darstellenden Dyname auf λ werden durch diese Construction ebenfalls bestimmt. Denn nach Kapitel III sind die Verhältnisse der Windungsgeschwindigkeiten um die drei cocylindroidalen Schrauben ϑ, ξ, ϱ bestimmt. Da aber η'' bekannt ist, so ist auch der absolute Werth der Windungsgeschwindigkeit um ξ bekannt; woraus dann auch derjenige der Windungsgeschwindigkeit um ϑ und ϱ folgt. Endlich folgt dann aus ϱ' oder der Windungsgeschwindigkeit um ϱ die Intensität λ'' der Reactionsdyname auf λ.

§ 6.

Wir wollen dieselbe Untersuchung auch analytisch durchführen. Als Coordinatensystem wählen wir die sechs absoluten Trägheitsschrauben. Die Zusammensetzung der Dyname auf λ mit der auf η muss eine Dyname ergeben, die dem Körper eine Windung um ϑ ertheilen würde, wenn derselbe frei wäre. Aus dieser Bemerkung fliessen die sechs Gleichungen, in denen h ein Proportionalitätsfactor ist

$$\begin{array}{ccccc} hp_1\vartheta_1 & = & \eta''\eta_1 & + & \lambda''\lambda_1 \\ \vdots & \vdots & \vdots & \vdots & \vdots \\ hp_6\vartheta_6 & = & \eta''\eta_6 & + & \lambda''\lambda_6. \end{array}$$

Multipliciren wir die erste Gleichung mit λ_1, die zweite mit λ_2, u. s. w. und addiren, so kommt, unter Rücksichtnahme auf die Reciprocität von ϑ und λ

$$\eta''\Sigma\eta_i\lambda_i + \lambda''\Sigma\lambda_i^2 = 0.$$

Durch diese Gleichung ist also die Intensität λ'' der Reactionsdyname bestimmt. Und die Coordinaten der zu η gehörigen instantanen Schraube ϑ sind dann proportional den Werthen

$$\frac{\eta_1 \Sigma \lambda_i^2 - \lambda_1 \Sigma \eta_i \lambda_i}{p_1}, \ldots, \frac{\eta_6 \Sigma \lambda_i^2 - \lambda_6 \Sigma \eta_i \lambda_i}{p_6}.$$

§ 7.

Die Bestimmung der Hauptträgheitsschrauben führt hier auf eine sehr einfache Gleichung. Wenn ξ eine solche Schraube sein soll, so müssen die Gleichungen stattfinden

$$\begin{matrix} hp_1 \xi_1 = \xi'' \xi_1 + \lambda'' \lambda_1 \\ \vdots \\ hp_6 \xi_6 = \xi'' \xi_6 + \lambda'' \lambda_6 \end{matrix}$$

oder

$$\xi_1 = \frac{\lambda'' \lambda_1}{hp_1 - \xi''} \quad \text{etc.}$$

Führt man diese Coordinatenwerthe ein in die Gleichung der Reciprocität von ξ und λ:

$$p_1 \lambda_1 \xi_1 + p_2 \lambda_2 \xi_2 + p_3 \lambda_3 \xi_3 + p_4 \lambda_4 \xi_4 + p_5 \lambda_5 \xi_5 + p_6 \lambda_6 \xi_6 = 0$$

und setzt

$$\frac{\xi''}{h} = x,$$

so ergiebt sich für x die elegante Gleichung fünften Grades

$$\frac{p_1 \lambda_1^2}{p_1 - x} + \frac{p_2 \lambda_2^2}{p_2 - x} + \frac{p_3 \lambda_3^2}{p_3 - x} + \frac{p_4 \lambda_4^2}{p_4 - x} + \frac{p_5 \lambda_5^2}{p_5 - x} + \frac{p_6 \lambda_6^2}{p_6 - x} = 0,$$

aus der sich fünf Werthe von ξ'', also fünf Hauptträgheitsschrauben bestimmen. Ist x' eine der Wurzeln dieser Gleichung, so sind die Coordinaten der correspondirenden Hauptträgheitsschraube proportional den Werthen

$$\frac{\lambda_1}{p_1 - x'}, \frac{\lambda_2}{p_2 - x'}, \frac{\lambda_3}{p_3 - x'}, \frac{\lambda_4}{p_4 - x'}, \frac{\lambda_5}{p_5 - x'}, \frac{\lambda_6}{p_6 - x'}.$$

Wir können mit diesen Formen leicht zeigen, dass jedes Paar dieser Schrauben reciprok ist. Sind x', x'' irgend zwei Wurzeln obiger Gleichung fünften Grades, so ist

$$\Sigma \frac{p_i \lambda_i^2}{p_i - x'} - \Sigma \frac{p_i \lambda_i^2}{p_i - x''} = 0$$

und

$$\Sigma \frac{p_i \lambda_i^2}{p_i - x'} - \Sigma \frac{p_i \lambda_i^2}{p_i - x''} = (x' - x'') \Sigma \frac{p_i \lambda_i^2}{(p_i - x')(p_i - x'')},$$

also

$$\Sigma \frac{p_i \lambda_i^2}{(p_i - x')(p_i - x'')} = 0,$$

d. h. die beiden Schrauben mit den Coordinaten

$$\frac{\lambda_i}{p_i - x'} \quad \text{und} \quad \frac{\lambda_i}{p_i - x''}$$

sind in der That reciprok.

Ebenso zeigt man leicht, dass, mit Rücksicht auf die eben erhaltene Gleichung,

$$\frac{x''}{x'' - x'} \Sigma \frac{p_i \lambda_i^2}{p_i - x'} + \frac{x'}{x' - x''} \Sigma \frac{p_i \lambda_i^2}{p_i - x''} = \Sigma \frac{p_i^2 \lambda_i^2}{(p_i - x')(p_i - x'')}.$$

Auf der rechten Seite verschwindet jedes Glied für sich, es muss also auch sein

$$\Sigma \frac{p_i^2 \lambda_i^2}{(p_i - x')(p_i - x'')} = 0,$$

dies ist aber die Bedingung, dass die Schrauben mit den Coordinaten

$$\frac{\lambda_i}{p_i - x'} \quad \text{und} \quad \frac{\lambda_i}{p_i - x''}$$

conjugirte Trägheitsschrauben sind.

Zur Bestimmung der Hauptpotentialschrauben und der harmonischen Schrauben des Systems fünfter Stufe wird man sich am besten an die allgemeine Theorie anschliessen, die für den Fall $n = 5$ zu wiederholen, kein Grund vorliegt.

Kapitel XVIII.

Kinetik des frei beweglichen Körpers.

§ 1.

Ein Körper mit Freiheit sechsten Grades ist vollkommen frei. Das Schraubensystem sechster Stufe ist die Gesammtheit aller Schrauben des Raumes. Der Satz, dass das reciproke System von der nullten Stufe ist, d. h. dass es keine reciproke Schraube giebt, ist nur ein anderer Ausdruck dafür, dass ein freier Körper nicht im Gleichgewicht verharren kann, wenn die auf ihn wirkenden Kräfte irgend eine Resultante haben.

§ 2.

Wenn für einen freien Körper A_1, A_2, ... etc. eine Reihe von instantanen Schrauben sind, welche den impulsiven Schrauben R_1, R_2, ... etc. entsprechen, so gehört zu jedem Paar entsprechender Schrauben A_1, R_1 ein bestimmter specifischer Parameter (im allgemeinen Sinne des Wortes). Als dieser kann in passender Weise die Windungsgeschwindigkeit angesehen werden, die um A_1 durch eine impulsive Dyname auf R_1 erregt wird, wenn die Intensität dieser Dyname gleich der Einheit ist. Wenn in dieser Weise sechs Paare A_1, R_1; A_2, R_2; ..., A_6, R_6 und ihre zugehörigen specifischen Parameter gegeben sind, dann kann eine impulsive Dyname auf irgend einer Schraube R zerlegt werden in sechs impulsive Dynamen auf R_1, R_2, ..., R_6, welche sechs Windungsgeschwindigkeiten um A_1, A_2, ..., A_6 hervorbringen, die dann auch bekannt sind, und die durch ihre Zusammensetzung die resultirende Windungsgeschwindigkeit um die resultirende Schraube A geben, womit dann auch der specifische Parameter des Paares A, R gegeben ist. Es ist also nur erforderlich sechs solcher correspondirender Paare mit ihren specifischen Parametern zu geben, um dann die Wirkung irgend welcher anderen impulsiven Dyname bestimmen zu können.

Wenn aber sieben Paare correspondirender instantaner und impulsiver Schrauben gegeben sind, so ist damit die Beziehung zwischen jedem anderen correspondirenden Paar solcher Schrauben absolut bestimmt. In der That lassen sich solche Werthe der Windungsgeschwindigkeiten um $A_1, \ldots, A_7$ bestimmen, dass die betreffenden Windungen zusammen äquivalent Null sind. Wenn dies der Fall ist, so müssen die correspondirenden impulsiven Dynamen auf $R_1, \ldots, R_7$ im Gleichgewichte sein. Daher werden die Verhältnisse ihrer Intensitäten bekannt sein. Und es wird der specifische Parameter eines jeden Paares, etwa A_1, R_1 erhalten, indem man die Determinante der übrigen sechs Schrauben A durch die Determinante der übrigen sechs Schrauben R dividirt, also hier $\triangle(A_2, \ldots, A_7)$ durch $\triangle(R_2, \ldots, R_7)$. Der specifische Parameter irgend eines zusammengehörigen Paares (R, A) ist aber bis auf einen constanten Factor bestimmt, wenn sieben Paare correspondirender Schrauben gegeben sind.

Wenn also sieben solche Paare bekannt sind, so sind wir im Stande, lediglich durch Construction die instantane Schraube herzuleiten, die irgend einer achten impulsiven Schraube entspricht; und umgekehrt.

In ganz ähnlicher Weise beweist sich der folgende Satz:

Wenn ein starrer freier Körper in einer Lage stabilen Gleichgewichts sich befindet unter dem Einfluss eines Systems von Kräften, die ein Potential besitzen, und wenn dann durch Windungen um sieben gegebene Schrauben sieben Dynamen auf sieben anderen gegebenen Schrauben hervorgerufen werden, so wird es ohne weitere Kenntniss über die wirkenden Kräfte stets möglich sein diejenige Schraube zu bestimmen, auf der eine Dyname hervorgerufen wird durch eine Windung um irgend eine achte Schraube.

Man muss sich überhaupt in der Theorie der freien Körper den Raum von zwei in einander liegenden Schraubensystemen erfüllt denken, die sich in solcher Weise entsprechen, dass ihre Correspondenz vollkommen bestimmt ist, wenn einmal zu sieben Schrauben des einen Systems sieben Schrauben des anderen Systems als entsprechende zugeordnet sind. Dann wird die Beziehung beider Systeme eine eindeutige sein, indem zu jeder Schraube des einen Systems immer eine Schraube des anderen gefunden wird. Die beiden Systeme haben sechs und nie mehr als sechs Elemente gemein, wenn sie nicht ganz zusammenfallen. Scheiden wir aus dem einen System eine Schraubengruppe n^{ter} Stufe und m^{ter} Ordnung aus, so entspricht in dem anderen System ebenfalls eine Gruppe n^{ter} Stufe und m^{ter} Ordnung.

§ 3.

Wir geben zum Abschluss unserer Betrachtungen über die Kinetik starrer Körper nun noch die Darstellung einiger Resultate, mit Hülfe unseres neuen Instrumentes der Schraubencoordinaten, welche wir in elementarer Form schon in einem früheren Kapitel entwickelt haben.

Zunächst möge gezeigt werden, dass, wenn eine Impulsivkraft auf einen freien Körper wirkt, der vor ihrem Auftreten in Ruhe war, ihre Richtungslinie und die instantane Schraube parallel zu einem Paar conjugirter Durchmesser des Poinsot'schen Ellipsoids sind.

Wir nehmen als Coordinatensystem die absoluten Trägheitsschrauben, in Bezug auf welche $\eta_1, \ldots, \eta_6$ die Coordinaten der Kraft sein mögen, deren Intensität wir gleich der Einheit voraussetzen. Dann ist

$$(\eta_1+\eta_2)^2+(\eta_3+\eta_4)^2+(\eta_5+\eta_6)^2=1$$

und die Richtungscosinus der Kraft in Bezug auf die Hauptaxen des Körpers sind

$$(\eta_1+\eta_2),\quad (\eta_3+\eta_4),\quad (\eta_5+\eta_6).$$

Sind a, b, c die Trägheitsradien, so sind die Coordinaten der instantanen Schraube, die zu η, der Richtungslinie der Kraft, als der impulsiven Schraube, gehört

$$+\frac{\eta_1}{a},\quad -\frac{\eta_2}{a},\quad +\frac{\eta_3}{b},\quad -\frac{\eta_4}{b},\quad +\frac{\eta_5}{c},\quad -\frac{\eta_6}{c}.$$

Die Bedingung, dass η und die zugehörige instantane Schraube parallel seien zu einem Paar conjugirter Durchmesser des Ellipsoids, ist

$$a^2(\eta_1+\eta_2)\cdot\frac{\eta_1-\eta_2}{a}+b^2(\eta_3+\eta_4)\cdot\frac{\eta_3-\eta_4}{b}$$
$$+c^2(\eta_5+\eta_6)\cdot\frac{\eta_5-\eta_6}{c}=0$$

oder, wie zu erwarten war,

$$\Sigma p_i\eta_i^2=p_\eta=0.$$

Denn wenn die impulsive Dyname auf η eine Einzelkraft sein soll, dann muss der Parameter der Schraube η verschwinden.

§ 4.

Wenn eine auf einen freien starren Körper wirkende impulsive Dyname eine instantane Rotation desselben hervorruft, so muss die Momentanaxe der Rotation senkrecht sein zu der impulsiven Schraube. Seien wieder $\eta_1, \ldots, \eta_6$ die Coordinaten der Momentanaxe, dann ist

$$\Sigma p_i \eta_i^2 = 0$$

oder

$$a(\eta_1+\eta_2)(\eta_1-\eta_2)+b(\eta_3+\eta_4)(\eta_3-\eta_4)+c(\eta_5+\eta_6)(\eta_5-\eta_6) = 0.$$

Dies ist aber nichts anderes als die Bedingung, dass eine Schraube mit den Coordinaten $+a\eta_1$, $-a\eta_2$, $+b\eta_3$, $-b\eta_4$, $+c\eta_5$, $-c\eta_6$ senkrecht steht auf η, womit der Satz bewiesen ist.

Die beiden letzten Sätze in ihrer Vereinigung beweisen den ferneren Satz, dass, wenn eine impulsive Kraft einem starren Körper eine instantane Rotation ertheilt, die Richtungen der Kraft und die Axe der Rotation parallel sind zu den Hauptaxen eines ebenen Schnittes des Poinsot'schen Ellipsoids.

§ 5.

Wenn die Schraube η mit einer der Hauptaxen des Körpers zusammenfällt, so haben wir die interessante Relation

$$p_1^3\eta_1^2+p_2^3\eta_2^2+\cdots+p_6^3\eta_6^2 = 0,$$

wobei die absoluten Trägheitsschrauben als Coordinatensystem genommen sind.

In der That wird in diesem Falle eine Kraft längs einer Geraden ϑ, die die Axe η schneidet, zusammengesetzt mit einem Paare in einer zu η normalen Ebene eine impulsive Dyname ergeben müssen, der η als instantane Schraube correspondirt. Daraus folgt, wenn h, k unbestimmte Coefficienten sind, dass man haben muss:

$$\begin{array}{ccccc} \vartheta_1 = & \dfrac{h}{p_1} & \dfrac{\partial R}{\partial \eta_1} & + k p_1 \eta_1 \\ \vdots & \vdots & \vdots & \vdots \\ \vartheta_6 = & \dfrac{h}{p_6} & \dfrac{\partial R}{\partial \eta_6} & + k p_6 \eta_6 . \end{array}$$

Stellt man die Bedingung

$$p_\vartheta = 0$$

explicite dar, so giebt dies

$$k^2 \Sigma p_i^3 \eta_i^2 + 2hk \Sigma p_i \eta_i \frac{\partial R}{\partial \eta_i} + h^2 \Sigma \frac{1}{p_i} \left(\frac{\partial R}{\partial \eta}\right)^2 = 0.$$

Es ist aber bekanntlich

$$\Sigma p_i \eta_i \frac{\partial R}{\partial \eta_i} = 0, \quad \Sigma \frac{1}{p_i} \left(\frac{\partial R}{\partial \eta_i}\right)^2 = 0,$$

sodass also in der That der behauptete Satz sich ergiebt

$$\Sigma p_i^3 \eta_i^2 = 0.$$

Schreibt man diese Formel so

$$\Sigma p_i \cdot p_i \eta_i \cdot p_i \eta_i = 0,$$

so erkennen wir aus ihr, dass für den freien Körper eine Einzelkraft wol so gefunden werden könne, dass sie dem Körper eine Rotation um η ertheilt. Man kann somit folgenden Satz aussprechen:

Ein starrer Körper wird aus dem Zustand des Gleichgewichts durch eine impulsive Einzelkraft herausgebracht. Wenn dann die anfängliche instantane Schraube eine der Hauptaxen des Körpers ist, so ist die anfängliche Bewegung des Körpers eine reine Rotation; und umgekehrt.

Man kann auch fragen nach dem Punkte des Körpers, zu dessen Trägheitsaxen die Schraube η gehört. Dies ist offenbar der Durchschnittspunkt von ϑ und η. Zur Bestimmung der Coordinaten von ϑ bedarf es nur der Bestimmung der Grössen h, k. Diese wird aber erlangt durch die Relation der Reciprocität von ϑ und η. Es ergiebt sich

$$2h + ku_\eta^2 = 0.$$

Auf diese Weise ist ϑ und der gesuchte Punkt bestimmt. Wenn man den Körper in diesem Punkte festhält und dann ein impulsives Paar in einer zu η senkrechten Ebene wirken lässt, so wird die Reaction der Widerstände längs ϑ wirken.

§ 6.

Es giebt in diesem Falle sechs harmonische Schrauben. Wenn also ein freier starrer Körper unter dem Einflusse eines conservativen Kräftesystems im Gleichgewichte ist, dann kann der Körper immer durch Windungen um sechs Schrauben so aus dieser Lage entfernt werden, dass die hervorgerufenen Dynamen auf diesen selben Schrauben wirken. Diese sind die harmonischen Schrauben des starren freien Körpers. Jedes Paar derselben ist gleichzeitig ein Paar conjugirter Trägheits- und ein Paar conjugirter Potentialschrauben. Wenn also der Körper durch eine Windung um eine dieser Schrauben aus der Gleichgewichtslage verschoben wird, und wenn ihm dann eine Windungsgeschwindigkeit um diese nämliche Schraube ertheilt wird, so wird der Körper in seinen Bewegungen nicht diese Schraube verlassen, sondern oscillatorische Windungen um dieselbe ausführen. Und, allgemein, wird, was auch immer die Anfangsbedingungen sein mögen, die Bewegung des Körpers aus Windungen um diese sechs Schrauben zusammengesetzt werden können.

Geometrische Methoden.

Kapitel XIX.

Projective Beziehungen räumlicher Schraubengebilde.

§ 1.

Die bisherigen Untersuchungen haben uns fortwährend zu geometrischen Betrachtungen geführt, und es ist uns wiederholt möglich gewesen, aus rein geometrischen Beziehungen Schlüsse zu ziehen, die Sätze kinematischer oder kinetischer Natur lieferten. In dieser Beziehung möge nur erinnert werden an die Paragraphen 12 bis 14 im Kapitel XIV, wo wir aus der projectiven Verwandtschaft des instantanen und des impulsiven Cylindroids die Existenz der beiden Hauptträgheitsschrauben eines Schraubensystems zweiter Stufe ableiten konnten. Auch die übrigen Kapitel bieten ohne Ausnahme solche Beispiele. Während aber bisher diese rein geometrischen Resultate nicht Ziel und Zweck der Untersuchung waren, wollen wir hier umgekehrt, gewisse geometrische Beziehungen zwischen Schrauben im Raume aufstellen, und dann sehen, ob sich aus ihnen Resultate für die Mechanik starrer Körper ergeben. Festgehalten werden muss hierbei immer, dass unsere Betrachtungen sich auf Schrauben, also auf Geraden beziehen, denen eine lineare Grösse, der Parameter, associirt ist.

§ 2.

Es ist nicht meine Absicht, in diesem Buche besondere Gestaltungen der Beziehung zweier räumlicher Schraubengebilde auf einander zu behandeln. Es soll nur im Allgemeinen ein Ausblick eröffnet werden auf ein mathematisches Gebiet, von welchem eine reiche Ernte geometrisch-mechanischer Ergebnisse zu erwarten ist. Daher sehe ich auch davon ab, hier die mit grösserer Leichtigkeit zu Speciellem führende synthetische Methode anzuwenden, und werde den Gegenstand nur von der analytischen Seite aus angreifen. Von diesem Standpunkte aus stellt sich die Sache also so. Wir betrachten zwei beliebig im Raume liegende Schraubengebilde. Die Constituenten des ersten seien kurz durch α, die des zweiten durch β bezeichnet. Es lässt sich nun zunächst jedenfalls das System der Schrauben β so bestimmen, dass zu einer gegebenen Schraube α eine und nur eine Schraube β gefunden werden kann. Dies ist offenbar der Fall, wenn wir setzen, unter Anwendung der bekannten Bezeichnung der Schraubencoordinaten,

$$(1)\quad \begin{cases} \beta_1 = f_1(\alpha_1, \alpha_2, \ldots, \alpha_6) \\ \quad\vdots \qquad \vdots \qquad\quad \vdots \\ \beta_k = f_k(\alpha_1, \alpha_2, \ldots, \alpha_6) \\ \quad\vdots \qquad \vdots \qquad\quad \vdots \\ \beta_6 = f_6(\alpha_1, \alpha_2, \ldots, \alpha_6), \end{cases}$$

und unter $f_1, \ldots, f_k, \ldots, f_6$ ganze rationale Functionen ihrer Argumente verstehen, die wir der Einfachheit halber gleich als homogen annehmen dürfen, da sie andernfalls durch Benutzung der Identität $R \equiv 1$ stets in diese Form übergeführt werden können. Lösen wir die Gleichungen (1) auf, so folgen diese

$$(2)\quad \begin{cases} \alpha_1 = F_1(\beta_1, \beta_2, \ldots, \beta_6) \\ \quad\vdots \qquad \vdots \qquad\quad \vdots \\ \alpha_k = F_k(\beta_1, \beta_2, \ldots, \beta_6) \\ \quad\vdots \qquad \vdots \qquad\quad \vdots \\ \alpha_6 = F_6(\beta_1, \beta_2, \ldots, \beta_6). \end{cases}$$

Aber die Functionen F werden im Allgemeinen nun nicht mehr wie die Functionen f eindeutige sein; es werden also zu einer gegebenen Schraube β mehr als eine Schraube α gefunden werden können.

Beschränken wir uns daher zunächst auf den einfacheren Fall, dass das Entsprechen der Schrauben α und β ein gegenseitig eindeutiges sein soll, so müssen offenbar die Functionen f als lineare homogene Functionen ihrer Argumente gegeben sein. Dann haben die F denselben Charakter. Zwei Schraubengebilde, deren Verwandtschaft in dieser Weise ausgedrückt ist, wollen wir, in sinngemässem Anschluss an die übliche Terminologie, als projective Schraubengebilde bezeichnen. Die Projectivität zweier Gebilde (α) und (β) findet also ihre Darstellung in diesen Gleichungen:

$$(3)\quad \begin{cases} \beta_1 = (11)\alpha_1 + (12)\alpha_2 + \cdots + (1k)\alpha_k + \cdots + (16)\alpha_6 \\ \beta_2 = (21)\alpha_1 + (22)\alpha_2 + \cdots + (2k)\alpha_k + \cdots + (26)\alpha_6 \\ \vdots \\ \beta_k = (k1)\alpha_1 + (k2)\alpha_2 + \cdots + (kk)\alpha_k + \cdots + (k6)\alpha_6 \\ \vdots \\ \beta_6 = (61)\alpha_1 + (62)\alpha_2 + \cdots + (6k)\alpha_k + \cdots + (66)\alpha_6, \end{cases}$$

wo wir voraussetzen, dass die Determinante der Grössen (ik)

$$|(ik)|$$

einen von Null verschiedenen Werth habe. Es entspricht dann in der That jeder Schraube α eine, und zwar eindeutig bestimmte Schraube β und umgekehrt. Setzen wir

$$\beta_1 = \lambda\alpha_1, \ldots, \beta_k = \lambda\alpha_k, \ldots, \beta_6 = \lambda\alpha_6$$

und substituiren in (3), so folgt durch Elimination der α_k aus den Gleichungen (3) eine Gleichung sechsten Grades für ϱ.

„Zwei projective Schraubensysteme haben im Allgemeinen sechs entsprechende Elemente gemein."

Wenn wir in den Gleichungen (3) sowohl für die Coordinaten von α, wie für die von β bestimmte Werthe einsetzen, so erhalten wir, wenn wir etwa die fünf ersten Gleichungen durch die sechste dividiren, fünf Gleichungen für die 35 Verhältnisse der 36 Coefficienten (ik). Wenn wir also sieben gegebenen Schrauben α sieben Schrauben β willkürlich zuordnen, so werden wir im Ganzen 35 Gleichungen für die eben genannten Verhältnisse erlangen, diese letzteren also vollkommen bestimmt haben. Nach Kenntniss dieser

Verhältnisse wird aber zu jedem ferneren Werthsystem der α_k nach (3) das entsprechende System der β_k bestimmt sein. Wenn also sieben Paare entsprechender Schrauben α, β gegeben sind, so kann zu jeder achten Schraube α die zugehörige β eindeutig gefunden werden.

„Zwei projective Schraubensysteme sind bestimmt durch sieben Paare entsprechender Elemente."

Die Willkürlichkeit bei Auswahl der sieben entsprechenden Schraubenpaare wird beschränkt, wenn unter den sieben Schrauben des einen Systems, etwa desjenigen der α, oder auch nur unter einem Theile dieser Schrauben bereits Beziehungen bestehen. Denn es ist klar, dass alsdann die allgemeine Projectivität zwischen den Systemen (α) und (β) nur bestehen kann, wenn zwischen den zu jenen ersten α zugeordneten β die gleichen Beziehungen stattfinden, wie zwischen den α. Um die Vorstellung durch den Hinweis auf einen concreten Fall zu unterstützen, möge angenommen werden, dass drei der Schrauben des Systems (α), etwa α, $\alpha^{(1)}$, $\alpha^{(2)}$ auf einem Cylindroid liegen. Dann ist jede derselben, hinsichtlich ihrer Coordinaten, eine lineare homogene Function der beiden anderen. Wir haben z. B.

$$\alpha_k = \lambda\alpha_k^{(1)} + \mu\alpha_k^{(2)}.$$

Bezeichnen wir die rechte Seite der Gleichungen (3) durch das Functionszeichen φ_k, so dass also kurz

$$\beta_k = \varphi_k(\alpha),$$

so ist, wenn wir die eben gegebenen Ausdrücke für α_k substituiren

$$\beta_k = \lambda\varphi_k(\alpha^{(1)}) + \mu\varphi_k(\alpha^{(2)}).$$

Die Ausdrücke $\varphi_k(\alpha^{(1)})$, $\varphi_k(\alpha^{(2)})$ stellen aber die Schrauben $\beta^{(1)}$, $\beta^{(2)}$ dar, welche den $\alpha^{(1)}$, $\alpha^{(2)}$ zugeordnet sind, sodass also wird

$$\beta_k = \lambda\beta_k^{(1)} + \mu\beta_k^{(2)},$$

d. h. sind die Schrauben α, $\alpha^{(1)}$, $\alpha^{(2)}$ cocylindroidal, so sind auch die ihnen entsprechenden Schrauben β, $\beta^{(1)}$, $\beta^{(2)}$ cocylindroidal.

Lassen wir das Verhältniss $\frac{\mu}{\lambda}$ variiren, so bewegt sich die Schraube α über das ganze Cylindroid $(\alpha^{(1)}, \alpha^{(2)})$ hin, während gleichzeitig β das Cylindroid $(\beta^{(1)}, \beta^{(2)})$ beschreibt. Wir können somit sagen, dass einem Cylindroid des Systems (α) ein Cylindroid des Systems (β) zugeordnet sein. Es ist dies nur ein besonderer Fall eines allgemeineren Satzes, den wir im Folgenden behandeln werden.

Zunächst möge aber einiges bemerkt werden über eine ausgezeichnete Form der Gleichungen (3).

§ 3.

Es möge das System der Coefficienten (ik) der Gleichung (3) so beschaffen sein, dass

$$(4) \quad (ik) = (ki)$$
$$|(ik)| = 1,$$

dann haben wir für die Darstellung der Grössen β die folgende typische Gleichung

$$(3^a) \quad \beta_k = (1k)\alpha_1 + (2k)\alpha_2 + \cdots + (ik)\alpha_i + \cdots + (6k)\alpha_6$$

und für die Grössen α

$$\alpha_k = (1k)\beta_1 + (2k)\beta_2 + \cdots + (ik)\beta_i + \cdots + (6k)\beta_6 .$$

Setzen wir nun

$$\beta_i = \varrho\alpha_i,$$

so folgt aus der zweiten Gleichung

$$\alpha_k = \varrho\{(1k)\alpha_1 + \cdots + (ik)\alpha_i + \cdots + (6k)\alpha_6\} .$$
$$\alpha_k = \varrho\beta_k,$$

welch letztere Gleichung natürlich auch geschrieben werden kann

$$\alpha_i = \varrho\beta_i .$$

Aus der Verbindung dieser Gleichung mit der Substitutionsgleichung für β_i folgt aber

$$\varrho^2 = 1$$
$$\varrho = \pm 1$$
$$\beta_i = \pm\alpha_i .$$

Dies Resultat bedeutet nun:

„Wenn die Verwandtschaft der Systeme (α) und (β) den durch die Gleichungen (4) definirten Charakter hat, so entspricht einer gegebenen Schraube σ des einen Systems **dieselbe** Schraube σ', ob man nun σ als ein Element von (α) oder als ein Element von (β) betrachtet."

Diese besondere Beziehung der Systeme (α) und (β) wollen wir in Analogie mit der üblichen Bezeichnungsweise in der Geometrie als eine involutorische oder kurz als Involution bezeichnen.

Sind zwei Systeme (α), (β) in Involution und sind die Schrauben $\alpha^{(1)}$, $\alpha^{(2)}$ reciprok; so sind auch die entsprechenden Schrauben $\beta^{(1)}$, $\beta^{(2)}$ reciprok. Denn ist

$$\Sigma p_k \alpha_k^{(1)} \alpha_k^{(2)} = A$$

$$\Sigma p_k \beta_k^{(1)} \beta_k^{(2)} = B,$$

so ist

$$B = A,$$

sodass also die beiden Σ gleichzeitig Null sind.

Ist ferner $\alpha^{(1)}$ reciprok zu $\beta^{(2)}$, so ist auch $\beta^{(1)}$ reciprok zu $\alpha^{(2)}$, wie leicht zu sehen. Endlich findet man sofort, dass in involutorischen Schraubensystemen entsprechende Elemente parametergleich sind.

Die Form der Gleichungen (3^a) leitet zu einem allgemeineren Gesichtspunkte hin. Bildet man nämlich mit Hülfe der ersten (3^a) die Summe

$$\Sigma \alpha_k \beta_k = U,$$

so erhält man

$$U = (11)\alpha_1^2 + (22)\alpha_2^2 + \cdots + (66)\alpha_6^2$$
$$+ 2(12)\alpha_1\alpha_2 + \cdots + 2(ik)\alpha_i\alpha_k + \cdots,$$

woraus wiederum folgt, dass

$$\beta_k = \frac{1}{2} \frac{\partial U}{\partial \alpha_k}.$$

Hiernach kann also die Schraube β wieder, nach einem bereits mehrfach gebrauchten Ausdrucke, als „Polare" von α in Bezug auf ein durch

$$U = 0$$

definirtes Schraubengebilde zweiten Grades betrachtet werden.

Sir R. Ball ist in Betrachtungen, die er über projective Schraubengebilde angestellt hat, direct von den Polaren von U

ausgegangen, indem er die Verwandtschaft des Systems (β) zu (α) definirte durch die Gleichungen

$$(5)\quad \begin{cases} \beta_1 = \dfrac{1}{p_1}\dfrac{\partial U}{\partial \alpha_1} \\ \beta_2 = \dfrac{1}{p_2}\dfrac{\partial U}{\partial \alpha_2} \\ \vdots \quad\quad \vdots \quad \vdots \\ \beta_6 = \dfrac{1}{p_6}\dfrac{\partial U}{\partial \alpha_6}, \end{cases}$$

wo die Grössen p, wie üblich, die Parameter der Coordinatenschrauben bedeuten. Hier ist nun aber über den Werth der Determinante $|(ik)|$ keine andere Voraussetzung gemacht, als dass sie nicht verschwinden soll. Wir haben wieder den Satz:

Sind $\alpha^{(1)}$, $\alpha^{(2)}$ zwei Schrauben, deren correspondirende $\beta^{(1)}$, $\beta^{(2)}$ sind und ist $\alpha^{(1)}$ reciprok zu $\beta^{(1)}$, so ist auch $\beta^{(1)}$ reciprok zu $\alpha^{(2)}$. Denn die Gleichung der Reciprocität für das erste Paar

$$p_1 \alpha_1^{(1)} \beta_1^{(2)} + \cdots + p_6 \alpha_6^{(1)} \beta_6^{(2)} = 0$$

nimmt nach (5) die Form an

$$\alpha_1^{(1)} \frac{\partial U}{\partial \alpha_1^{(2)}} + \cdots + \alpha_6^{(1)} \frac{\partial U}{\partial \alpha_6^{(2)}} = 0,$$

die identisch ist mit

$$\alpha_1^{(2)} \frac{\partial U}{\partial \alpha_1^{(1)}} + \cdots + \alpha_6^{(2)} \frac{\partial U}{\partial \alpha_6^{(1)}} = 0,$$

welch letztere sich aus der Gleichung der Reciprocität zwischen $\beta^{(1)}$ und $\alpha^{(2)}$ ergeben würde, wodurch der Satz bewiesen ist.

Mit Einführung der Function U entsteht nun noch die Frage nach der besonderen Gestaltung der Beziehung der Systeme (α) und (β) in dem Falle, wenn U in der canonischen Form einer Summe von sechs Quadraten erscheint. Nehmen wir an, dass die Fundamentalschrauben coreciprok sind, so muss die auf eine solche Form von U führende Transformation so beschaffen sein, dass sowohl U die canonische Form erlangt, als auch der Parameter

$$p_\alpha = p_1 \alpha_1^2 + \cdots + p_6 \alpha_6^2$$

seine Form nicht ändert. Man wird somit zum Ziele gelangen,

wenn man die Discriminante der Form

$$U + \lambda p_\alpha$$

gleich Null setzt, wodurch man sechs Werthe von λ erhält, durch welche die Coefficienten in der gesuchten Darstellung von U gefunden werden*). Es wird also nun sein

$$U \equiv A_1 \alpha_1^2 + \cdots + A_6 \alpha_6^2 = 0$$

und die Gleichungen der Correspondenz zwischen (α) und (β) ergeben sich

$$(6) \quad \begin{cases} \beta_1 = \dfrac{A_1}{p_1} \alpha_1 \\ \vdots \quad\quad \vdots \\ \beta_6 = \dfrac{A_6}{p_6} \alpha_6 . \end{cases}$$

woraus folgt, dass die Fundamentalschrauben die sechs Elemente sind, die (α) und (β) entsprechend gemein haben. Diese sechs Elemente sind also hier coreciprok. Die Beziehung zwischen impulsiven und instantanen Schrauben wird durch Gleichungen der Form (6) gegeben. Die sechs gemeinschaftlichen Elemente der Systeme (α), (β) haben demnach hier in mechanischer Beziehung durchaus den Character jener Schrauben, die wir als „Hauptträgheitsschrauben“ bezeichnet haben.

Es ist leicht ersichtlich, dass im Allgemeinen, in einem Schraubensystem n^{ter} Stufe, impulsive und instantane Schraube nicht die Eigenschaft der Permutabilität besitzen, d. h. wenn β die zu der impulsiven Schraube α gehörende instantane Schraube ist, so wird im Allgemeinen nicht, wenn β als impulsive Schraube gegeben ist, ihr die Schraube α als instantane entsprechen. Wenn aber die Systeme (α), (β) in der durch (3^a) gegebenen Verwandtschaft stehen, so wird dies wohl der Fall sein. Und wenn in einem System n^{ter} Stufe für ein zusammengehörendes Paar impulsiver und instantaner Schrauben die Permutabilität nachgewiesen ist, so sieht man leicht, dass dieselbe für alle Paare gilt und dass diese dann in der Beziehung (3^a) stehen.

---

*) Das Problem ist auch in § 3 des XII. Kapitels behandelt, weshalb hier ein näheres Eingehen auf dasselbe unnöthig erscheint.

§ 4.

Wir haben bereits in § 2 darauf hingewiesen, in welcher Weise man bei Auswahl der sieben Schraubenpaare α, β beschränkt ist, durch deren Fixirung die Correspondenz zweier Systeme (α) und (β) bestimmt wird. Wir hatten uns dort überzeugt, dass, wenn drei α cocylindroidal sind, die drei entsprechenden β in der gleichen Beziehung zu einander stehen. Es ist dies nur ein specieller Fall eines allgemeinen Satzes, den wir so formuliren:

„Die Gesammtheit aller Schrauben, die denen eines Systems n^{ter} Stufe projectiv sind, bilden wieder ein System n^{ter} Stufe."

Dieser Satz lässt sich leicht in dieser Weise als richtig darthun. Sind $n+1$ Schrauben, die wir mit (1), (2), ..., $(n+1)$ bezeichnen wollen, gegeben, die einem System n^{ter} Stufe angehören, so haben wir die sechs Gleichungen

$$\begin{array}{c}
a_1(1)_1 + a_2(2)_1 + \cdots + a_{n+1}(n+1)_1 = 0 \\
a_1(1)_2 + a_2(2)_2 + \cdots + a_{n+1}(n+1)_2 = 0 \\
\vdots \quad\quad \vdots \quad\quad \vdots \quad\quad \vdots \quad\quad \vdots \quad\quad \vdots \\
a_1(1)_6 + a_2(2)_6 + \cdots + a_{n+1}(n+1)_6 = 0,
\end{array}$$

wobei zu beachten ist, dass wir hier immer $n<6$ nehmen können. Aus je $n+1$ dieser Gleichungen können wir die Grössen $a_1, \ldots, a_{n+1}$ eliminiren, und erhalten so für die Bedingung, dass die $n+1$ Schrauben einem System n^{ter} Stufe angehören, eine Darstellung durch eine Reihe von Determinanten, die verschwinden müssen. Wenn nun jene $n+1$ Schrauben einem völlig allgemeinen System S angehören, wie wir sie in diesem Kapitel betrachten, und $(1)', \ldots, (n+1)'$ sind die entsprechenden Elemente eines zu S projectiven Systems S', dann haben, wie wir in § 2 zeigten, S und S' sechs Elemente entsprechend gemein. Wählen wir diese gemeinschaftlichen Schrauben von S und S' als Coordinatenschrauben, so lassen sich die Coordinaten der Schrauben des zweiten Systems durch diejenigen der Schrauben des ersten Systems so darstellen:

$$(k)'_\mu = (\mu\mu)(k)_\mu. \qquad \begin{array}{l} k = 1, 2, \ldots, n+1 \\ \mu = 1, 2, \ldots, 6 \end{array}$$

Jene vorhin erwähnten Determinantengleichungen bleiben aber bei der Substitution dieser Grössen $(k)'_\mu$ an Stelle von $(k)_\mu$ bestehen, da jede Determinante nur mit einem constanten Factor behaftet wird. Es sind daher auch für die $n+1$ Schrauben $(1)', (2)', \ldots, (n+1)'$ die Bedingungen erfüllt, welche nothwendig sind, wenn dieselben Elemente eines Systems n^{ter} Stufe sein sollen. Der obige Satz ist also bewiesen.

Durch die projective Beziehung wird also ein Schraubensystem S von der n^{ten} Stufe in ein Schraubensystem Σ derselben Stufe abgebildet, und gleichzeitig das zu S reciproke System S', welches von der $(6-n)^{\text{ten}}$ Stufe ist, in ein System $(6-n)^{\text{ter}}$ Stufe Σ'. Während also die Stufenzahl für die ursprünglichen Systeme und ihre Abbildungen übereinstimmt, so ist doch im Allgemeinen nicht auch Σ' das Reciprocalsystem von Σ, wie das der Fall war für S' und S. Man sieht das leicht ein. Die Reciprocität zweier Schraubensysteme ist also keine invariante Eigenschaft. Die Frage, in welchem speciellen Falle auch die Systeme Σ, Σ' reciprok sind, wenn S und S' es sind, führt auf eine algebraische Aufgabe, die einer Classe von Problemen angehört, die wir in diesem Buche mehrfach zu betrachten Gelegenheit hatten.

§ 5.

Es giebt indessen gewisse Functionen, welche Invarianten sind, wenn zwei allgemeine Schraubensysteme in projectiver Beziehung stehen. Da diese Functionen auch eine mechanische Deutung zulassen, so wollen wir sie noch kurz hier behandeln.

In den beiden letzten Kapiteln trat uns als ein Element von besonderer Bedeutung die dort mit $\triangle$ bezeichnete Determinante entgegen, die aus den Coordinaten von sechs Schrauben in dieser Weise gebildet ist, wenn die Schrauben durch $\alpha, \beta, \gamma, \delta, \varepsilon, \zeta$ bezeichnen werden:

$$\triangle = \begin{vmatrix} \alpha_1, & \alpha_2, & \alpha_3, & \alpha_4, & \alpha_5, & \alpha_6 \\ \beta_1, & \beta_2, & \beta_3, & \beta_4, & \beta_5, & \beta_6 \\ \gamma_1, & \gamma_2, & \gamma_3, & \gamma_4, & \gamma_5, & \gamma_6 \\ \delta_1, & \delta_2, & \delta_3, & \delta_4, & \delta_5, & \delta_6 \\ \varepsilon_1, & \varepsilon_2, & \varepsilon_3, & \varepsilon_4, & \varepsilon_5, & \varepsilon_6 \\ \zeta_1, & \zeta_2, & \zeta_3, & \zeta_4, & \zeta_5, & \zeta_6 \end{vmatrix} = \triangle(\alpha, \beta, \gamma, \delta, \varepsilon, \zeta).$$

Die Schrauben $\alpha, \beta, \gamma, \delta, \varepsilon, \zeta$ gehören, wie dort gezeigt wurde, einem System fünfter Stufe an (Sylvester'sche Involution), wenn

$$\triangle = 0,$$

und sie besitzen dann bekanntlich eine gemeinschaftliche Reciproke. Wenn nun acht Schrauben (1), ..., (8) gegeben sind, so wird man eine ganze Reihe solcher $\triangle$ bilden können, und wir wollen uns für dieselben folgender kurzen Bezeichnung bedienen. Wir bezeichnen mit $\overline{ik}$ dasjenige $\triangle$, in welchem die Schrauben (i) und (k) der Reihe (1), ..., (8) nicht vorkommen, sodass also z. B.

$$\overline{12} = \triangle((3), (4), (5), (6), (7), (8)).$$

Bilden wir nun ein $\triangle$, in welchem eine Schraube, mithin die Elemente einer Reihe der Determinante, variabel, also z. B.

$$\triangle(3, 4, 5, 6, 7, \xi),$$

wo wir noch der Kürze halber die Klammern um die die Elemente anzeigenden Symbole weglassen, so ist

$$\triangle(3, 4, 5, 6, 7, \xi) = 0$$

die Gleichung des linearen Complexes, der durch die Träger der fünf Schrauben 3, 4, 5, 6, 7 bestimmt wird. Analog stellt

$$\triangle(2, 4, 5, 6, 7, \xi) = 0$$

den durch 2, 4, 5, 6, 7 bestimmten Complex dar. Führen wir nun die Abkürzungen ein

$$C_0 \equiv \triangle(3, 4, 5, 6, 7, \xi)$$
$$C_1 \equiv \triangle(2, 4, 5, 6, 7, \xi),$$

so ist

$$C_0 + \lambda C_1 = 0 \qquad (S)$$

eine Complexschaar, die durch das Strahlensystem erster Ordnung und Klasse hindurchgelegt ist, dessen Leitgeraden die beiden gemeinschaftlichen Transversalen der Träger von 4, 5, 6, 7 sind. Für denjenigen Complex dieser Schaar, welcher den Träger der Schraube 8 enthält, muss sein

$$\triangle(3, 4, 5, 6, 7, 8) + \lambda \triangle(2, 4, 5, 6, 7, 8) = 0,$$

wonach wird

$$\lambda = -\frac{\overline{12}}{\overline{13}}.$$

Ist ferner in der Schaar $C_0+\lambda C_1=0$ ein durch den Träger von 1 hindurchgehender Complex vorhanden, so ist für diesen

$$\Delta(3, 4, 5, 6, 7, 1)+\lambda'\Delta(2, 4, 5, 6, 7, 1)=0,$$

also

$$\lambda' = -\frac{\overline{28}}{\overline{38}}.$$

Die Gleichungen

$$C_0-\frac{\overline{12}}{\overline{13}}C_1=0$$

$$C_0-\frac{\overline{28}}{\overline{38}}C_1=0$$

stellen somit zwei besondere Complexe der Schaar (S) dar. Den Quotienten

$$\frac{\lambda}{\lambda'}=\frac{\overline{12}.\overline{38}}{\overline{13}.\overline{28}}$$

bezeichnen wir dann, analog der allgemeinen Terminologie, als das Doppelverhältniss der vier Complexe C_0, C_1; Γ_0, Γ_1, wo wir die Abkürzungen eingeführt denken

$$\Gamma_0 \equiv C_0-\frac{\overline{12}}{\overline{13}}C_1$$

$$\Gamma_1 \equiv C_0-\frac{\overline{28}}{\overline{38}}C_1.$$

Es ist also in gebräuchlicher Bezeichnungsweise

$$(C_0C_1\Gamma_0\Gamma_1)=\frac{\overline{12}.\overline{38}}{\overline{13}.\overline{28}},$$

und wir wollen insbesondere sagen, die vier Complexe hätten harmonische Lage, wenn dieses Doppelverhältniss den Werth -1 annimmt, wenn also

$$\overline{12}.\overline{38}+\overline{13}.\overline{28}=0.$$

Diese Doppelverhältnisse $(C_0C_1\Gamma_0\Gamma_1)$ sind nun diejenigen **Invarianten**, auf die im Anfange dieses Paragraphen hingewiesen wurde.

Betrachten wir zwei Formen C_0'' und C_1'', die aus den neuen

Schrauben $3', 4', 5', 6', 7', \xi'$ resp. $2', 4', 5', 6', 7', \xi'$ ganz ebenso gebildet sind, wie C_0 und C_1 aus $3, 4, 5, 6, 7, \xi$ resp. $2, 4, 5, 6, 7, \xi$ gebildet waren, so werden wir die Complexschaaren

$$C_0 + \lambda C_1 = 0$$
$$C_0' + \lambda' C_1' = 0$$

projectiv nennen, wenn

$$(C_0 C_1 \Gamma_0 \Gamma_1) = (C_0' C_1' \Gamma_0' \Gamma_1').$$

Zwei Complexschaaren sind aber dann projectiv, wenn jeder in der einen Schaar enthaltenen Geraden eine und nur eine in der andern Schaar vorkommende entspricht, d. h. wenn die Geraden beider Complexschaaren durch Gleichungen von der im § 2 aufgestellten Form aufeinander bezogen sind. Wir sind somit zunächst zu der Forderung gelangt, dass die Functionen, die nach dem Schema

$$\frac{\overline{12}.\overline{38}}{\overline{13}.\overline{28}}$$

gebildet sind, Invarianten sein sollen. Dass ihnen wirklich diese Eigenschaft zukommt, erkennt man, wenn man die Schrauben 1, 2, 3, ..., 8, aus denen sie gebildet sind, durch Gleichungen von der Form (3) transformirt, also die dort angegebenen linearen Ausdrücke an Stelle der Elemente der Determinanten einführt, durch welch letztere die Doppelverhältnisse gebildet werden, um die es sich hier handelt. Man bemerkt dann leicht, dass diese Doppelverhältnisse vollkommene Invarianten sind. Die constanten Factoren, welche die einzelnen Determinanten $\overline{12}$ etc. erhalten, heben sich in dem Endresultate

$$\frac{\overline{12}.\overline{38}}{\overline{13}.\overline{28}}$$

auf. Man sieht ohne grosse Mühe, dass von allen nach diesem Schema gebildeten Grössen nur fünf von einander unabhängig sind, durch die dann die andern alle können dargestellt werden. Wählen wir als diese fünf unabhängigen Invarianten irgend welche aus der Gesammtheit derselben aus, etwa

$$\frac{\overline{12}.\overline{38}}{\overline{13}.\overline{28}} = \lambda_1$$

$$\frac{\overline{13}.\overline{48}}{\overline{14}.\overline{38}} = \lambda_2$$

$$\frac{\overline{14}.\overline{58}}{\overline{15}.\overline{48}} = \lambda_3$$

$$\frac{\overline{15}.\overline{68}}{\overline{16}.\overline{58}} = \lambda_4$$

$$\frac{\overline{16}.\overline{78}}{\overline{17}.\overline{68}} = \lambda_5 .$$

Sind jetzt sieben Paare projectiver Schrauben gegeben, 1, ..., 7 und 1', ..., 7', so bestimmt sich nun die einer beliebigen achten Schraube, 8, entsprechende 8' auf folgende Weise. Man bilde fünf Grössen λ', die aus den Elementen 1', 2', 3', 4', 5', 6', 7', ξ' nach demselben Gesetze sich zusammensetzen, wie die obigen λ aus den Elementen 1, ..., 8; und setze dann

$$\lambda'_i = \lambda_i, \qquad i = 1, 2, 3, 4, 5$$

so wird man aus diesen fünf linearen Gleichungen die fünf Verhältnisse der sechs Grössen $\xi'_1, \xi'_2, \ldots, \xi'_6$ bestimmen können. Diese Grössen ξ'_μ sind aber die Coordinaten der gesuchten Schraube 8'. Denn nach obigem muss diese den Gleichungen genügen

$$\frac{\overline{12}.\overline{38}}{\overline{13}.\overline{28}} = \frac{\overline{1'2'}.\overline{3'8'}}{\overline{1'3'}.\overline{2'8'}} \text{ u. s. w.}$$

Die geometrische Bedeutung dieser Lösung ist die, dass die Schraube 8', oder besser ihr Träger, bestimmt wird als die einzige Gerade, die fünf lineare Complexe gemein haben.

§ 6.

Zu der mechanischen Bedeutung der betrachteten Invarianten gelangt man auf folgende Weise. Ein starrer freier Körper möge sich in einer Ruhelage befinden. Wir lassen auf ihn ein System von Impulsivkräften wirken. Diese Kräfte werden sich zusammensetzen zu einer Dyname auf einer Schraube α. Diese impulsive

Dyname ertheilt dem Körper eine instantane Windungsgeschwindigkeit um eine Schraube β. Die Schrauben α und β wollen wir als einander entsprechende betrachten und dieses Entsprechen wird ein gegenseitig eindeutiges sein, solange der Körper vollkommen frei ist, wie wir voraussetzen. Lassen wir also die Schraube α durch den ganzen Raum hindurch variiren, so variirt, eindeutig jeweils dem α entsprechend, auch β. Es entstehen also zwei Schraubensysteme (α) und (β) von der Art, wie wir sie als projective bezeichnen.

Es möge nun daran erinnert sein, dass, wenn F die Intensität der impulsiven Dyname und V die erzeugte Windungsgeschwindigkeit ist, das Verhältniss

$$F:V$$

unabhängig von F und V ist, während es wohl noch abhängt von den Lagen von α und β.

Wir haben nun weiter in Kapitel XVII nachgewiesen, dass wenn sieben Dynamen im Gleichgewichte sind, die Intensität irgend einer derselben proportional ist der Determinante $\triangle$ der sechs übrigen Schrauben; und ein ganz analoger Satz gilt für Windungsgeschwindigkeiten, die einander neutralisiren.

Bezeichnen wir jetzt mit F_{18}, F_{28}, ..., F_{78} die Intensitäten von sieben impulsiven Dynamen auf den Schrauben 1, 2, ..., 7, so hat man also, wenn diese Dynamen im Gleichgewichte sind, die Kette von Gleichungen

$$\frac{F_{18}}{\overline{18}} = \frac{F_{28}}{\overline{28}} = \cdots = \frac{F_{78}}{\overline{78}},$$

und bei sinngemässer Anwendung der Bezeichnung F_{ik}, ebenso

$$\frac{F_{12}}{\overline{12}} = \frac{F_{13}}{\overline{13}} = \cdots = \frac{F_{18}}{\overline{18}}.$$

Es ergiebt sich somit, da die beiden Verhältnissreihen offenbar denselben Werth haben müssen, für unsere Invarianten folgende Darstellung durch Grössen von mechanischer Bedeutung

$$\frac{\overline{12}\,.\,\overline{38}}{\overline{13}\,.\,\overline{28}} = \frac{F_{12}\,.\,F_{38}}{F_{13}\,.\,F_{28}}.$$

Sind nun 1′, 2′, ..., 7′ die Schrauben, um welche die durch die betrachteten Dynamen hervorgerufenen Windungen stattfinden, und ist $V_{i'k'}$ die Windungsgeschwindigkeit, welche durch die Dyname von der Intensität F_{ik} erzeugt wird, so finden wir zunächst, analog dem obigen,

$$\frac{\overline{1'2'}.\overline{3'8'}}{\overline{1'3'}.\overline{2'8'}} = \frac{V_{1'2'}.V_{3'8'}}{V_{1'3'}.V_{2'8'}}.$$

Nach dem vorhin bemerkten ist aber

$$F_{28} : V_{2'8'} = F_{12} : V_{1'2'}$$
$$F_{38} : V_{3'8'} = F_{13} : V_{1'3'},$$

sodass man erhält

$$\frac{\overline{12}.\overline{38}}{\overline{13}.\overline{28}} = \frac{\overline{1'2'}.\overline{3'8'}}{\overline{1'3'}.\overline{2'8'}},$$

wodurch wir wiederum auf die Invarianteneigenschaft der Formen

$$\frac{\overline{12}.\overline{38}}{\overline{13}.\overline{28}}$$

geführt sind.

§ 7.

Wir schliessen dieses Kapitel mit dem Hinweise auf noch allgemeinere Formen der Beziehung zweier räumlichen Schraubensysteme auf einander.

Um zu zeigen, worum es sich handelt, gehe ich von einem speciellen Fall aus. Denken wir uns, auf einen in einer Ruhelage befindlichen starren Körper mit Freiheit zweiten Grades wirke plötzlich ein System impulsiver Kräfte ein. Diese Kräfte bilden eine Impulsivdyname auf einer Schraube, deren Lage ganz beliebig ist. Die instantane Bewegung des Körpers findet aber um eine Schraube statt, die nicht irgendwo im Raume liegt, sondern die dem System zweiter Stufe angehört, welches dem Freiheitsgrade des Körpers entspricht, also einem bestimmten Cylindroid. Jeder (impulsiven) Schraube des Raumes wird nun eine einzige (instantane) Schraube des Cylindroids entsprechen. Aber diese Beziehung ist, wie leicht zu sehen, nicht umkehrbar.

In der That, wir haben früher gesehen, dass, wenn eine Schraube α eines Cylindroids gegeben ist, immer eine und nur eine Schraube ϑ auf der Fläche gefunden werden kann, derart, dass eine Impulsivdyname auf ϑ eine Windungsgeschwindigkeit um α erzeugt. Es hat sich aber ferner ergeben, dass jede Schraube, welche der einzigen Bedingung genügt, zu einer speciellen Schraube des Cylindroids (α, ϑ) reciprok zu sein, die gleiche Eigenschaft besitzt, wie ϑ. Eine Schraube, die einer einzigen Schraube reciprok ist und weiter keiner Bedingung zu genügen hat, ist aber Element eines Systems fünfter Stufe. Die Beziehung, welche hier zwischen impulsiver und instantaner Schraube besteht, ist also von der Natur, dass einer Schraube des Raumes eine Schraube des Cylindroids entspricht, während einer Schraube des Cylindroids ein ganzes Schraubensystem fünfter Stufe zugeordnet ist.

Die Frage nach dem Orte einer zu einer gegebenen instantanen Schraube gehörigen impulsiven Schraube ist uns schon im Kapitel IX § 5 entgegengetreten. Folgen wir der dort angewandten Betrachtungsweise, so gelangen wir zu dem Resultate, dass es möglich ist, zwischen einem Schraubensystem A, m^{ter} Stufe, und einem Schraubensystem B, n^{ter} Stufe, eine Correspondenz derart festzusetzen, dass einer Schraube von A eine Schraube von B entspricht, während umgekehrt einer Schraube von B ein System $(m+1-n)^{\text{ter}}$ Stufe zugeordnet ist. Hierbei ist $m > n$ vorausgesetzt. In der That können wir dann aus A dasjenige System n^{ter} Stufe A' ausscheiden, dessen Elemente impulsive Schrauben sind, wenn zwischen diesen und den zugehörigen instantanen ein-eindeutiges Entsprechen stattfindet. Es bleibt dann noch übrig ein System $(m-n)^{\text{ter}}$ Stufe A''. Sei nun β, α ein Paar entsprechender Schrauben der Systeme B und A'. Eine Impulsivdyname auf α wird also eine Windungsgeschwindigkeit um β hervorrufen. Sind dann ferner $\sigma_1, \sigma_2, \ldots, \sigma_{m-n}$ irgend welche $m-n$ Schrauben des Systems A'', welche dasselbe bestimmen, so wird eine Impulsivdyname auf einer Schraube η des durch $\alpha, \sigma_1, \sigma_2, \ldots, \sigma_{m-n}$ bestimmten Systems denselben Effect haben müssen, wie diejenige auf α. Die Schraube η ist aber dann Element des durch $\alpha, \sigma_1, \sigma_2, \ldots, \sigma_{m-n}$ bestimmten Systems $(m+1-n)^{\text{ter}}$ Stufe. Die obige Behauptung ist somit nachgewiesen. Man bemerke, dass dieses System $(m+1-n)^{\text{ter}}$ Stufe ein Theil des Systems $(7-n)^{\text{ter}}$ Stufe ist, welches a. a. O. pag. 180 gefunden wurde. Die im Kap. IX

§ 5 behandelte Frage ist nur ein specieller Fall der hier behandelten, nämlich der Fall $m = 6$.

Ist $m = n$, so haben wir die ein-eindeutige Correspondenz, die wir schon früher für $m = n = 2$, wo die beiden Systeme Cylindroide sind, betrachtet haben. Die Projectivität des impulsiven und instantanen Cylindroids ist in der That schon im Kapitel XIV erkannt worden. Ist $m = 3$, $n = 2$, so ist die Correspondenz also von der Art, dass jeder Schraube eines Systems dritter Stufe eine und nur eine Schraube eines gegebenen Cylindroids entspricht, während umgekehrt einer jeden Schraube dieser Fläche ein Cylindroid von Schrauben des Systems dritter Stufe zugeordnet ist. Wenn also z. B. ein starrer Körper Freiheit zweiten Grades besitzt, so kann immer aus einem gegebenen Schraubensystem dritter Stufe ein Cylindroid so ausgewählt werden, dass eine impulsive Dyname auf irgend einer Schraube α dieser Fläche dem Körper eine Windungsgeschwindigkeit um eine gegebene Schraube β des Cylindroids ertheilt, welches den Freiheitsgrad des Körpers definirt.

§ 8.

Auch bei dieser allgemeineren Correspondenz zweier Schraubensysteme giebt es Elemente, die beiden Systemen zugleich angehören. Indessen treten hier einige Modificationen auf, die wir näher betrachten müssen. Wir wollen von einem speciellen Fall ausgehen. Es sei gegeben ein System sechster Stufe (die Gesammtheit aller Schrauben im Raume) und ein System dritter Stufe. Dieselben sollen in der Art von Zusammenhang stehen, welcher der Correspondenz zwischen impulsiven und instantanen Schrauben bei einem starren Körper mit Freiheit dritten Grades entspricht. Bezeichnen wir hier der Kürze halber ein System k^{ter} Stufe einfach durch [k]. Dann wird also nach vorigem Paragraphen oder auch nach Kapitel IX § 5 jeder Schraube von [6] eine Schraube von [3] entsprechen. Umgekehrt wird aber zu jeder Schraube von [3] ein System [4] gehören. Es lässt sich nun zeigen, dass es eine Schraube giebt, die sowohl [4] wie [3] angehört. In der That, nehmen wir irgend zwei Schrauben, die reciprok sind dem Systeme [4], und irgend drei zu [3] reciproke Schrauben, so giebt es eine einzige Schraube, die reciprok ist zu den so ausgewählten fünf

Schrauben, und diese Schraube gehört ihrer Construction nach offenbar sowohl zu [4] wie zu [3]. Zu jeder Schraube von [3] kann also eine ihr correspondirende gefunden werden, die in dem System [3] selber enthalten ist. Dies Ergebniss lässt sich verallgemeinern. Es möge jeder Schraube des Raumes ein Element eines Systems $[n]$ entsprechen, und nach vorigem Paragraphen jeder Schraube von $[n]$ ein System $[7-n]$. Wir nehmen $6-n$ Schrauben, die reciprok sind zu $[n]$, und $6-(7-n) = n-1$ Schrauben, reciprok zu $[7-n]$. Das sind zusammen wieder 5 Schrauben, zu denen es nur eine einzige gemeinschaftliche Reciproke giebt. Das obige Ergebniss gilt also für jede Stufenzahl n. Es ist bemerkenswerth, dass dieses Resultat überhaupt von n ganz unabhängig ist.

Der erhaltene Satz ist übrigens inhaltlich nicht neu, sondern enthält nur einen Nachweis für die Existenz der Schraube der im Kapitel IX § 16 eingeführten reducirten Dyname.

Wir wollen in der Verallgemeinerung noch einen Schritt weiter gehen und zwei Schraubensysteme betrachten, $[m]$ und $[n]$, deren Correspondenz wieder den Charakter derjenigen zwischen impulsiven und instantanen Schrauben haben soll, wobei wir annehmen $m > n$. Es entspricht dann also jeder Schraube von $[m]$ eine von $[n]$ und jeder Schraube von $[n]$ ist ein System $[m+1-n]$ zugeordnet. Stellen wir nun die Frage, ob es auch hier möglich ist, dass die Correspondirende einer Schraube von $[n]$ in diesem Systeme selber enthalten ist. Wir verfahren wie oben auch. Aus dem zu $[n]$ reciproken System wählen wir $6-n$ Schrauben und aus dem zu $[m+1-n]$ reciproken System $6-(m+1-n)$ Schrauben. Existiren Schrauben, die gleichzeitig reciprok sind zu diesen $11-m$ Schrauben, so besitzen diese die verlangte Eigenschaft. Für $m = 6$ ist jedenfalls eine Lösung vorhanden, die vorhin gefundene. Ist $m < 6$, so müssen unter den $11-m$ Schrauben solche Beziehungen bestehen, dass ihre Anzahl $z \overline{\overline{<}} 5$ wird, wenn eine Lösung vorhanden sein soll. Die Entscheidung dieser Frage ist dann jeweils Sache der speciellen Untersuchung des vorgelegten Problems. Man sieht aber, dass sich Fälle denken lassen, wo in $[n]$ Theilsysteme auftreten, so beschaffen, dass die Correspondirenden ihrer Elemente in $[n]$ selber enthalten sind.

Es möge nun noch kurz die Frage nach der Coincidenz entsprechender Elemente erledigt werden. Wir beschränken uns bei der algebraischen Behandlung auf die Correspondenz zwischen zwei Systemen [6], [3]. Man bemerkt aber leicht, dass das Verfahren allgemein gültig ist.

Wir wählen das Coordinatensystem so, dass drei Fundamentalschrauben in dem System [3] liegen, dann sind die Coordinaten irgend eines Elementes von [3] auf drei, α_1, α_2, α_3 zurückgeführt, da die drei anderen beständig Null sind. Die Coordinaten der α correspondirenden Schraube β sind nicht vollständig bestimmt, da jedem α ja ein System vierter Stufe entspricht. Auf diesen Umstand nehmen wir genügend Rücksicht. wenn wir β_4, β_5, β_6 völlig willkürlich lassen, während wir für β_1, β_2, β_3 die Darstellung nehmen

$$\begin{aligned}\beta_1 &= (11)\alpha_1+(12)\alpha_2+(13)\alpha_3\\ \beta_2 &= (21)\alpha_1+(22)\alpha_2+(23)\alpha_3\\ \beta_3 &= (31)\alpha_1+(32)\alpha_2+(33)\alpha_3.\end{aligned}$$

Ertheilen wir den β_4, β_5, β_6 gleichzeitig die besonderen Werthe Null, dann geben diese Gleichungen die Coordinaten jener ausgezeichneten Schraube des Systems [3], die sich unter den Correspondirenden von α findet.

Setzen wir

$$\beta_1 = \varrho\alpha_1, \quad \beta_2 = \varrho\alpha_2, \quad \beta_3 = \varrho\alpha_3,$$

so coincidiren die Schrauben β und α. Die Substitution dieser Werthe in obige Gleichungen giebt eine Gleichung dritten Grades für ϱ. Es giebt also drei Elemente, die mit ihren Correspondirenden zusammenfallen. Und man sieht leicht, dass, wenn an Stelle des Systems [3] ein System [n] tritt, n Elemente mit dieser Eigenschaft vorhanden sein werden. Der mechanische Inhalt dieses Ergebnisses ist der: Wenn ein starrer Körper Freiheit n^{ten} Grades hat, dann sind immer n Schrauben in dem zugehörigen System [n] vorhanden, der Art, dass eine impulsive Dyname auf einer dieser Schrauben dem Körper eine Windungsgeschwindigkeit um dieselbe Schraube ertheilt. Wir sind also auch durch diese Betrachtungen wieder auf die Hauptträgheitsschrauben geführt worden.

Diese Untersuchung über die allgemeine Correspondenz von

Schraubensystemen lassen sich noch weiter ausdehnen und führen zu interessanten geometrischen Resultaten, namentlich treten hier noch weitere Functionen auf, denen ebenfalls der Character der Invarianten zukommt. Indessen habe ich bisher noch keine mechanische Anwendung dieser Untersuchungen gefunden, weshalb ich dieselben hier unterdrücke und mich zu der Darstellung der sehr wichtigen graphischen Methoden wende.

Kapitel XX.

Graphische Methoden in der Theorie der Freiheit zweiten Grades.

§ 1.

Der Behandlung durch graphische Methoden bieten sich in besonders einfacher Weise die Theorien der Körper mit Freiheit zweiten und dritten Grades dar. Es ist dies ohne weiteres einzusehen für die Freiheit zweiten Grades. Die Theorie derselben ist die Theorie einer zweifachen Mannigfaltigkeit, für die es jedenfalls ein ebenes Bild giebt. Aber auch für die Theorie der Freiheit dritten Grades lässt sich ein solches herstellen, wenn wir die drei in dieser Theorie auftretenden Variabeln als homogene Punctcoordinaten in der Ebene auffassen.

§ 2.

Beginnen wir mit der Betrachtung der Theorie der Freiheit zweiten Grades. Das zugehörige Schraubensystem, auf dessen Darstellung es hier in erster Linie ankommt, das Cylindroid, ist als geradlinige Fläche aufzufassen als eine einfach unendliche Reihe von Geraden. Wenn somit einer jeden dieser Geraden ein Punkt der Ebene nach bestimmtem Gesetz zugeordnet wird, so werden diese Bildpunkte eine einfach unendliche Punktreihe, d. h. eine Curve, bilden. Die Wahl dieser Abbildungscurve ist zunächst ganz willkürlich. Wir werden daher die einfachste Curve, den Kreis, wählen. Und zwar geschieht dies in folgender Weise.

Der Gleichung des Cylindroids (pg. 65)

$$z(x^2+y^2)-(p_\alpha-p_\beta)xy=0$$

wird genügt durch folgende Darstellung der Coordinaten als Functionen einer Variabeln t, wo c eine willkürliche Constante ist

$$x=c.\cos t,\quad y=c.\sin t$$
$$z=\tfrac{1}{2}(p_\alpha-p_\beta)\sin 2t$$

und der Parameter einer Erzeugungslinie des Cylindroids, die mit der Schraube α den Winkel t bildet, ist

$$p=p_\alpha\cos^2 t+p_\beta\sin^2 t$$
$$p=\tfrac{1}{2}(p_\alpha+p_\beta)+\tfrac{1}{2}(p_\alpha-p_\beta)\cos 2t.$$

Setzen wir

$$\tfrac{1}{2}(p_\alpha+p_\beta)=p_0,\quad \tfrac{1}{2}(p_\alpha-p_\beta)=m,$$

und eliminiren die Variabele t aus

$$z=m\sin 2t=m\sin\theta$$
$$p=p_0+m\cos 2t=p_0+m\cos\theta,$$

so kommt

$$(p-p_0)^2+z^2=m^2.$$

Betrachtet man nun p und z als orthogonale Punktcoordinaten in einer Ebene, so stellt diese Gleichung (1) einen Kreis dar, den wir als Bild des Cylindroids betrachten dürfen. Der Radius dieses Kreises ist m und das Centrum hat den senkrechten Abstand p_0 von einer bestimmten Geraden. Greifen wir irgend einen Punkt (p, z) dieses Kreises heraus, so sind dessen Coordinaten eindeutig bestimmte Grössen, die ihrerseits durch die Gleichungen

$$m\sin\theta=z$$
$$m\cos\theta=p-p_0$$

den Winkel $t=\tfrac{1}{2}\theta$ und somit auch die Schraube, welche dieser Winkel mit der einen Hauptschraube des Cylindroids macht, eindeutig bestimmen. Und zwar ist nicht nur der Träger der Schraube, sondern diese selber, also auch ihr Parameter, vollkommen bestimmt, wenn der entsprechende Punkt des Kreises gegeben ist. Umgekehrt sind durch $t=\tfrac{1}{2}\theta$ jederzeit auch p und z vollkommen bestimmt. Es entspricht also jeder Schraube des Cylindroids ein und nur ein

Punkt des Bildkreises, und jedem Punkte des Kreises eine und nur eine Schraube des Cylindroids.

§ 3.

Fig. 20.

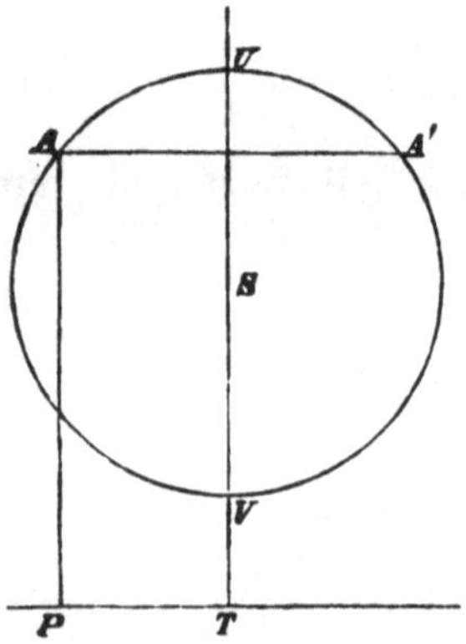

Sei PT die Axe der z, ST die der p, und T der Anfangspunkt der Coordinaten, S der Mittelpunkt des Kreises, dann ist

$$ST = p_0.$$

Irgend ein Punkt A dieses Kreises ist das Bild einer Schraube auf dem Cylindroid, und die Ordinate dieses Punktes, AP, stellt den Parameter der Schraube dar, wenn wir den Winkel θ in der Richtung UAV zunehmen lassen. Die Axe PT möge die Parameteraxe heissen. Wir haben dann folgenden Satz:

Der Parameter einer Schraube des Cylindroids ist gleich der Länge der Senkrechten, die man von dem entsprechenden Punkte des Bildkreises auf die Parameteraxe fällt.

Eine Parallele AA' durch A zur Parameteraxe trifft den Kreis in einem Punkte A', dessen Ordinate gleich der von A. Es giebt also zwei Schrauben gleichen Parameters auf dem Cylindroid, und nur zwei. Der zur Parameteraxe senkrechte Durchmesser des Kreises schneidet diesen in zwei Punkten, U und V, welche die Bilder der Schrauben grössten resp. kleinsten Parameters sind. Diese Punkte entsprechen also den beiden Hauptschrauben des Cylindroids. Die beiden Schrauben vom Parameter Null, die auf dem Cylindroid liegen, werden abgebildet durch die beiden reellen oder imaginären Durchschnittspunkte der Parameteraxe und des Kreises.

Bei dieser graphischen Darstellung tritt für Systeme zweiter Ordnung ein allgemeines, für jedes beliebige System gültiges, Gesetz der Parametervertheilung auf den Systemschrauben besonders deutlich zu Tage. Es ist dies jenes Gesetz, welches besagt, dass, wenn alle Parameter der Schrauben eines Systemes um eine und dieselbe constante Grösse vermehrt werden, die resultirende Parametervertheilung zu den möglichen gehört. In der That wird hier, wenn wir $p+c$ an Stelle von p setzen, dies nur eine Parallelverschiebung der Parameteraxe bedeuten, während der Kreis selber ungeändert bleibt, da der Durchmesser $2m$, der gewissermaassen die Grösse des Cylindroids (den Abschnitt auf der Doppellinie) kennzeichnet, von dem constanten Glied in dem Ausdruck für den Parameter unabhängig ist.

§ 4.

Wir wollen uns von jetzt ab gestatten, der Kürze halber von der Schraube A zu reden, wenn wir unter A das Bild einer Cylindroidschraube auf dem Kreise verstehen. Diese Abkürzung wird sich rechtfertigen, wenn es sich zeigt, dass alle denkbaren Beziehungen zwischen zwei Cylindroidschrauben überhaupt direct aus den Bildpunkten abgesehen werden können. Suchen wir z. B. etwa den kürzesten Abstand der Schrauben A, B in Fig. 21. Da nun alle Schrauben der Fläche deren Doppellinie rechtwinklig schneiden, so ist der gesuchte Abstand offenbar nichts weiter als der Unterschied der beiden Schrauben entsprechenden Werthe von $m \sin\theta$. Das ist aber in der Abbildung der Unterschied der beiden Abscissen von A und B, oder die Strecke PQ.

Fig. 21.

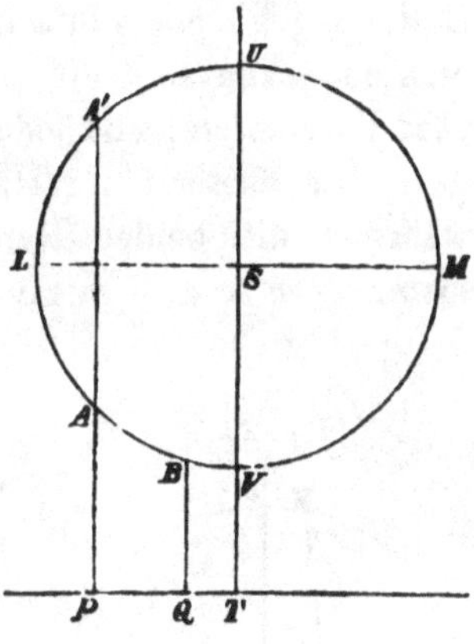

Der kürzeste Abstand zweier Schrauben A und B ist gleich der Projection der Sehne AB auf die Parameteraxe.

Wird diese Projection Null so schneiden die Schrauben einander, und wir sehen, dass zu jeder Schraube A eines Cylindroids eine andere Schraube A' der Fläche gehört, die jene schneidet. Insbesondere sehen wir, dass die Hauptschrauben U, V einander schneiden, und zwar unter rechtem Winkel. Denn es ist allgemein der Winkel

$$SAB = (\theta' - \theta) = 2(t' - t),$$

also das doppelte des Winkels, den die Schrauben auf dem Cylindroid machen. Sind wieder A, A' zwei Punkte des Kreises der Art, dass die Projection von AA' auf die Parameteraxe Null ist, und lassen wir A, A' immer näher aneinander rücken bis zur Coincidenz, so kann der so erhaltene Punkt L nur der Berührungspunkt der zur Parameteraxe normalen Kreistangente sein. Eine durch L zu jener Axe gezogene Parallele LM, die durch den Mittelpunkt S gehen muss, giebt also den Abstand zweier Schrauben, deren jede aus zwei zusammenfallenden besteht. Dies sind die beiden äussersten reellen Schrauben der Fläche*). Auch sie kreuzen sich senkrecht. Die Winkeldifferenz der Bilder ist

$$\tfrac{3}{2}\pi - \tfrac{1}{2}\pi = \pi.$$

Vermehren wir alle Parameter um den Betrag p_0, so liegt der Mittelpunkt des Bildkreises auf der Parameteraxe. Dann werden alle Beziehungen sehr einfach. Die Endpunkte einer zur Axe senkrechten Sehne sind die Bilder von Schrauben entgegengesetzt gleichen Parameters; und jedes Paar solcher Schrauben muss sich schneiden. Die äussersten reellen Schrauben haben den Parameter Null, während die beiden Hauptschrauben beziehungsweise vom Parameter $+m$ und $-m$ sind.

§ 5.

Fig. 22.

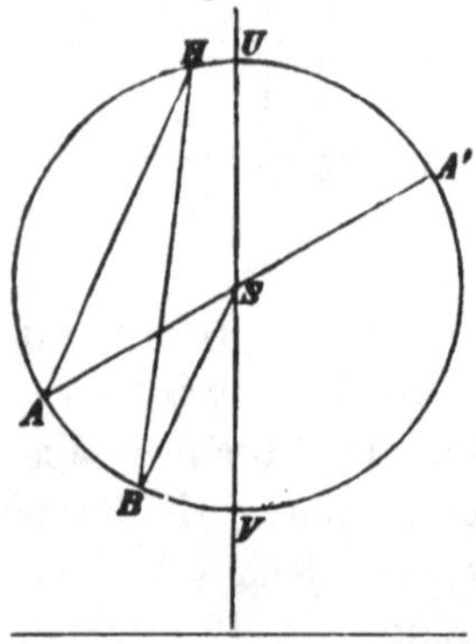

Von dem Winkel zweier Schrauben in der Abbildung ist im vorigen Paragraphen schon gelegentlich die Rede gewesen. Es wurde indessen nur die stattfindende numerische Relation zwischen Object und Abbildung benutzt. Wenn man sich aber der zwischen Centriwinkel und Peripheriewinkel stattfindenden Beziehung erinnert, so hat man auch sofort eine graphische Darstellung des Schraubenwinkels selber.

Der Winkel unter dem die Sehne AB von irgend einem Punkte des Kreises erscheint, ist gleich dem Winkel der Schrauben A, B auf dem Cylindroid.

*) Siehe Kapitel XXI.

Wie wir uns schon überzeugten sind die Endpunkte irgend eines Durchmessers die Bilder von auf einander senkrechten Schrauben. Und es giebt zu jeder Schraube eines Cylindroids nur eine auf ihr senkrechte derselben Fläche.

Aus dem vorigen und diesem Paragraphen erhellt, dass wir alles, was geometrisch für die vollständige Bestimmung einer Schraube nöthig ist, in unserer graphischen Darstellung auch wirklich zur Darstellung bringen können. Wir wenden uns nun zu mechanischen Betrachtungen.

§ 6.

Fig. 23.

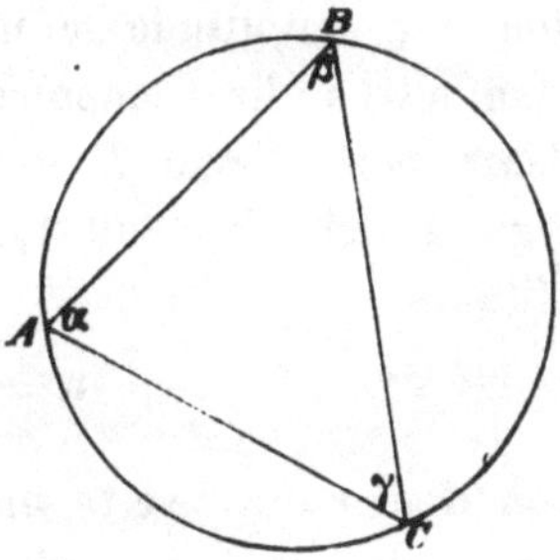

Die fundamentale Eigenschaft des Cylindroids in mechanischer Beziehung war diese. Sind drei Schrauben der Fläche gegeben, und man ertheilt einem starren Körper Windungen um dieselben, der Art, dass die Amplitude jeder Windung proportional ist dem Sinus des Winkels der beiden nicht zugehörigen Schrauben, so wird der Körper nach Ausführung der drei Windungen hintereinander in seine Anfangslage zurückkehren.

In dem Dreieck ABC bestehen nun nach § 5 folgende Relationen zwischen den Dreieckswinkeln und den Schraubenwinkeln

$$\alpha = (B, C), \quad \beta = (C, A), \quad \gamma = (A, B),$$

sodass also jede Seite des Dreiecks dem Sinus des gleichnamigen Schraubenwinkels proportional ist. Wir haben somit hier für den angeführten mechanischen Satz diese Darstellung:

„Sind drei Schrauben A, B, C auf dem Bildkreise gegeben, und man ertheilt einem Körper um diese Schrauben nach einander Windungen der Art, dass die Amplitude jeder Windung proportional ist der Gegenseite des Dreiecks ABC, so wird der Körper nach der dritten Windung wieder in die Ausgangslage zurückgekehrt sein."

Auf Grund der zwischen Windungen und Dynamen bestehenden Analogie ergiebt sich hiermit sofort noch der andere Satz;

„Drei Dynamen auf den Schrauben A, B, C sind im Gleichgewichte, wenn die Intensität jeder Dyname proportional ist der ihrer Schraube in dem Dreieck ABC gegenüberliegenden Seite."

Windungsgeschwindigkeiten um die Schraube A, B, C werden zusammen äquivalent Null sein, wenn sie in der in den vorhergehenden Sätzen aufgestellten Beziehung stehen.

§ 7.

Hiermit sind wir nun auch in der Lage, eine Windung oder eine Dyname in zwei Componenten zu zerlegen, in Bezug auf zwei andere Cylindroidschrauben. Denn es sei gegeben eine Windung von der Amplitude ω um eine Schraube X des Cylindroids, und man suche die Componenten derselben in Bezug auf zwei andere Schrauben A und B der Fläche. Aus dem vorigen Paragraphen ergiebt sich aber sofort, dass drei Windungen von den resp. Amplituden

$$\omega, \quad \alpha = \omega \frac{BX}{AB}, \quad \beta = \omega \frac{AX}{AB},$$

von denen die zweite um A, die dritte um B stattfindet, zusammen äquivalent Null sind. Denn es ist

$$\omega : \alpha : \beta = AB : BX : AX.$$

Daher werden also

$$\alpha = \omega \frac{BX}{AB}, \quad \beta = \omega \frac{AX}{AB}$$

die Componenten der Windung um X in Bezug auf A und B, abgesehen vom Zeichen, sein. Ein ganz analoger Satz gilt wieder von Dynamen.

Fig. 24.

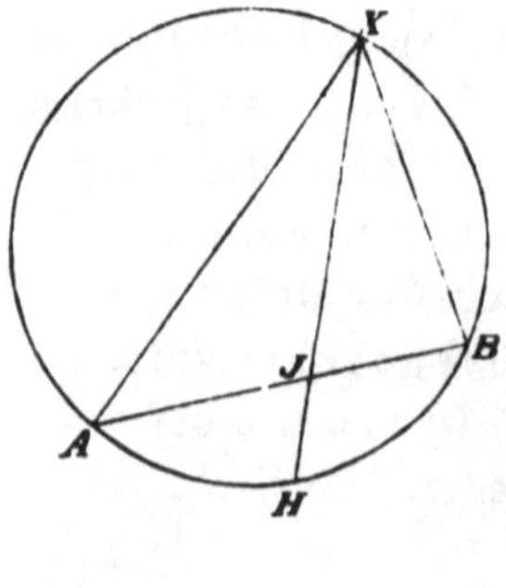

Das umgekehrte Problem der Zusammensetzung von Windungen ist ebenso auf Grund des vorigen zu lösen. Seien, Fig. 24, zwei Windungen um A und B, von den resp. Amplituden α, β, gegeben. Wir suchen die Schraube X, die so beschaffen ist, dass eine Windung von geeigneter Amplitude um sie einen Körper mit Freiheit zweiten Grades aus einer gegebenen Anfangslage in dieselbe Lage überführt, in die er gelangt, wenn man ihn aus jener Anfangslage durch zwei aufeinanderfolgende Windungen α, β um A und B herausführt. Sei X die gesuchte Schraube und ω die Amplitude der resultirenden Windung. Wir setzen voraus, dass α und β gleiches Zeichen haben. Dann ist also wieder

$$\omega:\alpha:\beta = AB:BX:AX.$$

Die Bestimmung des Punktes gelingt hiernach durch den Satz, dass die Halbirungslinie eines Dreieckswinkels dessen Gegenseite im Verhältniss der anliegenden Seiten theilt. Wir bestimmen demgemäss auf der Strecke AB einen Punkt J so, dass

$$AJ:JB = \beta:\alpha,$$

und ziehen durch den Halbirungspunkt H des Bogens AB die Gerade HJ, welche den Kreis in dem Punkte X schneidet. Dieser Punkt ist in der That das Bild der gesuchten Schraube. Denn es ist nach dem angeführten Satze

$$AJ:JB = AX:BX$$

d. h.

$$BX:AX = \alpha:\beta,$$

wie nothwendig ist. Das resultirende ω bestimmt sich dann aus

$$\omega:\alpha:\beta = AB:BX:AX$$

mit Hülfe der Relation

$$\overline{AB}^2 = \overline{AX}^2 + \overline{BX}^2 - 2\,\overline{AX}\,\overline{BX}\cos\chi,$$

wo χ den Winkel AXB, also den über dem Bogen AB stehenden Peripheriewinkel, also nach § 5 den Winkel der Schrauben A, B bezeichnet. Versteht man nun noch unter λ einen Proportionalitätsfactor, sodass

$$\omega = \lambda.AB, \quad \alpha = \lambda.BX, \quad \beta = \lambda.AX,$$

so ist nun sofort

$$\omega^2 = \alpha^2 + \beta^2 - 2\alpha\beta\cos\chi.$$

Sind die beiden Amplituden α, β von ungleichem Zeichen, so tritt an Stelle von J der Punkt J', der die Strecke AB äusserlich in dem Verhältnisse $\beta:\alpha$ theilt, und es sind $AJBJ'$ vier harmonische Punkte.

An die Stelle von H tritt der diametral gegenüberliegende H'

und die Gerade $H'J'$ trifft den Kreis wieder im Punkte X. Da nun aber α, β von ungleichem Zeichen sind, so ist

$$\omega^2 = \alpha^2 + \beta^2 + 2\alpha\beta\cos\chi.$$

Ganz analoge Resultate ergeben sich für Dynamen.

Setzen wir insbesondere $\omega = 1$, so sind

$$\frac{BX}{AB} = X_1, \quad \frac{AX}{AB} = X_2$$

nach der in Kapitel V gegebenen Definition die Coordinaten der Schraube X, bezogen auf die Fundamentalschrauben A, B. Die zwischen ihnen stattfindende identische Relation nimmt hier die Form an

$$X_1^2 + X_2^2 - 2X_1X_2\cos\chi = 1.$$

Legt man also für die graphische Darstellung die Länge der Strecke AB als Längeneinheit zu Grunde, so sind die Coordinaten einer Schraube des Cylindroids direct als die geradlinigen Abstände des Bildpunktes von den Fundamentalpunkten zu definiren.

§ 8.

Fig. 25.

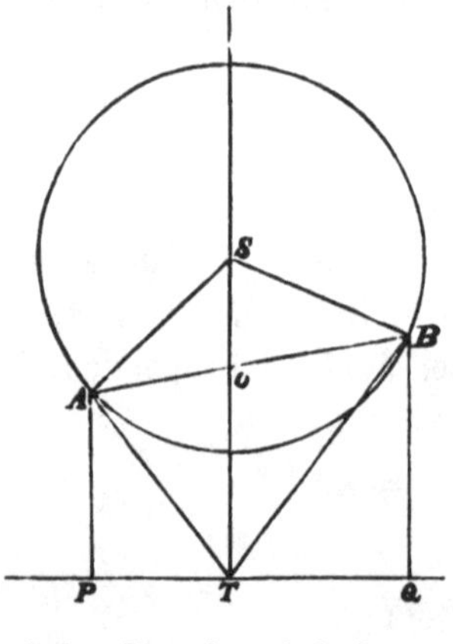

Wenn, Fig. 25, der Punkt O der Pol der Parameteraxe ist, so wollen wir nun zwei Schrauben A, B des Cylindroids betrachten, die in solcher Beziehung stehen, dass die Sehne AB durch O geht. Es ist dann zunächst, weil O der Pol von PQ ist,

$$\overline{SO}.\overline{ST} = \overline{SA}^2 = \overline{SB}^2,$$

woraus weiter folgt

$$\angle STA = \angle SAB$$
$$\angle STB = \angle SBA,$$

sodass also $\angle ATB$ durch ST halbirt wird. Damit wird dann weiter

$$\angle ATP = \tfrac{1}{2}\angle ASB = \theta = \angle BTQ.$$

Es wird also

$$AP\cos\theta = PT\sin\theta,$$

weil jede der beiden Seiten dieser Gleichung das Loth von P auf

AT darstellt. Ganz analog kommt

$$BQ\cos\theta = QT\sin\theta,$$

und die Addition der beiden letzten Gleichungen giebt

$$(AP+BQ)\cos\theta = (PT+QT)\sin\theta.$$

Es ist aber

$$AP = p_\alpha, \quad BQ = p_\beta; \quad PT+QT = PQ = d,$$

wenn d den kürzesten Abstand der Schrauben A, B bedeutet. Unsere letzte Gleichung schreibt sich daher auch so

$$(p_\alpha + p_\beta)\cos\theta - d\sin\theta = 0,$$

geht also in die wohlbekannte Gleichung der Reciprocität von A, B über. Wir sind somit zu folgendem Satze gelangt:

„Zwei Schrauben A, B sind reciprok, wenn die Sehne AB durch den Pol der Parameteraxe geht."

Die zu einer gegebenen Schraube A reciproke Schraube des Cylindroids ist also immer linear zu construiren. Man bestimmt den Pol O der Parameteraxe — was lediglich mit dem Lineal geschieht — und bestimmt dann den Schnittpunkt B der Geraden AO und des Bildkreises. Der Punkt B stellt die geforderte Schraube dar.

Wir bemerken noch, dass die beiden Hauptschrauben U, V (Fig. 20), reciprok sind. Ihre Sehne geht in der That durch O, da sie da durch den Mittelpunkt geht und auf der Parameteraxe senkrecht steht.

§ 9.

Fig. 26.

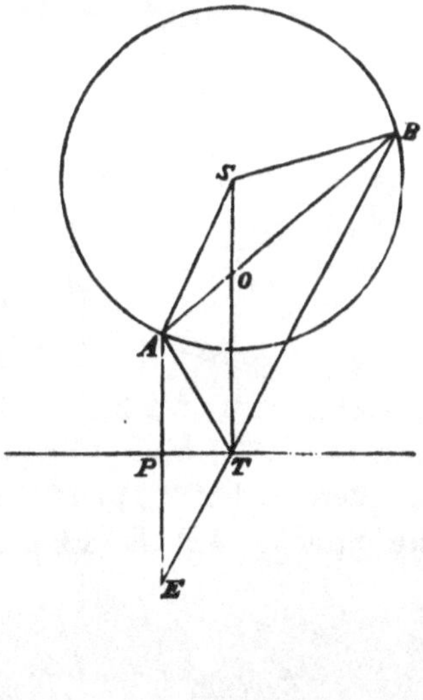

Die Einführung des Punktes O, der im vorigen Paragraphen definirt wurde, ermöglicht noch eine neue Darstellung des Parameters dieser Schraube, die für fernere Untersuchungen wichtig ist.

Sei A die Schraube, deren Parameter wir darstellen wollen. Zunächst bietet sich uns für denselben die bisher schon benutzte Form des Ausdrucks durch das Loth AP dar. Ziehen wir nun die Sehne AOB, und construiren dann den Schnittpunkt E der Geraden

BT und AP. Dann ist

$$AE = 2AP,$$

denn da O der Pol der Parameteraxe ist, so halbirt die Linie PT den Winkel ATE, sodass also AE im Punkte P halbirt ist. Aus der Aehnlichkeit der Dreiecke BAE, BOT folgt

$$OB : AB = OT : AE,$$

woraus, da nach obigem $AE = 2p_a$, folgt

$$2p_a = \frac{AB.OT}{OB}.$$

Es ist aber, wie leicht zu sehen, das Viereck $ASBT$ ein Kreisviereck, wonach man hat

$$OT.OS = OA.OB.$$

Mit Benutzung des hieraus folgenden Werthes für OT, ergiebt sich somit für p_a der Ausdruck

$$p_a = \frac{AO.AB}{2OS}.$$

Hier ist nun $2OS$ eine Constante, sodass sich folgender Satz ergiebt:

„Wenn AB irgend eine durch den Pol O der Parameteraxe gehende Sehne ist, so ist der Parameter der Schraube A proportional dem Rechteck $AO.AB$."

Man kann von diesem Resultat sofort Gebrauch machen, um die Gleichung der Reciprocität zweier Schrauben in ihren Coordinaten herzuleiten.

Fig. 26 a.

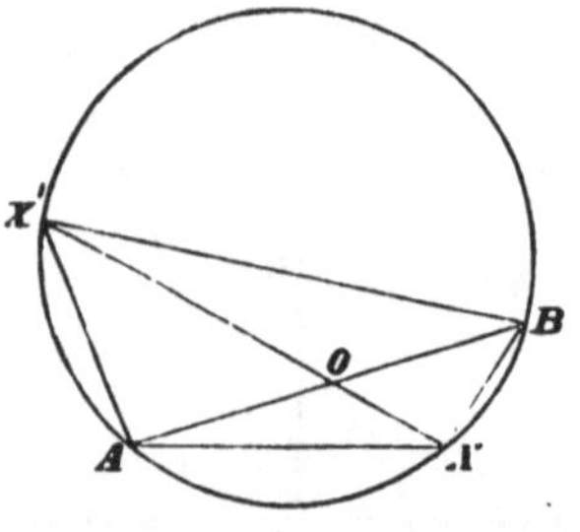

Wenn als Fundamentalsystem zwei reciproke Schrauben genommen werden, so ist diese Gleichung bekanntlich

$$p_1 \alpha_1 \beta_1 + p_2 \alpha_2 \beta_2 = 0,$$

wo p_1, p_2 die Parameter der Fundamentalschrauben sind. Ist O der Pol der Parameteraxe, so sind A, B ein solches Fundamentalsystem. Die Grössen mit dem Index 1 beziehen sich auf A, die mit dem Index 2 auf B. Dann ist nach dem letzten Satze, wenn die Strecke AB als Einheit der Längen genommen wird, und c

eine Constante bedeutet

$$p_1 = c.AO, \quad p_2 = c.OB.$$

Ferner nach § 7, wenn die Coordinaten von X mit ξ, die von X' mit ξ' bezeichnet werden

$$\xi_1 = BX, \quad \xi_2 = AX$$
$$\xi'_1 = BX', \quad \xi'_2 = AX'.$$

Denken wir uns nun das Viereck $ABXX'$ so entstanden, dass zu den beiden Punkten AB erst X und dann X' hinzutrat, so sind die beiden Dreiecke, aus denen das Viereck besteht, ihrer natürlichen Entstehung gemäss in den resp. Sinnen zu durchlaufen AXX', BXX'. Diese Sinne sind aber entgegengesetzt: den von den Strecken AX, XX', $X'A$ begrenzten Ebenentheil hat man hier immer zur Linken, den von BX, XX', $X'A$ begrenzten immer zur Rechten. Nach einer in Kapitel I gemachten Bemerkung ist den Flächeninhalten dieser Dreiecke somit entgegengesetztes Vorzeichen zu ertheilen. Da das Viereck dem Kreise eingeschrieben ist, so ist die Summe der Viereckswinkel 180°; die Sinus dieser Winkel sind also einander gleich. Den gemeinsamen Werth dieses Sinus nenne ich λ, so sind die absoluten Werthe der Flächeninhalte der beiden Dreiecke

$$AXX' = \tfrac{1}{2}\, AX.X'A.\lambda$$
$$BXX' = \tfrac{1}{2}.BX.X'B.\lambda,$$

das Verhältniss ihrer numerischen Werthe ist also

$$-\frac{\xi_2.\xi'_2}{\xi_1.\xi'_1}.$$

Ist nun α der spitze Winkel der beiden Kreissehnen AB und XX' und $\sin\alpha = \mu$, so ist auch

$$AXX' = \tfrac{1}{2} XX'.AO.\mu$$
$$BXX' = -\tfrac{1}{2} XX'.BO.\mu,$$

also das Verhältniss

$$\frac{AO}{OB}.$$

Somit

$$\frac{AO}{OB} = -\frac{\xi_2.\xi'_2}{\xi_1.\xi'_1}$$

$$AO.\xi_1.\xi'_1 + OB.\xi_2.\xi'_2 = 0.$$

Multiplicirt man noch mit der Constanten c, so geht diese Gleichung ohne weiteres in der That über in

$$p_1 \xi_1 \xi'_1 + p_2 \xi_2 \xi'_2 = 0,$$

die Gleichung der Reciprocität zwischen den Schrauben X, X' in der bekannten Form.

§ 10.

Nach einem in Kapitel XVI entwickelten allgemeinen Satze ist zu schliessen, dass die Summe der reciproken Werthe der Parameter zweier reciproken Schrauben eines Cylindroids constant ist. Es kann dies bei der graphischen Darstellung leicht gezeigt werden. Denn, man hat, Fig. 25

$$AP : BQ = TP : TQ = OA : OB,$$

sodass wir O als Schwerpunkt zweier materiellen Punkte A, B von den resp. Maassen $\frac{1}{p_\alpha}$, $\frac{1}{p_\beta}$ ansehen können. Dann folgt aber sofort auf Grund der Eigenschaften des Schwerpunkts

$$\frac{1}{p_\alpha} \cdot AP + \frac{1}{p_\beta} \cdot BQ = \left(\frac{1}{p_\alpha} + \frac{1}{p_\beta} \right) OT.$$

Jedes der beiden Glieder auf der linken Seite ist aber der Einheit gleich, und die Strecke OT ist unveränderlich, es ist daher in der That

$$\frac{1}{p_\alpha} + \frac{1}{p_\beta} = \frac{2}{OT} = \text{const.}$$

Zu dem gleichen Resultate gelangen wir durch Anwendung der im vorigen Paragraphen gegebenen Parameterdarstellung. Denn aus

$$p_\alpha = \frac{AO.AB}{2OS}$$

$$p_\beta = \frac{OB.AB}{2OS}$$

zieht man

$$p_\alpha + p_\beta = \frac{\overline{AB}^2}{2OS}, \quad p_\alpha p_\beta = \frac{\overline{AB}^2.AO.OB}{4\overline{OS}^2}$$

und hieraus

$$\frac{1}{p_\alpha} + \frac{1}{p_\beta} = \frac{2OS}{AO.OB}.$$

Nun ist aber das Rechteck $AO.OB$ constant für jede durch O geführte Sehne AB; ebenso ist OS constant, sodass also wieder

$$\frac{1}{p_\alpha} + \frac{1}{p_\beta} = \text{const.},$$

und die Constante hat denselben Werth wie oben, da

$$OS.OT = AO.OB.$$

§ 11.

Bei der im vorigen gegebenen Darstellung zweier reciproken Schrauben hat es sich im Grunde nur um Darstellung eines speciellen Werthes des virtuellen Coefficienten zweier Schrauben, Null, gehandelt. Wir gehen nun dazu über, für die Grösse

$$2\varpi_{\alpha\beta} = (p_\alpha + p_\beta)\cos\theta - d\sin\theta$$

eine Darstellung zu geben, wenn dieselbe einen beliebigen Werth hat. Seien, Fig. 27, A und B die beiden Schrauben, deren virtueller Coefficient gesucht wird; und sei ferner wieder O der Pol der Parameteraxe PQ. Die Gerade AB möge OT im Punkte O' schneiden. Wir construiren dann die Polare $P'Q'$ von O'. Es ist dann $P'Q' \parallel PQ$. Des weiteren construiren wir

Fig. 27.

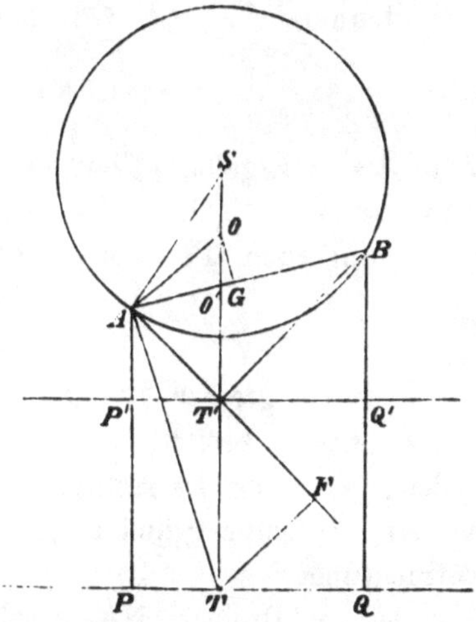

$$TF \perp AT', \quad OG \perp AB.$$

Nun ist wieder, wie vorhin,

$$\angle AT'P' = \angle T'TF = \theta,$$

und, da

$$\angle SAO' = \angle AT'O', \quad \angle SAO = \angle ATO,$$

so muss auch sein

$$\angle SAO' - \angle SAO = \angle AT'O' - \angle ATO$$

$$\angle OAG = \angle TAF,$$

sodass also die Dreiecke OAG und TAF ähnlich sind. Daraus folgt dann

$$TF = OG \cdot \frac{AT}{AO} = OG \cdot \frac{AS}{OS} \cdot$$

Nun ist aber, § 8,

$$(p_\alpha - TT' + p_\beta - TT')\cos\theta - d\sin\theta = 0,$$

woraus folgt

$$2TT'.\cos\theta = (p_\alpha + p_\beta)\cos\theta - d\sin\theta = 2\varpi_{\alpha\beta}.$$

Es ist also

$$TT'\cos\theta = TF$$

der virtuelle Coefficient der Schrauben A, B; und nach der oben für TF gefundenen Gleichung können wir den Satz aussprechen:

„Der virtuelle Coefficient zweier Schrauben A, B ist proportional dem senkrechten Abstand des Poles der Parameteraxe von der Sehne AB."

Denn es sind AS, OS constante Strecken, und

$$TF = OG \cdot \frac{AS}{OS} \cdot$$

Aus diesem Ergebniss folgt sofort wieder, dass A und B reciprok sind, wenn die Sehne AB durch O geht. Denn alsdann ist $OG = 0$ und somit auch $TF = \varpi_{\alpha\beta} = 0$.

§ 12.

Bei der grossen Wichtigkeit, welche die Grösse $\varpi_{\alpha\beta}$ für die ganze Theorie besitzt, erscheint es von Interesse, noch auf eine andere Art der Darstellung des virtuellen Coefficienten hinzuweisen. Dieselbe gründet sich auf folgende einfache geometrische Betrachtung.

Sei das Dreieck ABC gegeben. An den demselben umschriebenen Kreis legen wir in den Punkten A, B, C Tangenten, so wird das umschriebene Dreieck XYZ erhalten. Die Längen der Seiten des Dreiecks ABC mögen, wie gebräuchlich, durch a, b, c bezeichnet sein. Dann ist leicht zu sehen, dass der Schwerpunkt von Massen a^2, b^2, c^2, die resp. in den Punkten A, B, C vorhanden sind, auf den drei Geraden AX, BY, CZ liegen muss. Diese drei Geraden müssen sich also in einem Punkte J schneiden,

Fig. 28.

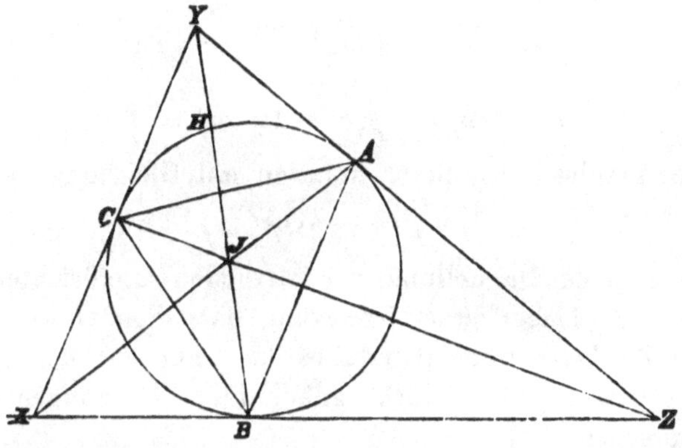

der dann der Schwerpunkt jener Massen ist. Ist nun H der zweite Durchschnittspunkt der Geraden BY mit dem Kreise, so ist, weil CA die Polare von Y ist, das Doppelverhältniss der vier Kreispunkte $BHAC$

$$(BHAC) = -1.$$

Ist dann M irgend ein Punkt des Kreises, so sind auch die vier Strahlen MB, MH, MA, MC harmonische. Nehmen wir den Punkt B selber als fünften Punkt M, so geht der Strahl MB in die Tangente BZ über, und man sieht, dass J und Z harmonisch conjugirte Punkte der Strecke CZ sind. Daraus folgt dann, dass Z der Schwerpunkt von Massen $+a^2$, $+b^2$, $-c^2$ ist, die sich beziehlich in den Punkten A, B, C befinden.

Denken wir uns nun die Parameteraxe gezeichnet, und möge h die Länge des Loths von Z auf diese Axe bedeuten. Denken wir uns ferner die Parameter p_1, p_2, p_3 der Schrauben A, B, C construirt. Dann ist, auf Grund einer bekannten Eigenschaft des Schwerpunkts

$$p_1 a^2 + p_2 b^2 - p_3 a^2 = (a^2 + b^2 - c^2) h = 2abh \cos C. \qquad (a)$$

Nehmen wir nun A und B als Fundamentalschrauben, und seien ϱ_1, ϱ_2 die Coordinaten der Schraube C in Bezug auf diese Schrauben. Dann ist nach Kapitel V

$$p_3 = p_1 \varrho_1^2 + p_2 \varrho_2^2 + 2\varpi_{12} \varrho_1 \varrho_2,$$

wenn ϖ_{12} den virtuellen Coefficienten der Schrauben A, B bezeichnet. Nun ist

$$\varrho_1 = \frac{a}{c}, \quad \varrho_2 = \frac{b}{c}$$

und somit

$$p_1 a^2 + p_2 b^2 - p_3 c^2 + 2\varpi_{12} ab = 0,$$

sodass aus Vergleichung dieser Relation mit Gleichung (a) folgt

$$\varpi_{12} = -h \cos C,$$

welches die neue Darstellung des virtuellen Coefficienten zweier Schrauben ist. Dabei ist es irrelevant, dass diese Grösse hier mit negativem Zeichen erscheint, da es hier nur auf den absoluten Werth der darstellenden Strecke ankommt. Wir können also den Satz aussprechen:

„Der virtuelle Coefficient zweier Schrauben ist gleich dem Cosinus des von ihrer Sehne gespannten Winkels, (also des Winkels der Schrauben) multiplicirt in den senkrechten Abstand des Poles dieser Sehne von der Parameteraxe.

Dies ist wohl die interessanteste Darstellung für den virtuellen Coefficienten. Auch sie zeigt, dass die Sehne reciproker Schrauben durch den Pol der Parameteraxe gehen muss. Denn es wird $\varpi_{12} = 0$ für $h = 0$. Es muss also in diesem Falle der Pol der Sehne auf der Parameteraxe liegen. Wenn aber der letztgenannte Punkt die Parameteraxe beschreibt, so muss die Sehne sich um den Pol dieser Axe drehen. Für $\cos C = 0$, $C = 90^\circ$, verschwindet ϖ_{12} nicht. Es rückt dann der Punkt Z in's Unendliche, und der Ausdruck für ϖ_{12} wird zunächst unbestimmt.

Das hier erlangte Resultat für ϖ_{12} steht übrigens in enger Verbindung mit demjenigen des vorigen Paragraphen. Denn wir haben den elementargeometrischen Satz:

Wenn in einem Kreise zwei Sehnen AB, $A'B'$ gegeben sind, und die zugehörigen Peripheriewinkel sind C, C', so möge der senkrechte Abstand des Poles der Sehne AB von $A'B'$ mit h, der senkrechte Abstand des Poles der Sehne $A'B'$ von AB mit h' bezeichnet werden. Dann hat man

$$h \cos C = h' \cos C'.$$

Aus diesem Satze folgt, dass der virtuelle Coefficient zweier

Schrauben gleich ist dem Product des senkrechten Abstandes des Poles der Parameteraxe von der Sehne der beiden Schrauben in den Cosinus des Winkels, den die Parameteraxe in dem Kreise spannt. Es ist dies direct einzusehen, wenn die Parameteraxe den Kreis in zwei reellen Punkten schneidet. Auf diesen Fall kann aber jeder andere nach einem oft benutzten Princip stets reducirt werden.

§ 13.

Wir waren schon im § 9 in einem speciellen Falle von derjenigen Form des Ausdruckes für den virtuellen Coefficienten ausgegangen, die sich bei Anwendung der Schraubencoordinaten ergiebt. Seien also wieder $C'(\xi)$, $C''(\eta)$ zwei Schrauben eines Cylindroids, so ist, wenn die Fundamentalschrauben reciprok sind, der virtuelle Coefficient gegeben durch

$$p_1 \xi_1 \eta_1 + p_2 \xi_2 \eta_2 .$$

In Figur 29 mögen A, B die Fundamentalschrauben bezeichnen, und PQ die Parameteraxe. Dann geht also die Sehne AB

Fig. 29.

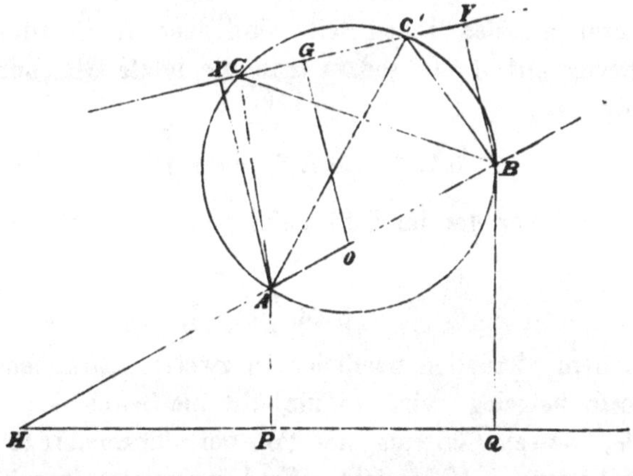

durch den Pol O dieser Axe. Und es sind die vier Punkte $ABOH$ zwei Paare harmonisch conjugirter Punkte. Demnach ist

$$OA : OB = HA : HB = AP : BQ = p_1 : p_2 .$$

Der Punkt O kann somit angesehen werden als der Schwerpunkt von Massen $\frac{1}{p_1}$, $\frac{1}{p_2}$, die sich beziehlich in den Punkten A, B befinden. Zieht man daher

$$AX \perp CC', \quad BY \perp CC', \quad OG \perp CC',$$

so wird man wieder auf Grund der Schwerpunktseigenschaften haben

$$\frac{1}{p_1} AX + \frac{1}{p_2} BY = \left(\frac{1}{p_1} + \frac{1}{p_2}\right) OG$$

oder

$$p_2 AX + p_1 BY = (p_1 + p_2) OG.$$

Es ist aber auch, wenn m den Radius des Kreises bedeutet,

$$2m AX = AC.AC'; \quad 2m BY = BC.BC',$$

sodass die letzte Gleichung wird

$$p_1.BC.BC' + p_2.AC.AC' = 2m(p_1+p_2)OG = m \cdot \frac{OG.\overline{AB}^2}{OS},$$

nach einem schon oben (§ 10) gefundenen Satze. Und dies lässt sich nun endlich so schreiben

$$p_1 \cdot \frac{BC}{AB} \cdot \frac{BC'}{AB} + p_2 \cdot \frac{AC}{AB} \cdot \frac{AC'}{AB} = m \frac{OG}{OS}.$$

Die Quotienten auf der linken Seite sind aber die Coordinaten von C, C' in Bezug auf A, B, sodass man die letzte Gleichung in der Form erhält

$$p_1 \xi_1 \eta_1 + p_2 \xi_2 \eta_2 = m \frac{OG}{OS}.$$

Dies ist aber wieder der im § 11 gefundene Ausdruck, denn es ist $AS = m$.

§ 14.

Wenn dem virtuellen Coefficienten zweier Schrauben ein constanter Werth beigelegt wird, so umhüllt die Sehne der Schrauben einen Kreis, dessen Centrum der Pol der Parameteraxe ist, wie sich aus § 11 und § 13 ergiebt. Es können also im allgemeinen zwei Schrauben gefunden werden, die mit einer gegebenen Schraube einen gegebenen virtuellen Coefficienten haben. Wenn eine Schraube A gegeben ist, so findet man diejenige Schraube, welche mit ihr den grössten virtuellen Coefficienten hat, indem man die Sehne des Bildkreises construirt, die senkrecht steht auf der Geraden OA vom Pole O der Parameteraxe nach A.

Fig. 30.

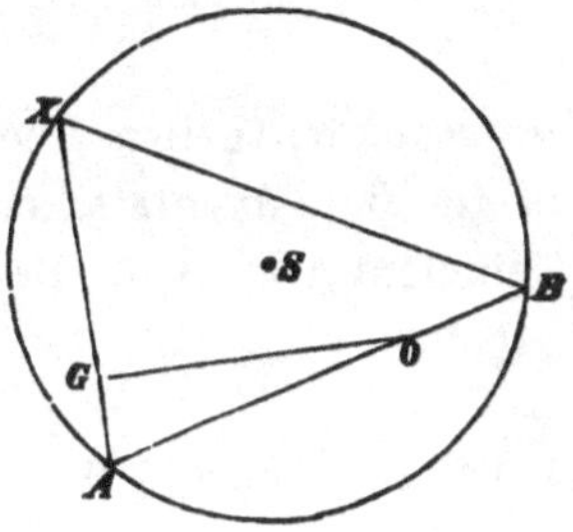

Ist überhaupt A eine feste, X eine veränderliche Schraube, dann ist nach obigem der virtuelle Coefficient von A und X proportional der Strecke OG, d. h. proportional dem Sinus des Winkels OAX, also proportional der Strecke BX. Wenn also X den Kreis beschreibt, Fig. 30, so wird der virtuelle Coefficient der Schrauben A, X sich proportional dem Abstande des Punktes X von dem festen Punkte B ändern.

§ 15.

Fig. 31.

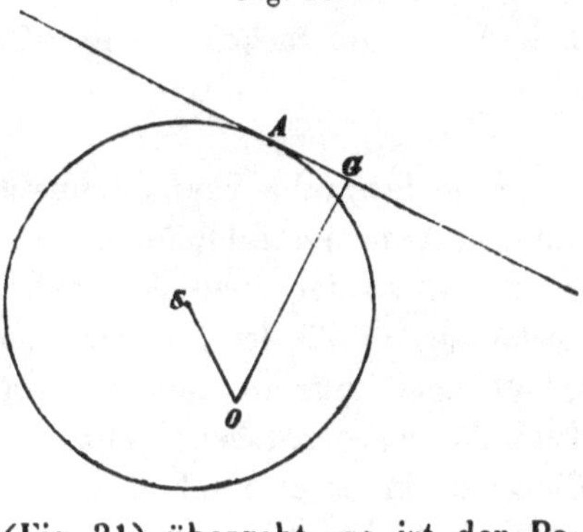

Die Darstellungen für den virtuellen Coefficienten zweier Schrauben führen übrigens noch zu einer neuen Darstellung des Parameters einer Schraube. Denn der virtuelle Coefficient zweier zusammenfallenden Schrauben ist gleich dem Parameter. Wenn also in Figur 30 die Punkte A, B in einander fallen, sodass die Sehne AB in die Tangente AG in A (Fig. 31) übergeht, so ist der Parameter von A

$$p_a = m \frac{OG}{OS},$$

sodass wir diesen Satz haben:

„Der Parameter einer Schraube des Cylindroids ist gleich dem senkrechten Abstande des Poles der Parameteraxe von der Tangente in dem Bildpunkte der Schraube.“

§ 16.

Zu dem Ausdrucke für den Parameter einer Schraube, auf den wir in den letzten Paragraphen hingeleitet wurden, kann man übrigens noch auf sehr einfache Weise gelangen. Sind nämlich die beiden Fundamentalschrauben reciprok, und ϱ_1, ϱ_2 die Coordinaten einer dritten Schraube, so sind bekanntlich

$$p_1\varrho_1, \quad p_2\varrho_2$$

die resp. virtuellen Coefficienten der dritten Schraube in Bezug auf die Fundamentalschrauben. Es wird also, Fig. 30, der virtuelle Coefficient von X in Bezug auf A sein:

$$\varpi = p_1 \frac{BX}{AB}.$$

Es ist aber, nach § 9,

$$p_1 = \frac{AO.AB}{2OS},$$

wonach

$$\varpi = \frac{AO.BX}{2OS} = \frac{2m.AO.\sin A}{2OS} = m\frac{OG}{OS},$$

d. i. den schon mehrfach angegebenen Werth erhält.

§ 17.

Eine Schraube vom Parameter Null ist sich selber reciprok. Die Tangente im Bildpunkte einer solchen Schraube ist somit als die Sehne zweier reciproken Schrauben anzusehen. Sie muss als solche aber durch den Pol der Parameteraxe gehen. Dies Ergebniss besagt aber, nur in andern Worten, die schon im Anfang dieses Kapitels hervorgehobene Thatsache, dass die Parameteraxe den Bildkreis in zwei Punkten schneidet, die Schrauben vom Parameter Null darstellen.

§ 18.

Es giebt eine ausgezeichnete Lage der Parameteraxe, nämlich diejenige, in der diese Gerade den Kreis in zwei zusammenfallenden reellen Punkten schneidet, also Tangente des Bildkreises wird.

In diesem speciellen Fall giebt es dann nur eine Schraube vom Parameter Null auf dem Cylindroid. Ihr entspricht der Berührungspunkt O der Parameteraxe. Die Parameter aller anderen Schrauben der Fläche haben gleiches Zeichen. Der Maximalwerth des Parameters ist gleich dem Durchmesser des Bildkreises. Endlich ist die Schraube, deren Bildpunkt der Punkt O ist, reciprok zu jeder Schraube des Cylindroids. Und nur wenn die Parameteraxe diese specielle Lage hat, tritt dies ein, dass es auf dem Cylindroid eine Schraube giebt, die zu jeder andern der Fläche reciprok ist.

Dieser Fall subsumirt sich unter Betrachtungen, die im vorigen Kapitel angestellt wurden. Ein Schraubensystem k^{ter} Stufe ist durch k, sein reciprokes durch $6-k$ Schrauben bestimmt. Und es ist dann jede Schraube des einen jeder Schraube des anderen Systems reciprok. Haben aber beide Systeme eine Schraube gemein, so muss diese sich nun selber reciprok sein, und also den Parameter Null besitzen.

§ 19.

Die bisherigen Betrachtungen dieses Kapitels beziehen sich nur auf Punkte unserer Theorie, welche der Statik oder der Kinematik eines Körpers mit Freiheit zweiten Grades angehören. Wenn wir daher nun auch die Kinetik solcher Körper hinsichtlich graphischer Darstellung ins Auge fassen, so wird sich uns zunächst jene Grösse u darbieten, die zu einer jeden Schraube gehört, und welche bei der Darstellung der kinetischen Energie eines Körpers eine Rolle spielt.

Wenn ein starrer Körper, von der Masse M, sich um eine Schraube ϑ mit der Windungsgeschwindigkeit $\dot{\vartheta}$ bewegt, so ist seine kinetische Energie

$$E = Mu_\vartheta^2\,\dot{\vartheta}^2.$$

Diese Grösse ist bisher nur analytisch, als ein bestimmter zur Schraube ϑ gehöriger Parameter, eingeführt gewesen. Wir wollen an dieser Stelle zeigen, welche geometrische Bedeutung der Strecke u zukommt.

Als Fundamentalsystem nehmen wir die absoluten Hauptträgheitsschrauben. Wenn dann η eine auf dem Träger von ϑ liegende Schraube vom Parameter Null ist, und $\eta_1, \ldots, \eta_6$ ihre Coordinaten sind, so hat man bekanntlich für die Coordinaten von ϑ die Ausdrücke

$$\vartheta_1 = \eta_1 + \frac{p_\vartheta}{4p_1}\frac{\partial R}{\partial \eta_1},$$
$$\vdots \quad \vdots \quad \vdots$$
$$\vartheta_6 = \eta_6 + \frac{p_\vartheta}{4p_6}\frac{\partial R}{\partial \eta_6}.$$

Führt man diese Ausdrücke nun in die Gleichung ein, durch welche u definirt wird, nämlich (Kap. IX § 9),

$$u_\vartheta^2 = p_1^2\vartheta_1^2 + \cdots + p_6^2\vartheta_6^2,$$

so kommt

$$u_\vartheta^2 = u_\eta^2 + \tfrac{1}{2}p_\vartheta \Sigma p_\iota \eta_\iota \frac{\partial R}{\partial \eta_\iota} + \tfrac{1}{16}p_\vartheta^2 \Sigma\left(\frac{\partial R}{\partial \eta_\iota}\right)^2.$$

Nun ist aber, wie wir früher zeigten,

$$\Sigma p_\iota \eta_\iota \frac{\partial R}{\partial \eta_\iota} = 0, \quad \Sigma\left(\frac{\partial R}{\partial \eta_\iota}\right)^2 = 8$$

und es ergiebt sich somit zunächst:

$$u_\vartheta^2 = u_\eta^2 + \tfrac{1}{2}p_\vartheta^2.$$

Nun ist aber offenbar, wie sich aus Kap. VIII und Kap. IX ergiebt, für eine Schraube vom Parameter Null die Grösse u mit dem zu dem Träger der Schraube gehörigen Trägheitsradius ϱ durch die Relation verbunden

$$u^2 = \tfrac{1}{2}\varrho^2.$$

Es ist daher, da hier die Schrauben η, ϑ gemeinschaftliche Träger besitzen

$$u_\eta^2 = \tfrac{1}{2}\varrho_\eta^2 = \tfrac{1}{2}\varrho_\vartheta^2,$$

sodass man endgültig erhält

$$u_\vartheta^2 = \tfrac{1}{2}(\varrho_\vartheta^2 + p_\vartheta^2),$$

aus welcher Gleichung die eigentliche Bedeutung der Grösse u erhellt.

„Die zu jeder Schraube ϑ gehörige Strecke u_ϑ hat die Eigenschaft, dass ihr Quadrat gleich ist dem arithmetischen Mittel aus den Quadraten des Parameters von ϑ und des Trägheitsradius in Bezug auf ϑ."

Dies Resultat hätte auch durch eine einfache Betrachtung der elementaren Mechanik erlangt werden können. Beachten wir, dass die kinetische Energie der Bewegung um eine Schraube sich zusammensetzt aus der kinetischen Energie einer Rotation um den Träger der Schraube und derjenigen einer Translation parallel zu diesem Träger. Da die Richtungen dieser beiden Bewegungen für jeden Punkt des bewegten Körpers auf einander senkrecht sind, so erhält man die totale kinetische Energie ganz einfach durch Addition der erwähnten Theilbeträge. Es ergiebt die Rotation den Betrag

$$E_1 = \tfrac{1}{2} M \varrho_\vartheta^2 \dot{\vartheta}^2,$$

und die Translation den Betrag

$$E_2 = \tfrac{1}{2} M p_\vartheta^2 \dot{\vartheta}^2,$$

sodass

$$E = E_1 + E_2 = \tfrac{1}{2} M \dot{\vartheta}^2 (\varrho_\vartheta^2 + p_\vartheta^2).$$

Es ist aber auch definirt

$$E = M u_\vartheta^2 \dot{\vartheta}^2,$$

wonach sein muss

$$u_\vartheta^2 = \tfrac{1}{2}(\varrho_\vartheta^2 + p_\vartheta^2).$$

Wenn also ϑ insbesondere eine der absoluten Hauptträgheitsschrauben ist, so hat man

$$u_\vartheta^2 = \varrho_\vartheta^2 = p_\vartheta^2.$$

§ 20.

Es seien nun ϑ_1, ϑ_2 die Coordinaten einer Schraube ϑ des Cylindroids, bezogen auf irgend ein auf der Fläche liegendes Fundamentalsystem, dann sind $\dot{\vartheta}\vartheta_1$, $\dot{\vartheta}\vartheta_2$ die Componenten einer Windungsgeschwindigkeit $\dot{\vartheta}$ in Bezug auf dieses System und die kinetische Energie wird sich zunächst in der Form darstellen

$$E = M \dot{\vartheta}^2 (\lambda \vartheta_1^2 + 2\mu \vartheta_1 \vartheta_2 + \nu \vartheta_2^2),$$

sodass also jetzt

$$u_\vartheta^2 = \lambda \vartheta_1^2 + 2\mu \vartheta_1 \vartheta_2 + \nu \vartheta_2^2,$$

wo die Grössen λ, μ, ν Constanten, mithin für alle Schrauben der Fläche dieselben sind.

Diese Form des Ausdrucks für u_ϑ ist nun einer bemerkenswerthen Vereinfachung fähig, wenn an Stelle des jetzt beliebigen Coordinatensystems ein specielles gewählt wird.

Fig. 32.

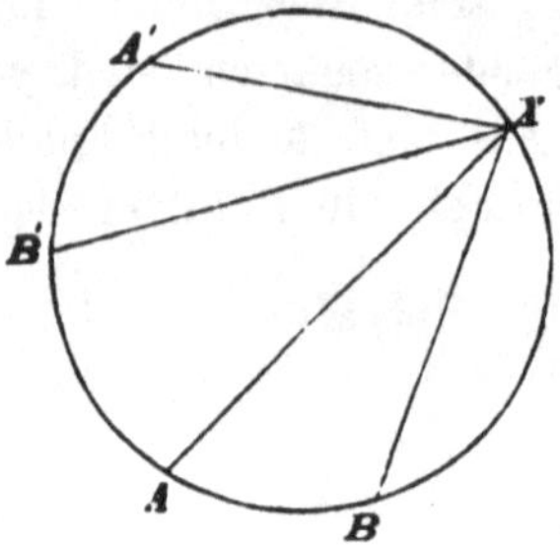

Nehmen wir die Strecke AB als Einheit des Längenmaasses, und nennen den zur Sehne AB in dem Bildkreise gehörigen Peripheriewinkel ε, so sind die Coordinaten der Schraube X (Fig. 32)

$$\xi_1 = BX, \quad \xi_2 = AX$$

und müssen der Relation genügen

$$\xi_1^2 + \xi_2^2 - 2\xi_1\xi_2\cos\varepsilon = 1.$$

Danach kann die Gleichung für die zur Schraube X gehörige Grösse u auch so geschrieben werden

$$\lambda\xi_1^2 + 2\mu\xi_1\xi_2 + \nu\xi_2^2 - u_\xi^2(\xi_1^2 - 2\xi_1\xi_2\cos\varepsilon + \xi_2^2) = 0. \qquad (X)$$

Diese Gleichung möge nun transformirt werden durch den Uebergang von den Fundamentalschrauben A, B auf ein anderes Paar von Fundamentalschrauben A', B'. Sind dann ξ_1', ξ_2' die Abstände des Punktes X beziehungsweise von A', B', so folgt, mit Hülfe des Ptolemaeischen Lehrsatzes

$$\xi_1 . A'B' = \xi_2' . AA' - \xi_1' . AB'$$
$$\xi_2 . A'B' = \xi_2' . A'B - \xi_1' . BB',$$

sodass also der Uebergang von dem alten Coordinatensystem auf das neue durch eine lineare Substitution mit constanten Coefficienten vermittelt wird. Die Grösse u hängt nun lediglich von der Lage von X ab, wird also von einer Aenderung des Coordinatensystems nicht beeinflusst werden. Wir können daher Anwendung machen von dem Satze, dass die Discriminante der binären quadratischen Form (X) für lineare Transformationen dieser Form eine Invariante ist. Diese Discriminante ist, wenn wir der Kürze halber den Index an der Grösse u weglassen:

$$D = (\lambda - u^2)(\nu - u^2) - (\mu + u^2\cos\varepsilon)^2.$$

Diese Grösse muss nun für jede Schraube X, also auch für jeden Werth von u eine Invariante sein. Stellen wir dieselbe entwickelt dar:

$$D = u^4\sin^2\varepsilon - u^2(\lambda + 2\mu\cos\varepsilon + \nu) + \lambda\nu - \mu^2,$$

so müssen also die Coefficienten dieser Form proportional sein den homologen Coefficienten der transformirten Form

$$D' = u^4 \sin^2\varepsilon' - u^2(\lambda' + 2\mu'\cos\varepsilon' + \nu') + \lambda'\nu' - \mu'^2.$$

Somit ergeben sich für die Transformation die beiden Bedingungsgleichungen

$$\frac{\sin^2\varepsilon'}{\sin^2\varepsilon} = \frac{\lambda' + 2\mu'\cos\varepsilon' + \nu'}{\lambda + 2\mu\cos\varepsilon + \nu} = \frac{\lambda'\nu' - \mu'^2}{\lambda\nu - \mu^2}.$$

Diesen beiden Bedingungen entsprechend können nun die vier Grössen λ', μ', ν', ε', im übrigen willkürlich, gewählt werden. Es sind nothwendige und hinreichende Bedingungen. In der That ist es klar, dass zur Bestimmung der Transformation nur zwei unabhängige Grössen erforderlich sind, nämlich diejenigen durch welche die Lagen von A' und B' gegeben werden.

Wir wollen nun, um zu unserem speciellen Coordinatensystem zu gelangen, noch die beiden willkürlichen Bedingungen hinzufügen

$$\lambda' = \nu'; \quad \mu' = 0.$$

Damit erhalten wir für λ' und ε' die Gleichungen

$$\frac{\sin^2\varepsilon'}{\sin^2\varepsilon} = \frac{2\lambda'}{\lambda + 2\mu\cos\varepsilon + \nu} = \frac{\lambda'^2}{\lambda\nu - \mu^2}$$

und hieraus die Werthe

$$\lambda' = \frac{2(\lambda\nu - \mu^2)}{\lambda + 2\mu\cos\varepsilon + \nu}$$

$$\sin^2\varepsilon' = \sin^2\varepsilon \cdot \frac{4(\lambda\nu - \mu^2)}{(\lambda + 2\mu\cos\varepsilon + \nu)^2}.$$

Es ist also λ', auch der Form nach, eindeutig bestimmt. Aus $\sin^2\varepsilon'$ bestimmen wir zunächst vier Werthe

$$\pm\varepsilon', \quad \pm(\pi - \varepsilon').$$

Die negativen Werthe sind aber, als hier bedeutungslos, zu verwerfen. Die beiden positiven liefern thatsächlich nur ein Resultat, denn die Sehne theilt die Kreisperipherie in zwei Theile derart, dass sie von den Punkten des einen Theils unter dem Winkel ε', von denen des andern unter dem Winkel $\pi - \varepsilon'$ erscheint.

In diesem speciellen Coordinatensystem haben wir also für u die einfache canonische Darstellung

$$u_\xi^2 = \lambda'(\xi_1^2 + \xi_2^2),$$

Fig. 33.

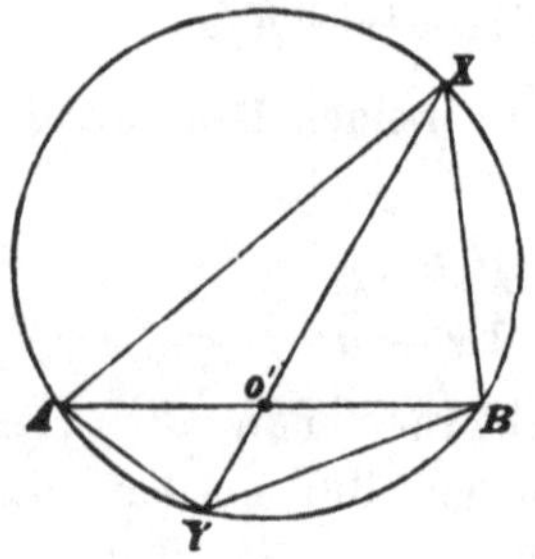

und diese führt nun sofort zu einer geometrischen Repräsentation von u. Denn seien (in Fig. 33) A, B die eben eingeführten canonischen Fundamentalschrauben, und O' der Halbirungspunkt der Strecke AB, so hat man

$$\begin{aligned} \xi_1^2 + \xi_2^2 &= \overline{BX}^2 + \overline{AX}^2 \\ &= 2\overline{AO'}^2 + 2\overline{XO'}^2 \\ &= 2XO'.YO' + 2\overline{XO'}^2 \\ &= 2XY.XO', \end{aligned}$$

sodass sich der Satz ergiebt:

„Wenn ein starrer Körper, mit Freiheit zweiten Grades, mit der Einheit der Windungsgeschwindigkeit um eine Schraube X des zugehörigen Cylindroids sich bewegt, dann ist seine kinetische Energie proportional dem Rechteck $XY.XO'$, wo O' ein bestimmter fester Punkt der Sehne XY ist."

Dies Ergebniss ist ganz analog dem in § 9 bei der Untersuchung des Gesetzes für die Parametervertheilung erhaltenen. An die Stelle des dort benutzten Punktes O ist hier der Punkt O' getreten. In Verfolg dieser Analogie wollen wir die Polare des Punktes O' als Axe der kinetischen Energie oder abkürzend als kinetische Axe bezeichnen.

Damit lässt sich dann sofort wieder der Satz aussprechen:

„Wenn ein starrer Körper mit Freiheit zweiten Grades sich mit der Einheit der Windungsgeschwindigkeit um eine Schraube X des zugehörigen Cylindroids bewegt, so ist seine kinetische Energie proportional dem senkrechten Abstand des Bildpunktes X von der kinetischen Axe."

Die in § 12 für den Parameter gegebene Construction kann nun auch sofort sinngemäss zur geometrischen Darstellung von u^2 angewandt werden. Diese Grösse ist also proportional dem senkrechten Abstand des Punktes O' von der Tangente im Punkte X.

Zwischen den Punkten O und O' besteht übrigens ein wesentlicher Unterschied. Der Punkt O, der Pol der Parameteraxe, kann an jede beliebige Stelle der Bildebene rücken, er kann also namentlich auch ausserhalb des Kreises liegen. Denn es kann immer zwei reelle Schrauben vom Parameter Null auf einem Cylindroid geben, welche bekanntlich durch die Schnittpunkte der Parameteraxe mit dem Kreise dargestellt werden. Es kann aber keine Schraube geben, bei Bewegung um welche ein Körper die kinetische Energie Null erlangte. Die kinetische Axe kann also den Kreis nie in zwei reellen Punkten schneiden, d. h. mit anderen Worten der Punkt O' muss immer innerhalb des Kreises liegen.

§ 21.

Wenn einem starren Körper mit Freiheit zweiten Grades gleichzeitig um zwei Schrauben α, β des zugehörigen Cylindroids Windungsgeschwindigkeiten $\dot{\alpha}$, $\dot{\beta}$ ertheilt werden, so wird er sich um eine dritte Schraube ϑ dieser Fläche mit der Windungsgeschwindigkeit $\dot{\vartheta}$ bewegen. Er erlangt bei dieser wirklich eintretenden, resultirenden, Bewegung die kinetische Energie

$$E = Mu_\vartheta^2 \dot{\vartheta}^2.$$

Wäre die Schraube α allein vorhanden, so würde der Körper bei der Bewegung um diese die kinetische Energie

$$E_1 = Mu_\alpha^2 \dot{\alpha}^2$$

erlangen, und ebenso würde einer Bewegung allein um die Schraube β die kinetische Energie

$$E_2 = Mu_\beta^2 \dot{\beta}^2$$

entsprechen. Im Allgemeinen wird nun E nicht einfach gleich der Summe

$$E_1 + E_2$$

sein. Indessen giebt es eine specielle Beziehung der Schrauben α, β zu einander, vermöge welcher

$$E = E_1 + E_2$$

wird. In diesem Falle ist also

$$u_\vartheta^2 \dot{\vartheta}^2 = u_\alpha^2 \dot{\alpha}^2 + u_\beta^2 \dot{\beta}^2,$$

und die Beziehung der Schrauben α, β zu einander ist dann diejenige der conjugirten Trägheitsschrauben (Kapitel IX). Bemerken wir nun, dass, wenn ϑ_1, ϑ_2 die Coordinaten der Schraube ϑ sind, man hat

$$\dot{\alpha} = \dot{\vartheta}\vartheta_1, \quad \dot{\beta} = \dot{\vartheta}\vartheta_2,$$

so sieht man sofort, dass, wenn noch A, B, X die Bilder der Schraube α, β, ϑ sind, die Proportion besteht

$$\dot{\vartheta}^2 : \dot{\alpha}^2 : \dot{\beta}^2 = \overline{AB}^2 : \overline{BX}^2 : \overline{AX}^2.$$

Wenn nun aber die Sehne AB durch den Pol O' der kinetischen Axe geht, dann wird der Schwerpunkt von drei Massen

$$m_1 = -\overline{AB}^2, \quad m_2 = \overline{BX}^2, \quad m_3 = \overline{AX}^2,$$

die sich beziehungsweise in den Punkten X, A, B befinden, auf der kinetischen Axe liegen, wonach man haben wird

$$\overline{AB}^2 . u_\vartheta^2 = \overline{BX}^2 . u_\alpha^2 + \overline{AX}^2 . u_\beta^2$$

und in Folge jener Proportion

$$u_\vartheta^2 \dot{\vartheta}^2 = u_\alpha^2 \dot{\alpha}^2 + u_\beta^2 \dot{\beta}^2.$$

Dieses Ergebniss involvirt den Satz:

„Jede Sehne durch den Pol der kinetischen Axe schneidet den Kreis in Punkten, die die Bilder sind eines Paares conjugirter Trägheitsschrauben.“

Zu demselben Resultate hätte man auch in folgender Weise gelangen können. Aus dem Ptolemaeischen Lehrsatz folgt (Fig. 33)

$$AB.XY = AX.BY + AY.BX.$$

Multiplicirt man diese Gleichung mit

$$AB.XO',$$

so kommt

$$\overline{AB}^2.XY.XO' = AX.AB.BY.XO' + AY.XO'.BX.AB.$$

Es ist aber

$$BY.XO' = AX.BO'$$
$$AY.XO' = BX.AO',$$

sodass erhalten wird

$$\overline{AB}^2.XY.XO' = \overline{AX}^2.AB.BO' + \overline{BX}^2.AB.AO'.$$

Mit Berücksichtigung des Ergebnisses von § 20 geht diese Gleichung aber sofort über in

$$u_\vartheta^2 \dot{\vartheta}^2 = u_\alpha^2 \dot{\alpha}^2 + u_\beta^2 \dot{\beta}^2.$$

§ 22.

Indem wir uns zur Untersuchung der Relationen zwischen impulsiven und instantanen Schrauben wenden, erinnern wir zuvörderst an das im Kapitel XIV gewonnene Ergebniss, dass die impulsiven und die instantanen Schrauben zwei projective Systeme bilden. Um diese Thatsache auch bei der graphischen Behandlung der Theorie der Freiheit zweiten Grades in einfacher Weise hervortreten zu lassen, machen wir Gebrauch von dem Begriff der reducirten Dyname, der uns in den allgemeinen Betrachtungen des Kapitel IX § 16 zum ersten Male entgegengetreten ist. Mit Einführung dieses Begriffes besteht also für den speciellen Fall, den wir hier behandeln, der Satz:

Zu jeder Schraube α eines Cylindroids C kann immer eine Schraube β desselben Cylindroids so gefunden werden, dass eine impulsive Dyname auf β einem Körper, dessen Freiheit durch C definirt ist, eine Windung um α ertheilt.

Es ist aus mechanischen Gründen klar, dass die Beziehung der Schrauben α, β zu einander eine ein-eindeutige ist. Denn man nehme an, dass zu zwei impulsiven Schrauben des Cylindroids, β und γ, eine und dieselbe instantane Schraube α gehörte. Dann wird es immer möglich sein, auf β und γ je eine impulsive Dyname wirken zu lassen, deren Intensitäten so gewählt sind, dass die Dyname auf β einem Körper eine Windungsgeschwindigkeit $+\omega$ um α, die auf γ dem Körper eine Windungsgeschwindigkeit $-\omega$ um α ertheilt. Dann wird also der Körper sich überhaupt nicht bewegen; woraus wieder folgen würde, dass die Dynamen auf β und γ im Gleichgewicht sein müssten. Dies ist aber nicht möglich, wenn die Schrauben β und γ verschieden sind.

Seien nun (Fig. 34) A, B zwei impulsive Schrauben, und A', B' beziehungsweise die correspondirenden instantanen Schrauben, was also so zu verstehen ist, dass eine impulsive Dyname auf A einem Körper eine Windung um A' mittheilt, und analog für B, B'. Die Dynamen auf A und B mögen jede die Einheit der Intensität besitzen, die von ihnen resp. hervorgerufenen Windungsgeschwindigkeiten seien α, um die Schraube A', und β, um die Schraube B'.

Ferner sei X irgend eine andere Schraube des Cylindroids, eine Dyname auf welcher für sich allein — also wenn der Körper vor ihrem Auftreten in einer Ruhelage verharrte — eine Windungsgeschwindigkeit ω um die Schraube X' hervorruft.

Fig. 34.

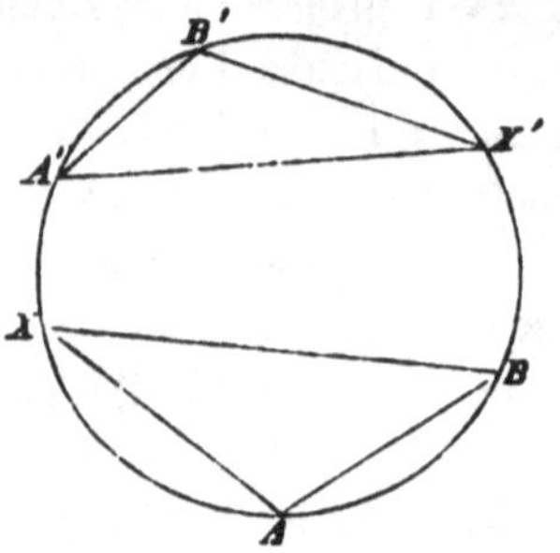

Nehmen wir der Einfachheit halber an, dass auch die Dyname auf X die Einheit der Intensität besitze, so kann diese Dyname in zwei Componenten auf den Schrauben A, B zerlegt werden, deren Intensitäten dann beziehungsweise

$$\frac{BX}{AB}, \quad \frac{AX}{AB}$$

sind. Diese Dynamen erzeugen dann Windungsgeschwindigkeiten um A', B', deren Werthe bezüglich sind

$$\alpha \frac{BX}{AB}, \quad \beta \frac{AX}{AB}.$$

Und diese beiden Windungsgeschwindigkeiten müssen sich zusammensetzen zur Windungsgeschwindigkeit ω um X'. Demgemäss haben wir

$$\alpha \frac{BX}{AB} = \omega \frac{B'X'}{A'B'}$$

$$\beta \frac{AX}{AB} = \omega \frac{A'X'}{A'B'}.$$

Sind weiter Y, Y' zwei Schrauben, die in derselben Beziehung zu einander stehen, wie X, X'; und ist ω' die Windungsgeschwindigkeit um Y', so haben wir die analogen Gleichungen

$$\alpha \frac{BY}{AB} = \omega' \frac{B'Y'}{A'B'}$$

$$\beta \frac{AY}{AB} = \omega' \frac{A'Y'}{A'B'}.$$

Aus diesen vier Gleichungen folgt durch Elimination von α, β, ω, ω'

$$\frac{BX}{AX} : \frac{BY}{AY} = \frac{B'X'}{A'X'} : \frac{B'Y'}{A'Y'}.$$

Da nun die Länge der Kreissehne proportional ist dem Sinus des von ihr gespannten Winkels, so zeigt diese letzte Gleichung, dass die Punktreihe A, B, X, Y projectiv ist der Reihe A', B', X', Y':

$$(ABXY) \barwedge (A'B'X'Y').$$

Sind also P, P' irgend zwei Punkte des Kreises, so gilt auch für die von ihnen nach jenen Reihen ausgehenden Büschel

$$P'(ABXY) \barwedge P(A'B'X'Y'),$$

und es entsprechen sich die Strahlen der Büschel in der aus der Bezeichnung ersichtlichen Reihenfolge.

Durch dieses Ergebniss ist nun zunächst wieder die Projectivität der Systeme der instantanen und impulsiven Schrauben nachgewiesen.

Fig. 35.

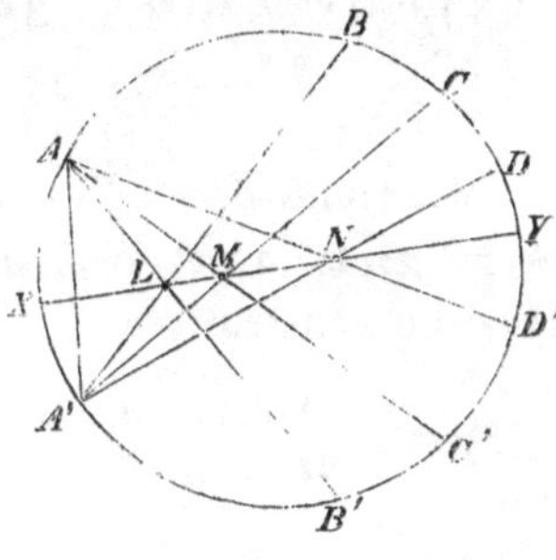

Es ist aber auch insbesondere, wenn wir P durch A, P' durch A' ersetzen

$$A'(ABXY) \barwedge A(A'B'X'Y').$$

Diese beiden Büschel haben also perspective Lage, und die Punkte L, M, N müssen daher collinear sein. Daraus erwächst aber für die graphische Darstellung unseres mechanischen Problems der Satz:

„Sind A, B zwei impulsive Schrauben und A', B' die entsprechenden instantanen Schrauben, dann schneiden sich die Sehnen AB' und $A'B$ auf einer festen Geraden XY."

Die Punkte X, Y sind nun die Doppelpunkte der beiden projektiven Punktreihen auf dem Kreise, die wir hier betrachten. Daraus folgt, dass, wenn X als impulsive Schraube betrachtet wird, die zugehörige instantane Schraube ebenfalls X ist. Gleiches gilt für Y. Also:

„Die Gerade XY schneidet den Kreis in zwei Punkten, deren jeder die Eigenschaft besitzt, dass eine impulsive

Dyname auf der Schraube, deren Bild dieser Punkt ist, einem Körper eine Windungsgeschwindigkeit um dieselbe Schraube ertheilt."

Die Punkte X, Y sind somit die Bilder der Hauptträgheitsschrauben, aus welchem Grunde wir die Gerade XY auch als Axe der Hauptträgheitsschrauben bezeichnen wollen.

Das graphische Verfahren lässt also wieder erkennen, dass es in einem Schraubensysteme zweiter Stufe (Cylindroid) zwei und nur zwei Hauptträgheitsschrauben giebt.

Es lässt sich nun eine sehr einfache Construction für die Hauptträgheitsschrauben angeben. Denn diese Schrauben müssen sowohl reciprok als auch conjugirte Trägheitsschrauben sein. Es muss also, nach unseren bisherigen Ergebnissen, die Axe der Hauptträgheitsschrauben sowohl durch den Pol O der Parameteraxe gehen, als auch durch den Pol O' der kinetischen Axe. Durch diese zwei Punkte ist aber die in Rede stehende Axe vollkommen bestimmt. Die Axe der Hauptträgheitsschrauben ist also die durch die Punkte O und O' gehende Sehne des Kreises.

§ 23.

Mit Hülfe dieser Punkte O und O' lässt sich nun auch immer die zu einer gegebenen impulsiven Schraube gehörige instantane Schraube construiren.

Fig. 36.

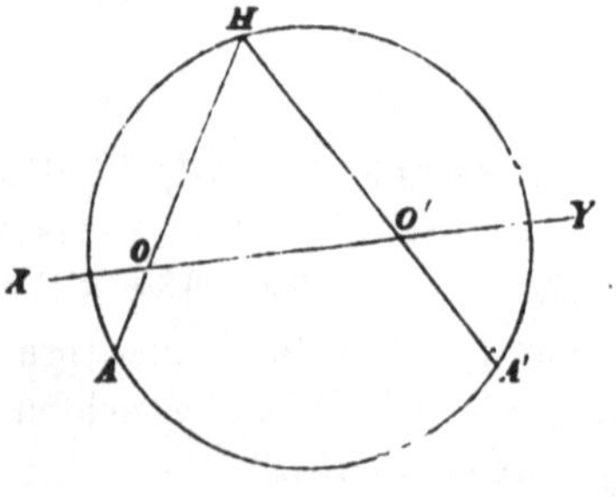

In der That, es sei A der Bildpunkt der gegebenen impulsiven Schraube. Ziehen wir die Sehne AO, die den Kreis zum zweiten Male in H trifft, so ist H reciprok zu A. Ziehen wir ferner die Sehne HO', deren zweiter Schnittpunkt mit dem Kreise A' ist, so sind H, A' ein Paar conjugirter Trägheitsschrauben. Da nun A die einzige zu H reciproke Schraube des Cylindroids ist, so ist nothwendig A' die gesuchte instantane Schraube. Dies folgt aus dem in Kapitel IX § 4 (pag. 178) bewiesenen Satze, der sich auch so formuliren lässt:

Wenn zwei conjugirte Trägheitsschrauben α, β als instantane Schrauben betrachtet werden, dann ist diejenige Schraube ϑ, welche einer derselben etwa α als impulsive Schraube entspricht, reciprok zur andern β.

§ 24.

Wir haben auf pag. 188 im Kap. IX § 10 gefunden, dass die Windungsgeschwindigkeit, die ein Körper um eine Schraube α in Folge eines Impulses auf eine Schraube η erlangt, gegeben ist durch

$$\dot{\alpha}' = k \cdot \frac{\varpi_{\eta\alpha}}{u_\alpha^2},$$

wo der Factor k nur von der Intensität der Impulsivdyname und der Masse des Körpers abhängt. Nun ist der virtuelle Coefficient $\varpi_{\eta\alpha}$ proportional dem Rechteck (Fig. 36)

$$AO.A'H,$$

wenn A das Bild von η und A' dasjenige von α ist. Und ebenso ist u_α^2 proportional dem Rechteck

$$A'O'.A'H.$$

Es ist also die Windungsgeschwindigkeit $\dot{\alpha}'$ proportional dem Quotienten

$$\frac{AO}{A'O'} \quad \text{oder} \quad \frac{HO'}{HO}.$$

Da nun

$$k = \frac{\eta''}{M},$$

wo M die Masse des Körpers bedeutet, so können wir das letzte Ergebniss in folgendem Satz formuliren:

„Eine Impulsivdyname auf A, deren Intensität proportional HO ist, erzeugt eine Windungsgeschwindigkeit um A', die proportional ist zu HO'."

Durch diesen Satz löst die graphische Methode in einfachster Weise das Fundamentalproblem der Kinetik eines starren Körpers mit Freiheit zweiten Grades.

§ 25.

Zur Bestimmung der instantanen Schraube, die zu einer gegebenen impulsiven gehört, giebt es noch eine andere Methode, welche die Punkte O und O' nicht benutzt, sondern an deren Stelle einen neuen festen Punkt Ω treten lässt, der übrigens, wie O', auf der Axe der Hauptträgheitsschrauben liegt.

Fig. 37.

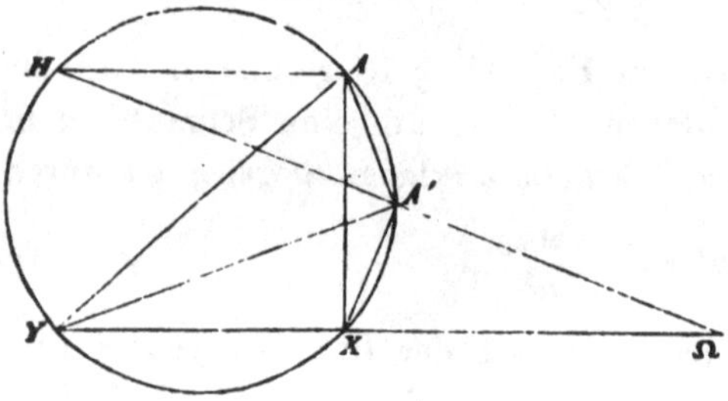

In der That, seien (Fig. 37) X, Y die beiden Hauptträgheitsschrauben. Sei ferner A eine impulsive und A' die entsprechende instantane Schraube. Dann ziehen wir die Sehne AH durch A parallel zu XY, verbinden H mit A' und verlängern HA' bis zum Schnittpunkt Ω mit XY. Endlich wollen wir mit α die Windungsgeschwindigkeit bezeichnen, die durch eine Dyname von der Einheit der Intensität auf X hervorgerufen wird; die analoge Bedeutung für Y habe β.

Es ist nun leicht zu sehen, dass die Dreiecke $AA'X$ und $YA'\Omega$, und ebenso die Dreiecke $AA'Y$ und $XA'\Omega$ ähnlich sind. Daraus folgt dann

$$\frac{A'X}{AX} = \frac{\Omega A'}{\Omega Y}$$

$$\frac{A'Y}{AY} = \frac{\Omega A'}{\Omega X}.$$

Wenn der Kürze halber noch angenommen wird, dass die Intensität der Dyname auf A der Einheit gleich sei, so sind deren Componenten auf X und Y gegeben durch

$$\frac{AY}{XY},$$

$$\frac{AX}{XY}.$$

Diese Componenten erzeugen Windungsgeschwindigkeiten, denen beziehungsweise die Werthe zukommen

$$\alpha\frac{AY}{XY}$$

$$\beta\frac{AX}{XY}.$$

Wenn nun ω die resultirende Windungsgeschwindigkeit um A' ist, dann müssen deren Componenten nach X und Y den eben angegebenen Werthen beziehungsweise gleich sein. Man hat also

$$\omega \frac{A'Y}{XY} = \alpha \frac{AY}{XY}$$

$$\omega \frac{A'X}{XY} = \beta \frac{AX}{XY},$$

woraus sich ergiebt, mit Rücksicht auf die obigen ersten Gleichungen

$$\alpha = \omega \frac{\Omega A'}{\Omega X}$$

$$\beta = \omega \frac{\Omega A'}{\Omega Y}$$

oder

$$\alpha : \beta = \Omega Y : \Omega X.$$

Daraus folgt nun zunächst, dass der Punkt Ω in seiner Lage auf XY völlig unabhängig von den Lagen von A und A', also in der That ein fester Punkt auf XY ist; und ferner, dass das Rechteck

$$\omega . \Omega A' = \text{const.}$$

Wir haben daher diesen Satz, der zur Bestimmung von ω dient:

„Um die zu einer gegebenen impulsiven Schraube A gehörige instantane Schraube zu construiren, ziehe man die zur Axe der Hauptträgheitsschrauben parallele Sehne AH. Verbindet man dann den Punkt H mit einem festen Punkte Ω auf der genannten Axe, so schneidet die Verbindungslinie $H\Omega$ den Kreis in einem Punkte A', welcher das Bild der gesuchten instantanen Schraube ist. Die Windungsgeschwindigkeit um diese Schraube wird dann umgekehrt proportional sein zu der Strecke $\Omega A'$.“

Man sieht hier sehr leicht, dass das umgekehrte Problem keine eindeutige Lösung besitzt. Wenn nämlich die Windungsgeschwindigkeit bekannt ist, welche ein Körper um die Schraube A' erlangt unter dem Einfluss einer Impulsivdyname von der Einheit der Intensität der Schraube A, so ist die Strecke $\Omega A'$ bestimmt. Ein Kreis, um Ω mit dem Radius $\Omega A'$ construirt, schneidet aber den Bildkreis in zwei Punkten. Es giebt also zwei Schrauben A', und somit auch zwei Schrauben A, auf deren jeder eine Impulsivdyname von der Einheit der Intensität einem Körper eine Windungsgeschwindigkeit ω um eine Cylindroidsschraube ertheilt.

Der durch Ω gehende Durchmesser des Kreises schneidet diesen in Punkten, welche die Bilder derjenigen Schrauben sind, um welche ein Körper den grössten oder kleinsten Werth der Windungsgeschwindigkeit erhält, wenn eine gegebene Impulsivdyname auf ihn wirkt.

§ 26.

Für die Grössen α, β des vorigen Paragraphen, welche die Windungsgeschwindigkeiten waren, die durch Impulsivdynamen von der Intensitätseinheit auf den Hauptträgheitsschrauben beziehungsweise hervorgerufen wurden, findet man folgende einfache geometrische Relation.

Wenn ω wieder die Windungsgeschwindigkeit bezeichnet, welche um A' durch die Dyname auf A hervorgebracht wird, so ist nach § 25

$$\alpha . AY = \omega . A'Y$$

$$\beta . AX = \omega . A'X,$$

also

$$\frac{\alpha}{\beta} = \frac{A'Y}{A'X} : \frac{AY}{AX} = (XYAA').$$

Dieses Doppelverhältniss ist aber (Fig. 36) auch das der Punkte X, Y, O, O', so dass wir für das Verhältniss der Grössen α, β die Darstellung gewinnen

$$\frac{\alpha}{\beta} = (XYOO')$$

$$\frac{\alpha}{\beta} = \frac{O'Y}{O'X} : \frac{OY}{OX}.$$

§ 27.

Nehmen wir wieder die ersten Gleichungen des § 26 auf, nämlich

$$\alpha . AY = \omega . A'Y$$

$$\beta . AX = \omega . A'X,$$

so folgt aus diesen

$$\alpha\beta . AX . AY = \omega^2 . A'X . A'Y.$$

Fällen wir nun (Fig. 38)

Fig. 38.

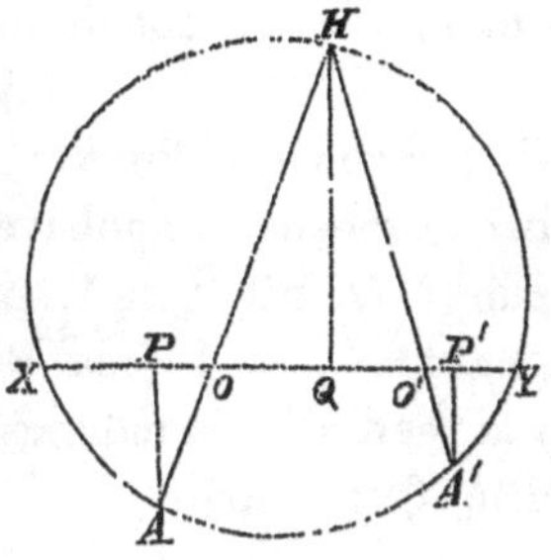

$$AP \perp XY, \quad A'P' \perp XY, \quad HQ \perp XY,$$

so ist wegen der Gleichheit der Peripheriewinkel über demselben Bogen

$$AX.AY : A'X.A'Y = AP : A'P',$$

so dass zunächst

$$\alpha\beta . AP = \omega^2 . A'P',$$

welche Formel durch Benutzung der ähnlichen Dreiecke der Figur übergeht in

$$\alpha\beta \cdot \frac{AO}{OH} \cdot HQ = \omega^2 \cdot \frac{A'O'}{O'H} \cdot HQ,$$

woraus folgt

$$\omega^2 = \alpha\beta \cdot \frac{AO}{A'O'} \cdot \frac{O'H}{OH}.$$

Es ist aber (§ 24) $\frac{AO}{A'O'}$ proportional $\frac{O'H}{OH}$, also

$$\omega^2 \text{ proportional } \frac{\overline{O'H}^2}{\overline{OH}^2}$$

$$\omega \text{ proportional } \frac{O'H}{OH},$$

sodass wir auch auf diesem Wege zu dem Resultate des § 24 gelangt sind.

Es verdient hervorgehoben zu werden, dass es nicht nöthig ist, den Punkt H als Durchschnittspunkt der Geraden AO, $A'O'$ durch die ausgezeichneten Punkte O und O' zu bestimmen, sondern dass dieser Punkt auf dem Kreise ganz willkürlich angenommen werden kann. Es treten dann allerdings an Stelle der Punkte O, O' andere Punkte Ω, Ω', welche aber wie jene zur Bestimmung der instantanen Schraube und der Windungsgeschwindigkeit verwandt werden können. Es folgt dies daraus, dass die Punkte $XYAA'$ von irgend zwei beliebigen Punkten des Kreises

Fig. 39.

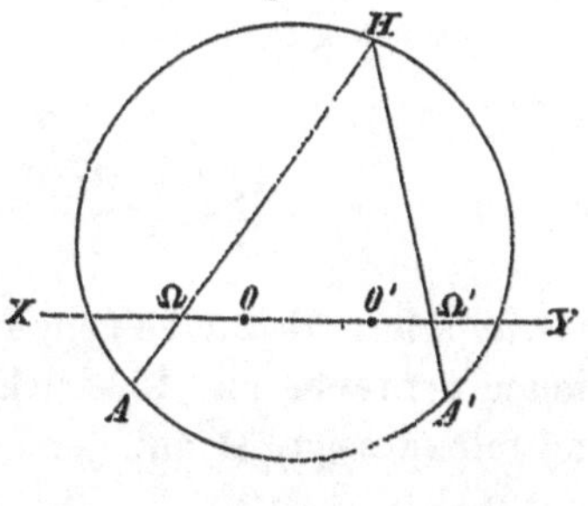

durch projective Strahlbüschel projicirt werden. Es wird also auch immer die Gleichheit der Doppelverhältnisse bestehen:

$$(X\Omega\Omega'Y) = (XOO'Y).$$

Und wenn die Punkte Ω, Ω' demgemäss bestimmt sind, so liefert bei gegebener impulsiver Schraube A der Strahl $A\Omega$ den Schnittpunkt H mit dem Kreise, und dann der Strahl $H\Omega'$ den Schnittpunkt A', d. i. das Bild der zugehörigen instantanen Schraube, während die Windungsgeschwindigkeit um diese proportional ist dem Quotienten

$$\frac{\Omega' H}{\Omega H}.$$

In dem besonderen Falle, wo wir den Punkt ins Unendliche rücken lassen, ergiebt sich wieder die Construction des Paragraphen 25.

§ 28.

In den allgemeinen Untersuchungen des vorigen Kapitels ist die Frage der Permutabilität der impulsiven und instantanen Schrauben bereits erörtert worden. Dieselbe gewinnt besonderes Interesse in dem hier betrachteten speciellen Falle, und namentlich bei Anwendung der graphischen Methode.

Wie schon a. a. O. festgestellt wurde, findet die Permutabilität im Allgemeinen nicht statt. Tritt sie aber für ein Paar correspondirender Schrauben ein, so tritt sie für alle dem System zugehörenden Paare ein.

Fig. 40.

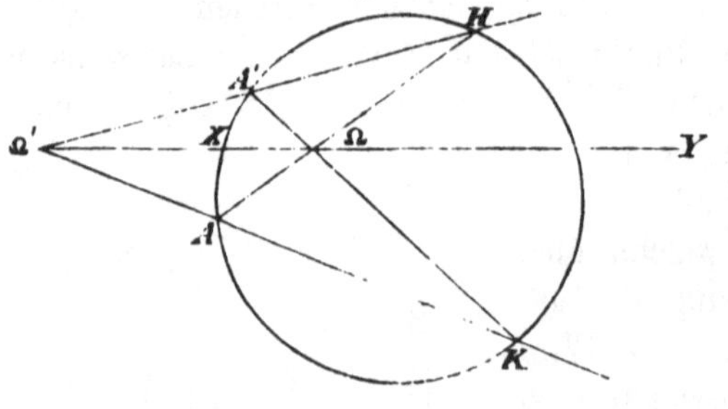

Seien Ω, Ω' ein Paar solcher Punkte, wie sie im vorigen Paragraphen eingeführt wurden. Dann kann also immer, wenn die impulsive Schraube A gegeben ist, die instantane A' gefunden werden. Soll nun, wenn A' als impulsive Schraube genommen wird, die Construction der instantanen Schraube zu A zurückführen, dann muss, wie die Figur unmittelbar zeigt, Ω auf der Polare von Ω' liegen, die beiden Punkte müssen also einander harmonisch conjugirt sein in Bezug auf den Kreis, oder mit andern Worten, der constante Werth des Doppelverhältnisses $(X\Omega\Omega'Y)$ muss jetzt gleich -1 werden. Dies gilt dann für jedes Punktepaar $\Omega\Omega'$, also insbesondere auch für O, O', sodass sich der folgende Satz ergiebt:

„Wenn die Punkte O, O' und die Durchschnittspunkte der Axe der Hauptträgheitsschrauben mit dem Kreise eine harmonische Punktreihe bilden, dann hat jedes Paar impulsiver und instantaner Schrauben die Eigenschaft der Permutabilität.“

In diesem Falle steht also das System der impulsiven zu dem der instantanen Schrauben in jener Beziehung, die wir als Involution bezeichnet haben.

Eine Impulsivdyname von der Intensitätseinheit auf einer der Hauptträgheitsschrauben bringt jetzt eine Windungsgeschwindigkeit hervor, die gleich und entgegengesetzt ist jener, welche durch dieselbe Dyname erzeugt würde, wenn dieselbe auf der andern Hauptträgheitsschraube wirkte.

Die Construction der einander correspondirenden Schrauben vereinfacht sich hier wesentlich, wie aus folgendem Satz hervorgeht:

„Stehen die Systeme der impulsiven und instantanen Schrauben in involutorischer Beziehung, so geht die Sehne, welche eine impulsive Schraube mit der zugehörigen instantanen verbindet, durch den Pol der Axe der Hauptträgheitsschrauben.“

Der Beweis dieses Satzes ist bereits in den vorhergehenden Betrachtungen enthalten.

§ 29.

Fig. 41.

Gehen wir auf den allgemeinen Fall zurück, so finden wir, dass die Sehne AA' die Axe der Hauptträgheitsschrauben in einem Punkte T so schneidet (Fig. 41), dass das Quadrat der durch den Impuls erlangten Windungsgeschwindigkeit proportional ist dem Quotienten

$$\frac{AT}{A'T}.$$

In der That, ziehen wir in Verfolg der Construction des § 25

$$HQ \parallel AT,$$

so ist

$$HQ : A'T = H\Omega : A'\Omega$$

$$\frac{AT}{A'T} = \frac{H\Omega}{A'\Omega},$$

also

$$\frac{AT}{A'T} \text{ proportional } \frac{1}{A'\Omega^2}.$$

In dem angeführten Paragraphen ist aber gezeigt, dass $A'\Omega$ umgekehrt proportional ist der Windungsgeschwindigkeit ω. Es ist also, wie behauptet wurde

$$\frac{AT}{A'T} \text{ proportional } \omega^2.$$

Dies ist, wie man sieht, die einfachste Construction, die zur Kenntniss von ω führt. Denn zu ihrer Durchführung bedarf es nur der Kenntniss der Sehne AA' und der Axe der Hauptträgheitsschrauben. Diese Sehne AA' umhüllt einen Kegelschnitt, der mit dem Bildkreise in doppelter Berührung steht; denn diese Eigenschaft hat bekanntlich jede Kreissehne, die entsprechende Punkte zweier projectiven Punktreihen des Kreises verbindet. Sei J der Berührungspunkt des Kegelschnitts und der Sehne AA' (Fig. 42), dann sind A, A', J, T vier harmonische Punkte, und zwar A, A' und J, T beziehungsweise einander conjugirt. Denn, wenn wir die Axe XY auf die unendlich ferne Ge-

Fig. 42.

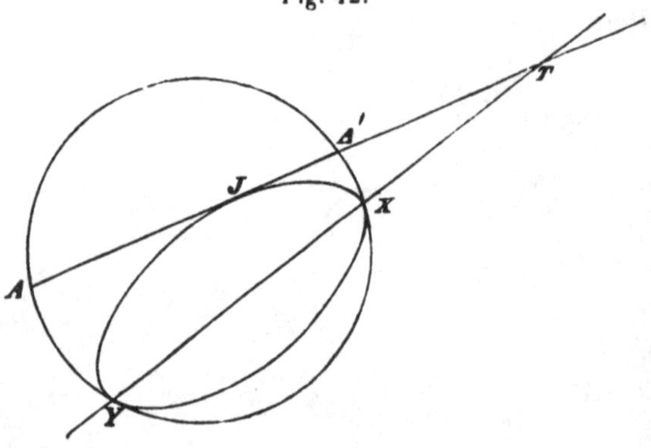

rade projiciren, so gehen die beiden Kegelschnitte der Figur in concentrische Kreise über, und der Berührungspunkt einer Tangente an einem derselben ist der Mittelpunkt einer Sehne im andern. Das Doppelverhältniss, um das es sich hier handelt, ist daher harmonisch. Durch Projection wird dasselbe aber bekanntlich nicht geändert. Wir können daher schreiben

$$\frac{AJ}{A'J} = \frac{AT}{A'T};$$

aber der letztere Quotient ist proportional dem Quadrat der Windungsgeschwindigkeit, wonach sich der Satz ergiebt:

„Die Sehne, welche den Bildpunkt A einer impulsiven Schraube, mit demjenigen A' der correspondirenden instantanen Schraube verbindet, umhüllt einen Kegelschnitt, derart, dass der jeweilige Berührungspunkt J die Sehne in zwei Abschnitte so theilt, dass das Verhältniss $AJ:A'J$ proportional ist dem Quadrate der Windungsgeschwindigkeit, welche eine Impulsivdyname auf A, von der Einheit der Intensität, um A' hervorruft."

§ 30.

Wenn ein Körper gezwungen ist, sich um eine Schraube α zu bewegen, dann ist die Windungsgeschwindigkeit, welche er, unter dem Einfluss einer Impulsivdyname auf einer Schraube η, erlangt, proportional dem Quotienten

$$\frac{\varpi_{\alpha\eta}}{u_\alpha^2},$$

den wir schon in einem früheren Paragraphen dieses Kapitels betrachtet haben. Wir wollen hier eine weitere Darstellung desselben geben.

Fig. 43.

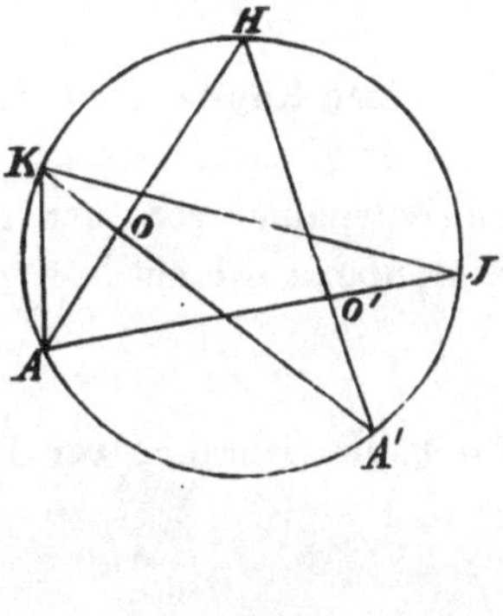

Sei (in Fig. 43) A' das Bild der Schraube α, J dasjenige von η, und endlich A das Bild derjenigen impulsiven Schraube, welche A' entsprechen würde, wenn der Körper Freiheit hätte, seine natürliche instantane Schraube auf dem durch A und A' definirten Cylindroid auszuwählen. Die Schraube K ferner sei reciprok zu A'.

Nunmehr zerlegen wir die impulsive Dyname auf J in Componenten auf K und A. Die erstere derselben wird dann durch die Reaction der Widerstände zerstört, und die letztere hat die Intensität

$$\frac{KJ}{KA}.$$

Somit ist, unter Beachtung des früher erlangten Resultats die um A' erlangte Windungsgeschwindigkeit ω proportional dem Ausdrucke

$$\frac{KJ}{KA} \cdot \frac{HO'}{HO}.$$

Nun folgt aber aus der Aehnlichkeit der Dreiecke OAK und $OA'H$

$$KA = \frac{HA'}{OA'} \cdot OA,$$

wonach, wenn λ einen Proportionalitätsfactor bezeichnet

$$\omega = \lambda \cdot \frac{KJ.HO'.OA'}{HO.HA'.OA},$$

und mit Benutzung einer früher erhaltenen Proportion

$$\omega = \lambda \cdot \frac{KJ.OA'}{O'A'.HA'}.$$

Es ist also auch, wenn μ einen anderen Proportionalitätsfactor bezeichnet

$$\frac{\varpi_{a\eta}}{u_a^2} = \mu \cdot \frac{KJ.OA'}{O'A'.HA'}.$$

Diese Darstellung des Quotienten erscheint deshalb besonders bemerkenswerth, weil bei ihr auf die Schraube der impulsiven Reaction Rücksicht genommen ist.

§ 31.

Nach Kapitel IX § 11 ist die kinetische Energie eines Körpers von der Masse 1, welche derselbe unter der Einwirkung einer Impulsivdyname von der Intensität 1 bei einer Windung um eine Schraube α erlangt:

$$T = \frac{\varpi_{a\eta}^2}{u_a^2},$$

wo η die Schraube der Impulsivdyname bezeichnet.

Wir erhalten nun folgende graphische Darstellung für T. Es sei, Fig. 44. A die impulsive, A' die instantane Schraube, um

Fig. 44.

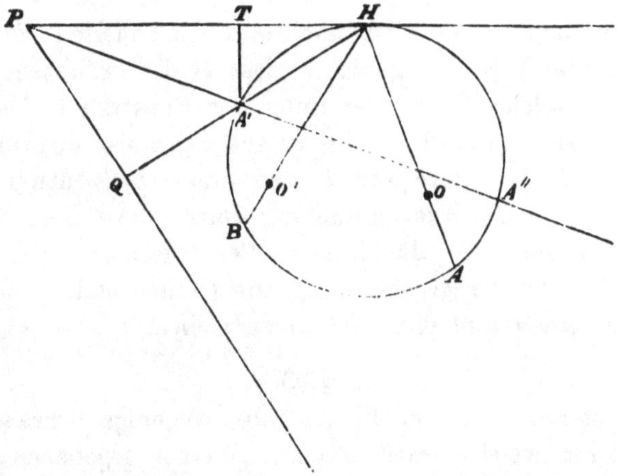

welche der Körper gezwungen ist, sich zu bewegen. Ziehen wir nun die Sehne AOH, so wird, wenn, bei festgehaltenem A, die Schraube A' variirt, der virtuelle Coefficient von A und A' sich immer proportional der Sehne $A'H$ ändern. Das Quadrat dieser Sehne ist aber proportional der Strecke $A'T$, nämlich der Länge des Lothes von A' auf die Tangente in H. Wenn nun PQ die kinetische Axe ist, so wird, wie wir wissen, der Werth von u_A^2 proportional dem Lothe $A'Q$. Es ist somit die kinetische Energie T proportional dem Quotienten

$$\frac{A'T}{A'Q}.$$

Und wir bemerken sofort noch, dass jeder Strahl durch den Schnittpunkt P der kinetischen Axe mit der Tangente in H den Kreis in zwei Punkten A', A'' trifft, den Bildern von Schrauben, um die der Körper dieselbe kinetische Energie erhält unter dem Einfluss des gegebenen Impulses auf A.

§ 32.

Denken wir uns von P aus die andere Tangente an den Kreis (Fig. 44) gelegt, und sei B der Berührungspunkt. Dann ist offenbar, dass für diesen Punkt das Verhältniss seiner Abstände von PH und PQ ein Maximum sein wird. Der Punkt B ist also das Bild derjenigen Schraube, um welche der Körper unter der Einwirkung des gegebenen Impulses den grössten Betrag kinetischer Energie erlangt. Aus dem mehrfach behandelten Euler'schen Satze, Kapitel X § 2, folgt dann, dass B die instantane Schraube sein wird, welche der Körper unter der Einwirkung des Impulses auf A als seine natürliche instantane Schraube auswählen wird. Nun ist BH die Polare von P und muss somit den Pol O' von PQ, der kinetischen Axe, enthalten. Durch diese Bemerkung sind wir aber wieder auf die frühere Construction der instantanen Schraube B, die der gegebenen A entsprechen soll, geführt, nämlich zuerst AOH und dann $HO'B$ zu ziehen.

§ 33.

Wir stellen uns nun die Aufgabe, diejenige Schraube zu bestimmen, um welche unter Einwirkung einer gegebenen Impulsivdyname von der Intensität 1 eine gegebene Windungsgeschwindigkeit zu Stande kommt. Nach § 30 ist, unter Benutzung der Figur 44, die Windungsgeschwindigkeit proportional dem Quotienten

$$\frac{A'H}{A'Q}.$$

Dieser Quotient soll also hier einen constanten Werth c besitzen. Der Ort eines Punktes aber, der in Bezug auf eine gegebene Gerade und einen gegebenen Punkt ein constantes Abstandsverhältniss besitzt, ist bekanntlich eine Ellipse, deren einer Brennpunkt der gegebene Punkt ist, während die gegebene Gerade eine Directrix der Ellipse ist. Der Punkt A', das Bild der gesuchten Schraube, liegt also auf einer Ellipse mit dem Brennpunkt H und der Directrix PQ. Diese Ellipse wird im Allgemeinen den Kreis in vier Punkten schneiden. Es giebt daher für einen Körper mit Freiheit zweiten Grades im Allgemeinen vier Schrauben, um welche er unter der Einwirkung eines gegebenen Impulses eine gegebene Windungsgeschwindigkeit annimmt.

§ 34.

Die Dyname, welche dadurch hervorgerufen wird, dass man einen starren Körper durch eine kleine Windung aus einer Lage stabilen Gleichgewichts entfernt, kann bekanntlich immer durch eine Dyname ersetzt werden, die auf einer Schraube des Systems wirkt, welches die Freiheit des Körpers definirt.

Wenn also insbesondere hier der Punkt A das Bild einer Schraube ist, durch eine Windung um welche ein Körper mit Freiheit zweiten Grades aus einer Gleichgewichtslage herausgeführt wird, so lässt sich immer ein Punkt B des Kreises so bestimmen, dass er das Bild der Schraube der hervorgerufenen Dyname ist.

Und zwar ist das Entsprechen der Punkte A und B ein ein-eindeutiges, insbesondere projectives, wie wir nun nachweisen wollen.

Fig. 45.

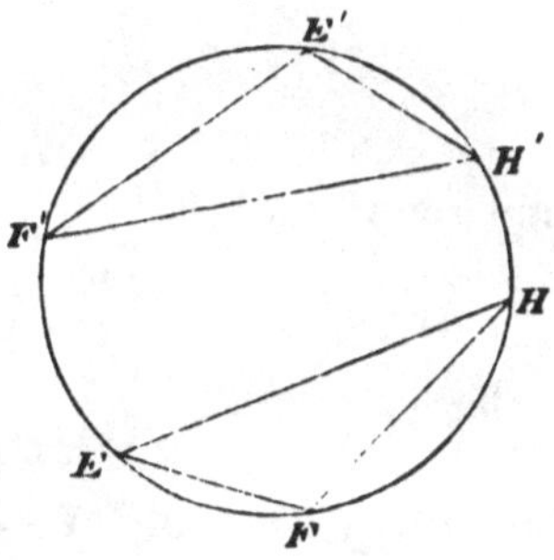

Es sei, in der That, E (Fig. 45) die Schraube, eine kleine Windung, welche den Körper aus der Gleichgewichtslage herausführt; und E' sei die Schraube der hierdurch hervorgerufenen (reducirten) Dyname, deren Intensität e heissen möge. Die Schrauben F und F' mögen in derselben Beziehung zu einander stehen, wie E und E'; und f habe analoge Bedeutung wie e.

Nun kann eine Windung von der Einheit der Amplitude um H zerlegt werden in Componenten von E und F, nämlich

$$\frac{HF}{EF}, \quad \frac{HE}{EF}.$$

Diese werden Dynamen hervorrufen, auf E' und F', von den resp. Intensitäten

$$e \cdot \frac{HF}{EF}, \quad f \cdot \frac{HE}{EF}.$$

Diese beiden Dynamen aber müssen sich zusammensetzen lassen in eine einzige um eine Schraube H' des Cylindroids. Die Intensität dieser Resultirenden möge dann h sein. Dann hat man

$$h \cdot \frac{H'F'}{E'F'} = e \cdot \frac{HF}{EF}$$

$$h \cdot \frac{H'E'}{E'F'} = f \cdot \frac{HE}{EF},$$

und also

$$\frac{HE}{HF} : \frac{H'E'}{H'F'} = e : f.$$

Zerlegen wir in derselben Weise eine Windung von der Einheit der Amplitude um eine Schraube K in Componenten um E und F und bilden auch dann wieder die resultirende hervorgerufene Dyname, die mit der Intensität k auf einer Schraube K' wirken möge, so erhalten wir ganz analog

$$k \cdot \frac{K'F'}{E'F'} = e \cdot \frac{KF}{EF}$$

$$k \cdot \frac{K'E'}{E'F'} = f \cdot \frac{KE}{EF}$$

$$\frac{KE}{KF} : \frac{K'E'}{K'F'} = e : f,$$

und somit endlich

$$\frac{HF}{HE} : \frac{KF}{KE} = \frac{H'F'}{H'E'} : \frac{K'F'}{K'E'},$$

d. h.

$$(HKFE) = (H'K'F'E').$$

Die Bildpunkte der Verschiebungsschrauben und diejenigen der Schrauben der zugehörigen hervorgerufenen Dynamen bilden also in der That zwei projective Punktreihen auf dem Kreise.

Nehmen wir zwei einander entsprechende Punkte dieser beiden Reihen zu Trägern zweier Strahlbüschel, so werden diese letzten sich in perspectiver Lage befinden. Entsprechende Strahlen schneiden sich also in einer Geraden. Diese Gerade trifft den Kreis in zwei Punkten, welche die Doppelpunkte der in einander liegenden projectiven Punktreihen auf dem Kreise sind. Diese beiden Punkte sind dann die Bilder der Hauptpotentialschrauben, d. h. eine Windung um eine dieser Schrauben ruft eine Dyname auf derselben Schraube hervor. Es ist übrigens wohl zu beachten, dass diese „Axe der Hauptpotentialschrauben" verschieden ist von der Axe der Hauptträgheitsschrauben, wenn sie auch ganz analoge rein geometrische Bedeutung besitzt. Aber es ist leicht zu bemerken, dass beide Axen sich im Pol der Parameteraxe schneiden müssen. Denn sowohl die beiden Hauptträgheitsschrauben, als auch die beiden Hauptpotentialschrauben sind einander reciprok.

§ 35.

Die bei einer Windung von der Amplitude α' um eine Schraube α geleistete Arbeit haben wir dergestalt in der Form

$$A = F\alpha'^2 v_\alpha^2,$$

wo v_α eine Strecke ist, die in gewissem Sinne den schon behandelten Strecken p_α und u_α analog ist. Die Grösse v_α^2 ist nun bekanntlich eine quadratische Function der Coordinaten der Schraube α, und wir können daher zu ihrer graphischen Darstellung bei sinngemässer Aenderung wörtlich das Verfahren anwenden, welches uns zur Darstellung von u_α^2 führte. Indem wir die thatsächliche Herleitung dem Leser überlassen, bemerken wir nur, dass das Resultat also sein wird, dass v_α^2 für jeden Punkt des Kreises (also für jede Schraube des Cylindroids) proportional ist dem senkrechten Abstand des Punktes von einer bestimmten Geraden, die wir die Potentialaxe nennen.

Fig. 46.

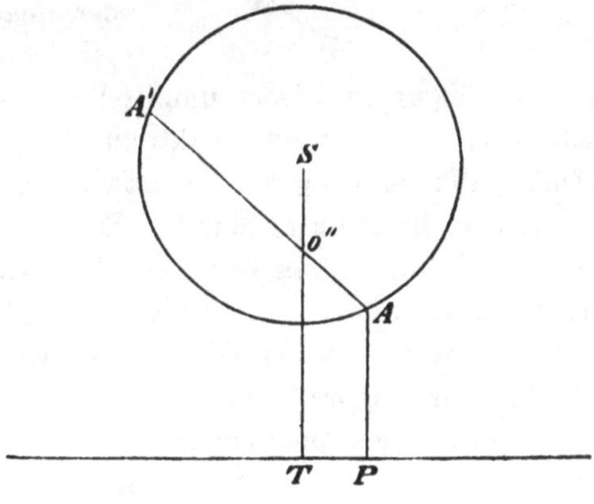

Also ist z. B. in Fig. 46 für den Punkt A die Grösse v_α^2 proportional der Strecke AP, wenn

$$AP \perp PT$$

und PT die Potentialaxe bedeutet. Ganz analog wie für p_α ergiebt sich nun noch, dass, wenn O'' der Pol der Potentialaxe ist, wir v_α^2 auch darstellen können durch das Product $AO''.AA'$, also

$$v_\alpha^2 = c.AO''.AA',$$

wenn c einen Proportionalitätsfactor bedeutet.

In analytischer Beziehung nimmt v_α^2 bekanntlich seine einfachste, die canonische Form der Summe zweier Quadrate an, wenn die Coordinatenschrauben ein Paar conjugirter Trägheitsschrauben sind. Man sieht leicht, dass die nothwendige und hinreichende Bedingung dafür, dass zwei Schrauben conjugirte Trägheitsschrauben seien, die ist, dass die Sehne der Bildpunkte durch den Pol O'' der Potentialaxe geht.

Sind nun A, A' zwei solche Schrauben, so wird, wenn eine Windung um A eine Dyname auf einer Schraube ξ hervorruft, ξ reciprok sein zu A'; und ebenso, wenn eine Windung um A' eine Dyname auf einer Schraube η hervorruft, ist η reciprok $2A$.

Mit Hülfe dieses in Kapitel IX bewiesenen Satzes lässt sich nun sehr einfach die Dyname finden, welche durch eine gegebene Windung um eine gegebene Schraube hervorgerufen wird.

Fig. 47.

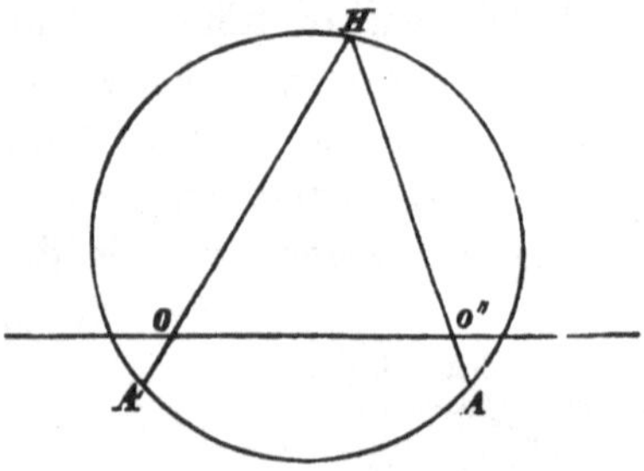

In der That, es sei, Fig. 47, A die gegebene Schraube. Der Strahl AO'' trifft den Kreis in einem Punkte H, dem Bilde einer Schraube, die zu der gesuchten reciprok sein muss. Um die letztere aber zu finden, haben wir nur den Strahl HO zu ziehen, der den Kreis in dem Bildpunkt A' der gesuchten Schraube trifft. Aus der Figur ist wieder unmittelbar ersichtlich, dass die Punktreihe (A) projectiv zur Punktreihe (A') ist. Die Gerade OO'' ist offenbar die im vorigen Paragraphen als „Axe der Hauptpotentialschrauben" bezeichnete Gerade. Es lassen sich nun mutatis mutandis die für u_α mit Hülfe der Axe der Hauptträgheitsschrauben geführten Entwicklungen wieder auf v_α übertragen. Insbesondere bemerken wir, dass das Verhältniss der Intensität der durch eine Windung hervorgerufenen Dyname zur Amplitude der Windung wieder durch den Quotienten

$$\frac{HO}{HO''}$$

dargestellt wird. Analog sind alle übrigen Ergebnisse für u auf v zu übertragen.

§ 36.

Eine gerade Linie, die den Pol O' der kinetischen Axe mit dem Pol O'' der Potentialaxe verbindet, schneidet den Kreis in zwei Punkten, *X*, *Y* (Fig. 48), welche die Bilder von zwei Schrauben sind, die gleichzeitig conjugirte Trägheits- und conjugirte Potentialschrauben sind. Wenn also ein Körper durch eine kleine Windung um eine solche Schraube aus der Ruhelage herausgeführt, und wenn ihm dann eine Windungsgeschwindigkeit um dieselbe Schraube ertheilt wird, so wirkt auch die hervorgerufene Dyname auf dieser selben Schraube und der Körper wird um diese Schraube oscillatorische Windungen ausführen. Die so gefundenen Schrauben sind eben die harmonischen Schrauben des Systems zweiter Stufe.

Fig. 48.

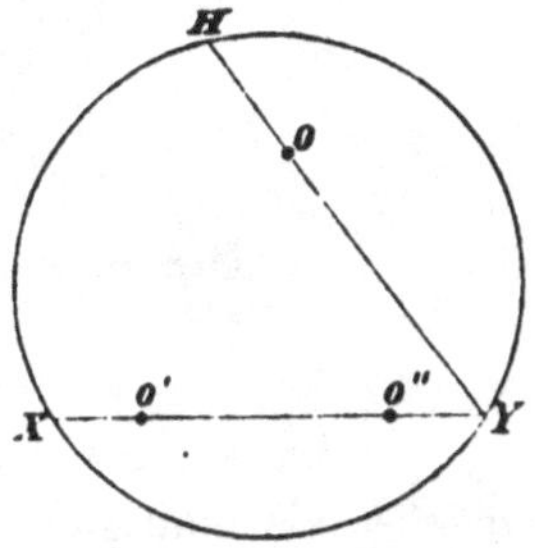

Wie nun auch die anfängliche Verschiebung und die anfängliche Windungsgeschwindigkeit des Körpers beschaffen sein mögen, man wird sie immer in Componenten auf *X* und *Y* zerlegen können. Es kann also jede Bewegung auch umgekehrt als Resultirende oscillatorischer Windungen aufgefasst werden.

Sollten insbesondere die Pole *O'* und *O''* zusammenfallen, so sind sämmtliche Schrauben des Cylindroids harmonische Schrauben. Fällt *O* mit *O'* zusammen, so sind alle Schrauben Hauptträgheitsschrauben, und im Falle der Coincidenz von *O* mit *O''* besteht das Cylindroid aus lauter Hauptpotentialschrauben.

§ 37.

Die graphische Methode hat uns in sehr einfacher Weise zu den Ergebnissen des Kapitels XIV geführt, aber auch den Zusammenhang der einzelnen Sätze stets in besonders klare Beleuchtung gebracht. Man hat in ihr ein expeditives Mittel zur Lösung jeder Aufgabe, die die Theorie eines Körpers mit Freiheit zweiten Grades betreffen kann.

Das geometrische Interesse, welches diese Methode bietet, liegt freilich wesentlich darin, dass wir den allgemeinen Fall der Freiheit zweiten Grades der Betrachtung zu Grunde legten. In Specialfällen, in denen das definirende Cylindroid degenerirt, kann die

Sache geometrisch völlig interesselos werden und auch ihren practischen Werth ganz verlieren.

Kapitel XXI.

Die ebenen Schnitte des Cylindroids.

§ 1.

Die im vorigen Kapitel benutzte Abbildungsmethode erscheint zunächst als eine ganz willkürlich aufgestellte. Es lässt sich aber leicht zeigen, wie man auf Grund einer eingehenderen Untersuchung des Cylindroids ganz naturgemäss gerade zur Wahl des Kreises von Kapitel XX als Basis der ebenen Abbildung des Schraubensystems zweiter Stufe geleitet wird.

Wir gelangen zu diesem Ziele durch Betrachtung der ebenen Schnitte des Cylindroids. Indem wir uns daher nun zu diesen Gebilden wenden, werden wir drei besondere Fälle zu unterscheiden haben, neben dem ganz allgemeinen, in dem die schneidende Ebene eine ganz beliebige Lage zur Fläche, und namentlich zu deren Doppellinie hat. Und zwar sind dies die folgenden drei Fälle: 1) Die schneidende Ebene geht durch den Mittelpunkt der Fläche; 2) die schneidende Ebene ist parallel der Doppellinie; und endlich 3) die Schnittebene tangirt die Fläche.

§ 2.

Der Durchschnitt einer Ebene mit dem Cylindroid ist eine ebene Curve dritter Ordnung mit einem reellen oder imaginären Doppelpunkte. Da nun jede Erzeugende des Cylindroids Träger einer Schraube ist, so wird zwischen den Punkten der erwähnten cubischen Curve und den Schrauben des Cylindroids eine Correspondenz bestehen der Art, dass jedem Curvenpunkte eine Schraube, nämlich die durch ihn hindurchgehende, zugeordnet ist. Somit kann hier wieder jeder Punkt P der cubischen Curve als Bild einer Schraube des Cylindroids betrachtet werden. Wir werden uns hier wieder der abkürzenden Ausdrucksweise bedienen, indem wir kurz von der Schraube P reden, wenn wir vollständig sagen sollten: die

Schraube, deren Bild der Curvenpunkt P ist. Endlich wollen wir noch, um den Ausdruck abzukürzen, die Curve dritter Ordnung, in der das Cylindroid durch eine Ebene geschnitten wird, durch C_3 bezeichnen.

Damit wenden wir uns nun zur Aufstellung der Gleichung der C_3, wenn die Schnittebene eine ganz beliebige Lage zum Cylindroid hat.

Fig. 49.

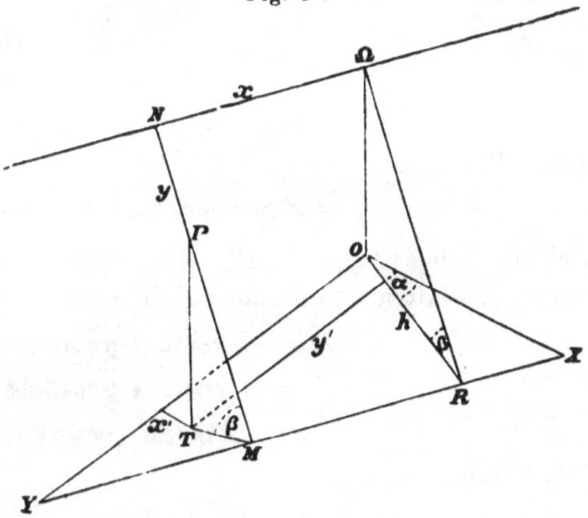

In der That, seien (Fig. 49) OX, OY die beiden Hauptschrauben des Cylindroids und $O\Omega$ dessen Doppellinie. Diese drei Geraden bilden dann das orthogonale Coordinatensystem, von dem wir ausgehen. Ist nun $XY\Omega$ eine beliebige Schnittebene, so wird deren Lage definirt durch die drei Grössen h, α, β, von denen h die Länge des Lothes von O auf die Spur XY der Schnittebene, α der Winkel zwischen $OR = h$ und OX, und β der Winkel $OR\Omega$ oder die Neigung der Schnittebene gegen die Hauptebene des Cylindroids ist.

Wir führen nun ein neues Coordinatensystem ein, dessen xy-Ebene die Schnittebene selber ist. Zu dem Zwecke ziehen wir ΩN parallel zu XY. Diese Gerade ΩN ist dann die neue x-Axe und ΩR die neue y-Axe, sodass also wenn P ein Punkt des Cylindroids ist,

$$\Omega N = x, \quad PN = y.$$

Die neue z-Axe ist das Loth auf der Schnittebene im Punkte Ω. Die Coordinaten des Punktes P in Bezug auf das ursprüngliche Coordinatensystem bezeichnen wir mit x', y', z'. Wenn dann T der Fusspunkt der z'-Coordinate von P und $TM \perp XY$ ist, so haben wir $MN = R\Omega$, d. h.

$$y+z'\operatorname{cosec}\beta = h\sec\beta, \tag{I}$$

und ferner, wenn wir setzen

Fig. 50.

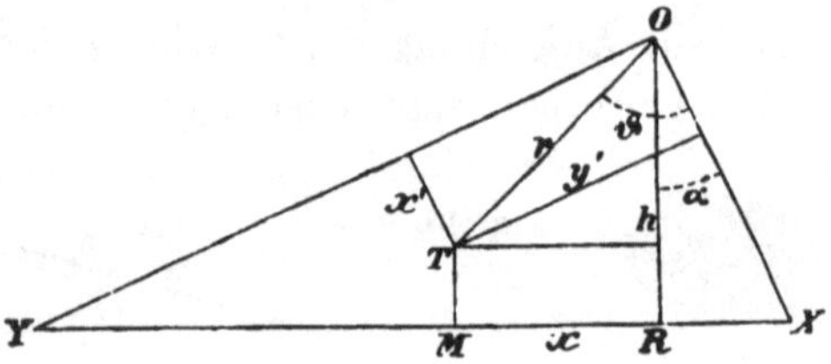

$$\angle XOT = \vartheta, \quad OT = r$$

(Fig. 50),

$$x = r\sin(\vartheta-\alpha)$$

oder

$$x = y'\cos\alpha - x'\sin\alpha. \tag{II}$$

Aber es ist auch sofort aus der Figur zu ersehen

$$OR = r\cos(\vartheta-\alpha)+MT,$$

d. h.

$$h = x'\cos\alpha + y'\sin\alpha + z'\operatorname{cotang}\beta. \tag{III}$$

Aus den Gleichungen I), II), III) ergeben sich nun folgende Ausdrücke der alten Coordinaten $x'y'z'$ durch die neuen xyz:

$$\begin{aligned} x' &= -x\sin\alpha + y\cos\beta\cos\alpha \\ y' &= \quad x\cos\alpha + y\cos\beta\sin\alpha \\ z' &= \quad h\operatorname{tang}\beta - y\sin\beta. \end{aligned}$$

Damit erhält man

$$\begin{aligned} x'^2+y'^2 &= x^2+y^2\cos^2\beta \\ x'y' &= xy\cos\beta\cos 2\alpha + (y^2\cos^2\beta - x^2)\sin\alpha\cos\alpha, \end{aligned}$$

mit welchen Ausdrücken dann wegen der Cylindroidgleichung in Bezug auf die ursprünglichen Coordinaten

$$z'(x'^2+y'^2) = 2mx'y'$$

die Gleichung der durch die Ebene (h, α, β) erzeugten Schnittcurve C'_3 wird:

$$\begin{aligned} &(h\operatorname{tang}\beta - y\sin\beta)(x^2+y^2\cos^2\beta) \\ &= 2mxy\cos\beta\cos 2\alpha + 2m\sin\alpha\cos\alpha(y^2\cos^2\beta - x^2), \end{aligned}$$

oder geordnet:

$$\begin{aligned} \sin\beta\cos^2\beta y^3 + \sin\beta y x^2 - (m\sin 2\alpha + h\operatorname{tang}\beta)x^2 + 2mxy\cos\beta\cos 2\alpha \\ + (m\sin 2\alpha\cos^2\beta - h\sin\beta\cos\beta)y^2 = 0. \end{aligned}$$

An Stelle dieser Gleichung wird man sich bei Construction der Curve vortheilhafter der Darstellung beider Coordinaten durch die einzige unabhängig Veränderliche ϑ bedienen:

$$x = h\,\mathrm{tang}(\vartheta-\alpha) - m\sin 2\vartheta \,\mathrm{cotang}\beta\,\mathrm{tang}(\vartheta-\alpha)$$
$$y = h\sec\beta \qquad - m\sin 2\vartheta \,\mathrm{cosec}\beta,$$

oder noch besser

$$x = y\cos\beta\,\mathrm{tang}(\vartheta-\alpha)$$
$$y = h\sec\beta - m\sin 2\vartheta\,\mathrm{cosec}\beta,$$

aus denen man durch Elimination von ϑ stets wieder zur Curvengleichung zurückkehren kann.

Diese C_3 hat eine reelle Asymptote, deren Gleichung, wie man sofort sieht:

$$y\sin\beta = m\sin 2\alpha + h\,\mathrm{tang}\beta$$

ist, und die die Curve in dem im Endlichen gelegenen Punkte schneidet, dessen Abscisse

$$x = -\mathrm{tang}2\alpha(h + m\sin 2\alpha\,\mathrm{cotang}\beta),$$

oder, was dasselbe ist, für den die unabhängig Veränderliche ϑ den Werth $-\alpha$ besitzt.

In Figur 51 (siehe umstehend) ist diese Curve unter Zugrundelegung der Constanten

$$\alpha = 25^\circ, \quad \beta = 26^\circ, \quad h = 9^{\mathrm{mm}}, \quad m = 14^{\mathrm{mm}}.45$$

nach den Gleichungen

$$x = 0{,}9 . y\,\mathrm{tang}(\vartheta - 25^\circ)$$
$$y = 10 - 33\sin 2\vartheta$$

construirt werden.

Da die Erzeugenden des Cylindroids nicht rein geometrische Geraden sondern Schrauben sind, so ist es insbesondere von Wichtigkeit auch die Parametervertheilung auf der Curve dritter Ordnung zu untersuchen. In dieser Beziehung ergiebt sich nun ohne Mühe folgendes Resultat. Wir setzen den Parameter einer beliebigen Schraube des Cylindroids zusammen aus einem constanten und einem variabeln Theile, wie in Kapitel XX,

$$p = p_0 + m\cos 2\vartheta.$$

Der durch ϑ gegebenen Schraube des Cylindroids entspricht ein (ebenfalls durch ϑ) bestimmter Punkt der C_3, sodass wir, unter Anwendung der Coordinaten dieses Punktes die letzte Gleichung

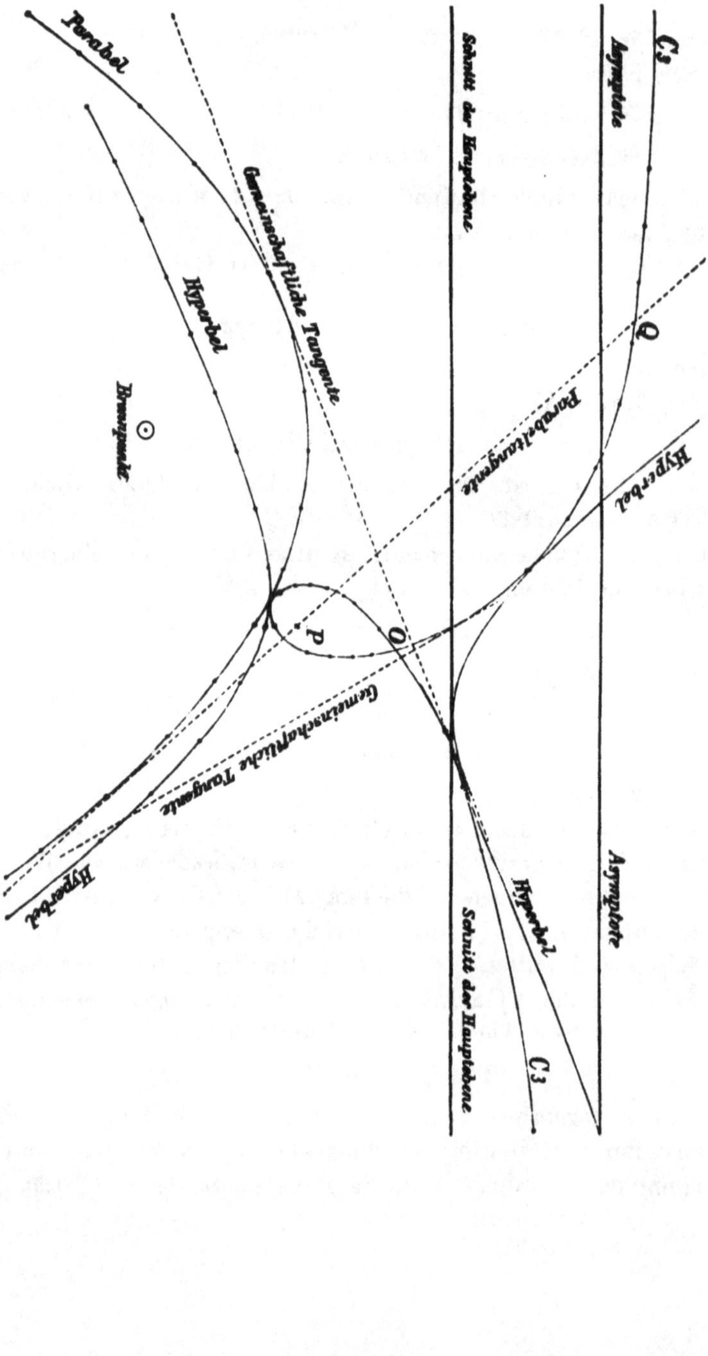
C3
Asymptote
Schnitt der Hauptebene
Parabel
Gemeinschaftliche Tangente
Hyperbel
Brennpunkt
Q
Parabeltangente
Hyperbel
P
O
Gemeinschaftliche Tangente
Hyperbel
Asymptote
Hyperbel
Schnitt der Hauptebene
C3

Fig. 51.

so schreiben können:

$$p = p_0 - \frac{(x^2 - y^2\cos^2\beta)\cos 2\alpha + 2xy\cos\beta\sin 2\alpha}{x^2 + y^2\cos^2\beta}.$$

Hiernach lässt sich also zu jeder Schraube des Cylindroids der Parameter berechnen mit Hülfe der Coordinaten des zugehörigen Punktes der C_3'.

§ 3.

Die Parameter der beiden durch die Winkel $+\vartheta$ und $-\vartheta$ definirten Schrauben sind bekanntlich einander gleich. Die Sehne der C_3, welche die zwei entsprechenden Punkte verbindet, geht also durch die Punkte

$$\begin{cases} x' = y'\cos\beta\,\mathrm{tang}(\vartheta - \alpha) \\ y' = h\sec\beta - m\,\mathrm{cosec}\beta\sin 2\vartheta; \end{cases}$$

$$\begin{cases} x'' = y''\cos\beta\,\mathrm{tang}(-\vartheta - \alpha) \\ y'' = h\sec\beta + m\,\mathrm{cosec}\beta\sin 2\vartheta. \end{cases}$$

Die Gleichung dieser Sehne findet sich so nach einigen einfachen Reductionen

$$m(\cos 2\vartheta + \cos 2\alpha)x + (h\sin\beta + m\cos\beta\sin 2\alpha)y$$
$$- h^2\mathrm{tang}\beta + m^2\mathrm{cotang}\beta\sin^2 2\vartheta = 0.$$

Diese Gerade geht durch den Anfangspunkt der Coordinaten, wenn das Absolutglied verschwindet, d. h. wenn

$$-h^2\mathrm{tang}\beta + m^2\mathrm{cotang}\beta\sin^2 2\vartheta = 0.$$

Diese Gleichung ist aber äquivalent den beiden in

$$h\,\mathrm{tang}\beta \pm m\sin 2\vartheta = 0$$

enthaltenen. Es ist übrigens auch geometrisch leicht einzusehen (Figg. 49, 50), dass beim Bestehen dieser Gleichungen der durch das Azimuth ϑ bestimmte Strahl die Ebene im Anfangspunkt trifft.

Man kann zu der zwei Punkte gleichen Parameters verbindenden Sehne auch noch durch ein zwar längeres, umständlicheres Verfahren gelangen, welches indessen den Vorzug hat, nebenher einige für später wichtige Ergebnisse zu liefern.

In der That, sei $U = 0$ die Gleichung der C_3, wie sie oben gegeben wurde, $V = 0$ die Gleichung der beiden Strahlen vom Nullpunkt bis zu den Punkten, die zwei Schrauben gleichen Parameters entsprechen (Strahlen von den Azimuthen $\pm\vartheta$). Ferner sei $L = 0$ die Sehne, welche die beiden, vom Anfangspunkte verschiedenen, Durchschnitte von $U = 0$ und $V = 0$ verbindet. Es ist dies eben die Sehne, um die es sich hier handelt. Dann lässt sich, wenn c irgend eine Constante bedeutet, eine Identität von dieser Form aufstellen:

$$cU = VX + LY.$$

In der That ist $U = 0$ für $V = 0$, $L = 0$. Die Gerade L schneidet die Curve U in drei Punkten, von denen zwei auf V liegen, während der dritte, J, auf der Geraden X liegen muss. Diese letztere Gerade ist aber ganz willkürlich. Wir wählen daher für sie den Strahl ΩJ vom Ursprung bis zum Schnittpunkt von L und U. Dann enthält aber das Produkt VX nur Glieder dritter Dimension. Die Glieder zweiten Grades in der Gleichung $U = 0$ können daher alle nur aus dem Produkte LY entspringen.

Es sei

$$U = u_3 + u_2,$$

wo u_3, u_2 Ausdrücke beziehungsweise vom dritten und zweiten Grade sind. Dann muss cu_2 der quadratische Theil des Produktes LY sein. Da nun L nicht durch den Ursprung geht, so enthält die Gleichung $L = 0$ ein constantes Glied. Dann darf Y weder ein constantes Glied noch ein solches vom ersten Grade enthalten. Wählen wir daher insbesondere die Constante c so, dass sie gleich dem Absolutgliede von L ist, so ist offenbar Y einfach gleich u_2, und wir haben

$$c(u_3 + u_2) = VX + (L' + c)u_2,$$

wo nun L' homogen vom ersten Grade in x, y ist. Wir haben somit die Identität

$$cu_3 = VX + L'u_2. \qquad (u)$$

Hierin kennen wir u_3, u_2, V und haben nun also X und L' zu bestimmen. Wenn wir nun substituiren

$$x = -y \cos\beta \operatorname{tang}(\alpha \pm \vartheta),$$

so verschwindet V, und wenn wir uns L' so dargestellt denken

$$L' = \lambda x + \mu y,$$

so kommt jetzt

$$\lambda \cos\beta \operatorname{tang}(\alpha \pm \vartheta) - \mu = c \cdot \frac{\sin\beta}{h \operatorname{tang}\beta \pm m \sin 2\vartheta}.$$

Hieraus ergeben sich

$$\frac{\lambda}{c} = \frac{m\cos 2\alpha + m\cos 2\vartheta}{-h^2 \operatorname{tang}\beta + m^2 \operatorname{cotang}\beta \sin^2 2\vartheta}$$

$$\frac{\mu}{c} = \frac{h\sin\beta + m\cos\beta\sin 2\alpha}{-h^2 \operatorname{tang}\beta + m^2 \operatorname{cotang}\beta \sin^2 2\vartheta}.$$

Ganz analog können wir X bestimmen. Denn es ist nach Voraussetzung von der Form

$$X = Px + Qy.$$

Die Vergleichung der Coefficienten von x^3 und y^3 auf beiden Seiten der Gleichung (u) liefert dann nach einigen Reductionen

$$P = m\sin 2\alpha + h \operatorname{tang}\beta$$

$$Q = -m\cos\beta(\cos 2\alpha + \cos 2\vartheta).$$

Damit haben wir denn für die in der Identität

$$cU = VX + LY$$

auftretenden Grössen diese Ausdrücke

$$c = -h^2 \operatorname{tang}\beta + m^2 \operatorname{cotang}\beta \sin^2 2\vartheta,$$

$$\begin{aligned} U = {} & \sin\beta\cos^2\beta y^3 + \sin\beta y x^2 \\ & - (m\sin 2\alpha + h\operatorname{tang}\beta)x^2 + 2mxy\cos\beta\cos 2\alpha \\ & + (m\sin 2\alpha\cos^2\beta - h\sin\beta\cos\beta)y^2, \end{aligned}$$

$$\begin{aligned} V = {} & mx^2(\cos 2\alpha + \cos 2\vartheta) + 2mxy\sin 2\alpha\cos\beta \\ & + my^2\cos^2\beta(\cos 2\vartheta - \cos 2\alpha) \end{aligned}$$

$$X = \frac{x(m\sin 2\alpha + h\operatorname{tang}\beta) + y(h\sin\beta + m\cos\beta\sin 2\alpha)}{-h^2\operatorname{tang}\beta + m^2\operatorname{cotang}\beta\sin^2 2\vartheta}$$

$$\begin{aligned} Y = {} & x^2(h\operatorname{tang}\beta - m\sin 2\alpha) + 2mxy\cos\beta\cos 2\alpha \\ & + y^2(m\sin 2\alpha\cos^2\beta - h\sin\beta\cos\beta) \end{aligned}$$

§ 4.

Es ist uns aus unseren früheren Untersuchungen bekannt, dass jede einem Cylindroid reciproke Schraube zwei Schrauben gleichen Parameters der Fläche schneidet. Daher wird also jede solche Sehne der C_3, welche diese in zwei Punkten gleichen Parameters trifft, Träger einer dem Cylindroid reciproken Schraube sein. Der Parameter jeder der beiden Schrauben, welche den Durchschnittspunkten einer solchen Sehne mit der C_3 entsprechen, ist gegeben durch

$$p_0 + m \cos 2\vartheta;$$

wenn wir daher der Sehne

$$m x(\cos 2\alpha + \cos 2\vartheta) + y(h \sin\beta + m \cos\beta \sin 2\alpha) \\ - h^2 \operatorname{tang}\beta + m^2 \operatorname{cotang}\beta \sin^2 2\vartheta = 0$$

den Parameter

$$-p_0 - m \cos 2\vartheta$$

ertheilen, so wird sie eine dem Cylindroid reciproke Schraube vollständig darstellen.

In Kapitel XVI § 3 (pag. 325) wurde bereits nachgewiesen, dass alle Schrauben einer Ebene, die einem Cylindroid reciprok sind, eine Parabel umhüllen. Die Gleichung der letzteren lässt sich nun auch leicht aufstellen. Die Differentiation der Sehnengleichung nach ϑ ergiebt

$$x = 2m \operatorname{cotang}\beta \cos 2\vartheta,$$

sodass durch Elimination von ϑ die Gleichung der Enveloppe gefunden wird in der Gestalt:

$$x^2 + 4mx \operatorname{cotang}\beta \cos 2\alpha + 4y(h \cos\beta + m \cos\beta \operatorname{cotang}\beta \sin 2\alpha) \\ - 4h^2 + 4m^2 \operatorname{cotang}^2\beta = 0.$$

Diese Curve stellt nun in der That offenbar eine Parabel dar, deren Scheitel im Punkte

$$x = -2m \operatorname{cotang}\beta \cos 2\alpha$$
$$y = h \sec\beta - m \operatorname{cosec}\beta \sin 2\alpha.$$

Der Parameter der Curve ist

$$2\cos\beta(h + m \operatorname{cotang}\beta \sin 2\alpha).$$

Die Werthe der beiden gleichen Parameter, welcher der einhüllenden Sehne entsprechen werden sehr einfach erhalten, mit Hülfe der Abscisse x des Berührungspunktes dieser Sehne. Denn es ist

$$p = p_0 + m \cos 2\vartheta,$$

somit also, siehe oben,

$$x = 2(p - p_0) \operatorname{cotang}\beta$$

oder endlich

$$p = p_0 + \frac{1}{2}x \operatorname{tang} \beta.$$

Auf diese Weise wird also jeder Punkt der Parabel einem Paar parametergleicher Schrauben des Cylindroids entsprechen. Von jedem Punkte P der C_3 können zwei Tangenten an die Parabel gezogen werden. Jede dieser Tangenten muss dann die cubische Curve in einem Paar von Punkten schneiden, die parametergleichen Schrauben des Cylindroids entprechen. Eine dieser Tangenten wird dann die zwei Punkte enthalten, die dem Parameterwerth im Punkt P entsprechen. Die andre Tangente geht durch zwei Punkte (Schrauben) gleichen Parameters, welche mit P zusammen die drei Schnittpunkte dieser Geraden und der C_3 sind.

Da die Hauptschrauben des Cylindroids diejenigen sind, denen Maximal- und Minimalwerthe des Parameters entsprechen, so müssen offenbar die Tangenten an die diesen Schrauben entsprechenden Punkte der cubischen Curve auch die Parabel berühren. Wir haben die gemeinschaftlichen Tangenten beider Curven in Fig. 51 auch dargestellt.

§ 5.

Aus der ursprünglichen Gleichung des Cylindroids

$$z(x^2+y^2) = 2mxy,$$

besonders wenn man dieselbe homogen macht, erkennt man, dass die unendlich ferne Ebene die Fläche in drei Geraden schneidet, die beziehungsweise in den Ebenen

$$z = 0$$
$$x \pm yi = 0$$

liegen. Die unendlich ferne Gerade der Ebene $z = 0$ wird von allen reellen Erzeugenden des Cylindroids geschnitten, soferne dieselben eben alle parallel sind zu dieser Ebene. In jeder der Ebenen $x \pm yi = 0$ giebt es einen unendlich fernen Punkt, der das Bild einer imaginären Schraube des Cylindroids ist. Die Parameter dieser beiden Schrauben sind unendlich gross.

Man kann zu ihnen auch noch in anderer Weise gelangen. Die Gleichungen einer Schraube des Cylindroids sind

$$y = x \operatorname{tang} \vartheta$$
$$z = m \sin 2\vartheta$$

mit der Parameterbestimmung

$$p = p_0 + m \cos 2\vartheta.$$

Wenn wir setzen

$$\operatorname{tang}\vartheta = \pm i$$

so folgen, wegen

$$\sin\vartheta \cdot \sqrt{1+\operatorname{tang}^2\vartheta} = \operatorname{tang}\vartheta$$

$$\cos\vartheta = \frac{1}{\sqrt{1+\operatorname{tang}^2\vartheta}}$$

sowohl für z, wie für p unendlich grosse Werthe aus obigen Gleichungen. Es können also durch den unendlich fernen Punkt J auf der Doppellinie des Cylindroids so gut zwei Erzeugende der Fläche gezogen werden, wie durch jeden im Endlichen gelegenen Punkt. Diese beiden Schrauben haben aber die besondere Eigenschaft, dass ihre Parameter als gleich zu betrachten sind, während sonst bei keinem anderen Paar sich schneidender Schrauben des Cylindroids die Parametergleichheit eintritt.

Es wird nun auch rein geometrisch klar, warum die im vorigen Paragraphen betrachtete Enveloppe eine Parabel sein muss. In der That ist für jeden ebenen Schnitt des Cylindroids die unendlich ferne Gerade eine Transversale, die zwei parametergleiche Schrauben verbindet. Die Enveloppe aller dieser Transversalen muss somit die unendlich ferne Gerade zur Tangente haben, d. h. eine Parabel sein.

Durch den Nachweis dieser beiden ausgezeichneten imaginären Schrauben des Cylindroids wird die Theorie dieser Fläche wesentlich vervollständigt.

§ 6.

Die Parabel der Figur 51 hat die Gleichung

$$y = -15{,}5 - \left(5 + \frac{x}{7{,}5}\right)^2.$$

Es gilt nun allgemein der Satz:

Die Parabel, welche die die Punkte gleicher Schraubenparameter der C_3 verbindende Sehne umhüllt, berührt die C_3 dreimal. Von den Berührungspunkten ist indessen nur einer reell.

Es ist dies leicht zu sehen. Um die Durchschnittspunkte der beiden Curven zu finden substituiren wir in der oben gegebenen allgemeinen Gleichung der Parabel (§ 4) die Werthe

$$x = h \operatorname{tang}(\vartheta - \alpha) - m \operatorname{cotang} \beta \sin 2\vartheta \operatorname{tang}(\vartheta - \alpha)$$
$$y = h \sec \beta - m \operatorname{cosec} \beta \sin 2\vartheta.$$

Damit erhält man der Form nach zunächst eine Gleichung vom sechsten Grade für $\operatorname{tang} \vartheta$. Bei wirklicher Durchführung der Rechnung überzeugt man sich indessen, dass der erhaltene Ausdruck ein vollständiges Quadrat wird, sodass also die sechs Punkte, in denen Parabel und C_3 sich treffen, zu je zweien in drei zusammenfallen. Die diesen Punkten entsprechenden Werthe von ϑ zieht man aus der Gleichung

$$h \operatorname{tang}(\vartheta - \alpha) - m \operatorname{cotang} \beta (\sin 2\vartheta \operatorname{tang}(\vartheta - \alpha) + 2 \cos 2\vartheta) = 0,$$

nur einer derselben ist reell, die beiden andern conjugirt imaginär.

Es lässt sich auch rein geometrisch nachweisen, dass die Parabel die C_3 in jedem Punkte, wo sich beide Curven treffen, berühren muss.

In der That wissen wir, dass es für jeden Punkt O des Raumes im Allgemeinen einen Kegel zweiten Grades giebt, dessen Erzeugende Träger von Schrauben sind, die dem Cylindroid reciprok sind. Wenn dieser Punkt O auf der Fläche selber liegt, so degenerirt jener Kegel in zwei Ebenen. Der geometrische Charakter dieser Ebenen ist leicht zu erkennen. Die eine derselben, sie möge A heissen, ist die Normalebene zu der durch O gehenden Cylindroidschraube. Die andere, B, enthält den Punkt O und diejenige Schraube des Cylindroids, welche gleichen Parameter mit der durch O gehenden hat. Diese beiden Ebenen werden sich in einer Geraden L schneiden, von der wir zeigen wollen, dass sie Tangente am Cylindroid ist.

Zunächst ist aus dem eben Gesagten klar, dass L normal ist zu der Erzeugenden des Cylindroids durch O. Eine jede Gerade aber, die zu einer Cylindroidschraube normal ist, trifft die Fläche in noch zwei Punkten, durch welche Schrauben gleichen Parameters hindurchgehen. Als Durchschnitt der Ebenen A, B muss die Gerade L also die Fläche in zwei Punkten treffen, zu deren jedem der Parameter der durch O gehenden Schraube gehört. Daher schneidet diese Gerade die Fläche in O in zwei zusammenfallenden Punkten, d. h. sie ist Tangente im Punkte O an die Fläche. Irgend eine Ebene durch O wird die Ebenen A, B in zwei verschiedenen Geraden schneiden. Dies sind dann die in dieser Ebene enthaltenen Schrauben des Punktes O, die reciprok sind zu dem Cylindroid. Sie müssen daher die beiden durch O gehenden Tangenten an die Parabel sein, die im § 4 gefunden wurde. Diese beiden Tangenten werden nur dann zusammenfallen können, wenn die Schnittebene durch L geht. Aber zwei Parabeltangenten fallen wiederum nur dann zusammen, wenn der Punkt, von dem aus sie gezogen werden, auf der Curve selber liegt. Für einen Punkt, in dem die Parabel die C_3 trifft, muss L nothwendig zugleich die Parabel und die C_3 berühren, was nur möglich, wenn beide Curven sich in jenem Punkte selber berühren.

Die Parabel muss daher nothwendig in dreifacher Berührung mit der cubischen Curve stehen.

Es giebt somit drei Punkte auf letzterer Curve, die die Eigenschaft besitzen, dass die Tangente in ihnen die Curve in einem weiteren Punkte schneiden, der mit dem Berührungspunkt gleichen Parameter hat.

Hiermit wird der Satz von Seite 325 dahin vervollständigt:

Alle Schrauben eines Systems vierter Stufe, die in einer Ebene liegen, umhüllen eine Parabel, welche mit dem reciproken Cylindroid in dreifacher Berührung steht.

§ 7.

Wenn ϑ, ϑ' die Winkel sind, welche zwei Punkte der C_3 bestimmen, so haben in der Gleichung der Verbindungssehne

$$Ax+By+C=0$$

die Coefficienten die Werthe

$$A = 2m\cos(\vartheta'-\alpha)\cos(\vartheta''-\alpha)\cos(\vartheta'+\vartheta'')$$

$$B = h\sin\beta + m\cos\beta\cos(\vartheta'+\vartheta'')\sin(2\alpha-\vartheta'-\vartheta'') - m\cos\beta\sin(\vartheta'+\vartheta'')\cos(\vartheta'-\vartheta'')$$

$$C = -\tang\beta(h-m\cotang\beta\sin 2\vartheta')(h-m\cotang\beta\sin 2\vartheta'').$$

Wenn wir hierin

$$\vartheta' + \vartheta'' = 0$$

setzen, so kommen wir wieder zu der Punkte (Schrauben) gleichen Parameters verbindenden Sehne, die schon behandelt wurde.

Für einige Schnitte von besonderer Lage lassen sich die erhaltenen Ausdrücke von A, B, C wesentlich vereinfachen. Nehmen wir zum Beispiel an, die Schnittebene berühre das Cylindroid. In diesem Falle wird die C_3 in eine Gerade und einen Kegelschnitt zerfallen. Die analytische Bedingung hierfür ergiebt sich sofort aus der Gleichung der C_3 in dem Verschwinden des Coefficienten von x^2, denn alsdann hat die Curvengleichung den Factor y. Diese Bedingung erscheint also in der Form

$$m \sin 2\alpha + h \operatorname{tang} \beta = 0,$$

und das Bestehen dieser Gleichung ist nothwendig und hinreichend für das in Rede stehende Zerfallen der C_3. Die Coefficienten A, B, C enthalten in diesem Falle den gemeinschaftlichen Factor

$$2m \cos(\vartheta' - \alpha) \cos(\vartheta'' - \alpha),$$

und wir haben, unter Weglassung dieses Factors

$$A = \cos(\vartheta' + \vartheta'')$$

$$B = -\cos\beta \sin(\vartheta' + \vartheta'')$$

$$C = -2m \operatorname{cotang} \beta \sin(\alpha + \vartheta') \sin(\alpha + \vartheta'').$$

Was den quadratischen Factor anbelangt, den die Gleichung der C_3 in diesem Falle besitzt, so findet man leicht, dass derselbe eine Ellipse darstellt, deren eine Axe der y-Axe parallel ist. Dieser Axe sind jetzt auch alle die Sehnen parallel, für die $\vartheta' + \vartheta'' = 0$ ist, weil dann B, der Coefficient von y in der Sehnengleichung, verschwindet. Und zwar wird diese Gleichung nun

$$(\cos 2\alpha + \cos 2\vartheta)(x + m \operatorname{cotang} \beta (\cos 2\alpha - \cos 2\vartheta)) = 0.$$

Für ein gegebenes x folgt hieraus ein Werth ϑ, bestimmt durch

$$x + m \operatorname{cotang} \beta (\cos 2\alpha - \cos 2\vartheta) = 0,$$

die zugehörige Sehne ist parallel zu y. Die andere Wurzel der Gleichung ist unabhängig von x, und zwar

$$\vartheta = \frac{\pi}{2} - \alpha$$

aus der Gleichung

$$\cos 2\alpha + \cos 2\vartheta = 0.$$

Durch diese beiden ϑ sind die beiden Sehnen durch den gegebenen Punkt x bestimmt. Dass die eine derselben von x unabhängig ist, konnte auch ohne Rechnung eingesehen werden. Denn in diesem Falle geht eben die eine der beiden Schrauben gleichen Parameters durch einen bestimmten Punkt der Schnittebene und alle Sehnen durch diesen Punkt müssen die Schnittcurve in zwei Punkten gleichen Parameters treffen.

§ 8.

Um zu einer Darstellung der reciproken Schrauben zu gelangen betrachten wir zunächst folgendes Problem. Von einem gegebenen Punkte P ziehen wir nach jedem Paar reciproker Schrauben des Cylindroids die Transversalen. Alle diese Strahlen sind Erzeugende eines Kegels, den wir bestimmen wollen, wobei sich zeigen wird, dass derselbe vom zweiten Grade ist.

Seien α, β, γ die Coordinaten von P. Dann ist die Ebene durch diesen Punkt und durch die Erzeugende des Cylindroids, welche durch die Gleichungen definirt ist

$$y = x \operatorname{tang} \vartheta$$
$$z = m \sin 2\vartheta$$

gegeben durch

$$(y - x \operatorname{tang} \vartheta)(\gamma - m \sin 2\vartheta) = (\beta - \alpha \operatorname{tang} \vartheta)(z - m \sin 2\vartheta).$$

Ordnen wir diese Gleichung nach Potenzen von $\operatorname{tang}\vartheta$ mit Hülfe der Relation

$$\sin 2\vartheta = 2 \operatorname{tang} \vartheta (1 + \operatorname{tang}^2 \vartheta)^{-1},$$

so erhalten wir

$$M \operatorname{tang}^3 \vartheta + N \operatorname{tang}^2 \vartheta + Q \operatorname{tang} \vartheta + R = 0, \qquad (\vartheta)$$

wo

$$M = \alpha z - \gamma x, \quad R = \gamma y - \beta z$$
$$N = \gamma y - \beta z + 2mx - 2m\alpha, \quad Q = \alpha z - \gamma x + 2m\beta - 2my.$$

Und wenn dieselbe Transversale auch die durch ϑ' definirte Schraube des Cylindroids trifft, so ist auch

$$M \operatorname{tang}^3 \vartheta' + N \operatorname{tang}^2 \vartheta' + Q \operatorname{tang} \vartheta' + R = 0. \qquad (\vartheta')$$

Wenn nun die beiden Schrauben (ϑ) und (ϑ') reciprok sind, so hat man

$$\tan\vartheta . \tan\vartheta' = H,$$

wo H eine Constante ist, deren Bedeutung aus Kapitel V § 13 zu entnehmen ist. Eliminirt man mit Hülfe dieser Relation aus den Gleichungen (ϑ) und (ϑ') die Winkel ϑ und ϑ', so ergiebt sich unter Weglassung des Factors

$$\tan\vartheta - \tan\vartheta'$$

als Resultat

$$-M^2H^3 + MQH^2 - NRH + R^2 = 0.$$

Diese Gleichung ist aber, wie aus den für M, N, Q, R gegebenen Ausdrücken folgt, vom zweiten Grade in den Coordinaten xyz, und das durch sie bestimmte Gebilde enthält den Punkt (α, β, γ). Ihre linke Seite lässt sich in der That als homogene Function zweiten Grades der Grössen

$$x-\alpha, \quad y-\beta, \quad z-\gamma$$

ausdrücken*). Sie stellt somit wirklich einen Kegel zweiten Grades durch $P(\alpha, \beta, \gamma)$ dar.

Da für

$$x = 0, \quad y = 0, \quad z = 0$$

auch

$$M = 0, \quad R = 0,$$

so enthält dieser Kegel auch den Mittelpunkt des Cylindroids, was ohnehin evident ist, da die beiden Hauptschrauben des Cylindroids (x-Axe und y-Axe) reciprok sind. Wenn wir nun die Parameter aller Cylindroidschrauben um dieselbe Grösse wachsen oder abnehmen lassen, dann wird auch H, welche Grösse ein Parameterquotient ist, sich ändern. Damit wird auch der Kegel des Punktes P ein anderer werden, sodass also durch jeden Punkt P des Raumes eine ganze Schaar solcher Kegel gedacht werden muss. Alle diese Kegel haben aber als eine Erzeugende den Strahl von P nach dem Anfangspunkt der Coordinaten (Mittelpunkt des Cy-

*) Es ist nämlich auch

$$M = \alpha(z-\gamma) - \gamma(x-\alpha), \quad R = \gamma(y-\beta) - \beta(z-\gamma)$$
$$N = R + 2m(x-\alpha), \quad Q = M - 2m(y-\beta).$$

lindroids), die ihnen also gemeinschaftlich ist. Zur vollständigen Bestimmung eines solchen Kegels ist also nothwendig, dass ausser dem Cylindroid selber auch noch der Parameter irgend einer bestimmten Schraube desselben gegeben sei. Dieser Umstand unterscheidet denn auch den jetzt betrachteten Kegel von dem Reciprocalkegel, der bekanntlich für jeden Punkt des Raumes vollständig bestimmt ist, sobald nur das Cylindroid gegeben ist, der also nur von der Fläche abhängt. Eine Parameteränderung der hier betrachteten Art hat auf den Reciprocalkegel keinen Einfluss.

Die Discriminante der cubischen Gleichung für H:

$$-M^2H^3+MQH^2-NRH+R^2=0$$

ist

$$M^2R^2(M^2R^2+\tfrac{4}{27}N^3R+\tfrac{4}{27}MQ^3-\tfrac{1}{27}N^2Q^2-\tfrac{2}{3}MNQR).$$

Unter Weglassung des Factors M^2R^2 finden wir somit als Enveloppe des durch die verschiedenen Werthe von H definirten Systems von Kegeln den Kegel vierten Grades

$$M^2R^2+\tfrac{4}{27}N^3R+\tfrac{4}{27}MQ^3-\tfrac{1}{27}N^2Q^2-\tfrac{2}{3}MNQR=0,$$

der übrigens, wie man leicht nachweist, auch die Enveloppe der Ebenen

$$MH^3\pm NH^2+QH\pm D=0$$

ist.

§ 9.

Auf Grund dieser Ergebnisse können wir uns nun der Betrachtung reciproker Punkte unserer C_3 zuwenden, d. i. solcher Punkte, welche reciproken Schrauben des Cylindroids entsprechen. Nun haben wir eben gesehen, dass durch jeden Punkt der Schnittebene ein Kegel zweiten Grades geht, so beschaffen, dass jede seiner Erzeugenden ein Paar reciproker Schrauben trifft. In der Schnittebene selber werden also zwei dieser Erzeugenden liegen, sodass wir erkennen, dass durch jeden Punkt der Ebene der C_3 zwei Sehnen gehen, die durch ein Paar reciproker Punkte gehen. Die wirkliche Construction dieser Strahlen wird mit Hülfe einer gewissen Hyperbel, resp. deren Tangenten, geleistet, wie wir nun zeigen wollen.

Die Winkel ϑ, ϑ' welche ein Paar reciproker Punkte definiren, genügen der Relation

$$\operatorname{tang}\vartheta . \operatorname{tang}\vartheta' = H$$

des vorigen Paragraphen. Daraus leiten wir ab

$$\cos(\vartheta - \vartheta') = \lambda \cos(\vartheta + \vartheta')$$

mit

$$\lambda = \frac{1+H}{1-H}.$$

Der Kürze halber schreiben wir ψ statt $\vartheta + \vartheta'$. Dann ergiebt sich die Gleichung der die beiden reciproken Punkte verbindenden Sehne

$$Ax + By + C = 0$$

mit folgenden Werthen der Coefficienten:

$$A = \frac{m}{2}(\lambda + \cos 2\alpha) + \frac{m}{2}\sin 2\alpha \sin 2\psi + \frac{m}{2}(\lambda + \cos 2\alpha)\cos 2\psi$$

$$B = h\sin\beta + \frac{m}{2}\cos\beta\sin 2\alpha - \frac{m\cos\beta}{2}(\lambda + \cos\alpha)\sin 2\psi$$
$$+ \frac{m}{2}\cos\beta\sin 2\alpha\cos 2\psi$$

$$C = -h^2\operatorname{tang}\beta - \frac{m^2}{2}(\lambda^2 - 1)\operatorname{cotang}\beta + \lambda h m \sin 2\psi$$
$$- \frac{m^2}{2}(\lambda^2 - 1)\operatorname{cotang}\beta\cos 2\psi.$$

Diese Gerade umhüllt den Kegelschnitt

$$\begin{aligned}
0 = {} & x^2 | \tfrac{1}{4} m^2 \sin^2 2\alpha | \\
& + y^2 | \tfrac{1}{4} m^2 \cos^2\beta \cos^2 2\alpha - hm \sin\beta\cos\beta\sin 2\alpha - h^2\sin^2\beta \\
& \qquad + \tfrac{1}{2} m^2 \lambda \cos 2\alpha \cos^2\beta + \tfrac{1}{4} m^2 \lambda^2 \cos^2\beta | \\
& + xy | -\frac{m^2}{2}\sin 2\alpha\cos 2\alpha\cos\beta - mh\cos 2\alpha\sin\beta \\
& \qquad - \tfrac{1}{2} m^2 \lambda \sin 2\alpha \cos\beta - mh\lambda\sin\beta \\
& + x | mh^2 \cos 2\alpha \operatorname{tang}\beta + hm^2\lambda\sin 2\alpha + mh^2\lambda\operatorname{tang}\beta | \\
& + y | -m^2 h\cos\beta + mh^2\sin\beta\sin 2\alpha + 2h^3\sin\beta\operatorname{tang}\beta \\
& \qquad - m^2 h\lambda\cos\beta\cos 2\alpha | \\
& + m^2 h^2 - h^4 \operatorname{tang}^2\beta.
\end{aligned}$$

Die Untersuchung der Coefficienten ergiebt, dass diese Curve eine Hyperbel ist. Mit den früheren Constanten und der Annahme

$$\lambda = -\tfrac{1}{3}$$

ist dieselbe in Figur 51 gezeichnet worden. Die Gleichung der daselbst dargestellten Hyperbel ist

$$122x^2 - 203y^2 - 161xy - 1208{,}5x - 2501{,}5y + 61359 = 0.$$

Für die practische Ausführung der Zeichnung verwendet man vortheilhaft die folgende Parameterdarstellung der rechtwinkligen Coordinaten:

$$x = \quad 0{,}8 + 10{,}8 \sec\varphi \pm 23{,}75 \operatorname{tang}\varphi$$
$$y = -6{,}4 + 16{,}4 \sec\varphi.$$

Wir haben also zunächst den Satz:

Die Verbindungssehne reciproker Punkte der C_3 umhüllt eine Hyperbel.

§ 10.

Wir wollen den im § 8 gefundenen Kegel zweiten Grades, dessen Erzeugende Transversalen zu Paaren reciproker Schrauben des Cylindroids kurz als den Transversalkegel bezeichnen. Derselbe ist, wie zum Ueberfluss noch bemerkt sein möge, wesentlich verschieden von dem Reciprocalkegel.

Wenn nun der Scheitel P dieses Kegels auf dem Cylindroid liegt, so zerfällt der Kegel in zwei Ebenen. Dies ist leicht zu sehen. Denn man betrachte die Schraube a des Cylindroids, welche reciprok ist zu der durch P gehenden. Dann ist offenbar die Ebene X, die durch P und a geht ein Theil des zerfallenden Kegels, denn alle Strahlen durch P nach a sind ja Transversalen eines Paares reciproker Schrauben. Der andere Theil des degenerirten Kegels wird gefunden, wenn man eine Transversale durch P zu irgend einem Paar reciproker Schrauben des Cylindroids zieht, und durch diese Transversale und den Mittelpunkt des Cylindroids eine Ebene Y legt. Es geht dies daraus hervor, dass alle Transversalkegel des Punktes P den Strahl von P nach dem Mittelpunkt des Cylindroids zur gemeinschaftlichen Erzeugenden haben.

Liegt also P auf dem Cylindroid, so zerfällt der Transversalkegel des Punktes P in die Ebenen X und Y.

Die Gerade, in der beide Ebenen einander schneiden, wollen wir mit *M* bezeichnen.

Irgend eine andere Ebene *E* durch *P* wird nun die beiden *X*, *Y* je in einer Geraden schneiden. Und jede dieser Geraden wird dann Transversale eines Paares reciproker Schrauben sein. Wenn aber die Ebene *E* durch die Gerade *M* geht, so wird es nur eine solche Transversale durch *P* geben, und dies ist eben dann der Strahl *M*. Man erkennt nun leicht, dass *M* Tangente des Cylindroids sein muss. In der That, jede Transversale durch *P* in der Ebene *Y* wird das Cylindroid in einem Paar von Punkten schneiden, die reciproken Schrauben angehören. Es muss dies also auch der Fall sein für die Transversale *M*. Und da diese auch in der Ebene *X* liegt, so trifft sie die Schraube des Cylindroids, welche reciprok ist zu der durch den Punkt *P* gehenden. Daher muss also der dritte Durchschnitt dieser Geraden *M* mit der Fläche ebenfalls in den Punkt *P* fallen, d. h. *M* ist Tangente des Cylindroids im Punkte *P*.

Wenn also zwei Erzeugende eines Transversalkegels durch einen Punkt *P* der C_3 in eine zusammenfallen, so ist diese Gerade Tangente der C_3 im Punkte *P*.

Aber aus § 9 geht hervor, dass zwei solche Transversalen nur dann zusammenfallen, wenn ihr Schnittpunkt auf der dort gefundenen Hyperbel liegt. Und in diesem Falle ist der aus der Coincidenz der beiden Transversalen resultirende Strahl eine Tangente der Hyperbel.

Sei nun *P* ein Punkt, in dem die Hyperbel und die C_3 einander treffen. Sofern nun *P* auf der Hyperbel liegt, fallen die beiden durch diesen Punkt zu ziehenden Transversalen nach Paaren reciproker Schrauben in eine einzige zusammen, die die Hyperbel in *P* berührt. Andererseits müssen sie nun aber auch, weil sie zusammenfallen, eine Tangente der C_3 im Punkte *P* sein, nach obigem. So oft also die Hyperbel und die C_3 einander treffen, müssen sie eine gemeinschaftliche Tangente haben, d. h. mit andern Worten, so oft dieses Treffen stattfindet, müssen beide Curven einander berühren. Die sechs Schnittpunkte, welche eine Hyperbel und eine C_3 im Allgemeinen haben, müssen also hier zu je zweien in drei Punkten zusammenfallen. Somit haben wir den Satz erlangt:

„Die Hyperbel, welche von den Verbindungssehnen reciproker Punkte der cubischen Curve umhüllt wird, steht mit dieser letzteren Curve in dreifacher Berührung."

§ 11.

Die Gleichung dieser Hyperbel hängt von dem Parameter λ, der in der Gleichung der C_3 nicht vorkommt, in der Weise ab, dass sie geschrieben werden kann

$$A+\lambda B+\lambda^2 C=0,$$

aus welcher Form man erkennt, dass sie für ein variables λ eine Schaar von Hyperbeln darstellt. Alle diese Hyperbeln haben indessen dreifache Berührung mit der C_3, und es giebt eine feste Gerade, welche jede derselben berührt. Diese Gerade ist diejenige Sehne der C_3, welche die den Hauptschrauben des Cylindroids entsprechenden Punkte verbindet. Denn da diese beiden Schrauben auch dann reciprok bleiben, wenn die Parameter aller Cylindroidschrauben um denselben Betrag geändert werden, so muss die Verbindungslinie der entsprechenden Punkte immer die Hyperbel berühren, d. h. unabhängig von der Variabeln λ, welche eben im wesentlichen ein Parameterverhältniss ist, das also im Allgemeinen durch additive Aenderungen der Parameter wol geändert wird. Die Hyperbelschaar ist somit geometrisch definirt dadurch, dass jede Hyperbel eine feste Gerade berühren und mit einer festen Curve in dreifacher Berührung stehen muss. In der That sind dies vier Bedingungen, die zur Bestimmung einer Kegelschnittschaar nothwendige Anzahl.

§ 12.

Die Gleichung der Hyperbeltangenten, also der Verbindungslinie reciproker Punkte der C_3 kann nach § 9 in die Form gebracht werden

$$L\cos 2\psi+M\sin 2\psi+N=0,$$

wo L, M, N linear von x, y abhängen. Wenn nun ein solches

Werthsystem x, y gefunden werden kann, dass gleichzeitig

$$L=0, \quad M=0, \quad N=0,$$

dann muss jede Gerade

$$L\cos 2\psi + M\sin 2\psi + N = 0$$

durch diesen Punkt x, y gehen. Die analytische Bedingung für das Eintreten dieses Falles ist die, dass die Discriminante der Hyperbel verschwindet. Diese Discriminante ist

$$\triangle = \tfrac{1}{4} m^2 h \sin\beta(\lambda^2 - 1)(h \operatorname{tang}\beta + m \sin 2\alpha).$$

Es wird dieser Ausdruck nun erstens dann Null, wenn

$$h \operatorname{tang}\beta + m \sin 2\alpha = 0,$$

in welchem Falle die Ebene der C_3 das Cylindroid berührt, wie wir oben sahen, und den wir nachher noch ausführlich behandeln werden.

Die Discriminante $\triangle$ verschwindet aber auch noch für

$$h=0,$$

d. h. wenn die Schnittebene durch den Mittelpunkt des Cylindroids geht.

Dieser letztere Fall konnte aber aus den Ergebnissen des Paragraphen 10 rein geometrisch erkannt werden. Denn die dort betrachtete Ebene Y ist ein Schnitt durch das Centrum des Cylindroids. Und in ihr artet die Hyperbel offenbar aus. Denn es gehen hier alle Verbindungssehnen reciproker Punkte durch den gemeinschaftlichen Schnittpunkt P, anstatt dass sie eine Hyperbel berühren.

In der That geht für

$$h=0$$

die Hyperbelgleichung über in

$$\left(\frac{m}{2}\sin 2\alpha . x - \frac{m}{2}\cos\beta(\lambda + \cos 2\alpha) y\right)^2 = 0,$$

die zwei zusammenfallende Geraden, welche die C_3 berühren, darstellt. Der Berührungspunkt ist der Punkt P, der Strahlungspunkt der Verbindungssehnen der reciproken Punkte der C_3.

§ 13.

Diesen Fall eines „Centralschnittes“, also eines Schnittes, dessen Ebene durch den Mittelpunkt des Cylindroids geht, wollen wir nun eingehender betrachten. Die Gleichung der cubischen Curve wird jetzt

$$y^2 \sin\beta\cos^2\beta + yx^2\sin\beta - mx^2\sin 2\alpha + 2mxy\cos\beta\cos 2\alpha + my^2\sin 2\alpha\cos^2\beta = 0.$$

Die Sehne, welche Punkte gleichen Parameters ϑ verbindet, wird

$$x(\cos 2\vartheta + \cos 2\alpha) + y\cos\beta\sin 2\alpha + m\,\mathrm{cotang}\,\beta\sin^2 2\vartheta = 0.$$

Der Strahlungspunkt P der Verbindungssehnen reciproker Punkte hat die Coordinaten

$$x = \frac{m(\lambda^2 - 1)\,\mathrm{cotang}\,\beta(\lambda + \cos 2\alpha)}{1 + 2\lambda\cos\alpha + \lambda^2}$$

$$y = \frac{m(\lambda^2 - 1)\,\mathrm{cosec}\,\beta\sin 2\alpha}{1 + 2\lambda\cos\alpha + \lambda^2},$$

und die Parameterdarstellung der Coordinaten eines beliebigen anderen Punktes der C_3 wird

$$x = y\cos\beta\,\mathrm{tang}(\vartheta - \alpha)$$

$$y = -m\,\mathrm{cosec}\,\beta\sin 2\vartheta.$$

In Figur 52 ist diese Curve construirt auf Grund der Gleichungen

$$x = 0{,}9\,\mathrm{tang}(\vartheta - 25^0)$$

$$y = -33\sin 2\vartheta,$$

die Parabel, welche von den Verbindungssehnen der Punkte gleichen Parameters umhüllt wird, hat hier die Gleichung

$$y = -25{,}5 - \left(h + \frac{x}{6{,}5}\right)^2.$$

Die Hauptschrauben des Cylindroids gehen beide durch den Doppelpunkt O der C_3; die beiden Tangenten der C_3 in diesem Punkte müssen daher auch die Parabel berühren.

Die Betrachtung der reciproken Punkte ist hier von besonderem Interesse. Wenn wir alle Schraubenparameter um denselben Betrag additiv ändern, so variirt auch λ, und der Strahlungspunkt

Fig. 52.

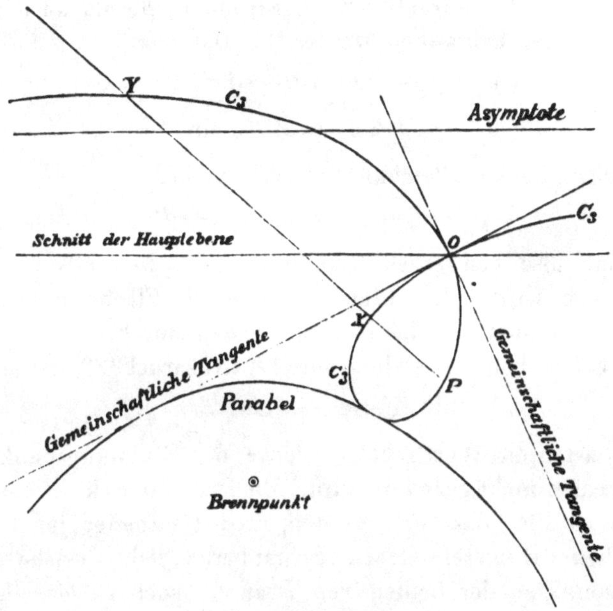

P der Verbindungssehnen reciproker Punkte bewegt sich entlang der C_3.

Die Tangente in P an die cubische Curve trifft diese noch einmal in einem Punkte, der zu P reciprok ist. Von P aus können zwei reelle oder imaginäre Tangenten, an die C_3 gezogen werden, welche diese beziehungsweise in den Punkten T_1, T_2 berühren. Jeder dieser Punkte ist sich selber reciprok, wie aus der allgemeinen Darstellung hervorgeht, angewandt auf diesen speciellen Fall. Die Punkte T_1, T_2 stellen daher die Schrauben vom Parameter Null des Cylindroids dar. Im Allgemeinen berühren die beiden Tangenten, die man von einem Punkte der C_3 an diese ziehen kann, diese in Punkten gleichen Parameters.

Es seien nun α, β zwei Schrauben (Punkte der C_3), γ, δ ein anderes Paar, so gewählt, dass die Strahlen $\alpha\beta$ und $\gamma\delta$ sich auf der C_3 schneiden. Ferner seien d, ϑ kürzester Abstand und Winkel der Schrauben α, β auf dem Cylindroid; d', ϑ' mögen analoge Bedeutung für γ, δ haben. Es wird nun möglich sein, eine Grösse

ω so zu bestimmen, dass bei Vermehrung der Parameter aller Schrauben des Cylindroids um ω, sowohl α, β, als auch γ, δ ein Paar reciproker Schrauben werden*). Dann ist

$$(p_\alpha + p_\beta + 2\omega)\cos\vartheta - d\sin\vartheta = 0$$
$$(p_\gamma + p_\delta + 2\omega)\cos\vartheta' - d'\sin\vartheta' = 0,$$

aus welchen beiden Gleichungen sich ergiebt:

$$p_\alpha + p_\beta - d\,\mathrm{tang}\,\vartheta = p_\gamma + p_\delta - d'\,\mathrm{tang}\,\vartheta'.$$

Zieht man also von einem Punkte eines Cylindroids aus Transversalen, so wird jeder dieser Strahlen die Fläche noch in zwei Punkten so schneiden, dass für die beiden durch diese Punkte gehenden Schrauben des Cylindroids der Ausdruck

$$p_\alpha + p_\beta - d\,\mathrm{tang}\,\vartheta$$

einen constanten Werth hat, solange der Strahlungspunkt jener Transversalen nicht geändert wird. Die Bedeutung dieses constanten Werthes ist die, dass er den doppelten Parameter jener beiden, bekanntlich parametergleichen, Schrauben ergiebt, welche den Berührungspunkten der beiden von P an C_3 noch zu legenden Tangenten entsprechen.

§ 14.

Die conjugirten Trägheitsschrauben nehmen in unserer Theorie einen so wichtigen Platz ein, dass wir auch nach den entsprechenden Punkten auf der C_3 eines ebenen Schnittes des Cylindroids fragen müssen. Um in einfacher Weise schnell zum Ziel zu kommen, wollen wir aus vorigem Kapitel erinnern, dass bei der graphischen Darstellung des Cylindroids mit Hülfe des Bildkreises die Sehne zweier conjugirten Trägheitsschrauben durch einen festen Punkt geht. Diese Bemerkung ermöglicht es, zu einer Relation zwischen den Winkeln φ, ϑ zu gelangen, durch welche zwei solche Schrauben auf dem Cylindroid definirt sind.

*) Der Schnittpunkt der Geraden $\alpha\beta$, $\gamma\delta$ ist jetzt ein Punkt P, dem der Werth λ entspricht:

$$\lambda = \frac{p_\beta - p_\alpha}{p_\alpha + p_\beta + 2\omega}.$$

Fig. 53.

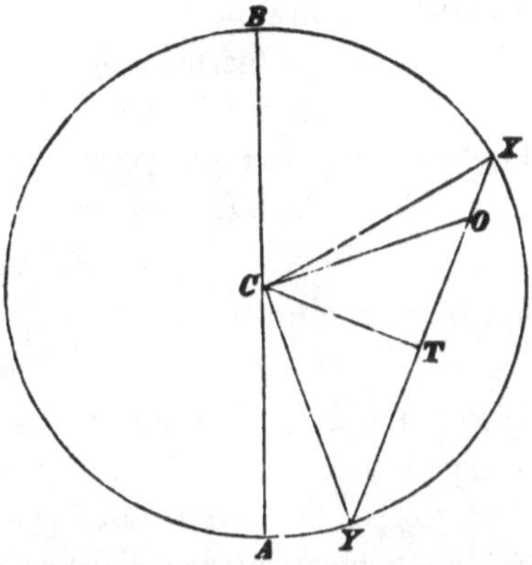

Es seien also, Fig. 53, A, B die Bilder der Hauptschrauben des Cylindroids auf dem Kreise des Kap. XX, und O sei der feste Punkt, durch welchen die Sehne von irgend zwei conjugirten Trägheitsschrauben gehen muss. Dann wird also X, Y ein solches Paar sein. Fällen wir

$$CT \perp XY,$$

so findet sich leicht, wenn man beachtet, dass nach Kapitel XX § 5

$$\angle XCA = 2\varphi$$
$$\angle YCA = 2\vartheta,$$

und

$$\angle OCA = \omega$$

setzt, die Gleichung

$$CX\cos(\varphi - \vartheta) = CO\cos(\varphi + \vartheta - \omega).$$

Nun ist

$$\frac{CO}{CX} = \lambda$$

eine Constante, die nur von dem Bildkreise abhängt. Substituirt man also den Werth von $\cos(\varphi - \vartheta)$ der sich aus der obigen Gleichung ergiebt in die Gleichung der Verbindungssehne zweier Punkte der C_3 in § 7, so findet man, dass die Verbindungssehne zweier Punkte jener Curve, welche conjugirten Trägheitsschrauben entsprechen, einen Kegelschnitt umhüllt. Dieser Kegelschnitt in Verbindung mit dem Punkte P der C_3, durch den die Verbindungssehne der reciproken Punkte gehen, wird stets die Construction der impulsiven, zu einer gegebenen instantanen gehörenden, Schraube ermöglichen.

Denn nachdem mit Hülfe des eben gefundenen Kegelschnitts, durch Construction der Tangente, zu einer Schraube (Punkt der C_3) die conjugirte Trägheitsschraube S' gefunden ist, wird der Strahl PS', wo P der Strahlungspunkt der Sehnen reciproker

Punkte ist, die C_3 in dem Punkte treffen, welcher die gesuchte impulsive Schraube giebt.

Man muss hierbei folgendes beachten. Durch jeden Punkt S der C_3 können zwei Tangenten an den in diesem Paragraphen gefundenen Kegelschnitt gezogen werden. Auf jedem dieser Strahlen liegen dann drei Punkte der C_3, nämlich auf dem ersten

$$S, \quad S', \quad S''$$

auf dem zweiten

$$S, \quad \Sigma', \quad \Sigma''.$$

Wenn nun S, S' conjugirte Trägheitsschrauben sind auf der ersten Tangente, so sind Σ', Σ'' conjugirte Trägheitsschrauben auf der zweiten. Man muss also bei der Construction der impulsiven Schraube diese beiden Tangenten wol unterscheiden. Wir wollen zur Erleichterung des Ausdrucks diejenige durch einen Punkt S der C_3 an jenen Kegelschnitt gehende Tangente, welche den zu S selber conjugirten Punkt S' enthält, kurz als Tangente I des Punktes S oder I_S bezeichnen; die andere Tangente heisst dann entsprechend II_S. Auf ihr liegen also die beiden conjugirten Punkte Σ', Σ''.

Zieht man von dem Strahlungspunkt P der Verbindungssehnen reciproker Punkte die Tangente II_P, so sind die auf diesen Strahlen liegenden Punkte Σ', Σ'' diejenigen, welche den Hauptträgheitsschrauben des Cylindroids correspondiren; was leicht einzusehen ist.

§ 15.

Man kann mit Hülfe der C_3 irgend eines ebenen Schnittes überhaupt die Beziehung zwischen impulsiven und instantanen Schrauben herleiten und näher untersuchen.

Wir haben dabei zwei Kegelschnitte in ihren Beziehungen zur C_3 zu untersuchen. Wir wollen für diese Curven kurze Bezeichnungen einführen. Es ist dies erstens die Hyperbel, welche von den Verbindungssehnen reciproker Punkte umhüllt wird; sie werde als R_2 bezeichnet. Der andere Kegelschnitt ist der des vorigen Paragraphen, dessen Tangenten Punkte conjugirter Trägheitsschrauben auf der C_3 ausschneiden. Er werde als T_2 bezeichnet. Für die von einem Punkte P der C_3 an die Curve T_2 zu legenden Tangenten behalten wir die Bezeichnung des vorigen Paragraphen in der dort angenommenen Bedeutung bei. Ganz analog bezeichnen wir mit I'_P diejenige von P an R_2 gelegte Tangente, auf welcher der zu P selber reciproke Punkt liegt, den es auf diesem Strahle giebt. Die andere Tangente durch P an R_2 heisst wieder II'_P.

Wir wollen nun zu einer gegebenen instantanen Schraube P (Punkt der C_3) die correspondirende impulsive Schraube construiren. Wir ziehen durch P die Tangente I_P, so schneidet diese auf der C_3 den Punkt P' aus, der auf der mit P ein Paar conjugirter Trägheitsschrauben bildenden Schraube liegt. Von P' aus ziehen wir die Tangente $I'_{P'}$ (die also die R_2 berührt). Der reciproke Punkt Q von P' ist dann derjenige, der die Aufgabe löst, d. h. die durch Q gehende Cylindroidschraube ist die der instantanen Schraube P correspondirende impulsive Schraube.

Es giebt im Allgemeinen vier gemeinschaftliche Tangenten an zwei Kegelschnitte R_2, T_2. Unter diesen ist nur eine, von deren drei Schnittpunkten mit der C_3 dieselben zwei gleichzeitig sowohl in Bezug auf R_2, wie auf T_2 in den in der letzten Construction benutzten characteristischen Beziehungen stehen. Diese beiden Schnittpunkte geben dann wieder die beiden Hauptträgheitsschrauben.

§ 16.

Es ist noch ein dritter Kegelschnitt zu erwähnen, P_2, dessen Tangenten Verbindungssehnen conjugirter Potentialschrauben sind. Man leitet denselben in analoger Weise her, wie die Hyperbel R_2 und zeigt auch ebenso wie für diese, dass sowohl P_2, wie auch T_2 die C_3 dreifach berühren.

Unter den gemeinschaftlichen Tangenten von P_2 und T_2 giebt es eine, von deren drei Schnittpunkten mit C_3 zwei so beschaffen sind, dass sie sowohl in Bezug auf P_2 wie auf T_2 conjugirt sind. Sie bestimmen die beiden harmonischen Schrauben des Cylindroids.

§ 17.

Der Sonderfall, dass die Ebene des durch das Cylindroid geführten Schnittes der Doppellinie parallel ist, bietet durchweg sehr einfache Relationen dar.

Der Doppelpunkt der C_3 liegt jetzt im Unendlichen. Um die Gleichung der Curve zu erhalten, nehmen wir eine einfache Coordinatentransformation vor. Es seien OA, OB (Fig. 54) die Hauptschrauben des Cylindroids. Die Schnittebene schneide dieselben in den Punkten A, B und ihr Abstand vom Mittelpunkt O sei gleich l und bilde mit OA den Winkel η. Nun wählen wir OA als x-Axe und die Doppellinie als y-Axe. Dann ist jeder Punkt des Cylindroids, der auf der Schnittebene liegt, gegeben durch

Fig. 54.

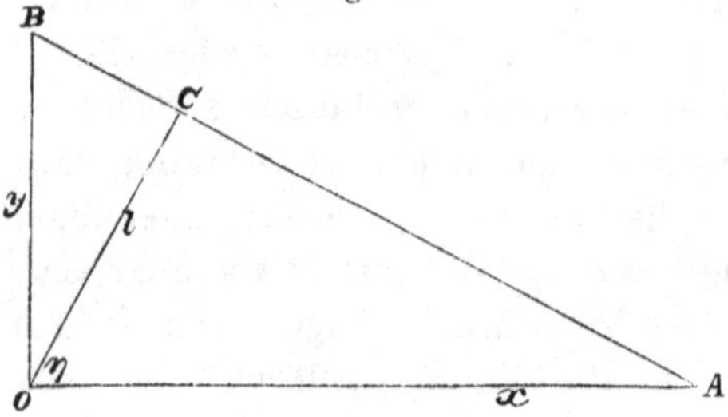

$$x = l \operatorname{tang}(\eta - \vartheta)$$
$$y = m \sin 2\vartheta,$$

wo ϑ die frühere Bedeutung hat.

Die Elimination von ϑ ergiebt die Gleichung der Schnittcurve

$$yx^2 + mx^2 \sin 2\eta + l^2 y + 2lmx \cos 2\eta - ml^2 \sin 2\eta = 0.$$

Die Verbindungssehne von Punkten, die den Winkeln ϑ, ϑ' entsprechen, wird

$$mx \cos(\vartheta + \vartheta')[\cos(2\eta - \vartheta - \vartheta') + \cos(\vartheta - \vartheta')] + ly$$
$$- ml \sin(2\eta - \vartheta - \vartheta') \cos(\vartheta + \vartheta') - ml \cos(\vartheta - \vartheta') \sin(\vartheta + \vartheta') = 0.$$

Geht diese Sehne durch Punkte auf Schrauben gleichen Parameters, wo also

$$\vartheta + \vartheta' = 0,$$

so reducirt sich ihre Gleichung auf

$$m(\cos 2\eta + \cos 2\vartheta) . x + l(y - m \sin 2\eta) = 0,$$

welche Form zeigt, dass in diesem Falle die Sehne durch den Schnittpunkt der Geraden

$$x = 0$$
$$y - m \sin 2\eta = 0,$$

also durch einen festen Punkt geht. Dieser Punkt tritt also hier an Stelle der Parabel, welche im allgemeinen Falle von den Verbindungssehnen der Punkte gleichen Parameters umhüllt wird. Aus der Form der Gleichungen dieses Punktes ist übrigens ersichtlich, dass er derjenige Punkt ist, durch welchen die auf der Schnittebene senkrechte Schraube des Cylindroids hindurchgeht. Daraus ist dann wieder sofort klar, dass er die Eigenschaft besitzt, welche im allgemeinen Falle die Parabel hat, nämlich von den Verbindungssehnen der Punkte gleichen Parameters eingehüllt zu werden. Jeder Strahl der Schnittebene nämlich der durch P geht, steht nunmehr senkrecht auf der Cylindroidschraube die dieser Punkt enthält. Ein solcher Strahl schneidet dann aber bekanntlich das Cylindroid immer noch in zwei Schrauben gleichen Parameters.

§ 18.

Der Specialfall des Tangentialschnittes, in dem die das Cylindroid schneidende Ebene diese Fläche berührt, ist für den Zweck dieses Kapitels, die naturgemässe Entstehung der im Kapitel XX gelehrten graphischen Methode nachzuweisen, von besonderer Wichtigkeit, sodass wir uns nunmehr der Behandlung desselben in aller Ausführlichkeit zuwenden. Wie schon in § 7 gezeigt wurde, zerfällt im Tangentialschnitt die C_3 in eine Ellipse und eine Gerade.

Wir wollen nun die Parametervertheilung auf dieser Ellipse, d. h. auf den Schrauben, welche den Punkten der Ellipse entsprechen, untersuchen. Zu diesem Zwecke stellen wir zunächst ein Princip auf, welches zu einer einfachen planen Parameterdarstellung führen wird. Es seien nämlich α, β die beiden Schrauben vom Parameter Null des Cylindroids, und ϑ irgend eine dritte Schraube, ebenfalls vom Parameter Null, die α und β schneidet und natürlich dem Cylindroid nicht angehört.

Diese Schraube ϑ ist nun reciprok sowohl zu α wie zu β und somit reciprok zum ganzen Cylindroid (α, β). Ist somit ϱ irgend eine Schraube dieses Cylindroids, d ihr kürzester Abstand von ϑ und ω der mit jener gebildete Winkel, so wird, da also ϱ und ϑ reciprok sind, die Gleichung bestehen

$$p_\varrho \cos\omega - d \sin\omega = 0$$

oder man wird unter Anwendung einer festen Geraden in der Ebene der Schrauben vom Parameter Null für den Parameter einer beliebigen Schraube des Cylindroids die Darstellung haben

$$p_\varrho = d \operatorname{tang} \omega.$$

Um nun dieses Resultat bei Anwendung des Tangentialschnittes verwerthen zu können, stellen wir folgende Betrachtung an. Es sei, in Figur 55, OH die Projection der Doppellinie des Cylin-

Figur 55.

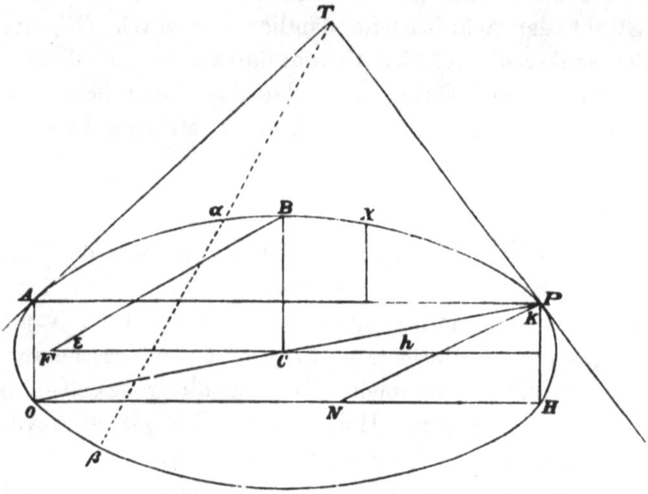

droids auf die Schnittebene. Ferner möge der Strahl OA, in der Schnittebene, eine Schraube vom Parameter Null auf dem Cylindroid sein. Es ist dann $OA \perp OH$. Endlich sei noch der Neigungswinkel der Doppellinie gegen die Schnittebene gleich ε.

Der Schnitt der Tangentialebene mit dem Cylindroid besteht nun hier aus dem Strahl OA und der Ellipse $OAPH$. Es sei nun P der Punkt, in welchem die Ellipse von der zweiten Schraube vom Parameter Null des Cylindroids getroffen wird.

Ziehen wir durch den Punkt P, in der Ebene der Ellipse, einen Strahl, so trifft dieser die Ellipse in einem zweiten Punkte so, dass die durch diesen gehende Schraube des Cylindroids normal ist zu dem durch P gezogenen Strahl. Ziehen wir nun PH, so ist das Loth, von H auf die Doppellinie gefällt, eine Schraube des Cylindroids und also senkreckt zu PH. Der Winkel bei H ist also ein Rechter. Jede Sehne, welche irgend zwei Schrauben gleichen Parameters trifft, muss nun senkrecht stehen auf der dritten Schraube, welche sie noch schneidet, also immer auf OA. Aber P und A sind der Voraussetzung gemäss Punkte (Schrauben) gleichen Parameters: somit muss AP normal sein zu AO. Und mithin ist das Viereck $APHO$ ein Rechteck.

Der Winkel ε hängt von den Dimensionen der Ellipse ab. In der That, eine Tangente in P an die Ellipse muss senkrecht stehen auf dem Loth, welches von P auf die Doppellinie gefällt wird. Construiren wir daher im Punkte P die Normale der Ellipse PN und errichten in N ein Loth auf der Ebene der Ellipse, welches die Doppellinie in N' treffen möge, so ist PN' normal zur Tangente in P und zu ON'. Daraus folgt dann

$$OP \cos PON' = ON';$$

aber auf einer Kugel um O mit dem Radius 1 liegen $NN'P$ (resp. ihre Projectionen) in einem rechtwinkligen sphärischen Dreieck, sodass

$$\cos PON' = \cos PON \cos\varepsilon;$$

und ferner ist

$$ON' \cos\varepsilon = ON, \quad OP \cos PON = 2h,$$

wenn mit h, k die Coordinaten von P in Bezug auf Centrum und Hauptaxen der Ellipse bezeichnet werden. Man erhält dann endlich aus diesen Gleichungen

$$h \cos 2\varepsilon = ON - h,$$

d. i. gleich der Abscisse des Punktes N der Normale, dem die Ordinate $-k$ zugehört. Es findet sich leicht

$$ON - h = h\left(1 - \frac{2b^2}{a^2}\right)$$

und somit

$$\sin^2\varepsilon = \frac{b^2}{a^2}.$$

Der Winkel ε hängt also nur von den Axen der Ellipse ab. Und wenn wir den Brennpunkt F mit dem Endpunkte B der kleinen Axe verbinden, so ist der Winkel

$$BFC = \varepsilon.$$

Sei nun X irgend ein Punkt der Ellipse, so wollen wir den

Parameter der durch X gehenden Schraube des Cylindroids bestimmen. Ein Strahl durch X, der sowohl zu XP, wie zur Doppellinie normal ist, d. h. der kürzeste Abstand der beiden angegebenen Geraden, wird eine Schraube S des Cylindroids sein. Bezeichnet man nun den kürzesten Abstand dieser Schraube S von OP mit d, den Winkel, den sie mit OP macht, durch ϑ, so ist ihr Parameter nach obigem gegeben durch

$$p = d \operatorname{tang} \vartheta,$$

denn OP ist ja eine Gerade, welche beide Schrauben verschwindenden Parameters auf dem Cylindroid schneidet. Die Richtungscosinus der Schraube S sind

$$\lambda(y'-k)\sin\varepsilon, \quad -\lambda(x'-h)\sin\varepsilon, \quad -\lambda(y'-k)\cos\varepsilon,$$

und sie geht durch den Punkt $(x', y', 0)$. Die Richtungscosinus von OP sind

$$\mu h, \quad \mu k, \quad 0;$$

dabei sind λ, μ Factoren, die zu dem Zwecke eingeführt sind, um die Summe der Quadrate der betreffenden Werthe gleich 1 zu machen. Den Ausdruck

$$d \sin\vartheta,$$

oder das Moment von OP und S kann man mit bekannten Formeln der analytischen Geometrie sehr einfach darstellen. Man erhält dann weiter nach einigen Reductionen für den Parameter die elegante Darstellung

$$p = (k - y') \operatorname{cotang} \varepsilon.$$

Der Parameter ist also nur durch den constanten Factor $\operatorname{cotang}\varepsilon$ von dem senkrechten Abstand des Punktes X von AP verschieden.

Mit diesem Resultate übersieht man nun sehr klar und einfach die Parametervertheilung. Man construire die Ellipse und in dieser einen Strahl, der ihrer grossen Axe parallel ist. Dann ist der Parameter jeder Schraube des Cylindroids (Ellipsenpunktes) gleich dem Abstande des correspondirenden Punktes von jenem Strahl multiplicirt mit dem constanten Factor $\operatorname{cotang}\varepsilon$, der durch die Axen der Ellipse gegeben ist. Wir haben somit wieder eine vollständige, auch die Parameter berücksichtigende, Correspondenz zwischen den Schrauben des Cylindroids und den Punkten der Ellipse.

Nun giebt es zu jeder Schraube des Cylindroids eine andere auf der Fläche, welche jener reciprok ist. Wir wollen die entsprechenden Punkte eines Paares reciproker Schrauben auf der Ellipse betrachten. Wir werden da, soweit reine Lagenbeziehungen vorkommen, zu gleichen Ergebnissen gelangen, wie im vorigen Kapitel, was übrigens nur zu erwarten ist, da Kreis und Ellipse ja projective Transformationen von einander sind. Wir beweisen somit zunächst den Satz:

Jeder Strahl durch den Pol der Parameteraxe trifft die Ellipse in zwei Punkten, die zwei reciproken Schrauben entsprechen.

Dabei nennen wir AP die Parameteraxe, analog der Bezeichnung des vorigen Kapitels, weil durch die senkrechten Abstände der Ellipsenpunkte von AP die Parameter der entsprechenden Schraube bestimmt sind.

In der That, seien R und R' die reciproken Werthe der Entfernungen der Punkte $x'y'$ und $x''y''$ von P. Das Moment der durch beide Punkte gegebenen Schrauben ist

$$M = -RR'(x'-x'')\sin\varepsilon\cos\varepsilon \begin{vmatrix} 1 & x' & y' \\ 1 & x'' & y'' \\ 1 & h & k \end{vmatrix}$$

$$= RR'(x'-x'')(-x'y''+x''y'+hy''-hy'+kx'-kx'')\sin\varepsilon\cos\varepsilon.$$

Dies muss aber, da die Schrauben reciprok sind, gleich der mit dem Cosinus ihres Winkels multiplicirten Summe ihrer Parameter sein, d. i. gleich dem Ausdrucke

$$RR'(2k-y'-y'')[(y'-k)(y''-k)+\sin^2\varepsilon(x'-h)(x''-h)]\,\text{cotang}\,\varepsilon.$$

Drücken wir nun hier die Coordinaten durch die zugehörigen Anomalien aus, so kommt, wenn wir diese Winkel für die Punkte (x', y'), (x'', y''), P beziehungsweise mit α, β, ϑ bezeichnen als Bedingung der Reciprocität von (x', y'), (x'', y'')

$$\sin\vartheta\cos\tfrac{1}{2}(\alpha-\beta)-\sin\tfrac{1}{2}(\alpha+\beta)=0.$$

Dies ist aber bekanntlich die Bedingung dafür, dass die durch α, β definirten Ellipsenpunkte in gerader Linie liegen mit dem

Punkte T, in welchem die Ellipsentangente des Punktes P die kleine Axe trifft. Damit ist aber dann der Satz bewiesen. Denn jener Punkt T ist eben der Pol von AP.

Die Correspondenz zwischen den Punkten der Ellipse und den Schrauben des Cylindroids kann nun noch weiter zum Ausdruck gebracht werden, wenn wir von dem allgemeinen Parameterausdruck

$$p_0 - m \cos 2\omega$$

ausgehen, wo p_0 und m bekannte Bezeichnungen sind, während der eine Schraube des Cylindroids definirende Winkel hier durch ω bezeichnet ist, den wir aus gleich zu erkennendem Grunde jetzt zweckmässig von der y-Axe aus, also in entgegengesetzter Richtung wie früher, zählen. Nach dem in diesem Paragraphen gefundenen Resultate besteht somit die Gleichung:

$$p_0 - m \cos 2\omega = (k - y) \operatorname{cotang} \varepsilon,$$

die für alle Parameter gelten muss. Wir erhalten daher insbesondere für die Maximal- und Minimalwerthe die Gleichungen

$$p_0 + m = (k + b) \operatorname{cotang} \varepsilon$$
$$p_0 - m = (k - b) \operatorname{cotang} \varepsilon$$

und daraus

$$p_0 = k \operatorname{cotang} \varepsilon, \quad m = b \operatorname{cotang} \varepsilon$$

und

$$\cos 2\omega = \frac{y}{b} \cdot$$

Damit ist dann wieder ein Mittel gewonnen, den Winkel zweier Schrauben, denen die Punkte P, Q entsprechen, zu construiren. Zu dem Ende construiren wir den Kreis über der grossen Axe der Ellipse (Fig. 56). Wenn dann P', Q' diejenigen Punkte auf dem Kreise sind, welche dieselben Abscissen wie P, Q besitzen, so ist der Winkel, der den Punkten P, Q entsprechenden Schrauben gleich dem Peripheriewinkel in dem Kreise über dem Bogen $P'Q'$.

Fig. 56.

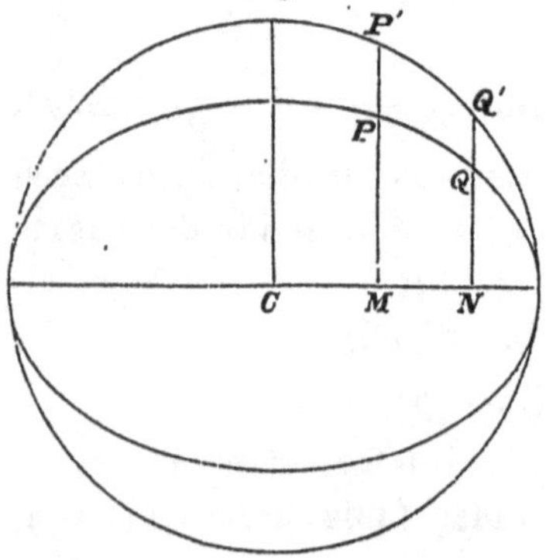

Der kürzeste Abstand beider Schrauben ist gleich der Differenz der zugehörigen Werthe von

$z = m\sin 2\omega$. Man sieht leicht, dass dies hier durch

$$e.MN$$

dargestellt ist, wo e die Excentricität der Ellipse bedeutet.

In der That, der Punkt P' des Kreises hat, wenn y die Ordinate von P ist, die Ordinate $\frac{a}{b}y$. Und es ist bei der von uns angenommenen Zählungsweise der Winkel derjenige, der den Punkt P' im Kreise bestimmt, gegeben durch

$$\cos 2\omega = \frac{\frac{a}{b}\cdot y}{a} = \frac{y}{b},$$

woraus sofort erhellt, dass die obige Behauptung richtig ist. Wir haben hier ganz dasselbe Verhältniss wieder, wie in Kap. XX. Ebenso einfach überzeugt man sich von der Richtigkeit des für den kürzesten Abstand gegebenen Ausdruckes. Man kann auch die betr. Beweise verbunden führen mit Hülfe des virtuellen Coefficienten. Wir bilden also den Ausdruck

$$2\varpi_{\alpha\beta} = (p_\alpha + p_\beta)\cos\omega - d\sin\omega,$$

der, wenn $k = b\sin\vartheta$, wie oben und α, β als Winkel auch die frühere Bedeutung haben, durch folgende Werthe zu transformiren ist:

$$p_\alpha = ae(\sin\vartheta - \sin\alpha), \quad p_\beta = ae(\sin\vartheta - \sin\beta)$$

$$\cos\omega = \cos\tfrac{1}{2}(\alpha - \beta), \qquad d = ae(\cos\beta - \cos\alpha),$$

wodurch er übergeht in

$$2\varpi_{\alpha\beta} = m(\sin\vartheta\cos\tfrac{1}{2}(\alpha-\beta) - \sin\tfrac{1}{2}(\alpha+\beta)).$$

Für $\alpha = \beta$ wird derselbe

$$2\varpi_{\alpha\beta} = m(\sin\vartheta - \sin\alpha),$$

d. h. da

$$m = b\,\mathrm{cotang}\,\varepsilon = ae$$

$$2\varpi_{\alpha\alpha} = p_\alpha,$$

wie es sein soll. Der ursprüngliche Ausdruck und die Darstellungen der einzelnen in ihm vorkommenden Grössen, also namentlich ω und d, müssen somit richtig gewesen sein, da wir durch sie zu einem richtigen Ergebniss gelangten. Die Bedingung der Reciprocität von α und β ergiebt sich wieder wie oben. Sie kann auch so geschrieben werden

$$\sin\vartheta = \frac{\tang\frac{1}{2}\alpha + \tang\frac{1}{2}\beta}{1 + \tang\frac{1}{2}\alpha \tang\frac{1}{2}\beta}.$$

§ 19.

Die Ergebnisse des vorigen Paragraphen haben bereits gezeigt, wie man schon in dem Kreise über der grossen Axe der Ellipse eines Tangentialschnittes ein ganz natürliches Mittel zu einer graphischen Darstellung des Cylindroids und damit der Theorie der Freiheit zweiten Grades finden könnte.

Es giebt aber einen anderen Kreis, der sich noch besser zu diesem Zwecke eignet, und dies ist der Kreis, den man über den Abstand der beiden Brennpunkte als Durchmesser construiren kann.

Fig. 57.

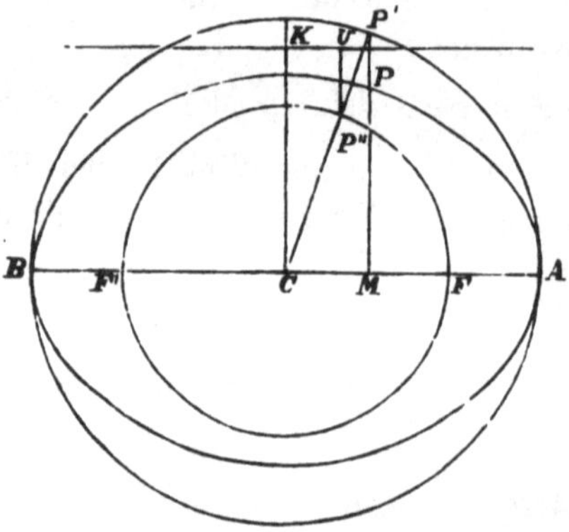

In der That, sei P ein Punkt der Ellipse, P' der diesem in der oben angegebenen Weise entsprechende Punkt des Kreises über der grossen Axe der Ellipse. Endlich P'' ein Punkt des letzterwähnten Kreises über der Focaldistanz, der P' in der aus der Figur 57 ersichtlichen Weise entspricht. Da zu jedem gegebenen Punkte P ein Punkt P'' eindeutig bestimmt werden kann, so möge P'' das Bild des Punktes P, resp. der zugehörigen Schraube, heissen.

Nun ist der Parameter wie folgt dargestellt worden

$$p = (k - y)\cotang\varepsilon,$$

oder mit Abtrennung des constanten Theils

$$p = p_0 - y\cotang\varepsilon,$$

was wir, nach kurzer Reduction und unter Berücksichtigung, dass

$$\cotang\varepsilon = \frac{ae}{b}$$

in die einfache Form bringen

$$p = p_0 - q,$$

wo q der senkrechte Abstand des Punktes P'' von der Axe AB ist. Wenn dann die Gerade UK parallel zu dieser Axe gezogen wird, und zwar im Abstande p_0 von dieser, so sehen wir, dass der zum Punkte P'', d. i. zur Schraube P, gehörende Parameter einfach gleich dem senkrechten Abstande des Punktes P'' von UK ist.

Der Winkel der Schrauben P, Q ist offenbar auch in diesem Kreise gleich dem Peripheriewinkel über dem Bogen der Bildpunkte P'', Q''; da die Centriwinkel der Bogen $P'Q'$ und $P''Q''$ nach Construction dieselben sind. Der kürzeste Abstand der beiden Schrauben ist gleich der Differenz der Abscissen der Punkte P'' und Q'', wenn diese Punkte auf dasselbe Coordinatensystem bezogen werden, wie die Ellipse.

Dieser zuletzt eingeführte Kreis ist der des Kapitels XX, und, während jener dort willkürlich gewählt war, nur mit Rücksicht auf möglichste Einfachheit, sind wir hier ganz naturgemäss auf ihn geführt worden. Man bemerke übrigens, dass der Abstand der beiden Brennpunkte, und damit der Radius des Bildkreises, unverändert bleibt, wie auch die Ebene des Tangentialschnittes und die in dieser liegende Ellipse sich ändern mögen. Auch der Abstand der Parameteraxe UK vom Mittelpunkt des Kreises ist ein unveränderlicher für alle Tangentialschnitte.

Kapitel XXII.

Graphische Methoden in der Theorie der Freiheit dritten Grades.

§ 1.

Beachtet man, dass die Coordinaten einer Schraube homogene Coordinaten sind, so wird man naturgemäss zu dem Schlusse geführt, dass die Abbildung eines Schraubensystems auf eine geometrische Mannigfaltigkeit von gleicher Mächtigkeit ein ebenso einfaches wie erfolgreiches Mittel bieten muss, allgemein mechanische Fragen in geometrischem Gewande zu discutiren. Insbesondere lassen sich aber, wenn in der Bildmannigfaltigkeit eine geeignete homogene Coordinatenbestimmung Platz greift, durch projective Zuordnungen die gewonnenen geometrischen Ergebnisse direct auf das Originalgebilde übertragen, sodass die Methode dann noch einen höheren Werth als den einer reinen graphischen Veranschaulichung gewinnen kann.

In dieser Richtung ist indessen noch wenig gethan worden. Es existirt nur eine kleine Arbeit Sir R. Ball's über die Theorie des Schraubensystems dritter Stufe, welche hierher gerechnet werden könnte. Man darf aber in nicht allzulanger Zeit eine ausführlichere Publication von ihm über den Gegenstand erwarten. Ich werde, in diesem Kapitel vornehmlich die Resultate des erwähnten Ball'schen Aufsatzes discutirend, zugleich Gelegenheit nehmen, einige Ergebnisse, zu welchen ich von diesem Gesichtspunkte aus für das Schraubensystem 2. Stufe gelangt bin, kurz anzuführen.

§ 2.

Ein Element X eines Schraubensystems dritter Stufe ist bestimmt durch seine homogenen Coordinaten ξ_1, ξ_2, ξ_3. Offenbar ist es nun immer möglich dieser Schraube einen Punkt ξ einer Ebene so zuzuordnen, dass dessen trilineare Coordinaten durch ξ_1, ξ_2, ξ_3 gegeben sind. Wir bilden damit also das System dritter Stufe auf einer Ebene so ab, dass *jeder* Schraube des Systems *ein* Punkt der Ebene entspricht. Und wir werden sehen, dass diese Beziehung im Allgemeinen auch umkehrbar ist, dass also im Allgemeinen auch jedem Punkte der Ebene eine Schraube des Systems correspondirt, jedoch mit Ausnahme eines bestimmten Kegelschnitts dieser Ebene, auf dem es vier Punkte giebt, deren jedem eine Ebene von Elementen des Systems dritter Stufe entspricht, während die übrigen Punkte dieser Curve keine entsprechenden Elemente haben.

Sind nun $\xi(\xi_1, \xi_2, \xi_3)$ und $\eta(\eta_1, \eta_2, \eta_3)$ zwei Punkte der Bildebene, so liegt der Punkt mit den Coordinaten

$$\mu\xi_i + \lambda\eta_i$$

immer auf der durch ξ, η definirten Geraden. Wenn nun die beiden letztgenannten Punkte nicht auf dem erwähnten ausgezeichneten Kegelschnitt liegen, so entspricht einem jeden derselben eine Schraube des Systems dritter Stufe, und ebenso wird dem Punkte

$$\mu\xi_i + \lambda\eta_i$$

eine Schraube jenes Systems correspondiren. Variirt nun das Verhältniss $\mu : \lambda$, so beschreibt dieser Punkt die Gerade $\xi\eta$; die entsprechende Schraube aber das Cylindroid (ξ, η).

Bei dieser Abbildungsmethode wird also ein dem Schraubensystem dritter Stufe angehörendes Cylindroid durch eine gerade Linie in der Bildebene dargestellt.

Zwei gerade Linien haben nur einen Punkt gemein oder fallen zusammen. Dies führt wieder zurück zu dem bekannten Satz, dass zwei Cylindroide eines Systems dritter Stufe nur eine gemeinsame Schraube haben.

§ 3.

Der Parameter k einer Schraube X eines Systems dritter Stufe ist bekanntlich gegeben durch die Formel

$$k = p_1 x_1^2 + p_2 x_2^2 + p_3 x_3^2,$$

wo $x_1 x_2 x_3$ die Coordinaten von X in Bezug auf die drei Fundamentalschrauben von den resp. Parametern p_1, p_2, p_3 sind. Die Gleichung

$$p_1 x_1^2 + p_2 x_2^2 + p_3 x_3^2 = 0$$

stellt nun in der Bildebene einen Kegelschnitt dar. Jedem Punkte dieses Kegelschnitts entspricht eine Schraube vom Parameter Null in dem System dritter Stufe.

Diese Curve ist somit das Bild der Gesammtheit aller Schrauben verschwindenden Parameters des Systems.

Nach einem oft benutzten Princip bleibt ein Schraubensystem unverändert, wenn wir alle Parameter der Elemente um eine und dieselbe Grösse vermehren oder vermindern. Transformiren wir also das gegebene System so, dass alle Parameter um den gleichen Betrag k kleiner werden, so ist nun

$$(p_1 - k)x_1^2 + (p_2 - k)x_2^2 + (p_3 - k)x_3^2 = 0$$

für das neue System der Kegelschnitt, dessen Punkte die Bilder von Schrauben verschwindenden Parameters sind. Setzen wir hier

$$k = \tfrac{1}{0},$$

so erhalten wir

$$x_1^2 + x_2^2 + x_3^2 = 0,$$

d. i. einen Kegelschnitt, dessen Punkte den Schrauben von unendlich grossem Parameter in dem System dritter Stufe entsprechen.

Die Schraube vom Parameter Null in dem transformirten System ist die Schraube vom Parameter k des alten Systems, und, wenn wir

$$(p_1 - k)x_1^2 + (p_2 - k)x_2^2 + (p_3 - k)x_3^2 = 0$$

so schreiben

$$p_1 x_1^2 + p_2 x_2^2 + p_3 x_3^2 - k(x_1^2 + x_2^2 + x_3^2) = 0,$$

so stellt also diese Gleichung einen Kegelschnitt dar, dessen Punkte den Schrauben vom Parameter k in dem gegebenen System entsprechen. Aus der Form dieser Gleichung ergiebt sich, dass alle diese Parameterkegelschnitte, wie wir die vorliegenden Curven nennen können, einen Büschel

$$S_0 - kS_\infty = 0$$

bilden, dessen Basispunkte die vier Schnittpunkte von

$$S_0 \equiv p_1 x_1^2 + p_2 x_2^2 + p_3 x_3^2 = 0$$

$$S_\infty \equiv x_1^2 + x_2^2 + x_3^2 = 0,$$

also der beiden Kegelschnitte für die ausgezeichneten Parameterwerthe Null und Unendlich sind. Die Coordinaten dieser vier Punkte sind, wie man sieht, zu berechnen aus der Proportion

$$x_1^2 : x_2^2 : x_3^2 = (p_2 - p_3) : (p_3 - p_1) : (p_1 - p_2);$$

sie sind imaginär, denn aus Kapitel XV ergiebt sich, dass immer eine und nur eine der drei hingeschriebenen Parameterdifferenzen negativ ist; als Schnittpunkte von S_0 und S_∞ sind sie überdies von unbestimmtem Parameterwerth.

Die Curve S_∞ ist nun derjenige Kegelschnitt, auf welchen wir im vorigen Paragraphen bereits hinwiesen. Zunächst ist es aus Kapitel XV klar, dass im Allgemeinen den Punkten von S_∞ keine

Schrauben im System dritter Stufe entsprechen. Zur Erkenntniss der Bedeutung der vier Basispunkte obigen Kegelschnittbüschels führt nun folgende Betrachtung.

Wir hatten im Kapitel XV als Ort aller Systemelemente vom Parameter k die Fläche

$$(p_1-k)x^2+(p_2-k)y^2+(p_3-k)z^2+(p_1-k)(p_2-k)(p_3-k) = 0,$$

wo für die Parameter der Hauptschrauben die hier gebrauchten Zeichen statt p_α, p_β, p_γ beibehalten sind. Nun leitet aber eine der ersten Bemerkungen, die wir bei Einführung der in diesem Kapitel behandelten Abbildungsmethode machten, zu der Vermuthung, dass dieses Hyperboloid nicht der vollständige Ort der Schrauben vom Parameter k des Systems dritter Stufe sein könne. In der That, wir fanden, dass einer Geraden der Bildebene ein Cylindroid im Systeme, d. h. eine Fläche dritter Ordnung entspricht. Und wir werden so ganz naturgemäss zu der Annahme geführt, dass einem Kegelschnitt der Bildebene nicht eine Fläche zweiter, sondern eine solche sechster Ordnung im System entsprechen werde, sodass also die linke Seite der Gleichung der Parameterfläche noch einen Factor vierten Grades zu erhalten hätte. Es lässt sich denn auch thatsächlich zeigen, dass ein solcher Factor, der wieder in vier imaginäre lineare Factoren zerfällt, besteht.

Wenn wir nämlich die räumlichen Orthogonalcoordinaten eines auf der Schraube $X(x_1, x_2, x_3)$ liegenden Punktes mit ξ, η, ζ bezeichnen, so kann man leicht das Bestehen dieser drei Relationen zwischen den Grössen $\xi\eta\zeta$ einerseits und $x_1x_2x_3$ andererseits nachweisen:

$$\xi(x_2^2+x_3^2)-\eta x_1x_2-\zeta x_1x_3+(p_2-p_3)x_2x_3 = 0$$
$$\eta(x_3^2+x_1^2)-\zeta x_2x_3-\xi x_2x_1+(p_3-p_1)x_3x_1 = 0$$
$$\zeta(x_1^2+x_2^2)-\xi x_3x_1-\eta x_3x_2+(p_1-p_2)x_1x_2 = 0,$$

nach welchen also die eine der beiden Grössengruppen durch die andere bestimmt wird.

In der That, wenn ξ, η, ζ die Coordinaten eines Punktes des Körpers sind, bezogen auf ein im Raume festes Coordinatensystem, und bei einer Ortsveränderung des Körpers übergehen in

$$\xi+\delta\xi, \quad \eta+\delta\eta, \quad \zeta+\delta\zeta,$$

so haben wir nach Kap. 7 § 1 pag. 120

$$\delta\xi = u + q\zeta - r\eta$$
$$\delta\eta = v + r\xi - p\zeta$$
$$\delta\zeta = w + p\eta - q\xi,$$

wo wir hier in den Grössen u, v, w; p, q, r den Factor dt enthalten denken. Diese letztgenannten sechs Grössen können wir geradezu als die Coordinaten des Körpers in seiner neuen Lage auffassen. Wenn nun wie hier der Körper nur drei Freiheitsgrade besitzt, so muss jede dieser Coordinaten sich als Function dreier unabhängigen Variabeln darstellen lassen. Und da ferner nur unendlich kleine Ortsveränderungen der Betrachtung unterliegen, so werden diese Functionen alle linear sein, sodass man etwa hat

$$u = a_1\vartheta_1 + a_2\vartheta_2 + a_3\vartheta_3$$
$$v = b_1\vartheta_1 + b_2\vartheta_2 + b_3\vartheta_3.$$
etc. etc.

Diese nunmehr durch die drei Unabhängigen ϑ_1, ϑ_2, ϑ_3 definirte Position des Körpers ist nun von der anfänglichen aus erreicht worden durch eine Windung um eine Schraube, deren Träger die Gleichungen hat

$$\frac{u + q\zeta - r\eta}{p} = \frac{v + r\xi - p\zeta}{q} = \frac{w + p\eta - q\xi}{r}.$$

Die Amplitude der Windung ist

$$\vartheta' = \sqrt{p^2 + q^2 + r^2}$$

die Translationsstrecke

$$\sigma = \frac{up + vq + wr}{\sqrt{p^2 + q^2 + r^2}},$$

und also der Parameter der Schraube

$$p_\vartheta = \frac{up + vq + wr}{p^2 + q^2 + r^2}.$$

Denken wir uns in den Gleichungen des Schraubenträgers, sowie in vorstehendem Ausdruck für p_ϑ, die Grössen u, v, w; p, q, r als Functionen der ϑ_i eingesetzt, so sehen wir sofort, dass sowohl jene Gleichungen, wie der Parameter ungeändert bleiben, wenn

$\varrho\vartheta_i$ an Stelle von ϑ_i tritt; durch welches Resultat nur bestätigt wird, was wir schon so wussten, dass nur die Verhältnisse der Coordinaten einer Schraube maassgebend sind, nicht die absoluten Werthe der Coordinaten selber.

Wenn wir uns nun der Bedeutung der Schraubencoordinaten ϑ_1, ϑ_2, ϑ_3 erinnern, wie dieselbe aus ihrer Einführung in Kapitel V sich ergiebt, und die drei zu einander senkrechten Hauptschrauben des Systems dritter Stufe sowohl als Coordinatensystem für die Schrauben ϑ als auch für die Cartesischen Coordinaten der Punkte des bewegten Körpers nehmen, so ist offenbar

$$\begin{aligned} \delta\xi &= p_1\vartheta_1+\zeta\vartheta_2-\eta\vartheta_3 \\ \delta\eta &= p_2\vartheta_2+\xi\vartheta_3-\zeta\vartheta_1 \\ \delta\zeta &= p_3\vartheta_3+\eta\vartheta_1-\xi\vartheta_2, \end{aligned}$$

und die Schraube ϑ hat die Gleichungen

$$\frac{p_1\vartheta_1+\zeta\vartheta_2-\eta\vartheta_3}{\vartheta_1}=\frac{p_2\vartheta_2+\xi\vartheta_3-\zeta\vartheta_1}{\vartheta_2}=\frac{p_3\vartheta_3+\eta\vartheta_1-\xi\vartheta_2}{\vartheta_3}$$

und den Parameter

$$p=\frac{p_1\vartheta_1^2+p_2\vartheta_2^2+p_3\vartheta_3^2}{\vartheta_1^2+\vartheta_2^2+\vartheta_3^2}.$$

Schaffen wir nun aus diesen Gleichungen des Trägers der Schraube ϑ die Brüche fort, so erhalten wir diese Formen

$$\begin{aligned} \zeta(\vartheta_1^2+\vartheta_2^2)-\xi\vartheta_1\vartheta_3-\eta\vartheta_2\vartheta_3+(p_1-p_2)\vartheta_1\vartheta_2 &= 0 \\ \eta(\vartheta_3^2+\vartheta_1^2)-\zeta\vartheta_2\vartheta_3-\xi\vartheta_2\vartheta_1+(p_3-p_1)\vartheta_1\vartheta_3 &= 0 \\ \xi(\vartheta_2^2+\vartheta_3^2)-\eta\vartheta_1\vartheta_2-\zeta\vartheta_1\vartheta_3+(p_2-p_3)\vartheta_2\vartheta_3 &= 0; \end{aligned}$$

welches die oben angegebenen Relationen sind, mit dem rein äusserlichen Unterschied, dass wir hier die Schraubencoordinaten mit ϑ_i dort mit x_i bezeichnen. Es mag noch bemerkt sein, dass der gemeinschaftliche Werth der Brüche, durch deren Gleichheit zuerst die Gleichungen der Schraube ϑ gegeben waren, die Grösse p ist, sodass also die Gleichungen von ϑ auch so geschrieben werden können

$$\begin{aligned} (p_1-p_\vartheta)\vartheta_1+\zeta\vartheta_2-\eta\vartheta_3 &= 0 \\ -\zeta\vartheta_1+(p_2-p_\vartheta)\vartheta_2+\xi\vartheta_3 &= 0 \\ \eta\vartheta_1-\xi\vartheta_2+(p_3-p_\vartheta)\vartheta_3 &= 0, \end{aligned}$$

aus welchen übrigens noch durch Elimination der ϑ die bekannte Gleichung der Parameterfläche hervorgeht.

Wenn nun der Punkt $(\xi\eta\zeta)$ auf einer der oben gefundenen vier Schrauben liegt, deren Parameter unbestimmt sind, also jeden beliebigen Werth k haben, so ist

$$x_1^2 : x_2^2 : x_3^2 = (p_2 - p_3) : (p_3 - p_1) : (p_1 - p_2),$$

und wenn wir diese Werthe von x_1, x_2, x_3 in die letzten Gleichungen einsetzen, so wird jede dieser drei Gleichungen übergehen in

$$\sqrt{p_2-p_3}.\xi+\sqrt{p_3-p_1}.\eta+\sqrt{p_1-p_2}.\zeta+\sqrt{p_2-p_3}.\sqrt{p_3-p_1}.\sqrt{p_1-p_2}=0,$$

in welcher Form, da es nur auf die Verhältnisse der Coefficienten ankommt, für die verschiedenen Combinationen der Vorzeichen der Quadratwurzeln, vier, und zwar imaginäre Ebenen enthalten sind. Jede dieser Ebenen entspricht einem der vier Basispunkte des Kegelschnittbüschels

$$S_0 + kS_\infty = 0,$$

d. h. jede durch irgend einen Punkt einer bestimmten, E, solchen Ebene gehende Schraube findet ihr Bild in einem und demselben, P, jener vier Punkte. Und da eine Schraube in einer dieser Ebenen jeden beliebigen Parameterwerth, also auch k, haben kann, so ist in der That die Gleichung der Parameterfläche noch durch das Product der Gleichungen dieser vier Ebenen zu ergänzen.

Durch jeden Punkt der Ebene

$$\sqrt{p_2-p_3}.\xi+\sqrt{p_3-p_1}.\eta+\sqrt{p_1-p_2}.\zeta+\sqrt{p_2-p_3}.\sqrt{p_3-p_1}.\sqrt{p_1-p_2}=0$$

kann eine Gerade gezogen werden, deren Richtungscosinus proportional sind zu den Grössen

$$\sqrt{p_2-p_3},\quad \sqrt{p_3-p_1},\quad \sqrt{p_1-p_2}.$$

Diese Gerade hat dann die bemerkenswerthe Eigenschaft, nicht nur in dieser Ebene zu liegen, sondern auch normal zu derselben zu sein. Dass sie ausserdem, welchen Parameter man ihr auch beilegen möge, immer Element des Systems dritter Stufe ist, wurde schon hervorgehoben.

Diese vier Ebenen

$$\sqrt{p_2-p_3}.\xi+\sqrt{p_3-p_1}.\eta+\sqrt{p_1-p_2}.\zeta$$
$$+\sqrt{p_2-p_3}.\sqrt{p_3-p_1}.\sqrt{p_1-p_2}=0$$

bilden ein Tetraeder, welches die Gesammtheit — und jede einzelne — der Parameterflächen umhüllt.

Denn die Tangentenebene im Punkte (ξ', η', ζ') der zum Parameter k gehörenden Parameterfläche hat die Gleichung

$$(p_1-k)\xi\xi'+(p_2-k)\eta\eta'+(p_3-k)\zeta\zeta'+(p_1-k)(p_2-k)(p_3-k)=0$$

und wenn wir diese mit der obigen vergleichen, so folgt

$$\xi'=-\frac{(p_2-k)(p_3-k)}{\sqrt{(p_3-p_1)(p_1-p_2)}}$$
$$\eta'=-\frac{(p_3-k)(p_1-k)}{\sqrt{(p_1-p_2)(p_2-p_3)}}$$
$$\zeta'=-\frac{(p_1-k)(p_2-k)}{\sqrt{(p_2-p_3)(p_3-p_1)}},$$

welche Werthe in der That die Gleichung der Fläche $\varphi(\xi, \eta, \zeta; k)$ erfüllen, sodass unsere Behauptung erwiesen ist.

Die ganze Schaar dieser Flächen $\varphi(\xi, \eta, \zeta; k)$ besitzt also vier gemeinsame Tangentenebenen. Ebenso haben aber auch alle diese Flächen vier Punkte gemeinsam. Denn die beiden Kegel

$$x^2+\ y^2+\ z^2=0$$
$$p_1x^2+p_2y^2+p_3z^2=0$$

haben vier Erzeugungslinien gemein, und die vier Punkte, in welchen diese Geraden die unendlich ferne Ebene schneiden, werden auf jeder Fläche der Schaar $\varphi(\xi, \eta, \zeta; k)$ liegen.

§ 4.

Die Gleichung der Polare eines Punktes y in Bezug auf den Kegelschnitt S_0 (Nullparameterkegelschnitt) ist

$$p_1y_1x_1+p_2y_2x_2+p_3y_3x_3=0,$$

und wenn zwei Schrauben, $(x_1x_2x_3)$ und $(y_1y_2y_3)$, eines Systems dritter Stufe zu einander reciprok sind, so ist ebenfalls

$$p_1y_1x_1+p_2y_2x_2+p_3y_3x_3=0.$$

Daher haben wir den Satz:

Die Bildpunkte zweier reciproken Schrauben eines Schraubensystems dritter Stufe sind einander conjugirt in Bezug auf den Nullparameterkegelschnitt S_0 der Bildebene.

Und dieselbe Gleichung liefert das weitere Ergebniss:

Die Polare eines Punktes y der Bildebene in Bezug auf den Nullparameterkegelschnitt ist das Bild desjenigen Cylindroids, welches der Ort aller Schrauben eines Systems dritter Stufe ist, die zu einer gegebenen Schraube, d. i. zu der durch y abgebildeten, reciprok sind.

Für das Cylindroid selber folgt dann wieder ein bekannter Satz in sehr einfacher Weise:

Auf jedem Cylindroid kann zu einer, demselben angehörenden, Schraube ϑ eine und nur eine, φ, gefunden werden, die zu ϑ reciprok ist. Denn man denke sich das Cylindroid durch die Bildgerade gegeben, und construire die Polare des Punktes ϑ dieser Geraden in Bezug auf den Nullparameterkegelschnitt, so ist diese also der Ort der zu ϑ reciproken Schrauben, und schneidet die das Cylindroid abbildende Gerade nur in einem Punkte, welcher also das Bild ist der einzigen Schraube φ, die auf dem Cylindroid zu ϑ gefunden werden kann.

§ 5.

Die Polare eines Punktes y in Bezug auf den Kegelschnitt S_∞ (Kegelschnitt der Schrauben von unendlich grossem Parameter) hat die Gleichung

$$x_1 y_1 + x_2 y_2 + x_3 y_3 = 0.$$

Wenn aber zwei Schrauben eines Systems dritter Stufe auf einander senkrecht stehen, so ist ebenfalls

$$x_1 y_1 + x_2 y_2 + x_3 y_3 = 0 \quad \text{(Kap. IX und Kap. XV).}$$

Daher:

Wenn zwei Schrauben eines Systems dritter Stufe auf einander senkrecht stehen, so sind ihre Bildpunkte einander conjugirt in Bezug auf den Kegelschnitt der Schrauben von unendlich grossem Parameter.

Sind überhaupt x, y zwei Punkte der Bildebene, und setzen wir in der Gleichung dieses Kegelschnitts S_∞ die Coordinaten

$$\sigma_i = \mu x_i - \lambda y_i$$

eines Punktes ihrer Verbindungslinie ein, so kommt

$$\mu^2(x_1^2+x_2^2+x_3^2) - 2\mu\lambda(x_1y_1+x_2y_2+x_3y_3) + \lambda^2(y_1^2+y_2^2+y_3^2) = 0.$$

Hieraus ergiebt sich weiter

$$= \frac{(x_1y_1+x_2y_2+x_3y_3) \pm \sqrt{(x_1y_1+x_2y_2+x_3y_3)^2-(x_1^2+x_2^2+x_3^2)(y_1^2+y_2^2+y_3^2)}}{(y_1^2+y_2^2+y_3^2)}.$$

Dies Verhältniss der beiden hieraus folgenden Werthe von $\frac{\lambda}{\mu}$ giebt uns das Doppelverhältniss der beiden Punkte σ, σ', in denen die Gerade $\overline{xy}$ von dem Kegelschnitt S_∞ geschnitten wird, zu den auf ihr angenommenen Punkten. Nun besteht aber die leicht zu verificirende Formel

$$\tfrac{1}{2} i \log \frac{x+\sqrt{x^2-a^2}}{x-\sqrt{x^2-a^2}} = \arccos \frac{x}{a},$$

sodass wir haben

$$\tfrac{1}{2} i \log \varDelta = \arccos \frac{x_1y_1+x_2y_2+x_3y_3}{\sqrt{x_1^2+x_2^2+x_3^2}\cdot\sqrt{y_1^2+y_2^2+y_3^2}},$$

wenn wir durch $\varDelta$ jenes Doppelverhältniss bezeichnen. Es ist aber ferner der Winkel der Schrauben x, y gegeben durch

$$\cos(x, y) = \frac{x_1y_1+x_2y_2+x_3y_3}{\sqrt{x_1^2+x_2^2+x_3^2}\sqrt{y_1^2+y_2^2+y_3^2}}.$$

Somit gelangen wir zu dem Satze:

Der Winkel zweier Schrauben eines Systems dritter Stufe ist proportional dem Logarithmen des Doppelverhältnisses ihrer beiden Bildpunkte zu den beiden Punkten, in welchen die Verbindungslinie jener durch den Kegelschnitt der Schrauben von unendlich grossem Parameter geschnitten wird.

§ 6.

Die beiden Kegelschnitte S_0 und S_∞ haben ein gemeinschaftliches Polardreieck*). Die Ecken dieses Dreiecks stellen also Schrauben dar, von denen je zwei reciprok und auf einander senkrecht sind. Dies sind aber die in Kapitel XV gefundenen Hauptschrauben des Systems dritter Stufe, die dort als Axen der Parameterfläche aufgetreten sind. Also:

Die Hauptschrauben des Systems dritter Stufe entsprechen den Ecken des gemeinsamen Polardreiecks des Nullparameterkegelschnitts und des Kegelschnitts der Schrauben von unendlich grossem Parameter.

Zur Bestimmung eines Schraubensystems dritter Stufe sind neun Data erforderlich. So wird z. B. die Parameterfläche durch neun Data gegeben, und sobald sie bekannt ist, ist auch das System selber bekannt, wie in Kapitel XV gezeigt wurde. Die gleiche Anzahl von Daten bestimmt auch in der ebenen Abbildung das System. So können wir fünf Bestimmungsstücke benutzen zur Construction des Nullparameterkegelschnitts. Werden dann durch vier weitere Daten auf diesem Kegelschnitt die vier Basispunkte des Kegelschnittbüschels von § 3 bestimmt, so ist auch die ganze ebene Abbildung des Systems dritter Stufe vollständig festgelegt.

Wenn nun einer der beiden Kegelschnitte und noch vier Punkte auf ihm gegeben sind, so kann das erwähnte Polardreieck construirt werden. Dann wird also auch die auf dieses Dreieck bezogene Gleichung bestimmt sein; man wird somit zur Kenntniss der Parameter p_1, p_2, p_3 der drei Hauptschrauben des Systems gelangt sein.

Wenn nun ferner irgend ein Punkt α der Bildebene gegeben, und man stellt die Gleichungen der vier durch diesen Punkt nach den Basispunkten des Kegelschnittbüschels zu ziehenden Geraden auf, und bildet dann das Doppelverhältniss dieses Strahlbüschels,

*) Es ist dies sofort aus der Gleichung zu ersehen. Wenn die Gleichung eines Kegelschnitts in der canonischen Form einer Summe von drei Quadraten erscheint, so ist sie immer auf ein Polardreieck bezogen, in dem also jede Seite die Polare der gegenüberliegenden Ecke in Bezug auf den Kegelschnitt ist. Siehe Clebsch, Vorlesungen über Geometrie.

so gelangt man durch eine ganz elementare Rechnung zu folgendem Satze, durch den dann auch der Parameter k der durch den Punkt α dargestellten Schraube gegeben ist:

Wenn von einem festen Punkt einer beliebigen Geraden vier Strecken p_1, p_2, p_3, k abgetragen werden, so ist das Doppelverhältniss der so erhaltenen vier Punkte gleich dem Doppelverhältnisse der vier Strahlen, welche von dem Punkte α eines Kegelschnitts, der einer Schraube vom Parameter k entspricht, nach den vier Basispunkten des Kegelschnittbüschels $S_0 + kS_\infty = 0$ gezogen werden können.

In der That, wenn α_1, α_2, α_3 die Coordinaten eines Punktes eines Parameterkegelschnittes, β_1, β_2, β_3 diejenigen eines der vier Basispunkte, und endlich ξ_1, ξ_2, ξ_3 laufende Coordinaten sind, so ist die Verbindungslinie des Punktes α mit β gegeben durch

$$\begin{vmatrix} \xi_1, & \xi_2, & \xi_3 \\ \alpha_1, & \alpha_2, & \alpha_3 \\ \beta_1, & \beta_2, & \beta_3 \end{vmatrix} = 0.$$

Wenn wir nun die β_i wie in § 3 verschieden annehmen, so erhalten wir die Gleichungen der vier von α nach den Basispunkten gehenden Strahlen. Das Doppelverhältniss dieses Büschels können wir nun auf einer beliebigen Geraden abmessen. Wir wählen dazu die Fundamentallinie

$$\xi_3 = 0.$$

Die Coordinaten des Durchschnittspunktes des Strahles $\overline{\alpha\beta}$ mit $\xi_3 = 0$ sind dann gegeben durch

$$\frac{\xi_1}{\xi_2} = \frac{\alpha_1\beta_3 - \alpha_3\beta_1}{\alpha_2\beta_3 - \alpha_3\beta_2}.$$

Aendern wir nun das Zeichen von β_1, so gehen wir zum zweiten Basispunkte über, durch Aenderung des Zeichens von β_2 zum dritten und durch Aenderung desjenigen von β_3 zum vierten Basispunkte.

Sind h, l, m, n die so erhaltenen vier Werthe von $\frac{\xi_1}{\xi_2}$, so ist das gesuchte Doppelverhältniss

$$\lambda = \frac{(n-l)(m-h)}{(n-m)(l-h)},$$

was nach einigen Reductionen wird

$$\lambda = \frac{\beta_2^2}{\beta_1^2} \frac{\alpha_1^2\beta_3^2 - \alpha_3^2\beta_1^2}{\alpha_2^2\beta_3^2 - \alpha_3^2\beta_2^2}.$$

Nun ist aber der Parameter

$$k = \frac{p_1\alpha_1^2 + p_2\alpha_2^2 + p_3\alpha_3^2}{\alpha_1^2 + \alpha_2^2 + \alpha_3^2}.$$

Und wenn wir mit Hülfe dieser Gleichung aus dem Ausdrucke für λ die Grösse α_1^2 eliminiren, so zeigt sich unmittelbar, dass auch α_2^2, α_3^2 aus der Formel verschwinden, wenn, wie hier nothwendig, gesetzt wird

$$\beta_1^2 = p_2 - p_3, \quad \beta_2^2 = p_3 - p_1, \quad \beta_3^2 = p_1 - p_2,$$

und dass dann wird

$$\lambda = \frac{p_3 - p_1}{p_3 - p_2} \cdot \frac{p_2 - p}{p_1 - p},$$

wie in dem obigen Satze verlangt wurde.

Aus diesem Satze folgert man dann wieder, rückwärts schliessend, dass der Ort des Punktes a ein Kegelschnitt sei. Und wir sind nun im Stande, die ebene Darstellung eines Systems dritter Stufe auf Grund der oben erwähnten neun Data jederzeit vollständig zu construiren. In der That, um einen bestimmten Parameterkegelschnitt zu construiren, brauchen wir nur den Ort des Mittelpunkts eines durch die vier Basispunkte gehenden Strahlenbüschels von vier Strahlen constanten Doppelverhältnisses zu zeichnen.

Das Reciprocalsystem, welches ebenfalls von der dritten Stufe ist, hat man dann auch gleichzeitig bestimmt. Denn jede Schraube eines Systems dritter Stufe besitzt im Reciprocalsystem eine Correspondirende, die ihr parallel ist und entgegengesetzt gleichen Parameter besitzt. Wenn wir also alle Parameter in der ebenen Darstellung nun mit entgegengesetztem Zeichen nehmen, so erhalten wir die Gesammtheit der Schrauben des Reciprocalsystems, die parallel sind zu denen des ursprünglichen.

In dem Kegelschnittbüschel $S_0 + \varkappa S_\infty = 0$ giebt es immer zwei Kegelschnitte, die eine beliebig gegebene Gerade berühren. Die beiden Berührungspunkte sind dann die Repräsentanten der

Hauptschrauben des durch die Gerade abgebildeten Cylindroids. Diese Gerade wird dann von dem Kegelschnittbüschel in einer involutorischen Punktreihe geschnitten. Jedes Paar correspondirender Punkte dieser Reihe stellt ein Paar Schrauben gleichen Parameters auf dem betreffenden Cylindroid dar.

§ 7.

Die bisherigen Darlegungen waren wieder nur der geometrischen Anordnung des ebenen Bildes eines Systems dritter Stufe gewidmet. Wir wenden uns nun zur Betrachtung der hauptsächlichen mechanischen Fragen, die in der Theorie der Freiheit dritten Grades auftreten. In erster Linie ist dann hier das Problem der impulsiven und instantanen Schrauben zu erledigen.

Es sei also gegeben eine impulsive Dyname, die auf einer gegebenen Schraube auf einen ruhenden starren Körper mit Freiheit dritten Grades einwirkt. Wir suchen diejenige Schraube, um welche dem Körper hierdurch eine Windungsgeschwindigkeit ertheilt wird.

Zur Lösung dieser Aufgabe erinnern wir uns zunächst wieder des Begriffs der reducirten Dyname, wonach wir also immer die impulsive Schraube, wo sie auch gelegen sei, durch eine solche, die dem System dritter Stufe angehört, ersetzen können. Die impulsive Schraube wird also ebenfalls immer durch einen Punkt der Bildebene dargestellt. Auf Grund dieser Thatsache können wir nun die ganze folgende Betrachtung in der Bildebene durchführen.

Zu dem Ende führen wir den Kegelschnitt

$$U_0 \equiv u_1^2 x_1^2 + u_2^2 x_2^2 + u_3^2 x_3^2 = 0$$

ein. Derselbe ist das Bild aller derjenigen Systemschrauben, bei Bewegung um welche mit der Einheit der Windungsgeschwindigkeit die kinetische Energie Null erlangen würde. Dieser Kegelschnitt ist mithin imaginär. Die Polare eines Punktes y der Bildebene in Bezug auf die Curve

$$U_0 = 0$$

hat die Gleichung

$$u_1^2 y_1 x_1 + u_2^2 y_2 x_2 + u_3^2 y_3 x_3 = 0.$$

Zwei Schrauben, welche in dieser Beziehung stehen, nennen wir aber conjugirte Trägheitsschrauben, wonach der Satz:

Die Bildpunkte zweier conjugirten Trägheitsschrauben eines Systems dritter Stufe sind conjugirte Punkte in Bezug auf den Kegelschnitt $U_0 = 0$ verschwindender kinetischer Energie.

Hiermit ist aber der Weg zur Construction der instantanen Schraube gewiesen, die einer gegebenen impulsiven entspricht, wenn wir uns noch des Satzes erinnern: Werden zwei conjugirte Trägheitsschrauben α, β als instantane Schrauben betrachtet, dann ist diejenige Schraube ϑ, welche einer derselben, etwa α, als impulsive Schraube entspricht, reciprok zur andern β.

Sei also die zur impulsiven Schraube ϑ gehörige instantane Schraube zu construiren.

Wir construiren zuerst die Polare y des Punktes ϑ in Bezug auf den Kegelschnitt

$$p_1 x_1^2 + p_2 x_2^2 + p_3 x_3^2 = 0,$$

so bildet ϑ mit jedem Punkte dieser Geraden ein Punktepaar, welches einem Paar reciproker Schrauben entspricht. Nun construiren wir den Pol φ der Geraden y in Bezug auf den Kegelschnitt

$$u_1^2 x_1^2 + u_2^2 x_2^2 + u_3^2 x_3^2 = 0,$$

so bildet der Punkt φ mit jedem Punkte der Geraden y ein Punktepaar, welches einem Paare conjugirten Trägheitsschrauben entspricht. Und nach dem angeführten Hülfssatze ist φ die instantane Schraube, welche der impulsiven Schraube ϑ entspricht. Unsere Aufgabe ist somit gelöst, und man sieht leicht, dass diese Lösung dem mehrfach besprochenen Euler'schen Theorem (Kap. IX § 12, X § 2) sich unterordnet.

Die Curve

$$u_1^2 x_1^2 + u_2^2 x_2^2 + u_3^2 x_3^2 = 0$$

ist, wie aus der Gleichung ersichtlich, ebenfalls auf ein Polardreieck bezogen. Die Ecken dieses Dreiecks sind conjugirte Trägheitsschrauben. Man kann nun immer ein Dreieck finden, welches sowohl für den Kegelschnitt

$$u_1^2 x_1^2 + u_2^2 x_2^2 + u_3^2 x_3^2 = 0$$

als auch für den Nullparameterkegelschnitt

$$p_1 x_1^2 + p_2 x_2^2 + p_3 x_3^2 = 0$$

Polardreieck ist. Die Ecken dieses Dreiecks haben dann bemerkenswerthe Bedeutung. Sie sind nämlich nach den bisherigen Entwicklungen Bilder von Schrauben, die sowohl reciprok als auch conjugirte Trägheitsschrauben sind. **Diese drei Punkte sind daher die drei Hauptträgheitsschrauben des Systems dritter Stufe.**

Wenn wir das Dreieck dieser drei Punkte, also das gemeinschaftliche Polardreieck der Kegelschnitte $U_0 = 0$, $S_0 = 0$ als Coordinatendreieck nehmen, so wird die analytische Beziehung zwischen impulsiver und instantaner Schraube wieder die schon von früher her bekannte. Nämlich es entspricht dann der impulsiven Schraube mit den Coordinaten

$$\frac{u_1^2 x_1}{p_1}, \quad \frac{u_2^2 x_2}{p_2}, \quad \frac{u_3^2 x_3}{p_3}$$

die instantane Schraube mit den Coordinaten

$$x_1, \quad x_2, \quad x_3.$$

Geometrisch, zur Construction verwendbar, lässt sich dies nun auch so ausdrücken:

Wenn φ der Bildpunkt einer impulsiven Schraube und ϑ derjenige der correspondirenden instantanen Schraube ist, dann fällt die Polare von φ in Bezug auf den Nullparameterkegelschnitt zusammen mit der Polare von ϑ in Bezug auf den Kegelschnitt verschwindender kinetischer Energie.

§ 8.

Wenn wir mit H den virtuellen Coefficienten zweier Schrauben x, y bezeichnen, so können wir schreiben

$$(p_1 x_1 y_1 + p_2 x_2 y_2 + p_3 x_3 y_3)^2 - H^2(x_1^2 + x_2^2 + x_3^2) = 0,$$

wenn wir beachten, dass bei Annahme der drei auf einander senkrechten Hauptschrauben des Systems dritter Stufe als Coordinatenschrauben die allgemeine Identität

$$R = 1$$

hier übergeht in

$$x_1^2+x_2^2+x_3^2=1.$$

Es ergiebt sich somit, dass der Ort der Bildpunkte der Schrauben, die mit einer gegebenen Schraube y einen gegebenen virtuellen Coefficienten besitzen, ein Kegelschnitt ist, der mit dem Kegelschnitte der Schraube unendlichen Parameters in zweipunktiger Berührung steht.

Wenn y ein Punkt ist, dessen Polare

$$y_1x_1+y_2x_2+y_3x_3=0$$

in Bezug auf den Kegelschnitt $S_\infty=0$ zusammenfällt mit der Polare des Punktes η in Bezug auf den Nullparameterkegelschnitt $S_0=0$, nämlich

$$p_1\eta_1x_1+p_2\eta_2x_2+p_3\eta_3x_3=0,$$

dann sind alle die Schrauben ϑ, welche einen gegebenen virtuellen Coefficienten mit η haben gleich geneigt gegen y. Daraus folgt:

Alle Schrauben eines Systems dritter Stufe, welche mit einer gegebenen Schraube einen gegebenen virtuellen Coefficienten haben, sind parallel zu den Erzeugenden eines geraden Kreiscylinders.

Alle zu η reciproken Schrauben liegen auf einem Cylindroid, und y ist die einzige des Systems, welche parallel ist der Doppellinie des Cylindroids.

Leicht ist auch noch zu sehen, dass der virtuelle Coefficient von y und η grösser ist als derjenige von η mit irgend einer andern Schraube.

Wir haben bisher nur den Kegelschnitt verschwindender kinetischer Energie betrachtet. Ganz analog dem früheren gelangen wir aber auch für jeden Werth der kinetischen Energie, h^2, zu der Curve

$$U_h=u_1^2x_1^2+u_2^2x_2^2+u_3^2x_3^2-h^2(x_1^2+x_2^2+x_3^2)=0,$$

welche also in der ebenen Abbildung die Gesammtheit aller Schrauben des Systems dritter Stufe darstellt, um welche der Körper mit der Einheit der Windungsgeschwindigkeit die kinetische Energie h^2 erlangt.

Dieser Kegelschnitt ist also ein Element eines Büschels, welches die vier Schnittpunkte der Kegelschnitte

$$u_1^2 x_1^2 + u_2^2 x_2^2 + u_3^2 x_3^2 = 0$$
$$x_1^2 + x_2^2 + x_3^2 = 0$$

zu Basispunkten hat. Diese vier Basispunkte sind die Bilder von Schrauben, um welche der Körper mit unbestimmter kinetischer Energie bewegt werden kann.

Die einer bestimmten Schraube des Systems zukommende Grösse h^2 bestimmt sich ganz analog wie oben der Parameter k. Die vier Basispunkte seien A, B, C, D; wir suchen für den Punkt P die Grösse h^2. Wir tragen auf einer Geraden g die vier Strecken u_1^2, u_2^2, u_3^2, h^2 ab und bestimmen den Punkt P so, dass das Doppelverhältniss der vier Strahlen

$$P(A, B, C, D)$$

gleich dem Doppelverhältniss der durch obige Construction erhaltenen vier Punkte auf g wird. Der Ort von P ist dann ein Kegelschnitt. Ist P gegeben, so kennt man das Doppelverhältniss von $P(A, B, C, D)$, ebenso den analytischen Ausdruck der vier Punkte auf g, der eine lineare gebrochene Function h^2 ist. Aus der Gleichsetzung beider Werthe berechnet sich h^2.

§ 9.

Wir wollen noch folgendes Problem betrachten:

Ein ruhender starrer Körper mit Freiheit dritten Grades erhält einen Impuls von gegebener Intensität auf einer gegebenen Schraube η; wir wollen den Ort der Elemente x des Systems bestimmen, die die Eigenschaft haben, dass, wenn der Körper gezwungen wird, sich um x zu bewegen, er einen gegebenen Betrag kinetischer Energie erlangt.

Die kinetische Energie ist gegeben durch die Relation, wenn die Masse des Körpers gleich 1 gesetzt wird,

$$T = \frac{\varpi_\eta^2 x}{u_x^2},$$

sodass wir sofort für den gesuchten Ort die Gleichung gewinnen

$$T(u_1^2 x_1^2 + u_2^2 x_2^2 + u_3^2 x_3^2) - (p_1 \eta_1 x_1 + p_2 \eta_2 x_2 + p_3 \eta_3 x_3)^2 = 0.$$

Der Ort von x ist also ein Kegelschnitt, der mit dem Kegelschnitt verschwindender kinetischer Energie eine zweipunktige Berührung hat.

Es ist leicht zu zeigen, dass T ein Maximum sein wird, wenn

$$u_1^2 x_1 : p_1 \eta_1 = u_2^2 x_2 : p_2 \eta_2 : u_3^2 x_3 : p_3 \eta_3,$$

woraus dann wieder der Euler'sche Satz zu folgern wäre.

§ 10.

Bei Betrachtung der potentiellen Energie werden wir auf den Kegelschnitt

$$v_1^2 x_1^2 + v_2^2 x_2^2 + v_3^2 x_3^2 = 0$$

geführt, wo die Bedeutung der Grössen v aus dem Kapitel über die potentielle Energie zu entnehmen ist. Dieser Kegelschnitt stellt in der ebenen Abbildung alle diejenigen Schrauben des Systems dritter Stufe dar, durch Bewegung um welche ein Körper sonach in eine benachbarte Lage übergeführt werden kann, dass, bis auf Grössen zweiter Ordnung, bei dieser Bewegung keine Energie verbraucht, oder keine Arbeit geleistet wird.

Zwei Punkte der Ebene, die einander conjugirt sind in Bezug auf den Potentialkegelschnitt

$$v_1^2 x_1^2 + v_2^2 x_2^2 + v_3^2 x_3^2 = 0$$

sind conjugirte Potentialschrauben. Denken wir uns wieder das gemeinschaftliche Polardreieck des Potentialkegelschnitts und des Kegelschnitts verschwindender kinetischer Energie construirt, so hat man in den Ecken dieses Dreiecks die Bilder der drei harmonischen Schrauben des Systems dritter Stufe. Und zwar sind die Eckpunkte dieses gemeinschaftlichen Polardreiecks des Büschels

$$v_1^2 x_1^2 + v_2^2 x_2^2 + v_3^2 x_3^2 + \lambda(u_1^2 x_1^2 + u_2^2 x_2^2 + u_3^2 x_3^2) = 0$$

bekanntlich die Nebenecken des aus den vier Basispunkten dieses Büschels abgeleiteten vollständigen Vierecks.

§ 11.

Die graphische Darstellung eines Systems dritter Stufe wird sich besonders einfach gestalten, wenn es möglich ist, einen Kreis als Nullparameterkegelschnitt zu nehmen. Es wird dies immer dann angehen, wenn von den drei Aggregaten

$$-p_1+p_2+p_3$$
$$p_1-p_2+p_3$$
$$p_1+p_2-p_3$$

keines oder gleichzeitig zwei negativ werden. Denn alsdann lassen sich immer drei reelle Winkel A, B, C finden aus den Gleichungen

$$\frac{\sin 2A}{p_1}=\frac{\sin 2B}{p_2}=\frac{\sin 2C}{p_3}$$
$$A+B+C=\pi.$$

Wenn wir dann ein Dreieck mit den Winkeln A, B, C als Coordinatendreieck nehmen, so ist

$$\sin 2A . x_1^2+\sin 2B . x_2^2+\sin 2C . x_3^2=0$$

in der That die Gleichung eines Kreises, und zwar ist dieser Kreis der Nullparameterkegelschnitt. Der Kreis hat bekanntlich den Durchschnittspunkt der drei Höhen des Dreiecks zum Mittelpunkt.

Der Büschel der Parameterkegelschnitte hat nun die Form

$$\sin 2A . x_1^2+\sin 2B . x_2^2+\sin 2C . x_3^2-k(x_1^2+x_2^2+x_3^2)=0.$$

Da das Centrum eines Kegelschnitts der Pol der unendlich fernen Geraden ist, so haben wir zur Bestimmung der Coordinaten y des Centrums irgend eines dieser Kegelschnitte die beiden Gleichungen

$$(\sin 2A-k)x_1y_1+(\sin 2B-k)x_2y_2+(\sin 2C-k)x_3y_3=0$$
$$\sin A . x_1 + \sin B . x_2 + \sin C . x_3 = 0,$$

deren erste die Polare des Punktes y in Bezug auf den obigen Kegelschnitt bedeutet, während durch die andere die unendlich ferne Gerade gegeben ist. Die Coordinaten des Centrums sind demnach

$$y_1=\frac{\sin A}{\sin 2A-k}$$
$$y_2=\frac{\sin B}{\sin 2B-k}$$
$$y_3=\frac{\sin C}{\sin 2C-k}.$$

Damit ergiebt sich dann aber wieder sofort, dass der Ort der Mittelpunkte der Kegelschnitte des Büschels der Parameterkegelschnitte auf der Curve liegt

$$\sin 2A \sin(B-C)x_2x_3 + \sin 2B \sin(C-A)x_3x_1 + \sin 2C \sin(A-B)x_1x_2 = 0.$$

Aus der Form der Gleichung dieses Kegelschnitts ergiebt sich, dass derselbe dem Coordinatendreieck umschrieben ist. Seiner Bedeutung nach geht er aber auch durch den Höhendurchschnitt dieses Dreiecks. Ein Kegelschnitt von dieser Eigenschaft ist aber bekanntlich eine gleichzeitige Hyperbel.

Der Ort der Mittelpunkte der Kegelschnitte des Büschels der Parameterkegelschnitte ist eine gleichzeitige Hyperbel.

§ 12.

Jeder Parameterkegelschnitt ist einem bestimmten Werthe des Schraubenparameters zugeordnet. Die Beziehungen zwischen diesem Parameterwerth und den Dimensionen des Kegelschnitts lassen sich nun hier in sehr einfacher Weise erlangen. Der Parameter ist hier gleich dem Doppelverhältniss der beiden Schnittpunkte des entsprechenden Kegelschnitts mit der Geraden der unendlich fernen Kreispunkte zu diesen letzteren Punkten selbst. Sind somit a, b die Halbaxen irgend einer Parameterellipse, so werden die Gleichungen

$$\frac{x^2}{a^2} + \frac{y^2}{b^2} = 0$$

$$x^2 + y^2 = 0$$

diejenigen vier Strahlen bestimmen, auf deren Doppelverhältniss es hier ankommt. Und man sieht leicht, dass dasselbe

$$\lambda = \frac{(a-b)^2}{(a+b)^2}$$

wird. Wir können noch auf andere Weise zu diesem Doppelverhältniss gelangen.

Das Strahlenpaar, welches von der Fundamentalecke C nach den beiden Kreispunkten im unendlichen gezogen wird, hat die Gleichung

$$x_1^2 + 2x_1x_2 \cos C + x_2^2 = 0.$$

Und die Gleichung der beiden Strahlen durch C nach den Durchschnittspunkten des Kegelschnitts

$$\sin 2A . x_1^2 + \sin 2B . x_2^2 + \sin 2C . x_3^2 - k(x_1^2 + x_2^2 + x_3^2) = 0$$

mit der unendlich fernen Geraden

$$\sin A . x_1 + \sin B . x_2 + \sin C . x_3 = 0$$

wird durch Elimination von x_3 aus den beiden letzten Gleichungen gefunden in der Form

$$\mu x_1^2 + 2\lambda x_1 x_2 + \nu x_2^2 = 0.$$

Nach einigen Reductionen findet man durch Vergleichung des auf dem eben angegebenen Wege und des oben gefundenen Werthes des betrachteten Doppelverhältnisses diese Relation zwischen dem Parameter k und den Axen des zugehörigen Kegelschnitts

$$\left(\frac{ab}{a^2+b^2}\right)^2 = \frac{4m^2-6mk+nk^2}{(4m-3k)^2},$$

der man auch die Form geben kann

$$\frac{a^2-b^2}{a^2+b^2} = \sqrt{9-4n} \cdot \frac{k}{4m-3k},$$

wo zur Abkürzung gesetzt ist

$$m = \sin A \sin B \sin C$$

$$n = \sin^2 A + \sin^2 B + \sin^2 C$$

$$= 2 + 2\cos A \cos B \cos C$$

$$9-4n = 1 - 8\cos A \cos B \cos C.$$

Wird hier $p = 0$ gesetzt, so kommt

$$a = b,$$

d. h. der entsprechende Kegelschnitt ist der Nullparameterkreis, wie es auch sein muss. Ist

$$a^2+b^2 = 0,$$

so ist

$$k = \tfrac{4}{3} \sin A \sin B \sin C;$$

dem Kegelschnittbüschel gehört eine einzige gleichzeitige Hyperbel an, welche eben diesem Parameterwerthe entspricht. Es ist

$$4m^2 - 6mk + nk^2 = 0,$$

wenn die Axen unendlich gross werden. Das Kegelschnittbüschel enthält somit zwei Parabeln; und die entsprechenden Werthe der Schraubenparameter sind aus dieser Gleichung zu berechnen.

§ 13.

Die im vorletzten Paragraphen gefundene Hyperbel, auf der die drei Fundamentalecken und der Höhendurchschnitt des Coordinatendreiecks liegen, enthält noch einen fünften geometrisch ausgezeichneten Punkt.

In der That, wir haben gesehen, dass die Coordinaten irgend eines Punktes dieser Hyperbel mit Hülfe eines variabeln Parameters k so dargestellt werden

$$\frac{\sin A}{\sin 2A-k},$$

$$\frac{\sin B}{\sin 2B-k},$$

$$\frac{\sin C}{\sin 2C-k}.$$

Setzen wir nun

$$k=\frac{1}{0},$$

so erhalten wir einen Punkt auf der Hyperbel, der die Coordinaten

$$\sin A, \quad \sin B, \quad \sin C$$

besitzt, und der, nach der geometrischen Bedeutung der Hyperbel und wegen des Werthes von k, der Mittelpunkt des Kegelschnitts S_∞ ist. Der Punkt mit den Coordinaten

$$\sin A, \quad \sin B, \quad \sin C$$

ist aber bekanntlich der Schnittpunkt der Mittellinien des Fundamentaldreiecks.

Ist der Nullparameterkegelschnitt ein Kreis, so liegt der Mittelpunkt des Kegelschnitts S_∞ im Durchschnittspunkt der Mittellinien des Fundamentaldreiecks.

Diese Untersuchungen lassen sich noch weiter fortsetzen. Und insbesondere lässt sich zeigen, dass ein System 3ter Stufe immer in ein System von Kreisen mit gemeinsamer Chordale abgebildet werden könne. Indessen können, wenigstens zur Zeit, an diese specielle Abbildung keine besonderen mechanischen Consequenzen geknüpft werden, aus welchem Grunde ich auf eine Darlegung jener Methode verzichte und auf Sir Ball's unten angegebene Abhandlung verweise.

§ 14.

Indem wir hier die Untersuchungen über die graphische Theorie der Freiheit dritten Grades abschliessen, die durch Sir Robert Ball jüngst im XXIX. Bande der Transactions der Royal Irish Academy eine bedeutsame Weiterführung erhalten haben, wollen wir in diesem Paragraphen in aller Kürze hinweisen auf eine analoge Behandlung der Theorie der Freiheit zweiten Grades.

Projicirt man alle Schrauben des Cylindroids orthogonal auf die Mittelebene der Fläche, so erhält man ein Strahlenbüschel 1. Ordnung, welches mit der Fläche concentrisch ist. Die Correspondenz zwischen Fläche und Strahlbüschel ist eine ein-eindeutige. Das Doppelverhältniss von irgend vier Erzeugenden des Cylindroids wird definirt als das Doppelverhältniss der jenen parallelen Elemente des Strahlenbüschels. Danach wird die Untersuchung aller reinen Lagenverhältnisse auf dem Cylindroid ersetzt werden können durch diejenige der Lagenverhältnisse in dem Strahlenbüschel. Um nun die Verbindung mit dem oben bei der Theorie der Freiheit dritten Grades aufrechtzuerhalten, wollen wir nicht das Strahlenbüschel selber, sondern eine zu demselben perspectiv liegende Gerade betrachten. Auch die Correspondenz dieser Geraden mit dem Cylindroid ist eine ein-eindeutige, der Art, dass jeder Schraube des Cylindroids ein Punkt der Bildgeraden und umgekehrt entspricht.

Nehmen wir die Schnittpunkte der beiden Hauptschrauben des Cylindroids mit der Bildgeraden als Fundamentalpunkte einer homogenen Coordinatenbestimmung auf der letzteren, so stellt die Gleichung

$$p_1 x_1^2 + p_2 x_2^2 = 0$$

das Punktepaar dar, welches den beiden Schrauben vom Parameter Null auf dem Cylindroid entspricht. Dass hier wirklich die Fundamentalpunkte die Bilder der Hauptschrauben sind, ergiebt sich ohne weiteres, wenn man die Maximal- und Minimalwerthe des Ausdrucks für den Parameter

$$p = \frac{p_1 x_1^2 + p_2 x_2^2}{x_1^2 + x_2^2}$$

bestimmt. Es ergiebt sich dann in der That, dass diese Werthe stattfinden für die beiden Werthe des Schnittverhältnisses

$$\frac{x_1}{x_2} = 0, \quad \frac{x_1}{x_2} = \infty$$

oder für

$$x_1 = 0, \qquad x_2 = 0.$$

Aus der Gleichung

$$p_1 x_1^2 + p_2 x_2^2 = 0$$

ergiebt sich unmittelbar, dass dieses Punktepaar harmonisch ist zu den beiden Fundamentalpunkten. Es ist dies ein specieller Fall zweier allgemeineren Sätze, die wir nun darlegen wollen.

Die identische Relation zwischen den Coordinaten einer Schraube eines Systems zweiter Stufe

$$x_1^2 + 2x_1 x_2 \cos\varepsilon + x_2^2 = 1,$$

wo ε den Winkel der (reciproken) Fundamentalschrauben bezeichnet, wird hier, wegen

$$\varepsilon = \frac{\pi}{2}$$

$$x_1^2 + x_2^2 = 1,$$

sodass sich in der That der obige Ausdruck für den Parameter einer Schraube x ergiebt. In der graphischen Darstellung ist dann

$$p_1 x_1^2 + p_2 x_2^2 - p(x_1^2 + x_2^2) = 0$$

die Gleichung eines Paares parametergleicher Punkte (Schrauben). Auch aus dieser Gleichung folgt unmittelbar, dass das dargestellte Punktepaar harmonisch ist zu den Fundamentalpunkten.

Je zwei parametergleiche Punkte sind harmonisch conjugirt zu den beiden Hauptpunkten.

Die Paare von Punkten gleichen Parameters bilden eine involutorische Punktreihe.

Diese Sätze können nun ganz direct auf die Schrauben des Cylindroids selber übertragen werden, da ja, wenn s_1, s_2, s_3, s_4 vier Erzeugende der Fläche und σ_1, σ_2, σ_3, σ_4 ihre vier Bildpunkte sind,

$$(s_1 s_2 s_3 s_4) = (\sigma_1 \sigma_2 \sigma_3 \sigma_4).$$

Da alle Schrauben des Cylindroids die Doppellinie unter gleichem Winkel schneiden, so werden auch die so erhaltenen Schnittpunkte eine involutorische Reihe bilden. Und da hier die beiden Fundamentalpunkte in einen zusammenfallen, so werden zwei einander zugeordnete Punkte dieser Reihe gleich weit vom Nullpunkte abstehen, ein Ergebniss, welches mit den früheren Formeln

$$p = p_0 + m \cos 2\psi$$
$$z = \quad m \sin 2\psi$$

vollkommen übereinstimmt.

Sind y, z zwei Punkte auf der Bildgeraden, so substituiren wir in die Gleichung des Nullparameterpunktepaares

$$p_1 x_1^2 + p_2 x_2^2 = 0$$

die Ausdrücke

$$x_1 = \lambda y_1 + \mu z_1, \quad x_2 = \lambda y_2 + \mu z_2$$

und erhalten durch Auflösung nach $\frac{\lambda}{\mu}$ diesen Werth

$$\frac{\lambda}{\mu} = \frac{-(p_1 y_1 z_1 + p_2 y_2 z_2) \pm \sqrt{(p_1 y_1 z_1 + p_2 y_2 z_2)^2 - (p_1 y_1^2 + p_2 y_2^2)(p_1 z_1^2 + p_2 z_2^2)}}{p_1 y_1^2 + p_2 y_2^2}.$$

Das Verhältniss

$$\frac{b + \sqrt{b^2 - ac}}{b - \sqrt{b^2 - ac}},$$

wo

$$a = p_1 y_1^2 + p_2 y_2^2$$
$$b = -p_1 y_1 z_1 - p_2 y_2 z_2$$
$$c = p_1 z_1^2 + p_2 z_2^2$$

ist das Doppelverhältniss der Punkte y, z zu den beiden Nullparameterpunkten. Diese Zahl wird der negativen Einheit gleich, wenn b verschwindet. Es ist also dann

$$p_1 y_1 z_1 + p_2 y_2 z_2 = 0,$$

aus welcher Gleichung sich der Satz ergiebt, welcher der zweite von denen ist, auf welche oben hingedeutet wurde:

Construirt man zu einer Schraube y des Cylindroids

die ihr in Bezug auf die beiden Schrauben vom Parameter Null harmonisch conjugirte z, so ist z reciprok zu y.

Die Gleichung

$$x_1^2 + x_2^2 = 0$$

stellt ein Punktepaar dar, welches den Schrauben von unendlich grossem Parameter entspricht. Dieses Punktepaar ist imaginär. Zwei Punkte, die einander conjugirt sind in Bezug auf dieses Punktepaar, sind Bilder zweier zu einander senkrechter Schrauben des Cylindroids, wie sich aus der Gleichung

$$y_1 z_1 + y_2 z_2 = 0$$

ergiebt.

Die beiden Hauptschrauben des Cylindroids sind somit gleichzeitig harmonisch conjugirt zu den Schraubenpaaren von verschwindendem bezw. unendlich grossem Parameter.

Die Gleichung

$$u_1^2 x_1^2 + u_2^2 x_2^2 = 0$$

stellt ein (imaginäres) Schraubenpaar dar, der Art, dass ein Körper, mit der Einheit der Windungsgeschwindigkeit um eine derselben sich bewegend, die kinetische Energie Null erlangte. Zwei Schrauben, die einander conjugirt sind in Bezug auf dieses Paar, sind conjugirte Trägheitsschrauben. Zu zwei Punktepaaren kann immer ein und nur ein neues Paar gefunden werden, so dass es gleichzeitig zu beiden Paaren harmonisch conjugirt ist.

Das einzige Schraubenpaar, welches gleichzeitig harmonisch conjugirt ist zu

$$p_1 x_1^2 + p_2 x_2^2 = 0$$

$$u_1^2 x_1^2 + u_2^2 x_2^2 = 0$$

ist das Paar der Hauptträgheitsschrauben des Cylindroids, weil es gleichzeitig reciprok und in Bezug auf Trägheit conjugirt ist.

Ein Schraubenpaar, welches einem bestimmten Werthe kinetischer Energie u^2 entspricht, ist gegeben durch die Gleichung

$$u_1^2 x_1^2 + u_2^2 x_2^2 - u^2(x_1^2 + x_2^2) = 0.$$

Auch diese Schraubenpaare, bezw. ihre Bildpunkte bilden eine involutorische Reihe.

Endlich ist noch das Paar mit der Gleichung

$$v_1^2 x_1^2 + v_2^2 x_2^2 = 0$$

zu betrachten. Zwei Schrauben, welche harmonisch conjugirt sind zu demselben, sind conjugirte Potentialschrauben. Und dasjenige Schraubenpaar, welches gleichzeitig conjugirt ist zu den Paaren

$$u_1^2 x_1^2 + u_2^2 x_2^2 = 0$$

$$v_1^2 x_1^2 + v_2^2 x_2^2 = 0$$

ist das Paar der harmonischen Schrauben, welches dem Schraubensystem zweiter Stufe zugehört.

Diese Betrachtungen lassen sich, wie ich demnächst an anderer Stelle zeigen werde, noch weiter verfolgen. Der Werth dieser Methode scheint mir bei dem Schraubensystem zweiter Stufe wesentlich darin zu liegen, dass alle Ergebnisse, zu denen man gelangt, eben nicht nur für die Abbildungsfigur, sondern direct für das Cylindroid selber gelten, sodass man also z. B. nicht mehr im Zweifel sein kann, wie man zu einer gegebenen Cylindroidschraube die ihr reciproke zu construiren hat, oder wie man etwa zwei parametergleiche Schrauben der Fläche bestimmt.

Mechanik der Körpersysteme.

Kapitel XXIII.

Kinematische Theorie der Schraubenketten.

§ 1.

Die bisherigen Darlegungen bezogen sich auf einen einzelnen starren Körper. Wir wenden uns nun dazu, die Principien anzugeben, nach denen ein beliebiges zusammengehöriges System von Körpern in mechanischer Beziehung zu behandeln ist.

Wir verstehen unter einem System von Körpern eine beliebige Anzahl, μ, starrer Körper, von denen jeder entweder vollkommen frei beweglich ist, oder durch irgendwelche Hindernisse oder Verbindungen mit einem oder mehreren der übrigen $\mu - 1$ Individuen des Systems in seiner Beweglichkeit beschränkt ist.

Wir werden uns auch hier zunächst auf kleine Bewegungen des Systems beschränken. Indessen fallen doch noch innerhalb dieses beschränkten Gebietes die Theorien des Gleichgewichts, der kleinen Schwingungen, und diejenige der Impulse.

Die Bewegungsfreiheit eines μ-gliedrigen Körpersystems wird durch die Anzahl der zu einer vollständigen Lagenbestimmung des Systems nothwendigen unabhängigen Grössen (Coordinaten im allgemeinen Sinne) gegeben. Der Grad der Freiheit eines solchen Systems wird daher die Zahl 6μ nicht übersteigen können, in welchem Falle das Körpersystem vollkommen frei ist. Er ist Null, wenn das System absolut fest ist.

§ 2.

Wir wollen nun eine unendlich kleine Ortsveränderung eines solchen Systems näher betrachten. Dieselbe wird also darin bestehen, dass jedes Element des Systems in eine benachbarte Position übergeführt wird, die mit den Bedingungen, welche die Bewegungsfreiheit des Systems characterisiren verträglich ist. Diese Lagenveränderung kann für jedes Element erreicht werden durch eine Windung um eine Schraube. Die Totalverschiebung des ganzen Systems hätte daher auch hervorgebracht werden können, indem man jedem Individuum des Systems eine bestimmte Windung um eine bestimmte Schraube ertheilte.

Wenn nun n die Zahl ist, welche den Freiheitsgrad des Körpersystems angiebt, so wird eine jede Position des Systems durch n Grössen $q_1, q_2, \ldots, q_n$, die von einander unabhängig sind, bestimmt sein, wobei diese Grössen beliebig ausgewählt werden können, sofern sie nur unabhängig von einander sind. Jede Grösse, welche von dem Orte des Systems abhängt, wird dann eine Function dieser n Unabhängigen sein.

Die Anfangslage des Systems sei so beschaffen, dass in ihr alle Grössen q den Werth Null haben. In der Nachbarlage, in die wir uns das System übergeführt denken, mögen dann dessen Coordinaten die Werthe $q_1, \ldots, q_n$ haben. Wenn nun ϑ die Amplitude der Windung ist, welche man dem Körper 1 ertheilen muss bei dieser Herausführung des Systems aus der Anfangslage, so muss ϑ sich offenbar als Function dieser n Grössen q darstellen lassen. Betreffs der Form dieser Function können wir, da die Grössen q sämmtlich als kleine Grössen vorausgesetzt werden, zunächst annehmen, dass sie homogen ist. Denn wir können aus diesem Grunde alle Potenzen der Coordinaten, welche die niedrigste vorkommende überschreiten, unterdrücken. Und ein rein constantes Glied kann in dem arithmetischen Ausdruck von ϑ auch nicht vorhanden sein, da für das Werthsystem

$$q_1 = 0, \quad q_2 = 0, \quad \ldots, \quad q_n = 0$$

auch

$$\vartheta = 0.$$

In ganz analoger Weise wird jede andere bei der Verschiebung des Körpers auftretende individuelle Windung sich als Function der q_i darstellen. Und wenn wir festhalten an dem Princip, dass alle Potenzen der q_i, welche die niedrigste vorkommende überschreiten, zu vernachlässigen sind, so können wir schliessen, dass alle Amplituden entweder Functionen gleichen Grades der unabhängig Veränderlichen sind, oder aber, dass diejenigen Amplituden, die durch Functionen höheren Grades ausgedrückt sind, ihrer Kleinheit wegen gegen die übrigen zu vernachlässigen sind. Danach wird dann jede Amplitude so dargestellt werden können:

$$\vartheta = q_1^{\lambda} F,$$

wo die Zahl λ für alle Amplituden dieselbe ist, während die Coefficienten der Function F der Verhältnisse der Grössen q_i von einem ϑ zum andern wechseln werden.

§ 3.

Die letzt erhaltene Gleichung giebt uns den Werth der Amplitude als Function der Coordinaten einer bestimmten, von dem Körpersystem erreichten, Endlage. Wir können aber diese Darstellung noch etwas verallgemeinern. In der That, bezeichnen wir diejenige Lage des Systems, in der alle Coordinaten den Werth Null haben, als die Lage (0), diejenige, welche er in Folge einer Verschiebung erreicht, und in der die Coordinaten bezw. q_1, q_2, ..., q_n sind, als die Lage (q). Dann werden sich zwischen (0) und (q) noch eine ganze Reihe von Zwischenpositionen befinden, und die Coordinaten aller dieser intermediären Positionen werden sich darstellen lassen durch

$$x q_1, \quad x q_2, \quad \ldots, \quad x q_n,$$

wo x ein Zahlenparameter ist, der alle Werthe von 0 bis 1 durchläuft. Jeder Werth x entspricht dann einer bestimmten Lage des Körpersystems. Durch diese Darstellung der Coordinaten der intermediären Positionen durch diejenigen der Endlage haben wir nun allerdings aus den unendlich vielen möglichen Wegen, auf denen das System von einer zur andern Position verschoben werden kann, einen speciellen ausgewählt, aber dieser ist jedenfalls mit den das System und seine Freiheit characterisirenden Bedingungen verträglich, und es ist der einfachste, der sich denken lässt.

Wenn wir nun in dem Ausdruck für die Amplitude ϑ, den wir im vorigen Paragraphen gaben, die q_i ersetzen durch die xq_i, so kommt

$$\vartheta = x^\lambda q_1^\lambda F,$$

wo natürlich F als Function der Verhältnisse der Coordinaten von x unabhängig ist. Dieser Factor x^λ ist nun ebenfalls allen Amplituden gemeinsam. Wenn also x bei der Bewegung des Systems von 0 bis 1 wächst, so werden auch alle Amplituden von Null bis zu ihrem Endwerthe wachsen. Setzen wir nun

$$x^\lambda = \frac{1}{y},$$

so sehen wir, dass die definitive Lage des Körpersystems durch die Windungen von den Amplituden

$$\vartheta_1, \ \vartheta_2, \ldots, \ \vartheta_\mu$$

erreicht werden, wo die Indices sich auf die einzelnen Constituenten des Körpersystems beziehen, sodass also

$$\vartheta_k$$

die Amplitude der Windung ist, welche der k-te Körper des Systems bei der gedachten Bewegung ausführt. Die intermediären Positionen werden dann dargestellt durch die Grössen

$$y\vartheta_1, \ y\vartheta_2, \ \ldots, \ y\vartheta_\mu,$$

wenn y von 0 bis 1 wächst.

Die Bewegung des Körpersystems ist also in jedem Momente der Art, dass jeder einzelne Körper eine Windung um eine Schraube ausführt.

Diese Bewegung eines Körpers ist die einfachste mögliche Bewegung desselben, und jede andere kann im Allgemeinen aus solchen Bewegungen zusammengesetzt oder hergeleitet werden. Dabei nehmen wir allerdings stillschweigend an, dass die Bewegung umkehrbar sei, d. h. dass, wenn das System aus der Anfangslage A durch eine solche unendlich kleine Verschiebung in die Nachbarlage B übergeführt werde, es auch aus B nach A zurückgeführt werden könne, ohne dass hierzu irgend ein Theil des Systems einen endlichen Weg überschreiten müsse.

Es musste dies ausdrücklich hervorgehoben werden, weil es in der That Ausnahmen giebt, in denen jene Voraussetzung nicht mehr zutrifft, wie z. B. im Falle eines Körpers, der nur in einer Richtung, etwa von Ost nach West, um eine Axe sich drehen kann. Derselbe kann also thatsächlich in Richtung Ost-West um einen unendlich kleinen Betrag $d\alpha$ gedreht werden. Um ihn aber aus der neuen Stellung in die frühere zurückzubringen, muss man ihm jetzt die endliche Drehung $2\pi - d\alpha$ ertheilen.

Solche besondere Fälle schliessen wir also von der Betrachtung aus. Diejenigen, mit welchen wir uns befassen, sind dann also so beschaffen, dass, wenn das Körpersystem aus der Lage A nach der Lage B auf bestimmten Wegen übergeführt wurde, es auf denselben Wegen von B nach A zurückgebracht werden kann.

Lassen wir also Singularitäten der erwähnten Art bei Seite, so ist, was wir bis jetzt festgestellt haben, dieses:

Es ist im Allgemeinen möglich, eine Reihe von Schrauben so anzugeben, dass zu jedem Körper des Systems eine gehört, der Art, dass die Bedingungen des Systems es zulassen, dass der Körper hin und her um diese Schraube Windungen ausführen kann.

§ 4.

Wenn das Körpersystem den geringsten möglichen Grad von Freiheit besitzt, so giebt es nur eine unabhängige Grösse zur Bestimmung einer Position des Systems. In diesem Fall ist die zu jedem Individuum des Körpersystems gehörige Schraube eindeutig bestimmt, und zwar in Beziehung auf ihre Lage wie auf ihren Parameter. Auch das Verhältniss der Amplitude der Windung um irgend eine dieser μ Schrauben zu sämmtlichen $\mu - 1$ übrigen Amplituden ist dann ebenfalls durch die Bedingungen des Systems vollkommen gegeben.

Als die einzige hier auftretende Coordinate, q_1, können wir sehr angemessen die Amplitude der Windung um die erste Schraube wählen. Dann wird nach dem eben Gesagten, jedem Werthe dieses q_1 eine bestimmte Lage des Körpersystems entsprechen. Und da die Verhältnisse aller Amplituden bekannt sind, so können auch diese sämmtlich mit Hülfe von q_1 angegeben werden. Diese Reihe von Schrauben und zugeordneten Amplitudenverhältnissen reichen also vollkommen hin, die Bewegung und den Weg des Körpersystems zu beschreiben.

§ 5.

Bevor wir weitergehen, wollen wir ein Verfahren darlegen, mit Hülfe dessen wir zu einem neuen kinematischen Elemente gelangen, welches von grösster Wichtigkeit ist für die mechanische Theorie der Körpersysteme. Denken wir uns die beiden ersten Schrauben α_1, α_2, also die beiden Schrauben, um welche sich der erste, bezw. der zweite Körper des Systems bewegen, wenn das System aus einer Lage A in eine Lage B übergeht. Construiren wir nun das Cylindroid (α_1, α_2), welches durch diese beiden Schrauben bestimmt ist, so wird zwar die Zusammensetzung der beiden zugehörigen Windungen keine directe reale Bedeutung haben, da dieselben ja von verschiedenen Körpern ausgeführt werden. Würden die beiden Windungen um α_1, α_2 mit dem ihnen zukommenden Amplitudenverhältniss sich aber auf einen einzigen Körper beziehen, so könnte man allerdings die Schraube ϱ der resultirenden Windung finden auf dem Cylindroid (α_1, α_2). Und umgekehrt, wenn ϱ neben α_1, α_2 gegeben ist, so ist damit auch das Amplitudenverhältniss der Windungen um α_1, α_2 gegeben, wie wir das ja zur Genüge aus unserem Kapitel über das Cylindroid wissen.

Auf diese Weise kann man sich nun zwischen je zwei der vorhin gefundenen μ Schrauben eine eingeschaltet denken, durch die das Amplitudenverhältniss der Windungen um die beiden benachbarten definirt wird.

Diese ganze Reihe der μ ursprünglich vorhandenen, und der $\mu - 1$ intermediären Schrauben bildet nun das, was Sir Robert Ball als eine Schraubenkette bezeichnet hat.

Die Schraubenkette spielt nun in der Theorie der Körpersysteme genau dieselbe Rolle, wie die einzelne Schraube in der Theorie des einzelnen Körpers.

Wir definiren eine Windung um eine Schraubenkette als eine Ortsveränderung eines Körpersystems, die dadurch hervorgebracht wird, dass man jedem Individuum des Systems eine Windung um eine Schraube ertheilt, wobei das Verhältniss der Amplitude dieser Windung zu den Amplituden der beiden Nachbarschrauben durch die intermediären Schrauben gegeben ist. Die Amplituden aller dieser Einzelwindungen können daher mit Hülfe der Amplitude der Windung des ersten Körpers um die ihm zugehörige Schraube ausgedrückt werden, sodass man diese letztgenannte Amplitude auch ganz passend als Amplitude der Windung um die Schraubenkette bezeichnen kann.

Somit können wir also die bisherigen Betrachtungen in folgendes Ergebniss zusammenfassen:

„Die allgemeinste Ortsveränderung eines Körpersystems ist darstellbar als eine Windung um eine Schraubenkette."

§ 6.

Nachdem wir nunmehr jede unendlich kleine Verschiebung eines Körpersystems darstellen können, entsteht naturgemäss die Frage nach dem Grade der Freiheit eines solchen Systems. Dabei denken wir uns also diejenigen Umstände, welche die Freiheit des Systems bestimmen, ganz allgemein gegeben. Sie können in directen Verbindungen der Körper, in Bewegungshindernissen im engeren Sinne des Wortes als auch in festen Punkten oder Axen innerhalb eines oder mehrerer Elemente des Systems bestehen.

Wie es sich in der Theorie eines einzelnen Körpers darum handelte, alle diejenigen Schrauben des Raumes auszusuchen, um welche der Körper eine Windung ausführen kann, so ist bei den Körpersystemen die Untersuchung darauf zu richten, alle diejenigen μ-gliedrigen Schraubenketten des Raumes zu finden, um welche das μ-elementige Körpersystem Windungen ausführen kann. Die Anzahl der unabhängigen, d. h. nicht aus einander herleitbaren, Ketten wird dann die Freiheit des Systems bestimmen. Wenn also die Untersuchung ergeben sollte, dass überhaupt keine Schraubenkette vorhanden ist, um die das System bewegt werden kann, so ist die Freiheit des letzteren gleich Null. Wenn eine einzige bestimmte Kette für das System vorhanden ist, so besitzt dasselbe Freiheit ersten Grades. Dies Ergebniss kann auch so formulirt werden:

Wenn ein beliebiges System starrer Körper in seiner Beweglichkeit so beschränkt ist, dass seine Lage in jedem Momente durch eine einzige unabhängige Variable (Coordinate im allgemeinen Sinn) gegeben wird, so hat das System Freiheit ersten Grades; und die möglichen Verschiebungen, die ihm ertheilt werden können, sind lediglich Windungen um eine einzige bestimmte Schraubenkette.

Wie schon bemerkt, gilt hier ganz dasselbe, wie in der Theorie des einzelnen Körpers: dass nämlich die Natur der die Bewegung modificirenden Widerstände oder Bedingungen ganz allgemein bleibt und ohne jede specielle Characterisirung in alle weiteren Ergebnisse eingeht, zu denen wir geführt werden.

Als ein specielles Beispiel möge die Dampfmaschine erwähnt sein. Die wesentlichen bewegten Theile derselben besitzen in der That nur einen einzigen Grad Freiheit. Jede Winkelstellung des Schwungrades bedingt eine und eine einzige Stellung aller übrigen Theile. Und eine kleine Winkelverschiebung des Schwungrades involvirt nothwendig eine Verschiebung aller andern Theile. Die Lage des ganzen Systems ist also in der That in jedem Momente durch eine einzige unabhängige Coordinate bestimmt. Und so complicirt der Mechanismus auch sein möge, so ist es doch nun immer möglich, eine Schraubenkette so anzugeben, dass eine Windung um dieselbe das System aus einer Anfangslage in eine neue überführe.

Nehmen wir nun weiter an, es seien zwei verschiedene Schraubenketten gefunden, um welche ein gegebenes Körpersystem bewegt werden kann. Dann lässt sich sofort, ohne Anstellung weiterer Versuche, zeigen, dass ausser diesen beiden Ketten noch eine unendliche Anzahl solcher existirt, um welche das Körpersystem sich ebenfalls bewegen kann. Denn setzen wir die Windung von der Amplitude α' um die eine Kette α zusammen mit der Windung von der Amplitude β' um die andere Kette β, so kann die durch beide Windungen erreichte Position auch durch eine einzige Windung um eine Kette γ erlangt werden.

Da die Amplituden α', β', und somit auch ihr Verhältniss willkürlich ist, so ist klar, dass die Kette γ ein Individuum einer einfach unendlichen Mannigfaltigkeit von Ketten angehören muss. Das somit hier auftretende Problem ist nun ganz so zu behandeln, wie das analoge in der Theorie des Einzelkörpers. Wie dort geben wir ihm diese concise Fassung:

„Es sollen die Beziehungen dreier Schraubenketten α, β, γ untersucht werden, welche so beschaffen sind, dass wenn einem System starrer Körper der Reihe nach Windungen von den Amplituden α', β', γ' um diese Ketten ertheilt werden, es nach der dritten Windung dieselbe Lage einnimmt, welche es vor der ersten besass.“

Dieses Problem wird nun ganz einfach auf Grund dessen zu lösen sein, was wir für einen Einzelkörper früher fanden. In der That, jedes Element des Körpersystems erhält zwei Windungen, um α und um β, welche wir in bekannter Weise in eine einzige zusammensetzen, die um eine Schraube γ des Cylindroids (α, β) stattfindet. Es giebt also für jedes Element eine dritte Schraube γ mit zugehöriger Windungsamplitude; sodass in der That eine neue Schraubenkette bestimmt ist, auch hinsichtlich ihrer Amplitude, die die verlangte Eigenschaft besitzt.

Ein Körpersystem, für welches Bewegungen um die Ketten α, β möglich sind, kann daher auch um γ bewegt werden. Und es ist nun sofort einleuchtend, wie man, mit der grössten Leichtigkeit, noch unendlich viele Ketten construiren kann, um welche ebenfalls Beweglichkeit des Körpersystems vorhanden ist.

Wir wollen dies näher betrachten. Es seien also zunächst die drei Ketten α, β, γ vorhanden, von denen wir gefunden haben, dass für sie Beweglichkeit des Körpers stattfindet. Die Schrauben, welche eine Kette constituiren, bezeichnen wir nach der Kette und weisen durch einen Index auf das zugehörige Element des Körpersystems hin. Es ist daher α_λ die Schraube, um welche sich das λ-te Element des Systems bewegt bei einer Windung um die Kette α. Ist nun δ eine vierte Kette, welche demselben System angehört, wie α, β, γ, so müssen offenbar die Schrauben α_1, β_1, γ_1, δ_1 auf einem Cylindroid liegen, ebenso α_2, β_2, γ_2, δ_2 u. s. w. überhaupt α_λ, β_λ, γ_λ, δ_λ cocylindroidal sein. Die beiden ersten Ketten α, β bestimmen also μ Cylindroide und irgend eine Schraube σ_i irgend einer Kette σ des ganzen Kettensystems liegt auf dem Cylindroid (α_i, β_i).

Es lässt sich nun leicht zeigen, dass das Doppelverhältniss von irgend vier zu demselben Körper gehörigen Schrauben constant ist, d. h. mit anderen Worten, dass alle die eben gefundenen μ Cylindroide einander projectiv sind. Es ist also zu beweisen

$$(\alpha_1\beta_1\gamma_1\delta_1) = (\alpha_2\beta_2\gamma_2\delta_2) = \cdots = (\alpha_\lambda\beta_\lambda\gamma_\lambda\delta_\lambda) = \cdots = (\alpha_\mu\beta_\mu\gamma_\mu\delta_\mu).$$

Dieser wichtige Satz lässt sich mit durchaus einfachen, lediglich den Fundamenten unserer Theorie zu entlehnenden Mitteln als richtig darthun.

Die beiden ersten Ketten, α und β, genügen zur Bestimmung der μ Cylindroide (α_i, β_i) vollkommen. Die Wichtigkeit des zu beweisenden Satzes liegt somit ganz wesentlich darin, dass vermöge seiner, wenn noch eine dritte Kette γ gegeben ist, jede beliebige andere rein geometrisch construirt werden kann, ohne dass es nöthig wäre, die Amplituden α', β', γ' u. s. w. zu kennen; was ohne diesen Satz unerlässlich wäre.

Es ist nun klar, dass, wenn wir auf der Fläche (α_1, β_1) irgend eine Schraube δ_1 willkürlich annehmen, die ganze Kette δ, d. h. die Reihe der Schrauben δ_2, δ_3, ..., δ_μ bestimmt sein wird, und zwar eindeutig. Denn, eine Windung um δ_1 können wir zerlegen in zwei solche um α_1 und β_1. Die Amplituden dieser Windungen sind immer in bekannter Weise bestimmt. Sie bestimmen aber dann ihrerseits mit Hülfe der intermediären Schrauben die zu den Schrauben α_2, β_2 gehörigen Amplituden. Setzen wir dann die so vollkommen bestimmten Windungen um α_2, β_2 zu einer einzigen zusammen, so erhalten wir in der Schraube dieser Windung die Schraube δ_2. Von δ_2 ausgehend, gelangen wir dann ganz analog zu δ_3, von dieser zu δ_4 und so weiter fort bis zu δ_μ. Und ganz ebenso hätten wir, wenn irgend ein anderes Element einer Kette δ, etwa δ_k, gegeben gewesen wäre, die übrigen Constituenten der Kette δ aus δ_k mit Hülfe des Cylindroids (α_k, β_k) u. s. w. gefunden.

Es erhellt aus den eben gegebenen Darlegungen zunächst, dass irgend zwei der μ Cylindroide in solcher Beziehung zu einander stehen, dass jeder Schraube des einen eine und nur eine des andern entspricht. Es geht das zur Genüge aus der Art und Weise der Construction der Schrauben δ hervor. Diese ein-eindeutige Beziehung je zweier solcher Cylindroide findet ihren allgemeinsten analytischen Ausdruck in der Gleichung

$$a \operatorname{tang} \vartheta \operatorname{tang} \varphi + b \operatorname{tang} \vartheta + c \operatorname{tang} \varphi + d = 0,$$

wo ϑ der Winkel sein möge, den eine Schraube auf einem der betrachteten Cylindroide, etwa auf (α_1, β_1) mit der einen Hauptschraube macht, während φ für die correspondirende Schraube des anderen Cylindroids, etwa (α_2, β_2) die ganz analoge Bedeutung haben soll. Dabei ist bedacht, dass die beiden Schrauben auf ihren respectiven Flächen direct durch $\operatorname{tang}\vartheta$ bezw. $\operatorname{tang}\varphi$ gegeben sind.

Sind nun ϑ_1, ϑ_2, ϑ_3, ϑ_4 die definirenden Winkel von vier Schrauben auf dem ersten Cylindroid, so ist das Doppelverhältniss derselben

$$\frac{\sin(\vartheta_4 - \vartheta_2)\sin(\vartheta_3 - \vartheta_1)}{\sin(\vartheta_4 - \vartheta_3)\sin(\vartheta_2 - \vartheta_1)},$$

und es wird dasselbe gleichen Werth haben mit

$$\frac{\sin(\varphi_4 - \varphi_2)\sin(\varphi_3 - \varphi_1)}{\sin(\varphi_4 - \varphi_3)\sin(\varphi_2 - \varphi_1)},$$

eben weil die Winkel ϑ, φ durch eine ein-eindeutige Relation mit einander verbunden sind. Was wir hier für das erste und zweite Cylindroid gezeigt haben, gilt ganz ebenso für irgend zwei andere, wie aus der obigen Betrachtung bei Construction der Kette δ hervorgeht. Der aufgestellte Satz ist somit bewiesen.

„Sind α, β zwei Schraubenketten, für welche beide ein System starrer Körper Beweglichkeit besitzt, so sind je zwei Glieder der Reihe der μ Cylindroide (α_1, β_1), (α_2, β_2), . . ., (α_μ, β_μ) einander projectiv."

Damit ist nun die Möglichkeit einer rein geometrischen Construction noch unendlich vieler Schraubenketten gegeben, für die das gegebene Körpersystem ebenfalls Beweglichkeit besitzt.

Denn wenn die drei ersten Ketten α, β, γ gegeben sind, so nehmen wir z. B. auf dem ersten Cylindroid (α_1, β_1) die drei Schrauben α_1, β_1, γ_1 und auf dem λ-ten Cylindroid die drei Schrauben α_λ, β_λ, γ_λ; dann ist zu jeder Schraube δ_1 des ersten Cylindroids eine und nur eine δ_λ auf dem λ-ten bestimmt durch die Gleichung

$$(\alpha_1, \beta_1, \gamma_1, \delta_1) = (\alpha_\lambda, \beta_\lambda, \gamma_\lambda, \delta_\lambda)$$

und λ hat in beliebiger Reihenfolge die Werthe 2, 3, . . ., μ.

Hiermit sind allerdings die Schrauben δ_λ, also die Kette δ_1 zunächst nur geometrisch gefunden. Es erübrigt noch, die zu jedem δ_λ gehörende Windungsamplitude anzugeben. Dabei handelt es sich offenbar wieder nur darum, die relativen Werthe dieser Amplituden zu kennen, sodass eine derselben willkürlich angenommen werden kann. Diese relativen Werthe lassen sich nun mit Hülfe der oben eingeführten intermediären Schrauben leicht bestimmen.

Um dies zu zeigen beweisen wir zunächst, dass je drei aufeinander folgende intermediäre Schrauben cocylindroidal sind, also z. B. die drei Schrauben, die eingeschaltet sind resp. zwischen α_1, α_2; β_1, β_2; γ_1, γ_2. In der That, es können immer drei Windungen um die Ketten α, β, γ so gefunden werden, dass sie zusammen äquivalent Null sind. In diesem Falle müssen dann auch die Windungen um die Schrauben α_1, β_1, γ_1 und α_2, β_2, γ_2 je zusammen äquivalent Null sein. Und wenn wir nun diese sechs Windungen irgendwie zusammensetzen, so wird sich ebenfalls die Resultirende Null ergeben. Aber diese sechs Windungen können zu je zweien in eine um die betr. intermediäre Schraube zusammengesetzt werden, nämlich diejenigen um α_1 und α_2 in eine um die intermediäre Schraube α_{12}, diejenigen um β_1, β_2 in eine um β_{12}, die um γ_1, γ_2 in eine um γ_{12}. Die Windungen um α_{12}, β_{12}, γ_{12} müssen dann auch zusammen äquivalent Null sein, d. h. die Schrauben α_{12}, β_{12}, γ_{12} sind, wie behauptet, cocylindroidal.

Es tritt also zu der Reihe von Cylindroiden der eigentlichen Schrauben der Ketten noch eine Reihe von solchen Flächen, welche von den intermediären Schrauben gebildet werden, und die wir daher zur Abkürzung auch einfach als intermediäre Cylindroide bezeichnen werden.

Wenn nun von der Kette δ das erste Element δ_1 gegeben ist, so ist es aus dem bisherigen vollkommen klar, dass damit sowohl die zwischen δ_1 und δ_2 eingeschaltete Schraube δ_{12}, sowie überhaupt alle anderen Elemente der Kette, und auch die entsprechenden intermediären Schrauben gegeben sind, und zwar in eindeutiger Weise.

Die Kette δ ist aber ebenfalls in eindeutiger Weise bestimmt, wenn nur das erste intermediäre Element δ_{12} gegeben ist. In der That, nehmen wir an, dieses intermediäre Element gehöre sowohl zu einer Kette $\delta(\delta_1, \delta_2, \ldots)$, wie auch zu einer Kette $\delta'(\delta'_1, \delta'_2, \ldots)$. Dann sind sowohl δ_1, δ_{12}, δ_2, als auch δ'_1, δ_{12}, δ'_2 cocylindroidal.

Zerlegen wir nun eine beliebige Windung von der Amplitude ϑ um δ_{12} in Componenten in Bezug δ_1, δ_2; und eine Windung von der Amplitude $-\vartheta$ um dieselbe Schraube δ_{12} in Componenten um δ'_1, δ'_2. Diese vier Componenten müssen dann zusammen äquivalent Null sein, da ihre Resultanten in dieser Beziehung stehen. Aber die beiden ersten Schrauben δ_1, δ'_1 liegen auf dem ersten Cylindroid der ganzen Reihe solcher Flächen, welche zu den Ketten gehören, um die das Körpersystem Beweglichkeit besitzt. Daher werden sich die Windungen um δ_1 und δ'_1 zusammensetzen zu einer solchen um eine Schraube dieses Cylindroids. Analog setzen sich die Windungen um δ_2 und δ'_2 zusammen zu einer um eine Schraube des zweiten Cylindroids. Die so erhaltenen beiden Windungen müssen sich aber nun wieder neutralisiren. Sie müssen daher um eine und dieselbe Schraube stattfinden, mit entgegengesetzt gleichen Amplituden. Die zum ersten und zweiten Element des Körpersystems gehörenden Cylindroide müssen daher, damit dies Ergebniss möglich sei, eine gemeinsame Schraube enthalten. Dies wird aber im Allgemeinen nicht der Fall sein. Daher wird auch im Allgemeinen die Kette δ durch die erste intermediäre Schraube eindeutig bestimmt sein, wie wir behaupteten. Die speciellen Fälle, in denen dies nicht der Fall ist, scheinen ohne eigentliches mechanisches Interesse zu sein.

Die Beziehung zwischen den intermediären Cylindroiden zu den primären, d. h. den einzelnen Elementen des Körpersystems direct zugeordneten Cylindroiden ist somit ebenfalls eine ein-eindeutige. Die intermediären Cylindroide sind den primären projectiv.

Mit diesem letzten Ergebniss haben wir nun einen vollständigen Einblick in die kinematischen Verhältnisse eines Körpersystems mit Freiheit zweiten Grades gewonnen. Es erscheint zweckmässig, die gesammten Resultate noch einmal zusammenzufassen.

„Eine kleine Lagenveränderung eines Systems starrer Körper ist immer darstellbar als eine Windung um eine Schraubenkette. Besitzt ein solches System Beweglichkeit um zwei Schraubenketten, so ist es noch um unendlich viele Ketten beweglich, die alle aus jenen beiden ersten herleitbar sind. Das System hat dann Freiheit zweiten Grades. Irgend eine dritte hierher gehörige Kette wird gefunden durch Zusammensetzung einer Windung um die erste mit einer Windung um die zweite Kette. Wenn nun drei Ketten gefunden sind, um welche Beweglichkeit des Körpersystems stattfindet, so ist jede weitere leicht rein geometrisch zu bestimmen. Bei Bewegung um jede der drei vorhandenen Ketten erfährt jedes Element des Körpersystems eine Windung um eine Schraube. Die drei so einem jeden Elemente zugeordneten Schrauben sind cocylindroidal, sodass also genau ebensoviele dieser Cylindroide vorhanden sind, als das Körpersystem Elemente enthält. Es giebt also, wenn das System aus μ Körpern besteht, μ solcher Cylindroide, welche wir als die primären bezeichnen. Nun liegt aber zwischen je zwei benachbarten Schrauben einer Kette eine dritte Schraube, die intermediäre, mit deren Hülfe das Verhältniss der Amplituden der Windungen um die beiden die intermediäre einschliessenden primären Schrauben der Kette bestimmt wird. In jeder von drei Ketten, um die ein Körpersystem Beweglichkeit besitzt, liegt also zwischen je zwei homologen, d. h. in jeder Kette zu denselben Elementen gehörigen, primären Schrauben eine intermediäre. Diese drei homologen intermediären Schrauben sind ebenfalls cocylindroidal. Da die Anzahl der intermediären Schrauben einer Kette, um die ein μ-elementiges Körpersystem beweglich ist, $\mu-1$ ist, so giebt es also $\mu-1$ intermediäre Cylindroide. Um nun aus den drei bis jetzt vorliegenden Ketten eine weitere abzuleiten, um die das Körpersystem ebenfalls beweglich ist, ist es nur nöthig, auf irgend einem dreier $2\mu-1$ Cylindroide, auf deren jedem also drei Schrauben bekannt sind, eine vierte beliebig anzunehmen. Die so erhaltenen vier Schrauben besitzen dann ein bestimmtes Doppelverhältniss λ. Wenn wir nun auf jedem der übrigen $2\mu-2$ Cylindroiden zu den dort bekannten drei Schrauben eine vierte so construiren, dass das neue Quadrupel von Schrauben ebenfalls das Doppelverhältniss λ besitzt, so constituirt die Gesammtheit der so erhaltenen $2\mu-1$

Schrauben eine neue Kette der verlangten Art, nämlich μ primäre und $\mu-1$ intermediäre Schrauben. Um alle in dieser Weise construirten Ketten wird das um die ursprünglich gegebenen zwei Ketten bewegliche System ebenfalls Beweglichkeit besitzen. Und wenn es nicht noch in anderer Weise zu construirende Ketten gleichen Characters giebt, so besitzt das Körpersystem in der That nur Freiheit zweiten Grades."

§ 7.

Wenn ein System starrer Körper um drei Ketten beweglich ist, welche unabhängig von einander sind, also nicht in der im vorigen Paragraphen betrachteten Beziehung stehen, so ist es wiederum, um noch eine unendliche Anzahl von Ketten beweglich.

Je drei homologe Schrauben, aus je einer der gegebenen drei Ketten eine, bestimmen ein Schraubensystem dritter Stufe. Wenn wir nun dem Körpersystem um jede drei gegebenen Ketten eine Windung ertheilen, so werden sich diese drei Windungen zusammensetzen in eine vierte, die ebenfalls um eine Kette stattfindet. Jede Schraube dieser Kette gehört nun zu dem Schraubensystem dritter Stufe, welches bestimmt wird von den drei ihr homologen Schrauben der ursprünglich gegebenen drei Ketten.

Dies ist für die primären Schrauben unmittelbar einleuchtend. Aber der entsprechende Nachweis für die intermediären Schrauben bietet auch keine Schwierigkeit. In der That, wenn aus den drei ursprünglich gegebenen Ketten eine vierte abgeleitet ist, so ist es immer möglich, vier Windungen um diese Ketten so zu bestimmen, dass sie einander neutralisiren. Betrachten wir dann das erste Element des Körpersystems, so erhält es vier Windungen (um vier Schrauben), die zusammen aequivalent Null sind. Ganz dasselbe gilt von dem zweiten Element des Systems. Diese acht Windungen müssen daher immer zusammen aequivalent Null sein. Sie reduciren sich aber auf vier Windungen, nämlich in jeder der vier Ketten auf eine Windung um die erste intermediäre Schraube. Da nun diese vier Windungen unter allen Umständen einander neutralisiren sollen, so müssen die Schrauben, um welche sie stattfinden, einem System dritter Stufe angehören. Wir haben also hier zunächst vier Schraubenketten gefunden, so beschaffen, dass je vier homologe Glieder einem Schraubensystem dritter Stufe angehören. Und wenn das Körpersystem μ-elementig ist, so haben wir wieder μ primäre und $\mu-1$ intermediäre Schraubensysteme dritter Stufe.

In jedem dieser $2\mu-1$ Systeme haben wir ein Quadrupel von Schrauben gegeben, der Art, dass die Elemente irgend zweier solcher Quadrupel einander ein-eindeutig entsprechen. Es ist demnach leicht, zu jedem solcher Quadrupel von Schrauben in jedem der $2\mu-1$ Systeme noch beliebig viele fünfte Schrauben zu construiren, wenn in einem dieser Systeme eine fünfte Schraube willkürlich angenommen wird.

Die Construction kann ausserordentlich einfach mit Hülfe der im vorigen Kapitel betrachteten graphischen Darstellung der Schraubensysteme dritter Stufe geführt werden. In dieser Darstellung wird, wie a. a. O. gezeigt, jedes System dritter Stufe abgebildet, in ein ebenes Punktsystem oder ein Punktfeld. Die eineindeutige Correlation zweier Punktfelder ist aber festgelegt, wenn zwei Quadrupel entsprechender Punkte, in jedem Felde eins, gegeben sind. Sind nämlich im ersten Felde gegeben die vier Punkte a, b, c, d, denen im zweiten die vier Punkte a', b', c', d' entsprechen, so findet sich der einem Punkte x entsprechende Punkt x' so. Man construire zu dem Strahlenbüschel $a(bcdx)$ des ersten Feldes den Büschel $a'(b'c'd'x')$ im zweiten Felde auf Grund der, wegen der ein-eindeutigen Verwandtschaft beider Felder, bestehenden Beziehung

$$a(bcdx) = a'(b'c'd'x'),$$

und ganz analog den Büschel $b'(c'x'd'x')$, so dass

$$b(acdx) = b'(a'c'd'x').$$

Der Schnittpunkt der Strahlen $a'x'$ und $b'x'$ ist alsdann der gesuchte Punkt x'.

Man sieht, wie diese Construction unmittelbar zu verwenden ist zur Lösung des Problems, um welches es sich in diesen Paragraphen handelt.

Wir können nun folgenden Satz aufstellen:

„Wenn jedes Quintrupel homologer Glieder von fünf

Schraubenketten einem Schraubensystem dritter Stufe angehört, und wenn je zwei dieser Quintrupel in ein-eindeutiger Beziehung zu einander stehen, so wird ein System starrer Körper, welches um vier dieser Schraubenketten beweglich ist, auch in Bezug auf die fünfte Beweglichkeit besitzen."

In der That, sei ε die fünfte Kette. Wenn die Schraube ε_1 willkürlich gewählt wird auf dem durch α_1, β_1, γ_1 definirten Schraubensystem dritter Stufe, (dem also auch δ_1 angehört), dann kann eine Windung um ε_1 immer zerlegt werden in drei Windungen um α_1, β_1, γ_1. Mit Hülfe der intermediären Schrauben lassen sich aus diesen drei Windungen die Amplituden aller andern in den Ketten α, β, γ auftretenden Windungen bestimmen. Und wenn wir dann jedes Tripel homologer Windungen von α, β, γ zusammensetzen, so wird die Reihe aller so erhaltenen Resultirenden die Kette ε constituiren. Es ist also thatsächlich aus ε_1 unter den angegebenen Voraussetzungen die fünfte Kette so zu bestimmen gewesen, dass das Körpersystem um sie Beweglichkeit besitzt. Dabei ist es offenbar irrelevant, dass wir die gegebene Schraube ε mit dem Index 1 versahen, da jedes Glied der Kette ε als erstes angesehen werden kann.

Wäre die gegebene Schraube eine intermediäre etwa ε_{12} gewesen, so würde, wie im vorigen Paragraphen, sich zeigen lassen, dass aus ε_{12} im Allgemeinen ebenfalls die Kette ε eindeutig zu bestimmen ist. Wenn es zwei Ketten ε, ε' gäbe, zu deren jeder ε_{12} als intermediäre Schraube gehörte, so müssten wieder die beiden primären Schraubensysteme dritter Stufe, zu denen ε_1 und ε_2 gehören, ein Element gemein haben, was aber im Allgemeinen nicht der Fall ist.

Wir haben also in dem in diesem Paragraphen Entwickelten die Mittel in der Hand, beliebige viele Schraubenketten zu construiren, um welche ein System starrer Körper Beweglichkeit besitzt, wenn es um drei von einander unabhängige Ketten beweglich ist. Wenn es nun unmöglich ist, noch andere Schraubenketten anzugeben, um die das System beweglich ist, ohne dass sie durch obige Construction erlangt wären, so besitzt das Körpersystem Freiheit dritter Stufe.

Im Uebrigen ist auf Grund der allgemeinen Untersuchungen im Kapitel XIX leicht einzusehen, dass, wenn irgend eine Schraube einer der hier vorkommenden Ketten ein Cylindroid beschreibt alle anderen Glieder dieser Kette, primäre sowie intermediäre, ebenfalls solche Flächen beschreiben.

§ 8.

In ganz analoger Weise gelangen wir zu einem System starrer Körper mit Freiheit vierten Grades, wenn wir ein solches System betrachten, welches um vier von einander unabhängige — also nicht in der Beziehung des § 7 stehende — Ketten beweglich ist. Die homologen Schrauben in diesen vier Ketten erzeugen Schraubensysteme vierter Stufe. Alle diese μ primären und $\mu-1$ intermediären Systeme sind einander projectiv. Danach ist die Auffindung weiterer Ketten einfach, um welche das um die vier ursprünglich gegebenen Ketten Beweglichkeit besitzt. Die Construction kann mit Hülfe der Abbildung des Schraubensystems vierter Stufe auf ein räumliches Punktsystem ausgeführt werden. Es gründet sich dies darauf, dass sowohl die Schraube eines Systems vierter Stufe, als auch der Punkt im Raume durch vier homogene Coordinaten bestimmt wird. Wenn von zwei projectiven räumlichen Punktsystemen fünf Paare entsprechender Elemente gegeben sind, so lässt sich zu jedem sechsten Elemente des einen das entsprechende des anderen linear construiren. Dies gilt nun auch in sinngemässer Uebertragung für zwei Schraubensysteme vierter Stufe, die einander projectiv sind. Aus den ursprünglich gegebenen vier Schraubenketten wird man durch beliebige Composition von vier Windungen zunächst eine fünfte Kette ableiten, die dann in allen ihren Theilen ja auch vollkommen bestimmt ist. Damit sind aber auch in jedem der vorhandenen Schraubensysteme vierter Stufe fünf Elemente gegeben, die einander, von System zu System, eindeutig entsprechen. Wird dann in irgend einem dieser Systeme ein sechstes Element angenommen, so sind alle diesem homologen Elemente der anderen Systeme, also eine sechste Kette, nach obigem zu construiren.

Wenn zu den ursprünglich gegebenen vier Ketten α, β, γ, δ nicht eine primäre, sondern eine intermediäre Schraube ε_{12} der fünften Kette ε hinzugenommen wird, so ist durch diese ε_{12} die Kette ε auch vollkommen bestimmt, ganz ebenso, wie dies in den vorher betrachteten Fällen stattfand. Den Beweis wollen wir hier in einer etwas anderen Form als früher führen, die übrigens auch auf die niedrigeren Freiheitsgrade anwendbar ist, wie man sehen wird. Wir können nämlich offenbar eine Windung um ε_{12} immer zerlegen in Componenten um α_{12}, β_{12}, γ_{12}, δ_{12}. Die erste dieser Componenten ist dann wieder zerlegbar in Bezug auf α_1, α_2; die zweite in Bezug auf β_1, β_2 u. s. w. Die so gewonnenen Windungen um α_1, β_1, γ_1, δ_1 setzen sich aber zusammen in eine einzige um eine Schraube ε_1, die um α_2, β_2, γ_2, δ_2 in eine solche um ε_2. Und diese Schrauben ε_1, ε_2 sind diejenigen Glieder der Kette ε, zu denen ε_{12} als intermediäres Glied gehört. Ganz dieselbe Ueberlegung führt aber zur Kenntniss von ε_i, ε_k, wenn ε_{ik} gegeben ist.

Auch hier bemerken wir wieder auf Grund der Untersuchungen des Kapitel XIX, dass, wenn irgend ein Glied einer der hier betrachteten Ketten einem System 2ter bezw. 3ter Stufe, die in dem betr. System 4ter Stufe als Theilsysteme enthalten sind, angehört, jedes andere Glied derselben Kette einem gleichstufigen Theilsystem angehört.

Ein System starrer Körper, welches nur um Ketten beweglich ist von der in diesem Paragraphen festgestellten Natur ist nun ein solches, von dem wir sagen, es besitze Freiheit vierten Grades.

§ 9.

Wenn ein System starrer Körper Beweglichkeit besitzt um fünf von einander unabhängige Schraubenketten, die also so beschaffen sind, dass keine derselben zu erlangen ist durch Composition von Windungen um die vier anderen, so wird man, ganz analog wie in den vorhergehenden Paragraphen, zunächst eine sechste Schraubenkette finden können, um welche das Körpersystem ebenfalls beweglich ist. Alle die jetzt auftretenden sechsgliedrigen Gruppen homologer Schrauben stehen wieder in ein-eindeutiger Beziehung zu einander. Jede dieser Gruppen gehört nun einem Schraubensystem fünfter Stufe an. Wenn dann in irgend einer dieser Gruppen eine siebente Schraube beliebig angenommen wird, dann sind die entsprechenden Elemente in allen homologen

Gruppen eindeutig bestimmt. Es lassen sich somit aus den fünf ursprünglich gegebenen Ketten beliebig viele andere herleiten. Ein Körpersystem, welches nur um die so erlangten Ketten, und um keine anderen, beweglich ist, besitzt Freiheit fünften Grades. Für die Freiheit vierten Grades lässt sich nun allerdings eine den vorigen analoge Abbildungsmethode nicht in Anwendung bringen, wenn man nicht von der vierfachen Mannigfaltigkeit der Gesammtheit aller Geraden des Raumes Gebrauch machen will. Indessen liegt hier auch kein Bedürfniss zu einer Methode dieser Art vor, da die Construction am Objecte selber in sehr einfacher Weise erfolgen kann. Das Schraubensystem fünfter Stufe, bezw. das System seiner Träger, ist ein Strahlencomplex vom ersten Grade. Das geometrische Problem, um welches es sich also hier allein handelt, ist dasjenige, zwei projective Strahlencomplexe ersten Grades zu construiren aus sechs Paaren entsprechender Strahlen; eine Aufgabe, die sich den bisher behandelten organisch anschliesst.

Die Untersuchung kann hier aber auch in ganz directem Anschluss an Kapitel XIX analytisch durchgeführt werden. Wir haben es hier mit projectiven Systemen fünfter Stufe zu thun. Sei dann φ diejenige Schraube des zweiten dieser Systeme, welche der Schraube ϑ des ersten Systems entspricht. Die Beziehung zwischen beiden Schrauben ist dann in folgendem Gleichungssystem enthalten

$$\begin{aligned}
\varphi_1 &= (11)\vartheta_1 + (12)\vartheta_2 + (13)\vartheta_3 + (14)\vartheta_4 + (15)\vartheta_5 \\
\varphi_2 &= (21)\vartheta_1 + (22)\vartheta_2 + (23)\vartheta_3 + (24)\vartheta_4 + (25)\vartheta_5 \\
\varphi_3 &= (31)\vartheta_1 + (32)\vartheta_2 + (33)\vartheta_3 + (34)\vartheta_4 + (35)\vartheta_5 \\
\varphi_4 &= (41)\vartheta_1 + (42)\vartheta_2 + (43)\vartheta_3 + (44)\vartheta_4 + (45)\vartheta_5 \\
\varphi_5 &= (51)\vartheta_1 + (52)\vartheta_2 + (53)\vartheta_3 + (54)\vartheta_4 + (55)\vartheta_5,
\end{aligned}$$

wobei noch zu bemerken ist, dass das Fundamentalsystem, auf welches ϑ bezogen wird, ganz willkürlich ist, also kein coreciprokes, d. i. kein Fundamentalsystem im engeren Sinne zu sein braucht.

Die 25 Coefficienten dieser Verwandtschaftsgleichungen sind nun noch zu bestimmen. Nachdem sie bekannt geworden sein werden, lässt sich dann mit Hülfe obiger Gleichungen zu jeder Schraube ϑ des einen Systems die entsprechende Schraube φ des andern angeben.

Ein jedes Paar entsprechender Schrauben ϑ, φ giebt nun zunächst fünf Bestimmungsgleichungen für die Coefficienten (ik). Indessen sind nur die vier Verhältnisse dieser Gleichungen zu einer unter ihnen zu benutzen, da es nur auf diese ankommt, weil sowohl jede φ-Coordinate, wie jede ϑ-Coordinate eine willkürliche Constante als Factor enthalten kann. Sind demnach 6 Paare entsprechender Schrauben gegeben, so wird durch diese die Verwandtschaft der Schrauben φ zu den Schrauben ϑ vollkommen bestimmt sein. Denn die alsdann bestehenden 24 Gleichungen bestimmen die Verhälthisse der 25 Coefficienten (ik) vollkommen. Und auf diese allein kommt es an. Denn ein etwaiger gemeinsamer Factor aller (ik) ändert die Verhältnisse der φ-Coordinaten zu einander nicht. Ist auf diese Weise die Verwandtschaft der beiden Schraubensysteme vollkommen bestimmt, so wird es nun wieder möglich sein, zu jeder in einem der Systeme gegebenen siebenten Schraube die entsprechende im andern zu bestimmen. In ganz analoger Weise wird man dann die Beziehungen zwischen je zwei anderen der $2\mu - 1$ Systeme fünfter Stufe festlegen und somit überhaupt alle Schraubenketten construiren können, um welche ein System starrer Körper beweglich ist, wenn es nur die fünf ursprünglich gegebenen Beweglichkeit besitzt.

§ 10.

Wenn wir beachten, dass eine Schraubenkette auch in kinematischer Beziehung vollkommen bestimmt ist, wenn die Amplitude der Windung um das erste Element der Kette gegeben ist, so werden wir ganz naturgemäss dazu geführt, an die Stelle der bisher nach Kap. XIX behandelten rein geometrischen Correspondenz zwischen Schraubensystemen eine kinematische Correspondenz zwischen den zugehörigen Windungssystemen zu setzen.

Es wird diese Verwandtschaft sich also so gestalten, dass einer Windung um eine Schraube eines Systems n^{ter} Stufe eine Windung um eine Schraube eines anderen Systems n^{ter} Stufe entspricht, und umgekehrt.

Es wird für diese Correspondenz dann in erster Linie der Satz gelten, dass, wenn eine beliebige Anzahl von Windungen des einen

Systems zusammen äquivalent Null sind, auch die entsprechenden Windungen des anderen Systems sich neutralisiren.

In der That, nehmen wir in jedem der beiden Systeme n Coordinatenschrauben an, und sei ϑ eine Windung des einen, φ die entsprechende des andern Systems. Dann wird ϑ sich zerlegen lassen in die n Componenten $\vartheta_1, \vartheta_2, \ldots, \vartheta_n$; und es werden die analogen n Componenten von φ mit jenen durch Gleichungen von der Form verbunden sein

$$\begin{aligned}
\varphi_1 &= (11)\vartheta_1 + (12)\vartheta_2 + \cdots + (1n)\vartheta_n, \\
\varphi_2 &= (21)\vartheta_1 + (22)\vartheta_2 + \cdots + (2n)\vartheta_n, \\
&\;\;\vdots \\
\varphi_n &= (n1)\vartheta_1 + (n2)\vartheta_2 + \cdots + (nn)\vartheta_n.
\end{aligned}$$

Wenn nun in dem ϑ-System die Windungen $\vartheta^{(1)}, \vartheta^{(2)}, \ldots, \vartheta^{(k)}$ sich neutralisiren, so hat man

$$\sum_1^k \vartheta_1^{(\lambda)} = 0, \quad \ldots, \quad \sum_1^k \vartheta_i^{(\lambda)} = 0, \quad \ldots, \quad \sum_1^k \vartheta_n^{(\lambda)} = 0,$$

wo die Summationen sich auf den oberen Index λ beziehen. Man sieht aber sofort, dass dann auch die entsprechenden Gleichungen gelten

$$\sum_1^k \varphi_1^{(\lambda)} = 0, \quad \ldots, \quad \sum_1^k \varphi_i^{(\lambda)} = 0, \quad \ldots, \quad \sum_1^k \varphi_n^{(\lambda)} = 0,$$

wo natürlich auch nach dem Index λ summirt ist. Der angeführte Satz ist somit bewiesen.

Die Verwandtschaftsgleichungen zwischen dem φ-System und dem ϑ-System enthalten n^2 Coefficienten (ik), die sich durch die n^2 linearen Gleichungen bestimmen, welche man erhält, wenn die speciellen Werthe der Componenten von n Paaren entsprechender Windungen φ, ϑ in die Verwandtschaftsgleichungen eingeführt werden. Es ist nämlich offenbar, dass zur Feststellung einer solchen kinematischen Correspondenz in der That n Paare entsprechender Elemente der beiden Systeme hinreichen. Denn hier kommen die Grössen φ_k und ϑ_k selber, und nicht nur ihre Verhältnisse in Betracht. Diese Grössen sind bekanntlich die Schraubencoordinaten multiplicirt mit den resp. Amplituden der Windungen um φ und ϑ.

Die Zahl der zur Festlegung der ein-eindeutigen Beziehung zweier Systeme n^{ter} Stufe ist also um eine Einheit kleiner, wenn die Systeme als Windungssysteme aufgefasst, als wenn sie rein geometrisch als Schraubensysteme betrachtet werden.

Die weitere Behandlung der Construction zweier solcher Systeme wird dann allerdings auch einen kinematischen Character haben müssen; was aber für die Theorie der höheren Freiheitsgrade eine wesentliche Vereinfachung der Untersuchung mit sich bringt.

So wollen wir die Theorie der Freiheit fünften Grades noch einmal von dem jetzt gewonnenen Standpunkte aus betrachten. Die projectiven Systeme fünfter Stufe betrachten wir jetzt als Windungssysteme. Die Beziehung zweier solchen Systeme ist nach obigem bestimmt durch fünf Paare entsprechender Windungen. Um nun zu einer gegebenen Windung A des ersten Systems die entsprechende X des zweiten zu construiren, verfahren wir so. Wir zerlegen die Windung A in fünf Componenten in Beziehung auf die fünf Schrauben der gegebenen Windungen des ersten Systems. Dies ist bei Freiheit fünften Grades immer in eindeutiger Weise möglich. Wir erhalten so im ersten System fünf Windungen. Diesen entsprechen im zweiten System in eindeutiger Weise fünf andere Windungen. Und deren Resultante wird die gesuchte Windung X sein.

§ 11.

In der Theorie der Freiheit sechsten Grades werden wir zunächst auf sechs von einander unabhängige Schraubenketten geführt werden, um welche das Körpersystem Beweglichkeit besitzt. Homologe Elemente dieser Ketten werden projective Systeme sechster Stufe bilden. Das System sechster Stufe ist aber die Gesammtheit aller Schrauben des Raumes. Die Projectivität, um welche es sich hier handelt, ist also diejenige, welche in den beiden ersten Paragraphen von Kapitel XIX behandelt wurde. Wenn irgend zwei siebengliedrige Gruppen homologer Schrauben gegeben sind, so kann hier zu jeder beliebigen achten Schraube, die man einer der Gruppen hinzufügt, die entsprechende für die andere Gruppe construirt werden. Solche siebengliedrige Gruppen sind leicht zu erlangen, wenn man bedenkt, dass jede Windung sich zerlegen lässt nach sechs beliebigen Schrauben. Hiernach wird man immer durch Composition von sechs Windungen um die ursprünglich gegebenen Ketten eine siebente Kette herleiten können, wodurch dann die siebengliedrigen homologen Gruppen erhalten sind.

Die Beweglichkeit eines Körpersystems mit Freiheit sechster Stufe hat nun den Character, dass jedem Element des Systems eine Windung um jede Schraube des Raumes zwar möglich ist, dass aber, sobald für ein Element eine solche Schraube gegeben ist, die Schrauben, um welche die anderen Elemente des Systems sich bewegen, eindeutig gegeben sind.

Es wird übrigens klar sein, dass bei der Betrachtung von Windungscorrespondenzen diejenige der intermediären Schrauben ausfällt. In der That waren diese letzteren ja auch nur zu dem Zwecke eingeführt worden, die kinematische Natur der früheren Untersuchungen aufrecht zu erhalten, die im Uebrigen mit dem rein geometrischen Instrumente der projectiven Schraubensysteme geführt wurden.

§ 12.

Wenden wir uns nun zur Betrachtung eines Systems starrer Körper mit Freiheit siebenten Grades, so springen uns bemerkenswerthe Unterschiede gegen die Untersuchungen der vorhergehenden Paragraphen in die Augen. In der That, nachdem einmal der Begriff der Schraubenkette in seinem ganzen kinematischen Umfange festgestellt war, konnte die Theorie der ersten sechs Freiheitsgrade durch einfache analoge Uebertragung der Ergebnisse erlangt werden, die sich für den Einzelkörper gefunden hatten.

Ein gleich einfaches Verfahren wird nun hier und im Folgenden nicht mehr möglich sein, da es für die höheren Freiheitsgrade kein Analogon giebt in der Theorie des Einzelkörpers, insofern als ein solcher nie mehr als sechs Freiheitsgrade besitzt.

Nehmen wir also an, es seien für ein System starrer Körper sieben Ketten der Art gefunden, dass keine einzige derselben aus den sechs übrigen durch Composition entsprechender Windungen abgeleitet werden kann. Das Körpersystem wird dann Freiheit siebenten Grades besitzen, wenn auch nicht eine weitere Kette existirt, die von diesen sieben gegebenen unabhängig ist. Wir wollen nun zusehen, welchen Character das ganze System von Ketten besitzt, welches aus den gegebenen sieben Ketten sich ableiten lässt.

Die sieben Ketten, um welche Beweglichkeit des Körpersystems vorhanden ist, bezeichnen wir mit α, β, γ, δ, ε, ζ, η. Um nun zu einer achten Kette zu gelangen, um welche das Körpersystem ebenfalls Windungen ausführen kann, verfahren wir so. Wir nehmen eine Schraube ϑ_1 ganz beliebig an. Eine Windung um diese wird sich immer nach irgend sechs der sieben Schrauben $\alpha_1, \ldots, \eta_1$ zerlegen lassen; also z. B. nach α_1, β_1, γ_1, δ_1, ε_1, ζ_1. Denn eine Windung um eine Schraube besitzt ja stets Componenten in Bezug auf irgend welche sechs von einander unabhängige Schrauben. Die so erhaltenen Windungen um α_1, β_1, γ_1, δ_1, ε_1, ζ_1 bestimmen nun nach dem in diesem Kapitel eingeführten Fundamentalbegriffe — eventuell mit Hülfe intermediärer Schrauben — die sechs Windungen um die Ketten α, β, γ, δ, ε, ζ. Damit sind dann auch die Schrauben α_2, β_2, γ_2, δ_2, ε_2, ζ_2 und die Windungen um diese bestimmt. Componiren wir wieder die letzterwähnten sechs Windungen, so wird hierdurch die Schraube ϑ_2 und die zugehörige Windung bestimmt. Es ist also so ein zweites Glied der Kette erhalten, deren erstes die Schraube ϑ_1 ist. Und es ist offenbar, dass in ganz analoger Weise die ferneren Glieder $\vartheta_3, \ldots, \vartheta_\mu$ zu finden sind. Wir haben also auf diese Weise, von der beliebig angenommenen Schraube ϑ_1 ausgehend, eine Kette ϑ erlangt, um welche das Körpersystem jedenfalls Beweglichkeit besitzt.

Indessen ist diese neue Kette ϑ offenbar nicht eindeutig bestimmt durch ihr erstes Element. Denn wir können die Windung um ϑ_1 auch noch in Componenten um irgend welche anderen sechs der sieben gegebenen Schrauben zerlegen; etwa nach den Schrauben β_1, γ_1, δ_1, ε_1, ζ_1, η_1. Dann werden wir, analog wie oben verfahrend, zwar auch wieder eine Kette erlangen, um welche das Körpersystem beweglich ist. Das erste Glied dieser Kette wird zwar wieder ϑ_1 sein, aber die ferneren Glieder werden nicht mit ϑ_2, ϑ_3, etc. zusammenfallen. Wenn nun ϑ_1 und die zugehörige Windungsamplitude, sowie auch die zu der Componente um α_1 gehörige Amplitude gegeben ist, so werden zwar ϑ_2, ϑ_3 u. s. w. immer bestimmt sein. Aber es leuchtet ein, dass diese Schrauben nur als Elemente einfacher Mannigfaltigkeiten bestimmt sind. Diese einfachen Mannigfaltigkeiten von Raumgeraden sind Regelflächen. Es ist also, wenn ϑ_1 gegeben ist, ϑ_2 nur als Erzeugende einer solchen Fläche, nicht als Individuum, bestimmt. Ebenso wird ϑ_3 auf einer solchen Fläche liegen; und dasselbe gilt von den anderen Gliedern der Kette ϑ.

Es lässt sich nun zeigen, dass alle diese Regelflächen Cylindroide sind. In der That, wir können um ϑ_1 drei Windungen so annehmen, dass die algebraische Summe ihrer Amplituden Null ist, dass diese Windungen sich also neutralisiren. Die erste derselben zerlegen wir nach α_1, β_1, γ_1, δ_1, ζ_1, η_1; die zweite nach α_1, β_1, γ_1, δ_1, ε_1, η_1 und endlich die dritte nach α_1, β_1, γ_1, δ_1, ε_1, ζ_1. Wir können dann bezüglich der drei Windungen um ϑ_1 noch die weitere Annahme machen, dass die beiden Componenten um η_1 zusammen verschwinden. Dann ist aber erforderlich, dass auch die Componenten um die übrigen sechs Schrauben $\alpha_1, \ldots, \zeta_1$ verschwinden, denn anders ist es nicht möglich, dass ihre Resultante Null sei, was doch nothwendig ist. Da somit die Amplituden auf den Fundamentalketten verschwinden, so wird das gleiche auch bei den abgeleiteten Ketten stattfinden. Nun haben wir aber, entsprechend den drei um ϑ_1 angenommenen Windungen auch drei verschiedene Elemente ϑ_2. Die Windungen um diese drei ϑ_2 sind nach dem eben Gesagten zusammen äquivalent Null, woraus folgt, dass die drei Individuen ϑ_2 cocylindroidal sind. Dasselbe gilt dann auch für $\vartheta_3, \ldots, \vartheta_\mu$.

Wenn also ein Körpersystem Beweglichkeit um sieben von einander unabhängige Ketten besitzt, so kann bei Construction einer neuen Kette, für die das gleiche gelten soll, nicht nur das erste Glied ganz willkürlich, sondern auch das zweite als irgend eine Erzeugende eines gewissen Cylindroids ausgewählt werden. Dann ist aber die Gesammtheit aller andern Glieder der Kette eindeutig bestimmt und nach früherem leicht zu construiren.

§ 13.

Aus dem Beispiel des vorigen Paragraphen ist genugsam zu ersehen, wie, zu Freiheitsgraden höherer Ordnung übergehend, zu verfahren sein wird. Wir beschränken uns darauf, einige Resultate kurz anzugeben, deren Beweis nach dem Obigen leicht zu ergänzen ist.

Ist ein System starrer Körper um acht von einander unabhängige Ketten beweglich, so ist bei Construction einer neuen, den kinematischen Bedingungen ebenfalls genügenden, Kette deren erstes Glied ganz willkürlich wählbar, während das zweite nur als Element einer zweifachen Mannigfaltigkeit, eines Schraubensystems dritter Stufe, nicht als Individuum, bestimmt ist. Analoges gilt dann für die ferneren $\mu - 2$ Glieder der Kette.

Bei der Freiheit zwölften Grades sind bei Construction irgend einer neuen, dreizehnten, Kette deren beide ersten Glieder willkürlich wählbar. Die ganze übrige Kette ist aber dann bestimmt.

Besitzt das Körpersystem Freiheit dreizehnten Grades, ist es also um dreizehn von einander unabhängige Ketten beweglich, so sind bei Construction einer vierzehnten Kette deren beide ersten Glieder willkürlich zu wählen, während das dritte nur als Erzeugende eines gewissen Cylindroids bestimmt ist.

Allgemein lässt sich folgendes einsehen:

Besitzt ein System starrer Körper Beweglichkeit um $6k+i$ von einander unabhängige Schraubenketten, so können bei Construction jeder neuen Kette, um welche das System ebenfalls beweglich ist, deren k erste Glieder ganz willkürlich angenommen werden, während das $(k+1)^{\text{te}}$ dann, zwar nicht individuell, aber als Element eines Schraubensystems $(i+1)^{\text{ter}}$ Stufe bestimmt ist. Die fernere Construction der neuen Kette ist dann nach Früherem zu erledigen.

Dabei sind die Zahlen i, k kleiner als 6 gedacht.

Der Satz gilt aber auch, wenn $i = 6$, $k = 6$, oder die Anzahl der ursprünglich gegebenen Ketten eine Zahl von der Form $6m$ ist. Diese Form entspricht der früheren, wenn in jener $i = 0$ gesetzt wird. Dann ist also nach Obigem eine neue Kette bestimmt durch willkürliche Annahme von m ersten Gliedern und Auswahl des $(m+1)^{\text{ten}}$ Gliedes aus einem Schraubensystem $(i+1)^{\text{ter}}$ d. i. erster Stufe. Das heisst aber mit andern Worten:

Ist ein System starrer Körper um $6m$ unabhängige Ketten beweglich, so ist die $(6m+1)^{\text{te}}$ Kette bestimmt, wenn ihre m ersten Glieder willkürlich angenommen werden.

Einen besonderen Fall dieses allgemeinen Satzes hatten wir bei der Freiheit zwölften Grades gefunden.

Aus dem allgemeinen, für die Form $6k+i$ des Freiheitsgrades gegebenen, Satze lässt sich noch insbesondere ableiten:

Besitzt ein μ-elementiges System starrer Körper Freiheit $(6\mu-1)^{\text{ten}}$ Grades, so lässt sich zu den ursprünglich gegebenen Ketten eine neue Kette immer so construiren, dass alle Glieder derselben willkürlich ausgewählt werden, bis auf eines, welches einer gegebenen Schraube reciprok sein muss.

Kapitel XXIV.

Dynamische und kinetische Theorie der Schraubenketten.

§ 1.

Wenn an einem System starrer Körper von der Art, wie es im § 1 des vorigen Kapitels beschrieben wurde, beliebig viele, beliebig im Raume vertheilte Kräfte angreifen, so wird die Gesammtheit der an je einem der Elemente des Körpersystemes wirkenden Kräfte immer eine Dyname auf einer Schraube constituiren.

Erinnern wir uns nun des vollständigen Entsprechens zwischen Windungen und Dynamen, so lässt sich ohne Wiederholung der eingehenden Betrachtungen des vorigen Kapitels sofort sagen:

Ein Kräftesystem, welches auf ein beliebiges System starrer Körper wirkt, lässt sich immer in der Normalform einer Dyname auf einer Schraubenkette darstellen.

Die Dyname auf einer Kette ist bestimmt, wenn die sämmtlichen μ Glieder der Schraubenkette und die Intensität der auf dem ersten Glied der Kette wirkenden Dyname gegeben ist.

Die intermediären Schrauben fungiren hier in ganz analoger Weise wie bei den kinematischen Betrachtungen des vorigen Kapitels. Mit ihrer Hülfe werden hier die Intensitäten der auf den einzelnen Gliedern der Kette wirkenden Dynamen bestimmt, so wie sie dort zur Bestimmung der Amplituden der einzelnen Windungen dienten.

Es wird somit einem jeden kinematischen Ergebniss aus Kapitel XXIII ein dynamisches, speciell statisches hier entsprechen. Die einzelnen Sätze sind sofort zu übertragen, wenn wir Dyname statt Windung und Intensität statt Amplitude setzen.

§ 2.

Von grosser Wichtigkeit ist es, dass der Begriff der Reciprocität von Schrauben auch auf Schraubenketten ausgedehnt werden kann.

Es lässt sich in der That folgender Satz aufstellen:

„Sind α, β zwei μ-gliedrige Schraubenketten, entsprechend einem μ-elementigen System starrer Körper, so wird, wenn eine Dyname auf α keine Arbeit leistet in Bezug auf eine Windung um β, auch umgekehrt eine Dyname auf β keine Arbeit leisten in Bezug auf eine Windung um α."

Den Begriff der Arbeit einer Dyname auf einer Kette in Bezug auf eine Windung um eine Kette definiren wir als die Summe der Arbeiten, welche an den einzelnen Elementen des bewegten Körpersystems geleistet werden. Diese Summe wird sich also zusammensetzen hier aus der Arbeit der ersten auf α wirkenden, also auf der Schraube α_1, wirkenden Dyname in Bezug auf die erste um β, also um die Schraube β_1, stattfindenden Windung; und der Arbeit der Dyname auf α_2 in Bezug auf die Windung um β_2, etc. Der arithmetische Ausdruck dieser Arbeit wird also unter Anwendung der bekannten Bezeichnung des virtuellen Coefficienten zweier Schrauben die Form haben

$$A_{\alpha,\beta} = 2\alpha_1''\beta_1'\varpi_{\alpha_1,\beta_1} + 2\alpha_2''\beta_2'\varpi_{\alpha_2,\beta_2} + \cdots + 2\alpha_i''\beta_i'\varpi_{\alpha_i,\beta_i} + \cdots$$
$$\cdots + 2\alpha_\mu''\beta_\mu'\varpi_{\alpha_\mu,\beta_\mu},$$

wo auch für die Intensitäten der Dynamen und die Amplituden der Windungen die gebräuchlichen Bezeichnungen beibehalten sind.

Ist also α_i'' die Intensität der auf der Schraube α_i wirkenden Dyname, β_i' die Amplitude der um die Schraube β_i stattfindenden Windungen; analog α_i' die Amplitude der um α_i stattfindenden

Windung, β_i'' die Intensität der auf β_i wirkenden Dyname, so ist offenbar

$$\alpha_1' : \alpha_1'' = \alpha_2' : \alpha_2'' = \cdots = \alpha_i' : \alpha_i'' = \cdots = \alpha_\mu' : \alpha_\mu''$$

$$\beta_1' : \beta_1'' = \beta_2' : \beta_2'' = \cdots = \beta_i' : \beta_i'' = \cdots = \beta_\mu' : \beta_\mu'',$$

denn da ja die Gesetze für die Zusammensetzung von Windungen und Dynamen dieselben sind, so werden die intermediären Schrauben jedenfalls für zwei consecutive Amplituden das gleiche Verhältniss ergeben, wie für zwei consecutive Intensitäten. Aus den durch diese Bemerkung unmittelbar erhaltenen Verhältnissgleichungen ergeben sich dann die obigen sofort. Aus diesen ergiebt sich nun, wenn ϱ und σ zwei Constanten sind, dass allgemein

$$\begin{aligned} \alpha_i'' &= \varrho \alpha_i' \\ \beta_i' &= \sigma \beta_i''. \end{aligned} \qquad i = 1, 2, \ldots, \mu$$

Wir hatten nun die Arbeit der Dyname auf α in Bezug auf die Windung um β durch $A_{\alpha,\beta}$ bezeichnet. Es wird daher die Arbeit der Dyname auf β in Bezug auf die Windung um α bezeichnet werden müssen durch $A_{\beta,\alpha}$. Dann ist aber nach den zuletzt erhaltenen Relationen

$$A_{\beta,\alpha} = \varrho\sigma A_{\alpha,\beta} = c . A_{\alpha,\beta},$$

wo c eine constante Zahl bedeutet. Daraus ergiebt sich sofort, dass die beiden Grössen $A_{\alpha,\beta}$ und $A_{\beta,\alpha}$ gleichzeitig verschwinden müssen, wodurch der an die Spitze dieses Paragraphen gestellte Satz bewiesen ist.

Die Beziehung der Ketten α, β zu einander ist also ganz analog derjenigen zweier reciproken Schrauben. Wir nennen daher auch zwei solche Ketten α, β geradezu reciproke Ketten.

§ 3.

Aus der Definition der Schraubenkette folgt, dass wir in der Theorie der Körpersysteme Sätze finden müssen, welche zu solchen aus der Theorie des Einzelkörpers analog sein müssen. So ist namentlich sofort die Richtigkeit des folgenden Theorems einleuchtend:

„Eine Kette, welche reciprok ist zu zweien anderen

Ketten, ist reciprok zu jeder dritten aus jenen beiden ableitbaren Kette."

Da ferner eine Schraubenkette durch $6\mu-1$ Daten bestimmt ist, so ist klar, dass jedenfalls eine endliche Anzahl von Ketten vorhanden sein muss, die reciprok sind zu $6\mu-1$ gegebenen Ketten. Man sieht leicht ein, dass diese Zahl die Einheit ist. In der That, wenn in der Gleichung

$$A_{\alpha,\beta}=0$$

des vorigen Paragraphen die Kette β gegeben, die Kette α aber variabel ist, so enthält diese Gleichung 6μ homogene Variabeln in linearer Weise. Wenn wir die Coordinaten der Schraube α_i der Kette α bezeichnen durch

$$\alpha_{i,1},\quad \alpha_{i,2},\quad \alpha_{i,3},\quad \alpha_{i,4},\quad \alpha_{i,5},\quad \alpha_{i,6},$$

und setzen

$$\alpha_i''\alpha_{i,k}=a_{i,k},\qquad \begin{matrix} i=1,2,\ldots,\mu\\ k=1,2,\ldots,6\end{matrix}$$

so wird die Gleichung

$$A_{\alpha,\beta}=0$$

die Form haben

$$\Sigma c_{i,k}a_{i,k}=0,\qquad \begin{matrix} i=1,2,\ldots,\mu\\ k=1,2,\ldots,6\end{matrix}$$

also eine lineare Gleichung für die $6\mu-1$ Verhältnisse der 6μ Variabeln $a_{i,k}$ sein. Daraus folgt nun ohne weiteres, dass diese Grössen $a_{i,k}$, bezw. ihre Verhältnisse eindeutig bestimmt sind, wenn $6\mu-1$ solcher Gleichungen vorhanden, d. h. wenn $6\mu-1$ Ketten β gegeben sind.

„Es giebt immer eine eindeutig bestimmte Schraubenkette, die reciprok ist zu $6\mu-1$ gegebenen Schraubenketten."

Wie man sieht, ist dieser Satz die Verallgemeinerung desjenigen, wonach zu fünf Schrauben immer eine eindeutig bestimmte gemeinsame Reciproke gehört.

§ 4.

Auch der Begriff der Schraubencoordinaten lässt sich zu demjenigen von Kettencoordinaten erweitern. Denn es besteht der leicht zu beweisende Satz:

„Es ist stets möglich, die Amplituden von $6\mu+1$ Windungen um $6\mu+1$ gegebene Schraubenketten so zu bestimmen, dass, wenn diese Windungen einem System starrer Körper ertheilt werden, dasselbe nach der letzten Windung wieder die Lage einnimmt, die es vor der ersten Windung besass.“

Zum Beweise theilen wir die ganze Reihe der gegebenen $6\mu+1$ Ketten in zwei Gruppen, deren erste aus irgend zwei beliebigen, α und β, der gegebenen Ketten besteht, während die andere Gruppe $6\mu-1$ Ketten enthält. Da nun die sämmtlichen $6\mu+1$ Windungen zusammen äquivalent Null sein sollen, so muss die Arbeit irgend einer Dyname in Bezug auf sie Null sein. Als diese beliebige Dyname wählen wir diejenige, welche auf jener nach § 3 eindeutig bestimmten Kette ϑ wirkt, welche reciprok ist zu der zweiten Gruppe von $6\mu-1$ Ketten. Auf Grund dieser Reciprocität ist nun die Arbeit der Dyname auf ϑ in Bezug auf $6\mu-1$ Windungen schon Null. Es muss also auch noch die Arbeit dieser Dyname in Bezug auf die Windungen um α, β verschwinden. Diese Windungen setzen sich aber zusammen in eine einzige um eine Schraube γ, welche dem aus α, β ableitbaren System (α, β) angehört. Damit die Arbeit

$$A_{\vartheta,\gamma} = 0,$$

ist nothwendig, dass γ reciprok zu ϑ. Aber es kann in der einfach unendlichen Reihe von Ketten, welche das System (α, β) bilden, offenbar nur eine einzige geben, welche zu einer beliebig gegebenen Kette ϑ reciprok ist. Wenn zwei Ketten dieser Eigenschaft in dem System (α, β) vorhanden wären, so würde nach der Bemerkung zu Anfang des vorigen Paragraphen das ganze System reciprok sein zu ϑ.

Wenn also die $6\mu+1$ gegebenen Windungen sich neutralisiren, so werden zwei beliebig aus deren Gesammtheit herausgegriffene sich zusammensetzen in eine einzige um eine Schraube γ, die durch die übrigen $6\mu-1$ Ketten bestimmt ist, wie wir gesehen haben. Damit ist aber das Amplitudenverhältniss dieser beiden Windungen bestimmt. Denn wir brauchen nur irgend ein Cylindroid zu nehmen, welches drei homologe Schrauben der Ketten α,

β, γ enthält, so ist das Sinusverhältniss der beiden Winkel, in welche γ den Winkel zwischen α, β theilt, gleich dem in Rede stehenden Amplitudenverhältniss. An Stelle von α, β können wir nun der Reihe nach je zwei andere der $6\mu+1$ Ketten treten lassen, und kommen dann durch analoges Verfahren zur Kenntniss aller Amplitudenverhältnisse. Damit ist dann in der That der vorgelegte Satz bewiesen.

Jede dieser $6\mu+1$ einander neutralisirenden Windungen kann nun als Resultante der übrigen 6μ betrachtet werden, wenn wir noch den Sinn ihrer Amplitude umkehren. Denn es wird alsdann die eine Windung das Körpersystem offenbar in dieselbe Position überführen, wie sie durch die gemeinschaftliche Ausführung der andern 6μ Windungen erreicht wird.

Die Amplituden der letzteren 6μ Windungen nennen wir dann, wie in der Theorie des Einzelkörpers die Componenten oder Coordinaten der sie ersetzenden einen Windung.

Und es ist nun auch umgekehrt klar, dass wir jede Windung um eine Kette nach 6μ beliebigen Ketten zerlegen können. Das gleiche gilt, bei der vollkommenen Gleichförmigkeit der Gesetze für die Composition von Dynamen und Windungen, auch für jede Dyname.

Ist die Intensität einer Dyname auf der Kette ϑ (oder die Amplitude einer Windung um ϑ) der Einheit gleich, so nennen wir ihre Coordinaten die Coordinaten der Kette ϑ. Es ist dies analog der Einführung der Schraubencoordinaten. Die Anzahl der Kettencoordinaten ist also 6μ, wenn das Körpersystem μ-elementig ist. Wir bezeichnen diese Coordinaten mit ϑ_i, wo der Index i die Werthe $1, 2, \ldots, 6\mu$ hat. Die Kettencoordinaten sind wieder homogene Coordinaten.

§ 5.

Wenn ein System starrer Körper nur Freiheit n^{ten} Grades besitzt, so können wir offenbar die Betrachtungen des vorigen Paragraphen wiederholen, indem wir an Stelle der Zahl 6μ die Zahl n treten lassen. Dann werden also n Coordinaten genügen zur Darstellung der Windungen oder Dynamen, welche in Bezug auf ein solches System auftreten. Und ebenso werden n, homogene, Coordinaten hinreichen, eine Kette zu definiren, um welche das System beweglich ist.

Wenn die $n-1$ Verhältnisse dieser Coordinaten gegeben sind, so ist die Kette bestimmt. Und allgemein, wenn die Coordinaten einer Kette $6\mu-n$ Bedingungsgleichungen unterworfen sind, so ist um diese Kette ein Körpersystem mit Freiheit n^{ten} Grades beweglich, oder — wie wir in Analogie mit der Schraubentheorie sagen — die Kette gehört einem System n^{ter} Stufe an.

Es ist nun durch Betrachtungen, welche jenen des Kapitel VI § 4 vollkommen entsprechen, leicht zu finden, dass zu jedem Kettensystem n^{ter} Stufe ein System $(6\mu-n)^{\text{ter}}$ Stufe zugeordnet ist der Art, dass jede Kette des einen Systems jeder Kette des andern Systems reciprok ist. Jedes dieser Kettensysteme heisst das Reciprocalsystem des anderen.

Die Reactionen der Widerstände, welchen ein Körpersystem mit Freiheit n^{ten} Grades unterworfen ist, constituiren eine Dyname auf einer Kette eines Kettensystems $(6\mu-n)^{\text{ter}}$ Stufe, dem Reciprocalsystem desjenigen, welches den Freiheitsgrad des Körpersystems characterisirt. Denn da jene Widerstände bei keiner möglichen Bewegung des Körpersystems Arbeit leisten sollen, so muss offenbar die Dyname, welche sie constituiren, auf einer Kette wirken, die reciprok ist zu allen den Ketten der möglichen Bewegungen. Diese Kette muss also dem Reciprocalsystem angehören.

Soll ein System starrer Körper mit Freiheit n^{ter} Stufe unter der Einwirkung einer Dyname auf einer Kette im Gleichgewicht bleiben, so darf diese Dyname keine Arbeit leisten, wenn dem System eine kleine mögliche Verschiebung ertheilt wird. Die Dyname muss also auf einer Kette des Reciprocalsystems $(6\mu-n)^{\text{ter}}$ Stufe wirken.

„Von zwei reciproken Kettensystemen ist also jedes der Ort einer Dyname, die das Gleichgewicht eines Systems starrer Körper mit Freiheit der Bewegung um die Elemente des andern Kettensystems nicht stört."

Dies dürfte der allgemeinste Satz sein, den man in der Theorie des Gleichgewichts kennt.

§ 6.

Zur Kinetik übergehend, bemerken wir zunächst, dass der Begriff der reducirten Dyname auch in die Theorie der Systeme starrer Körper oder Mechanismen — wie wir kürzer sagen wollen — sich übertragen lässt.

In der That, ein gegebener μ-elementiger Mechanismus möge Freiheit n^{ten} Grades besitzen. Aus dem zugehörigen Kettensystem n^{ter} Stufe wählen wir n Ketten aus, denen wir $6\mu - n$ Ketten des Reciprocalsystems hinzufügen. Dann kann irgend eine beliebige an dem Mechanismus angreifende Dyname zerlegt werden in Componenten nach diesen $n + (6\mu - n) = 6\mu$ Ketten. Aber diejenigen Componenten, welche auf den $6\mu - n$ Ketten des Reciprocalsystems angreifen, werden durch die Reaction der Widerstände zerstört, während die n anderen Componenten sich zusammensetzen werden zu einer Dyname auf einer Kette des Kettensystems n^{ter} Stufe, welches die Freiheit des vorgelegten Mechanismus definirt. Wir haben somit in der That den Satz:

„Jede beliebige auf einen Mechanismus wirkende Dyname kann äquivalent ersetzt werden durch eine Dyname auf einer Kette desjenigen Kettensystems, welches die Freiheit des Mechanismus characterisirt.“

Wir werden auch hier die durch diesen Satz definirte Dyname als die reducirte Dyname bezeichnen.

Wenden wir uns nun zu dem kinetischen Fundamentalproblem für die Mechanismen, welches also so zu formuliren ist:

Ein gegebener Mechanismus mit Freiheit n^{ten} Grades befindet sich in einer gegebenen Lage in Ruhe. Es soll die instantane Bewegung dieses Mechanismus angegeben werden, welche derselbe annimmt, wenn beliebige impulsive Kräfte auf ihn einwirken.

Zur Lösung des Problems werden wir zunächst die Impulsivdyname ermitteln, welche von den gegebenen Impulsen constituirt wird. Diese Dyname ersetzen wir alsdann durch die reducirte Dyname, die also auf einer Kette ϑ des dem Mechanismus zugehörigen Kettensystems n^{ter} Stufe wirkt. Diese reducirte Impulsivdyname wird nun dem Mechanismus eine instantane Bewegung ertheilen. Diese kann nichts anderes sein, als eine Windung um eine Kette, und zwar um eine Kette α des erwähnten Systems n^{ter} Stufe. Wir haben somit eine instantane Kette α entsprechend der impulsiven Kette ϑ. Ganz ebenso werden anderen impulsiven Ketten, φ, ψ, ..., etc. instantane Ketten β, γ, ..., etc. entsprechen.

Diese Correspondenz zwischen impulsiven und instantanen Ketten ist nun eine ein-eindeutige. Wir wollen zunächst zeigen, dass zu einer impulsiven Kette ϑ immer nur eine instantane α gehört. Denn nehmen wir an, es fänden sich zu einer ϑ zwei instantane Ketten, α und α'. Dann könnten wir dem Mechanismus offenbar zuerst einen Impuls auf ϑ ertheilen, von der Intensität λ, und denselben um α bewegen; und nachher einen zweiten Impuls, ebenfalls auf ϑ, wirken lassen, von der Intensität $-\lambda$, und den Mechanismus um α' bewegen. Die beiden Dynamen auf ϑ heben einander nun auf, die beiden Windungen aber jedenfalls nicht, solange sie um verschiedene Ketten stattfinden. Wir würden also, wenn der impulsiven Kette ϑ zwei instantane α, α' entsprächen, es jedenfalls einmal ermöglichen können, ohne Anwendung von Kraft eine Windungsgeschwindigkeit zu erzeugen.

Die Annahme, dass einer impulsiven Kette mehr als eine instantane entspräche, führt also auf eine Unmöglichkeit, und ist somit nicht zulässig.

Nehmen wir andererseits an, einer instantanen Kette α könnten zwei impulsive ϑ, ϑ' entsprechen. Dann wird es immer thunlich sein, die durch eine Dyname auf ϑ erzeugte Windungsgeschwindigkeit um α wieder aufzuheben durch die Wirkung einer Dyname auf ϑ'. Dann würde der Mechanismus in Ruhe verharren trotz der Wirkung der beiden Dynamen auf ϑ und ϑ'. Diese Dynamen können einander nicht direct aufheben, da sie auf verschiedenen Ketten wirken. Sie müssten sich also zusammensetzen in eine einzige, die auf einer Kette des Reciprocalsystems wirkte. Denn nur in diesem Falle würde das System trotz der Wirkung der Dynamen auf ϑ und ϑ' in Ruhe verharren können. Die Ketten ϑ, ϑ' gehören aber dem die Freiheit des Mechanismus definirenden System an. Die auf ihnen wirkenden Dynamen können also niemals in eine solche auf einer Kette des Reciprocalsystems vereinigt werden. Das Ergebniss, zu dem wir gelangt sind, ist daher ein unmögliches; und somit auch die Voraussetzung, aus der es abgeleitet wurde. Es entspricht somit einer instantanen Kette auch nur eine impulsive Kette. Die Correspondenz zwischen impulsiven und instantanen Ketten ist, wie behauptet, eine ein-eindeutige.

In Hinsicht auf diese kinetischen Verhältnisse kann also ein Kettensystem n^{ter} Stufe als zwei in einander liegende Systeme betrachtet werden, die einander ein-eindeutig zugeordnet sind, und von denen das eine die instantanen, das andere die impulsiven Ketten enthält. Wir haben es also hier mit zwei projectiven Kettensystemen zu thun. Analytisch wird diese Correspondenz sich so ausdrücken, dass die Coordinaten einer Kette des einen Systems durch lineare homogene Functionen einer Kette des andern Systems dargestellt werden. Wir werden also haben

$$\begin{aligned}
\vartheta_1 &= (11)\alpha_1 + (12)\alpha_2 + \cdots + (1n)\alpha_n \\
\vartheta_2 &= (21)\alpha_1 + (22)\alpha_2 + \cdots + (2n)\alpha_n \\
\vdots\ & \quad\ \vdots \qquad\quad \vdots \qquad \vdots \qquad \vdots \\
\vartheta_n &= (n1)\alpha_1 + (n2)\alpha_2 + \cdots + (nn)\alpha_n,
\end{aligned}$$

wo die n^2 Coefficienten (ik) Functionen der physischen und geometrischen Verhältnisse des Mechanismus, aber von den Ketten α und ϑ unabhängig sind.

Diese beiden in einander liegenden Kettensysteme werden gemeinschaftliche Elemente enthalten, die gefunden werden, wenn man in die Correspondenzgleichungen einsetzt

$$\vartheta_1 = \varrho\alpha_1, \quad \vartheta_2 = \varrho\alpha_2, \quad \ldots, \quad \vartheta_n = \varrho\alpha_n.$$

Es ergiebt sich dann durch Elimination der α_i aus jenen Gleichungen eine solche vom n^{ten} Grade für ϱ. Durch Substitution der n Wurzeln dieser Gleichung in die Verwandtschaftsgleichungen finden wir die Coordinaten der n, beiden Systemen gemeinschaftlichen, Ketten, der Doppelelemente, wie wir in Anlehnung an die geometrische Terminologie sagen können. Die mechanische Bedeutung dieses Ergebnisses ist diese:

„Wenn irgend ein Mechanismus Freiheit n^{ten} Grades besitzt, so existiren immer n Ketten der Art, dass, wenn auf einer dieser Ketten eine Impulsivdyname auf den

Mechanismus wirkt, dessen instantane Bewegung um dieselbe Schraube stattfindet."

Diese Ketten sind offenbar das Analogon der Hauptträgheitsschrauben in der Theorie des Einzelkörpers. Wir nennen sie daher die Hauptträgheitsketten des Mechanismus.

Werden diese als Coordinatensystem genommen, so gestalten sich die obigen Verwandtschaftsgleichungen so:

$$\vartheta_1 = (11)\alpha_1, \quad \vartheta_2 = (22)\alpha_2, \quad \ldots, \quad \vartheta_n = (nn)\alpha_n,$$

wodurch die Bestimmung der impulsiven aus der zugehörigen instantanen Kette, und umgekehrt, sich besonders einfach gestaltet.

§ 7.

Die Hauptträgheitsketten sind ganz allgemein gefunden worden als Doppelelemente zweier projectiven Kettensysteme. Ihre Beziehung ist indessen eine noch speciellere. Sie sind analog den Hauptträgheitsschrauben coreciprok, d. h. jedes Paar derselben ist einander reciprok.

Um dies nachzuweisen, wollen wir so verfahren, dass wir ein bestimmtes System n coreciproker Ketten aufstellen, von denen wir dann zeigen, dass es die Hauptträgheitsketten sind. Zu dem Zwecke wollen wir zunächst einen Ausdruck für die Reciprocität zweier Ketten mit Hülfe der Coordinaten derselben geben; und dabei diese Coordinaten beziehen auf ein System coreciproker Ketten. Die beiden Ketten seien ϑ, φ; ihre Coordinaten also $\vartheta_1, \vartheta_2, \ldots, \vartheta_n$; $\varphi_1, \varphi_2, \ldots, \varphi_n$.

Nun seien $2p_1, 2p_2, \ldots, 2p_n$ constante Parameter von folgender Bedeutung. Es sei $2p_i$ die Arbeit, welche geleistet wird von einer Dyname von der Einheit der Intensität auf der i^{ten} Coordinatenkette in Bezug auf eine Windung von der Einheit der Amplitude um dieselbe Kette. Dann ist die Arbeit einer Dyname ϑ_i auf dieser Kette in Bezug auf eine Windung von der Amplitude φ_i um sie gegeben durch

$$2p_i\vartheta_i\varphi_i.$$

Da nun die Coordinatenketten coreciprok sind, so wird die Dyname ϑ_i (also die Componente einer gegebenen Dyname auf der Kette

ϑ in Bezug auf die i^{te} Coordinatenkette) keine Arbeit leisten in Bezug auf die Windungen $\varphi_1, \varphi_2, \ldots, \varphi_{i-1}, \varphi_{i+1}, \ldots, \varphi_n$. Demgemäss wird die ganze Arbeit der Dyname auf ϑ in Bezug auf die Windung um φ gegeben sein durch

$$A_{\vartheta,\varphi} = 2p_1\vartheta_1\varphi_1 + 2p_2\vartheta_2\varphi_2 + \cdots + 2p_i\vartheta_i\varphi_i + \cdots + 2p_n\vartheta_n\varphi_n.$$

Die Gleichung der Reciprocität hat also für Ketten dieselbe Form wie für Schrauben, nämlich

$$p_1\vartheta_1\varphi_1 + \cdots + p_n\vartheta_n\varphi_n = 0.$$

Der Parameter einer Schraube war die halbe Arbeit, welche eine Einheitsdyname auf der Schraube in Bezug auf eine Einheitswindung um diese leistete. Der Definition nach haben die hier eingeführten Grössen p_i die analoge Bedeutung für die Coordinatenketten. Wir nennen daher die p_i die Parameter der Coordinatenketten. Und es ergiebt sich, bei Ausdehnung dieses Begriffs auf jede Kette, für den Parameter einer Kette der Ausdruck

$$p_\vartheta = p_1\vartheta_1^2 + \cdots + p_n\vartheta_n^2,$$

vorausgesetzt, dass das als Coordinatensystem dienende Kettensystem ein coreciprokes ist.

Die kinetische Energie nun, welche ein Mechanismus in Folge einer gegebenen Windungsgeschwindigkeit erlangt, ist abhängig von der instantanen Kette, um welche sich derselbe bewegt. Und zwar ist sie proportional einer homogenen Function zweiten Grades der n Coordinaten der instantanen Kette. Bei geeigneter Wahl der Coordinatenketten ist es bekanntlich möglich, diese Function, auf unendlich viele verschiedene Weisen, in die Form einer Summe von n Quadraten zu bringen. Und es ist insbesondere möglich, eine solche simultane Transformation der Ausdrücke für die kinetische Energie und den Parameter anzugeben, vermöge deren beide in der canonischen Form erscheinen*). Diese simultane Transformation hat dann die Bedeutung des Uebergangs auf ein coreciprokes Coordinatensystem. Unsere Aufgabe besteht nun des weiteren darin, nachzuweisen, dass das Coordinatensystem, zu dem wir durch eine

*) S. die bezüglichen Rechnungen des Kapitels XII.

solche simultane Transformation gelangen, nichts anderes ist, als das System der Hauptträgheitsketten.

Dieser Nachweis lässt sich in einfacher Weise durch die Lagrange'schen Gleichungen führen. Seien, bezogen auf das letzterwähnte Coordinatensystem die Coordinaten der impulsiven Kette $\vartheta_1, \vartheta_2, \ldots, \vartheta_n$, diejenigen der correspondirenden instantanen Kette $\alpha_1, \alpha_2, \ldots, \alpha_n$. Dann sind, wenn wir unsere alte Bezeichnung

$$\dot{\alpha}_i = \frac{d\alpha_i}{dt}$$

anwenden, die Lagrange'schen Gleichungen diese (pag. 209):

$$\frac{d}{dt}\frac{\partial T}{\partial \dot{\alpha}_s} - \frac{\partial T}{\partial \alpha_s} = Q_s, \qquad s=1,2,\ldots,n$$

wo T die kinetische Energie und $Q_s \delta\alpha_s$ die Arbeit der auf den Mechanismus wirkenden Kräfte in Bezug auf die Windung von der Amplitude $\delta\alpha_s$ bedeuten.

Wenn nun ϑ'' die Intensität der impulsiven Dyname ist, so ist deren Componente auf der s^{ten} Coordinatenkette

$$\vartheta''\vartheta_s$$

und die von dieser geleistete Arbeit ist

$$2p_s\vartheta''\vartheta_s\delta\alpha_s,$$

während, da das Coordinatensystem ein coreciprokes ist, alle anderen Componenten der Dyname keine Arbeit leisten in Bezug auf die Windungscomponente $\delta\alpha_s$. Demgemäss haben wir

$$Q_s = 2p_s\vartheta''\vartheta_s. \qquad s=1,2,\ldots,n$$

Die kinetische Energie T hat bei unserem Coordinatensystem den Ausdruck

$$T = M(u_1^2\dot{\alpha}_1^2 + u_2^2\dot{\alpha}_2^2 + \cdots + u_n^2\dot{\alpha}_n^2),$$

wo M die Gesammtmasse des Mechanismus ist, und $u_1, u_2, \ldots, u_n$ gewisse Constanten sind, die den gleichbezeichneten in der Theorie des Einzelkörpers vollkommen analog sind.

Die Bewegungsgleichungen geben daher

$$\frac{d}{dt}(Mu_s^2\dot{\alpha}_s) = p_s\vartheta''\vartheta_s \qquad s=1,2,\ldots,n$$

und durch Integration über das (kleine) Zeitintervall, während dessen der Impuls wirkt

$$Mu_s^2 \dot{a}_s = p_s \vartheta_s \int \vartheta'' dt, \qquad s=1,2,\ldots,n$$

oder, wenn wir beachten, dass

$$\dot{a}_s = \dot{a} a_s,$$

wo $\dot{a}$ die Windungsgeschwindigkeit der gegebenen Windungen um die Kette a bedeutet,

$$Mu_s^2 \dot{a} a_s = p_s \vartheta_s \int \vartheta'' dt. \qquad s=1,2,\ldots,n$$

Setzen wir jetzt

$$\frac{Mu_s^2 \dot{a}}{p_s \int \vartheta'' dt} = (ss), \qquad s=1,2,\ldots,n$$

so haben wir

$$\vartheta_s = (ss) a_s, \qquad s=1,2,\ldots,n$$

d. h. wir finden für unser coreciprokes Coordinatensystem die oben aufgestellte Form der Beziehung zwischen impulsiver und zugehöriger instantaner Schraube. Dieses Resultat, welches offenbar nur für die Coordinatenketten selber gilt*), zeigt nun, dass diese Ketten in der That das System der Hauptträgheitsketten sind. Nach der Voraussetzung sind die Coordinatenketten coreciprok. Die Hauptträgheitsketten besitzen somit vollkommen dieselben Eigenschaften wie die Hauptträgheitsschrauben.

§ 8.

Die Ergebnisse des vorigen Paragraphen führen noch zu einem Begriff, der dem der conjugirten Trägheitsschrauben in der Theorie des Einzelkörpers analog ist.

In der That, wir fanden

$$\vartheta_1, \quad \vartheta_2, \quad \ldots, \quad \vartheta_n$$

proportional den Grössen

*) D. h. wenn auf der s^{ten} Coordinatenkette die impulsive Dyname ϑ_s wirkt, so findet um dieselbe Kette die instantane Windung a_s statt, und ϑ_s und a_s stehen in der obigen Relation.

$$\frac{u_1^2 \alpha_1}{p_1}, \quad \frac{u_2^2 \alpha_2}{p_2}, \quad \ldots, \quad \frac{u_n^2 \alpha_n}{p_n}.$$

Seien nun α, β zwei instantane Ketten und ϑ, φ die ihnen entsprechenden impulsiven Ketten.

Dann wird man also haben

$$\vartheta_1 = c \cdot \frac{u_1^2 \alpha_1}{p_1}, \quad \ldots, \quad \vartheta_n = c \cdot \frac{u_n^2 \alpha_n^2}{p_n}$$

und

$$\varphi_1 = \frac{u_1^2 \beta_1}{p_1}, \quad \ldots, \quad \varphi_n = \frac{u_n^2 \beta_n}{p_n}.$$

Wenn nun die Ketten α und φ reciprok sind, so wird die Gleichung bestehen

$$p_1 \alpha_1 \varphi_1 + p_2 \alpha_2 \varphi_2 + \cdots + p_n \alpha_n \varphi_n = 0,$$

welche in Folge der Ausdrücke für $\varphi_1, \ldots, \varphi_n$ übergeht in

$$u_1^2 \alpha_1 \beta_1 + \cdots + u_n^2 \alpha_n \beta_n = 0.$$

In dieselbe Form geht aber die Gleichung der Reciprocität für β und ϑ über

$$p_1 \beta_1 \vartheta_1 + \cdots + p_n \beta_n \vartheta_n = 0,$$

wenn für die ϑ_s ihre Werthe in Function der β_s eingesetzt werden. Die Gleichung

$$u_1^2 \alpha_1 \beta_1 + \cdots + u_n^2 \alpha_n \beta_n = 0$$

ist daher sowohl die Bedingung der Reciprocität von α und φ, als auch diejenige der Reciprocität von β und ϑ. Wir haben daher den Satz:

„Wenn α und β zwei instantane Schraubenketten und ϑ, φ die ihnen correspondirenden impulsiven Ketten sind, so ist, wenn α reciprok zu φ, auch β reciprok zu ϑ."

Es ist dieses Theorem in der That vollkommen analog dem über die conjugirten Trägheitsschrauben. Wir bezeichnen demgemäss auch α und β als ein Paar conjugirter Trägheitsketten.

§ 9.

Wir wollen zum Schluss dieses Abrisses einer allgemeinen Theorie der Mechanismen noch auf Untersuchungen hinweisen, welche diejenigen von Kapitel XI verallgemeinern.

Es sei ein Mechanismus in einer Lage stabilen Gleichgewichts gegeben, und zwar unter Einwirkung eines conservativen Kräftesystems. Wenn dieser Mechanismus dann durch eine kleine Verschiebung in eine andere Lage übergeführt wird, so werden die wirkenden Kräfte nicht mehr im Gleichgewichte sein. Es wird also in Folge dieser Verschiebung auf den Mechanismus eine gewisse Dyname einwirken.

Wir haben also jetzt wieder zwei Systeme von Schraubenketten, die einander entsprechen. Das eine wird gebildet aus allen Verschiebungsketten, also aus allen Ketten, um welchen wir dem Mechanismus eine kleine Windung ertheilen können; das andere aus allen den Ketten, auf welchen die durch diese Windungen hervorgerufenen Dynamen wirken.

Durch Betrachtungen, welche denjenigen des § 6 dieses Kapitels nachzubilden wären, kann nun leicht der Nachweis erbracht werden, dass die Correspondenz dieser beiden Kettensysteme eine ein-eindeutige ist, dass wir es also wieder mit zwei projectiven Kettensystemen zu thun haben. Insbesondere wird sich durch einfache geometrische Schlüsse ergeben, dass, wenn ein Mechanismus Freiheit n^{ten} Grades besitzt, aus dem zugehörigen Kettensystem n^{ter} Stufe immer n und nur n Ketten so sich auswählen lassen, dass wenn der Mechanismus um eine dieser Ketten aus einer Lage stabilen Gleichgewichts verschoben wird, die hervorgerufene Dyname auf derselben Kette wirkt. Ganz wie im § 7 für die Hauptträgheitsketten lässt sich dann zeigen, dass diese n Ketten bei der hier gemachten Voraussetzung, dass die wirkenden Kräfte ein Potential haben, coreciprok sind.

Diese n Ketten haben daher vollständig die Eigenschaften der Hauptpotentialschrauben, weshalb wir sie auch als Hauptpotentialketten bezeichnen.

Als Nebenresultat der analytischen Untersuchung, die auch ganz nach der Methode des Kapitels XI geführt werden kann, ergiebt sich dann noch der Satz:

Sind ϑ, φ zwei Verschiebungsketten, η, ζ die Ketten der entsprechenden hervorgerufenen Dynamen, so ist, wenn ϑ reciprok zu ζ, auch φ reciprok zu η.

Die Ketten ϑ, φ nennen wir im Anschluss an die Terminologie der Theorie des Einzelkörpers ein Paar conjugirter Potentialschrauben.

Alle analytischen Ausdrücke, die wir in unserer Theorie brauchen und mit Hülfe der Kettencoordinaten darstellen, befinden sich in vollkommener formaler Intensität mit denen von analoger mechanischer Bedeutung, die wir, in Schraubencoordinaten gegeben, in der Theorie des Einzelkörpers anzuwenden hatten.

In Folge dessen ist es ausserordentlich leicht, alle die allgemeinen Untersuchungen der Kapitel XI und XII, direct auf die Kettentheorie zu übertragen. Es kann daher wohl die thatsächliche Ausführung der betreffenden Rechnungen dem Leser überlassen bleiben, sodass ich mich kurz auf die Angabe der Resultate beschränken kann.

Wenn der Mechanismus, nachdem er aus der Gleichgewichtslage gebracht ist, sich selbst überlassen wird, so wird er unter dem Einflusse der wirkenden Kräfte zu kleinen Schwingungen um jene Lage übergehen. Es wird dann, wenn dem Körper ein Impuls ertheilt worden ist, einer instantanen Kette α eine impulsive ϑ entsprechen. Und ebenso wird der Kette α, als Verschiebungskette betrachtet, eine Kette φ entsprechen, auf der die hervorgerufene Dyname wirkt. Im Allgemeinen werden nun ϑ und φ nicht coincidiren. Aber es lässt sich, wie in Kap. XII zeigen, dass es für einen Mechanismus mit Freiheit n^{ten} Grades immer n und nur n Ketten α giebt, für welche die entsprechenden ϑ und φ zusammenfallen. Die physische Bedeutung dieser Ketten ist nun leicht zu erkennen. Wenn der Mechanismus um eine solche Kette α verschoben wird, so wird auf φ eine Dyname hervorgerufen. Da aber φ und ϑ zusammenfallen, so wird die hervorgerufene Dyname sofort als Impuls wirken, der dem Mechanismus wieder eine Windungsgeschwindigkeit um α ertheilt. Diese wird dann wieder eine Dyname auf φ hervorrufen und die ganze Reihe der beschriebenen Vorgänge wird fortfahren, sich zu wiederholen. Der Mechanismus wird also fortwährend oscillatorische Windungen um α ausführen.

„Es giebt in dem die Freiheit n^{ten} Grades eines Mechanismus definirenden Kettensystem n^{ter} Stufe immer n und nur n Ketten der Art, dass, wenn dem Mechanismus um eine dieser Ketten eine Windungsgeschwindigkeit ertheilt wird, er fortfährt, um diese selbe Kette oscillatorische Windungen auszuführen.“

Man erkennt, dass diese so ausgezeichneten Ketten den harmonischen Schrauben aus der Theorie des Einzelkörpers entsprechen. Wir nennen sie die harmonischen Ketten des Mechanismus mit Freiheit n^{ter} Stufe. Und es lässt sich wieder leicht zeigen, dass, welches auch die kleinen Verschiebungen eines Mechanismus und die kleinen Anfangsgeschwindigkeiten desselben sein mögen, die von ihm ausgeführten kleinen Schwingungen sich immer aus oscillatorischen Schwingungen um die n harmonischen Ketten zusammensetzen.

Wir haben somit eine allgemeine Theorie der Mechanismen aufstellen können, welche vollkommen entspricht der allgemeinen Theorie des Einzelkörpers. Die specielle Kinetik denken wir in nicht allzuferner Zeit an anderer Stelle folgen lassen zu können.

Mechanik im Nicht-Euklidischen Raume.

Kapitel XXV.

Die Maassfunctionen für Mannigfaltigkeiten der drei ersten Grade.

§ 1.

Seit der Veröffentlichung des Briefwechsels zwischen Gauss und Schuhmacher, im Jahre 1862, ist die Aufmerksamkeit der Mathematiker immer mehr auf gewisse Fragen gelenkt worden, welche sich auf die Gesammtheit unserer geometrischen Grundvorstellungen beziehen, sodass man über den Gegenstand heute bereits eine sehr umfangreiche Literatur besitzt.

Die Wichtigkeit dieser Lehren für die Mechanik — die ja bei ihrem Aufbau die Grundannahmen der Geometrie mit voraussetzen muss — erhellt von selber, sodass eine Besprechung derselben in einem Lehrbuch der Mechanik wohl zweifellos nicht nur als berechtigt, sondern auch als nothwendig gelten darf. Dazu wird sich herausstellen, dass in der That ein enger Zusammenhang zwischen der Mechanik und den Fundamentalhypothesen der Geometrie besteht.

§ 2.

Wenn wir uns nun zu einer Besprechung der fundamentalen Voraussetzungen der Geometrie wenden, so kann, bei Berücksichtigung des Umstandes, dass wir hier die Geometrie wesentlich als Instrument der Naturerkenntniss aufzufassen haben, die Frage nach der Dimensionalität des Raumes, d. h. nach dem Mannigfaltigkeitsgrade, von dem uns der Raum zu sein scheint, ganz ausser Betracht bleiben. In der That erfordert die Beschreibung keiner Naturerscheinung eine Annahme, dass der Raum eine Mannigfaltigkeit anderen Grades sei, als er uns erscheint.

Es ist hierbei absichtlich nur von der Art gesprochen, wie uns der Raum erscheint, nicht wie er ist. Denn in der That können wir in dieser Beziehung über das Sein nichts aussagen, sondern nur über das Erscheinen, weil alle unsere Beobachtungen und Messungen, unsere ganze Naturerkenntniss, sich vollziehen in einem Theile des Raumes, der im Verhältniss zum Ganzen unendlich klein ist. Dieser Umstand verhindert auch die definitive Entscheidung der Frage nach der Endlichkeit oder Unendlichkeit des Raumes. In letzterer Beziehung liegt die Sache so, dass unsere astronomischen Beobachtungen uns in immer weitere Fernen hinausführen — so neuerlich durch die Anwendung der Photographie — sodass also, soweit unsere naturwissenschaftliche Erkenntniss reicht, der Raum uns allerdings als unendlich und unbegrenzt erscheint. Soweit ist die Geometrie daher auch berechtigt, die Unendlichkeit und Unbegrenztheit des Raumes anzunehmen.

Dieses Erscheinen, und die sich auf dasselbe gründende Annahme, ist nun sehr wichtig gewesen bei der weiteren Bildung der geometrischen Grundbegriffe.

Diese Begriffe sind: der Punkt, die gerade Linie und die Ebene. Der geometrische Punkt ist ein rein transcendentes Element unserer räumlichen Vorstellungen. Zum Begriffe des materiellen Punktes gelangen wir, wenn wir, von irgend einem endlichen Körper ausgehend, dessen sämmtliche Dimensionen in's Unendliche abnehmend uns denken. Wenn dann alle diese Dimensionen wirklich unendlich klein geworden sind, so nennen wir das Ergebniss dieses gedanklichen Grenzübergangs einen materiellen Punkt. Von hier bis zur Abstraction des geometrischen Punktes ist nun noch ein weiter Weg. Der materielle Punkt ist, vermöge seiner Herleitung, noch immer der Vorstellung zugänglich, weil er eben Ausdehnung besitzt. Um von ihm zum geometrischen Punkte überzugehen, müssen wir seine ganze Wesenheit erst aufheben, wenn wir den geometrischen Punkt durch die Definition bestimmen, dass er nach keiner Richtung hin Ausdehnung besitze.

Der Begriff der Linie, insbesondere der geraden Linie, ist abstrahirt von demjenigen des geraden Stabes oder des gespannten Fadens, Dinge, die dem Menschen schon auf einer sehr niedrigen Culturstufe entgegentreten konnten. Wenn der Punkt nach allen Dimensionen hin transcendent ist, so ist es die Linie nur nach zweien. Sie ist, wie Legendre sagt, eine Länge ohne Höhe und Breite.

Es ist eine Folge der Art und Weise, wie uns der Raum überhaupt erscheint, wenn wir die gerade Linie uns als unendlich lang vorstellen. Sie kann auch, wenn wir den der Geometrie allerdings fremden Begriff der Bewegung hinzunehmen, definirt werden als entstehend durch die Bewegung eines Punktes. Damit gelangen wir, wenn ein im Endlichen befindlicher Punkt einen endlichen Weg macht, zu dem Begriff des begrenzten Stückes einer Linie, im Besonderen zu dem der geraden Strecke. Das endliche Linienstück erscheint als von Punkten begrenzt.

Zwei gerade Strecken haben nur einen Punkt gemeinschaftlich, wenn sie nicht ganz zusammenfallen, oder sie haben überhaupt keinen gemeinschaftlichen Punkt.

Zwei gerade Strecken, die einen Punkt gemeinschaftlich haben, die sich also „schneiden“, bilden die Figur, die als Winkel bezeichnet wird.

Wenn nun eine dritte Strecke sich so bewegt, dass sie jede von zwei einen Winkel bildenden Strecken fortwährend schneidet, so beschreibt sie bei ihrer Bewegung ein Stück einer Ebene. Insofern wir die geraden Linien, von denen die hier betrachteten Strecken Theile sind, als ins Unendliche ausgedehnt angesehen haben, wird auch der Ebene selber eine unendliche Ausdehnung zuzuschreiben sein, wenn wir die drei zu ihrer Construction benutzten Strecken uns continuirlich ins Unendliche wachsend denken. Diese Ausdehnung der Ebene findet nach zwei Dimensionen hin statt.

§ 3.

Nachdem die geometrischen Grundbegriffe definirt sind, wenden wir uns zur Theorie des Messens, in welch letzterem die ursprüngliche und wesentliche Aufgabe der Geometrie liegt. Das Messen eines Objectes durch ein anderes, als Maassobject oder Maasseinheit gewähltes, besteht in einer Vergleichung des zu messenden und des messenden Objects hinsichtlich ihrer Grössenverhältnisse. Um diese Operation auszuführen, ist es nothwendig, das eine Object an das andere anzulegen oder es mit ihm zur Deckung zu bringen. Es muss also wenigstens eines der Objecte seine Lage im Raume verändern. Alle unsere Messungen gründen sich dann auf die Voraussetzung, dass das zur Ermöglichung der Messung bewegte Object durch diese Bewegung sich nicht ändere. Es ist also eine wichtige Fundamentalhypothese der Geometrie, dass die Figuren unabhängig sind, nach ihren Maass- und Gestaltsverhältnissen, von ihrer Lage im Raume. Das heisst aber mit anderen Worten, wir müssen, um messen zu können, die absolute Starrheit der Figuren voraussetzen.

Alles wirkliche Messen geometrischer Objecte lässt sich bekanntlich auf das Messen von Strecken und Winkeln zurückführen. Das Messen von Strecken kommt überein mit der Maassbestimmung auf der geraden Punktreihe, dasjenige von Winkeln läuft auf die Maassbestimmung im ebenen Strahlenbüschel erster Ordnung hinaus.

Diese beiden Gebilde, Punktreihe und Strahlenbüschel, stehen, vom Standpunkte der Geometrie der Lage aus betrachtet, einander zwar dual gegenüber. Nicht so aber in Bezug auf ihre Maassverhältnisse, wie wir dieselben auf Grund unserer Vorstellung entwickeln müssen. Denn die gerade Linie ist ins Unendliche ausgedehnt. Es wird also auch Strecken geben, deren Länge jede Grenze übersteigt. Die Winkel im Strahlbüschel, also die Winkel um einen Punkt herum, haben aber eine endliche Summe. Mit anderen Worten: bei der Feststellung einer Maassbestimmung für die gerade Punktreihe tritt als complicirender Umstand auf die nothwendige Rücksichtnahme auf unendlich weit entfernte Elemente, über deren Anzahl vor allen Dingen entschieden werden muss. Im Strahlbüschel fehlen die unendlich weit entfernten Elemente.

Es lässt sich also rein geometrisch nicht so ohne weiteres zu einer einheitlichen Maassbestimmung auf den Grundgebilden erster Stufe kommen.

Es erscheint daher angezeigt, die Frage ganz allgemein nach den Maassverhältnissen einer beliebigen Mannigfaltigkeit — zunächst erster Ordnung — zu stellen. Daran wird sich dann die Behandlung der analogen Fragen für Mannigfaltigkeiten der zwei nächsten Ordnungen schliessen. Und nachdem der Gegenstand so in allgemeinster Weise erledigt ist, wird man dann leicht zu den besonderen räumlichen Mannigfaltigkeiten übergehen können, deren specieller Charakter dann auch klarer erkannt werden kann.

§ 4.

Wir denken uns also ganz allgemein eine Mannigfaltigkeit dritten Grades von irgend welchen Objecten oder Elementen. Die Mannigfaltigkeit selber bezeichnen wir der Kürze des Ausdrucks halber ein für alle Male mit C. Die einzelnen Objecte durch das Symbol a, dem, wenn nöthig ein Index beigesetzt wird. Sind nun a_1, a_2, a_3, a_4 vier beliebige solcher Objecte, und x_1, x_2, x_3, x_4 beliebig veränderliche Zahlengrössen, so wollen wir in Anlehnung an die Ausdehnungslehre Grassmann's den symbolischen Ausdruck

$$x_1 a_1 + x_2 a_2 + x_3 a_3 + x_4 a_4$$

als definirenden Ausdruck eines neuen Objects $X(x_1, x_2, x_3, x_4)$ aufstellen. Die Zahlen x_1, x_2, x_3, x_4 nennen wir die Coordinaten des Objects X. In ganz analoger Weise wird dann der Ausdruck

$$y_1 a_1 + y_2 a_2 + y_3 a_3 + y_4 a_4$$

das Object Y mit den Coordinaten y_1, y_2, y_3, y_4 definiren. Die beiden Objecte X und Y fallen dann und nur dann zusammen, wenn

$$x_1 : y_1 = x_2 : y_2 = x_3 : y_3 = x_4 : y_4 .$$

Der Ausdruck

$$x_1 a_1 + x_2 a_2 + x_3 a_3 + x_4 a_4$$

ist aber nicht nur Symbol für ein einzelnes Object X, sondern er stellt offenbar, wenn die Verhältnisse der Coordinaten alle beliebigen Werthe durchlaufen die ganze Mannigfaltigkeit C dar.

Jedes Object oder Element dieser Mannigfaltigkeit ist durch seine Coordinaten x_1, x_2, x_3, x_4 bestimmt, aber es muss beachtet werden, dass das Element mit den Coordinaten λx_1, λx_2, λx_3, λx_4 mit jenem zusammenfällt, da es eben thatsächlich nur auf die Verhältnisse der Coordinaten ankommt. Durch die Form

$$x_1 a_1 + x_2 a_2$$

wird aus den beiden Objecten a_1, a_2 für veränderliche $\frac{x_2}{x_1}$ eine Mannigfaltigkeit erster Ordnung abgeleitet, die wir als Reihe bezeichnen wollen.

Die Mannigfaltigkeit zweiter Stufe, die für veränderliche $\frac{x_2}{x_1}$, $\frac{x_3}{x_1}$ durch den Ausdruck

$$x_1 a_1 + x_2 a_2 + x_3 a_3$$

aus den Elementen a_1, a_2, a_3 abgeleitet ist, möge als Feld bezeichnet werden.

§ 5.

Es möge nun auf einige einfach sich ergebende Sätze hingewiesen werden. Zunächst gilt der folgende: Alle Objecte eines Feldes, deren Coordinaten eine lineare homogene Gleichung erfüllen, gehören einer Reihe an.

In der That, wenn

$$x_3 = p_1 x_1 + p_2 x_2,$$

so geht der Ausdruck für das Feld

$$x_1 a_1 + x_2 a_2 + x_3 a_3$$

über in diesen

$$x_1(a_1 + p_1 a_3) + x_2(a_2 + p_2 a_3),$$

der für variabeles $\frac{x_2}{x_1}$ eine Reihe darstellt, die aus den Objecten

$$a_1 + p_1 a_3, \quad a_2 + p_2 a_3$$

abgeleitet ist. Diese beiden Objecte gehören offenbar dem Felde $x_1 a_1 + x_2 a_2 + x_3 a_3$ an. Es sind die Objecte dieses Feldes mit den resp. Coordinaten $(1, 0, p_1)$, $(0, 1, p_2)$.

Ganz ebenso wird man beweisen, dass alle Objecte der

Mannigfaltigkeit C, deren vier Coordinaten einer linearen Gleichung genügen, einem und demselben Felde angehören.

Und endlich ist klar, dass alle Objecte von C, deren Coordinaten zwei simultanen linearen Gleichungen genügen, einer und derselben Reihe angehören.

Daran wollen wir folgende allgemeine Definitionen anschliessen:

Alle Objecte von C, deren Coordinaten einer homogenen Gleichung n^{ten} Grades genügen, bilden ein Feld n^{ten} Grades.

Alle Objecte eines Feldes der Art, wie es in § 4 definirt wurde, deren Coordinaten einer homogenen Gleichung n^{ten} Grades genügen, bilden eine Reihe n^{ten} Grades.

§ 6.

Wir gehen nun dazu über, die Theorie der Maassbestimmung für die hier eingeführten Mannigfaltigkeiten aufzustellen. Und zwar wollen wir uns zunächst mit derjenigen für die Reihe beschäftigen; als der einer Mannigfaltigkeit ersten Grades.

Es giebt nun in erster Linie ein Gesetz, welches für die Maassbestimmung in jeder beliebigen Mannigfaltigkeit ersten Grades gilt, und welches als das Gesetz der Addirbarkeit zu bezeichnen ist. Wir verstehen darunter folgendes. Wenn 1, 2, 3 drei Elemente oder Objecte einer solchen Mannigfaltigkeit sind, von denen wir annehmen wollen, dass sie ihrer Entstehung, ihrer naturgemässen Reihenfolge nach bezeichnet sind, und wenn mit $\overline{12}$, $\overline{23}$ die resp. Maassunterschiede von 1 und 2 einerseits und 2 und 3 andererseits bezeichnet werden, so ist immer

$$\overline{12} + \overline{23} = \overline{13}.$$

Um das geometrische Bild zu vermeiden möge auf die Zeit verwiesen sein, für welche ja dies Gesetz in steter Anwendung ist. Als Corrollar zu demselben folgt

$$\overline{12} + \overline{21} = \overline{11} = 0,$$

durch welche Gleichung der Sinnunterschied zweier Maassunterschiede eingeführt wird, wenn noch festgesetzt ist, dass der Maassunterschied eines Objects gegen sich selbst immer Null ist, und dass umgekehrt, der Maassunterschied zweier Objecte nicht anders

Null werden soll, als wenn die Objecte zusammenfallen. Wenn in einer Mannigfaltigkeit erster Ordnung zwei Elemente vorhanden wären, deren Maassunterschied Null wäre, ohne dass sie zusammenfielen, so würde dies zur Folge haben, dass für jedes beliebige Elementenpaar dieser Mannigfaltigkeit der Maassunterschied verschwände. Es lässt sich dies mit Hülfe der letzten Gleichungen unschwer einsehen. Endlich geht aus diesen Gleichungen, welche ja solche zwischen Zahlen sind, hervor, dass, wenn in einer Mannigfaltigkeit erster Ordnung ein Element vorhanden ist, welches gegen ein gegebenes anderes Element derselben Reihe einen unendlich grossen Maassunterschied besitzt, es in der gleichen Beziehung steht zu jedem anderen Element der Reihe, also in Bezug auf jedes unendlich grossen Maassunterschied besitzt.

Der Maassunterschied zweier Objecte darf nicht geändert werden, wenn die beide Objecte verbindende Reihe bewegt wird. Wenn wir also eine in bestimmter Weise getheilte Reihe als Einheitsreihe oder Scala annehmen, so muss der Maassunterschied irgend zweier Objecte sich stets als derselbe ergeben, wie wir auch die Scala an die zu messende Reihe anlegen. Zu diesem Ende muss also die Scala die Eigenschaft haben, sich selbst zu decken, wenn man sie beliebig an sich selbst anlegt. Wird somit die als Scala dienende Reihe ohne innere Veränderung bewegt, sodass ein Scalentheil in den ihm folgenden übergeht, so geht jeder Scalentheil in seinen nächstfolgenden über. Diese Eigenschaft gestattet die Anfertigung einer Scala durch eine wiederholte Bewegung. In der That, es mögen auf einer Reihe zwei Grenzelemente 1, 2 gegeben sein. Wir stellen uns die Aufgabe, auf dieser Reihe eine Scala zu construiren. Nun verschieben wir die Reihe in sich selber so, dass 1 in 2 fällt. Dann ist 2 in eine neue Position 3 gerückt, die einen neuen Scalentheil begrenzt. Durch eine abermalige Verschiebung der Scala in sich selbst, durch die wiederum 1 nach 2, 2 nach 3 gelangt, erhalten wir eine neue Theilmarke 4 u. s. w.

Analytisch stellt sich nun diese Bewegung der Reihe in sich selbst als eine lineare Transformation der Objecte der Reihe dar; d. h. also: die Scala ist zu construiren, indem man auf ein Object derselben eine lineare Transformation wiederholt anwendet, welche die Reihe in sich selbst überführt.

Seien also auf einer Reihe zwei Objecte gegeben z_1, z_2, die wir als Grenzobjecte eines Scalentheils ansehen können. Nehmen wir sie als Fundamentalobjecte einer homogenen Coordinatenbestimmung auf der Reihe, so ist jedes andere Object der letzteren gegeben durch das Verhältniss zweier homogener Coordinaten $z_1 : z_2$. Dieses Verhältniss sei z, sodass also

$$z = \frac{z_1}{z_2}.$$

Dann sind $z = 0$ und $z = \infty$ die den Fundamentalobjecten entsprechenden Werthe dieses Verhältnisses. Die lineare Transformation, die zur Construction der Scala führt, hat nun offenbar die Form

$$z' = \lambda z,$$

wo λ eine die Transformation bestimmende Constante ist. Wenden wir diese Transformation wiederholt auf ein Element ζ an, so erhalten wir die Reihe

$$\zeta,\ \lambda\zeta,\ \lambda^2\zeta,\ \lambda^3\zeta,\ \ldots,$$

welche unsere Scala ist. Ist der Scalentheil Einheit des Maassunterschieds, so ist der Maassunterschied der Objecte ζ, $\lambda\zeta$, $\lambda^2\zeta, \ldots$ von ζ geradezu bezw. gleich 0, 1, 2, ...

Handelt es sich nun darum, einen Scalentheil unterzutheilen, etwa in n gleiche Theile, so ist auf ein Grenzobject des Theils diejenige Transformation $(n-1)$ mal anzuwenden, die n-mal wiederholt, die Transformation

$$z' = \lambda z$$

giebt. Es ist dies also die Transformation

$$z' = \lambda^{\frac{1}{n}}.z.$$

Hier wird man nun $\lambda^{\frac{1}{n}}$ so wählen, dass das Object $\lambda^{\frac{1}{n}}.z$ zwischen z und λz liegt. Bei reellen Fundamentalobjecten wird man also einfach die reelle $\sqrt[n]{\lambda}$ nehmen. Damit eine solche vorhanden, muss offenbar λ als reelle Zahl gewählt worden sein.

Nunmehr kann man den Maassunterschied jedes Elementes z' von z angeben, dessen Coordinate die Form hat

$$z' = \lambda^{\alpha + \frac{\beta}{n}} z,$$

wo α, β ganze Zahlen sind. Der Maassunterschied ist $\alpha + \frac{\beta}{n}$.

Ueberhaupt schliesst man, dass als Maassunterschied der Objecte z' und z der Exponent α anzusehen ist, zu dem λ erhoben werden muss, damit

$$z' = \lambda^{\alpha} z,$$

wo nun α eine beliebige rationale oder irrationale Zahl bedeutet. Nun ist offenbar

$$\alpha = \frac{1}{\log \lambda} (\log z' - \log z),$$

durch welche Formel ganz allgemein der Maassunterschied zweier Objecte einer einfachen Mannigfaltigkeit gegeben ist. Denn es ist gleichgültig, dass das Element z als Anfangsobject ausgewählt werde. Es kann jedes andere Object der Reihe für z eintreten, denn durch eine lineare Transformation, die die Fundamentalelemente und somit auch die Reihe nicht ändert, kann z überall hingebracht werden. In der That ergiebt sich als Massunterschied irgend zweier Objecte ζ_1, ζ_2 der Reihe

$$\frac{1}{\log \lambda} (\log \zeta_1 - \log \zeta_2),$$

wie man leicht findet, wenn man die Differenz der Ausdrücke

$$\frac{1}{\log \lambda} (\log \zeta_1 - \log z), \quad \frac{1}{\log \lambda} (\log \zeta_2 - \log z)$$

bildet. Offenbar genügen diese Formen für den Maassunterschied dem Gesetz der Addirbarkeit, denn es ist

$$\log \frac{z}{z''} = \log \frac{z}{z'} + \log \frac{z'}{z''}.$$

Auch ist der Maassunterschied eines Objects gegen sich selbst Null

$$\log \frac{z}{z} = 0.$$

Die Maassunterschiede auf der Reihe bleiben ungeändert, wenn z und z' gleichzeitig linear transformirt werden so, dass die Fundamentalobjecte

$$z = 0, \quad z = \infty$$

ungeändert bleiben, durch welche Transformation also z und z' in Multipla ihrer selbst übergehen. Der Quotient $\frac{z}{z'}$ hat bekanntlich die Bedeutung eines Doppelverhältnisses, nämlich der Coordinatenwerthe z, z' zu den Coordinatenwerthen 0 und ∞, welche den Fundamentalobjecten entsprechen.

Der Logarithmus wird unendlich, wenn sein Argument 0 oder ∞ ist. Der Maassunterschied ist also für solche Objecte unendlich gross, oder diese Objecte sind **unendlich ferne**, für die

$$\frac{z}{z'} = 0 \quad \text{oder} \quad \infty$$

wird. Dies tritt dann und nur dann ein, wenn ein solches Object mit einem der beiden Fundamentalobjecte zusammenfällt.

Bei allgemeiner Maassbestimmung hat die einfache Mannigfaltigkeit zwei unendlich ferne Elemente: die Fundamentalelemente.

§. 7.

Wir wollen nun das Ergebniss des § 6 noch in anderer, von Sir Ball angegebener Weise ableiten. Die Reihe möge bestimmt sein durch zwei Objecte, deren Coordinaten beziehungsweise

$$x_1, \quad x_2, \quad x_3, \quad x_4; \quad y_1, \quad y_2, \quad y_3, \quad y_4$$

sind.

Jedes andere Object der Reihe besitzt dann Coordinaten der Form

$$x_1 + \varrho y_1, \quad x_2 + \varrho y_2, \quad x_3 + \varrho y_3, \quad x_4 + \varrho y_4,$$

wo ϱ einen variabeln Parameter bedeutet. Wir wollen den Maassunterschied zweier Objecte der Reihe bestimmen, welche gegeben sind durch die Parameterwerthe λ und μ. Der Maassunterschied ist nun offenbar eine Function von x_1, x_2, x_3, x_4; y_1, y_2, y_3, y_4 und λ, μ. Da wir uns hier zunächst nur mit den Maassverhältnissen einer einzigen Reihe zu beschäftigen haben, so können sowohl die x_i als auch die y_i als constant angenommen werden. Demgemäss wird sich dann der Maassunterschied der beiden Objecte einfach darstellen als eine Function $f(\lambda, \mu)$ der beiden Parameter λ, μ.

Die arithmetische Form dieser Function wird man schrittweise unter Berücksichtigung der im § 6 gegebenen Fundamentalgesetze zu entwickeln haben. Zunächst besteht für sie jene Functionalgleichung, welche wir das Gesetz der Addirbarkeit nannten. Ist also auf der Reihe noch ein drittes Object, dessen Parameter ν sein möge, und entspricht die Folge λ, μ, ν der Parameter der natürlichen Reihenfolge der zugehörigen Objecte, so ist

$$f(\lambda, \mu)+f(\mu, \nu) = f(\lambda, \nu).$$

Diese Gleichung gestattet nun sofort auf eine speciellere Form der Maassfunction zu schliessen. Denn wir sehen, dass auf der rechten Seite die Variabele μ nicht vorkommt. Sie muss daher auch auf der linken Seite identisch verschwinden. Und zwar muss dies der Fall sein für jedes Werthsystem λ, μ. Kein Glied der linken Seite, in welchem μ vorkommt, kann also λ als Factor besitzen. Und wir schliessen endlich leicht, dass $f(\lambda, \mu)$ die Form einer Differenz einer reinen Function von λ und einer reinen Function von μ, die beide denselben analytischen Ausdruck haben, besitzen muss.

Wir haben also

$$f(\lambda, \mu) = \varphi(\lambda)-\varphi(\mu).$$

Nunmehr handelt es sich nur noch um die Bestimmung der analytischen Form von φ. Aus dem Gesetz der Addition der Maassunterschiede ziehen wir nun, solange der Begriff des Sinnes eines Maassunterschieds noch nicht eingeführt ist, leicht den Satz, dass es auf einer Reihe nur ein einziges Element giebt, welches gegen ein gegebenes anderes einen gegebenen Maassunterschied aufweist. In der That, seien P, Q, Q' drei Objecte einer Reihe in ihrer natürlichen Reihenfolge, so folgt aus der Gleichung

$$\overline{PQ}+\overline{QQ'} = \overline{PQ'},$$

dass, sofern nicht

$$\overline{QQ'} = 0$$

niemals sein kann

$$\overline{PQ} = \overline{PQ'},$$

d. h. damit diese Eigenschaft bestehen kann, müssen Q, Q' zusammenfallen; ausgenommen den speciellen Fall, der auch im vorigen Paragraphen besprochen wurde, den wir aber hier noch bei Seite lassen wollen.

Mit Hülfe dieses Satzes können wir nun für jeden beliebigen Werth δ des Maassunterschiedes zu einem gegebenen Object λ einer Reihe*) ein neues, μ, construiren, welches jenem in natürlicher Reihenfolge folgt. Dies kann für jedes Object λ geschehen, sodass also zu jedem λ der Reihe ein und nur ein μ gehört und umgekehrt. Die Beziehung zwischen der Reihe der λ und derjenigen der μ ist also eine ein-eindeutige. Sie besitzt somit die Form

$$A\lambda\mu + B\lambda + C\mu + D = 0,$$

wo die Coefficienten A, B, C, D, bezw. ihre Verhältnisse von dem angenommenen Werthe δ des Maassunterschiedes zwischen den Objecten λ, μ noch abhängig sind.

§ 8.

Es wird zwar im Allgemeinen, in Uebereinstimmung mit § 6, zutreffen, dass der Maassunterschied zweier Objecte Null wird, wenn sie zusammenfallen. Aber wir wollen nun zeigen, dass es auf jeder Reihe zwei Objecte giebt der Art, dass jedes derselben zu betrachten ist als zwei coincidirende Elemente, deren Maassunterschied aber nicht Null ist.

In der That, setzen wir in der im vorigen Paragraphen gefundenen Gleichung zwischen λ und μ

$$\lambda = \mu,$$

so wird dieselbe

$$A\lambda^2 + (B + C)\lambda + D = 0.$$

Diese Gleichung besitzt nun zwei Wurzeln, deren jede ein ausgezeichnetes Object der Reihe bestimmt. Wir wollen diese Objecte durch O und O' bezeichnen. Jedes derselben besteht nun aus einem Paar von Objecten, welche, obgleich thatsächlich zusammenfallend, doch den Maassunterschied δ besitzen. Eine weitere wichtige Eigenschaft dieser Objecte beweist sich so. Sei X irgend ein Object der Reihe, dann ist nach dem Gesetz der Addirbarkeit und da jede Wurzel λ der letzten Gleichung zwei Objecte vom Maassunterschied δ aber mit gleichem Parameter (also coincidirend) liefert,

*) Als „Object λ“ bezeichne ich der Kürze halber das Object der Reihe, welchem der Parameterwall λ entspricht.

$$XO + \delta = XO,$$

und da δ nicht Null ist

$$XO = \infty.$$

Das Object O hat also die Eigenschaft, gegen jedes andere Object der Reihe einen unendlich grossen Maassunterschied zu besitzen. Die gleiche Eigenschaft besitzt O'. Wir haben damit also zwei unendlich ferne Objecte der Reihe gefunden. Aus § 6 wissen wir aber, dass es auf der Reihe nur zwei solche Objecte giebt. Dann müssen O und O' diese beiden Objecte sein, und ihre wesentliche Eigenschaft darf daher nicht von dem besonderen Werthe von δ abhängig sein, der in den Coefficienten der obigen quadratischen Gleichung für λ enthalten ist. Wenn daher also auch die Coefficienten der Gleichung zwischen λ und μ sehr wohl Functionen von δ sind, so dürfen doch die Verhältnisse

$$(B + C) : A, \quad D : A$$

diese Grösse nicht enthalten, sodass wir also setzen können

$$A = A', \quad B = B' + \varDelta, \quad C = C' - \varDelta, \quad D = D',$$

wo nur noch die Grösse $\varDelta$ von δ abhängt. Die erwähnte Gleichung zwischen λ und μ lautet also nun

$$A'\lambda\mu + (B' + \varDelta)\lambda + (C' - \varDelta)\mu + D' = 0.$$

Diese Gleichung kann aber auf eine ganz ausserordentlich einfache Form gebracht werden, wenn wir die unendlich fernen Objecte als diejenigen wählen, aus denen die ganze Reihe abgeleitet wird. In diesem Falle muss nämlich die quadratische Gleichung

$$A\lambda^2 + (B + C)\lambda + D = 0$$

die Wurzeln 0 und ∞ haben, wonach sein muss

$$A = 0, \quad D = 0.$$

Die Correlationsgleichung zwischen λ und μ reducirt sich somit in diesem Falle auf

$$B\lambda + C\mu = 0.$$

Nun ist der Quotient

$$\frac{B}{C} = g(\delta)$$

eine Function von δ, und man kann daher auch umgekehrt schliessen, dass δ eine Function des Verhältnisses $\frac{\lambda}{\mu}$ sei, also

$$\delta = F\left(\frac{\lambda}{\mu}\right).$$

Wir fanden aber bereits für den Maassunterschied der Objecte λ, μ die Form

$$\varphi(\lambda) - \varphi(\mu),$$

sodass wir nun haben

$$\varphi(\lambda) - \varphi(\mu) = F\left(\frac{\lambda}{\mu}\right).$$

Der specielle Werth von δ, mit Hülfe dessen das Resultat erlangt wurde, ist ganz aus demselben verschwunden, auch nicht implicite in demselben enthalten. Die letzte Gleichung muss also ganz unabhängig von δ, für jedes Werthsystem λ, μ gelten, und zwar identisch. Wir dürfen sie daher sowohl nach λ, wie nach μ differentiiren, wodurch wir erhalten

$$\varphi'(\lambda) = \frac{1}{\mu} F'\left(\frac{\lambda}{\mu}\right)$$

$$\varphi'(\mu) = \frac{\lambda}{\mu^2} F'\left(\frac{\lambda}{\mu}\right),$$

und hieraus

$$\lambda \varphi'(\lambda) = \mu \varphi'(\mu).$$

Da nun λ und μ völlig unabhängig von einander sind, so kann diese Gleichung nur bestehen, wenn

$$\lambda \varphi'(\lambda) = H,$$

wo H eine von λ unabhängige Grösse bedeutet. Daraus ergiebt sich dann

$$\frac{d\varphi}{d\lambda} = \frac{H}{\lambda}$$

$$\varphi(\lambda) = H \log \lambda + \text{const.}$$

Damit ist dann aber auch die Maassfunction $f(\lambda, \mu)$ bestimmt. Es ist

$$\begin{aligned} f(\lambda, \mu) &= \varphi(\lambda) - \varphi(\mu) \\ &= H(\log \lambda - \log \mu) \\ &= H \log \frac{\lambda}{\mu}. \end{aligned}$$

Wir sind so zu folgendem wichtigen Satz gelangt:

„Seien x_1, x_2, x_3, x_4 und y_1, y_2, y_3, y_4 die beiden unendlich fernen Objecte einer Reihe, und seien ferner $x_1+\lambda y_1$, $x_2+\lambda y_2$, $x_3+\lambda y_3$, $x_4+\lambda y_4$ und $x_1+\mu y_1$, $x_2+\mu y_2$, $x_3+\mu y_3$, $x_4+\mu y_4$ irgend zwei andere Objecte derselben Reihe, so wird deren Maassunterschied ausgedrückt durch

$$H(\log\lambda-\log\mu),$$

wo H eine Constante ist, die von den gewählten Maasseinheiten abhängt."

§ 9.

Diese Methode, die uns zur Kenntniss des Ausdrucks für den Maassunterschied zweier Objecte einer Reihe führte, ist elementar und einfach. Es wird daher gut sein, die Sache, wenigstens theilweise noch einmal vom allgemeinerem Standpunkte aus zu behandeln.

Wir gehen wieder aus von der Gleichung für λ, μ

$$A\lambda\mu+B\lambda+C\mu+D=0,$$

wo also die Coefficienten Functionen des Maassunterschiedes δ sind. Seien dann λ', λ'' die Wurzeln dieser Gleichung, wenn in ihr $\lambda=\mu$ gesetzt wird. Dann kann sie auf die Form gebracht werden

$$\lambda\mu+\lambda(\vartheta-\tfrac{1}{2}\lambda'-\tfrac{1}{2}\lambda'')+\mu(-\vartheta-\tfrac{1}{2}\lambda'-\tfrac{1}{2}\lambda'')+\lambda'\lambda''=0.$$

Denn wenn

$$\lambda=\mu$$

wird diese Gleichung sowohl durch λ' als auch λ'' erfüllt, während ϑ verschwindet. Dieses ϑ ist überhaupt eine Function des Maassunterschiedes, der auch nur durch ϑ in die Gleichung eingeht*). Lösen wir dieselbe nach ϑ auf, so ist

$$\vartheta=\frac{\lambda\mu-\tfrac{1}{2}(\lambda'+\lambda'')(\lambda+\mu)+\lambda'\lambda''}{\mu-\lambda}.$$

Den Maassunterschied selber fassen wir nun als Function von ϑ auf, nehmen ihn gleich $F(\vartheta)$, sodass nun ist

$$\varphi(\lambda)-\varphi(\mu)=F(\vartheta).$$

Wenn wir hier den obigen Werth von ϑ einsetzen, so erhalten wir

*) Siehe auch oben § 7 hierzu.

eine identische Gleichung, die gänzlich unabhängig ist von dem besonderen Werthe von δ. Die auftretenden Functionen müssen daher alle so bestimmt werden, dass jene Identität erhalten bleibt für beliebige Werthsysteme λ, μ. Dann wird die Differentiation wieder gestattet sein. Wir haben nun

$$\frac{\partial\vartheta}{\partial\lambda} = \frac{(\mu-\lambda')(\mu-\lambda'')}{(\mu-\lambda)^2}, \quad \frac{\partial\vartheta}{\partial\mu} = \frac{(\lambda-\lambda')(\lambda''-\lambda)}{(\mu-\lambda)^2}$$

$$\frac{\partial\varphi}{\partial\lambda} = \frac{dF}{d\vartheta}\frac{\partial\vartheta}{\partial\lambda}, \quad -\frac{\partial\varphi}{\partial\mu} = \frac{dF}{d\vartheta}\frac{\partial\vartheta}{\partial\mu},$$

und also

$$\frac{\varphi'(\lambda)}{\varphi'(\mu)} = \frac{(\mu-\lambda')(\mu-\lambda'')}{(\lambda-\lambda')(\lambda-\lambda'')}$$

oder

$$(\lambda-\lambda')(\lambda-\lambda'')\varphi'(\lambda) = (\mu-\lambda')(\mu-\lambda'')\varphi'(\mu),$$

welche Gleichung sich unter die Form subsumirt

$$\psi(\lambda) = \psi(\mu).$$

Wenn man nun wieder die vollkommene Unabhängigkeit von λ und μ von einander beachtet, so folgt, dass man haben muss

$$\psi(\lambda) = h,$$

wo h von λ und μ unabhängig ist. Wir setzen

$$h = H(\lambda'-\lambda'')$$

und haben somit

$$(\lambda-\lambda')(\lambda-\lambda'')\varphi'(\lambda) = H(\lambda'-\lambda'')$$

oder

$$\varphi'(\lambda) = \frac{H(\lambda'-\lambda'')}{(\lambda-\lambda')(\lambda-\lambda'')}$$

$$= H\left(\frac{1}{\lambda-\lambda'} - \frac{1}{\lambda-\lambda''}\right),$$

und hieraus durch Integration, wenn α die willkürliche Constante bedeutet

$$\varphi(\lambda) = H[\log(\lambda-\lambda') - \log(\lambda-\lambda'')] + \alpha,$$

und ganz analog

$$\varphi(\mu) = H[\log(\mu-\lambda') - \log(\mu-\lambda'')] + \alpha.$$

Und hieraus folgt endlich der Maassunterschied

$$\delta = \varphi(\lambda) - \varphi(\mu)$$

$$\delta = H \log \frac{(\lambda - \lambda')(\mu - \lambda'')}{(\lambda - \lambda'')(\mu - \lambda')} .$$

Der Quotient

$$\frac{(\lambda - \lambda')(\mu - \lambda'')}{(\lambda - \lambda'')(\mu - \lambda')}$$

ist aus den vier Zahlen λ, μ; λ', λ'' ganz nach Analogie eines Doppelverhältnisses gebildet. Er würde, wenn wir diese Analogie weiter verfolgen wollten, zu bezeichnen sein als das Doppelverhältniss der Parameter λ, μ zu den beiden ausgezeichneten Parametern λ', λ'', welche, wie wir vorhin sahen, den unendlich fernen Elementen der Reihe angehören. Es wäre aber ganz unrichtig, wenn man mit dem Begriff des Doppelverhältnisses hier geometrische Reminiscenzen verknüpfen, vielleicht gar den Begriff der „Distanz" hier hereinbringen wollte. Das Doppelverhältniss ist hier lediglich von arithmetischer Bedeutung als eine bestimmte Form einer Function von vier Zahlen.

Aus den Gleichungen für die Grössen δ und ϑ ergeben sich folgende Beziehungen zwischen diesen Grössen. Man findet, wenn man in der Gleichung für δ vom Logarithmus zur Zahl übergeht, nach einigen leichten Rechnungen

$$\vartheta = \tfrac{1}{2}(\lambda'' - \lambda') \frac{e^{\frac{\delta}{H}} + 1}{e^{\frac{\delta}{H}} - 1} ,$$

und hieraus nun wieder durch Umkehrung

$$\delta = H \log \frac{\vartheta + \frac{1}{2}(\lambda'' - \lambda')}{\vartheta - \frac{1}{2}(\lambda'' - \lambda')} .$$

§ 10.

Nachdem es uns gelungen ist, einen analytischen Ausdruck für den Maassunterschied zweier Objecte einer Reihe, also einer Mannigfaltigkeit ersten Grades, aufzustellen, wollen wir nun zwei Objecte betrachten, die einem Felde angehören.

In jeder Reihe dieses Feldes giebt es zwei unendlich ferne Objecte, mit deren Hülfe der Maassunterschied irgend zweier anderen Objecte sich bestimmen lässt, wie wir gesehen haben. Für die Maassbestimmung in dem Felde wird es nun nothwendig sein, die Vertheilung aller dieser unendlich fernen Objecte der einzelnen Reihen im Felde zu kennen. Wir gelangen damit zu folgendem Problem:

In einem Felde ist eine Reihe gegeben. Von einem der unendlich fernen Objecte derselben, O, lassen wir eine neue Reihe ausgehen. Dieselbe wird nun ebenfalls zwei unendlich ferne Objecte besitzen, und es entsteht die Frage, ob O eines derselben ist.

Diese Frage muss bejaht werden. Denn man nehme auf der erst gegebenen Reihe ein Object A an, so ist der Maassunterschied OA jedenfalls unendlich gross. Wenn nun O nicht ein unendlich fernes Object auch der zweiten Reihe ist, so können wir auf dieser jedenfalls ein Object B so annehmen, dass nicht nur der Maassunterschied OB, sondern auch der Maassunterschied AB endlich ist. Damit würde dann ein Mittel gegeben sein, von dem Objecte A zu dem unendlich fernen Objecte O zu gelangen durch Verbindung der beiden endlichen Maassunterschiede AB und BO. Dies ist aber offenbar unmöglich. Es müsste dann eine Verbindung zweier endlichen Zahlen, die im wesentlichen nur den Character einer Summe haben kann, eine jede endliche Grenze überschreitende Zahl ergeben. Wir dürfen somit folgenden Satz aussprechen:

Wenn O ein unendlich fernes Object **einer** Reihe ist, so ist es auch unendlich fernes Object jeder beliebigen anderen Reihe, der es angehört.

Nehmen wir nun ein solches unendlich fernes Object O als gegeben an, und denken uns eine beliebige Anzahl von Reihen, die alle dieses Object enthalten. In jeder derselben wird dann noch ein weiteres unendlich fernes Object vorkommen. Wir wollen dieselben mit O_1, O_2, O_3, ... bezeichnen. Die Werthe der Coordinaten x_1, x_2, x_3, welche diese unendlich fernen Objecte bestimmen, müssen nun offenbar einer Bedingungsgleichung genügen, der wir ganz allgemein die Form geben

$$f(x_1, x_2, x_3) = 0.$$

Denken wir uns nun eine Reihe durch O_1, O_2. Dieselbe muss zwei unendlich ferne Objecte besitzen, und alle ihre anderen Objecte werden dann durch eine lineare Gleichung in x_1, x_2, x_3

$$L = 0$$

bestimmt sein.

Nun ist jedes Object, welches der Bedingung

$$f(x_1, x_2, x_3) = 0$$

genügt, ein unendlich fernes. Daher werden die gemeinschaftlichen Lösungen von

$$f = 0, \quad L = 0$$

auch sämmtlich unendlich ferne Objecte definiren. Aber wir sahen schon, dass auf einer Reihe nur zwei unendlich ferne Objecte sich finden. Daher kann es auch nur zwei Werthsysteme x_1, x_2, x_3 geben, die jenen beiden Gleichungen simultan genügen. Das heisst aber mit anderen Worten: die Function f muss eine ganze rationale Function zweiten Grades sein. Die Gleichung

$$f = 0$$

bestimmt auch alle unendlich fernen Objecte des Feldes. Denn, es sei S ein unendlich fernes Object, welches nicht jener Gleichung genügt. Dann würde irgend eine beliebige Reihe durch S, da sie jedenfalls auch zwei Elemente mit dem durch $f = 0$ definirten Gebilde (der unendlich fernen Objecte des Feldes) gemeinschaftlich hat, drei unendlich ferne Objecte besitzen, was unmöglich ist.

Wir haben somit den wichtigen Satz:

„Alle unendlich fernen Objecte eines Feldes liegen auf einer Reihe zweiter Ordnung."

Es wird also jede Reihe eines Feldes zwei Objecte gemein haben mit der „unendlich fernen Reihe zweiten Grades". Und diese Objecte sind eben die unendlich fernen Objecte der Reihe.

§ 11.

Wir fanden als allgemeinen Ausdruck des Maassunterschiedes zweier Objecte λ, μ den folgenden

$$H(\log\lambda - \log\mu).$$

Es ist aber

$$\lambda = e^{\log\lambda + 2n\pi i},$$

wenn n eine ganze Zahl bedeutet. Ebenso ist

$$\mu = e^{\log\mu + 2m\pi i},$$

wo m ebenfalls eine ganze Zahl ist. Daraus ergiebt sich, dass für den Maassunterschied der Elemente λ, μ die Formel vollständig lautet

$$H(\log\lambda - \log\mu) + 2kH\pi i,$$

wo k eine beliebige ganze Zahl bedeutet.

Wenn in dem Ausdrucke

$$\log\lambda - \log\mu$$

die Variabele λ von einem gegebenen Anfangswerthe aus eine stetige Werthenreihe durchlaufend zu jenem Ausgangswerthe zurückgeführt wird, so erhält die Function den Zuwachs

$$2H\pi i.$$

Es stellt also diese Zahl im Zusammenhang unserer Untersuchungen den Maassunterschied eines Objectes gegen dasselbe Object vor, wenn wir, von diesem Object ausgehend, uns die ganze Reihe — mit Durchschreitung des Unendlichen — bis zum Ausgangsobject durchlaufen denken. Wir nennen daher die Zahl $2H\pi i$ den Umfang der Reihe.

Der Maassunterschied zwischen den Objecten $+\lambda$ und $-\lambda$ findet sich gleich

$$H\pi i.$$

Dies Resultat ist auch nicht in Widerstreit mit der Thatsache, dass $\lambda = 0$ sowohl wie $\lambda = \infty$ je zwei zusammenfallende Objecte bedeuten. Denn in jedem dieser Fälle sind die coincidirenden Objecte unendlich ferne, und der Maassunterschied zweier im Unendlichen zusammenfallender Objecte hat unbestimmten Werth, der also ebensogut $H\pi i$ wie jeder andere sein kann.

Mit den bisherigen Mitteln ist die Maassbestimmung auf jeder Reihe und zwischen je zwei Objecten eines Feldes in völlige Klarheit gestellt. Wir wenden uns nun zur Betrachtung der Beziehungen, welche zwischen verschiedenen Reihen einer Mannigfaltigkeit C bestehen.

§ 12.

Es seien also zwei Reihen beliebig gegeben. Beide enthalten in gleicher Mächtigkeit je eine unendliche Anzahl von Objecten. Es wird daher möglich sein, jedem Object der einen Reihe ein solches der anderen so zuzuordnen, dass die Correlation je zweier solcher Objecte eine ein-eindeutige ist. Wenn daher ein Object der ersten Reihe durch den Parameter λ, das entsprechende der zweiten Reihe durch den Parameter λ' definirt ist, so wird folgende Correlationsgleichung bestehen

$$P\lambda\lambda' + Q\lambda + R\lambda' + S = 0.$$

Sind nun λ_1, λ_2, λ_3, λ_4 vier Werthe von λ; und λ'_1, λ'_2, λ'_3, λ'_4 die entsprechenden Werthe von λ', so wird, wenn man diese vier Werthepaare in die letzte Gleichung einsetzt, die Elimination von P, Q, R, S möglich und wir erhalten

$$\frac{\lambda_1 - \lambda_3}{\lambda_2 - \lambda_3} \cdot \frac{\lambda_2 - \lambda_4}{\lambda_1 - \lambda_4} = \frac{\lambda'_1 - \lambda'_3}{\lambda'_2 - \lambda'_3} \cdot \frac{\lambda'_2 - \lambda'_4}{\lambda'_1 - \lambda'_4}.$$

Wir wollen nun den Begriff des Doppelverhältnisses von vier Objecten einer Reihe einführen, indem wir dasselbe definiren als das Doppelverhältniss der vier die Objecte bestimmenden Parameter.

Dann giebt die letzte Gleichung folgenden Satz:

Wenn die Objecte zweier Reihen einander in ein-eindeutiger Weise zugeordnet werden, dann ist das Doppelverhältniss von je vier Objecten der einen Reihe gleich dem Doppelverhältniss der vier entsprechenden Objecte der anderen Reihe.

Wenn drei Paare entsprechender Objecte zweier solcher Reihen gegeben sind, so kann mit Hülfe der obigen Gleichung dann zu jedem ferneren Object λ das correspondirende λ' gefunden werden.

Unter den verschiedenen Arten dieses ein-eindeutigen Entsprechens zweier Reihen giebt es eine, die besondere Aufmerksamkeit verdient, nämlich diejenige, bei der der Maassunterschied zweier Objecte der einen Reihe gleich ist dem Maassunterschied der entsprechenden beiden Objecte der anderen Reihe.

Diese besondere Art der ein-eindeutigen Correspondenz zweier Reihen ist indessen nur möglich, wenn eine bestimmte characteristische Bedingung erfüllt ist.

Zunächst ist erforderlich, dass einem unendlich fernen Object der einen Reihe ein unendlich fernes Object der andern zugeordnet ist. Denn, wenn X ein unendlich fernes Object der einen Reihe ist, so hat es gegen jedes Object dieser Reihe einen unendlich grossen Maassunterschied. Wenn daher die Correspondenz von der angedeuteten Art sein soll, so muss das entsprechende Element X' ebenfalls gegen jedes Object seiner Reihe unendlich grossen Maassunterschied besitzen, d. h. es muss ein unendlich fernes Object dieser Reihe sein.

Wenn nun X, Y die unendlich fernen Objecte der einen Reihe, X', Y' diejenigen der anderen sind, und wenn A, B irgend zwei Objecte der ersten, A', B' die correspondirenden Objecte der zweiten Reihe sind, so ist, da die Reihen einander ein-eindeutig zugeordnet sind

$$(ABXY) = (A'B'X'Y'),$$

wenn wir die übliche Bezeichnung der Doppelverhältnisse auch hier anwenden. Wenn nun der Umfang der ersten Reihe

$$2H\pi i,$$

derjenige der zweiten

$$2H'\pi i$$

ist, so soll hier sein

$$H\log(ABXY) = H'\log(A'B'X'Y'),$$

aus welcher Gleichung wegen der Gleichheit der Doppelverhältnisse folgt

$$H = H'.$$

Wenn es also möglich sein soll, zwei Reihen einander ein-eindeutig so zuzuordnen, dass die Maassunterschiede entsprechender Objectenpaare gleich sind, so muss die Constante H für beide Reihen denselben Werth haben; und umgekehrt wird, wenn die Constanten H zweier Reihen gleich sind, eine ein-eindeutige Zuordnung der betrachteten Art für diese Reihen möglich sein.

Wenn wir uns nun vergegenwärtigen, dass das Messen nach der früher gegebenen Definition im Grunde darin besteht, zwischen den beiden zu vergleichenden Mannigfaltigkeiten eine Correspondenz der hier vorliegenden Art herzustellen, so wird offenbar, dass die Constante H überhaupt innerhalb der ganzen dreifachen Mannigfaltigkeit C einen und denselben Werth besitzen muss, da ohne dies es nicht möglich wäre, eine beliebige Reihe der Mannigfaltigkeit zu der gewählten Fundamentalreihe — dem Maassstabe gewissermaassen — in diejenige ein-eindeutige Zuordnung zu bringen, nach der entsprechende Objectenpaare beider Reihen gleiche Maassunterschiede besitzen.

Man kann die Nothwendigkeit der Gleichung

$$H = H'$$

auch noch in anderer Weise darthun. In der That, denken wir uns eine Reihe abgeleitet aus ihren beiden unendlich fernen Objecten. Dann wird, wie oben, der Maassunterschied zwischen den Objecten λ und α dieser Reihe

$$H(\log\lambda - \log\alpha)$$

sein; und in analoger Weise wird auf einer zweiten Reihe der Maassunterschied zweier Objecte μ und β sich durch den Ausdruck

$$H'(\log\mu - \log\beta)$$

bestimmen. Nehmen wir nun die Objecte α, β als feste, unveränderlich an; und sind λ, μ ein Paar zugeordneter Elemente, so ist die Bedingung dafür, dass diese Elemente nach der Correspondenz der gleichen Maassunterschiede einander entsprechen, folgende

$$H\log\frac{\lambda}{\alpha} = H'\log\frac{\mu}{\beta},$$

oder in algebraischer Form

$$\frac{\lambda}{\alpha} = \left(\frac{\mu}{\beta}\right)^{\frac{H'}{H}}.$$

Diese Gleichung stellt nun keine ein-eindeutige Correspondenz zwischen λ, μ dar. Denn wenn wir einen der Werthe von der rechten Seite durch w bezeichnen, so haben wir für λ das System von Werthen

$$\frac{\lambda}{\alpha} = w\left(\cos 2k\frac{H'}{H}\pi + i\sin 2k\frac{H'}{H}\pi\right),$$

wo k irgend eine ganze Zahl ist. Und dieses System setzt sich zusammen aus H Einzelwerthen, wenn auch H eine ganze Zahl ist. Aber dann und nur dann reducirt sich dieses ganze Werthsystem auf den einzigen Werth w, wenn

$$H' = H,$$

und nur dann entspricht auch umgekehrt einem Werthe μ nur ein einziger Werth λ.

Endlich kann man sich von der Constanz von H durch die ganze Mannigfaltigkeit C hindurch, auch so überzeugen. Der Maassunterschied zweier Objective einer Reihe hatte sich als periodische Function ergeben, deren Periode wir als Umfang der Reihe bezeichneten. Seien h, h' die Umfänge zweier Reihen, und δ der Maassunterschied zweier Objecte auf der ersten derselben. Wenn wir nun auf der anderen Reihe ein Objectenpaar α, λ bestimmen, dessen Maassunterschied ebenfalls δ ist, so wird sich gleichfalls ein solches ergeben mit dem Maassunterschied $\delta + h$, ferner ein solches mit dem Maassunterschied $\delta + 2h$, u. s. w., von α ergeben müssen. Es ist daher unmöglich, ein einzelnes Object mit dem Maassunterschied $\delta + mh$ von α zu finden, wenn nicht

$$h' = h$$

d. h.

$$H' = H.$$

Es sind also die Umfänge aller Reihen einer dreifachen Mannigfaltigkeit einander gleich. In dem Ausdrucke für den Umfang ist die willkürliche, oben bei der Integration eingeführte Constante H enthalten, die noch nicht bestimmt ist. Wir wollen über diese Zahl nun eine solche Entscheidung treffen, dass der Umfang gleich π wird, also

$$2H\pi i = \pi$$

oder

$$H = \frac{1}{2i}\cdot$$

§ 13.

Seien nun a_1, a_2, a_3, a_4 irgend vier in der Mannigfaltigkeit C enthaltene Objecte, die von einander unabhängig sind, die also nicht alle einem Felde oder einer Reihe angehören sollen. Dann wird unsere ganze dreifache Mannigfaltigkeit wieder dargestellt durch den Ausdruck

$$x_1 a_1 + x_2 a_2 + x_3 a_3 + x_4 a_4,$$

wo x_1, x_2, x_3, x_4 veränderliche Zahlen sind. Unter den Objecten dieser ganzen Mannigfaltigkeit sind nun wieder unendlich ferne enthalten. Wir suchen die Bedingung, welcher die Coordinaten eines Objectes genügen müssen, damit dieses unendlich fern sei.

Diese Bedingung wird in der Form

$$f(x_1, x_2, x_3, x_4) = 0$$

erscheinen. Jedes unendlich ferne Object der Mannigfaltigkeit C muss dieser Gleichung genügen, und umgekehrt ist durch jedes Werthsystem der x, welches mit jener Gleichung verträglich ist, ein unendlich fernes Object bestimmt. Zwei lineare Gleichungen zwischen den x_1, x_2, x_3, x_4 bestimmen eine Reihe. Sind diese Gleichungen $L = 0$, $M = 0$, so sind die gemeinschaftlichen Lösungen der drei Gleichungen

$$L = 0, \quad M = 0$$
$$f(x_1, x_2, x_3, x_4) = 0$$

die Coordinaten der unendlich fernen Objecte auf der Reihe ($L = 0$, $M = 0$). Es kann aber nur zwei solcher Objecte geben. Es darf somit auch nur zwei Werthsysteme x_1, x_2, x_3, x_4 geben, die jenen drei Gleichungen simultan genügen. Die Function f muss daher wieder eine ganze rationale Function vom zweiten Grade ihrer Argumente sein.

„Alle unendlich fernen Objecte einer Mannigfaltigkeit dritten Grades liegen auf einem Felde zweiter Ordnung.“ Die dieses Feld definirende Gleichung wollen wir in Zukunft mit

$$U = 0$$

bezeichnen.

§ 14.

Wir haben bisher das Object als das fundamentale Element der dreifachen Mannigfaltigkeit C betrachtet. Eine Reihe wurde dann aus zwei Objecten abgeleitet, und zwei Reihen, die mehr als ein Object gemeinschaftlich hatten, mussten überhaupt alle Objecte gemeinschaftlich haben.

Wir wollen nun dem Objecte die Reihe als fundamentales Element substituiren, wodurch das Princip der Dualität in unsere Betrachtungen Eingang erlangt. Wir betrachten dann also das Object als Erzeugniss zweier Reihen, oder wie wir in Anlehnung an das vorige sagen wollen, als abgeleitet aus zwei Reihen, nämlich aus denjenigen, denen es gemeinschaftlich ist.

Durch die Zeichen r_1, r_2 bezeichnen wir zwei Reihen und durch x_1, x_2 wieder Zahlengrössen. Dann ist

$$x_1 r_1 + x_2 r_2$$

der Ausdruck für eine Reihe, welche das gemeinschaftliche Object von r_1, r_2 ebenfalls enthält. Variirt das Verhältniss $x_2 : x_1$, so erhalten wir eine einfache Mannigfaltigkeit oder eine Reihe von Reihen. Der Einfachheit des Ausdrucks halber wollen wir diese neue Mannigfaltigkeit ersten Grades als ein Büschel von Reihen bezeichnen. Die Eigenschaft nun zweier Reihen, die nur ein gemeinschaftliches Object besitzen, dass sie nicht zusammenfallen, also mit Ausnahme jener gemeinschaftlichen Stelle, zunächst wenigstens im Endlichen, ganz getrennt sind, wollen wir ihre Abweichung nennen, und das Maass dieser Eigenschaft mit dem gleichen Namen bezeichnen. Die Abweichung zweier Reihen ist vollkommen analog dem Maassunterschied zweier Objecte einer Reihe, ja sie ist geradezu der Maassunterschied in der einfachen Mannigfaltigkeit des Reihenbüschels.

Sie wird also ganz denselben Gesetzen unterworfen sein, wie der Maassunterschied in der anderen einfachen Mannigfaltigkeit, der Reihe, sodass wir bei Herleitung eines analytischen Ausdrucks für dieselbe nur die Untersuchungen über den früheren Maassunterschied zu reproduciren hätten.

Wir begnügen uns daher, sofort das Resultat anzugeben:

„Sind x_1, x_2 und y_1, y_2 die Coordinaten zweier Reihen eines Büschels, ferner λ_1, λ_2 und μ_1, μ_2 die Coordinaten der beiden unendlich fernen Reihen des Büschels, so wird die Abweichung zwischen den Reihen (x_1, x_2) und (y_1, y_2) bestimmt durch

$$d = H \log \frac{(x_1 \lambda_2 - x_2 \lambda_1)(y_1 \mu_2 - y_2 \mu_1)}{(y_1 \lambda_2 - y_2 \lambda_1)(x_1 \mu_2 - x_2 \mu_1)},$$

wenn man bedenkt, dass die Coordinatenverhältnisse nichts anderes sind, als die in den früheren Paragraphen angewandten Parameter."

§ 15.

Die Existenz je zweier unendlich fernen Reihen für jedes Büschel brauchte nach den Untersuchungen über die Reihe, als die vorbildliche Mannigfaltigkeit ersten Grades, nicht besonders nachgewiesen werden. Wir gehen sofort über zur Erledigung der Frage nach der Vertheilung aller unendlich fernen Reihen der sämmtlichen Büschel eines Feldes.

Die Erledigung dieses Problems wird ermöglicht durch die, aus dem mehrfach angegebenen Grunde übrigens ganz berechtigte, Herübernahme des in der Theorie der Reihe gefundenen Satzes, dass ein unendlich fernes Object einer Reihe auch unendlich fernes Object jeder andern Reihe ist, der es angehört. Der Satz lautet hier:

Wenn O eine unendlich ferne Reihe irgend eines Büschels ist, so ist sie auch unendlich ferne Reihe jedes anderen Büschels in demselben Felde.

Sind nun r_1, r_2, r_3 irgend drei von einander unabhängige, also nicht einem Büschel angehörige, Reihen eines Feldes, so ist jede andere Reihe dieses Feldes gegeben durch den Ausdruck

$$x_1 r_1 + x_2 r_2 + x_3 r_3,$$

wo x_1, x_2, x_3 die Coordinaten dieser Reihe sind.

Irgend ein Object L in dem Felde wird durch eine Gleichung

$$L_1 x_1 + L_2 x_2 + L_3 x_3 = 0$$

bestimmt, wo L_1, L_2, L_3 numerische Grössen sind. Zwei Systeme (x_1, x_2, x_3), die dieser Gleichung genügen, werden ein Paar von Reihen bestimmen, welche jenes Object gemeinschaftlich haben.

Wenn nun die Coordinaten einer unendlich fernen Reihe die Gleichung erfüllen

$$\varphi(x_1, x_2, x_3) = 0,$$

dann wird eine das Object L enthaltende unendlich ferne Reihe definirt werden durch das System der gleichzeitigen Lösungen von

$$L_1 x_1 + L_2 x_2 + L_3 x_3 = 0$$

$$\varphi(x_1, x_2, x_3) = 0.$$

Aber es kann nun wieder für jedes Object nur zwei unendlich ferne Reihen geben. Die letztere Gleichung muss daher auch wieder vom zweiten Grade sein. Wir haben somit das folgende wichtige Resultat:

„Die Coordinaten aller unendlich fernen Reihen eines Feldes genügen einer homogenen Gleichung zweiten Grades."

§ 16.

Wenn wir uns die für den Maassunterschied zweier Objecte einer Reihe gefundenen Sätze sowie die ihnen entsprechenden für die Abweichung zweier Reihen eines Büschels vergegenwärtigen, so kommen wir zu folgenden allgemeinen Ergebnissen.

Es giebt hinsichtlich des Maassunterschiedes zweier Objecte in jedem Felde ein System ausgezeichneter Objecte und ausgezeichneter Reihen. Die ausgezeichneten Objecte sind dadurch characterisirt, dass sie von jedem anderen Objecte durch unendlich grossen Maassunterschied getrennt sind. Die ausgezeichneten Reihen haben die Eigenschaft, dass jede zwei ihrer Objecte den Maassunterschied Null besitzen.

Auch hinsichtlich der Abweichung zweier Reihen enthält jedes Feld zwei Systeme ausgezeichneter Elemente: Objecte und Reihen. Jede ausgezeichnete Reihe hat unendlich grosse Abweichung gegen jede andere Reihe. Jedes ausgezeichnete Object besitzt die Eigenschaft, dass jedes Paar von Reihen, dem es angehört, die Abweichung Null hat.

Jede Reihe enthält im Allgemeinen zwei Objecte von unendlich grossem Maassunterschied gegen jedes andere, und zwei Objecte, deren Reihen verschwindende Abweichung besitzen. Jedes Reihenbüschel enthält im Allgemeinen zwei Reihen von unendlich grosser Abweichung gegen jede andere, und zwei Reihen, deren sämmtliche Objectenpaare verschwindenden Maassunterschied besitzen.

Auf einer Reihe mit durchgehends verschwindendem Maassunterschied der Objectenpaare fallen die unendlich fernen Objecte zusammen, und ihr Maassunterschied gegen andere Objecte der Reihe ist unbestimmt. In einem Reihenbüschel, dessen Reihenpaare durchgehends die Abweichung Null besitzen, fallen die beiden Reihen von unendlich grosser Abweichung zusammen, und ihre Abweichung gegen jede andere Reihe des Büschels wird unbestimmt.

Die Existenz einer Reihe mit überall verschwindendem Maassunterschied der Objectenpaare ist eben eine Consequenz des Zusammenfallens der beiden unendlich fernen Objecte der Reihe. Wir können somit den Satz aufstellen:

Eine Reihe, die zwei consecutive unendlich ferne Objecte besitzt, ist eine Reihe von überall verschwindendem Maassunterschied der Objecte.

Diesem entspricht nach dem Princip der Dualität der andere Satz:

Ein Object, welches zwei consecutiven unendlich fernen Reihen gemeinsam ist, besitzt die Eigenschaft, dass alle Reihen, welchen es angehört, die Abweichung Null gegeneinander haben.

§ 17.

Aus diesen Ergebnissen kann in keiner Weise strenge geschlossen werden, dass die unendlich fernen Objecte auf den unendlich fernen Reihen liegen, oder mit anderen Worten, dass eine Reihe unendlich ferner Objecte auch eine unendlich ferne Reihe sei.

Wohl aber dürften die gewonnenen Resultate hinreichen, um die Aufstellung des zur Vollendung unserer Theorie der Maassbestimmung nothwendigen Grundsatzes zu rechtfertigen, den wir so formuliren:

„Wenn zwei Reihen eines Feldes die Abweichung Null besitzen, so ist ihr gemeinschaftliches Object ein unendlich fernes, und umgekehrt.“

Das gemeinsame Object aller Reihen eines Büschels von überall verschwindender Abweichung ist daher unendlich fern, und hieraus folgern wir das wichtige Resultat, dass alle Objecte von unendlich grossem Maassunterschied gegen die andern gleichzeitig die Eigenschaft besitzen, dass alle durch sie hindurchgehenden Reihen verschwindende Abweichung haben, und umgekehrt. Dann fallen aber in der That die beiden Systeme ausgezeichneter Elemente, die wir im vorigen Paragraphen anführten, in eines zusammen.

Jedes consecutive Paar ausgezeichneter Objecte bestimmt eine Reihe, deren einzelne Objecte verschwindenden Maassunterschied gegen einander und zugleich die Eigenschaft besitzen, dass jedes Reihenbüschel durch sie überall verschwindende Abweichung aufweist.

Unendlich ferne Objecte sind solche, die im Allgemeinen von jedem anderen Object durch unendlich grossen Maassunterschied getrennt sind, und zugleich die Eigenschaft besitzen, dass jedes sie enthaltende Reihenpaar verschwindende Abweichung hat.

Unendlich ferne Reihen sind solche, die im Allgemeinen gegen jede andere Reihe unendlich grosse Abweichung und zugleich die Eigenschaft besitzen, dass der Maassunterschied eines jeden ihrer Objectenpaare im Allgemeinen verschwindet.

§ 18.

Sowohl der Maassunterschied zweier Objecte als auch die Abweichung zweier Reihen ist durch den analytischen Ausdruck des Logarithmus eines Doppelverhältnisses bestimmt. Dieser Logarithmus besitzt noch als Factor eine willkürliche, aus einer Integration hervorgegangene Constante, die wir für den ersten Fall mit H, im zweiten mit H' bezeichneten. Die Bedeutung von H war dadurch festgestellt, dass wir

$$2H\pi i$$

als Umfang der Reihe definirten. Analog wollen wir

$$2H'\pi i$$

als Umfang des Reihenbüschels bezeichnen. Und zur Definition von H' wollen wir noch festsetzen, dass die Umfänge von Reihe und Büschel übereinstimmen. Es muss dann also werden

$$2H'\pi i = \pi$$

oder

$$H' = \frac{1}{2i}$$

$$H' = H.$$

Damit ist dann die Maassbestimmung unserer allgemeinen dreifachen Mannigfaltigkeit C vollständig festgestellt. Es möge noch bemerkt werden, dass nunmehr für diese Maassbestimmung die sämmtlichen Formeln der sphärischen Trigonometrie in der üblichen Form können hergeleitet werden.

Kapitel XXVI.

Die räumliche Abbildung einer allgemeinen dreifachen Mannigfaltigkeit und die elementare Bewegung.

§ 1.

Wie schon in der Einleitung des vorigen Kapitels hervorgehoben wurde, halten wir uns an die Erfahrungsthatsache, dass uns der Raum als dreifache Mannigfaltigkeit erscheint.

Es braucht nun nicht bewiesen zu werden, dass zwei gleich mächtige Mannigfaltigkeiten immer einander so können zugeordnet werden, dass einer Constituente der einen eine der anderen Mannigfaltigkeit entspricht und umgekehrt. Diese ein-eindeutige Correspondenz der beiden Mannigfaltigkeiten wollen wir als die Abbildung derselben auf einander bezeichnen.

Die Constituenten irgend einer ganz allgemein gedachten dreifachen Mannigfaltigkeit haben wir als Objecte bezeichnet. Die Constituenten des Raumes sind die Punkte. Irgend ein Object der durch den Ausdruck

$$x_1 a_1 + x_2 a_2 + x_3 a_3 + x_4 a_4$$

analytisch gegebenen Mannigfaltigkeit ist durch die Verhältnisse der vier Zahlen x gegeben. Durch die gleichen Verhältnisse können wir immer eindeutig einen Punkt im Raume bestimmen. Wir werden daher den Raum R auf die Mannigfaltigkeit C immer so abbilden können, dass

Einem Object von C entspricht ein Punkt von R, und einem Punkt von R entspricht ein Object von C.

Seien zwei Objecte in C gegeben, also

$$x_1 a_1 + x_2 a_2 + x_3 a_3 + x_4 a_4,$$

$$y_1 a_1 + y_2 a_2 + y_3 a_3 + y_4 a_4.$$

Dann lässt sich aus diesen Objecten eine Reihe ableiten, deren Ausdruck ist

$$(x_1 + \lambda y_1) a_1 + (x_2 + \lambda y_2) a_2 + (x_3 + \lambda y_3) a_3 + (x_4 + \lambda y_4) a_4,$$

wo λ ein stetig veränderlicher Parameter ist. Einem jeden durch einen bestimmten Werth von λ characterisirten Object entspricht ein Punkt mit den Coordinaten

$$x_1+\lambda y_1,\quad x_2+\lambda y_2,\quad x_3+\lambda y_3,\quad x_4+\lambda y_4.$$

Für veränderliches λ liegen aber alle diese Punkte auf der durch die Punkte x, y geführten Graden. Daher:

Die Objecte einer Reihe in C entsprechen ein-eindeutig den Punkten einer geraden Linie in R.

Sind drei Objecte in C gegeben durch die Ausdrücke

$$x_1a_1+x_2a_2+x_3a_3+x_4a_4,$$
$$y_1a_1+y_2a_2+y_3a_3+y_4a_4,$$
$$z_1a_1+z_2a_2+z_3a_3+z_4a_4,$$

so wird der Ausdruck

$$(x_1+\lambda y_1+\mu z_1)a_1+(x_2+\lambda y_2+\mu z_2)a_2+(x_3+\lambda y_3+\mu z_3)a_3 +(x_4+\lambda y_4+\mu z_4)a_4$$

ein Feld darstellen, wenn λ, μ sich continuirlich ändern. Jedem durch ein Werthsystem (λ, μ) gegebenen Objecte dieses Feldes correspondirt in R ein Punkt von den Coordinaten

$$x_1+\lambda y_1+\mu z_1,\quad x_2+\lambda y_2+\mu z_2,\quad x_3+\lambda y_3+\mu z_3,\quad x_4+\lambda y_4+\mu z_4.$$

Alle diese Punkte erfüllen für veränderliche (λ, μ) eine Ebene. Daher:

Die Objecte eines Feldes in C entsprechen ein-eindeutig den Punkten einer Ebene in R.

Wir sahen im vorigen Kapitel, dass alle unendlich fernen Objecte von C Coordinaten besitzen, welche einer homogenen quadratischen Gleichung genügen. Danach schliessen wir:

Alle unendlich fernen Objecte von C haben als Bilder in R solche Punkte, die einer Fläche zweiter Ordnung angehören.

Diese Fläche nennen wir die absolute Fläche des Raumes R.

Erinnern wir uns der Definition für das Doppelverhältniss von vier Objecten einer Reihe, so haben wir sofort den Satz:

Das Doppelverhältniss von vier Objecten einer Reihe ist gleich dem Doppelverhältniss der vier entsprechenden Punkte der Geraden, welche der Reihe correspondirt.

Hieraus und aus dem analogen Satz, der aus der Correspondenz zwischen Reihenbüschel und Strahlenbüschel herzuleiten ist, folgern wir nun die wichtigen Ergebnisse:

Der Maassunterschied zweier Objecte ist proportional dem Logarithmen des Doppelverhältnisses der beiden entsprechenden Punkte zu denjenigen Punkten, in welchen deren Verbindungsgerade die absolute Fläche schneidet.

Die Abweichung zweier Reihen eines Büschels ist proportional den Logarithmen des Doppelverhältnisses desjenigen ebenen Strahlenbüschels, welches gebildet wird aus den beiden jenen Reihen entsprechenden Strahlen und den beiden Tangenten, die von dem Durchschnittspunkte dieser Strahlen nach der absoluten Fläche gezogen werden können.

Der Punkt x_1, x_2, x_3, x_4 besitzt in Bezug auf die Absolutfläche $U = 0$ die Polarebene

$$x_1 \frac{\partial U}{\partial x_1} + x_2 \frac{\partial U}{\partial x_2} + x_3 \frac{\partial U}{\partial x_3} + x_4 \frac{\partial U}{\partial x_4} = 0.$$

Das diesem Punkte entsprechende Object besitzt also ein „Polarfeld“, welches dieser Ebene correspondirt. Mit Einführung der Begriffe Pol und Polare für Object und Feld erlangen wir fast sofort den Satz:

Der Maassunterschied eines Objects von jedem Object seiner Polarebene ist gleich $\frac{\pi}{2}$.

Endlich lässt sich nunmehr auch der Begriff der Abweichung zweier Felder aufstellen durch den Satz:

Die Abweichung zweier Felder wird definirt als die Abweichung ihrer Pole.

§ 2.

Bevor wir in der Betrachtung der Abbildung einer allgemeinen Mannigfaltigkeit C auf dem gegebenen Raum weitergehen, möge kurz die Bedeutung der Untersuchungen des vorigen Capitels für die Geometrie erörtert werden.

Wir hatten gefunden, dass jede Reihe zwei unendlich ferne Objecte enthält. Und zwar waren diese bestimmt durch die

Wurzeln einer gewissen quadratischen Gleichung. Darauf fussend haben wir weiter schliessen können, dass alle unendlich fernen Objecte eines Feldes eine Reihe zweiten Grades bilden.

Die Gleichung dieses Gebildes war homogen, durch die drei Coordinaten x_1, x_2, x_3 eines Objectes in einem Felde, gegeben

$$f(x_1, x_2, x_3) = 0,$$

wo also f eine quadratische Form der Argumente bedeutet.

Es sind nun drei Fälle möglich. Erstens kann die Form f so beschaffen sein, dass der obigen Gleichung stets durch reelle Werthsysteme (x_1, x_2, x_3) genügt werden kann. Dann hat jede Reihe in dem betrachteten Felde zwei reelle unendlich ferne Objecte. Zweitens kann die Form f zerfallen in das Product zweier gleichen linearen Factoren. Dann hat jede Reihe thatsächlich nur ein unendlich fernes Object, welches aber allerdings betrachtet werden muss als ein Paar coincidirender Objecte. Endlich ist drittens möglich, dass der Gleichung $f = 0$ überhaupt nicht durch reelle Werthsysteme (x_1, x_2, x_3) genügt werden kann. Dann hat keine Reihe des Feldes unendlich ferne (reelle) Objecte. Die Reihe ist dann ein im Endlichen in sich zurückkehrendes, geschlossenes, Gebilde.

Es giebt also drei verschiedene Formen, in denen wir uns hinsichtlich der Maassverhältnisse, die allgemeinste Mannigfaltigkeit ersten Grades, die Reihe, vorstellen können.

In der Euklidischen Geometrie wird die Annahme gemacht, dass die gerade Linie, also eine Mannigfaltigkeit ersten Grades nur einen unendlich fernen Punkt besitzt. Diese Annahme erhält ihre Berechtigung aus dem Umstande, dass wir mit ihr bei keiner Anwendung der Geometrie zu Ergebnissen gelangen, die der Erfahrung widersprechen.

Rein theoretisch muss aber zugegeben werden, dass, da wir niemals zu dem unendlich fernen Punkte der Geraden vordringen können, sondern immer nur endliche — wenn auch noch so grosse — Strecken kennen lernen, die beiden anderen Annahmen, die nach der allgemeinen Theorie möglich sind, gleiche Berechtigung mit der thatsächlich gemachten besitzen.

Man hat daher auch unter den Voraussetzungen, dass die Gerade entweder zwei oder gar keine unendlich fernen Punkte besitze, in sich consequente Geometrieen ausgebildet. Die eine, bei der man der Geraden zwei unendliche ferne Punkte zuspricht, hat man die hyperbolische Geometrie genannt, während die andere, in der die gerade Linie ohne reelle unendlich ferne Punkte auftritt, als elliptische Geometrie bezeichnet wird. In Uebereinstimmung mit dieser, im Anschluss an einen häufigen Gebrauch in der modernen Geometrie gewählten, Terminologie heisst die Euklidische Geometrie auch parabolische Geometrie.

Wir werden im Folgenden eine Mannigfaltigkeit betrachten, für die eine der elliptischen Geometrie analoge Maassbestimmung Platz greift, weshalb wir uns hier auf einige kurze Bemerkungen über die hyperbolische Geometrie beschränken wollen.

Da in dieser Geometrie die Gerade zwei unendlich ferne Punkte besitzt, so giebt es durch einen Punkt immer zwei Geraden, welche eine gegebene gerade Linie im Unendlichen schneiden, mit andern Worten: durch einen Punkt giebt es zwei Parallelen zu einer Geraden. Diese Parallelen schliessen einen Winkel mit einander ein, der wächst mit der Entfernung des Punktes von der gegebenen Geraden. Rückt der Punkt insbesondere in unendliche Entfernung von der Geraden, so wird der Winkel der Parallelen gleich π. Zählt man die Winkel in umgekehrter Richtung, so ist dieser Parallelwinkel jetzt Null, wie auch offenbar ist, da zwei Geraden, die sich auf dem Fundamentalkegelschnitt schneiden den Winkel Null einschliessen. Der Winkel zwischen einer Geraden und einer ihrer Parallelen ist also auch Null. Leicht zu sehen ist auch nun, dass die Summe der Winkel in einem Dreiecke, dessen Ecken unendlich fern liegen, Null ist. In einem ganz im Endlichen gelegenen Dreieck des hyperbolischen Raumes ist die Winkelsumme kleiner als 2π.

Wir begnügen uns mit diesem Hinweise auf einige wichtige Punkte aus der hyperbolischen Geometrie und verweisen in Bezug auf nähere Auseinandersetzungen auf die Arbeiten der Herren Battaglini*) und F. Klein**).

*) Battaglini, Sulla geometria imaginaria di Lobatschewsky. Giornale di matematiche t. V. 1867.

**) F. Klein, Ueber die sogen. Nicht-Euklidische Geometrie. Mathematische Annalen. t. IV.

Wenden wir uns nun noch zu einer kurzen Betrachtung der Art und Weise, in der sich die parabolische Geometrie als Specialfall der allgemeinen Maassbestimmung in einer dreifachen Mannigfaltigkeit darstellt. In der parabolischen Geometrie fallen die beiden unendlich fernen Punkte der Geraden in einen einzigen zusammen. Das unendlich ferne Gebilde der Ebene wird also hier eine einzige doppelt zu zählende Gerade — die unendlich ferne Gerade — sein. Auf dieser Geraden liegt das imaginäre Punktepaar

$$x^2+y^2=0,$$

wie man sich leicht überzeugt, wenn man die Kreisgleichung in orthogonalen Coordinaten in der Form der Gleichung eines Kegelschnittbüschels schreibt

$$S+\lambda uv=0,$$

wo

$$S\equiv x^2+y^2$$
$$u\equiv \text{const.}$$
$$v\equiv px+qy+1$$

ist, und wenn man noch beachtet, dass für ein Parallelcoordinatensystem die unendlich ferne Gerade die Gleichung

$$\text{const.}=0$$

hat.

Dieses Punktepaar — die imaginären Kreispunkte — und die sie verbindende Doppelgerade sind also der unendlich ferne Kegelschnitt der Euklidischen Ebene.

Wir sehen nun sofort, dass die Maassbestimmung im ebenen Strahlenbüschel ganz den allgemeinen Gesetzen folgt, die für den Reihenbüschel gefunden wurden. Jeder Büschel besitzt zwei Fundamentalstrahlen, nämlich die durch die Kreispunkte gehenden. Gehen wir also sofort zur Betrachtung der Maassbestimmung auf der geraden Linie über. Ist in homogenen Punktcoordinaten

$$W=0$$

die Gleichung des unendlich fernen Gebildes der Ebene, und wir wollen den Maassunterschied der Punkte $x(x_1, x_2, x_3)$ und $y(y_1, y_2, y_3)$ einer Geraden bestimmen, so sind in W an Stelle der Variabeln die Ausdrücke $\mu x_i - \lambda y_i$ zu substituiren, wodurch wir erhalten

$$\mu^2 W_{xx} - 2\lambda\mu W_{xy} + \lambda^2 W_{yy} = 0,$$

wo die Bedeutung der Zeichen W_{xx}, W_{xy}, W_{yy} klar ist. Daraus ergiebt sich

$$\frac{\lambda}{\mu} = \frac{W_{xy} + \sqrt{W_{xy}^2 - W_{xx} W_{yy}}}{W_{xy} - \sqrt{W_{xy}^2 - W_{xx} W_{yy}}},$$

wo $\frac{\lambda}{\mu}$ das Doppelverhältniss der Punkte x, y zu den beiden Schnittpunkten ihrer Geraden mit $W = 0$ ist. Es ist nun der Maassunterschied δ von x und y.

$$\delta = H \log \frac{\lambda}{\mu}.$$

Nun ist

$$\log t = 2i \arccos \frac{t+1}{2\sqrt{t}},$$

und somit

$$\delta = 2Hi \arccos \frac{W_{xy}}{\sqrt{W_{xx} W_{yy}}}$$

oder auch

$$\delta = 2Hi \arcsin \frac{\sqrt{W_{xx} W_{yy} - W_{xy}^2}}{\sqrt{W_{xx} W_{yy}}}.$$

Ist nun

$$p = p_1 x_1 + p_2 x_2 + p_3 x_3 = 0$$

die Gleichung der unendlich fernen Geraden, so wird hier

$$W = p^2,$$

und wenn wir mit Δ die Discriminante von W bezeichnen, so ist

$$W_{xx} W_{yy} - W_{xy}^2 = \Delta f(x, y),$$

und dies verschwindet, weil $\Delta = 0$, wenn W ein vollständiges Quadrat. Setzen wir noch statt des verschwindenden Sinus den Bogen, so ist, nach Unterdrückung des Factors Δ

$$\delta = 2Hi \frac{\sqrt{f(x, y)}}{\sqrt{W_{xx} W_{yy}}}$$

$$\delta = 2Hi \frac{\sqrt{f(x, y)}}{p_x \cdot p_y}.$$

Der Maassunterschied zweier Punkte einer Geraden ist also in der

Euklidischen Geometrie eine algebraische Function der Coordinaten dieser Punkte, während die Abweichung zweier Strahlen eines Büschels, ihr Winkel, eine transcendente Function bleibt, wie in der allgemeinen Mannigfaltigkeit die Abweichung zweier Reihen eines Büschels.

Die vollkommene Dualität, auch hinsichtlich der Maassverhältnisse, zwischen Reihen und Büscheln, die wir in der Theorie der allgemeinen Mannigfaltigkeit dritten Grades fanden, hört also in der Euklidischen oder parabolischen Geometrie auf.

Betreffs fernerer Ausführungen, die uns hier zu weit vom eigentlichen Gegenstand ablenken würden, sehe man Herrn Killings Werk und den oben erwähnten Aufsatz des Herrn F. Klein nach.

§ 3.

Indem wir uns nun wieder zu allgemeineren Untersuchungen wenden, werden wir von der im § 1 angegebenen Abbildung einer Mannigfaltigkeit C auf den gegebenen Raum der Erfahrung durchgängig Gebrauch machen. Dabei möge aber ganz ausdrücklich hervorgehoben sein, dass wir mit der Mannigfaltigkeit C keinerlei geometrische Begriffe verbinden wollen. Namentlich möge immer festgehalten werden, dass die Objecte von C und die Punkte des Raumes in gar keine Beziehung stehen, als dass die letzteren die Bilder der ersteren — gewissermaassen Zeichen für die Objecte, niemals aber die Objecte selber — sind.

Wir wollen hier in der Mannigfaltigkeit C diejenige Beziehung betrachten, welche der Bewegung im Erfahrungsraum entspricht. Dabei wird es vollkommen berechtigt sein, wenn wir unsere Grundvorstellungen bilden nach jenen, die wir in unserem Raume erworben haben.

Nun lässt sich eine unendlich kleine Verschiebung eines starren Systems im Raume immer darstellen durch eine eindeutige Transformation der Coordinaten aller Systempunkte, die den Character hat, dass die Entfernung zweier Systempunkte durch die Coordinatentransformation nicht geändert wird*).

Von dieser Bemerkung ausgehend denken wir uns nun die

*) Siehe Kirchhoff, Mechanik. Vorlesung VIII.

Mannigfaltigkeit C erfüllt von zwei Systemen von Objecten, die in solcher Beziehung zu einander stehen, dass einem Object des einen Systems ein Object des anderen entspricht, und umgekehrt. Ist jedes Object durch seine vier homogenen Coordinaten, oder also durch seinen Bildpunkt gegeben, so wird, wenn die Objecte des einen Systems durch x, die des anderen durch y bezeichnet werden, diese Beziehung ihren analytischen Ausdruck wieder nur in der folgenden linearen Transformation finden können

$$\begin{aligned}
y_1 &= (11)x_1+(12)x_2+(13)x_3+(14)x_4 \\
y_2 &= (21)x_1+(22)x_2+(23)x_3+(24)x_4 \\
y_3 &= (31)x_1+(32)x_2+(33)x_3+(34)x_4 \\
y_4 &= (41)x_1+(42)x_2+(43)x_3+(44)x_4 .
\end{aligned}$$

Soll diese Transformation derjenigen entsprechen, welche im Raume Bewegung heisst, so muss sie so beschaffen sein, dass wenn die Objecte x, ξ durch die Transformation in die Objecte y, η übergeführt werden, und wenn man durch das Functionszeichen δ den Maassunterschied bezeichnet,

$$\delta(x, \xi) = \delta(y, \eta)$$

ist.

§ 4.

Wenn nun O ein unendlich fernes Object vor der Transformation ist, so muss es auch offenbar nach derselben, als Object O', unendlich fern sein. Denn, es sei irgend ein anderes Object X von der Transformation nicht unendlich fern, und werde auch durch dieselbe nicht in ein unendlich fernes übergeführt. Es heisse nach der Transformation X'. Dann ist, nach obigem,

$$\delta(O, X) = \delta(O', X').$$

Von der linken Seite dieser Gleichung wissen wir, dass sie einen unendlich grossen Werth besitzt. Wir schliessen somit, dass auch die rechte unendlich gross sein muss. Demnach muss eins der Elemente O', X' unendlich fern sein. Und da dies für X' ausdrücklich als nicht zutreffend vorausgesetzt wird, so muss O' unendlich fern sein.

Bei einer linearen Transformation der Mannigfaltigkeit C, bei der Erhaltung der Maassunterschiede stattfindet, gehen also unendlich ferne Objecte wieder in unendlich ferne über.

Wir können dies auch so ausdrücken, dass bei einer solchen Transformation das unendlich ferne Gebilde in sich selbst transformirt wird.

Endlich kann dem Ergebniss, unter Berücksichtigung der Abbildung von C auf dem Punktraum auch die Form gegeben werden:

Bei der räumlichen Abbildung einer linearen Transformation von C, welche die Maassunterschiede unverändert lässt, wird die Absolutfläche des Bildraumes in sich selbst transformirt.

§ 5.

Es entsteht nun die Frage, welche Form der Gleichung des unendlich fernen Gebildes von C — oder was hier auf dasselbe hinauskommt der Absolutfläche des Bildraumes — für die fernere analytische Behandlung die einfachste ist. Wir wollen diese Frage in der eingehenden Weise besprechen, in der sie durch Sir R. Ball erörtert worden ist, und zwar wollen wir sie direct erledigen für den Bildraum, womit sie ja dann auch für die Mannigfaltigkeit C entschieden ist.

Im Allgemeinen existiren immer vier Punkte im Raume, die durch eine lineare Transformation ungeändert bleiben. Man findet dieselben, wenn man setzt

$$y_1 = \varrho x_1, \quad y_2 = \varrho x_2, \quad y_3 = \varrho x_3, \quad y_4 = \varrho x_4,$$

und den Parameter ϱ aus der Gleichung vierten Grades bestimmt

$$(g) \qquad \begin{vmatrix} (11)-\varrho, & (12), & (13), & (14) \\ (21), & (22)-\varrho, & (23), & (24) \\ (31), & (32), & (33)-\varrho, & (34) \\ (41), & (42), & (43), & (44)-\varrho \end{vmatrix} = 0,$$

welche Determinante wir für $\varrho = 0$ mit $\triangle$ bezeichnen.

Die vier Wurzeln von (g), die wir mit $\varrho_1, \varrho_2, \varrho_3, \varrho_4$ bezeichnen, bestimmen nun die vier Doppelpunkte der beiden Punktsysteme x und y. Die Coordinaten dieser Doppelpunkte bezeichnen wir durch

$$x_i', \quad x_i'', \quad x_i''', \quad x_i^{IV}. \qquad i=1,2,3,4$$

Diese Punkte sind die Ecken eines Tetraeders, dessen eine Seitenebene die Gleichung

$$X_1 = 0$$

hat, wo

$$X_1 = \begin{vmatrix} x_1, & x_2, & x_3, & x_4 \\ x_1', & x_2', & x_3', & x_4' \\ x_1'', & x_2'', & x_3'', & x_4'' \\ x_1''', & x_2''', & x_3''', & x_4''' \end{vmatrix}.$$

Bilden wir nun das Produkt der Determinanten X_1 und $\triangle$, so wird, mit Hülfe bekannter Sätze

$$X_1 . \triangle = \varrho_2 \varrho_3 \varrho_4 Y_1,$$

wo Y_1 die Bedeutung hat

$$Y_1 = \begin{vmatrix} Y_1, & Y_2, & Y_3, & Y_4 \\ x_1', & x_2', & x_3', & x_4' \\ x_1'', & x_2'', & x_3'', & x_4'' \\ x_1''', & x_2''', & x_3''', & x_4''' \end{vmatrix}.$$

Beachtet man nun, dass

$$\triangle = \varrho_1 \varrho_2 \varrho_3 \varrho_4,$$

so folgt $Y_1 = \varrho_1 X_1$ und analoge Gleichungen für die anderen Grössen Y:

$$Y_1 = \varrho_1 X_1, \quad Y_2 = \varrho_2 X_2, \quad Y_3 = \varrho_3 X_3, \quad Y_4 = \varrho_4 X_4.$$

Die Grössen x_1, x_2, x_3, x_4 können aus den Gleichungen

$$X_i = 0 \qquad i=1,2,3,4$$

als lineare homogene Functionen der X_i dargestellt werden. Die Gleichung der Absolutfläche des Bildraums wird dann auch als Function der X_i erscheinen

$$f(X_1, X_2, X_3, X_4) = 0.$$

Diese Gleichung soll nun unverändert bleiben, wenn wir jeden Punkt durch den ihm auf Grund der Verwandtschaftsgleichungen des § 3 entsprechenden ersetzen. Es muss also auch sein

$$f(Y_1, Y_2, Y_3, Y_4) = 0,$$

mit anderen Worten: die Gleichung

$$f(X_1, X_2, X_3, X_4) = 0$$

muss bestehen bleiben, wenn $\varrho_1 X_1$ an Stelle von $X_1, \ldots, \varrho_4 X_4$ an Stelle von X_4 tritt. Aus dieser Bedingung ist nun die besondere Form der quadratischen Function f abzuleiten.

Sei demnach ganz allgemein

$$f \equiv A_{11} x_1^2 + \cdots + 2 A_{12} x_1 x_2 + \cdots = 0.$$

Machen wir nun hier die angegebenen Substitutionen, so erhalten wir als Bedingungen dafür, dass die Fläche in sich übergeht, diese Kette von Gleichungen

$$A_{11} \varrho_1^2 : A_{11} = A_{22} \varrho_2^2 : A_{22} = \cdots = A_{12} \varrho_1 \varrho_2 : A_{12} = \cdots.$$

Hier sind nun zunächst einige Sonderfälle zu beachten. Sind alle Coefficienten A, mit Ausnahme eines, A_{ii}, Null, so ist die Gleichung der Absolutfläche

$$X_i^2 = 0,$$

stellt also nur eine Ebene des oben erwähnten Tetraeders dar.

Verschwindet von den Grössen A nur A_{ik} nicht, so haben wir für f die Form $X_i X_k$ und die Gleichung

$$X_i X_k = 0$$

giebt ein Ebenenpaar.

Sind alle Coefficienten Null bis auf die beiden A_{ii} und A_{kk}, so wird wiederum die Fläche ein Ebenenpaar

$$A_{ii} X_i^2 + A_{kk} X_k^2 = 0,$$

mit der Bedingung

$$\varrho_i^2 = \varrho_k^2.$$

Ebenso wird bei nur zwei nicht verschwindenden Coefficienten die Form möglich sein

$$A_{ii} X_i^2 + 2 A_{ik} X_i X_k = 0,$$

die durch obige Transformation in sich selbst übergeht, wenn

$$\varrho_i^2 = \varrho_i \varrho_k,$$

und ebenfalls ein Ebenenpaar darstellt.

In gleicher Weise ist das Ebenenpaar

$$A_{ik} X_i X_k + A_{ij} X_i X_j = 0$$

mit der Bedingung

$$\varrho_i \varrho_k = \varrho_i \varrho_j$$

eine mögliche Form des Gebildes $f = 0$.

Endlich schliessen sich als ferner mögliche zweigliedrige Formen von f hier an

$$A_{ik} X_i X_k + A_{gh} X_g X_h = 0$$

mit der Bedingung

$$\varrho_i \varrho_k = \varrho_g \varrho_h,$$

und

$$A_{ii} X_i^2 + A_{gh} X_g X_h = 0$$

mit der Bedingung

$$\varrho_i^2 = \varrho_g \varrho_h.$$

In ganz analoger Weise können wir die Reihe von Sonderfällen aufzählen, in denen f trinomische Form hat. Dann genügen die Grössen ϱ zwei simultanen Gleichungen; wie etwa für

$$\varrho_1^2 = \varrho_2^2 = \varrho_3 \varrho_4$$

$f = 0$ die Form hat

$$A_{11} X_1^2 + A_{22} X_2^2 + 2 A_{34} X_3 X_4 = 0.$$

Alle diese Formen der Function zweiten Grades haben ja nun allerdings die Eigenschaft, ungeändert zu bleiben durch eine Transformation, die die Maassunterschiede ungeändert lässt. Die einfachste allgemeine unter ihnen ist aber jedenfalls*)

$$A_{12} X_1 X_2 + A_{34} X_3 X_4 = 0,$$

die wir auch, wenn

$$A_{34} : A_{12} = \lambda,$$

so schreiben können

$$(a) \quad X_1 X_2 + \lambda X_3 X_4 = 0$$

mit der Bedingung

$$\varrho_1 \varrho_2 = \varrho_3 \varrho_4.$$

In dieser Form wollen wir demnach die Gleichung der Absolutfläche annehmen. Aus ihr erkennen wir, dass für die angenommene Transformation nicht nur die Absolutfläche selber, sondern eine einfach unendliche Menge von Flächen zweiten Grades in sich

*) Die anderen einfachen binomischen Formen führen wie wir sahen alle auf specielle Fälle einer Fläche zweiter Ordnung.

übergehen. In der That bleibt der Quotient

$$\frac{X_3 X_4}{X_1 X_2}$$

unabhängig von seinem Werthe ungeändert, wenn die Transformation so beschaffen ist, dass

$$\varrho_1 \varrho_2 - \varrho_3 \varrho_4 = 0.$$

Betrachten wir nun eine Reihe, auf deren Objecte eine solche Transformation angewandt ist. Seien P, Q zwei Objecte dieser Reihe, deren unendlich ferne Objecte wir durch X, Y bezeichnen. Durch die Transformation werden diese Objecte bezüglich übergeführt in P', Q', X', Y', von denen die beiden letzteren unendlich fern sein müssen, da unendlich ferne Objecte durch die Transformation auch wieder in solche übergeführt werden. Endlich lässt die Transformation bekanntlich die Doppelverhältnisse ungeändert, sodass wir also haben

$$(PQXY) = (P'Q'X'Y'),$$

woraus nach den Ergebnissen des Kapitels XXV folgt, dass der Maassunterschied der Objecte P, Q gleich dem der transformirten Objecte P', Q' ist. Es bleiben also in der That durch die angewandte Transformation alle Maassunterschiede ungeändert.

Aus der vollkommenen Dualität, welche zwischen Reihen und Büscheln besteht, schliessen wir sofort, dass auch alle Abweichungen durch diese Transformation ungeändert bleiben.

§ 6.

Wir fanden als Bedingung, welche die Coefficienten einer linearen Transformation erfüllen müssen, damit diese die hier verlangte Eigenschaft besitze, die Gleichung

$$\varrho_1 \varrho_2 - \varrho_3 \varrho_4 = 0$$

zwischen den vier Wurzeln der Gleichung (g). Dies ist aber nur ein Factor der allgemeineren Gleichung

$$(\varrho_1 \varrho_2 - \varrho_3 \varrho_4)(\varrho_1 \varrho_3 - \varrho_2 \varrho_4)(\varrho_1 \varrho_4 - \varrho_2 \varrho_3) = 0,$$

welche für solche Bewegungstransformationen immer besteht. Von der Existenz dieser Gleichung überzeugt man sich leicht, wenn man die geometrische Beziehung der Absolutfläche, wie sie durch

Gleichung (2) gegeben ist, zu dem Coordinatentetraeder beachtet. Wir wollen die Gleichheit der Doppelverhältnisse, um die es sich hier handelt, noch rein geometrisch zeigen.

Alle Flächen der Schaar

$$X_1 X_2 + \lambda X_1 X_4 = 0$$

haben je zwei Erzeugende jeder Art gemein, nämlich

$$X_1 = 0,\ X_3 = 0;\quad X_2 = 0,\ X_4 = 0$$

und

$$X_1 = 0,\ X_4 = 0;\quad X_2 = 0,\ X_3 = 0.$$

In der That, die Geraden $X_1 = 0$, $X_3 = 0$ und $X_1 = 0$ liegen beide in der Ebene $X_1 = 0$ und schneiden also einander, gehören somit verschiedenen Systemen Erzeugender der Fläche an. Dasselbe gilt für die beiden anderen Geraden, die sich in der Ebene $X_2 = 0$ schneiden.

Das Tetraeder, welches diese vier Geraden bilden bleibt nun ungeändert bei der Transformation. Irgend ein Punkt der Geraden $X_1 = 0$, $X_3 = 0$, dessen Coordinaten sind

$$0,\ X_2,\ 0,\ X_4$$

geht über in einen Punkt

$$0,\ \varrho_2 X_2,\ 0,\ \varrho_4 X_4.$$

Fig. 58.

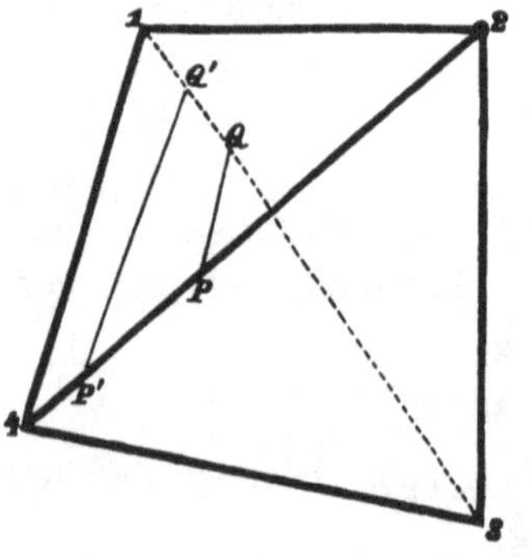

Seien in Fig. 58: 1, 2, 3, 4 die Ecken des Fundamentaltetraeders. Die Transformation möge P in P', Q in Q' überführen. Jedem P auf $\overline{24}$ entspricht ein P' und die Reihen der P und P' sind projectiv. Ganz dasselbe gilt von den Reihen der Q und Q' auf $\overline{13}$. Dabei sind 2, 4 und 1, 3 die Doppelpunkte der beiden Reihen $\overline{24}$ und $\overline{13}$. Schreiben wir die Punkte auf $\overline{24}$ in der Ordnung

$$2,\ 4,\ P,\ P'.$$

Durch 2 geht eine Erzeugende der Fläche, nämlich $\overline{23}$ (der Strahl $\overline{12}$ ist keine Erzeugende); durch 4 ebenfalls eine Erzeugende $\overline{41}$ (die

Gerade $\overline{43}$ ist wieder keine Erzeugende). Wir haben somit auf $\overline{13}$ die folgende correspondirende Punktfolge

$$3,\ 1,\ Q,\ Q'.$$

Diesen acht Punkten kommen nun die beigefügten Coordinatenwerthe zu:

2:	0,	1,	0,	0	3:	0,	0,	1,	0
4:	0,	0,	0,	1	1:	1,	0,	0,	0
P:	0,	X_2,	0,	X_4	Q:	X'_1,	0,	X'_3,	0
P':	0,	$\varrho_2 X_2$,	0,	$\varrho_4 X_4$	Q':	$\varrho_1 X'_1$,	0,	$\varrho_3 X'_3$,	0

Das Doppelverhältniss des ersten Quadrupels ist dasjenige der Zahlen

$$0,\ \infty,\ \frac{X_4}{X_2},\ \frac{\varrho_4 X_4}{\varrho_2 X_2}$$

das der zweiten Gruppe dasjenige von

$$\infty,\ 0,\ \frac{X'_3}{X'_1},\ \frac{\varrho_3 X'_3}{\varrho_1 X'_1};$$

und die beiden Doppelverhältnisse sind wieder einander gleich wegen

$$\varrho_1 \varrho_2 = \varrho_3 \varrho_4.$$

Fig. 59.

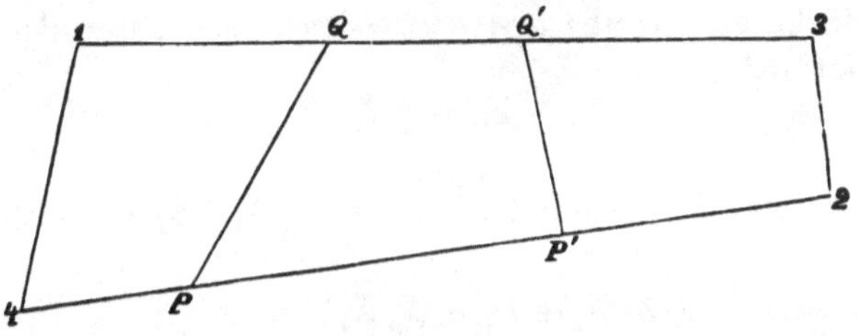

Zu gleichem Resultate gelangt man mit Fig. 59. Wenn $\overline{14}$ und $\overline{32}$ Erzeugende der Fläche sind, so wird der Punkt 4 (nicht 2) dem Punkte 1, und der Punkt 2 (nicht 4) dem Punkte 3 entsprechen, wonach die Gleichheit der Doppelverhältnisse

$$(1QQ'3) = (4PP'2)$$

vollkommen klar wird.

In der That, es ist immer gestattet, PQ als eine Erzeugende der Fläche anzusehen. Dann muss $P'Q'$ ebenfalls eine Erzeugende sein, da die Transformation ja die Fläche in sich selbst überführt. Wir haben somit vier Erzeugende der einen Art, nämlich $\overline{41}$, PQ, $P'Q'$, $\overline{23}$, welche zwei Erzeugende der anderen Art $\overline{13}$ und $\overline{24}$ schneiden, woraus sich dann sofort aus bekannten Sätzen die Gleichung

$$(1QQ'3) = (4PP'2)$$

ergiebt. Die Strahlen $\overline{12}$, $\overline{34}$ sind keine Erzeugenden, sondern conjugirte Polaren der Absolutfläche.

Wir erkennen auch klar, warum die Absolutfläche als Element einer ganzen Schaar von Flächen erscheint. Denn ist PQ Erzeugende irgend einer dem Tetraeder umgeschriebenen Fläche, dann wird, da P und Q bezw. in P' und Q' übergeführt werden, und wegen des Bestehens der Gleichheit der Doppelverhältnisse, auch $P'Q'$ eine Erzeugende derselben Fläche sein, d. h. mit andern Worten auch diese neue Fläche der Schaar wird durch die Transformation in sich selbst übergehen.

§ 7.

Wir wollen nun den Maassunterschied des transformirten Objects gegen das ursprüngliche berechnen. Zu dem Ende substituiren wir an die Stelle der Coordinaten x_i in die Gleichung der Absolutfläche die Werthe $x_i + \mu y_i$, wonach sich unter Berücksichtigung der Relationen

$$Y_i = \varrho_i X_i$$

ergiebt

$$(X_1 + \varrho_1 \mu X_1)(X_2 + \varrho_2 \mu X_2) + \lambda (X_3 + \varrho_3 \mu X_3)(X_4 + \varrho_4 \mu X_4) = 0$$

oder

$$\begin{aligned} 0 = {} & \mu^2 (\varrho_1 \varrho_2 X_1 X_2 + \lambda \varrho_3 \varrho_4 X_3 X_4) \\ & + \mu (\varrho_1 X_1 X_2 + \varrho_2 X_1 X_2 + \lambda \varrho_3 X_3 X_4 + \lambda \varrho_4 X_3 X_4) \\ & + X_1 X_2 + \lambda X_3 X_4. \end{aligned}$$

Beachten wir nun, dass

$$\varrho_1 \varrho_2 = \varrho_3 \varrho_4,$$

und setzen

$$\lambda X_3 X_4 : X_1 X_2 = \varphi,$$

so schreibt sich die letzte Gleichung übersichtlicher so

$$(\mu^2 \varrho_1 \varrho_2 (1 + \varphi) + \mu [\varrho_1 + \varrho_2 + \varphi (\varrho_3 + \varrho_4)] + 1 + \varphi = 0.$$

Ist δ der Maassunterschied, so können wir nun, nach früheren Formeln, sofort schreiben

$$\cos\delta = \frac{1}{2\sqrt{\varrho_1\varrho_2}}\,\frac{\varrho_1+\varrho_2+\varphi(\varrho_3+\varrho_4)}{1+\varphi}$$
$$= \frac{1}{2\sqrt{\varrho_1\varrho_2}}\,\frac{X_1X_2(\varrho_1+\varrho_2)+\lambda X_3X_4(\varrho_3+\varrho_4)}{X_1X_2+\lambda X_3X_4}.$$

Genügt die Transformation noch der besonderen Bedingung

$$\varrho_1+\varrho_2 = \varrho_3+\varrho_4,$$

so ist

$$\cos\delta = \frac{\varrho_1+\varrho_2}{2\sqrt{\varrho_1\varrho_2}},$$

d. h. bei einer solchen Transformation oder Bewegung wird jedes Object um denselben Maassunterschied aus seiner Anfangsposition entfernt. Da in diesem Falle

$$\varrho_1+\varrho_2 = \varrho_3+\varrho_4$$
$$\varrho_1\varrho_2 = \varrho_3\varrho_4,$$

so muss sein

$$\varrho_1 = \varrho_3 \quad \text{und} \quad \varrho_2 = \varrho_4$$

oder

$$\varrho_1 = \varrho_4 \quad \text{und} \quad \varrho_2 = \varrho_3.$$

Die biquadratische Gleichung für ϱ wird sich also jetzt als Product zweier rein quadratischen darstellen.

Setzen wir $X_1 = 0$, betrachten also Bewegungen in dem Felde X_1. Dann ist

$$\cos\delta = \frac{\varrho_3+\varrho_4}{2\sqrt{\varrho_3\varrho_4}},$$

wo unter dem Wurzelzeichen $\varrho_3\varrho_4$ geschrieben wurde, da

$$\varrho_3\varrho_4 = \varrho_1\varrho_2.$$

In dem Felde X_1 wird also jedes Object um denselben Maassunterschied aus der Anfangsposition entfernt. Man findet denselben leicht, denn es ist

$$e^{i\delta}+e^{-i\delta} = \sqrt{\frac{\varrho_3}{\varrho_4}}+\sqrt{\frac{\varrho_4}{\varrho_3}},$$

also

$$i\delta = \log \sqrt{\frac{\varrho_3}{\varrho_4}}$$

oder

$$\delta = \frac{1}{2i}(\log \varrho_3 - \log \varrho_4).$$

Der Maassunterschied, um welchen jedes Object des Feldes X_2 bewegt wird, hat den gleichen Werth.

Diese Sonderergebnisse sind vollkommen in Uebereinstimmung mit dem allgemeinen. Der Ort aller auf X_1 oder X_2 bewegten Elemente ist eben eine Fläche der Form

$$X_1 X_2 + \lambda X_3 X_4 = 0,$$

nämlich für den speciellen Werth $\lambda = 0$.

Wenn $X_1 = 0$, $X_3 = 0$, so wird $\cos\delta$ unbestimmt, wie zu erwarten, da alle so bestimmten Objecte unendlich·ferne sind.

Ist $X_1 = 0$, $X_2 = 0$, so ist

$$\delta = \frac{1}{2i}(\log \varrho_3 - \log \varrho_4)$$

und für $X_3 = 0$, X_4 ist

$$\delta = \frac{1}{2i}(\log \varrho_1 - \log \varrho_2).$$

Das Verhältniss dieser beiden Werthe, also die Grösse

$$p = \frac{\log \varrho_3 - \log \varrho_4}{\log \varrho_1 - \log \varrho_2}$$

bezeichnet Herr Ball als den Parameter der Transformation oder der Bewegung.

§ 8.

Wir wenden uns zu einer speciellen Transformation, durch die eine quadratische Function in sich selber übergeführt wird, nämlich zu der orthogonalen, welche durch die zusammengehörigen Gleichungssysteme characterisirt wird:

$$y_1 = (11)x_1 + (12)x_2 + (13)x_3 + (14)x_4,$$
$$y_2 = (21)x_1 + (22)x_2 + (23)x_3 + (24)x_4,$$
$$y_3 = (31)x_1 + (32)x_2 + (33)x_3 + (34)x_4,$$
$$y_4 = (41)x_1 + (42)x_2 + (43)x_3 + (44)x_4;$$

$$\begin{aligned}
x_1 &= (11)y_1+(21)y_2+(31)y_3+(41)y_4\\
x_2 &= (12)y_1+(22)y_2+(32)y_3+(42)y_4\\
x_3 &= (13)y_1+(23)y_2+(33)y_3+(43)y_4\\
x_4 &= (14)y_1+(24)y_2+(34)y_3+(44)y_4\,.
\end{aligned}$$

Aus dem ersten System folgt die Gleichung (g) für ϱ in der uns schon bekannten Form

$$\begin{vmatrix}
(11)-\varrho, & (12), & (13), & (14)\\
(21), & (22)-\varrho, & (23), & (24)\\
(31), & (32), & (33)-\varrho, & (34)\\
(41), & (42), & (43), & (44)-\varrho
\end{vmatrix} = 0,$$

aus dem zweiten ergiebt sich für ϱ die Gleichung

$$\begin{vmatrix}
(11)-\frac{1}{\varrho}, & (21), & (31), & (41)\\
(12), & (22)-\frac{1}{\varrho}, & (32), & (42)\\
(13), & (23), & (33)-\frac{1}{\varrho}, & (43)\\
(14), & (24), & (34), & (44)-\frac{1}{\varrho}
\end{vmatrix} = 0.$$

Vertauschen wir hier Reihen und Colonnen der Determinante links, so kommt

$$\begin{vmatrix}
(11)-\frac{1}{\varrho}, & (12), & (13), & (14)\\
(21), & (22)-\frac{1}{\varrho}, & (23), & (24)\\
(31), & (32), & (33)-\frac{1}{\varrho}, & (34)\\
(41), & (42), & (43), & (44)-\frac{1}{\varrho}
\end{vmatrix} = 0.$$

Aus der Vergleichung dieser Form mit der ursprünglichen Gleichung (g) ergiebt sich, dass für die orthogonale Transformation die Gleichung für ϱ ungeändert bleiben muss, wenn $\frac{1}{\varrho}$ an Stelle von ϱ tritt. Sie muss daher hier eine reciproke Gleichung sein, die also die Form haben wird

$$\varrho^4+4A\varrho^3+6B\varrho^2+4A\varrho+1=0.$$

Ihre Wurzeln stellen sich so dar

$$\varrho_1=\alpha,\quad \varrho_2=\frac{1}{\alpha},\quad \varrho_3=\beta,\quad \varrho_4=\frac{1}{\beta}.$$

Die orthogonale Transformation erfüllt also die fundamentale Bedingung

$$\varrho_1\varrho_2-\varrho_3\varrho_4=0.$$

In der That geht durch diese Transformation eine Fläche zweiter Ordnung in sich selbst über, denn es ist bekanntlich

$$x_1^2+x_2^2+x_3^2+x_4^2=y_1^2+y_2^2+y_3^2+y_4^2.$$

§ 9.

Nicht nur die letztere Gleichung, sondern auch die bilineare

$$x_1y_1+x_2y_2+x_3y_3+x_4y_4=0$$

geht durch die orthogonale Transformation in sich über; oder, mit anderen Worten, die Fläche

$$\begin{aligned}&x_1[(11)x_1+(12)x_2+(13)x_3+(14)x_4]\\&\qquad+x_2[(21)x_1+(22)x_2+(23)x_3+(24)x_4]\\&+x_3[(31)x_1+(32)x_2+(33)x_3+(34)x_4]\\&\qquad+x_4[(41)x_1+(42)x_2+(43)x_3+(44)x_4]=0\end{aligned}$$

geht durch die orthogonale Transformation in sich selbst über.

Die letzte Gleichung wollen wir so schreiben

$$\begin{aligned}&(11)x_1^2+(22)x_2^2+(33)x_3^2+(44)x_4^2\\&+[(12)+(21)]x_1x_2+[(13)+(31)]x_1x_3+[(14)+(41)]x_1x_4\\&+[(23)+(32)]x_2x_3+[(24)+(42)]x_2x_4+[(34)+(43)]x_3x_4=0,\end{aligned}$$

und ihre linke Seite durch U bezeichnen. Wird dann noch

$$\Omega\equiv x_1^2+x_2^2+x_3^2+x_4^2$$

gesetzt, so ist

$$(A)\quad U-h\Omega=0$$

die Gleichung einer Flächenschaar, welche durch orthogonale Transformation in sich selbst übergeht.

Suchen wir jetzt wieder den Maassunterschied, um welchen ein Object durch die orthogonale Transformation aus seiner Anfangsposition entfernt wird, so haben wir an Stelle der Coordinaten die Grössen $x_i + \lambda y_i$ in $\Omega = 0$ einzusetzen, wodurch sich ergiebt

$$\Omega + 2\lambda U + \lambda^2 \Omega = 0.$$

Der Maassunterschied δ ergiebt sich hieraus durch die Formel

$$\cos\delta = \frac{U}{\Omega}.$$

Der Ort aller Objecte, die um gleiche Maassunterschiede δ aus ihren Anfangslagen entfernt werden, wird also im Bildraume durch die Fläche

$$U - \Omega\cos\delta = 0$$

abgebildet.

§ 10.

Die Flächen U und Ω haben nun wieder vier Erzeugende gemeinsam, wie sich leicht so einsehen lässt. Die Wurzeln der Gleichung für ϱ seien

$$\varrho', \quad \frac{1}{\varrho'}, \quad \varrho'', \quad \frac{1}{\varrho''}.$$

Sie entsprechen den vier Ecken eines Tetraeders, Fig. 60. Man erkennt sofort, dass die Strahlen, welche die Punkte $\frac{1}{\varrho'}$, und ϱ', beziehungsweise die Punkte $\frac{1}{\varrho''}$, ϱ'' verbinden, hier jene beiden conjugirten Polaren sind, die wir oben fanden.

Fig. 60.

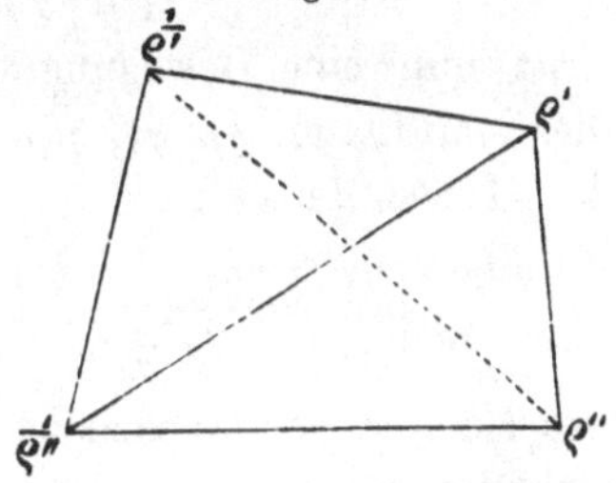

Sind nun $\alpha_1, \alpha_2, \alpha_3, \alpha_4$ und $\beta_1, \beta_2, \beta_3, \beta_4$ die Coordinaten der Ecken ϱ' und ϱ'', so wird, wenn wir $\alpha_i + \lambda\beta_i$ an Stelle der Coordinaten in Ω substituiren, dieses übergehen in

$$2\lambda(\alpha_1\beta_1 + \alpha_2\beta_2 + \alpha_3\beta_3 + \alpha_4\beta_4).$$

Nun ist

$$\begin{aligned} y_1 &= (11)x_1 + (12)x_2 + (13)x_3 + (14)x_4 \\ &= (11)(\alpha_1 + \lambda\beta_1) + (12)(\alpha_2 + \lambda\beta_2) + (13)(\alpha_3 + \lambda\beta_3) + (14)(\alpha_4 + \lambda\beta_4) \\ &= \varrho\alpha_1 + \lambda\varrho'\beta_1, \end{aligned}$$

und analoge Ausdrücke folgen für die anderen y. Erinnert man sich nun, dass

$$U = x_1 y_1 + x_2 y_2 + x_3 y_3 + x_4 y_4,$$

so folgt

$$U = (\alpha_1+\lambda\beta_1)(\varrho\alpha_1+\lambda\varrho'\beta_1)+(\alpha_2+\lambda\beta_2)(\varrho\alpha_2+\lambda\varrho'\beta_2)+\cdots,$$

und da α und β auf Ω liegen, so folgt endlich

$$U = \lambda(\varrho+\varrho')(\alpha_1\beta_1+\alpha_2\beta_2+\alpha_3\beta_3+\alpha_4\beta_4).$$

Da nun aber die Gerade $\overline{\alpha\beta}$ eine Erzeugende von Ω ist, so muss der letzte Factor verschwinden, wodurch der Beweis erbracht ist, dass $\overline{\alpha\beta}$ auch eine Erzeugende von U ist.

Ganz ebenso ist der Beweis zu führen, dass auch die drei anderen hier in Betracht kommenden Erzeugenden beiden Flächen gemeinsam sind.

§ 11.

Sind (x_1, x_2, x_3, x_4) und (x'_1, x'_2, x'_3, x'_4) zwei Objecte, so wird sich zur Bestimmung des Maassunterschiedes derselben mit Hülfe des oft benutzten Verfahrens die Gleichung ergeben

$$\cos\delta = \frac{x_1x'_1+x_2x'_2+x_3x'_3+x_4x'_4}{\sqrt{x_1^2+x_2^2+x_3^2+x_4^2}\sqrt{x_1'^2+x_2'^2+x_3'^2+x_4'^2}}.$$

Tritt nun eine Bewegung ein, nach Verlauf welcher die Objecte die Coordinaten y_1, y_2, y_3, y_4 und y'_1, y'_2, y'_3, y'_4 haben, so wird der Maassunterschied

$$\cos\tau = \frac{y_1y'_1+y_2y'_2+y_3y'_3+y_4y'_4}{\sqrt{y_1^2+y_2^2+y_3^2+y_4^2}\sqrt{y_1'^2+y_2'^2+y_3'^2+y_4'^2}}.$$

Die Nenner der Ausdrücke für $\cos\delta$ und $\cos\tau$ sind nun offenbar einander gleich. Beachtet man aber noch die Transformationsgleichungen, durch welche die x mit den y verbunden sind, so überzeugt man sich auch durch eine einfache Rechnung von der Gleichheit der Zähler. Damit ist dann wieder analytisch der Nachweis erbracht, dass die orthogonale Transformation die Maassunterschiede nicht ändert, was übrigens auch mit Hülfe der Theorie der Emananten leicht gezeigt werden kann. Denn man sieht leicht ein, dass

$$\cos\delta = \frac{x'_1\dfrac{\partial U}{\partial x_1}+\cdots}{\sqrt{U(x).U(x')}},$$

wo die Bezeichnungen $U(x)$, $U(x')$ verständlich sein werden.

§ 12.

Ist die Transformation oder Bewegung insbesondere so beschaffen, dass

$$(11) = (22) = (33) = (44)$$

und allgemein

$$(ik) + (ki) = 0,$$

so ist der Maassunterschied zu bestimmen aus der Gleichung

$$\cos\delta = \text{const.},$$

da jetzt U und Ω offenbar nur um einen constanten Factor verschieden sein werden, und allgemein

$$\cos\delta = \frac{U}{\Omega}.$$

Bei dieser Bewegung werden also alle Objecte um den gleichen Betrag von der Anfangslage aus fortgeführt. Wir wollen eine solche Bewegung nach dem Vorgange Cliffords und im Anschluss an die englischen Mathematiker als Vectorbewegung oder kurz als Vector bezeichnen.

§ 13.

Im Falle des Vectors werden, da

$$(11) = (22) = (33) = (44)$$
$$(ik) + (ki) = 0$$

die Bedingungsgleichungen zwischen den Coefficienten der orthogonalen Transformation folgende Form annehmen:

$$+(11)(12) - (12)(11) + (13)(23) + (14)(24) = 0$$
$$+(11)(13) - (12)(23) - (13)(11) + (14)(34) = 0$$
$$+(11)(14) - (12)(24) - (13)(34) - (14)(11) = 0$$
$$+(12)(13) + (11)(23) - (23)(11) + (24)(34) = 0$$
$$+(12)(14) + (11)(24) - (23)(34) - (24)(11) = 0$$
$$+(13)(14) + (23)(24) + (11)(34) - (11)(34) = 0$$

$$(11)^2 + (12)^2 + (13)^2 + (14)^2 = 1$$
$$(12)^2 + (11)^2 + (23)^2 + (24)^2 = 1$$
$$(13)^2 + (23)^2 + (11)^2 + (34)^2 = 1$$
$$(14)^2 + (24)^2 + (34)^2 + (11)^2 = 1.$$

Wir setzen nun

$$(11)=\alpha,\quad (12)=\beta,\quad (13)=\gamma,\quad (14)=\delta,$$

womit die geschriebenen Gleichungen so lauten

$$\begin{array}{ll}
\text{(I)} & +\gamma(23)+\delta(24)=0\\
\text{(II)} & -\beta(23)+\delta(34)=0\\
\text{(III)} & -\beta(24)-\gamma(34)=0\\
\text{(IV)} & +\beta\gamma+(24)(34)=0\\
\text{(V)} & +\beta\delta-(23)(34)=0\\
\text{(VI)} & +\gamma\delta+(23)(24)=0
\end{array}$$

$$\text{(VII)}\quad\begin{cases}\alpha^2+\beta^2+\gamma^2+\delta^2=1\\ \beta^2+\alpha^2+(23)^2+(24)^2=1\\ \gamma^2+(23)^2+\alpha^2+(34)^2=1\\ \delta^2+(24)^2+(34)^2+\alpha^2=1.\end{cases}$$

Durch Multiplication von IV und V folgt

$$\beta^2\gamma\delta=-(23)(24)(34)^2$$

und hieraus durch Division mit VI

$$\beta^2=(34)^2$$

$$\beta=\pm(34).$$

Ist nun

$$\beta=+(34),$$

so nennen wir den Vector einen Vector erster Art. Es ist dann noch

$$\delta=+(23)$$

$$\gamma=-(24)$$

und die Gleichungen (VII) sind jetzt alle

$$\alpha^2+\beta^2+\gamma^2+\delta^2=1.$$

Die orthogonale Substitution für den Vector erster Art hat also das Schema

$$\begin{array}{cccc}
+\alpha, & +\beta, & +\gamma, & +\delta\\
-\beta, & +\alpha, & +\delta, & -\gamma\\
-\gamma, & -\delta, & +\alpha, & +\beta\\
-\delta, & +\gamma, & -\beta, & +\alpha
\end{array}$$

mit der Bedingungsgleichung

$$\alpha^2+\beta^2+\gamma^2+\delta^2 = 1.$$

Die Bewegung wird als Vector zweiter Art definirt, wenn

$$\beta = -(34).$$

Dann ist

$$\delta = -(23)$$

$$\gamma = +(24)$$

und das Schema der zugehörigen orthogonalen Substitution ist

$$\begin{matrix} +\alpha, & +\beta, & +\gamma, & +\delta \\ -\beta, & +\alpha, & -\delta, & +\gamma \\ -\gamma, & +\delta, & +\alpha, & -\beta \\ -\delta, & -\gamma, & +\beta, & +\alpha \end{matrix}$$

mit der Bedingung

$$\alpha^2+\beta^2+\gamma^2+\delta^2 = 1.$$

§ 14.

Es möge nun ein Object aus der Position x_1, x_2, x_3, x_4 in diejenige y_1, y_2, y_3, y_4 durch einen Vector erster Art übergeführt werden. Dann ist also

$$y_1 = +\alpha x_1+\beta x_2+\gamma x_3+\delta x_4$$
$$y_2 = -\beta x_1+\alpha x_2+\delta x_3-\gamma x_4$$
$$y_3 = -\gamma x_1-\delta x_2+\alpha x_3+\beta x_4$$
$$y_4 = -\delta x_1+\gamma x_2-\beta x_3+\alpha x_4.$$

Ist τ der Maassunterschied zwischen x und y, so ist

$$\cos\tau = x_1y_1+x_2y_2+x_3y_3+x_4y_4 = \alpha.$$

„Der erste oder Leitcoefficient eines Vectors ist gleich dem Cosinus des Maassunterschieds, um welchen der Vector ein Object aus der Anfangslage entfernt.“

Ganz dasselbe Resultat ergiebt sich für den Vector zweiter Art, weshalb wir es sofort allgemein ausgesprochen haben. Man findet noch

$$\sin^2\tau = \beta^2+\gamma^2+\delta^2$$

wegen

$$\alpha^2+\beta^2+\gamma^2+\delta^2 = 1.$$

§ 15.

Alle Vectoren, welchen dieselben Werthe von β, γ, δ zugehören, nennen wir parallele Vectoren*). Für Parallelvectoren gilt nun folgender Satz, den man Clifford verdankt:

Jedes System paralleler Vectoren erster Art schneidet zwei Erzeugende des einen Systems des Absolutgebildes, und jedes System paralleler Vectoren zweiter Art schneidet zwei Erzeugende des anderen Systems dieses Gebildes.

Eine Erzeugende des Absolutgebildes, welche durch zwei Reihen bei einer Vectorbewegung erster Art getroffen wird, ist bestimmt durch die beiden Bildpunkte

$$+\alpha', \quad -\beta, \quad -\gamma, \quad -\delta$$
$$+\beta, \quad +\alpha', \quad -\delta, \quad +\gamma,$$

und durch die Bildpunkte

$$+\alpha'_0, \quad -\beta_0, \quad -\gamma_0, \quad -\delta_0$$
$$+\beta_0, \quad +\alpha'_0, \quad +\delta_0, \quad -\gamma_0,$$

wenn die Vectorbewegung von der zweiten Art ist. Zum Beweise des Clifford'schen Satzes braucht man nur zu zeigen, dass diese vier Punkte in einer Ebene liegen, denn alsdann schneiden sich die beiden Erzeugenden, gehören also verschiedenen Systemen an. Die Bedingung, dass die vier Punkte coplanar sind, ist

$$\Theta = \begin{vmatrix} \alpha', & -\beta, & -\gamma, & -\delta \\ \beta, & \alpha', & -\delta, & \gamma \\ \alpha'_0, & -\beta_0, & -\gamma_0, & -\delta_0 \\ \beta_0, & \alpha'_0, & \delta_0, & -\gamma_0 \end{vmatrix} = 0.$$

Quadriren wir diese Determinante, so kommt

*) Diese Coefficienten β, γ, δ können wir als die Richtungscoefficienten des Vectors bezeichnen. Es giebt immer eine Schaar von Reihen, welche durch den Vector in sich selbst verschoben werden. Diese Reihen haben gleiche Richtung mit dem Vector, und sind einander in obigem Sinn parallel. Der Vector kann also zunächst unter dem Bilde einer Reihe, also im Bildraume unter demjenigen einer Geraden vorgestellt werden. Durch diese Vorstellung wird dann der verbale Ausdruck des Satzes im Texte erleichtert.

$$\begin{vmatrix} 0, & 0, & [\alpha'\alpha_0'], & [\alpha'\beta_0] \\ 0, & 0, & [\beta\alpha_0'], & [\beta\beta_0] \\ [\alpha\alpha_0'], & [\beta\alpha_0'], & 0, & 0 \\ [\beta_0\alpha'], & [\beta\beta_0], & 0, & 0 \end{vmatrix},$$

woraus ersichtlich, dass die ursprüngliche Determinante einfach gleich

$$\begin{vmatrix} [\alpha'\alpha_0'], & [\beta\alpha_0'] \\ [\beta_0\alpha'], & [\beta\beta_0] \end{vmatrix}$$

ist. Dieselbe giebt, entwickelt,

$$(\alpha'\alpha_0'+\beta\beta_0+\gamma\gamma_0+\delta\delta_0)(\beta\beta_0+\alpha'\alpha_0'-\delta\delta_0-\gamma\gamma_0)$$
$$(\alpha'\beta_0-\beta\alpha_0'-\gamma\delta_0+\delta\gamma_0)(\beta\alpha_0'-\alpha'\beta_0+\delta\gamma_0-\gamma\delta_0)$$
$$=(\alpha'\alpha_0'+\beta\beta_0)^2-(\gamma\gamma_0+\delta\delta_0)^2+(\alpha'\beta_0-\alpha_0'\beta)^2-(\delta\gamma_0-\gamma\delta_0)^2$$
$$=\alpha'^2\alpha_0'^2+\beta^2\beta_0^2+\alpha'^2\beta_0^2+\alpha_0'^2\beta^2-\gamma^2\gamma_0^2-\delta^2\delta_0^2-\delta^2\gamma_0^2-\gamma^2\delta_0^2$$
$$=\alpha'^2(\alpha_0'^2+\beta_0^2)+\beta^2(\alpha_0'^2+\beta_0^2)-\gamma^2(\gamma_0^2+\delta_0^2)-\delta^2(\gamma_0^2+\delta_0^2)$$
$$=(\alpha'^2+\beta^2)(\alpha_0'^2+\beta_0^2)-(\gamma^2+\delta^2)(\gamma_0^2+\delta_0^2).$$

Aber wegen

$$\alpha'^2+\beta^2+\gamma^2+\delta^2=0,$$

reducirt sich der letzte Ausdruck so:

$$(\alpha'^2+\beta^2)(\alpha_0'^2+\beta_0^2+\gamma_0^2+\delta_0^2)$$

und dies ist Null, da der Punkt $(\alpha_0', -\beta_0, -\gamma_0, -\delta_0)$ auf der Absolutfläche liegt*).

---

*) Bildet man die Determinante Θ in der Annahme, dass beide Vectoren gleichartig sind, also

$$\Theta=\begin{vmatrix} \alpha', & -\beta, & -\gamma, & -\delta \\ \beta, & \alpha', & -\delta, & \gamma \\ \alpha_0', & -\beta_0, & -\gamma_0, & -\delta_0 \\ \beta_0, & \alpha_0', & -\delta_0, & \gamma_0 \end{vmatrix},$$

so findet man zunächst auch

$$\Theta=\begin{vmatrix} [\alpha'\alpha_0'], & [\beta\alpha_0'] \\ [\beta_0\alpha'], & [\beta\beta_0] \end{vmatrix},$$

was sich aber jetzt wegen

$$[\alpha'\alpha_0']=[\beta\beta_0],\quad [\beta_0\alpha']=-[\beta\alpha_0']$$

reducirt auf

$$[\alpha'\alpha_0']^2+[\beta\alpha_0']^2,$$

also **nicht** verschwindet.

§ 16.

Der Maassunterschied, der zu einer Vectorbewegung gehört, ist also durch den Leitcoefficienten mit Hülfe der Gleichung

$$\cos\tau = \alpha$$

bestimmt. Wir können, wie schon angedeutet, sagen, dass die drei anderen Coefficienten β, γ, δ die Richtung des Vectors bestimmen, wenn wir diesen Begriff der Euklidischen Geometrie hierher übertragen wollen.

Wir wollen nun noch die wichtige Zusammensetzung der Vectoren erörtern. Es möge also ein Object x durch einen Vector nach der Position y und von da durch einen zweiten Vector nach z übergeführt werden. Wir setzen zunächst beide Vectoren als gleichartig voraus. Der erste sei gegeben durch

$$\begin{aligned}
y_1 &= +\alpha x_1 + \beta x_2 + \gamma x_3 + \delta x_4 \\
y_2 &= -\beta x_1 + \alpha x_2 + \delta x_3 - \gamma x_4 \\
y_3 &= -\gamma x_1 - \delta x_2 + \alpha x_3 + \beta x_4 \\
y_4 &= -\delta x_1 + \gamma x_2 - \beta x_3 + \alpha x_4
\end{aligned}$$

und der zweiten durch

$$\begin{aligned}
z_1 &= +\alpha' y_1 + \beta' y_2 + \gamma' y_3 + \delta' y_4 \\
z_2 &= -\beta' y_1 + \alpha' y_2 + \delta' y_3 - \gamma' y_4 \\
z_3 &= -\gamma' y_1 - \delta' y_2 + \alpha' y_3 + \beta' y_4 \\
z_4 &= -\delta' y_1 + \gamma' y_2 - \beta' y_3 + \alpha' y_4.
\end{aligned}$$

Substituiren wir hier für die y_i ihre Werthe in Function der x_i, so ergiebt sich folgende Darstellung der z_i:

$$\begin{aligned}
z_1 = (\ \alpha\alpha' - \beta\beta' - \gamma\gamma' - \delta\delta')x_1 + (\alpha\beta' + \beta\alpha' + \gamma\delta' - \delta\gamma')x_2 + (\alpha\gamma' - \beta\delta' + \gamma\alpha' + \delta\beta')x_3 \\
+ (\alpha\delta' + \beta\gamma' - \gamma\beta' + \delta\alpha')x_4 \\
z_2 = (-\alpha\beta' - \beta\alpha' - \gamma\delta' + \delta\gamma')x_1 + (\alpha\alpha' - \beta\beta' - \gamma\gamma' - \delta\delta')x_2 + (\alpha\delta' + \beta\gamma' - \gamma\beta' + \delta\alpha')x_3 \\
+ (-\alpha\gamma' + \beta\delta' - \gamma\alpha' - \delta\beta')x_4 \\
z_3 = (-\alpha\gamma' + \beta\delta' - \gamma\alpha' - \delta\beta')x_1 + (-\alpha\delta' - \beta\gamma' + \gamma\beta' - \delta\alpha')x_2 + (\alpha\alpha' - \beta\beta' - \gamma\gamma' - \delta\delta')x_3 \\
+ (\alpha\beta' + \beta\alpha' + \gamma\delta' - \delta\gamma')x_4 \\
z_4 = (-\alpha\delta' - \beta\gamma' + \gamma\beta' - \delta\alpha')x_1 + (\alpha\gamma' - \beta\delta' + \gamma\alpha' + \delta\beta')x_2 + (-\alpha\beta' - \beta\alpha' - \gamma\delta' + \delta\gamma')x_3 \\
+ (\alpha\alpha' - \beta\beta' - \gamma\gamma' - \delta\delta')x_4.
\end{aligned}$$

Zu dieser Position gelangt also das Object, wenn auf den Vector $\alpha, \beta, \gamma, \delta$ der Vector $\alpha', \beta', \gamma', \delta'$ folgt. Für die umgekehrte Reihenfolge beider Vectoren erhalten wir

$$\begin{aligned}
z_1 &= (\alpha\alpha'-\beta\beta'-\gamma\gamma'-\delta\delta')x_1+(\alpha\beta'+\beta\alpha'-\gamma\delta'+\delta\gamma')x_2+(\alpha\gamma'+\beta\delta'+\gamma\alpha'-\delta\beta')x_3\\
&\quad+(\alpha\delta'-\beta\gamma'+\gamma\beta'+\delta\alpha')x_4\\
z_2 &= (-\alpha\beta'-\beta\alpha'+\gamma\delta'-\delta\gamma')x_1+(\alpha\alpha'-\beta\beta'-\gamma\gamma'-\delta\delta')x_2+(\alpha\delta'-\beta\gamma'+\gamma\beta'+\delta\alpha')x_3\\
&\quad+(-\alpha\gamma'-\beta\delta'-\gamma\alpha'+\delta\beta')x_4\\
z_3 &= (-\alpha\gamma'-\delta\beta'-\gamma\alpha'+\delta\beta')x_1+(-\alpha\delta'+\beta\gamma'-\gamma\beta'-\delta\alpha')x_2+(\alpha\alpha'-\beta\beta'-\gamma\gamma'-\delta\delta')x_3\\
&\quad+(\alpha\beta'+\beta\alpha'-\gamma\delta'+\delta\gamma')x_4\\
z_4 &= (-\alpha\delta'+\beta\gamma'-\gamma\beta'-\delta\alpha')x_1+(\alpha\gamma'+\beta\delta'+\gamma\alpha'-\delta\beta')x_2+(-\alpha\beta'-\beta\alpha'+\gamma\delta'-\delta\gamma')x_3\\
&\quad+(\alpha\alpha'-\beta\beta'-\gamma\gamma'-\delta\delta')x_4.
\end{aligned}$$

Hier haben wir nun zunächst das sehr wichtige Ergebniss, dass bei der Zusammensetzung zweier oder mehrerer gleichartiger Vectoren die Reihenfolge, in der man die Vectoren anwendet, nicht gleichgültig ist.

Denn wir sehen, dass, wenn wir auf das Object x erst den Vector α und dann den Vector α' anwenden, die erreichte Position verschieden ist von derjenigen, die erlangt wird, wenn erst der Vector α' und dann der Vector α angewandt wird.

Immer aber setzen sich zwei gleichartige Vectoren zusammen zu einem einzigen, der mit ihnen gleichartig ist.

Wir wenden uns zur Zusammensetzug zweier ungleichartiger Vectoren, und betrachten zunächst den Fall, dass dem Vector α, β, γ, δ der Vector α', β', γ', δ' folgt. Dann ergiebt sich

$$\begin{aligned}
z_1 &= (\alpha\alpha'-\beta\beta'-\gamma\gamma'-\delta\delta')x_1+(\alpha\beta'+\beta\alpha'+\gamma\delta'-\delta\gamma')x_2+(\alpha\gamma'-\beta\delta'+\gamma\alpha'+\delta\beta')x_3\\
&\quad+(\alpha\delta'+\beta\gamma'-\gamma\beta'+\delta\alpha')x_4\\
z_2 &= (-\alpha\beta'-\beta\alpha'+\gamma\delta'-\delta\gamma')x_1+(\alpha\alpha'-\beta\beta'+\gamma\gamma'-\delta\delta')x_2+(-\alpha\delta'-\beta\gamma'-\gamma\beta'+\delta\alpha')x_3\\
&\quad+(\alpha\gamma'-\beta\delta'-\gamma\alpha'-\delta\beta')x_4\\
z_3 &= (-\alpha\gamma'-\beta\delta'-\gamma\alpha'+\delta\beta')x_1+(\alpha\delta'-\beta\gamma'-\gamma\beta'-\delta\alpha')x_2+(\alpha\alpha'+\beta\beta'-\gamma\gamma'-\delta\delta')x_3\\
&\quad+(-\alpha\beta'+\beta\alpha'-\gamma\delta'-\delta\gamma')x_4\\
z_4 &= (-\alpha\delta'+\beta\gamma'-\gamma\beta'-\delta\alpha')x_1+(-\alpha\gamma'-\beta\delta'+\gamma\alpha'-\delta\beta')x_2+(\alpha\beta'-\beta\alpha'-\gamma\delta'-\delta\gamma')x_3\\
&\quad+(\alpha\alpha'+\beta\beta'+\gamma\gamma'-\delta\delta')x_4.
\end{aligned}$$

Geht der Vector α', β', γ', δ' dem Vector α, β, γ, δ voran, so gestalten sich die Formeln so

$$\begin{aligned}
z_1 &= (\alpha\alpha'-\beta\beta'-\gamma\gamma'-\delta\delta')x_1+(\alpha\beta'+\beta\alpha'+\gamma\delta'-\delta\gamma')x_2+(\alpha\gamma'-\beta\delta'+\gamma\alpha'+\delta\beta')x_3\\
&\quad+(\alpha\delta'+\beta\gamma'-\gamma\beta'+\delta\alpha')x_4\\
z_2 &= (-\alpha\beta'-\beta\alpha'+\gamma\delta'-\delta\gamma')x_1+(\alpha\alpha'-\beta\beta'+\gamma\gamma'-\delta\delta')x_2+(-\alpha\delta'-\beta\gamma'-\gamma\beta'+\delta\alpha')x_3\\
&\quad+(\alpha\gamma'-\beta\delta'-\gamma\alpha'-\delta\beta')x_4\\
z_3 &= (-\alpha\gamma'-\beta\delta'-\gamma\alpha'+\delta\beta')x_1+(\alpha\delta'-\beta\gamma'-\gamma\beta'-\delta\alpha')x_2+(\alpha\alpha'+\beta\beta'-\gamma\gamma'-\delta\delta')x_3\\
&\quad+(-\alpha\beta'+\beta\alpha'-\gamma\delta'-\delta\gamma')x_4\\
z_4 &= (-\alpha\delta'+\beta\gamma'-\gamma\beta'-\delta\alpha')x_1+(-\alpha\gamma'-\beta\delta'+\gamma\alpha'-\delta\beta')x_2+(\alpha\beta'-\beta\alpha'-\gamma\delta'-\delta\gamma')x_3\\
&\quad+(\alpha\alpha'+\beta\beta'+\gamma\gamma'-\delta\delta')x_4.
\end{aligned}$$

Wir haben also das interessante Ergebniss, dass bei Zusammensetzung zweier ungleichartiger Vectoren das Resultat der Zusammensetzung unabhängig ist von der Reihenfolge der Vectoren. Das Resultat ist aber nicht wieder ein Vector.

§ 17.

Das eben gefundene Gesetz der Vertauschbarkeit ungleichartiger Vectoren bei der Composition kann auch geometrisch erwiesen werden.

Fig. 61.

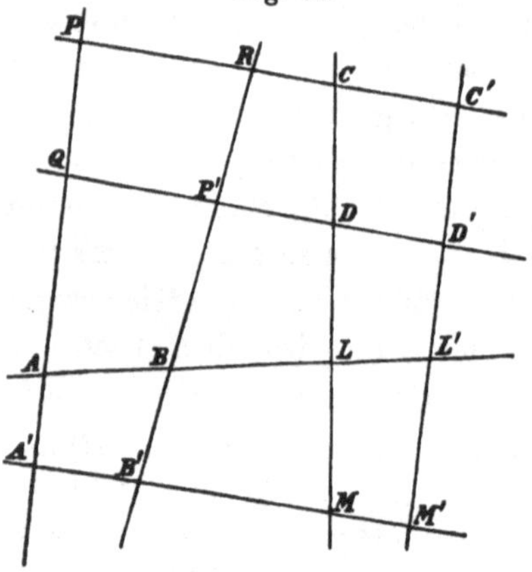

Seien, Fig. 61, AB, $A'B'$ ein Paar Vectoren erster Art, und CD, $C'D'$ ein Paar Vectoren zweiter Art. Der Vector erster Art möge P nach Q, und dann der Vector zweiter Art Q nach P' bringen. Wir werden nun zu zeigen haben, dass ebenfalls P' erreicht worden wäre, wenn P zuerst nach R gelangte, sodass $PR = QP'$, und dann R, durch den Vector $RB'B$, durch einen Maassunterschied, dem die Distanz PQ entspricht weitergeführt worden wäre.

Zu diesem Zwecke ziehen wir die Transversale $PRCC'$ durch P, und nehmen R so, dass

$$(PRCC') = (QP'DD').$$

Dann werden

$$PQ, \quad RP', \quad CD, \quad C'D'$$

auf einem Hyperboloid liegen. Daher muss RP' die AL und $A'M$ schneiden und somit auch sein

$$(PQAA') = (RP'BB'),$$

woraus endlich folgt

$$PQ = RP'$$
$$PR = QP'.$$

§ 18.

Wenn auf einen Vector erster Art $(\alpha, \beta, \gamma, \delta)$ ein solcher zweiter Art $(\alpha', \beta', \gamma', \delta')$ folgt, so stellt diese Verbindung eine Bewegung vom allgemeinsten Typus dar, die die englischen Mathematiker als **Motor** bezeichnen.

Wir wollen nun zeigen, wie der Motor in eindeutiger Weise bestimmt worden als eine lineare Transformation, bei der die Maassunterschiede sich nicht ändern.

In der That, durch Vergleichung der Coefficienten erhalten wir

$$\begin{aligned}(11) &= \alpha\alpha' - \beta\beta' - \gamma\gamma' - \delta\delta' \\ (21) &= -\alpha\beta' - \beta\alpha' + \gamma\delta' - \delta\gamma' \\ (31) &= -\alpha\gamma' - \beta\delta' - \gamma\alpha' + \delta\beta' \\ (41) &= -\alpha\delta' + \beta\gamma' - \gamma\beta' - \delta\alpha'.\end{aligned}$$

Multipliciren wir diese Gleichungen der Reihe nach mit α, $-\beta'$, $-\gamma'$, $-\delta'$ und addiren, so kommt

$$(11)\alpha' - (21)\beta' - (31)\gamma' - (41)\delta' = \alpha$$

mit Rücksicht auf

$$\alpha'^2 + \beta'^2 + \gamma'^2 + \delta'^2 = 1.$$

In analoger Weise erhält man das ganze Gleichungssystem

$$\begin{aligned}(11)\alpha' - (21)\beta' - (31)\gamma' - (41)\delta' &= \alpha \\ -(21)\alpha' - (11)\beta' + (41)\gamma' - (31)\delta' &= \beta \\ -(31)\alpha' - (41)\beta' - (11)\gamma' + (21)\delta' &= \gamma \\ -(41)\alpha' + (31)\beta' - (21)\gamma' - (11)\delta' &= \delta \\ (22)\alpha' + (12)\beta' - (42)\gamma' + (32)\delta' &= \alpha \\ (12)\alpha' - (22)\beta' - (32)\gamma' - (42)\delta' &= \beta \\ (42)\alpha' - (32)\beta' + (22)\gamma' + (12)\delta' &= \gamma \\ -(32)\alpha' - (42)\beta' - (12)\gamma' + (22)\delta' &= \delta \\ (33)\alpha' + (43)\beta' + (13)\gamma' - (23)\delta' &= \alpha \\ (43)\alpha' + (33)\beta' - (23)\gamma' - (13)\delta' &= \beta \\ -(13)\alpha' - (23)\beta' - (33)\gamma' - (43)\delta' &= \gamma \\ (23)\alpha' + (13)\beta' - (43)\gamma' + (33)\delta' &= \delta \\ (44)\alpha' - (34)\beta' + (24)\gamma' + (14)\delta' &= \alpha \\ (34)\alpha' + (44)\beta' + (14)\gamma' - (24)\delta' &= \beta \\ -(24)\alpha' - (14)\beta' + (44)\gamma' - (34)\delta' &= \gamma \\ (14)\alpha' - (24)\beta' - (34)\gamma' - (44)\delta' &= \delta\end{aligned}$$

wodurch $\alpha, \beta, \gamma, \delta$ und $\alpha', \beta', \gamma', \delta'$ immer bestimmt werden können.

Es möge noch angemerkt sein, dass der Vector als Function des Maassunterschiedes τ und der Richtungscosinus α, β, γ sich so darstellt

$$\left\{\begin{array}{rrrr} \cos\tau, & \alpha\sin\tau, & \beta\sin\tau, & \gamma\sin\tau \\ -\alpha\sin\tau, & \cos\tau, & \gamma\sin\tau, & -\beta\sin\tau \\ -\beta\sin\tau, & -\gamma\sin\tau, & \cos\tau, & \alpha\sin\tau \\ -\gamma\sin\tau, & \beta\sin\tau, & -\alpha\sin\tau, & \cos\tau \end{array}\right\}$$

mit

$$\alpha^2+\beta^2+\gamma^2 = 1.$$

§ 19.

Die Abweichung zweier Vectoren lässt sich nun auch noch leicht bestimmen. Das Object $(1, 0, 0, 0)$ möge durch den ersten Vector bewegt werden. Es gelangt nach

$$\cos\tau, \quad -\alpha\sin\tau, \quad -\beta\sin\tau, \quad -\gamma\sin\tau.$$

Wäre es durch den zweiten Vector aus der Anfangslage entfernt worden, so würde es die Stellung

$$\cos\tau', \quad -\alpha'\sin\tau', \quad -\beta'\sin\tau', \quad -\gamma'\sin\tau'$$

erreicht haben. Ist nun φ der Maassunterschied zwischen diesen beiden Lagen, so hat man

$$\cos\varphi = \cos\tau\cos\tau' + \sin\tau\sin\tau'(\alpha\alpha'+\beta\beta'+\gamma\gamma').$$

Ist aber ω die Abweichung der beiden Vectoren, so hat man offenbar

$$\cos\varphi = \cos\tau\cos\tau' + \sin\tau\sin\tau'\cos\omega,$$

wonach also

$$\cos\omega = \alpha\alpha'+\beta\beta'+\gamma\gamma'.$$

Es war nicht nöthig, dass das anfänglich gegebene Object als $(1, 0, 0, 0)$ specialisirt wurde. Nehmen wir an, seine Coordinaten seien x_1, x_2, x_3, x_4. Dann ist

$$\cos\varphi =$$
$$(\cos\tau.x_1+\alpha\sin\tau.x_2+\beta\sin\tau.x_3+\gamma\sin\tau.x_4)$$
$$(\cos\tau'.x_1+\alpha'\sin\tau'.x_2+\beta'\sin\tau'.x_3+\gamma'\sin\tau'.x_4)$$
$$+(-\alpha\sin\tau.x_1+\cos\tau.x_2+\gamma\sin\tau.x_3-\beta\sin\tau.x_4)$$
$$(-\alpha'\sin\tau'.x_1+\cos\tau'.x_2+\gamma'\sin\tau'.x_3-\beta'\sin\tau'.x_4)$$
$$+(-\beta\sin\tau.x_1-\gamma\sin\tau.x_2+\cos\tau.x_3+\alpha\sin\tau.x_4)$$
$$(-\beta'\sin\tau'.x_1-\gamma'\sin\tau'.x_2+\cos\tau'.x_3+\alpha'\sin\tau'.x_4)$$
$$+(-\gamma\sin\tau.x_1+\beta\sin\tau.x_2-\alpha\sin\tau.x_3+\cos\tau.x_4)$$
$$(-\gamma'\sin\tau'.x_1+\beta'\sin\tau'.x_2-\alpha'\sin\tau'.x_3+\cos\tau'.x_4)$$
$$=\cos\tau\cos\tau'+\sin\tau\sin\tau'\cos\omega,$$

woraus wieder für $\cos\omega$ die obige Formel folgt.

Hiermit möge dieser Abriss einer Theorie der Bewegung in einer allgemeinen Mannigfaltigkeit dritten Grades abgeschlossen sein, indem wir für weitere Untersuchungen auf die angegebenen Schriften verweisen.

Literaturverzeichniss.

Ich gebe an dieser Stelle ein Verzeichniss derjenigen Werke und Abhandlungen, welche zu Sir Ball's Theorie entweder in irgend einer Beziehung stehen, oder auf die ich mich in vorliegendem Buche bezogen habe.

Kap. I.

Streintz, Die physikalischen Grundlagen der Mechanik. Leipzig, Teubner 1883.

Mach, Die Mechanik, in kritisch-historischer Darstellung. Leipzig, Brockhaus 1883.

Poinsot, Leçons de Statique. Viele Auflagen, die letzte besorgt von Herrn J. Bertrand. Paris, Gauthier-Villars 1886.

Chasles' hierher gehörige Arbeiten finden sich im Bulletin des sciences mathém. 1830, und in den Comptes rendus t. XVI, LI, LII, LXXX, LXXXII.

Moebius, Gesammelte Werke. Herausgegeben von R. Baltzer und Herrn F. Klein. Auf Veranlassung der Königlich Sächsischen Gesellschaft der Wissenschaften zu Leipzig. Leipzig, Hirzel 1885—87.

Namentlich Band I und II (der das „Lehrbuch der Statik" enthält) kommen in Betracht.

Poinsot, Théorie nouvelle de la rotation des corps. Journal de Liouville. t. XVI. (1851).

Schell, Theorie der Bewegung und der Kräfte. Leipzig, Teubner 1879, 80.

Somoff, Theoretische Mechanik. Aus dem Russischen übersetzt von A. Ziwet. Leipzig, Teubner 1878, 79.

Resal, Cinématique pure. Paris, Gauthier-Villars 1862.

Kirchhoff, Vorlesungen über mathematische Physik. Mechanik. Leipzig, Teubner 1883.

Kap. II bis Kap. XXIV.

Hier sind namentlich Sir Ball's Schriften anzuführen. Die ersten grösseren Abhandlungen über seine Theorie finden sich in

Transactions of the Royal Irish Academy, vol. XXIV und XXV, Philosophical Transactions vol. 164 und Hermathena 1874.

Zusammengefasst sind seine bis 1876 reichenden Forschungen in

The Theory of Screws, A Study in the Dynamics of a Rigid Body. Dublin, Hodges, Forster & Co. 1876, über welches Werk Sir Ball selbst in Math. Annal. Band 9 berichtet hat.

Die Untersuchungen über die Mechanik der Körpersysteme findet man in Transactions of the Royal Irish Academy, vol. XXVIII.

Kleinere Abhandlungen:

Preliminary Note on the Plane Representation of Certain Problems in the dynamics of a Rigid Body.

On Homographic Screw Systems.

Beide in den Proceedings of the Royal Irish Academy. 1881.

Contributions to the theory of Screws in den Proceedings of the R. I. A. 1883.

On a Plane Representation of certain dynamical Problems in den Proceedings of the R. I. A. 1884.

Mehrere kürzere Mittheilungen findet man auch in den

Reports of the British Association des letzten Jahrzehnts.

Hervorgehoben möge von diesen sein

A dynamical Parable. British Association Report. 1887. (Manchester).

Sir Robert Ball hat hier in der Eröffnungsrede, die er als Präsident der mathematisch-physikalischen Section hielt, seine ganze Theorie in nicht-mathematischer Form in meisterhafter Weise skizzirt.

In den Jahren 1887, 1888 und 1889 sind die grossen Abhandlungen erschienen

Dynamics and modern Geometry. Transactions R. I. A. 1887.

On the Plane Sections of the Cylindroid. Ibid. 1888.

Eight Memoir on the Theory of Screws, showing how plane Geometry illustrates general Problems in the Dynamics of a rigid Body with three Degrees of Freedom. Ibid. 1889.

Von den Arbeiten anderer Mathematiker sind hier anzuführen

Plücker, On a new geometry of space. Philosophical Transactions 1865.

— Fundamental views regarding mechanics. Ibid. 1866.

— Neue Geometrie des Raumes. Leipzig, Teubner 1868. Hier kommt P. in Nr. 25 und No. 39 auf die Mechanik zu sprechen.

Sylvester, Sur l'involution des lignes droites dans l'espace etc. und

Note sur l'involution des six lignes dans l'espace.

Beides in Compt. rend. 1861.

Schell entwickelt a. a. O. Band I ausführlich die Theorie der Streckensysteme, mit Hülfe deren dann der Zusammenhang der Theorie der Complexe mit der Mechanik in einfacher Weise erkannt wird. Hierher gehört auch der Aufsatz von

F. Klein, Notiz betr. den Zusammenhang der Liniengeometrie mit der Mechanik starrer Körper. Mathem. Annalen Band IV.

Fiedler, Ueber Geometrie und Geomechanik. Vierteljahrsschrift der naturforsch. Gesellschaft in Zürich. 1876.

Dieser Aufsatz enthält die erste ausführliche Würdigung der Ball'schen Theorie.

Mannheim, Cours de géométrie descriptive. Paris, Gauthier-Villars 1880. In diesem Werke findet sich eine Reihe von Vorlesungen über kinematische Geometrie, in denen der Verfasser zum Theil seine werthvollen Untersuchungen aus den Mémoires des savants étrangers t. XX u. XXII reproducirt.

Die kinematische Geometrie ist neuerdings auch bearbeitet worden von

Schoenflies, Geometrie der Bewegung in synthetischer Darstellung. Leipzig, Teubner 1886.

Von Lehrbüchern sind hier noch zu erwähnen

Chelini, Elementi di meccanica razionale. Bologna 1861. Dies ausgezeichnete, leider vergriffene, Werk gründet sich auf Poinsot's Arbeiten und macht durchgehends Gebrauch von der durch Moebius eingeführten geometrischen Addition der Strecken und Flächentheile.

Routh, A Treatise on the dynamies of rigid body. 2 Bde. London 1883, 84.

Clifford, Kinematic. London. Clifford macht von eigenthümlichen Methoden Gebrauch, die ihre Grundlage in der Theorie der Quaternionen finden.

Verwandt mit diesen Werken ist endlich

Grassmann, Die lineale Ausdehnungslehre. Leipzig 1862.

Kap. XXV und XXVI.

Lobatschewsky's erste Schrift ist im Kasan'schen Boten von 1829 enthalten. Fernere Publicationen L's. finden sich in den Schriften der Universität Kasan 1836—38, Crelle's Journal Bd. XVII (1837). Als selbstständige Schriften erschienen Geometrische Untersuchungen zur Theorie der Parallellinien. Berlin 1840.

— Pangéométrie. Kasan 1855, welches Werk in italienischer Uebersetzung sich auch im Bd. V des Giornale di matematiche (1867) findet.

Bolyai's Hauptwerk erschien zu Marós Vasarhély 1832. Siehe hierzu

Frischauf, Elemente der absoluten Geometrie. Leipzig, Teubner 1876.

Gauss' Briefwechsel mit Schumacher ist bereits im Text erwähnt.

Neuen Anstoss erhielten die Untersuchungen über Nicht-Euklidische Geometrie durch Riemann's Habilitationsschrift „Ueber die Hypothesen der Geometrie", die allerdings erst 1867 erschien, siehe

Riemann, Gesammelte mathematische Werke. Leipzig, Teubner 1876. Bald nach dem ersten Erscheinen der R.'schen Schrift publicirte

Helmholtz, Ueber die Thatsachen, welche der Geometrie zu Grunde liegen. Goettinger Nachrichten 1868.

Von anderer Seite her, von der Theorie der projectiven Maassbestimmung aus, war Cayley zu wichtigen Resultaten auf diesem Gebiete gelangt.

Cayley, Sixth memoir on quantics. Phil. Transact. 1859.

Im Jahre 1868 gab

Beltrami, Saggio di interpretazione della geometrica non-euclidea im Giornale di matematiche t. VI, woselbst gleichzeitig auch eine italienische Uebersetzung von Bolyai's Hauptwerk erschien.

Eine zusammenhängende Darstellung der Nicht-Euklidischen Geometrie gab

F. Klein, Ueber die sogenannte Nicht-Euklidische Geometrie. Math. Anal. Bnd. IV.

Sir Ball publicirte

On the motion of a rigid body in elliptic space. Transactions of the R. I. A. vol. XXVIII.

Notes on the Kinematics and Dynamics of a rigid system in elliptic space. Proceed. R. I. A. 1884.

On the non-Euclidian geometry. Hermathena vol. III.

On the theory of the Content. Transact. R. I. A. vol. XXIX.

Auch über diesen Gegenstand finden sich Mittheilungen Sir Ball's in der British Association Reports der letzten Jahre.

Auf einem ganz allgemeinen Standpunkt steht

Killing, Die nicht-Euklidischen Raumformen in analytischer Behandlung. Leipzig, Teubner 1885.

Ueber die Mechanik im nicht-Euklidischen Raume erwähne ich

Lindemann, Mechanik bei projectiver Maassbestimmung. Math. Annal. Bnd. VII.

Heath, On the Dynamics of a rigid body in elliptic space. Phil. Trans. 1884, II.

Homersham Cox, Homogeneous coordinates in imaginary geometry and their application to systems of forces. Quarterly Journal, vol. 18.

Clifford hat sich mehrfach eingehend mit dem Gegenstand beschäftigt (Preliminary sketsch of biquaternious, Theory of distance u. s. w.). Seine Arbeiten finden sich in

Clifford, Mathematical papers. Edited by R. Tucker, London. Siehe auch noch

Clifford, Lectures and Essays. Ibid.

Noch mögen angeführt sein die Aufsätze von Killing und Newcomb in Borchardt's Journal (83, 86, 89).

Dies Verzeichniss von Schriften über den in diesem Werke behandelten Gegenstand macht natürlich keinen Anspruch auf Vollständigkeit. Die Beschränkung, welche wir uns bei Aufstellung desselben auferlegten, ist an der Spitze des Verzeichnisses klar ausgesprochen. Namentlich über Sir Ball's Theorie ist in den englischen mathematischen Journalen schon eine zahlreiche Literatur vorhanden. Das gleiche gilt, wie schon im Texte ausgesprochen, auch von der nicht-Euklidischen Geometrie. Hier konnten nur einige wenige Arbeiten angeführt werden, die uns in irgend welcher Hinsicht von besonders markanter Bedeutung zu sein schienen.

Verbesserungen.

Seite 4 Zeile 20 von oben ist „wahren“ statt „mittleren“ und „mittlere“ statt „wahre“ zu setzen, wie auch aus dem Vordersatze schon ersichtlich ist.

- 11 - 7 von oben lies „Entwicklungs-“ statt „Entwick-“.

- 41 - 9 von oben ist nach „einem“ einzuschalten: „geometrisch oder kinematisch individuell characterisirten“.

- 41 - 14 von oben ist nach „Coordinaten“ einzuschalten: „wenn das System also ein freies ist“.

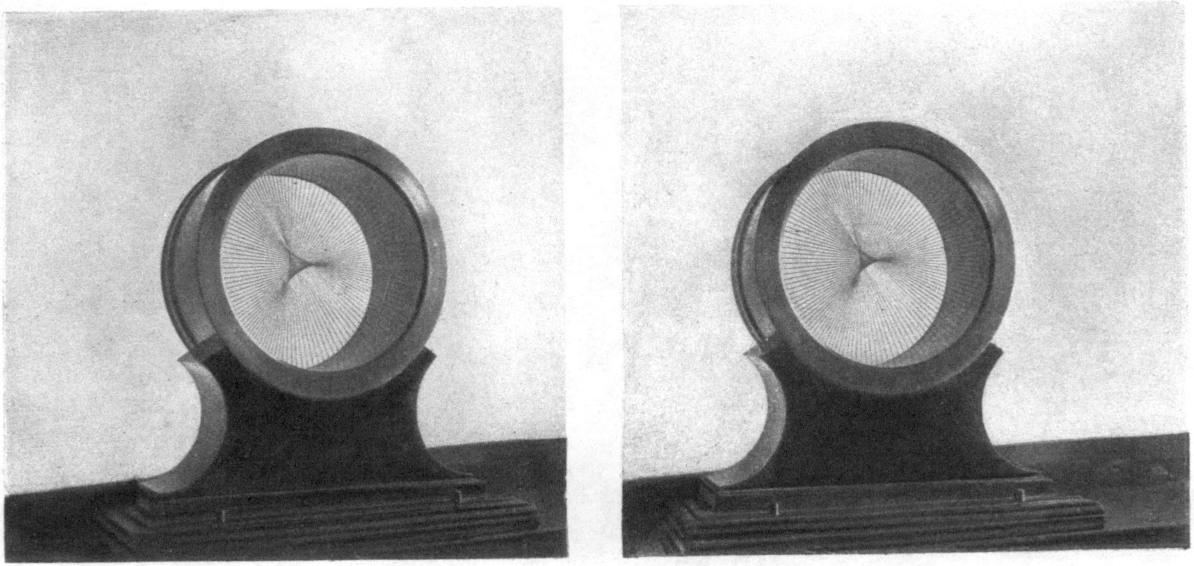

Photogravure u. Druck H. Riffarth, Berlin.

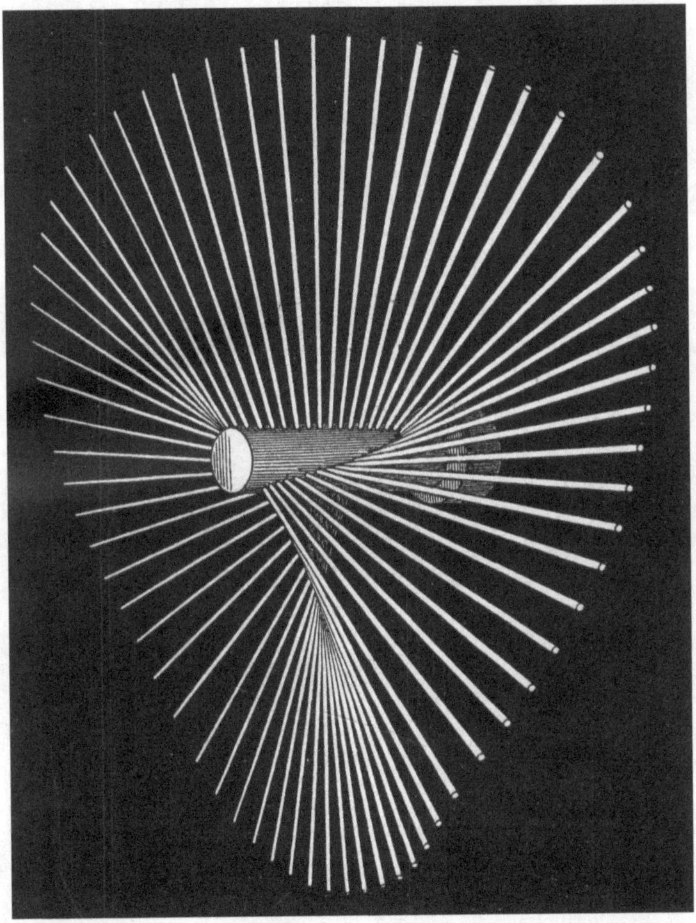

FSC
www.fsc.org
MIX
Papier | Fördert gute Waldnutzung
FSC® C083411

Kolibri 360 GmbH
Ferdinand-Jühlke-Straße 7
99095 Erfurt, Deutschland
produktsicherheit@kolibri360.de